复旦卓越·高职高专21世纪规划教材·机械类、近机械类

机械零件的识图与测绘

主　编　徐向红

副主编　钱袁萍　张秀芳　杨丽君

　　　　张俊凤

参　编　李志梅　朱红萍　秦　艳

　　　　郑晓利　魏　蔚

主　审　王艳辉

復旦大學出版社

内 容 提 要

本书是基于企业产品加工过程中所需的机械零件识图与测绘能力要求的项目式教学教材。全书将课程内容分为学习情境和知识链接两个部分，打破了原有的编写思路，选用48个典型零、部件作为项目任务的实例，按照认知规律通过4个学习情境有机整合了机械零件识图与测绘课程中的知识点，同时保留了传统学科知识的系统性和完整性。

本书编者有十多年的教学改革实践经验和二十多年的机械产品设计经验，在教材的编写过程中整合了原学科体系设置的机械制图、机械零件精度检测、制图测绘技能训练及计算机绘图技能训练等4门课程的相关内容，将知识点融入每个学习情境的项目任务中，将"工作过程中的学习"和"课堂上的学习"整合为一个整体。

全书在所有插图中均贯彻了与机械零件识图有关的各类最新国家标准，符合职业教育的特点，重视学生对机械零件识图与测绘能力的培养。

本书可作为高等职业院校、高等专科院校、成人高校及本科院校举办的二级学院和民办高校机械类、机电类、近机械类等专业的教材，也适用于中等职业院校和职业技术培训，还可作为工程技术人员自学用书。

本书的配套习题集同时出版。

前　　言

根据教育部《关于推进高等职业教育改革创新引领职业教育科学发展的若干意见》的文件精神，在总结了编者十多年的教学改革实践经验和二十多年的机械产品设计经验的基础上，编写了这本项目式教学教材。全书打破了原有的编写思路，选用 48 个典型零、部件作为项目任务的实例，按照认知规律通过 4 个学习情境有机整合了机械零件识图与测绘课程中的知识点，同时保留了传统学科知识的系统性和完整性。

本书具有以下特点：

1. 将课程内容分为学习情境和知识链接两个部分。在学习情境部分，通过分解以学科体系为主的知识结构，重构基于工作过程为导向的学习领域课程内容，选择了具有普遍意义的各类典型零部件的识图或测绘任务来设计、组织教材内容，建立工作任务与知识、技能的联系，以工作任务的相关性原则整合知识和技能体系，把与工作内容关联程度比较高的知识合并在一起。在知识链接部分，则继承了现有教材的优势，保留了传统学科知识的系统性和完整性，便于在教学过程中根据每个项目的不同需要选择和检索。

2. 基于企业产品加工过程中所需的机械零件识读与测绘能力要求，将学习过程、工作过程与学生的职业能力联系起来，将工作过程中的学习和课堂上的学习整合为一个整体，整合了原学科体系设置的机械制图、机械零件精度检测、制图测绘技能训练及计算机绘图技能训练等 4 门课程的相关内容，以典型零件为载体，将知识、技术、能力融汇在完成机械零件的识图与测绘工作的过程中。

3. 在所有插图中遵循 GB/T 10609.1—2008《技术制图　标题栏》和 GB/T 10609.2—2009《技术制图　明细栏》的规定，贯彻了与机械零件识图有关的各类最新国家标准，如 GB/T 1801—2009《产品几何技术规范(GPS)极限与配合　公差带和配合的选择》、GB/T 4249—2009《产品几何技术规范(GPS)公差原则》、GB/T 324—2008《焊缝符号表示法》、GB/T 10609.3—2009《技术制图　复制图的折叠方法》、GB/T 24745—2009《技术产品文件　词汇　图样注语》、GB/T 1182—2008《产品几何技术规范(GPS)几何公差、形状、位置和跳动公差标注》、GB/T 4656—2008《技术制图　棒料、型材及其断面的简化表示法》、GB/T 4459.8—2009《机械制图　动密封圈　第 1 部分：通用简化表示法》等。

4. 全书信息量大、实例丰富，同时突出了高职课程的应用性和针对性，理论部分则贯彻实用为主、必需和够用为度的原则。

为了方便教学，与本教材配套使用的《机械零件的识图与测绘习题集》同时出版。习题集的编排顺序与教材的体系保持一致。

参加本教材编写的有沙洲职业工学院徐向红、钱袁萍、张俊凤、李志梅、朱红萍、秦艳，淮北职业技术学院杨丽君，濮阳职业技术学院郑晓利，辽宁机电职业技术学院张秀芳。其中，绪论由徐向红编写，任务1和任务2由钱袁萍编写，任务3由张俊凤编写，任务4由秦艳编写，任务5和任务6由郑晓利、徐向红编写，任务7和任务8由李志梅编写，任务9由杨丽君、徐向红编写，任务10由朱红萍编写，链接A和链接B由钱袁萍、徐向红编写，链接C由徐向红、张俊凤、杨丽君、秦艳编写，链接D由徐向红、钱袁萍编写，链接E由李志梅编写，附录由杨丽君、朱红萍、张俊凤、张秀芳编写。

本书由徐向红任主编，钱袁萍、杨丽君、张俊凤、张秀芳任副主编；徐向红负责统稿和定稿，并对全书所有的图片进行审核修订。张家港中集圣达因低温装备有限公司魏蔚也参加了本书的编写。

全书由沙洲职业工学院王艳辉教授主审。

本书在编写过程中参考了有关作者的教材和文献，并得到了参编院校各级领导和同行的大力支持和帮助，在此一并表示衷心的感谢！

由于编者水平有限，书中疏漏和错误之处在所难免，敬请各位读者批评指正，以便修订时调整和改进。

编　者

2012年5月

目录

Contents

学习情境3　装配图的识读与测绘

学习情境4　零件CAD图的识读与绘制

知识链接A　制图国家标准的基本规定

知识链接B 图样画法

知识链接C 常用零件结构的特殊表示法

知识链接 D 图样中的标注

知识链接E　AutoCAD基础拓展

绪 论

0.1 本课程的研究对象

本课程是识读与测绘机器及其零、部件图样的课程，通过图样告诉他人：想造怎样的机器；又通过图样读懂：别人想造怎样的机器。人类进入文明社会后所从事的建筑、路桥、船舶、机械的设计及制造建设都是依据图样为信息载体来进行的。在工程技术上，为了准确表达工程对象的形状、大小、相对位置及技术要求，通常将其按一定的投影方法和有关技术规定表达在图纸上，这样就得到了工程图样，简称图样。图样是设计与制造信息的主要载体。在生产和科学实验活动中，设计者需要通过图样表达设计对象；制造者需要通过图样了解设计要求，依照图样制造设计对象；使用者需要通过图样了解设计、制造对象的结构和性能。因此，图样是表达设计意图、交流技术思想与指导生产的重要工具，是工业生产中的重要技术文件，是工程界共同的技术语言。

0.2 本课程的性质和学习目标

本课程是机械类专业的一门重要技术基础课，是根据机械类各工种从业人员在从事本工种时所必须具备的基本能力要求而设置的课程。课程的主要任务是培养学生的空间想象和思维能力，以及计算机绘制和阅读机械图样的基本能力，培养学生认真负责的工作态度和一丝不苟的工作作风。

本课程的学习目标包括以下几方面。

1. 能力目标

(1) 正确识读中等复杂的机械图样的能力。

(2) 使用绘图工具、AutoCAD 软件两种方法，绘制机械工程图样的能力。

(3) 使用测量工具测绘零、部件的能力。

(4) 空间想象和思维能力、分析问题和解决问题的能力。

(5) 查阅机械零件设计手册和有关的国家标准的能力。

2. 知识目标

(1) 熟悉并严格遵守执行机械制图国家标准的有关规定。

(2) 掌握正投影的投影规律及其应用，掌握轴测投影的基本画法。

(3) 掌握机件的表达方法及其应用，能绘制和阅读中等复杂程度的零件图和装配图。

(4) 熟悉零件结构和尺寸标注要求，掌握光滑圆柱的公差与配合、几何公差、表面粗糙度、圆锥和角度的公差、螺纹结合的公差。

(5) 掌握零、部件测绘的基本知识与方法，能运用 AutoCAD 2004 软件和徒手绘制机械工作图。

3. 素质目标

(1) 具有较好的敬业精神和职业道德，培养认真负责的工作态度、一丝不苟的工作作风。

(2) 具有团队精神和组织协调能力。

(3) 具备一定的吸收新技术和知识的自修能力。

0.3 本课程的学习方法

本课程具有较强的操作性、实践性和技能性。在学习过程中，应从完成任务的典型活动项目入手，坚持学与练相结合，多想、多画、多看，不断地由物画图、由图想物，逐步培养空间想象能力和空间构思能力。对课程中涉及的基本知识，建议主要通过在完成工作任务的过程中自主学习，而不是集中讲授。在课程学习过程中，应按照不同的任务项目组成小组，通过小组竞赛相互激励。

学习情境1　机械图样的识读与三视图绘制

任务1　平板类零件图的识读与绘制

1.1　盖板零件图的识读与绘制

1.1.1　盖板零件图的识读

【任务描述】

盖板零件可起到支承、定位和密封的作用。通过识读盖板零件图，达到以下目标。

知识目标

(1) 了解图样、机械图样、零件图的概念。

(2) 初步了解零件图的作用和基本内容。

(3) 了解制图国家标准的基本规定：图幅格式、标题栏、比例、字体、图线等。

技能目标

(1) 读懂盖板零件图中所用的图幅、图线等。

(2) 读懂盖板零件图中的标题栏中各信息。

【知识链接】

在工程中，常用的机械图样有零件图和装配图。任何机器都是由许多零件和部件组成的，部件又是由若干个零件组成的。表达机器的总装配图(总图)、表达部件的部件装配图和表达零件的零件图，统称为机械图样。

图样是工程界共同的技术语言，为了便于指导生产和对外技术交流，国家标准对图样上的有关内容作出了统一的规定，每个从事技术工作的人员都必须掌握并遵守。国家标准(简称国标)的代号为"GB"("GB/T"为推荐性国标)，字母后的两组数字，分别表示标准顺序号和标准批准的年份，如 GB/T 17451—1998 技术制图　图样画法　视图。

国家标准《技术制图》和《机械制图》的一般规定见知识链接 A。

用来表达零件结构形状、尺寸大小和技术要求的图样称为零件图。零件图是加工制造零件的依据，反映了设计者的意图，表达了机器或部件对零件的要求，是生产中最重要的技术文件之一。

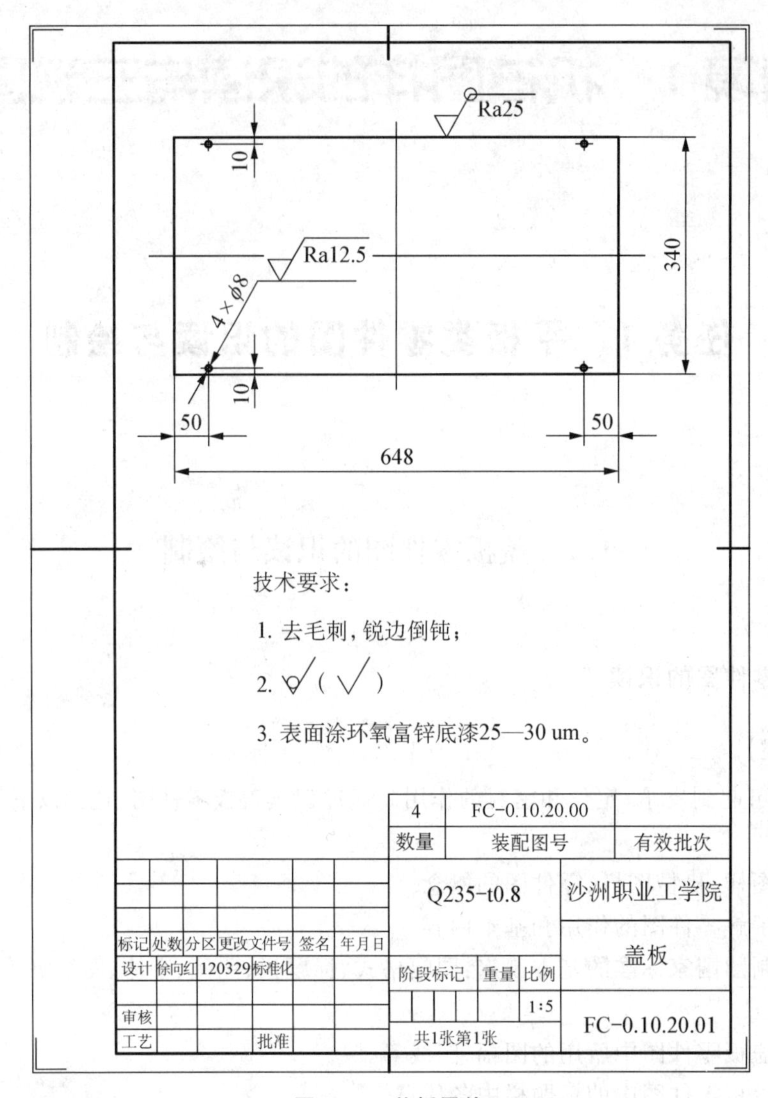

图 1-1　盖板零件

由图 1-1 所示的盖板零件图可以看出，一张完整的零件图应包括一组图形、完整的尺寸、必要的技术要求和标题栏。

【任务分析】

盖板零件图的识读可按下列步骤进行。

(1) 看图幅格式　此盖板零件采用的是留装订边的 A4 图幅。

(2) 看标题栏(名称、比例等)　从标题栏可以看出：①该零件的名称：盖板。由零件的名称我们大致可以知道该零件是平板类零件。②该零件的材料：Q235，Q 代表屈服点的字母，235 表示屈服点数值，这是一种碳素结构钢。这种钢的性能满足一般工程结构及普通零件的要求，因而应用较广。③绘制该零件的比例：1∶5。④零件代号、设计审核人员。

(3) 看一组图形(图线、尺寸标注)　该零件采用了一个基本视图，图中用到了两种线型：粗实线(可见轮廓线)和细实线(尺寸界线、尺寸线)。尺寸标注见图中所示。

【重点提示】

(1) 图幅、比例的选取要根据零件的大小和复杂程度确定。

(2) 不论采用何种比例绘图,图样中所标注的尺寸数字必须是机件的真实大小,与图形的比例和作图精确度无关。

(3) 注意正确进行尺寸标注。

【课堂活动】

(1) 字体练习。

(2) 图线练习。

1.1.2 使用绘图工具绘制盖板零件图

【任务描述】

由图 1-1 可以看出,盖板零件图是由点、线、面这些最简单的几何要素构成的,图线就是这些几何要素的表述。通过绘制盖板零件图,达到以下目标。

知识目标

(1) 掌握制图国家标准的基本规定:图幅格式、标题栏、比例、字体、图线、尺寸标注。

(2) 培养耐心细致的工作作风和严肃认真的工作态度。

技能目标

(1) 掌握使用绘图工具绘制平面几何图形的方法和技能,合理地用粗实线、细实线抄画出盖板零件图。

(2) 能够解释盖板零件图中的尺寸标注,并正确书写各类尺寸标注。

【知识链接】

绘图工具的使用:正确使用绘图工具和仪器是保证绘图质量和效量的一个重要方面,因此必须养成正确使用制图工具及仪器的良好习惯。常用的绘图工具有以下几种。

(1) 图板 图板一般用胶合板制成,用作画图时的垫板,要求其表面光滑平整。其左侧为导向边,必须平直。图纸用胶带纸固定在图板上。如图 1-2 所示。常用的图板按其大小有 0 号、1 号、2 号等规格,根据需要选用。

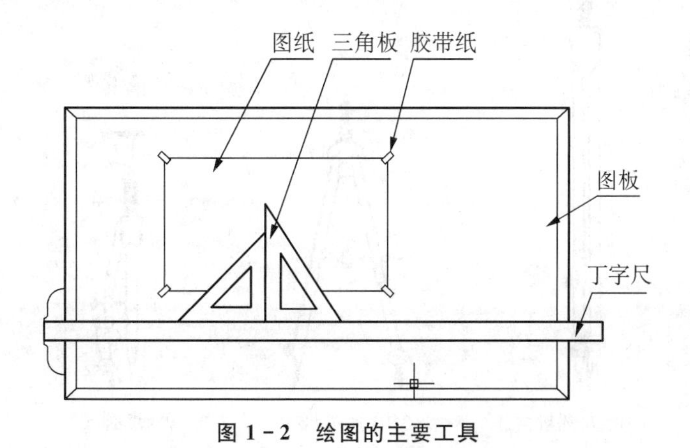

图 1-2 绘图的主要工具

（2）丁字尺　丁字尺与图板配合使用，主要用来画水平线，它由尺头和尺身构成。画图时，尺头内侧必须紧靠图板导边，用左手推动丁字尺上、下移动，画水平线是从左到右画，铅笔前后方向应与纸面垂直，而在画线前进方向倾斜约 30°，如图 1－3 所示。

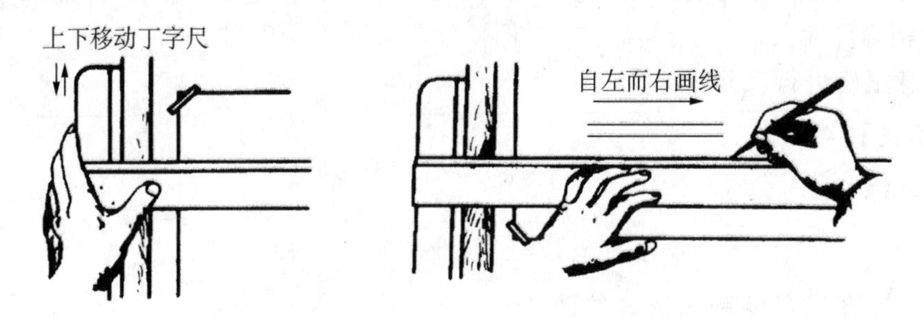

图 1－3　用丁字尺画水平线

（3）三角板　三角板分 45°，30°和 60°两种，可配合丁字尺画铅垂线及 15°倍角的斜线，或用两块三角板配合画任意角度的平行线或垂直线，如图 1－4 所示。

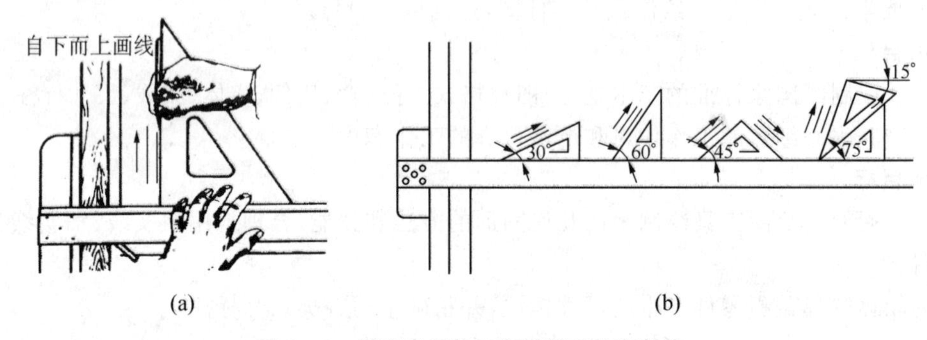

图 1－4　用丁字尺与三角板画垂线和斜线

（4）圆规和分规　圆规用来画圆和圆弧，附件有钢针插脚、铅芯插脚、鸭嘴插脚和延伸杆等。常见的圆规有大圆规、弹簧规和点圆规，如图 1－5 所示。圆规的使用方法如图 1－6 所示。

分规是用来截取线段、等分线段，以及从尺上量取尺寸的工具。为了准确度量尺寸，分规的两针尖并拢后应能对齐。分规及其使用方法如图 1－7 所示。

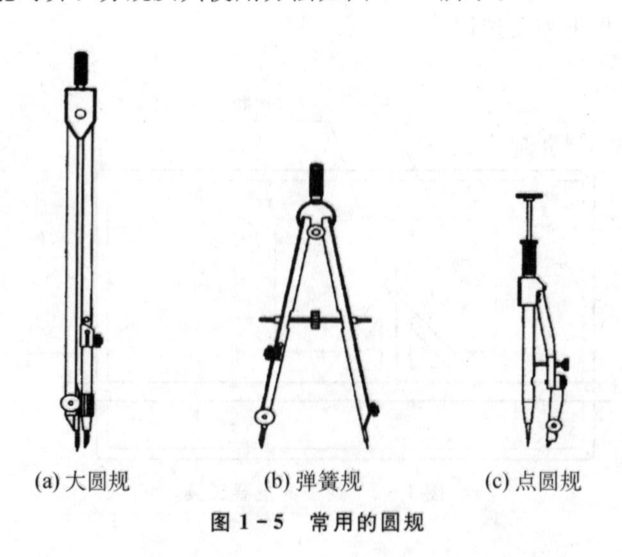

(a) 大圆规　　(b) 弹簧规　　(c) 点圆规

图 1－5　常用的圆规

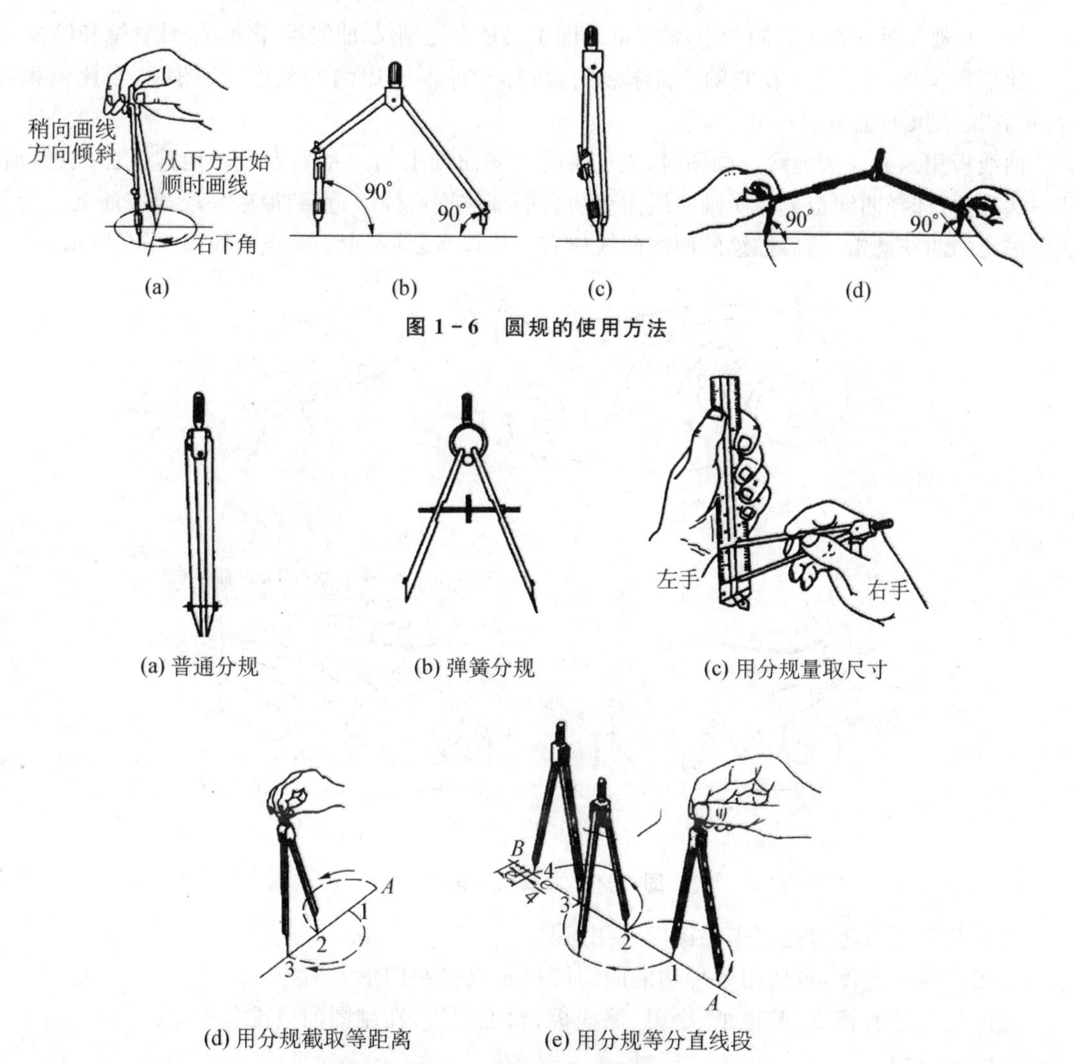

(a) (b) (c) (d)

图 1-6 圆规的使用方法

(a) 普通分规 (b) 弹簧分规 (c) 用分规量取尺寸

(d) 用分规截取等距离 (e) 用分规等分直线段

图 1-7 分规及其使用方法

(5) 铅笔 绘图铅笔的铅芯有软硬之分，分别用 B 和 H 表示，B 前的数值越大表示铅芯越软(黑)，H 的数值越大则表示铅芯越硬，HB 的铅芯软硬程度适中。

绘图时，根据使用要求不同，一般应备有以下几种硬度不同的铅笔：画粗实线用 B 或 HB 铅笔，写字用 H 或 HB 铅笔，画细线用 H 或 2H 铅笔。画粗实线的铅芯应修磨成凿形，其余可磨成锥形，如图 1-8 所示。

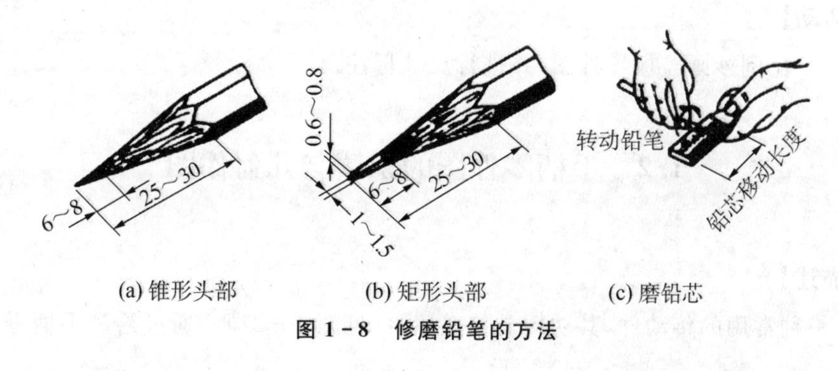

(a) 锥形头部 (b) 矩形头部 (c) 磨铅芯

图 1-8 修磨铅笔的方法

（6）其他工具　在工程制图中，常见的绘图工具还有比例尺、曲线板、鸭嘴笔、针管笔和模板等。

比例尺又叫三棱尺。在它的3个棱面上共有6种不同比例的刻度，绘图时，当比例确定后，可直接从尺面上量取尺寸。

曲线板用来画非圆曲线。画图时，先徒手将已知曲线上的一系列点轻轻地连成曲线；然后，从一端开始，选择曲线板上与所画曲线曲率吻合的部位逐段描绘，直到最后一段连成曲线。为保证所描绘的曲线圆滑，前后描绘的两段曲线应有一小段重复（不少于3点），如图1-9所示。

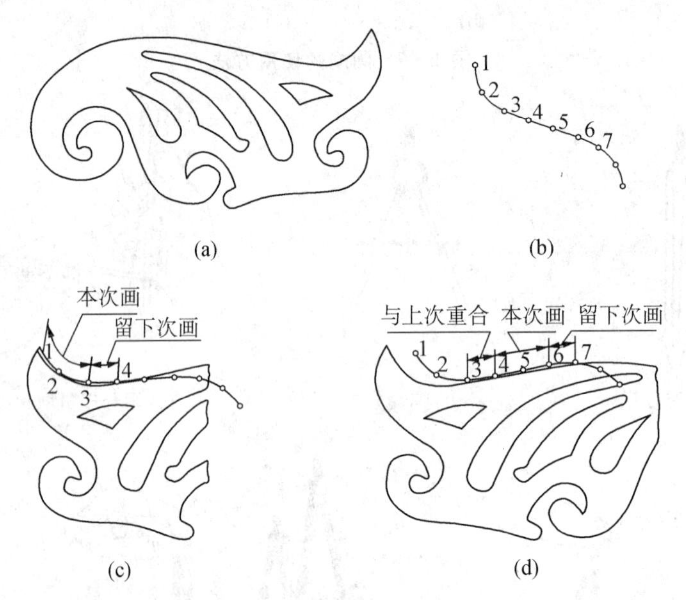

图1-9　曲线板及其使用

鸭嘴笔和针管笔都是用来描图的专用工具。

为提高绘图速度，可使用各种功能的绘图模板直接画图形。

绘图用品还有橡皮、胶带纸、小刀、擦线板、软毛刷等，在制图前应准备齐全。

【任务分析】

（1）绘图前的准备：选择合适的绘图工具（图板、丁字尺、三角板、圆规、铅笔等），并擦拭干净。

（2）确定图幅、比例，把图纸粘贴在图板上。

（3）选择H或HB的笔抄画盖板零件图的初稿。

（4）检查加深图线。

（5）采用正确的方法标注尺寸。

【课堂活动】

采用1∶5比例抄画盖板零件图，并进行尺寸标注。

1.2　手柄零件图的识读与几何作图

【任务描述】

手柄是一种常用的传动件，其功用是传递扭矩（见图1-21）。通过绘制手柄零件，达到以下目标。

知识目标

(1) 初步了解手柄零件的作用和基本要求。

(2) 掌握几何作图的方法。

(3) 掌握平面图形分析的方法(尺寸分析、线段分析)和画法。

技能目标

(1) 读懂手柄零件图中所有尺寸和线段的性质。

(2) 按正确的步骤绘出手柄零件图。

(3) 手柄零件图的尺寸标注。

【知识链接】

几何作图方法:虽然机件的轮廓形状多种多样,但它们的图样基本上都是由直线、圆弧和其他一些曲线所组成的几何图形,因而在绘制图样时,常常要运用一些几何作图的方法。

(1) 等分线段　等分一已知线段为 n 等份的方法如图 1-10 所示。步骤如下:

1) 过已知直线段 AB 的一个端点 A 任作一射线 AC,由此端点起在射线上以任意长度截取 n 等份;

2) 将射线上的等份终点与已知直线段的另一端点连线,并过射线上各等份点作此连线的平行线与已知直线段相交,交点即为所求。

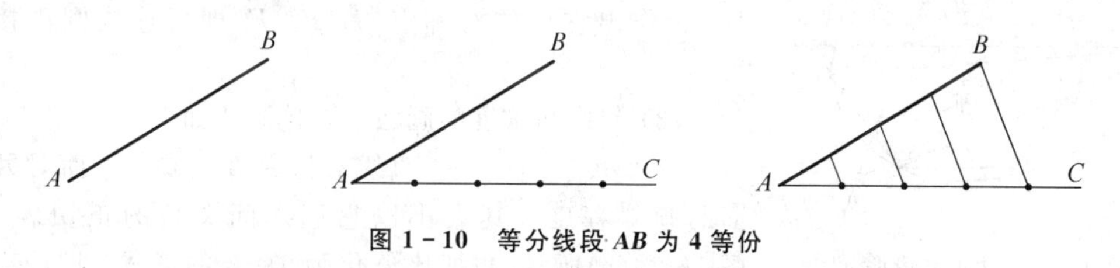

图 1-10　等分线段 *AB* 为 4 等份

(2) 等分圆周和作正多边形　具体画法如下:

1) 正六边形的画法。用绘图工具作圆的内接正六边的方法有两种,如图 1-11 所示。

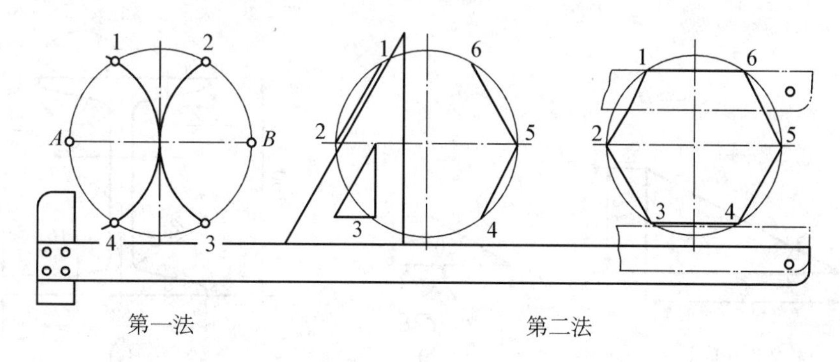

图 1-11　作正六边形

第一种方法:以点 A, B 为圆心,以原圆的半径为半径画圆弧,截圆于 1, 2, 3, 4,即得圆周 6 等分点。

第二种方法:用 60°三角板自 2 作弦 21,右移至 5 作弦 45,旋转三角板作弦 23, 65。用丁字尺连接 16 和 34,即得正六边形。

2）正五边形的画法。用绘图工具作圆的内接正五边形的方法有两种，如图 1－12 所示。

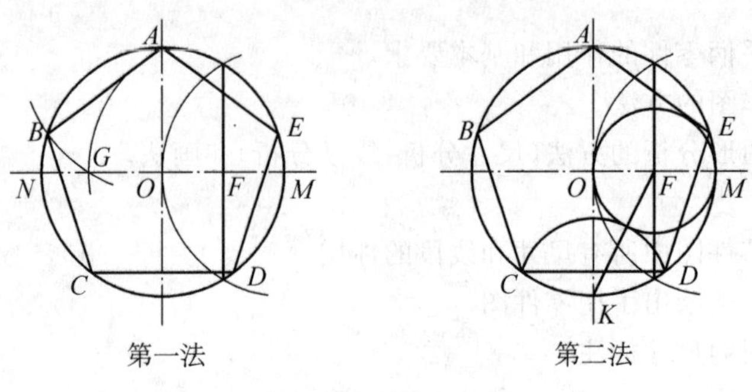

图 1－12 作正五边形

第一种方法：在已知圆中取半径 OM 的中点 F，以 F 为圆心、FA 为半径作圆弧与 ON 交于点 G，以 A 为圆心、AG 为半径作圆弧与圆相交于点 B，AB 即为正五边形的边长（近似）。

第二种方法：以半径 OM 的中点 F 为圆心、FO 为半径作圆 F，以 K 为圆心作圆弧与圆 F 相切，并与已知圆相交于 C，D 两点，CD 即为正五边形的边长（近似）。

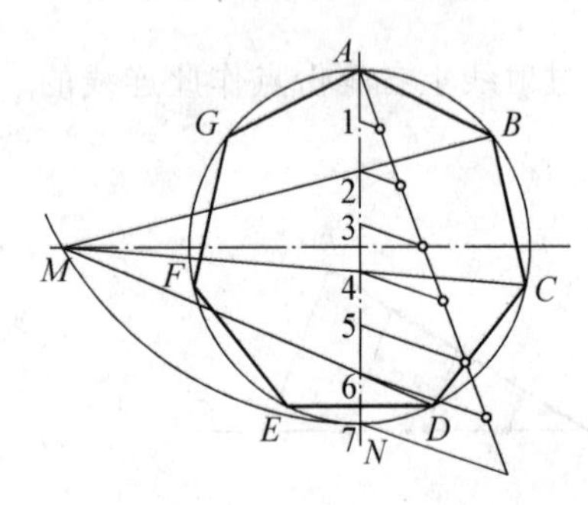

图 1－13 作正七边形

3）正七边形的画法。如图 1－13 所示，n 等分铅垂直径 AN（图中 $n=7$）。以 A 为圆心、AN 为半径作弧，交水平中心线于点 M。延长连线 $M2$，$M4$，$M6$，与圆周交于点 B，C，D。再作出它们的对称点 G，F，E，即可连成圆内接正 n 边形。

（3）斜度与锥度的画法　具体画法如下：

1）斜度。斜度是一直线对另一直线或一平面对另一平面的倾斜程度。其大小以它们之间夹角的正切表示，如图 1－14(a)所示，并把比值化为 $1:n$ 的形式。即，斜度 $=\tan\alpha = H:L = 1:(L/H) = 1:n$。

斜度符号如图 1－14(b)所示，符号的斜度方向应与斜度方向一致。

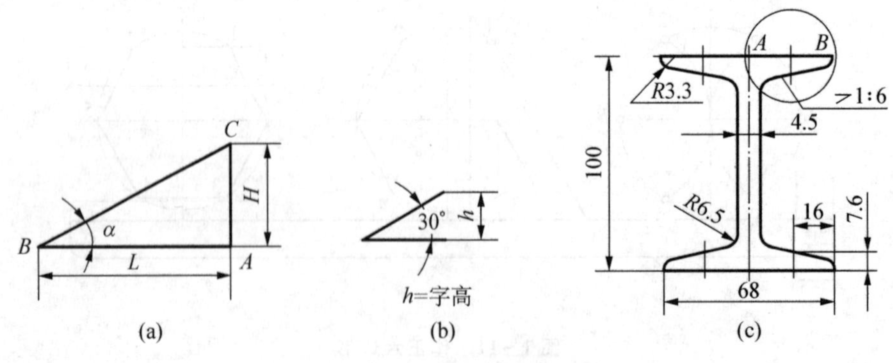

图 1－14 斜度及其符号

2）锥度。锥度是指正圆锥的底圆直径与圆锥高度之比，即 $D:H$。而圆台锥度就是两个底圆直径之差与圆台高度之比，如图 1－15(a)所示，即锥度 $C=(D-d)/L=2\tan(\alpha/2)$。锥度也可转化成 $1:n$ 的形式表示。

锥度符号按图 1-15(b)绘制,符号方向应与锥度方向一致。锥度标注在与指引线相连的基准线上,如图 1-15(c)所示。

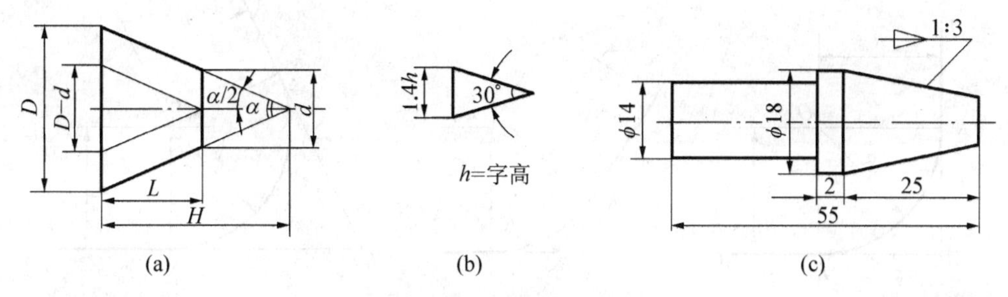

图 1-15　锥度及其符号

(4) 圆弧连接的画法　在绘制机械图样时,经常需要用一个已知半径的圆弧来光滑连接(即相切)两个已知线段(直线段或曲线段),称为圆弧连接。此圆弧称为连接圆弧,两个切点称为连接点。为了保证光滑连接,必须正确地作出连接弧的圆心和两个连接点,且保证两个被连接的线段都要正确地画到连接点为止,如图 1-16 所示。

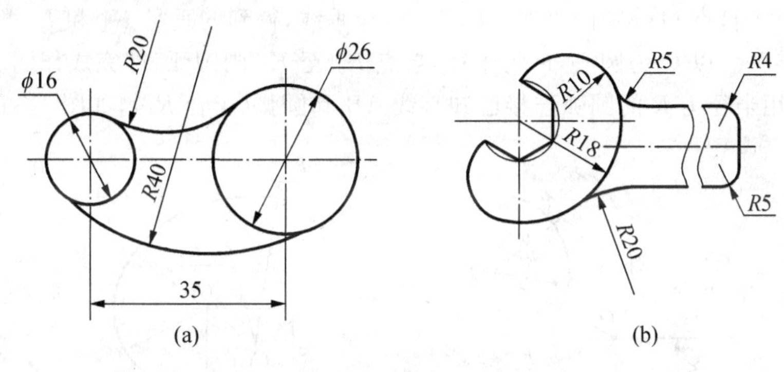

图 1-16　圆弧连接

画连接弧时,需要用到平面几何中以下两条原理:

1) 与已知直线相切且半径为 R 的圆弧,其圆心轨迹为与已知直线平行且距离为 R 的两直线,连接点为圆心向已知直线所作垂线的垂足,如图 1-17(a)所示。

2) 与已知圆弧相切的圆弧,其圆心轨迹为已知圆弧的同心圆,其半径为:外切时如图 1-17(b)所示,连接圆弧与已知圆弧的半径之和;内切时如图 1-17(c)所示,连接圆弧与已知圆弧的半径之差。连接点为:外切时,连心线与已知圆弧的交点;内切时,连心线的延长线与已知圆弧的交点。

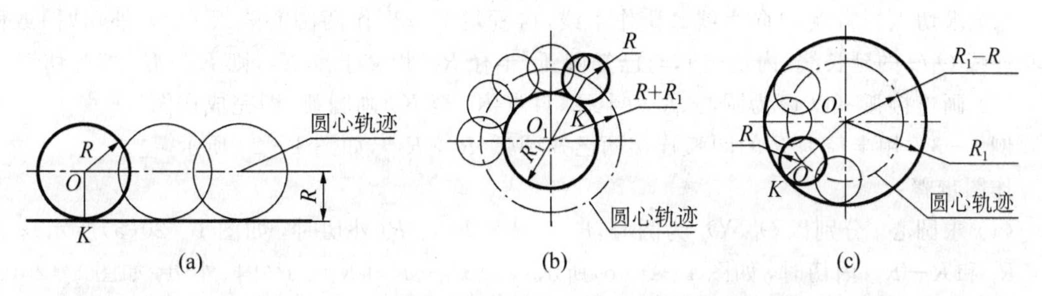

图 1-17　求连接圆弧的圆心和切点的基本作图原理

例 1-1 用半径为 R 的圆弧连接两直线 AB 和 BC，如图 1-18 所示。

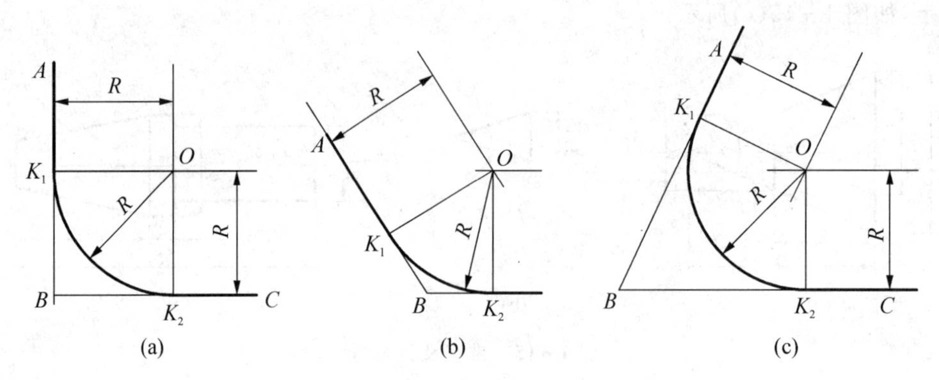

图 1-18　用圆弧连接两直线

作图步骤：

(1) 求圆心。分别作与已知直线 AB，BC 相距为 R 的平行线，其交点 O 即为连接弧(半径 R)的圆心。

(2) 求切点。自点 O 分别向直线 AB 及 BC 作垂线，得到的垂足 K_1 和 K_2 即为切点。

(3) 画连接弧。以 O 为圆心，R 为半径，自点 K_1 至 K_2 画圆弧，即完成作图。

例 1-2 用半径为 R 的圆弧连接已知直线 AB 和圆弧(半径 R_1)，如图 1-19 所示。

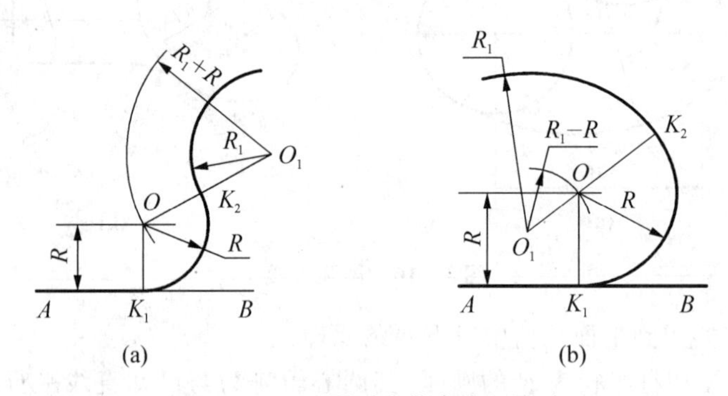

图 1-19　用圆弧连接直线和圆弧

作图步骤：

(1) 求圆心。作与已知直线 AB 相距为 R 的平行线；再以已知圆弧(半径 R_1)的圆心 O_1 为圆心，R_1+R(外切时，如图 1-19(a)所示)或 R_1-R(内切时，如图 1-19(b)所示)为半径画弧，此弧与所作平行线的交点 O 即为连接弧(半径 R)的圆心。

(2) 求切点。自点 O 向直线 AB 作垂线，得垂足 K_1；再作两圆心连线 O_1O(外切时)或两圆心连线 O_1O 的延长线(内切时)，与已知圆弧(半径 R_1)相交于点 K_2，则 K_1，K_2 即为切点。

(3) 画连接弧。以 O 为圆心、R 为半径，自点 K_1 至 K_2 画圆弧，即完成作图。

例 1-3 用半径为 R 的圆弧连接两已知圆弧(R_1，R_2)，如图 1-20 所示。

作图步骤：

(1) 求圆心。分别以 O_1，O_2 为圆心，R_1+R 和 R_2+R(外切时，如图 1-20(a)所示)，或 $R-R_1$ 和 $R-R_2$(内切时，如图 1-20(b)所示)，或 R_1-R 和 R_2+R(内、外切，如图 1-20(c)所示)为半径画弧，得交点 O，即为连接弧(半径 R)的圆心。

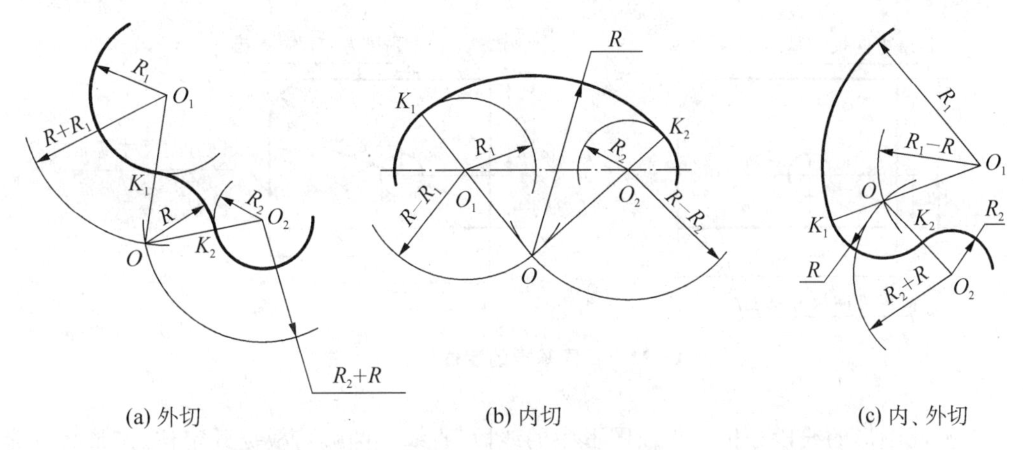

图 1-20　用圆弧连接两圆弧

(2) 求切点。作两圆心连线 O_1O，O_2O 或 O_1O，O_2O 的延长线，与两已知圆弧(半径 R_1、R_2)相交于点 K_1，K_2，则 K_1，K_2 即为切点。

(3) 画连接弧。以 O 为圆心，R 为半径，自点 K_1 至 K_2 画圆弧，即完成作图。

【任务分析】

任何平面图形总是由若干线段(包括直线段、圆弧、曲线)连接而成的，每条线段又由相应的尺寸来决定其长短(或大小)和位置。一个平面图形能否正确绘制出来，要看图中所给的尺寸是否齐全和正确。因此，绘制平面图形时应先进行尺寸分析和线段分析。

(1) 平面图形的尺寸分析　平面图形中的尺寸可以分为两大类：

1) 定形尺寸。确定平面图形中几何元素大小的尺寸称为定形尺寸，如图 1-21 中的 $\phi5$，$\phi20$，R12，R50 等。

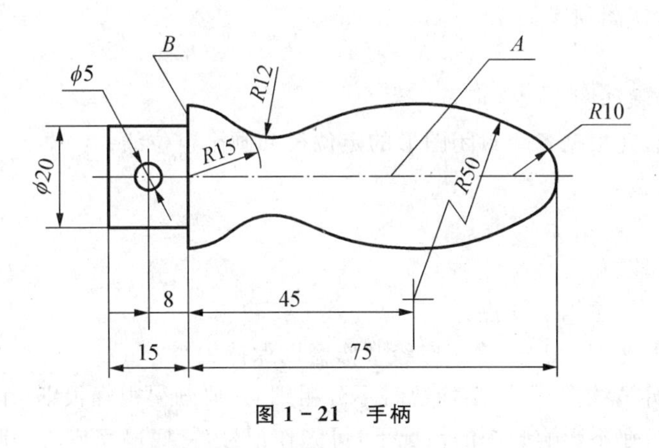

图 1-21　手柄

2) 定位尺寸。确定几何元素位置的尺寸称为定位尺寸，如图 1-21 中的尺寸 8，45，75 等。

有些尺寸，既是定形尺寸，也是定位尺寸，如直线尺寸 75 既是确定手柄长度的定形尺寸，也是间接确定 R10 圆弧圆心的定位尺寸。

3) 尺寸基准。是标注尺寸的起点。平面图形的尺寸基准有水平和垂直两个方向的尺寸基准。一般以圆或圆弧中心线、对称中心线及图形的主要轮廓线等作为基准，如图 1-22 所示。

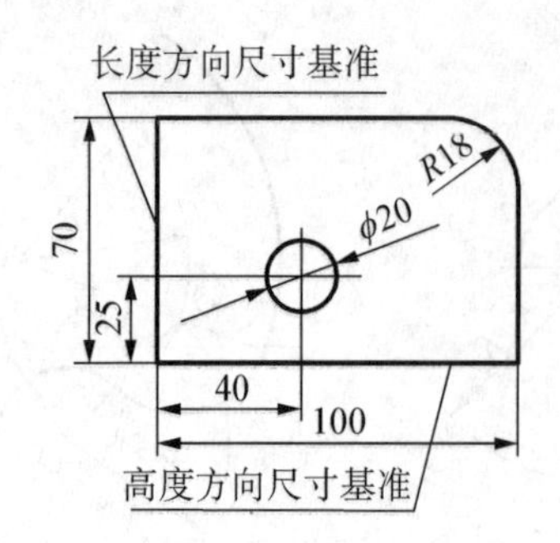

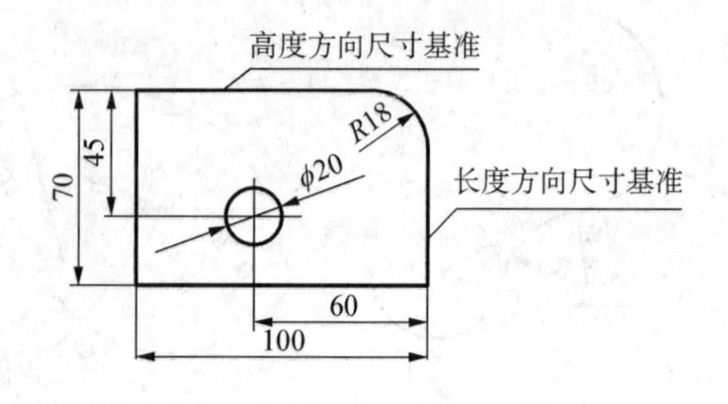

图 1-22　不同基准的定位尺寸的标注

(2) 平面图形的线段分析　平面图形中的线段(直线或圆弧)，根据其定位、定形尺寸是否齐全分为3类：

1) 已知线段。具有完整的定形尺寸和定位尺寸的线段，如图1-21中的尺寸R15；

2) 中间线段。具有定形尺寸和一个定位尺寸的线段，如图1-21中的尺寸R50；

3) 连接线段。只有定形尺寸而没有定位尺寸的线段，如图1-21中的尺寸R12。

作图时，由于缺少定位尺寸会影响作图，因此平面图形的线段中如缺少一个定位尺寸，必须同时补充一个连接条件；如缺少两个定位尺寸，则应同时补充两个连接条件，这样才能作图。画图时，应先画已知线段，再画中间线段，最后画连接线段。

(3) 平面图形的绘图方法和步骤　具体如下。

1) 准备工作：

① 分析图形的尺寸及其线段；

② 确定比例，选择图幅，固定图纸；

③ 拟定具体的作图顺序。

2) 绘制底稿。

① 画底稿的步骤如图1-23所示：

a. 画出基准线，并根据各个封闭图形的定位尺寸画出定位线；

b. 画出已知线段；

c. 画出中间线段；

d. 画出连接线段。

② 画底稿时，应注意以下几点：

a. 画底稿用H或2H铅笔，笔芯应经常修磨以保持尖锐；

b. 底稿上，要分清线型，但线型均暂时不分粗细，并要画得很轻很细，作图力求准确；

c. 画错的地方，在不影响画图的情况下，可先作记号，待底稿完成后一起擦掉。

3) 铅笔描深底稿：在铅笔描深以前，必须检查底稿，把画错的线条及作图辅助线用软橡皮轻轻擦净。加深后的图纸应整洁、没有错误，线型层次清晰，线条光滑、均匀并浓淡一致。

4) 加深步骤：应先曲后直、先粗后细；先用丁字尺画水平线，后用三角板画竖、斜的直线；最后画箭头、填写尺寸数字、标题栏等。

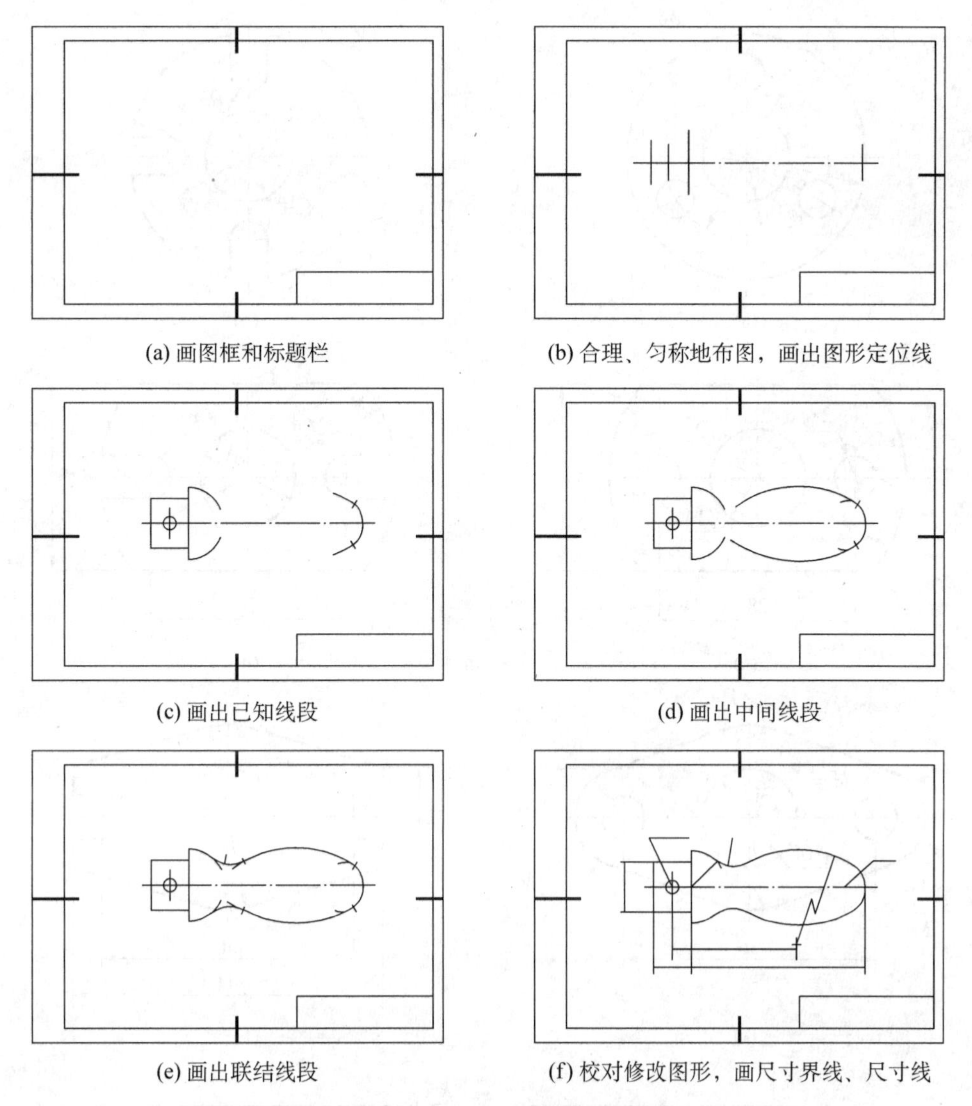

图 1-23　平面图形画底稿的步骤

(4) 平面图形的尺寸标注　标注平面图形的要求是:正确、完整、清晰。

1) 正确是指标注尺寸要按国家标准的规定标注,尺寸数值不能写错和出现矛盾;

2) 完整是指平面图形的尺寸要注写齐全;

3) 清晰是指尺寸的位置要安排在图形的明显处,标注清晰、布局整齐、便于看图。

标注尺寸首先要遵守国家标准有关尺寸注法的基本规定,通常先标注定形尺寸,再标注定位尺寸。图 1-24 所示是常见的几种图形尺寸标注。

【拓展提高】

(1) 徒手绘图　徒手图也称草图,是用目测来估计物体的大小、不借助绘图工具、徒手绘制的图样。工程技术人员不仅要会画仪器图,也应具备徒手画图的能力,以便针对不同的条件,用不同的方式记录产品的图样或表达设计思想。

绘制草图时,应做到图形清晰、线型分明、比例匀称,并应尽可能使图线光滑、整齐,绘图速

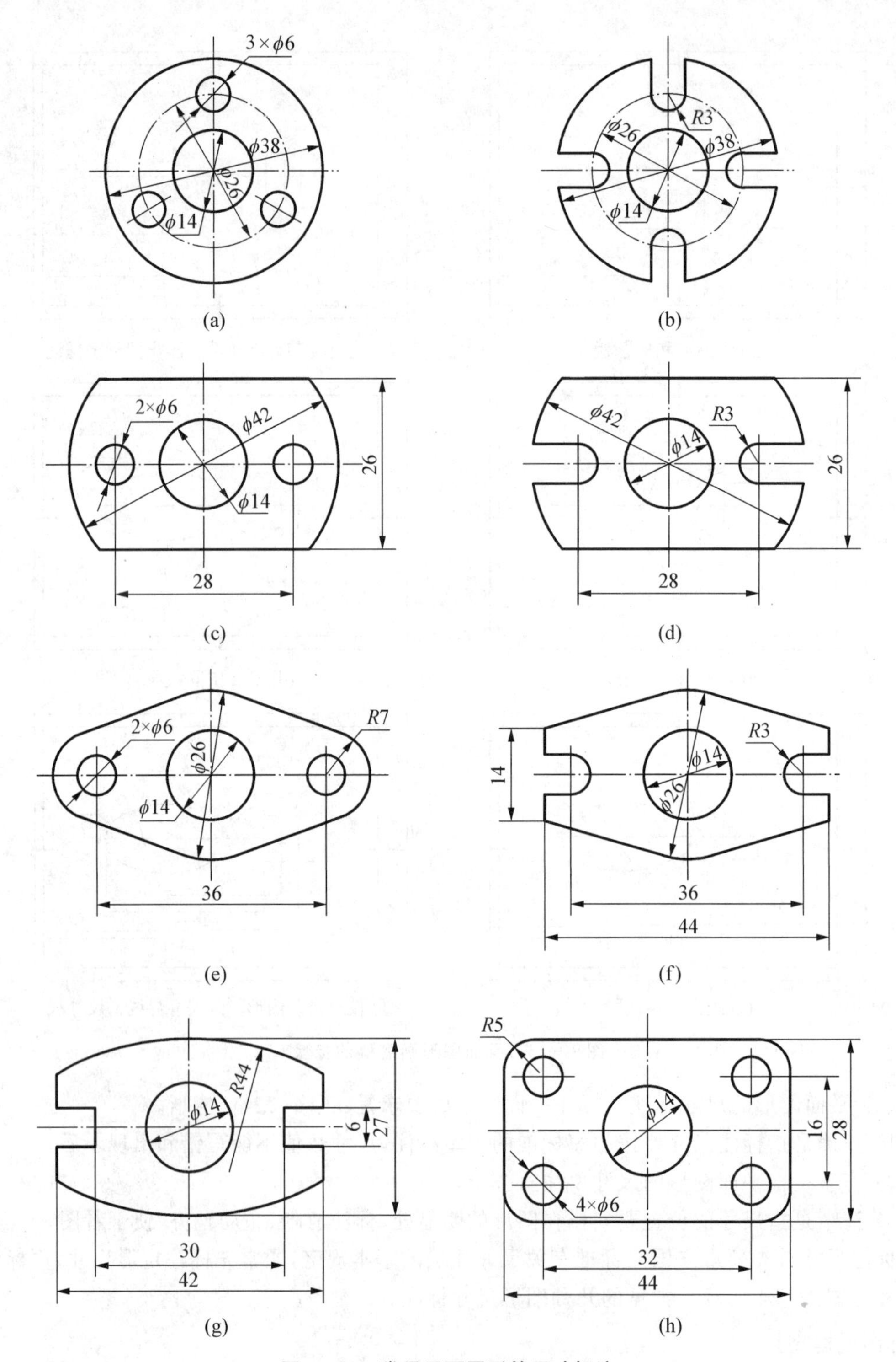

图 1-24 常见平面图形的尺寸标注

度要快，标注尺寸要准确、齐全，字体工整。

初学者徒手画图，最好在方格纸上进行，以便控制图线的平直和图形大小。经过一定的训练后，最后达到在白纸上画出匀称、工整的草图的目的。

(2) 具体画线方法　如图 1－25 所示。

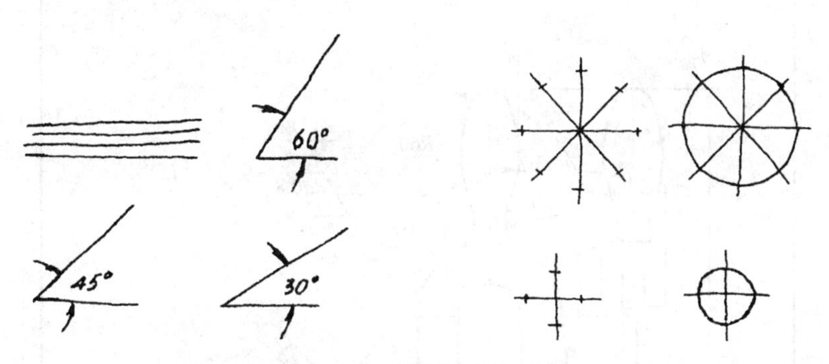

图 1－25　徒手画直线、圆

1) 画直线。执笔要稳，眼睛看着图线的终点，均匀用力，匀速运笔。画水平线时，为了便于运笔，可将图纸微微左倾，自左向右画线；画竖直线时，应自上而下运笔画线；画 30°，45°，60°等常见角度斜线时，可根据两直角边的比例关系，先定出两端点，然后连接两端点即为所画角度线。

2) 画圆。画圆时，先确定圆心位置，并过圆心画出两条中心线；画小圆时，可在中心线上按半径目测出 4 点，然后徒手连点；当圆直径较大时，可以通过圆心多画几条不同方向的直线，按半径目测出一些直径端点，再徒手连点画圆。

徒手画图，最重要的是要保持物体各部分的比例关系，确定出长、宽、高的相对比例。画图过程中，随时注意将测定线段与参照线段进行比较、修改，避免图形与实物失真太大。对于小的机件，可利用手中的笔估量各部分的大小；对于大的机件，则应取一参照尺度，目测机件各部分与参照尺度的倍数关系。

【课堂活动】

(1) 绘制手柄零件图。选图幅、定比例，布图、画基准线，按顺序画已知线段、中间线段、连接线段，检查加深。

(2) 手柄零件图的尺寸标注。

1.3　挂轮架零件图的识读与绘制

【任务描述】

挂轮架通常起支承、联结等作用。图 1－26 所示为挂轮架零件图，表达了零件制造、检验等相关信息。

知识目标

(1) 初步了解挂轮架零件图的作用和基本内容。

(2) 熟练掌握几何作图的方法。

(3) 熟练掌握平面图形分析的方法(尺寸分析、线段分析)和画法。

技能目标

(1) 读懂挂轮架零件图中所有尺寸和线段的性质。

(2) 按正确的步骤绘出挂轮架零件图。

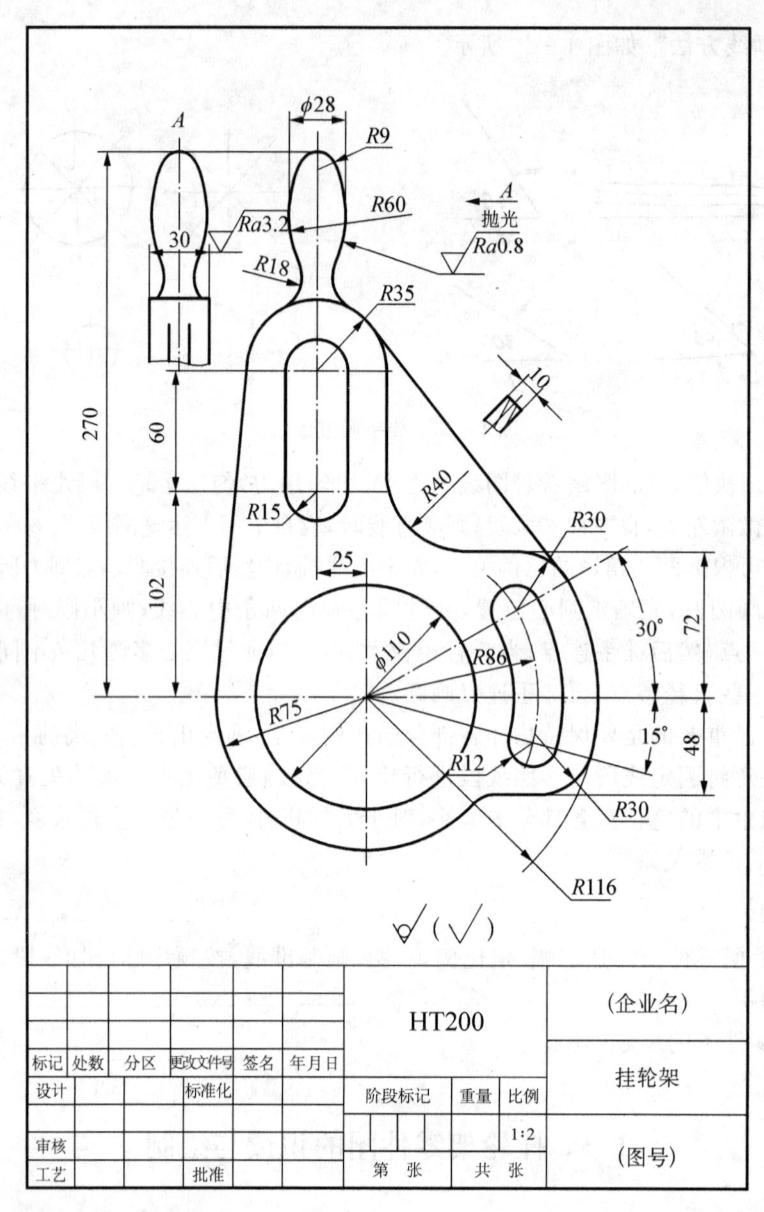

图 1-26 挂轮架

(3) 挂轮架零件图的尺寸标注。

【任务分析】

(1) 看挂轮架零件图 此挂轮架零件采用的是留装订边的 A4 图幅。从标题栏可以看出该零件的名称、绘制比例、所用材料为 HT200,HT 代表灰铸铁,200 表示最小抗拉强度。铸铁是含碳量大于 2.11%的铁碳合金,其中灰铸铁具有铸造性能良好、减摩性好、减震性强、切削加工性良好、缺口敏感性较低等一系列优良性能,而且价格便宜,在目前工业生产中仍是应用最广泛的金属材料之一。

从图 1-26 可以看出,挂轮架的结构可分成上、下两个部分,上方为一个手柄;下方为具有复杂弧线外形的板状结构,并带有圆孔、腰形孔,右上方还有一块肋板,起加强筋作用。

该零件采用了一个基本视图，图中用到了3种线型：粗实线(可见轮廓线)、细实线(尺寸界线、尺寸线)和细点划线(中心线)；视图中的$\sqrt{Ra3.2}$、$\sqrt{Ra0.8}$（抛光）、$\sqrt{}$（◯）、$\sqrt{}$是表面粗糙度符号。

表面粗糙度是指零件加工表面上具有的较小间距和峰、谷组成的微观几何形状特性。表面粗糙度是评定零件表面质量的一项技术指标，它对零件的配合性质、耐磨性、抗腐蚀性、接触刚度、抗疲劳强度、密封性和外观等都有影响。其中：

$\sqrt{}$是基本符号，未指定工艺方法的表面，当通过一个注释解释时可单独使用。

$\sqrt{}$（◯）是扩展图形符号，不去除材料的表面；也可用于表示保持上道工序形成的表面，不管这种状况是通过去除材料或不去除材料形成的。

$\sqrt{Ra3.2}$表示用去除材料加工方法，轮廓算数平均偏差为3.2。

$\sqrt{Ra0.8}$（抛光）表示用抛光的加工方法获得的表面的轮廓算数平均偏差为0.8。

(2) 挂轮架零件图的尺寸分析　其中：

1) 尺寸基准：该挂轮架长度和高度方向上的基准可以以ϕ110孔的中心线为尺寸基准。

2) 定位尺寸：270，102，60，48，25，72，R86，15°，30°。

3) 定形尺寸：ϕ28，R9，R60，R18，R35，R15，ϕ110，R75，R40，R30，R12，R116。

(3) 挂轮架零件图的线段分析　中间线段有R60弧，连接线段包括左右两边切线、R40弧、右边两个R30弧、下方R15弧，其余都是已知线段。

【课堂活动】

(1) 绘制挂轮架零件图　选图幅、定比例，布图、画基准线，按顺序画已知线段、中间线段、连接线段，检查加深，如图1-27所示。

(2) 挂轮架零件图的尺寸标注。

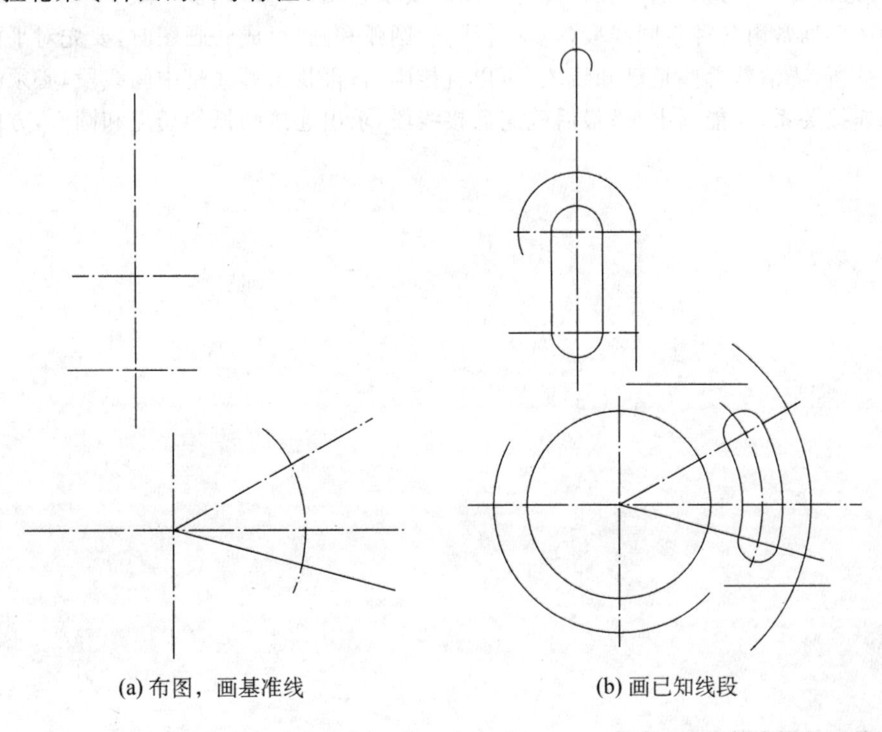

(a) 布图，画基准线　　(b) 画已知线段

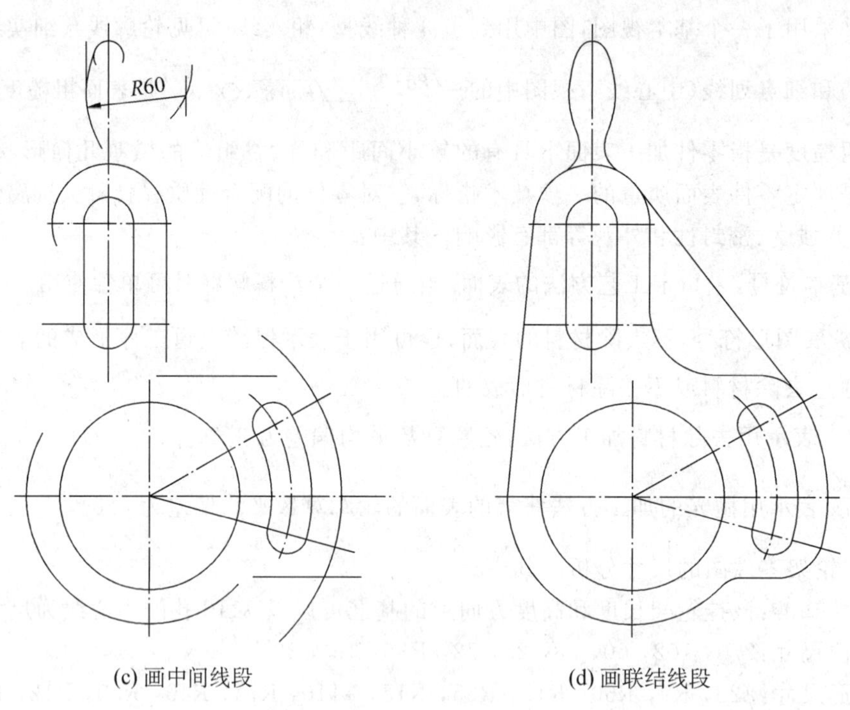

(c) 画中间线段　　(d) 画联结线段

图 1-27　挂轮架

【知识小结】

本任务主要学习了国家标准《技术制图》、《机械制图》中的部分内容：图纸幅面及格式、比例、图线、尺寸标注，还介绍了各种绘图工具的使用方法、常见几何作图法、平面图形的分析和画法，以及尺寸标注。这些内容在识图与绘图时要多查阅、多参考、多实践。

平面图形通常由各种不同线段（包括直线段、圆弧和圆）组成。画图时，要先对平面图形的线段进行分析，弄清楚哪些是已知线段，可以直接画出；再找出哪些是中间线段，必须根据与相邻线段的连接关系，才能画出来；最后确定连接线段，求出连接圆弧的切点和圆心，方能画出。

任务 2　简单零件图的识读与绘制

2.1　螺母坯零件的识读与绘制

【任务描述】

如图 2－1 所示，通过螺栓、螺母将需要联结起来的零件联结在一起，我们把螺栓、螺母等称为紧固件，需要联结在一起的零件称为被紧固件。螺母起到紧固的作用，有时螺母还起到防松的作用。如图 2－2 所示，螺母坯是指制成螺母之前预先铸造好的毛坯，与真实的螺母零件相比，少了内螺纹及外倒圆。

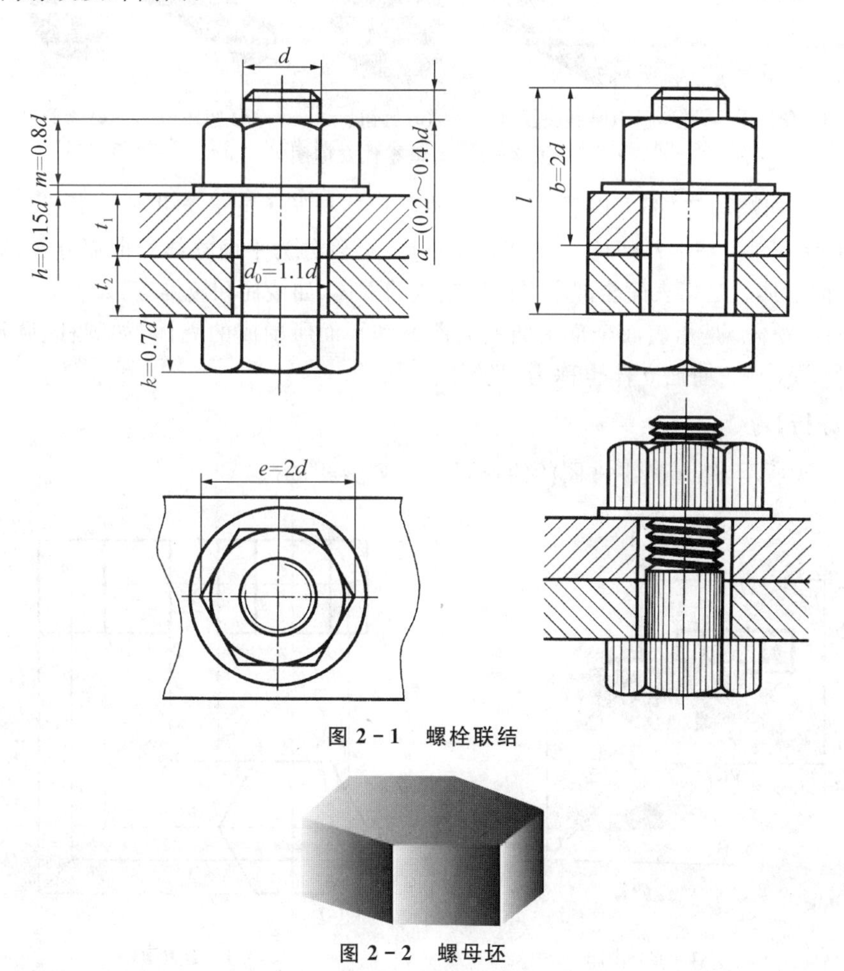

图 2－1　螺栓联结

图 2－2　螺母坯

知识目标

(1) 了解正投影的基本知识，掌握视图上线条和线框的含义。

(2) 了解三视图的形成、三视图的关系(尺寸关系、方位关系、摆放位置)。

技能目标

(1) 能绘制螺母坯的一组视图。

(2) 能在螺母坯零件表面上取点。

【知识链接】

简单零件指由基本几何体独立构成，或基本几何体经简单组合而成的零件，如图 2 - 3 所示。在平面上用图形来表达空间形体，首先要解决的问题是采用什么方法把空间形体转化为平面图形。人们在生产和生活中找到了投影方法，实现了空间与平面间的转换。正投影的基本知识及点、线、面的投影原理见知识链接 B.1。

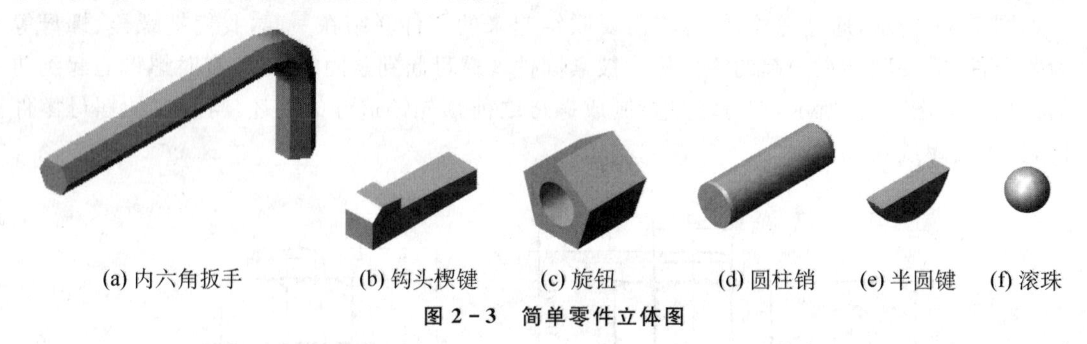

(a) 内六角扳手　(b) 钩头楔键　(c) 旋钮　(d) 圆柱销　(e) 半圆键　(f) 滚珠

图 2 - 3　简单零件立体图

简单零件(如螺母坯)都可以看作是由基本几何体按照不同的方式组合而成的。表面规则而单一的几何体称为基本几何体。按其表面性质，可以分为平面立体和曲面立体两类。

(1) 平面立体　是指表面全部由平面所围成的立体，如棱柱和棱锥等，如图 2 - 3(a, b, c)。

(2) 曲面立体　是指表面全部由曲面或曲面和平面所围成的立体，如圆柱、圆锥、圆球等，如图 2 - 3(d, e, f)。曲面立体也称为回转体。

【任务分析】

如图 2 - 4 所示，螺母坯零件图的绘制可按下列步骤进行。

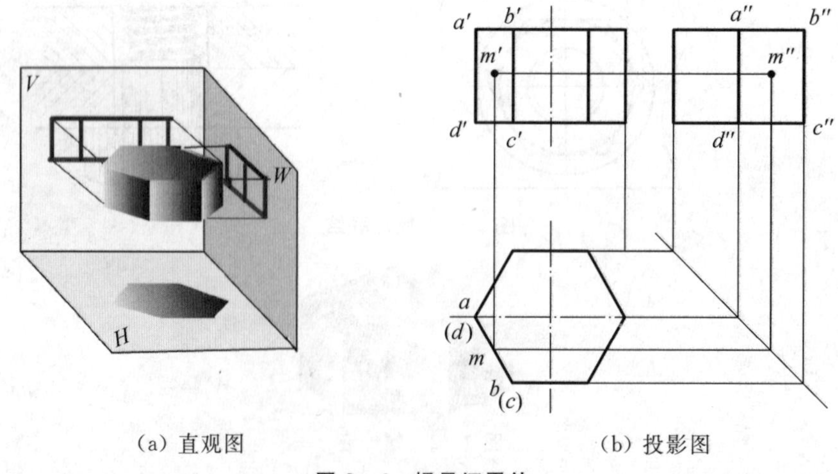

(a) 直观图　(b) 投影图

图 2 - 4　螺母坯零件

(1) 摆放位置　一般将零件正放(立体的表面、对称平面、回转轴线相对于投影面处于平行或垂直的位置)。

(2) 投影分析　有以下几点:

1) 上下两个面。上下两面是水平面,在水平投影面内反映实形(正六边形),且互相重合;在其他两个投影面内的投影积聚成与相应投影轴平行的直线。

2) 6个侧棱面。前后两个侧面是正平面,在V面内反映实形(矩形),且互相重合;在其他两个投影面内的投影积聚成与相应投影轴平行的直线。另外4个侧面是铅垂面,在H面内积聚成一斜线;在其他两个投影面的投影具有类似性,且对应重合。

3) 棱线(平面立体上相邻两表面的交线)。顶面、底面各6条棱线,其中,两条侧垂线在W面积聚成一点,4条水平线在H面内投影为反映实形的斜直线;侧面6条棱线均为铅垂线,在H面积聚成一点。

(3) 作图步骤　先画对称中心线或对称线,再画水平投影(六边形),最后画正面、侧面投影。

(4) 表面上取点　取点的原理和方法与在平面上取点的原理和方法相同。利用积聚性作图,如图2-4(b)中的点M(已知其正面投影,求水平投影和侧面投影):M点在面$ABCD$侧面上,$ABCD$面是铅垂面,其水平投影积聚成一直线,故M点的水平投影必在该面有积聚性的水平投影直线上,再根据投影关系求出侧面投影,并判别可见性。

【重点提示】

(1) 应注意当棱线投影与对称线重合时,应画成粗实线。

(2) 投影轴可不画。

【课堂活动】

(1) 绘制螺母坯的投影图。

(2) 按1∶1绘制图2-5所示的正六棱锥(尺寸从立体图上量取)的投影图。

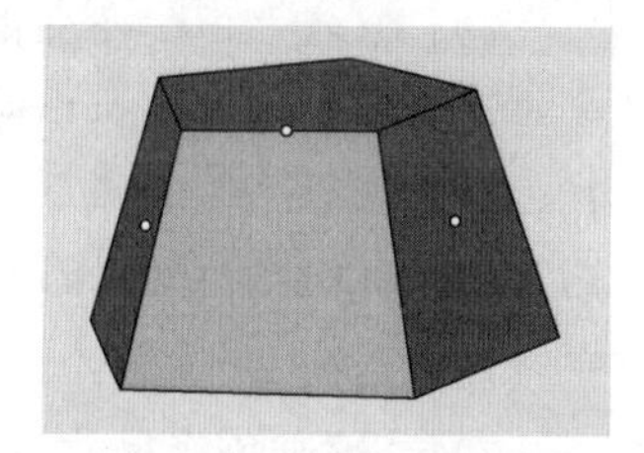

图2-5　正六棱锥

2.2　钩头楔键零件的识读与绘制

【任务描述】

如图2-6所示,钩头楔键主要用来实现轴和轴上零件之间的周向固定以传递扭矩,并可实现轴上零件的轴向固定或轴向移动。其上、下两个表面是工作面,键的上表面有1∶100的斜度,轮毂键槽的底面也有1∶100的斜度,装配时把楔键打入轴和毂槽内,其工作面上产生很大的预紧力。工作时靠摩擦力来传递转矩,并能承受单向的轴向力。

知识目标

(1) 掌握平面立体的绘制方法。

(2) 掌握钩头楔键的投影方法,以及视图的形成和关系(尺寸关系、方位关系、摆放位置)等。

(3) 了解尺寸标注基本要求。

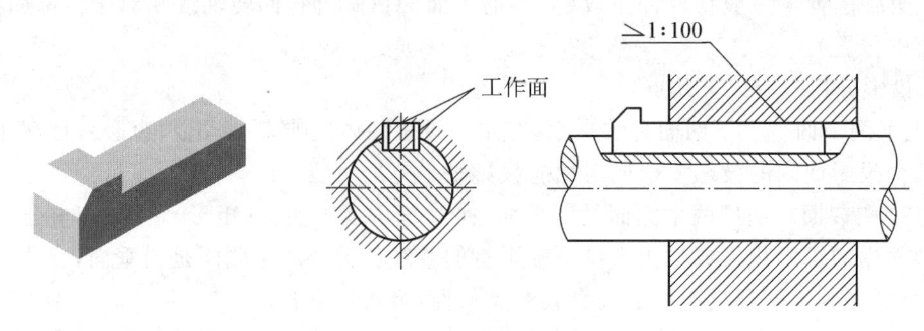

图 2-6　钩头楔键联结

技能目标

(1) 能绘制钩头楔键的一组视图。

(2) 能合理标注尺寸和书写技术要求。

【知识链接】

尺寸标注基本要求是正确、完整、清晰。

(1) 正确　所注尺寸数值要正确无误，注法必须符合国家标准 GBT4458.4—2003(见知识链接 D.1)中有关尺寸标注的要求。

(2) 完整　指所注的尺寸，应能唯一确定物体的形状和大小，不遗漏、不重复、不多注。

(3) 清晰　尺寸布局要整齐、清晰，便于查找和看图。为达到所注尺寸清晰，应做到以下几点：

1) 应尽量将尺寸注在视图的外面，与两个视图有关的尺寸，最好注在两个视图之间，以便于读图。

2) 尽量避免将尺寸注在虚线上。

3) 标注同一方向的连续尺寸时，应排列整齐清晰，尺寸线应对齐。

【任务分析】

钩头楔键零件图的绘制可按下列步骤进行。

(1) 摆放位置　按钩头楔键安装在机器或部件中的安装位置或工作时的位置摆放。

(2) 投影分析　有以下几点：

1) 前后两个面。前后两面是正平面，在主视图内反映实形(七边形)，且互相重合；在俯视图中积聚成直线。

2) 左右两个面。左右两面是侧平面，在左视图内反映实形(矩形)，在主俯视图中积聚成直线。

3) 上面 4 个表面从左往右依次是正垂面、水平面、侧平面、水平面，其投影特性自行分析。

(3) 作图步骤　先画主视图，再画俯视图，最后标注尺寸和用类比法书写技术要求，如图 2-7所示。

【重点提示】

在绘制零件视图时并不一定要绘制三个视图，在表达清楚零件结构的基础上视图方案应简洁。

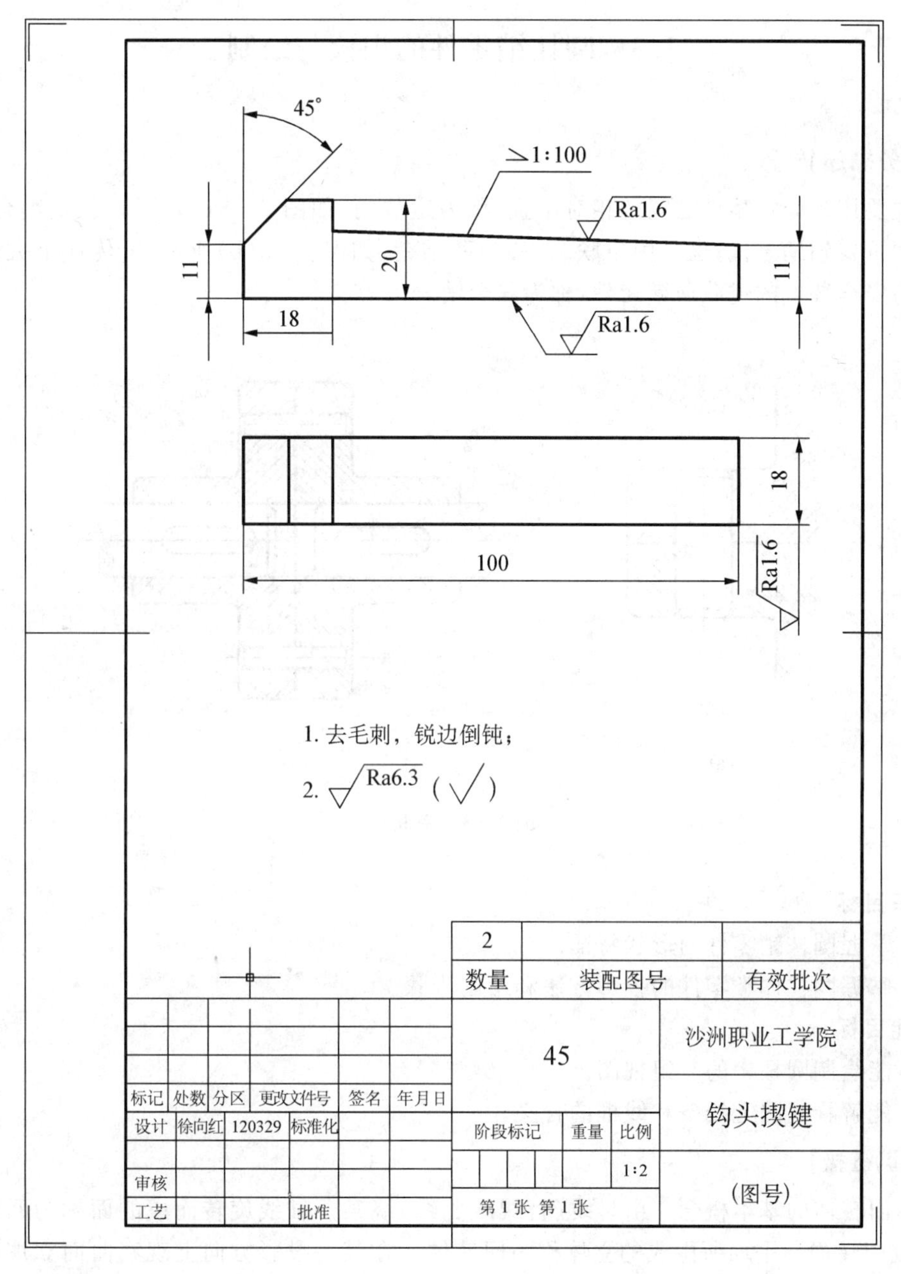

图 2-7　钩头楔键

【课堂活动】

(1) 绘制钩头楔键零件图。

(2) 标注该零件尺寸。

(3) 用类比法书写技术要求。

2.3 圆柱销零件的识读与绘制

【任务描述】

销主要用来固定零件之间的相对位置，称为定位销，如图 2-8(a)所示，它是组合加工和装配时的重要辅助零件；也可用于联结，称为联结销，如图 2-8(b)所示，可传递个大的载荷；还可作为安全装置的过载剪断元件，称为安全销。

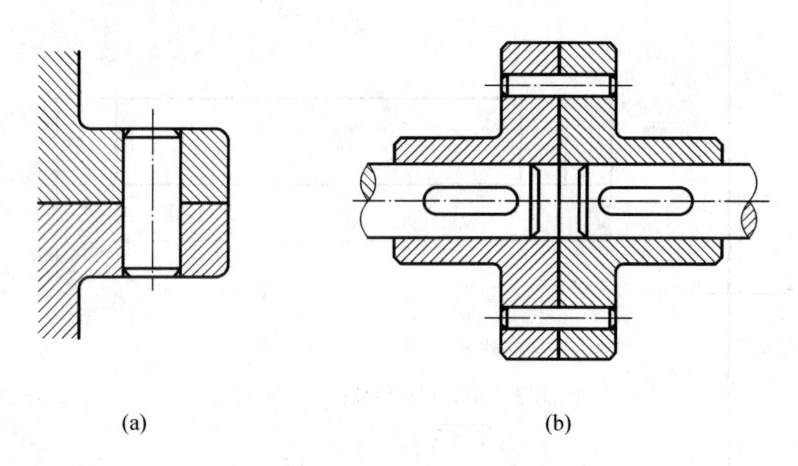

图 2-8 销联结

知识目标

(1) 掌握圆柱销零件的形状特征。

(2) 掌握圆柱体类零件的投影方法和绘制步骤。

技能目标

(1) 能绘制圆柱销的一组视图。

(2) 能解释视图上线条和线框的含义。

【知识链接】

(1) 回转体的基本概念　由母线(直线或曲线)绕某一轴线旋转而成的面称为回转面，由回转面或回转面与平面所围成的立体称为回转体。在某一投影方向上观察曲面立体时，可见与不可见部分的分界线称为转向轮廓线；母线的任一位置称为素线；母线上各点的运动轨迹皆为垂直于回转轴线的圆，这些圆周称为纬线(纬圆)；在回转面上作素线取点、线的方法称为素线法；在回转面上作纬线取点、线的方法称为纬线法。常见的回转体有圆柱、圆锥、圆球、圆环。

(2) 圆柱的投影　说明如下：

1) 圆柱的形成。圆柱由圆柱面和顶圆平面、底圆平面围成的。圆柱面是由一条直母线绕与其平行的轴线旋转而成的，如图 2-9(a)所示。

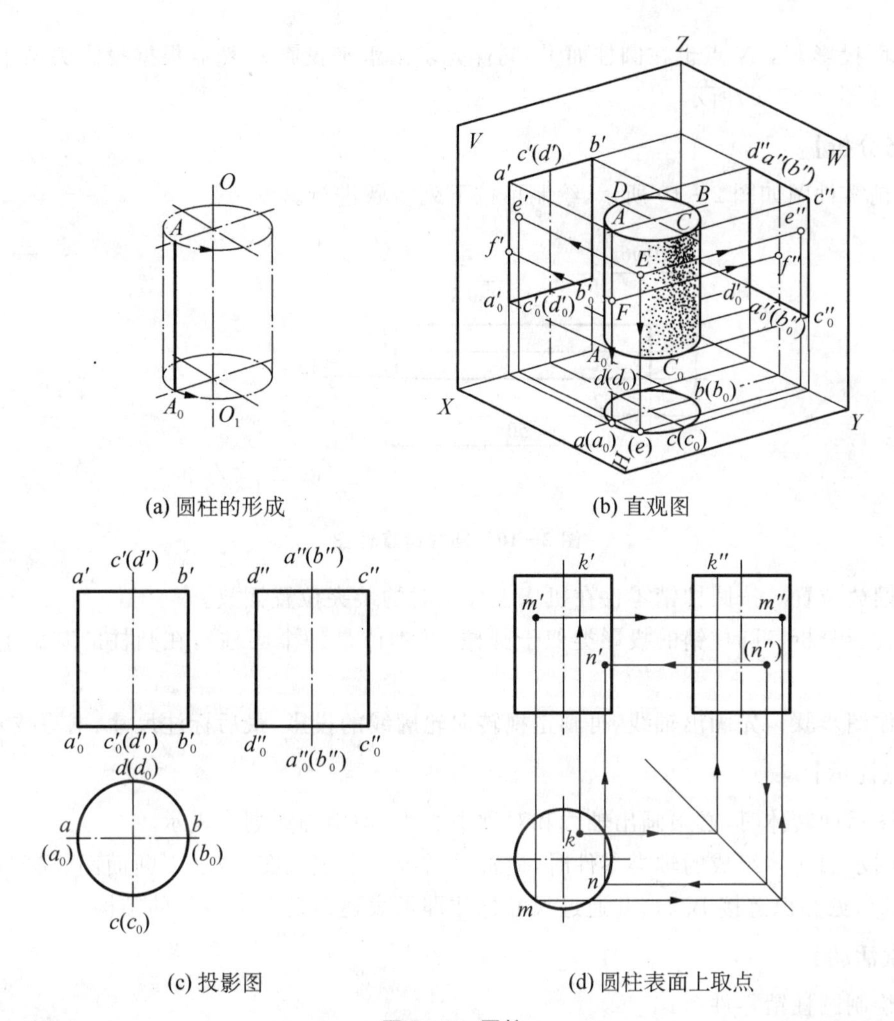

(a) 圆柱的形成

(b) 直观图

(c) 投影图

(d) 圆柱表面上取点

图 2-9　圆柱

2）圆柱的投影。①圆柱的顶圆平面、底圆平面为水平面，其水平投影反映顶、底圆平面平行，且重合；正面投影和侧面投影均积聚为平行于相应投影轴的直线，且等于顶、底圆的直径。②圆柱面为铅垂面，其水平投影积聚为一圆，且与顶、底圆平面俯视轮廓线的水平投影圆周相重合。③圆柱面的正面投影应画出该圆柱面正视转向轮廓线的正面投影，其侧面投影与圆柱轴线的侧面投影重合，省略不画。④圆柱面的侧面投影应画出该圆柱面侧视转向轮廓线的侧面投影，其正面投影与圆柱轴线的正面投影重合，亦省略不画。

3）作图步骤。先画出轴线和对称中心线，然后画出圆柱面有积聚性的投影（为圆），再根据投影关系画出圆柱的另两个投影（为同样大小的矩形），表明转向轮廓线的投影，如图 2-9(c)所示。

投影特点：一个视图为圆，另两个为矩形。

(3) 圆柱表面上取点　已知点 M 的正面投影 m'、点 N 的侧面投影 n'' 和点 K 的水平投影 k，求各点的另两面投影。M 点利用圆柱面是铅垂面，其水平投影积聚为一圆，故 m 在此圆上，然后利用投影关系求出 M 点的侧面投影 m''；点 K 在上顶圆平面上，利用顶圆平面是水平面，其正面投影和侧面投影均积聚为直线，故先求出点 K 的侧面投影 k''，然后利用投影关系求出

K 点的正面投影 k'，N 点也在圆柱面上，同样先求出水平投影 n，然后根据投影关系求出正面投影 n'。如图 2-9(d)所示。

【任务分析】

圆柱销零件图如图 2-10 所示，绘制可按下列步骤进行。

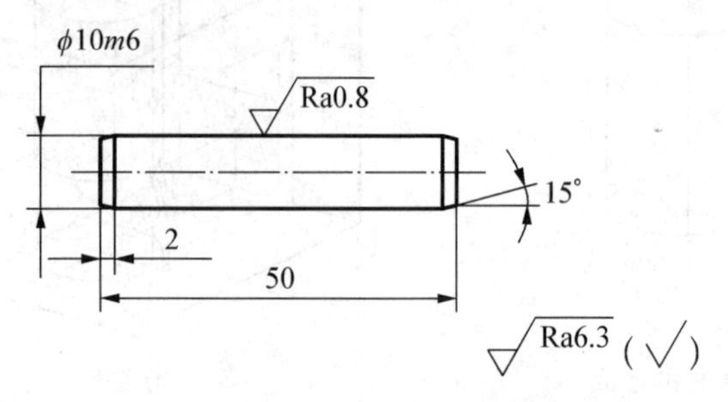

图 2-10 圆柱销零件图

(1) 摆放位置 按圆柱销零件在机床上加工时的装夹位置摆放。

(2) 投影分析 圆柱销的投影类似于圆柱(基本体是一个圆柱)，在圆柱的基础上两端加工有倒角。

(3) 作图步骤 先画出轴线，再画正视转向轮廓线的投影，最后标注尺寸、书写技术要求。

【重点提示】

(1) 图示回转体时，必须画出轴线和对称中心线，均用细点划线表示。

(2) 图示回转体组成的轴类零件时，通常只需画一个主视图(或加上断面图、局部放大图、简化画法等，见知识链接 B.2)，并通过尺寸标注即可表达清楚此类零件的结构。

【课堂活动】

(1) 绘制圆柱销零件图。

(2) 标注该零件尺寸。

(3) 用类比法书写技术要求。

2.4 T 形槽用螺栓头部的识读与绘制

【任务描述】

T 形槽用螺栓形状特殊，头部两侧要切掉，如图 2-11 所示，常见于机床夹具上，与 T 型槽配合使用，通过螺纹配合固定工件。

知识目标

(1) 掌握圆柱截切的画法。

(2) 掌握视图上线条和线框的含义。

技能目标

(1) 能绘制 T 形槽用螺栓零件的一组视图。

(2) 能合理标注尺寸和书写技术要求。

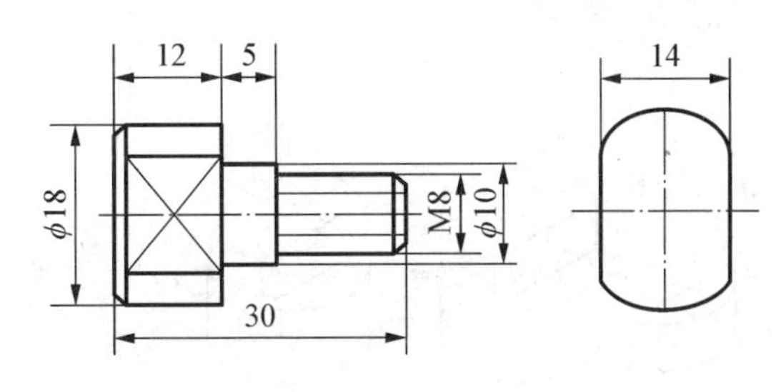

图 2-11　T 形槽用螺栓

【知识链接】

立体被平面切割所产生的交线称为截交线，截交线为封闭的平面图形，其形状取决于立体的几何性质及其与截平面的相对位置，通常为平面折线、平面曲线或平面曲线与直线组成。截交线是立体与截平面上的共有线，截交线上的点是立体与截平面上的共有点。

圆柱被平面截切的几种情况见表 2-1。

表 2-1　截切圆柱

截交线形状	矩形	圆	椭圆
空间形体			
投影图			

扁头螺栓的头部实际上就是一个带切口的圆柱，如图 2-12(a)所示。带切口圆柱的三视图的绘制步骤如下。

(1) 形体分析：该圆柱切口是用一个水平面和两个侧平面切割而成，并且左右对称(见图 2-12(a))。

(2) 画出完整的圆柱的三视图和切口的特征视图，如图 2-12(b)所示。

(3) 求出切口上的一些特征点的投影，然后将各点联结起来，如图 2-12(c)所示。

(4) 判别可见性，检查、整理、描深，如图 2-12(d)所示。

(5) 标注尺寸，如图 2-12(e)所示。

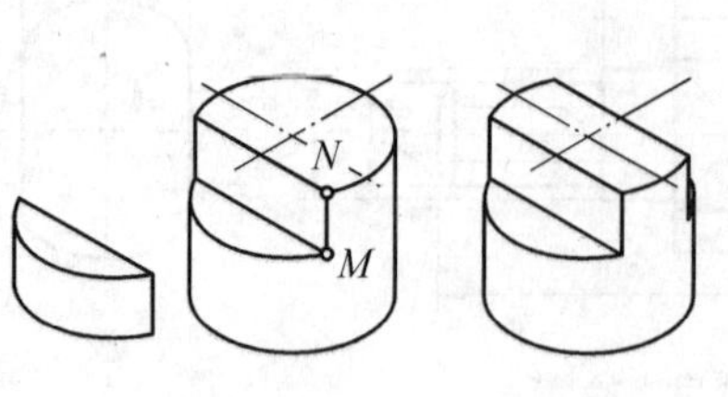
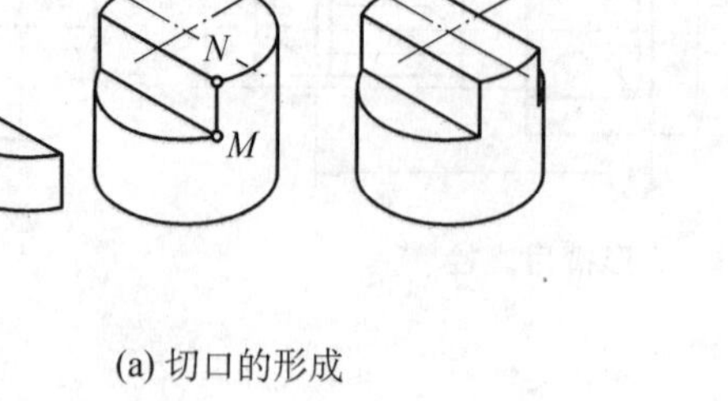

(a) 切口的形成

(b) 圆柱的三视图及切口的特征视图

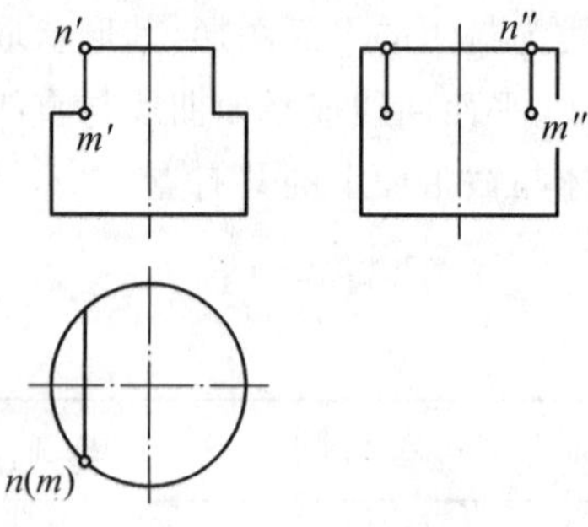

(c) 圆柱切口上特征点的投影

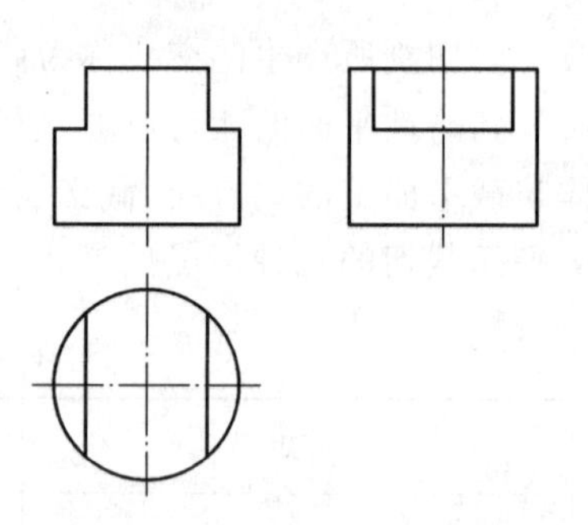

(d) 带切口圆柱的三视图

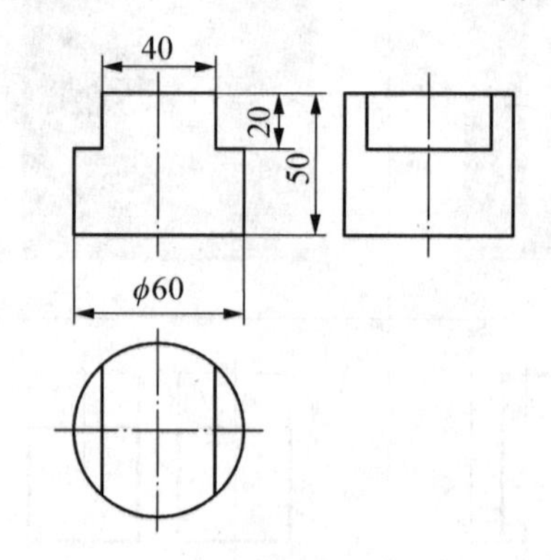

(e) 带切口圆柱三视图的尺寸标注

图 2－12　带切口圆柱的三视图的绘制

【任务分析】

扁头螺栓零件图的绘制可按下列步骤进行。

（1）摆放位置　按扁头螺栓零件在机床上加工时的装夹位置摆放。

（2）投影分析　扁头螺栓的投影类似于圆柱。基本体是一个阶梯圆柱，最右边一段是在圆柱上加工出螺纹（螺纹的画法见后面章节），最左边一段就是圆柱的截切。

（3）作图步骤　先画出轴线，再画正视转向轮廓线的投影和左视图，最后标注尺寸、书写技术要求。

【课堂活动】

（1）绘制扁头螺栓零件图。

（2）标注该零件尺寸。

2.5 圆锥滚子零件的识读与绘制

【任务描述】

圆锥滚子是圆锥滚子轴承上的一个组成零件，如图 2-13 所示，圆锥滚子轴承由外圈、内圈、滚动体（即圆锥滚子）和保持架组成。轴承是支承轴和轴上零件的部件，圆锥滚子轴承能承受较大的径向和单向轴向联合载荷。

图 2-13 圆锥滚子轴承

知识目标

(1) 掌握圆锥体的形状特征。

(2) 掌握圆锥体类零件的投影方法和绘制步骤。

技能目标

(1) 能绘制圆锥滚子的一组视图。

(2) 能合理标注尺寸和书写技术要求。

【知识链接】

(1) 圆锥的形成　圆锥是由圆锥面和底圆平面围成的。圆锥面可以看作是一条直母线绕与它相交的轴线回转而成。圆锥面上任一位置的素线均交于锥顶 S，如图 2-14(a)所示。

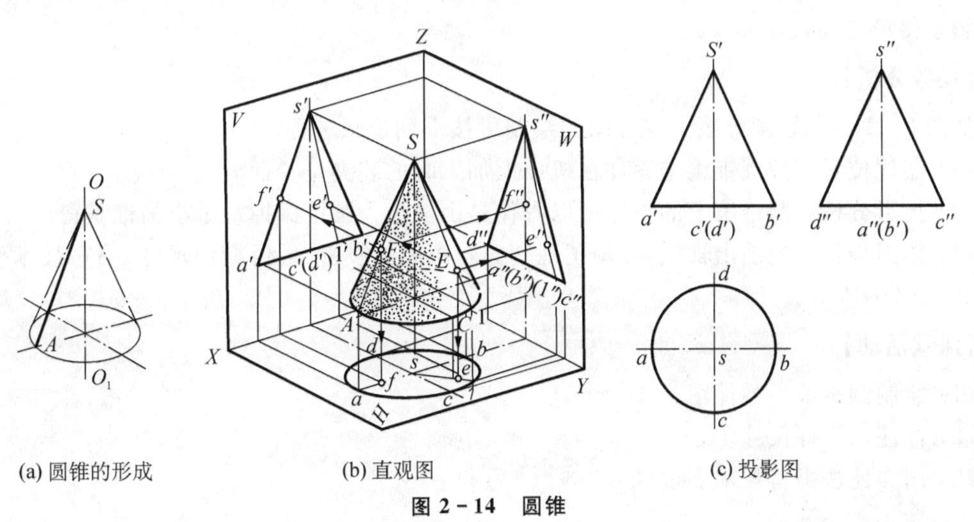

(a) 圆锥的形成　(b) 直观图　(c) 投影图

图 2-14 圆锥

（2）圆锥的投影　说明如下：

1）底圆平面为水平面，其水平投影为圆，且反映底圆平面的真形，底圆平面的正面投影和侧面投影均积聚为直线，且等于底圆的直径。

2）圆锥面（无积聚性），水平投影为圆，且与圆锥底圆平面的水平投影重合，整个圆锥面的水平投影都可见。正面投影画出正视转向轮廓线的正面投影（等腰三角形），侧面投影画出侧视转向轮廓线的侧面投影（等腰三角形）。

投影特点：一个视图为圆，另两个为三角形。

（3）作图步骤　先画出轴线和对称中心线（细点划线表示），然后画出圆锥反映为圆的投影，再根据投影关系画出圆锥的另两个投影（为两个同样大小的等腰三角形），如图2－14(c)所示。

（4）圆锥表面上取点　已知圆锥表面上点 M 的水平投影 m，如图 2－15 所示，求其正面投影 m' 和侧面投影 m''。

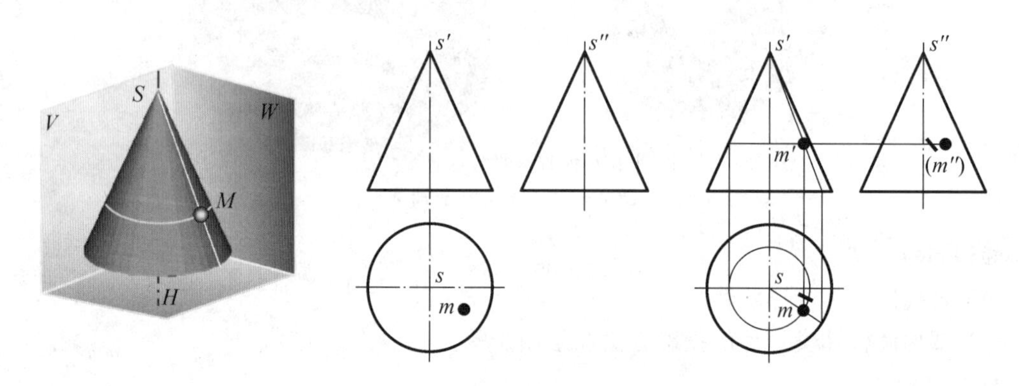

图 2－15　圆锥投影及圆锥表面上取点

由于圆锥面没有积聚性，因此除处于圆锥面转向轮廓线上特殊位置的点或底圆平面上的点，可以直接求出之外，其余处于圆锥表面上一般位置的点，则必须用辅助线（素线法或纬圆法作图），并表明可见性。作素线 SM，然后作出水平投影 m，根据两面投影求出第三面投影 m''；做过 M 点的纬圆，先求出该纬圆的水平投影，再根据正面投影的从属性求得 m'，最后根据两面投影求得第三面投影 m''。

【任务分析】

如图 2－16 所示，圆锥滚子零件图的绘制可按下列步骤进行。

（1）摆放位置　按圆锥滚子零件在机床上加工时的装夹位置摆放。

（2）投影分析　圆锥滚子的投影可以看作是由一个大圆锥截掉一个小圆锥获得。

（3）作图步骤　先画出轴线，再画正视转向轮廓线的投影，最后标注尺寸、书写技术要求，如图 2－16(b)所示。

【课堂活动】

（1）绘制圆锥滚子零件图。

（2）标注该零件尺寸。

（3）用类比法书写技术要求。

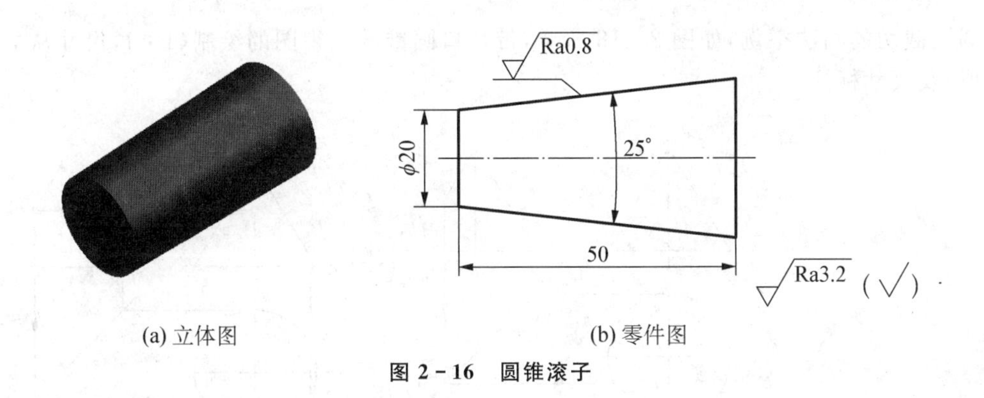

(a) 立体图　　(b) 零件图

图 2-16　圆锥滚子

2.6　顶针零件的识读与绘制

【任务描述】

顶针是一种机床辅具，装在尾架上帮助夹紧工件，如图 2-17 所示。

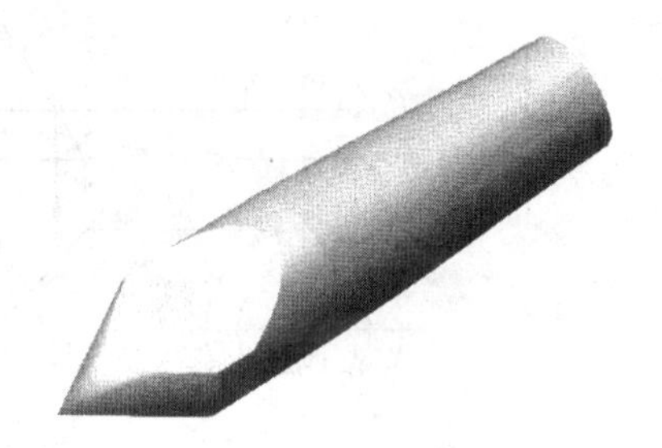

图 2-17　顶针

知识目标

（1）了解形体分析法。

（2）掌握截交线的画法。

技能目标

（1）能按步骤绘制顶针的三视图。

（2）能合理标注尺寸。

【知识链接】

圆锥被截切的几种情况，见表 2-2 所示。

表 2-2　截切圆锥

截平面的位置	过锥顶	与轴线垂直	与所有素线相交	与轴线平行	平行某一素线
截交线的形状	三角形	圆	椭圆	双曲线	抛物线
空间形体		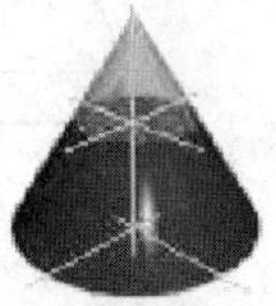		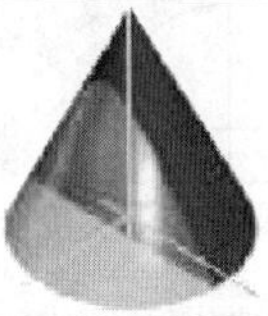	
投影图	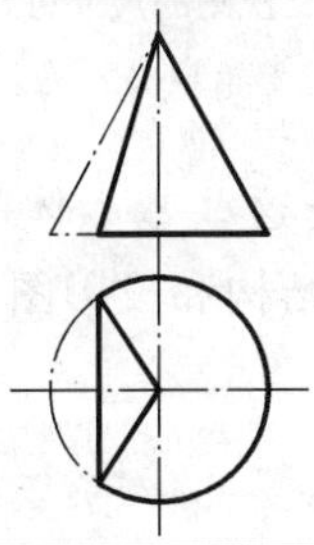	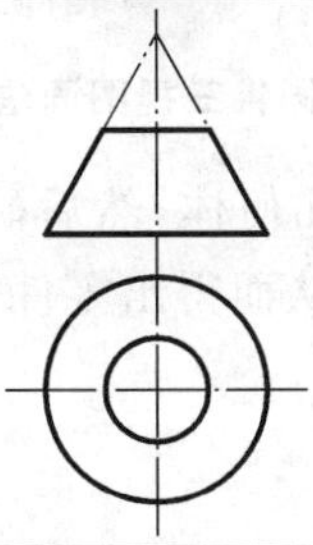	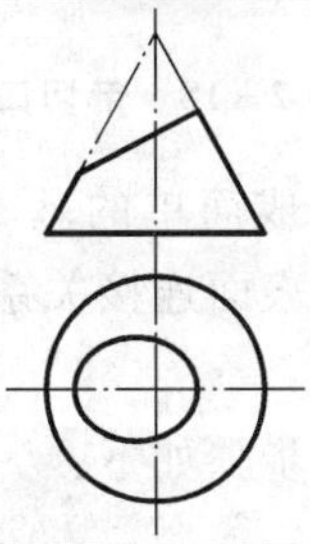	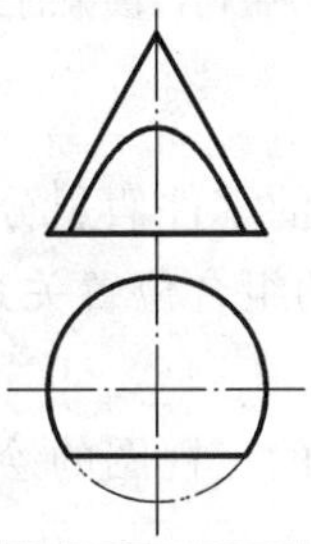	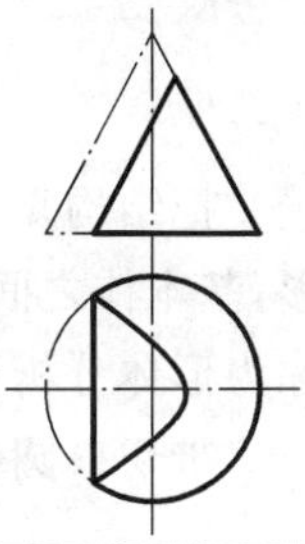

圆锥截切的画法举例，如图 2 - 18 所示，带切口圆锥的三视图的绘制(1∶1，尺寸从立体图上量取)及尺寸标注。

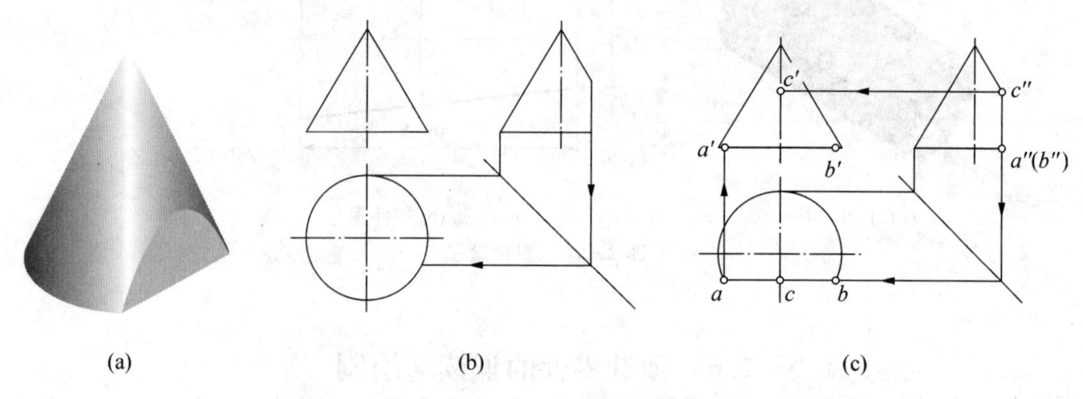

圆锥切口上特殊点 A，B，C 的投影

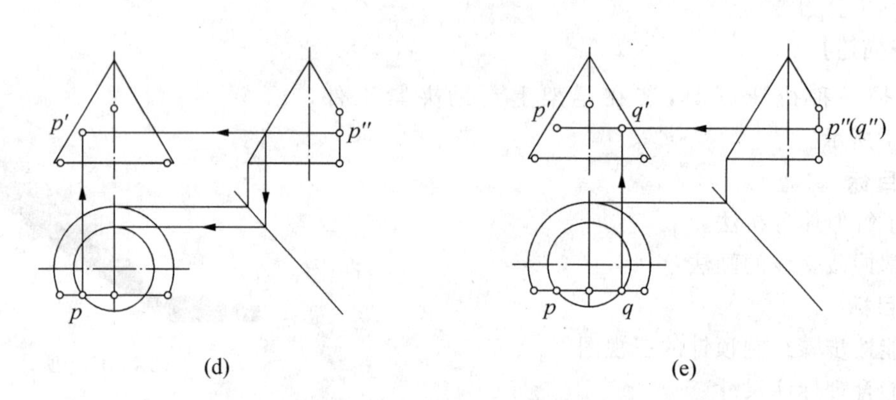

圆锥切口上一般点 P，Q 的投影

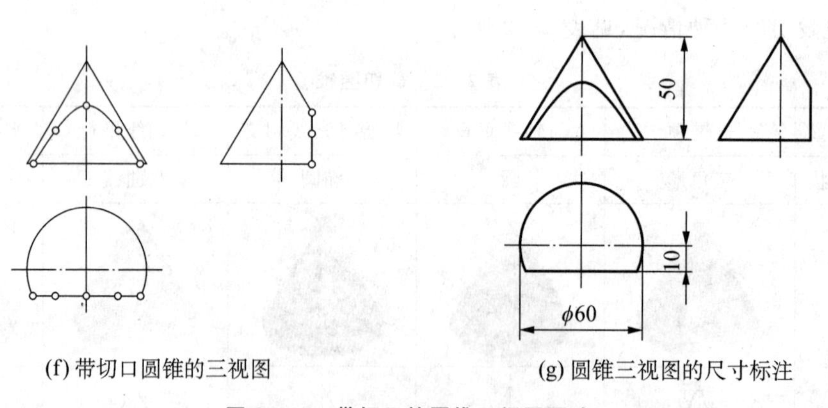

(f) 带切口圆锥的三视图　　(g) 圆锥三视图的尺寸标注

图 2 - 18　带切口的圆锥三视图画法

把结构复杂的零件假想分解成简单的基本几何体，然后研究这些基本体的几何属性、投影，基本体之间的组合位置关系、表面连接关系，从而得出零件的结构和投影图，这种分析过程称为形体分析法。

带切口圆锥的三视图的绘制步骤如下：

(1) 形体分析：该圆锥切口是用一个平行于轴线的平面切割而成，截迹为双曲线如图 2 - 18(a)所示。

(2) 画出完整的圆锥的三视图和切口的特征视图。

(3) 求出切口上的一些特征点的投影，根据圆锥表面求点的方法求出各点的三面投影，然后将各点连接起来，如图 2 - 18(c～e)。

(4) 判别可见性，检查、整理、描深，如图 2 - 18(f)。

(5) 标注尺寸，如图 2 - 18(g)。

【任务分析】

(1) 形体分析　该顶针零件由圆锥、圆柱、圆台同轴相贯构成主体。切口由一个水平面和一个正垂面切割而成。水平面切割圆锥交线为双曲线，切割圆柱交线为两直线；正垂面切割圆柱交线为椭圆弧。

(2) 作图步骤　具体如下：

1) 先绘制没有切割之前的顶针主体的三视图，如图 2 - 19(a)所示；

2) 画出切口的特征视图主视图，如图 2 - 19(b)所示；

3) 分别求出双曲线 ABC、两直线 AR 和 CQ、椭圆弧 RPQ 的投影，将各点联结起来，并检查、整理，判别可见性，如图 2 - 19(c～g)所示；

4) 描深，标注尺寸，如图 2 - 19(h)所示。

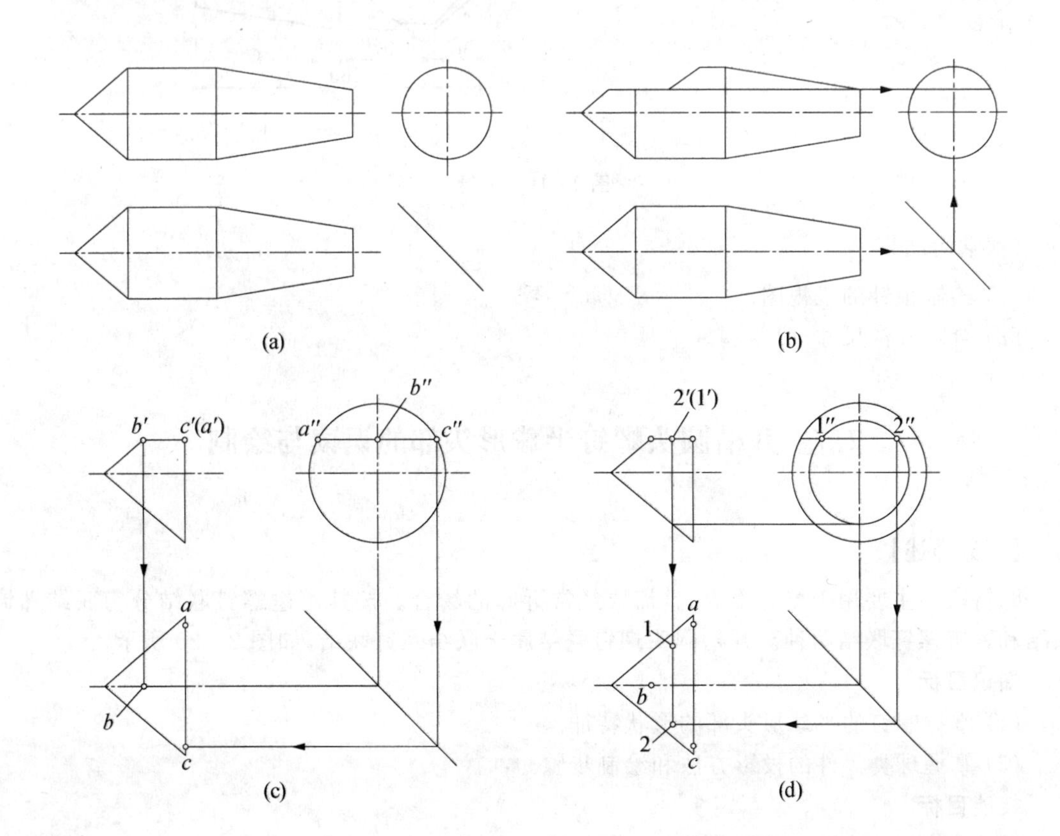

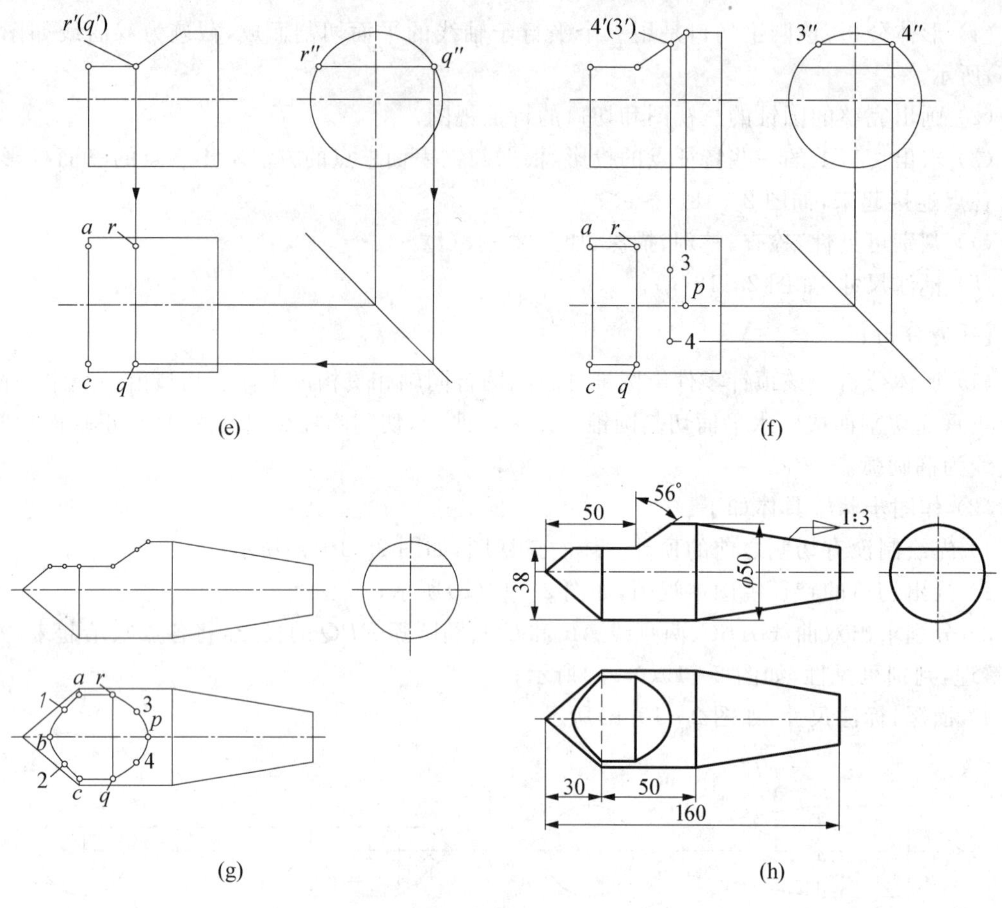

图 2-19 顶针

【课堂活动】

(1) 绘制顶针的三视图。

(2) 合理标注尺寸。

2.7 开槽圆头螺钉半球形头部的识读与绘制

【任务描述】

螺钉联结主要用于受力不大,且需要经常拆卸的场合。按其用途螺钉联结分为联结螺钉联结和紧定螺钉联结两种。开槽圆头螺钉联结属于联结螺钉联结,如图 2-20 所示。

知识目标

(1) 掌握螺钉的半球形头部的形状特征。

(2) 掌握球类零件的投影方法和绘制步骤。

技能目标

(1) 能绘制开槽圆头螺钉头部的一组视图。

(2) 能合理标注尺寸。

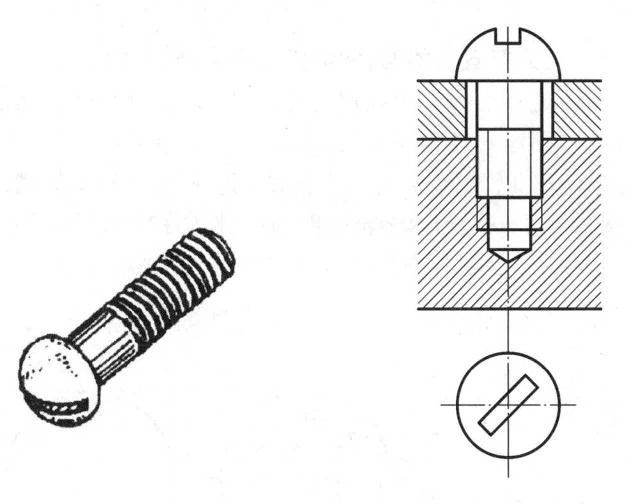

图 2－20 开槽圆头螺钉及其联结

【知识链接】

(1) 圆球(如滚珠)的形成　圆球面可以看作由一圆为母线,绕其通过圆心且在同一平面的轴线(直径)回转而形成的曲面。如图 2－21(a)所示。

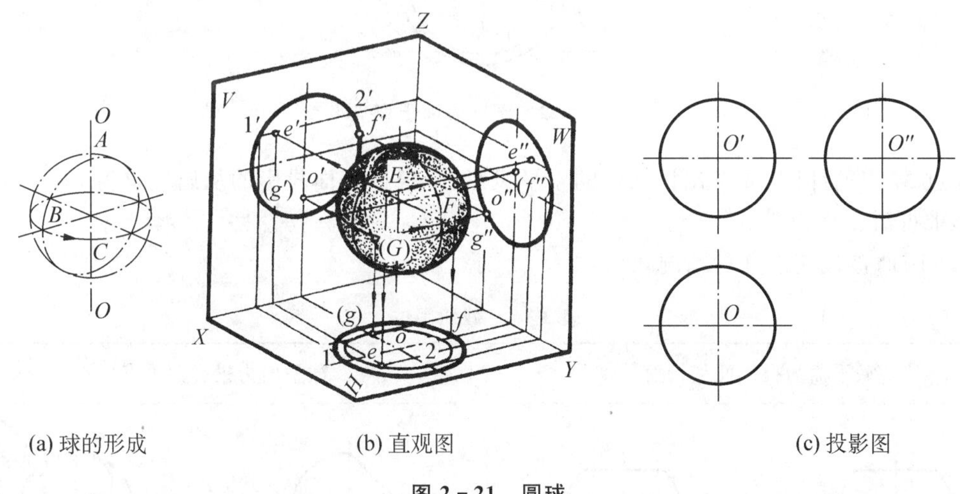

(a) 球的形成　　(b) 直观图　　(c) 投影图

图 2－21　圆球

(2) 圆球的投影　说明如下:

1) 正面投影的圆是圆球正视转向轮廓线(是前、后半球面的可见与不可见的分界线)的正面投影,而圆球正视转向轮廓线的水平投影与圆球水平投影的水平对称中心线重合,其侧面投影与圆球侧面投影的垂直对称中心线重合,都省略不画。

2) 水平投影的圆是圆球俯视转向轮廓线(是上、下半球面的可见与不可见的分界线)的水平投影,而圆球俯视转向轮廓线的正面投影与侧面投影均分别在其水平对称中心线上,都省略不画。

3) 侧面投影的圆是圆球侧视转向轮廓线(是左、右半球面的可见与不可见的分界线)的侧面投影,而圆球侧视转向轮廓线的正面投影与水平投影均分别在其垂直对称中心线上,都省略不画。

投影特点:三面投影均为等直径的圆,它们的直径为球的直径。

(3) 作图步骤　先确定球心的 3 个投影位置的 3 组对称中心线,然后再以球心的 3 个投影为圆心分别画出 3 个与圆球直径相等的圆,如图 2-21(c)所示。

(4) 圆球表面上取点　已知圆球表面上点 M 的正面投影 m',试求其另两个投影,如图 2-22 所示。由于圆球的 3 个投影均无积聚性,所以在圆球表面上所取点、线,除属于转向轮廓线上的特殊点可直接求出之外,其余处于一般位置的点,都需要用辅助线(纬圆或纬线)作图,并表明可见性。

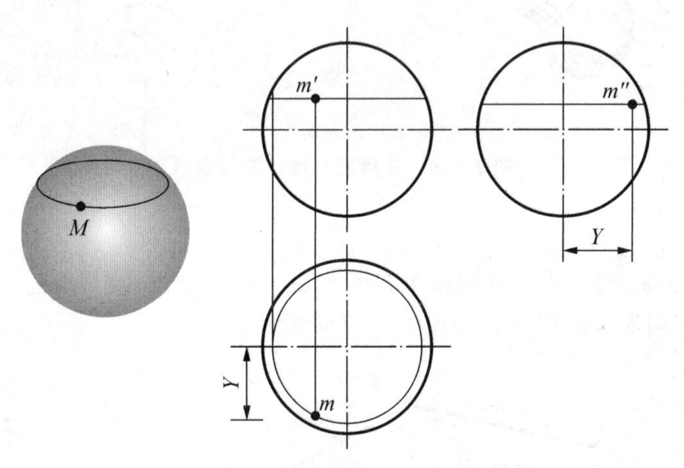

图 2-22　圆球表面上取点

作过 M 点的纬圆,先求出该纬圆的水平投影,即根据正面投影的从属性求得 m,再根据两面投影求得第三面投影 m''。

(5) 圆球被截切的几种情况,见表 2-3 所示。

表 2-3　截切圆球

截平面为投影面平行面	截平面为投影面垂直面
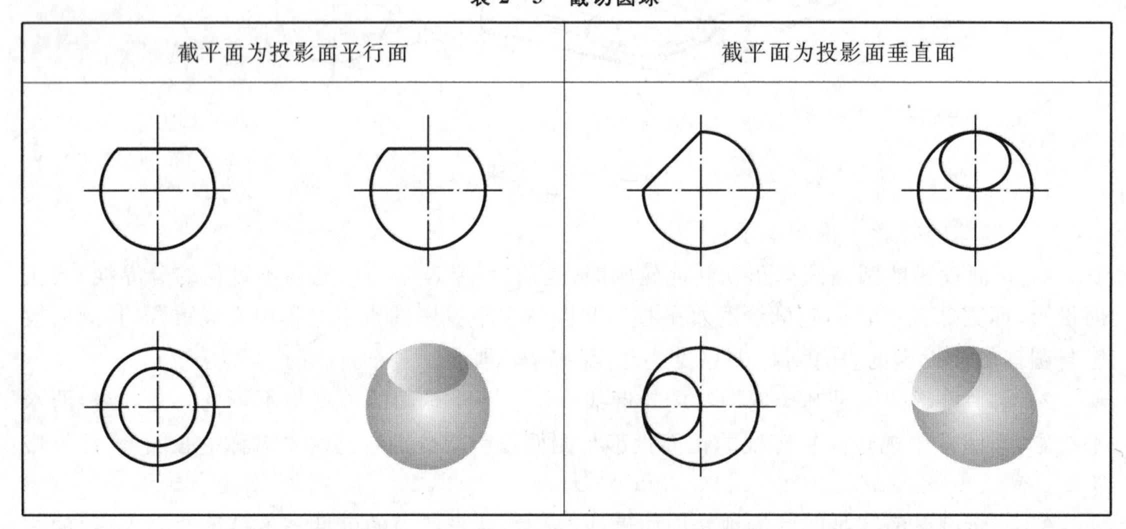	

【任务分析】

已知半球头部通槽的正面投影，求其他两面投影。开槽圆头螺钉头部的绘制可按下列步骤进行。

(1) 摆放位置　按开槽圆头螺钉零件工作时水平位置摆放。

(2) 形体分析　通槽是由一水平面 Q 和两侧平面 P 对称地截切半球而成的，它们与半球的交线都是圆弧。

(3) 作图步骤　先画出没有截切之前的半球的另两面投影，然后作 Q 平面的截交线，再作 P 平面的截交线，最后标注尺寸，如图 2-23 所示。

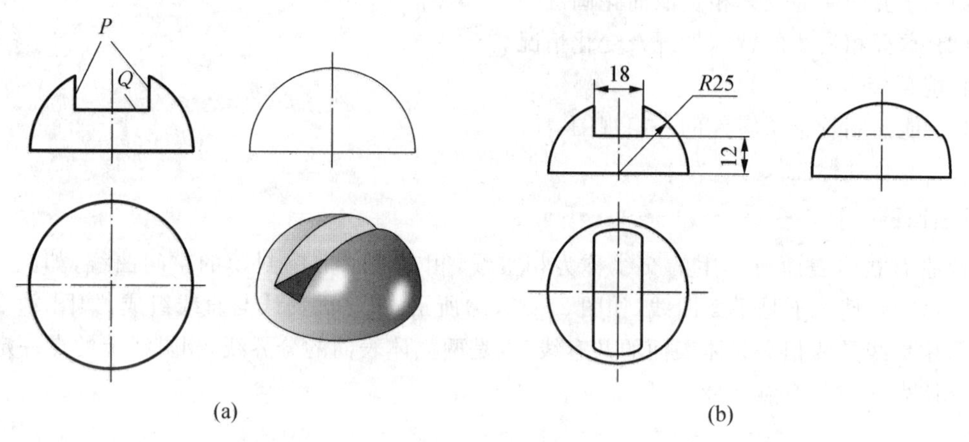

图 2-23　开槽圆头螺钉半球形头部的画法

【重点提示】

标注带缺口基本体的尺寸时，除注出基本体的尺寸外，还要注出截平面的位置尺寸。只要截平面和基本体的相对位置确定，截交线就会确定，因此截交线上不注尺寸。

【课堂活动】

(1) 绘制开槽圆头螺钉半球形头部的投影图。

(2) 标注尺寸。

2.8　管接头零件的识读与绘制

【任务描述】

在日常生活中，水管、煤气管道等经常会出现从一个口进入，然后分几路出去，这就要用管接头联结，如图 2-24 所示。通过识读和绘制管接头零件，达到以下目标。

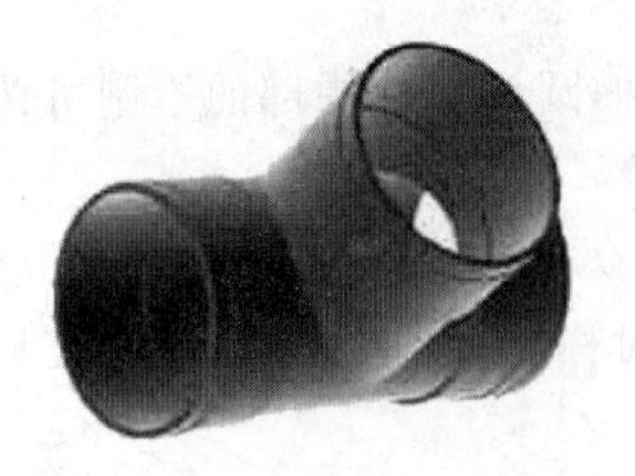
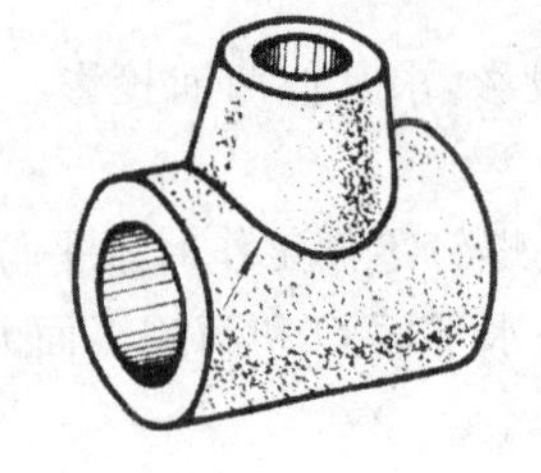
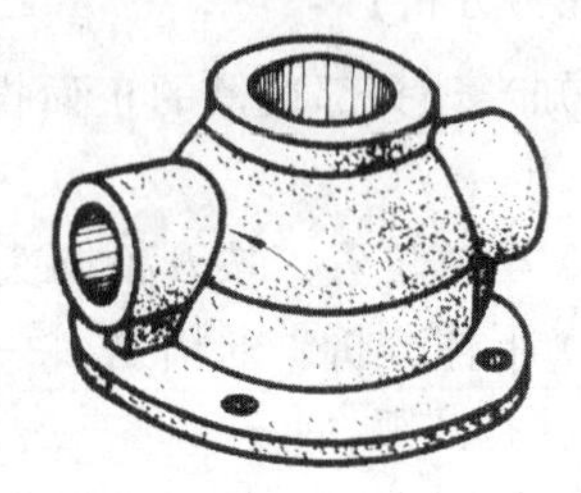

图 2-24　三通管和盖

知识目标

（1）掌握两曲面立体相贯的简化画法。

（2）掌握相贯线的特殊情况及变化情况。

技能目标

（1）能绘制管接头零件的一组视图。

（2）能合理标注尺寸。

【知识链接】

两曲面立体表面所产生的交线称为相贯线，相贯线一般为封闭的空间曲线，如图 2-25(a)所示，特殊情况下是平面曲线，如图 2-25(b)所示，或平面曲线与直线组成，如图 2-25(c)所示。相贯线是两相交立体表面的共有线，也是两立体表面的分界线，相贯线上的点一定是两相交立体表面的共有点。

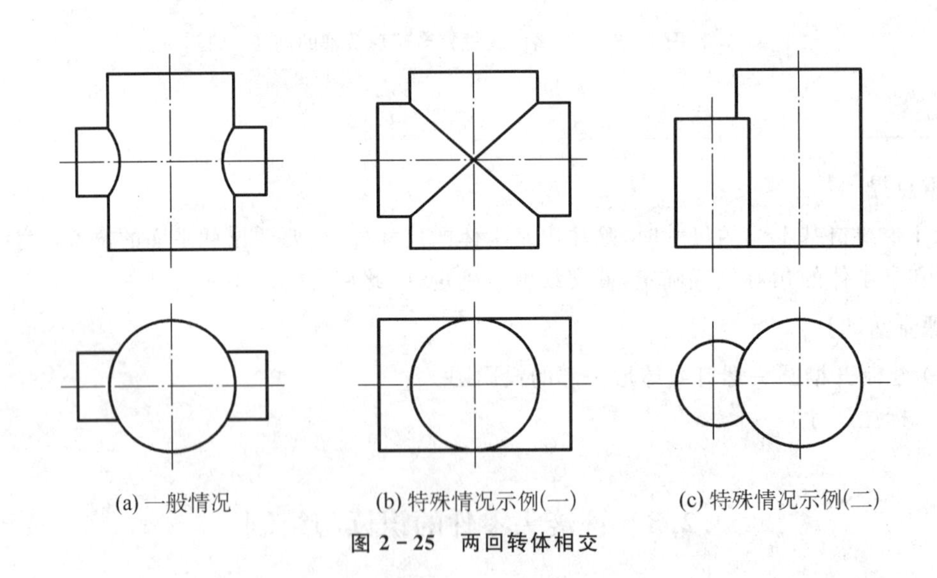

图 2-25　两回转体相交

（1）两圆柱相交的画法　轴线正交的两圆柱表面的相贯，如图 2-26 所示。

1）投影分析。两圆柱轴线垂直相交，一轴线垂直于 H 面，一轴线垂直于 W 面，相贯线的水平投影就是有积聚性的圆，侧面投影是一段两圆柱重合的圆弧，因此只求正面的投影。

2）作图步骤。首先画基本体的投影，再根据圆柱投影为圆的视图具有积聚性的特点，找出相贯线在左视图和俯视图上的投影，于是，只需求相贯线的主视图：先求相贯线的特殊点——最高、最低（素线上的）点，最左、最右（素线上的）点，最前、最后（素线上的）点，如点 A，B，C，D 点，如图 2-26(b)所示，再求一些中间点，如图 2-26(b)中的 1，2 点；再根据空间的情况将这些点连起来，并检查、整理，判别可见性，描深，如图 2-26(d)所示；最后标注尺寸。

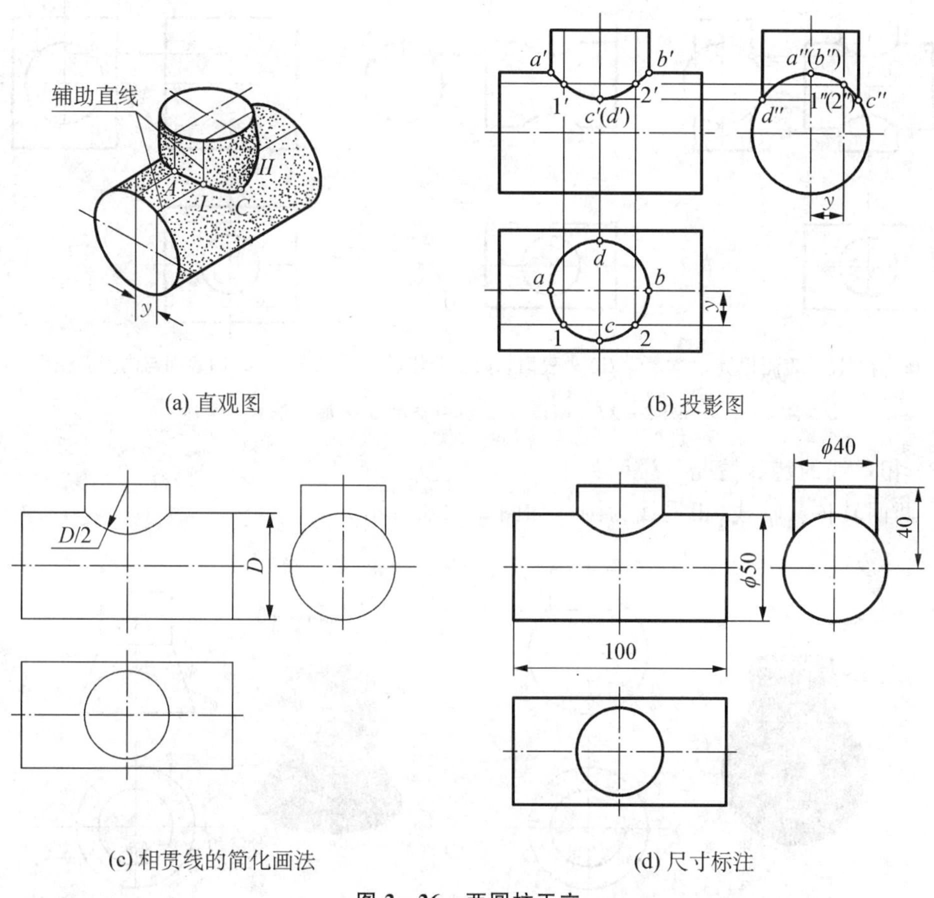

(a) 直观图　　(b) 投影图

(c) 相贯线的简化画法　　(d) 尺寸标注

图 2-26　两圆柱正交

(2) 两圆柱面相交的基本形式　两圆柱面相交的基本形式有 3 种，如图 2-27 所示：两外表面相交，外表面与内表面相交，两内表面相交。

相贯线在不影响真实感的情况下，允许简化，可用圆弧或直线代替非圆曲线（见图 2-26(c)）。用圆弧代替相贯线，适用于两圆柱轴线垂直相交的情况。它是以大圆柱的半径为半径、以两圆柱的正视转向轮廓线的交点为圆心，在小圆柱轴线上找出圆心，再以该圆心为圆心、大圆半径为半径画弧。应注意当小圆柱与大圆柱相贯时，相贯线向着大圆柱弯曲（圆弧的凹口朝着小圆柱的顶面），相贯线的起止点为两圆柱的正视转向轮廓线正面投影的交点。

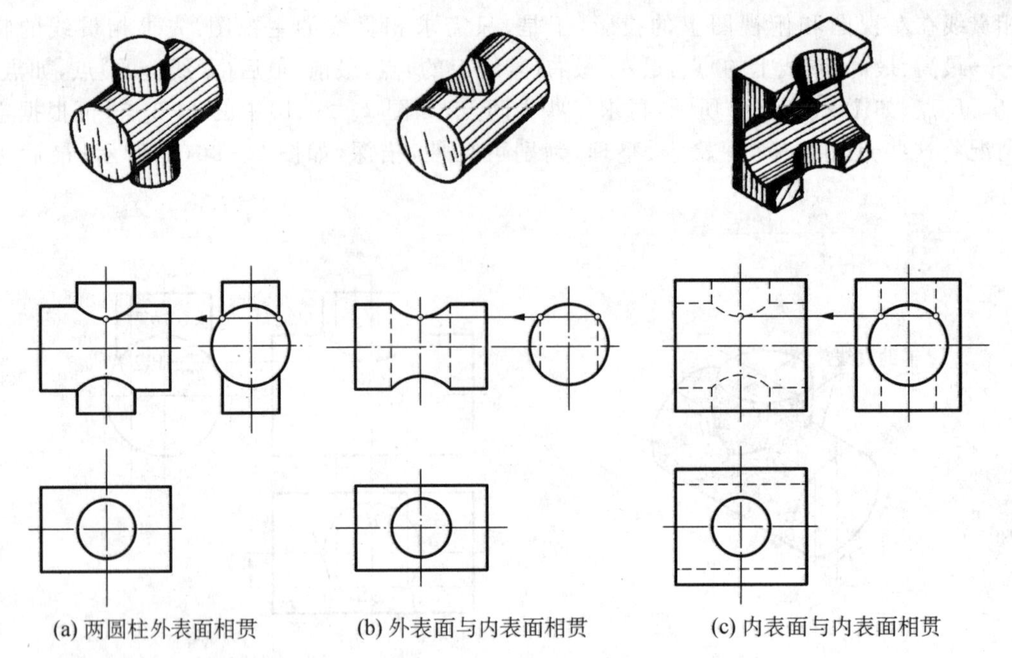

图 2-27　两圆柱表面相交的 3 种基本形式

(3) 相贯线的特殊情况　说明如下：

1) 两回转体共轴线(相贯线为圆),如图 2-28 所示。

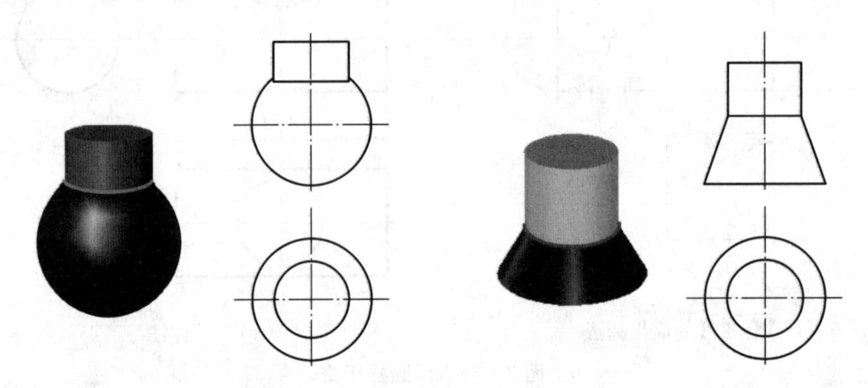

图 2-28　两回转体共轴线的相贯线

2) 两回转体共切于球(相贯线为椭圆),如图 2-29 所示。

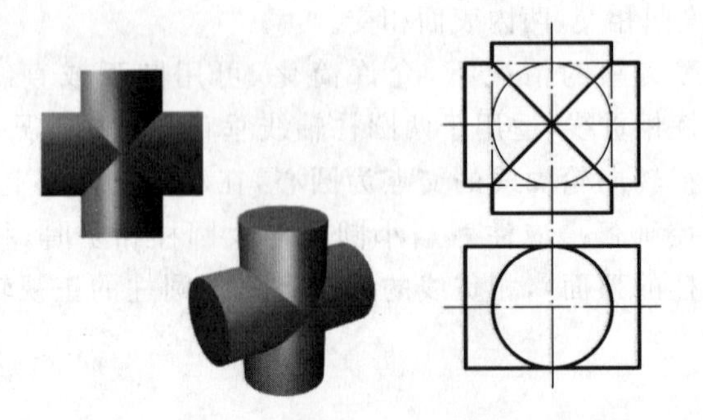

图 2-29　两回转体共切于球的相贯线

3) 两回转体轴线平行(相贯线为直线),如图 2-30 所示。

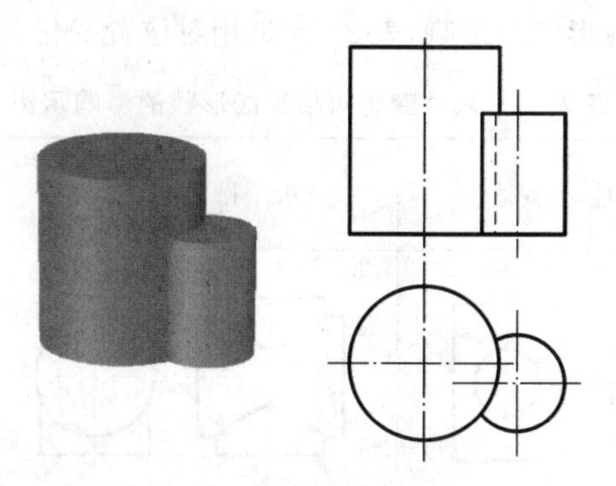

图 2-30　两回转体轴线平行的相贯线

【任务分析】

绘制相贯体三通管接头零件视图。

(1) 摆放位置　按三通管接头工作位置放置。

(2) 分析相贯体的构成　图 2-31 所示为三通管接头,绘图前应先进行结构分析:该零件是由几个圆柱组成,哪几个圆柱之间的表面相交了,有几条相贯线,并判别其可见性。相贯线的作图可采用简化画法,再进行组成分析。该零件有大小两圆柱筒相贯而成,有内、外相贯,另外大圆柱筒上有一圆孔。

(3) 作图步骤　先绘制大、小圆柱筒的基本体,再依次绘制相贯线。大、小圆柱筒的外相贯线和内相贯线,大圆柱筒与小圆柱孔的外相贯线、内相贯线,如图 2-31(b)所示。

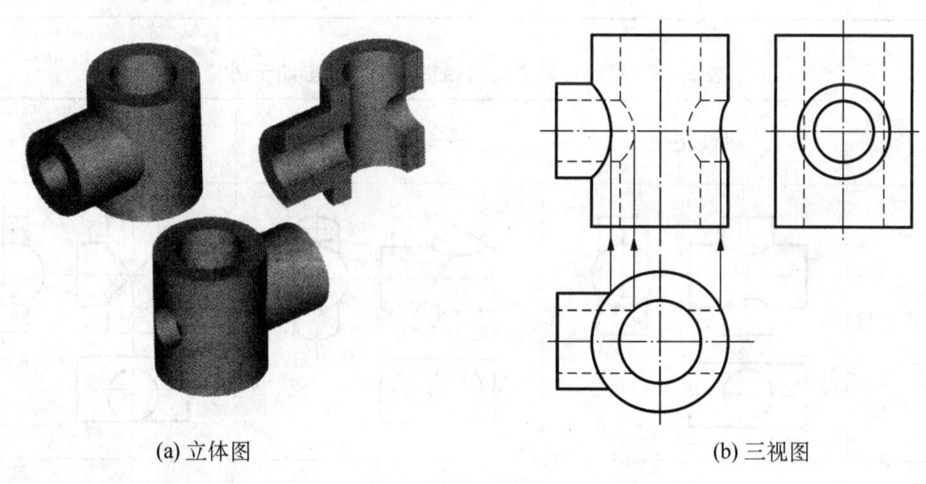

(a) 立体图　　(b) 三视图

图 2-31　三通管接头的三视图

【重点提示】

大多数相贯线是零件加工过程中自然形成的,所以一般情况下其绘制意义不大,常用简化画法(见图 2-26(c))。两圆柱的直径相差较大时,相贯线可以用圆弧代替非圆曲线。

【拓展提高】

相贯线投影的弯曲趋势和变化情况如下:

相贯线投影的弯曲趋势随相贯的两回转体的种类变化、尺寸变化和相对位置的变化而不同。表 2-4 是尺寸变化对相贯线形状的影响，表 2-5 是相对位置变化对相贯线形状影响的实例。

表 2-4 尺寸变化对相贯线形状的影响示例

条件 / 性质	水平圆柱较小时	水平圆柱较大时	具有内公切球时
圆柱与圆柱相贯	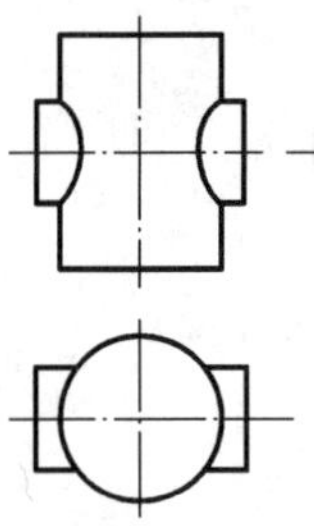	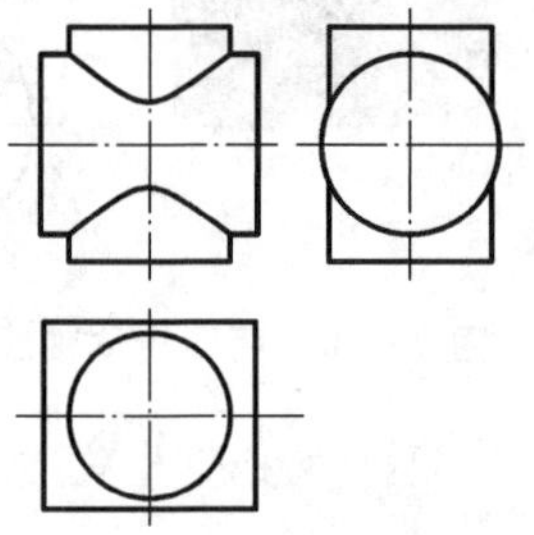	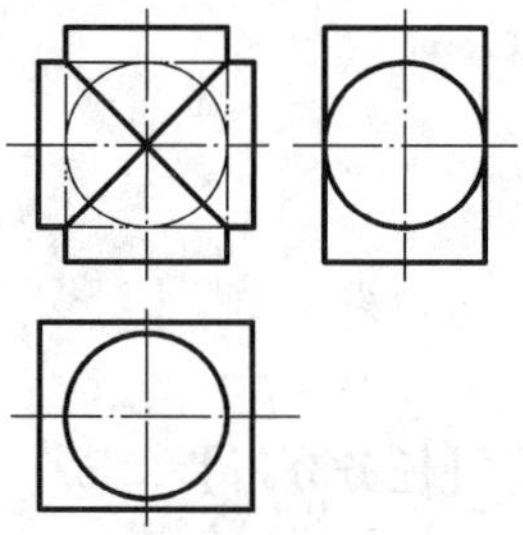
圆柱与圆台相贯	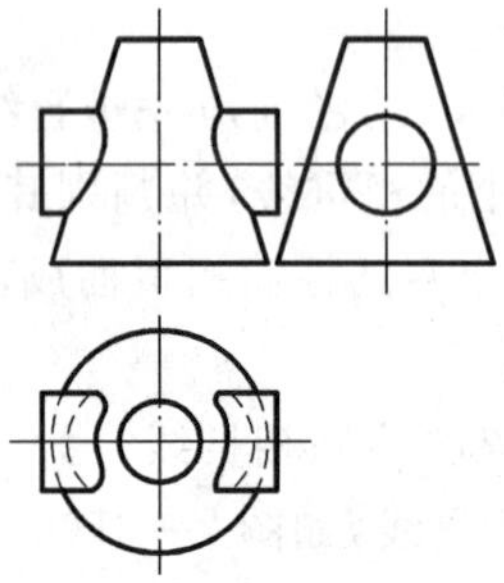	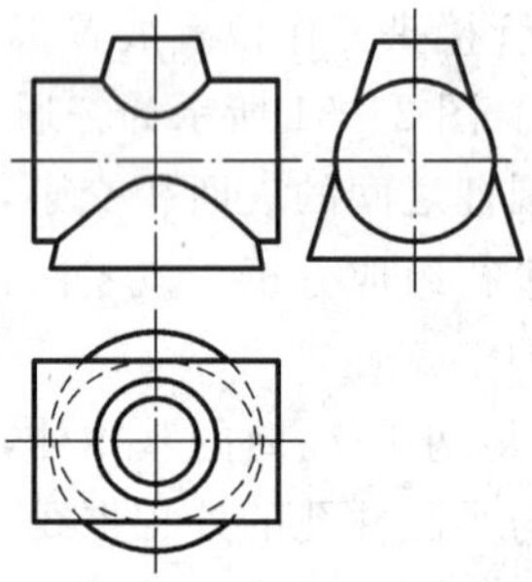	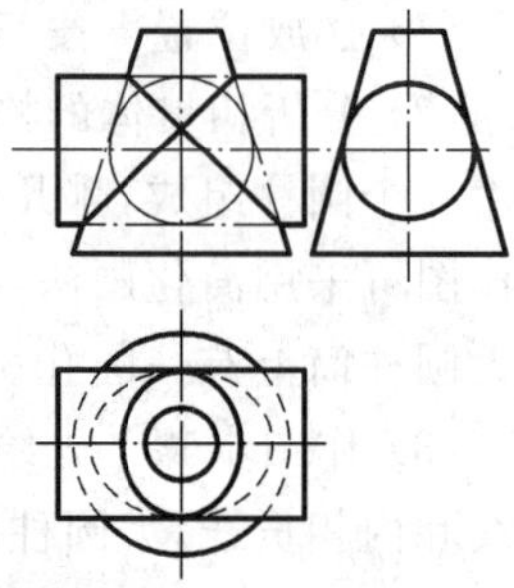

表 2-5 相对位置变化对相贯线形状的影响示例

条件 / 性质	轴线正交	轴线斜交	轴线交叉
圆柱与圆柱相贯	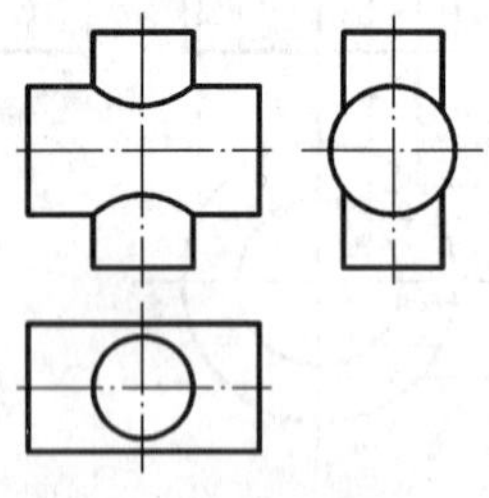	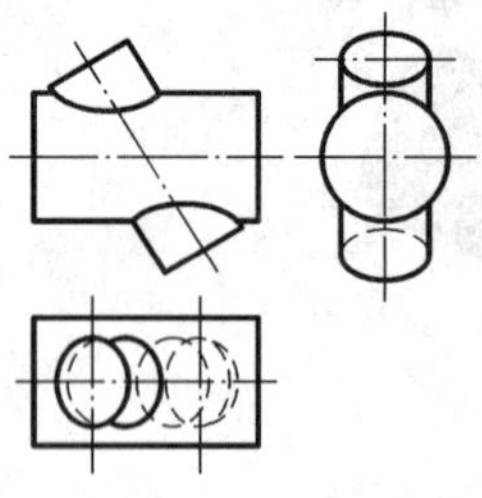	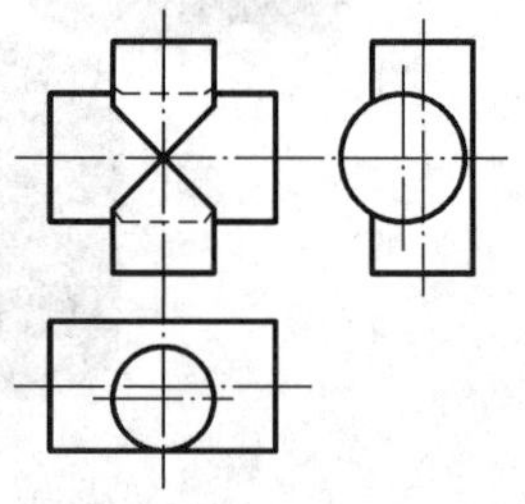
圆柱与圆锥相贯	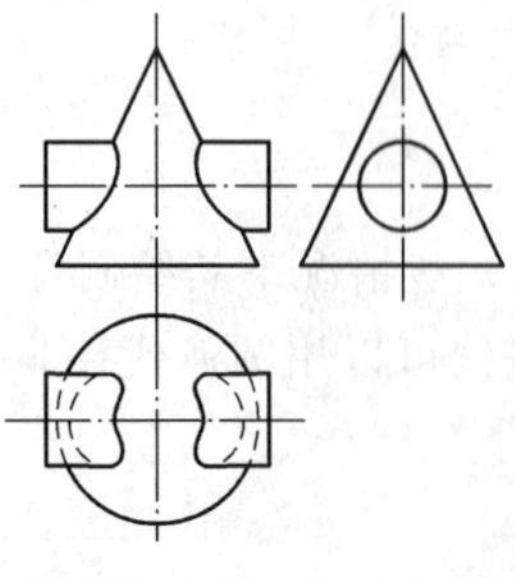	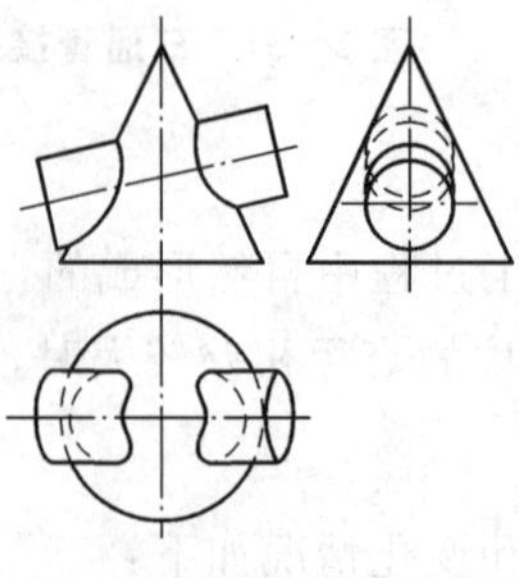	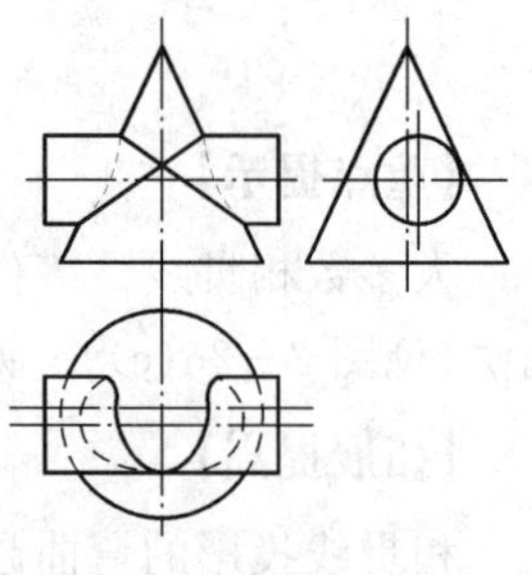

【课堂活动】

(1) 绘制三通管接头的三视图。

(2) 按 1∶1 量取取整标注尺寸。

2.9　轴承座零件的识读与组合体绘制

【任务描述】

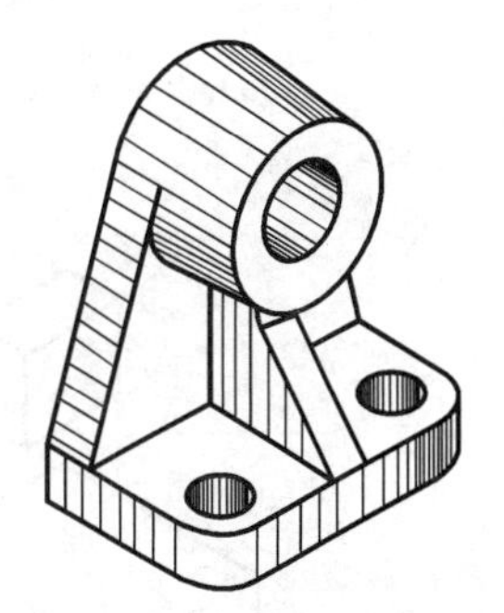

图 2-32　轴承座

如图 2-32 所示,轴承座起到安装、固定轴承的作用,并承受支撑力。

知识目标

(1) 掌握组合体的组合方式。

(2) 掌握轴承座零件的投影方法和绘制步骤。

技能目标

(1) 能绘制轴承座的一组视图。

(2) 能合理标注组合体尺寸。

【知识链接】

(1) 组合体的组合形式　多数机械零件可以看作是由一些基本形体组合而成的组合体。组合体的组合形式有叠加、切割(挖切)、综合(既有叠加又有切割),如图 2-33 所示。

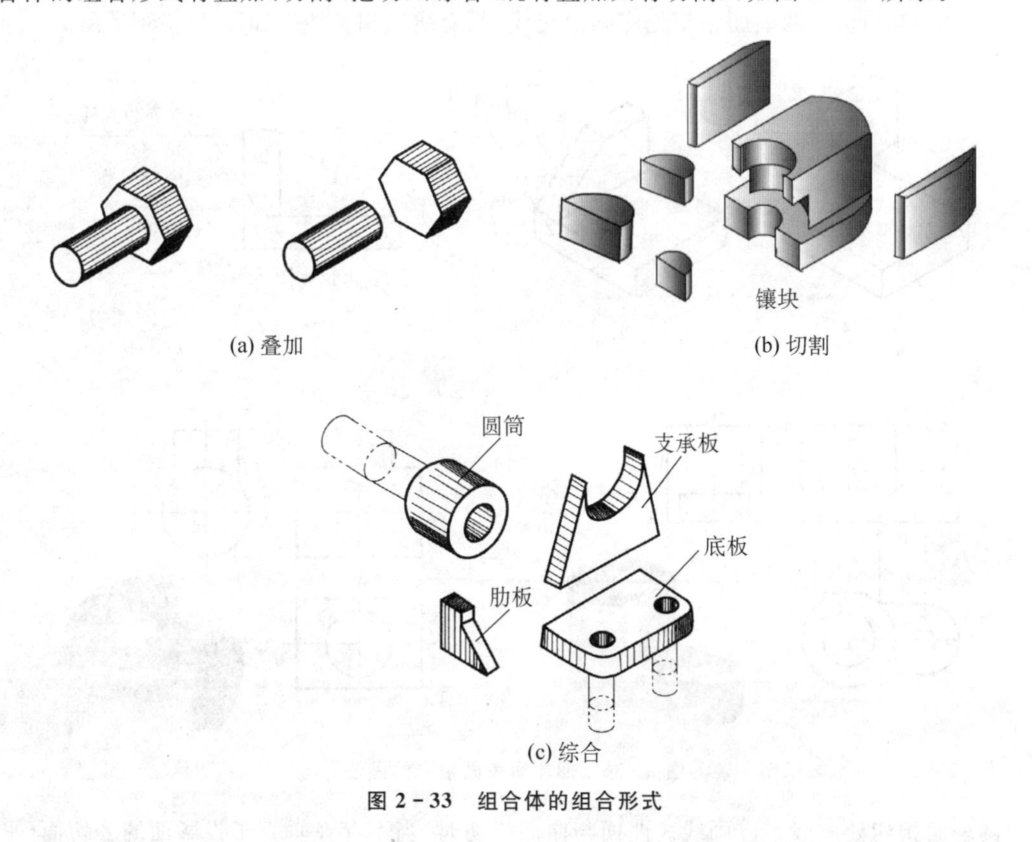

(a) 叠加　(b) 切割

(c) 综合

图 2-33　组合体的组合形式

(2) 基本形体间表面的联结关系　有以下两种。

1) 平齐与不平齐。两表面间平齐的连接处应不画线，如图 2-34 所示。两表面间不平齐的连接处应有线隔开，如图 2-35 所示。

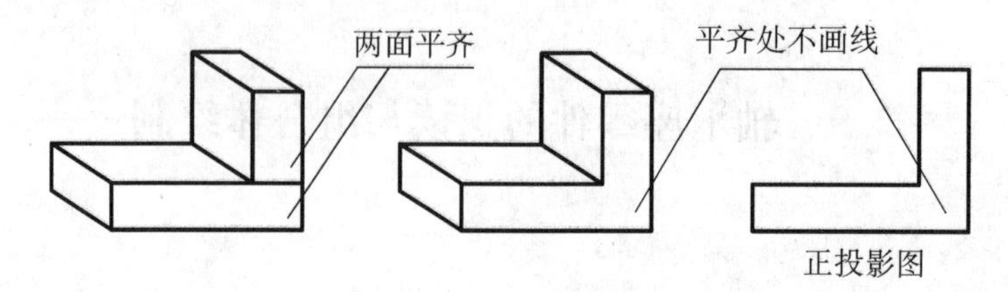

图 2-34　形体间表面平齐的画法

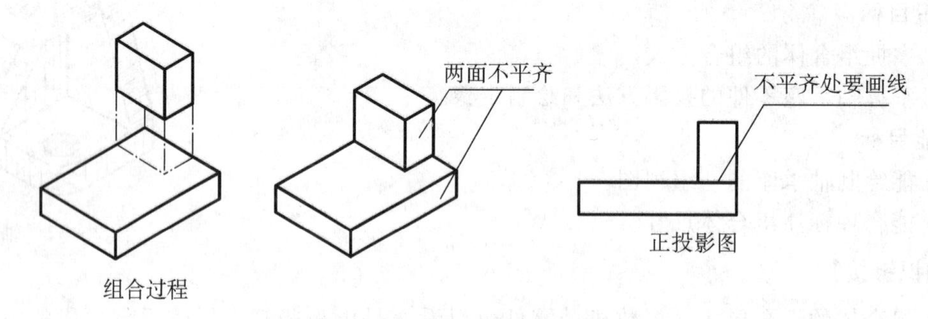

图 2-35　形体间表面不平齐的画法

2) 相交与相切。两表面相交处应画出交线(截交线或相贯线)，如图 2-36 所示。

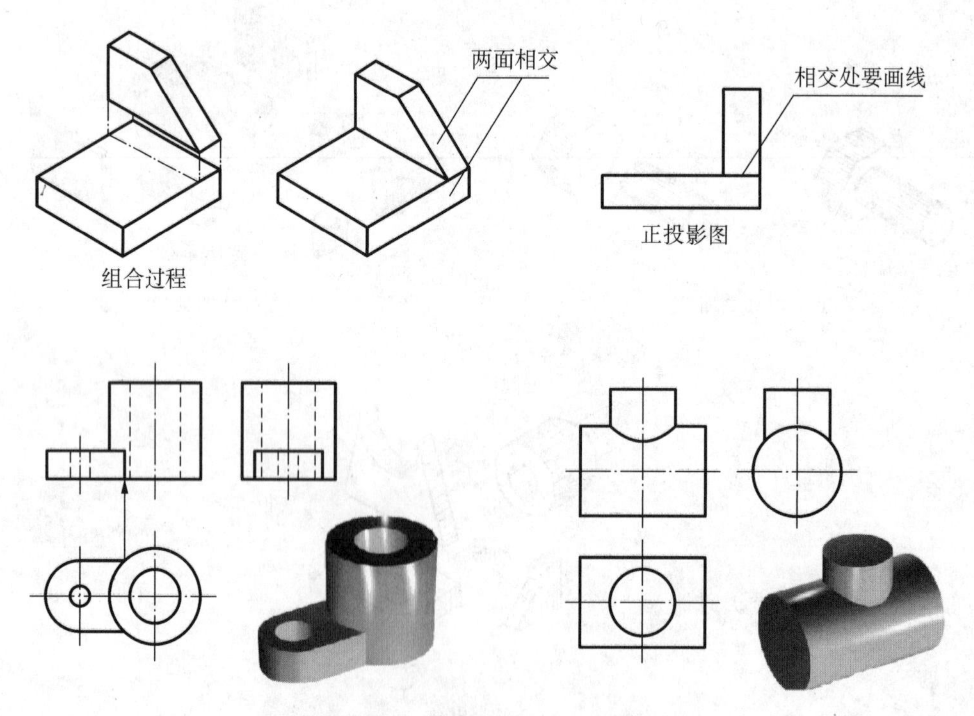

图 2-36　形体间表面相交的画法

两表面相切处一般不应画线。曲面与曲面相切时，当不存在垂直于投影面的公切面(平面或圆锥面)时，在其投影图上不应画出线；当存在垂直于投影面的公切面(平面或圆柱面)时，在其投影图上应画出线，如图 2-37 所示。

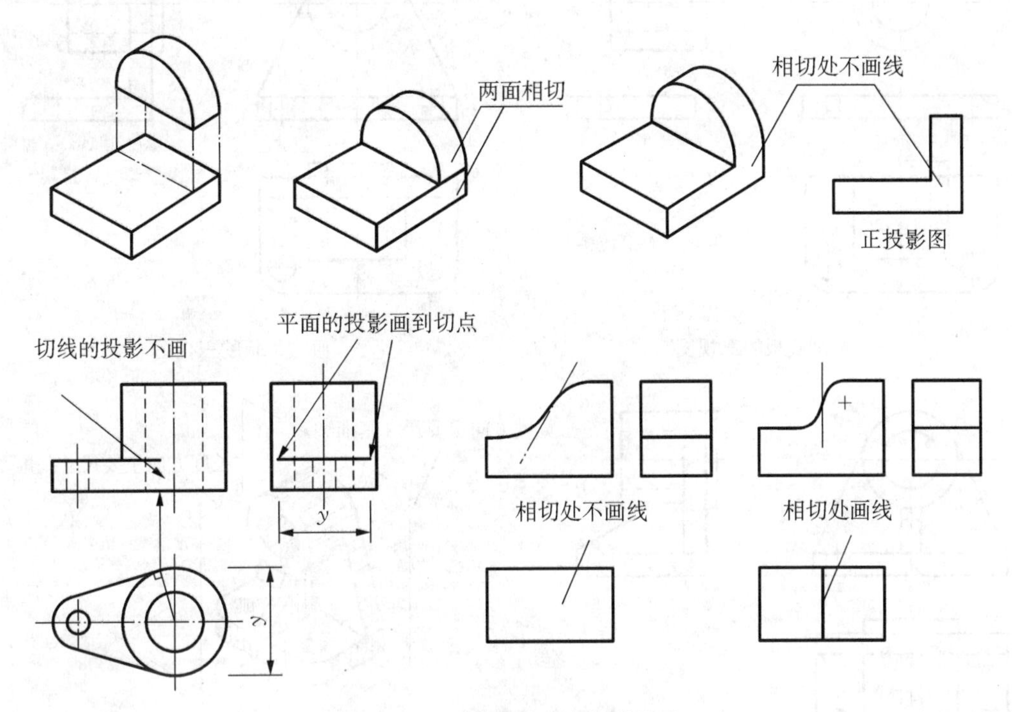

图 2-37 形体间表面相切的画法

【任务分析】

轴承座零件三视图的绘制可按下列步骤进行。

(1) 摆放位置 按轴承座零件工作时的位置摆放。选择反映其形状特征最明显、反映形体间相互位置最多的投射方向作为主视图的投射方向。

(2) 形体分析 该轴承座由底板、支承板、圆筒和肋板 4 部分叠加组成，每一部分又采用了切割。

(3) 作图步骤 先选比例，定图幅，布置视图；然后画底稿；再检查，加深；最后标注尺寸。如图 2-38 所示。

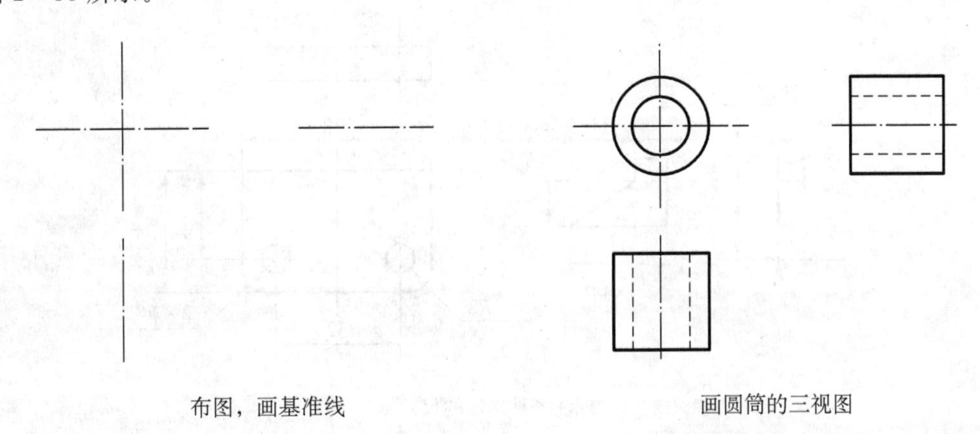

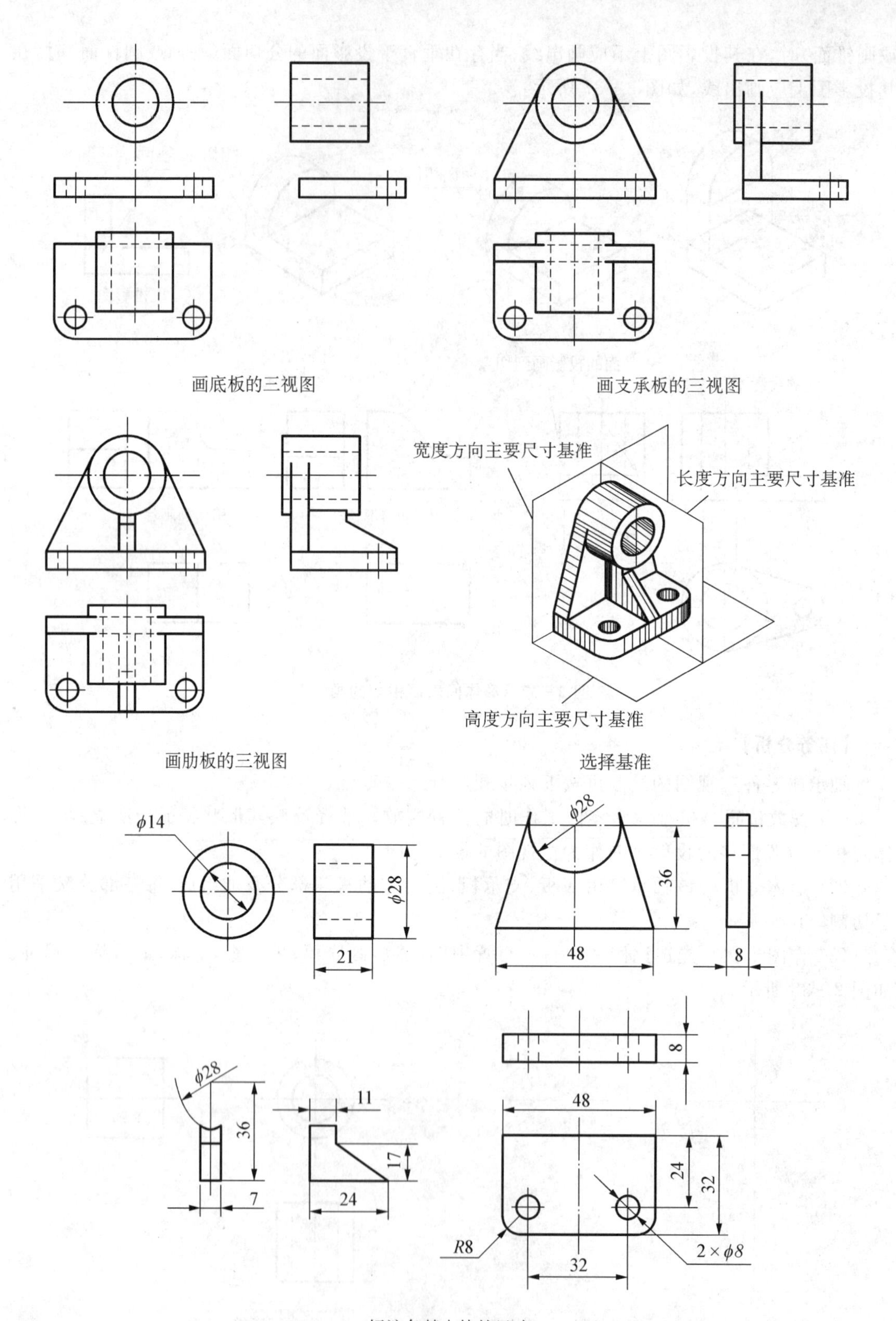
画底板的三视图
画支承板的三视图
宽度方向主要尺寸基准
长度方向主要尺寸基准
高度方向主要尺寸基准
画肋板的三视图
选择基准
φ14
φ28
21
φ28
36
48
8
8
φ28
36
7
11
17
24
48
24
32
R8
32
2×φ8

标注各基本体的尺寸

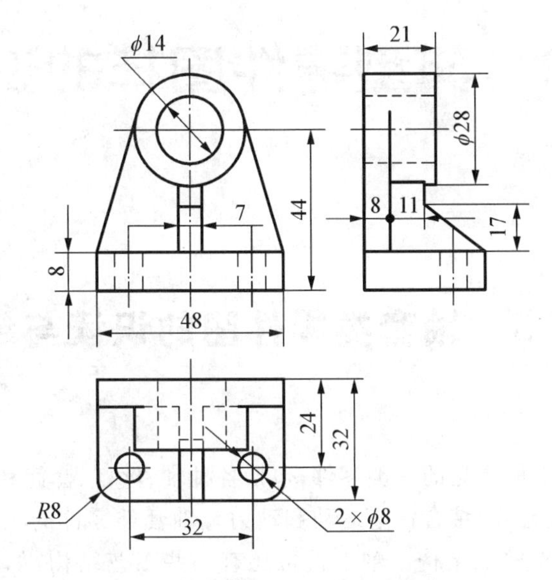

标注整体尺寸，检查、调整

图 2-38　轴承座的画法及尺寸标注

【重点提示】

标注组合体尺寸时，先选择好基准，然后逐一注出各基本体的定形尺寸和定位尺寸，最后标注总体尺寸，并对已标注的尺寸作必要的调整。

【课堂活动】

(1) 绘制轴承座的三视图。

(2) 标注尺寸。

【知识小结】

通过六角头螺栓外形、圆柱销、钩头楔键、圆锥滚子、滚珠、圆头螺钉头部、三通管接头、机床尾架顶针等的视图绘制，学习了正投影的基本知识及物体的三视图。正投影具有真实性、类似性、积聚性的基本性质，三视图具有长对正、宽相等、高平齐的投影规律。

简单零件通过基本体的叠加、切割形成。在绘制这些零件时，对切割体应先画基本体，再作切割；对叠加体先画基础结构，再画小结构。在绘制零件的三视图中，难点在于截交线和相贯线的绘制、俯视图与左视图"宽相等"，初学者往往不习惯这样的思维，要通过一定的训练来掌握。

学习情境 2 典型零件图样的识读与绘制

任务 3 轴套类零件图的识读与绘制

轴套类零件是机器中最常见的一类零件，包括各种轴、丝杠、套筒和衬套等，其作用主要是与传动件（齿轮、带轮、链轮等）结合传递运动和动力。轴套类零件的主体是同轴回转体（如圆柱体、圆锥体等）构成的阶梯状结构。轴上常常还有一些工艺结构，如轴肩、键槽、螺纹、退刀槽、砂轮越程槽、圆角、倒角、中心孔等。这类零件的加工一般都在车床、磨床上进行。

3.1 轴套类零件的识读

3.1.1 识读传动轴零件图

【任务描述】

根据载荷性质的不同，轴类零件可以分为转轴、心轴和传动轴 3 种。用于传递转矩、不承受弯矩或仅承受很小弯矩的轴叫传动轴，如汽车中联结变速器与后桥之间的万向节轴。图 3 - 1 所示是传动轴的零件图，这是很典型的轴套类零件，其主体是同轴圆柱体。

知识目标

(1) 了解传动轴类零件的视图表达要点。

(2) 了解零件图识读步骤。

(3) 初步了解尺寸公差、几何公差和表面粗糙度概念。

技能目标

(1) 读懂传动轴的形状、结构，知道其表达方法。

(2) 能根据尺寸标注，说出其尺寸基准，能确定定形尺寸和定位尺寸。

(3) 能识读尺寸公差、几何公差符号，识读表面粗糙度和材料代号。

【知识链接】

(1) 轴类零件的结构特点　轴套类零件的主要结构形状是回转体，轴上的常见结构有以下几种：

1) 阶梯。轴上的各部分直径不同，形成台阶的样子。设计成这种形状主要是两方面的原因：一方面是为了轴上零件的定位，另一方面是便于装配和加工。

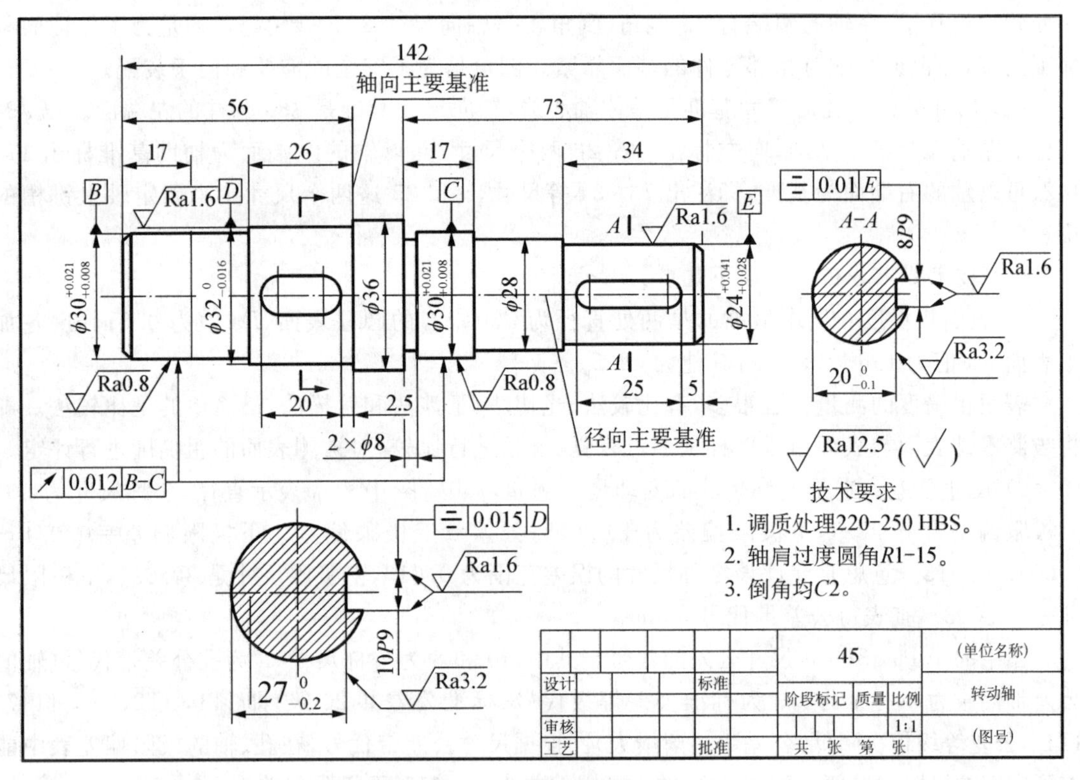

图 3-1　传动轴零件图

2）螺纹与螺纹退刀槽。为了锁紧轴上的零件，常使用螺纹。为了在加工螺纹时，不出现螺尾，常设计出螺纹退刀槽。

3）键槽。键和键槽是用来联结轴和轴上的零件。如果有滑移齿轮，常用花键结构。

4）砂轮越程槽。轴上需要磨削的部分，在根部一般有砂轮越程槽。

5）中心孔。为了在车床和磨床上加工轴，在轴的两端有中心孔。

6）倒角和圆角。为了便于装配，在轴的两端常加工出倒角；为了避免应力集中，在台阶处常制成圆角。

除了上述一些结构外，有的轴上还有销孔、油槽、锥度、卡圈槽等结构。

（2）图样中标注的基本要求　见知识链接 D.1～D.4。

【任务分析】

（1）了解零件图　浏览全图（见图 3-1），看标题栏，可以看出该零件属于轴套类零件，零件的名称为传动轴、材料为 45 钢。阅读标题栏还能知道零件的设计者、审核者、制造厂家，以及零件的比例等内容。

（2）分析表达方案　图 3-1 中的传动轴，按照零件的加工原则，以轴的加工方向（轴线水平）作为主视图。还有两个移出断面图，分别对轴上的两个键槽结构进行表达。

（3）读零件结构　零件的主体结构从左往右依次是阶梯型的圆柱，尺寸分别是 $\phi30^{+0.021}_{+0.008}$，$\phi32^{0}_{-0.016}$，$\phi36$，$\phi28$，$\phi30^{+0.021}_{+0.008}$，$\phi28$，$\phi24^{+0.041}_{+0.028}$。局部结构为 $\phi32^{0}_{-0.016}$ 和 $\phi24^{+0.041}_{+0.028}$ 两部分圆柱上有键槽，前一键槽的槽宽为 10，槽深为 32－27＝5，键槽长为 20；后一键槽的槽宽为 8，槽深为 24－20＝4，键槽长为 25。通过键把轴上零件（齿轮、带轮、链轮、凸轮）联结起来。轴上还有

一处砂轮越程槽，在轴的两端有 C2 倒角(倒角 45°，轴向尺寸 2)。砂轮越程槽是为了保证磨削加工到位，并保证装配时相邻零件的端面靠紧。倒角是为了安全的需要和便于装配。

(4) 尺寸分析　径向尺寸基准是整体轴心线，轴向尺寸基准是 $\phi36$ 圆柱的左端面。以 $\phi36$ 圆柱的左端面为第一基准，向左标出 56，26 两个尺寸，并以轴的左端面为辅助基准标出 17，142；再以轴的右端面为基准，标注出 73，34 等尺寸，5 和 25 这两个尺寸用来确定轴上键槽的位置。

(5) 技术要求分析　有以下几点：

1) 表面粗糙度。要求最高的是两处直径为 $\phi30^{+0.021}_{+0.008}$ 的圆柱表面，Ra 值为 0.8；其次各加工表面 Ra 值为 1.6 以及 3.2，其他为 12.5。

表面粗糙度的测量方法很多，有比较法、光切法、干涉法和针描法，最简单的是比较法。即将被测零件表面与表面粗糙度样板通过视觉、触觉进行比较，对被测表面的粗糙度进行评定。

2) 尺寸公差。它是允许尺寸的变动量。例如，$\phi30^{+0.021}_{+0.008}$ 中的 ϕ 表示直径，公称尺寸为 30，上极限偏差为 +0.021，下极限偏差为 +0.008；公差 = 上极限偏差 − 下极限偏差 = 0.021 − 0.008 = 0.013。意思是允许该零件尺寸的误差范围为 0.013，上极限尺寸是 30.021，下极限尺寸是 30.008。查表得公差带代号为 m6。

图中的 10P9，8P9 是尺寸公差的代号。其中，10 和 8 为公称尺寸，P 为孔公差带代号(轴的公差带代号为小写字母)，9 为标准公差等级代号(标准公差共 20 级，即 IT1，IT2，…，IT17，IT18，公差等级依次降低，公差数逐渐增大)。根据尺寸公差带代号，在孔、轴的极限偏差表中能查到它们的极限偏差值。例如，8P9 的上极限偏差为 −0.015，下极限偏差为 −0.051。

图中有些尺寸没有标注公差，这并不说明它们没有公差要求，而是指它们的公差在普通工艺条件下即可保证达到。这些尺寸主要用于非配合表面，它们的数值在 GB/T 1804—2000 中可以查到。

3) 几何公差。两处 $\phi30^{+0.021}_{+0.008}$ 的圆柱表面对两处 $\phi30^{+0.021}_{+0.008}$ 的公共基准轴线的圆跳动公差为 0.012；10P9 键槽两侧面的对称平面对 $\phi32_{-0.016}^{\ 0}$ 的轴线，有对称度公差值要求为 0.015；8P9 键槽两侧面的对称平面对 $\phi24^{+0.041}_{+0.028}$ 的轴线，有对称度公差值要求为 0.01。

| ↗ | 0.012 | *B*-*C* | 的检测：把两个 $\phi30^{+0.021}_{+0.008}$ 圆柱面置于两个等高 V 形块上，并将其轴端按图 3-2 所示定位。旋转输出轴，量表在 $\phi30^{+0.021}_{+0.008}$ 圆柱面上的径向跳动全量，即为该圆柱面的径向圆跳动误差(被测圆柱面与理想圆柱面的实际差)。当其小于或等于 0.012 则为合格工件，大于 0.012 则为不合格工件。

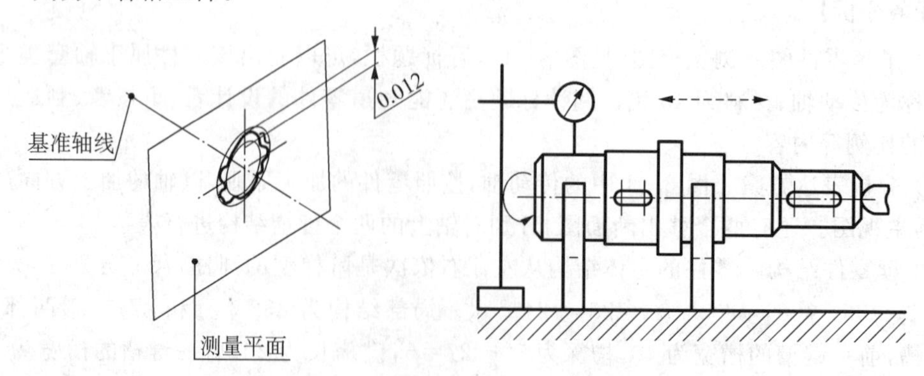

图 3-2　径向圆跳动公差带与误差测量

⌯ 0.015 D 的检测：调整输出轴，使定位块沿径向与平板平面平行，按图 3－3 所示测量定位块与平板之间的距离。将输出轴反转 180°，在同一截面内重复上述测量，得到该截面上两对应点之间的数值差 a，则该截面的对称度误差为

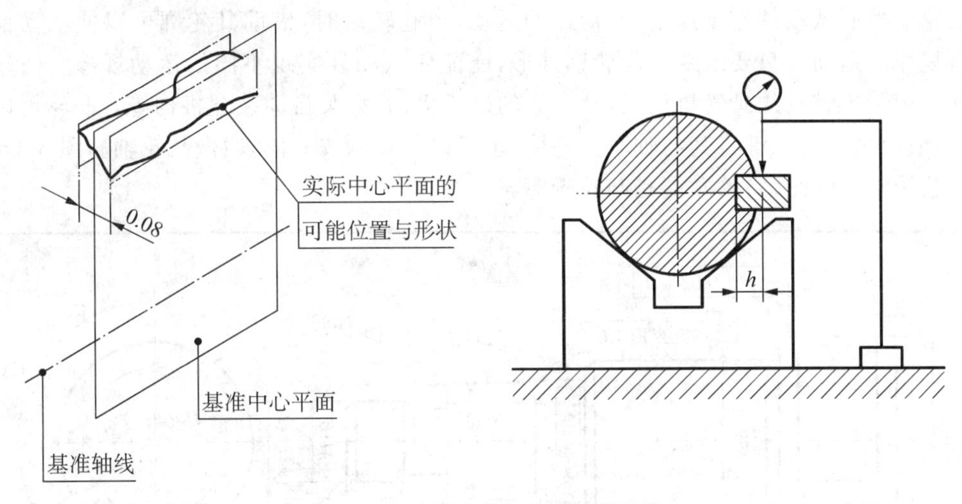

图 3－3　对称度公差带与误差测量

$$f_{截} = \frac{a \times \frac{h}{2}}{\frac{d}{2} - \frac{h}{2}},$$

式中 $d = 32$，$h = 32 - 27 = 5$。

长度方向的对称度误差就是长度方向的最大、最小数差值。最后，取这两个方向中的最大差值为对称度误差。另一处的测量方法与此相同。

4）各轴肩过渡圆角要求为 R1～1.5。阶梯轴上截面变化处称为轴肩。输出轴右起第二、三、四端面处均叫轴肩，从图上看这 3 处都是尖角，要求制成 R1～1.5 的圆角。

5）零件材料为 45 钢。它是优质碳素结构钢的一种。这种钢用两位阿拉伯数字表示，数字 45 表示平均含碳量为 0.45%，主要用来制造比较重要的机器零件。

6）调质处理 220～250HBS。含义是该轴要进行的热处理是淬火加高温回火。这种热处理方法可使零件获得既具有较高的强度与硬度，又具有较好的塑性和韧性，因此广泛运用于各种重要的机器零件，如轴、齿轮和连杆等。HBS 叫布氏硬度，是硬度（材料抵抗另一硬物体压入其内部的能力）的一种，220～250 是硬度值的要求范围。

（6）归纳总结　由以上分析可想象出传动轴的形体结构，如图 3－4 所示。

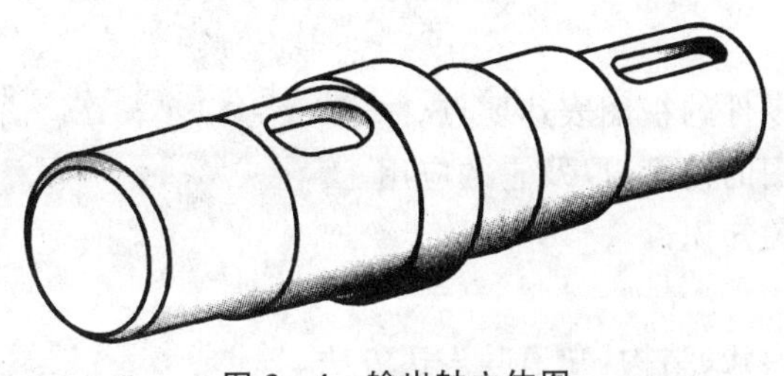

图 3－4　输出轴立体图

3.1.2 识读凸轮轴零件图

【任务描述】

凸轮能控制从动件作预期的、有规律的运动，当它转动时，借助其轮廓可以使从动件作相应的有规律的运动。只要改变凸轮轮廓外形，就能使从动件实现不同的运动规律。凸轮机构广泛地应用于内燃机的排气机构，自动车床的进给机构，火柴自动装盒机构等。凸轮可以单独制作，一般通过普通平键将其与轴联为一体，也可以与轴制成一体，叫做凸轮轴。图 3-5 所示的就是凸轮轴零件图，它的左端是凸轮轮廓。

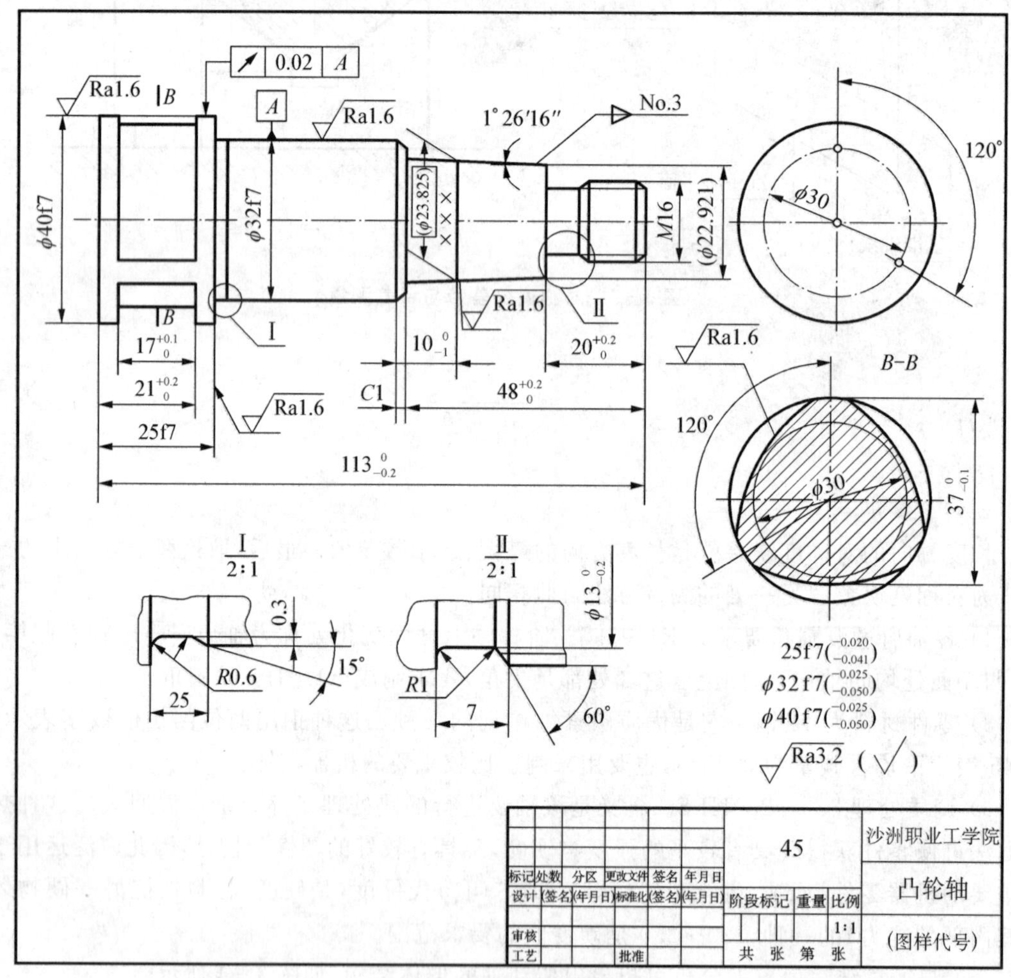

图 3-5 凸轮轴零件图

知识目标

(1) 了解凸轮轴类零件的视图表达要点。

(2) 了解局部放大图的概念，以及它的应用。

(3) 掌握螺纹的相关知识。

技能目标

(1) 读懂凸轮轴的形状、结构，知道其表达方法。

(2) 具体熟悉螺纹的规定画法。

(3) 能说出 | ↗ | 0.02 | A | 的形位公差带与检测方法。

(4) 了解锥度的表达和标注方法。

【知识链接】

(1) 读图的具体步骤　详述如下：

1) 读标题栏。了解零件的名称、材料、画图比例、技术要求等。联系典型零件的分类，对零件有一个初步认识。

2) 综览全图，分析表达方案。了解所有视图的名称、剖切位置、投射方向，明确各视图之间的关系、视图间的方位等。

3) 细读视图，想象形状。在综览全图的基础上，详细分析视图，想象出零件的形状。要先看主要部分，后看次要部分；先看容易确定、能够看懂的部分，后看难以确定、不易看懂的部分；先看整体轮廓，后看细节形状。即应用形体分析的方法，抓特征部分，分别将组成零件各个形体的形状想象出来。对于局部投影难解之处，要用线面分析的方法仔细分析，辨别清楚。最后将其综合起来，弄清它们之间的相对位置，想象出零件的整体形状。

4) 尺寸分析。看尺寸时，要分清楚哪些是设计基准和主要基准；还要从定形尺寸、定位尺寸、总体尺寸 3 方面入手，分析尺寸标注是否完整。

5) 看技术要求。看技术要求时，关键要弄清楚哪些部分的要求比较高，以便考虑在加工时采取什么措施予以保证等。

6) 归纳总结。对以上内容进行归纳分析和总结，针对零件图进行连贯论述。

(2) 轴套类零件的尺寸基准　轴套类零件按径向、轴向来标注尺寸。径向以整体轴线为基准，轴向以该方向上最重要的断面为基准。对于多段组合的轴，由于工艺需要一般有若干个基准，其中一个最重要的是设计基准。

【任务分析】

(1) 了解零件图　看标题，知道零件的名称是凸轮轴，属于轴套类零件。采用的绘图比例是 1∶1，材料是 45 钢。

(2) 分析表达方案　图 3-5 中共有 5 个视图，主视图以凸轮轴的加工位置作为投影方向，同时在主视图的下方有两处局部放大图。局部放大图是将机件的部分结构，用大于原图样比例画出的图样。局部放大图可以画成视图、剖视图、断面图，而与被放大部位的表达方法无关。局部放大图是为了更清楚地表达机件被放大部位的形状或便于标注尺寸。Ⅰ处、Ⅱ处都是为了便于退刀而设计的退刀槽的局部放大图。

(3) 读出零件结构　凸轮轴的轮廓由 4 个同轴回转体组成。4 个回转体中，一处是圆锥体，其余 3 处是圆柱体。在最左端的 ϕ40f7 圆柱体上，制成轴向尺寸为 17、断面形状为 B—B 所示的凸轮轮廓。左视图表明了凸轮轮廓 3 段圆弧曲面圆心的位置，以便制造时钻中心孔。

(4) 尺寸分析　图 3-5 中轴向尺寸基准是左端面，它是尺寸 21，25f7，113 的起点；右端面是辅助基准，它是尺寸 20，48 的起点。ϕ30，120°，ϕ30 是凸轮三段圆弧轮廓圆心的所在圆，3 个圆心沿圆周方向均匀分布，每隔 120°一个。引线所示部分是莫氏三号锥度，圆锥角为 1°26′16″，这种锥度应用于机床主轴锥孔、工具锥柄等。$\boxed{\phi 23.825}$ 是内、外圆锥面配合后的理想位置线，该位置叫外圆锥的基准面；(ϕ22.921)是参考尺寸；“×××”所示位置是零件的打印处。

(5) 技术要求分析　有以下几点：

1) 表面粗糙度。凸轮轴各表面共有1.6，3.2两种表面粗糙度要求，前者精车可以达到，后者半精车可以达到。

2) 尺寸公差。$21^{+0.2}_{0}$表示最大极限尺寸是21.2(允许尺寸变化的最大值)；最小极限尺寸是21(允许尺寸变化的最小值)；尺寸公差0.2；其含义是实际尺寸(检测得到的尺寸)，小于前者、大于后者均为合格工件，最大、最小极限尺寸，也为合格件。$113^{0}_{-0.2}$表示最大极限尺寸是113，最小极限尺寸是112.8；公差是0.2。25f7是尺寸公差带代号，它们的上、下偏差在轴的极限偏差表中可以查到，是25f7($^{-0.020}_{-0.041}$)；公差＝－0.020－(－0.041)＝0.021。上、下偏差可以是正数、负数或零，而公差一定是正数。尺寸公差是设计者给出的，尺寸误差(零件的设计尺寸与实际尺寸之差)是制造时产生的。

3) 几何公差。该几何公差代号内的几何公差符号表示圆跳动。圆跳动包括径向、端面和斜向圆跳动，此处是径向圆跳动。圆跳动公差是限制被测要素绕基准轴线作无轴向移动旋转时，该测量截面的最大跳动量。符号 | ↗ | 0.02 | A | 的含义是被测要素 ϕ40f7 圆柱面对基准要素 ϕ32f7 的轴线的跳动公差为0.02，其公差带是垂直于 ϕ32f7 轴线、半径差为0.02的两同心圆之间的区域，如图3-6(a)所示。

| ↗ | 0.02 | A | 的检测：将 ϕ32f7 圆柱面置于V形块上，并限制其轴向移动，旋转凸轮轴，在其回转一周的过程中，指示器读数的最大差值即为该测量平面上的径向圆跳动误差。按上述方法测量若干截面，在各截面上测得的指示器读数差的最大值，即为 ϕ40f7 圆柱面的径向圆跳动误差，如图3-6(b)所示。

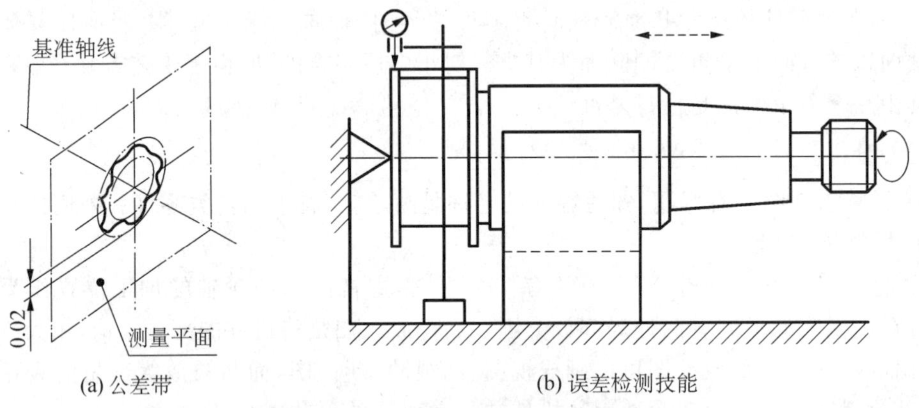

图3-6　圆跳动公差带及误差检测技能

(6) 归纳总结　由以上分析可想象出凸轮轴的形体结构，如图3-7所示。

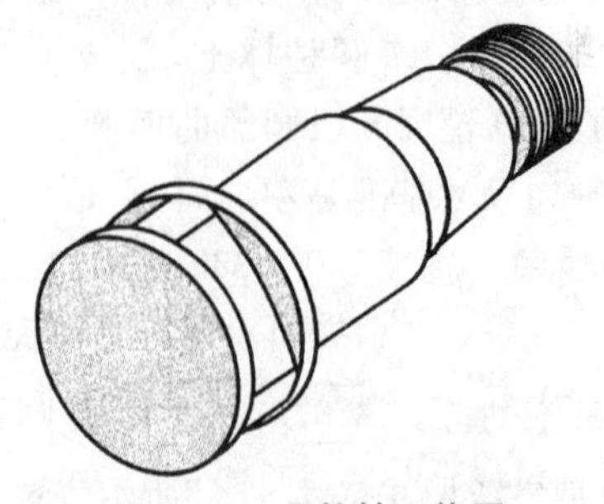

图3-7　凸轮轴立体图

3.1.3 识读心轴零件图

【任务描述】

工作时,既承受弯矩又承受扭矩的轴叫转轴,如车床的主轴。转轴是机器中最常见的轴,用于支承传动零件。工作时,仅受弯矩而不受转矩的轴叫心轴,如自行车的前轮轴。心轴的零件图如图 3-8 所示。

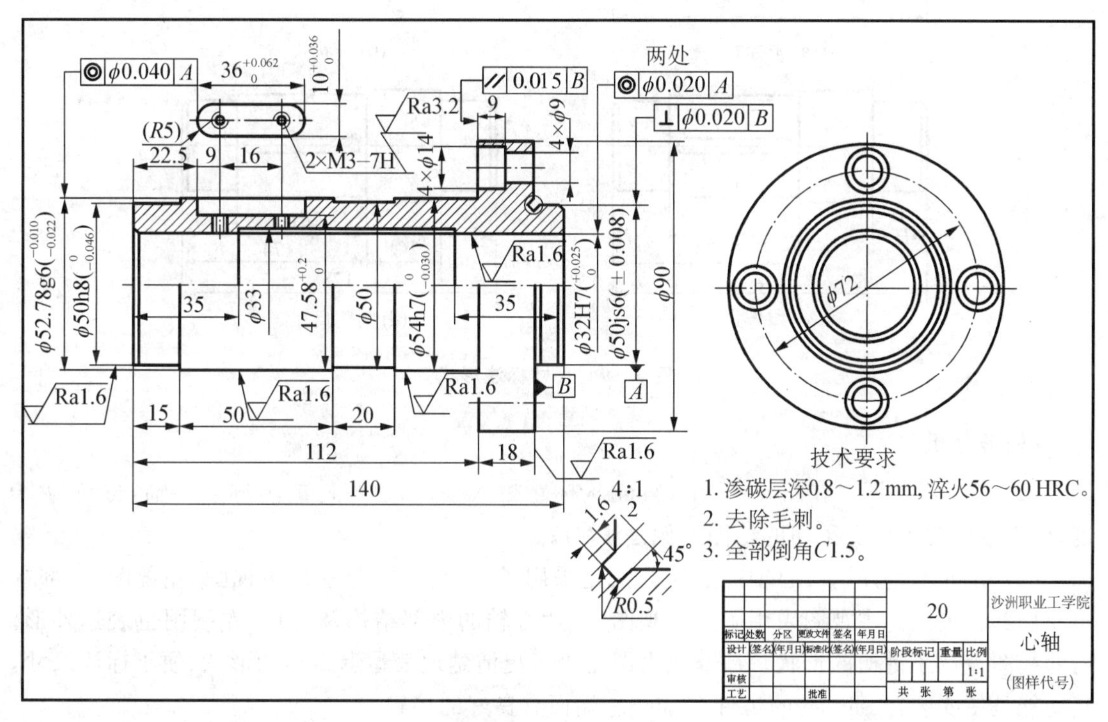

图 3-8 心轴零件图

知识目标

(1) 知道剖视图的概念,了解剖视图的种类和剖切方法的应用。

(2) 知道基孔制、基轴制的概念,掌握尺寸标注的形式。

(3) 掌握同轴度、平行度、垂直度公差的含义。

技能目标

(1) 通过读图想象出心轴的空间形状,并说出导向平键、退刀槽、沉孔等的结构和作用。

(2) 会识读尺寸公差带代号。

(3) 根据图样上螺纹的标注能解释其含义,并从国家标准中查出相应的参数和偏差。

(4) 知道图中的几何公差带,能叙述其检测技能。

【知识链接】

剖视图的概念及表现方法,见知识链接 B.3。尺寸标注形式有链状式、坐标式、综合式,如图 3-9(a, b, c)所示。但如图 3-9(d)所示的封闭尺寸链标注,使所有尺寸一环接一环,每个尺寸的精度均难以得到保证,因而不允许。

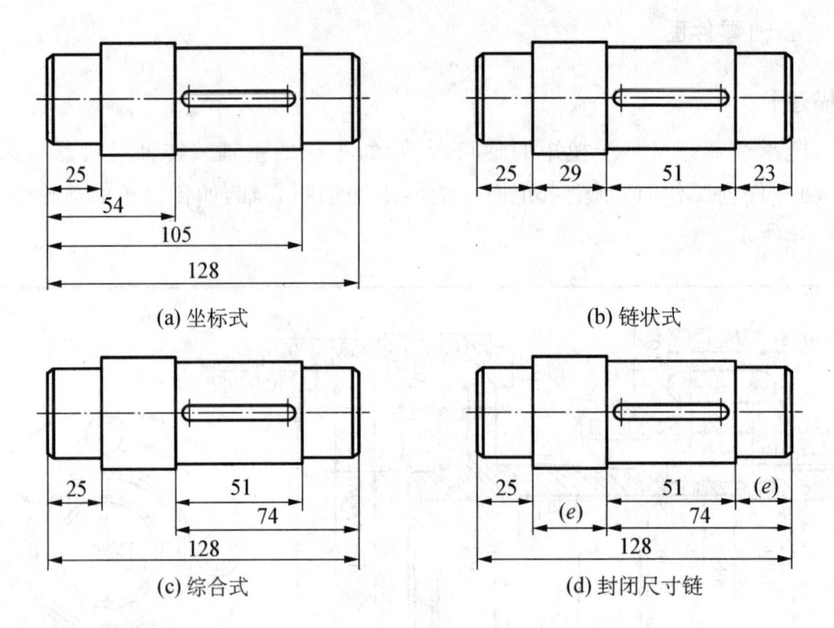

(a) 坐标式　(b) 链状式　(c) 综合式　(d) 封闭尺寸链

图 3－9　尺寸标注形式

【任务分析】

(1) 了解零件图　在图 3－8 中，首先从标题栏入手，知道零件的名称是心轴，材料为 20 钢，属于轴套类零件。采用的绘图比例是 1∶1。

(2) 分析表达方案　心轴的表达方法是采用了 4 个视图，分别是主视图、左视图、局部视图及局部放大图。主视图采用了半剖视图，表达心轴的内部结构及外形，左视图也表达外形。局部视图表达了键槽的形状。局部放大图是为了更清楚地表达退刀槽的形状、便于标注尺寸，其功能是使安装在 ϕ50js6 的工件与 ϕ90 左端面有良好的接触。

(3) 读出零件结构　把主视图和左视图联系起来看，可以看出心轴的外形由 6 个同轴圆柱面构成；内形由 3 个同轴圆孔构成，两端的 ϕ32H7 孔是配合面。在 ϕ90 圆柱体上，沿轴向均匀分布着 4 个沉孔，用于安装沉头螺钉。局部视图表达了键槽的形状，此处安装的是导向键，其上的两个螺孔是把导向键用螺钉联结固定在键槽中。

(4) 尺寸分析　轴向尺寸基准是左端面，它是尺寸 15，112，22.5 等的起点；径向基准是各个圆柱面的公共轴线；保证键槽深度的尺寸 47.58 的基准是圆柱体 ϕ52.78g6 的最下素线。键槽内 2×M3－7H 螺孔的含义是：2－两个螺孔；M3－普通粗牙螺纹，公称直径 3；7H－中径、顶径公差带代号。

沿轴向标注的诸多尺寸中，有两个圆柱体未标注轴向尺寸，一个是 ϕ54h7，另一个是 ϕ50js6，这说明相对于其他圆柱体而言，它们的轴向尺寸是次要的，只要保证标注出的尺寸即可。如果将它们都标注出来，就会出现首尾相接、绕城一整圈的一组尺寸，出现封闭尺寸链标注形式，使得每个尺寸的精度均难以得到保证。

(5) 技术要求分析　有以下几点：

1) 表面粗糙度。心轮轴各表面共有 1.6，3.2 两种表面粗糙度要求。

2) 尺寸公差。$\phi 52.78g6(^{-0.010}_{-0.022})$ 的上偏差为－0.010，下偏差为－0.022，最大极限尺寸为

ϕ52.77，最小极限尺寸为 ϕ52.762，公差为 0.012，g6 是公差带代号；尺寸 $47.58^{+0.2}_{0}$ 的上偏差为 +0.2，下偏差为 0，最大极限尺寸为 47.78，最小极限尺寸为 47.58，公差带代号查表为 H7；其余的尺寸也是类似的含义，读者可自行分析一下。

3）几何公差。ϕ52.78g6($^{-0.010}_{-0.022}$)，ϕ32H7($^{+0.025}_{0}$)两处的轴线对 ϕ50js(±0.008)的轴线的同轴度公差分别为 ϕ0.040 和 ϕ0.020，其公差带是与基准轴线同轴、直径为 ϕ0.040 mm 和 ϕ0.020 mm的圆柱面，如图 3-10(a)所示；ϕ90 的左端面对其右端面的平行度公差为 0.015，其公差带是与基准平面平行的距离为 0.015 mm 的两平行平面，如图 3-11(a)所示；ϕ50js(±0.008)的轴线对 ϕ90 的右端面的垂直度公差为 ϕ0.020，它的公差带为和 *B* 面相垂直、直径为 ϕ0.020 mm 的圆柱体，如图 3-12(a)所示。

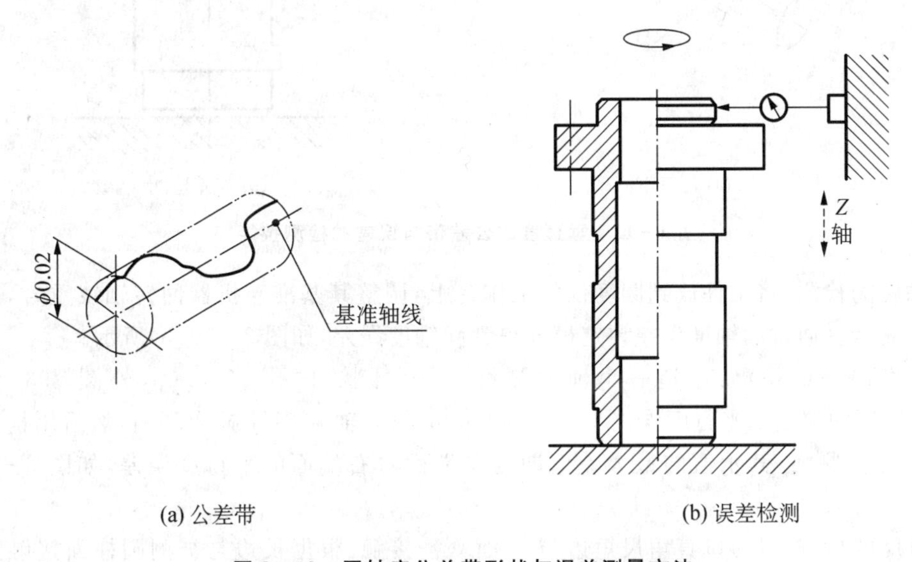

(a) 公差带　　(b) 误差检测

图 3-10　同轴度公差带形状与误差测量方法

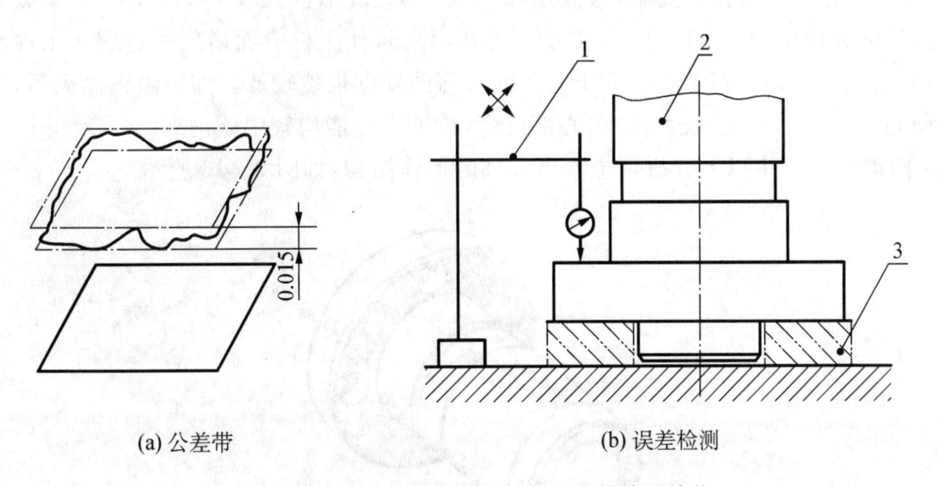

(a) 公差带　　(b) 误差检测

图 3-11　平行度公差带形状与误差的检测技能

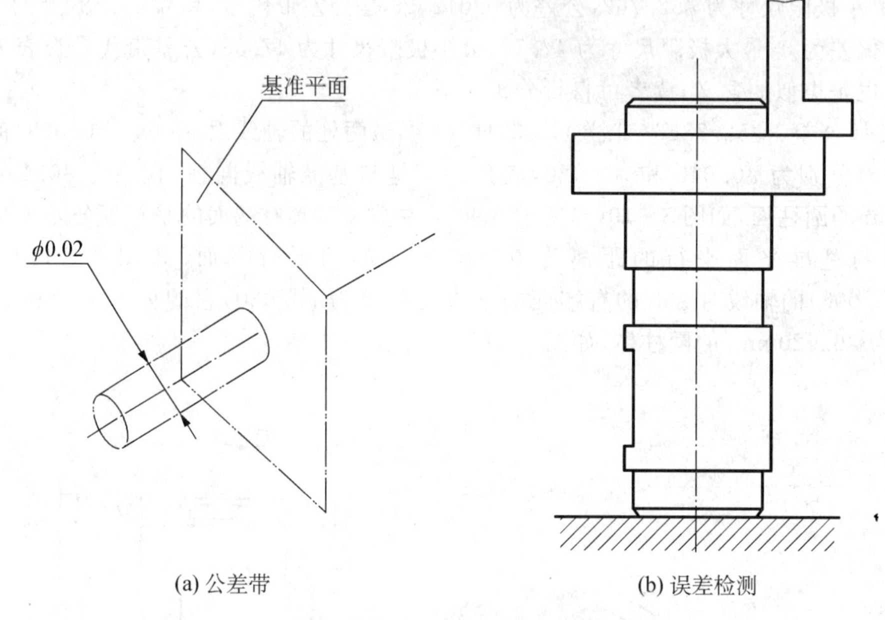

(a) 公差带　　　　(b) 误差检测

图 3－12　垂直度的公差带与误差的检测技能

同轴度的检测：将工件放到圆度仪的工作台上，调整其基准与机器回转轴线重合，在多个横截面上测量。通过同轴度误差评定模式得到同轴度误差，如图 3－10(b)所示。

平行度误差的检测：制造一个辅助测量工具(环状，内孔 ϕ34 mm，外圆 ϕ93 mm，高 12 mm)；该环两端面的平行度误差小于 0.005 mm，将心轴 ϕ32H7 插入环内，然后用指示器测量 ϕ90 圆柱左侧面，其示值的最大差值即为左端面对右端面的平行度误差，如图 3－11(b)所示。

垂直度的检测：以刀口直角尺短边与 *B* 面紧密接触，根据长边与被测圆柱面接触的透光状况来确定被测轴线对 *B* 面的垂直度误差，如图 3－12(b)所示。

4) 表面处理。渗碳技术要求“渗碳层深 0.8～1.2 mm，淬火 55～62HRC”。渗碳是将工件放入到渗碳介质中，在 900～950℃温度下加热、保温，使工件表面增碳的过程。工件经渗碳淬火后，其表层硬度最高可达 58～65HRC，而心部的硬度依然较低。即经渗碳淬火后，工件能具有表硬心韧的力学性能，表面抗磨、心部抗弯，抗冲击性能均较中碳钢高。

(6) 归纳总结　由以上分析可想象出心轴的形体结构，如图 3－13 所示。

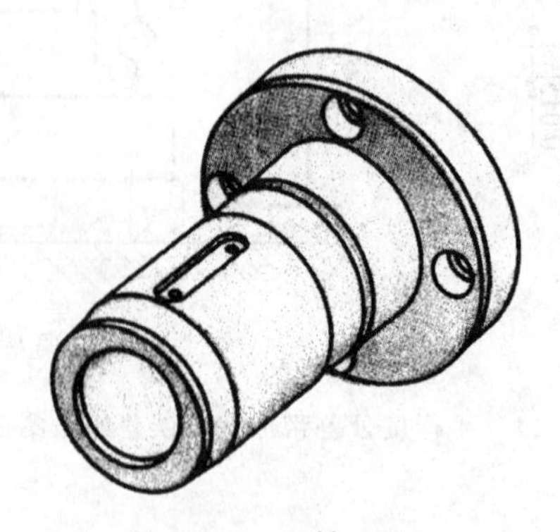

图 3－13　心轴立体图

3.2 轴套类零件的绘制

3.2.1 齿轮轴零件图的绘制

【任务描述】

图 3-14 所示的齿轮轴属于轴套类零件，是用来传递动力和运动。齿轮轴是轴和齿轮合成一个整体，在表达时除了轴的结构的表达，还涉及齿轮的表达(见知识链接 C.4)。

图 3-14 齿轮轴

知识目标

(1) 掌握轴套类零件的视图表达。

(2) 掌握断面图和局部视图的画法与应用。

(3) 掌握尺寸和公差标注、表面粗糙度要求的标注方法及常用的加工方法。

(4) 了解材料的分类、典型材料牌号及常用的加工方法。

技能目标

(1) 能够选择合适的表达方法绘制齿轮轴零件图。

(2) 能够正确标注尺寸公差、几何公差及表面粗糙度要求。

(3) 能够正确填写图样注语、材料牌号等。

【知识链接】

(1) 轴上的常见结构　有以下几种：

1) 阶梯。轴上的各部分直径不同，形成台阶的样子。设计成这种形状主要是两方面的原因：一方面是为了轴上零件的定位，另一方面是便于装配和加工。

2) 螺纹与螺纹退刀槽。为了锁紧轴上的零件，常使用螺纹。为了在加工螺纹时，不出现螺尾，常设计出螺纹退刀槽。

3) 键槽。键和键槽用来联结轴和轴上的零件。如果有滑移齿轮，常用花键结构。

4) 砂轮越程槽。轴上需要磨削的部分，在根部一般有砂轮越程槽。

5) 中心孔。为了在车床和磨床上加工轴，在轴的两端有中心孔。

6) 倒角和圆角。为了便于装配，在轴的两端常加工出倒角；为了避免应力集中，在台阶处常制成圆角。

除了上述一些结构外，有的轴上还有销孔、油槽、锥度、卡圈槽等结构。

(2) 轴类零件的表达方法　轴套类零件一般在车床上加工，所以应按形状特征和加工位置确定主视图，轴线横放，大头在左，小头在右，键槽、孔等结构可以朝前。轴套类零件的主要结构形状是回转体，一般只画一个主要视图。

轴套类零件的其他结构形状，如键槽、退刀槽、越程槽和中心孔等可以用剖视、剖面、局部视图和局部放大图等加以补充。对形状简单且较长的零件，还可以采用折断的方法表示。

实心轴没有剖开的必要，轴上个别部分的内部结构形状可以采用局部剖视。对空心套，则需要剖开表达它的内部结构形状；外部结构形状简单可采用全剖视；外部较复杂，则用半剖视（或局部剖视）；内部简单，也可不剖或采用局部剖视。

【任务分析】

图 3－14 所示的齿轮轴零件，属于轴套类零件，其材料为 45 钢。从总体尺寸看，最大直径为 60 mm，总长为 228 mm，属于较小的零件。

齿轮轴的表达方案由主视图和移出断面组成，轮齿部分做了局部剖。主视图（结合尺寸）已将齿轮轴的主要结构表达清楚了，齿轮轴由几段不同直径的回转体组成，最大圆柱上制有轮齿，最右端圆柱上有一键槽，零件两端及轮齿两端有倒角，C，D 两端面处有砂轮越程槽。移出断面图用于表达键槽深度和宽度。绘制的齿轮轴零件图如图 3－15 所示。

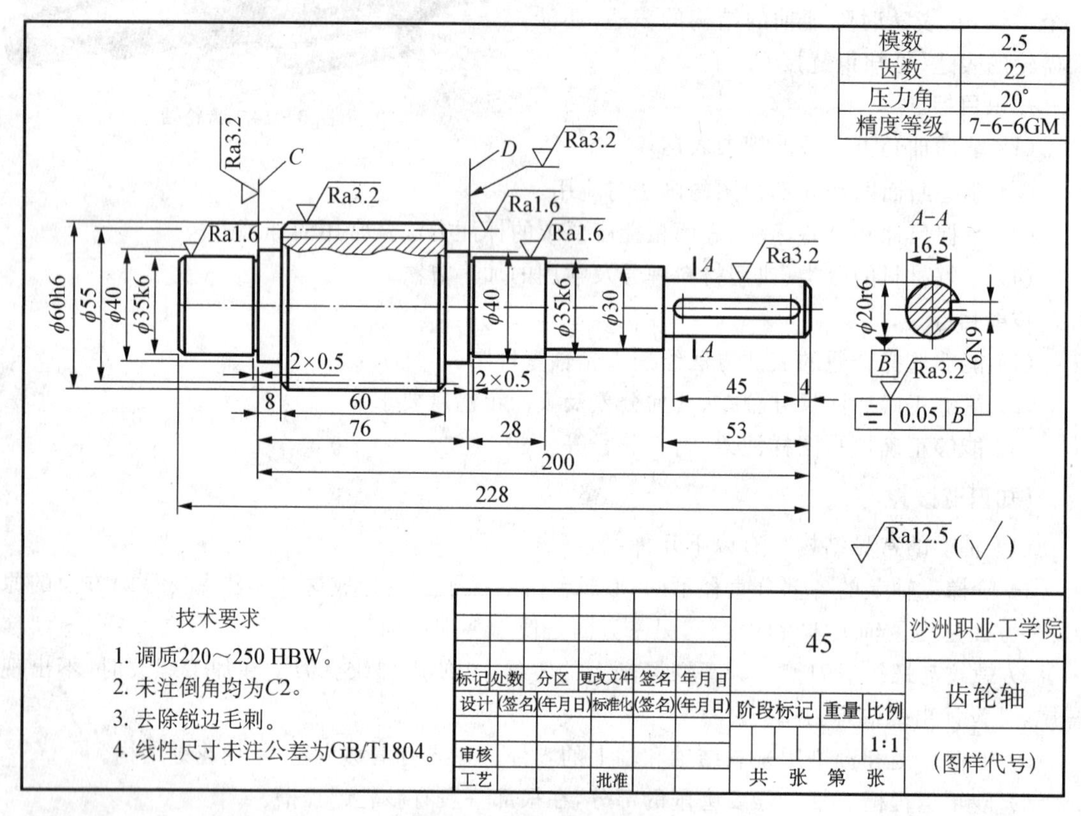

图 3－15　齿轮轴零件图

轴套类零件尺寸分径向和轴向两类，标注轴向尺寸的原则有两条：一是符合装配关系，很好地选择设计基准；二是要便于测量各阶梯段的长度，很好地选择工艺基准。在该齿轮轴中，ϕ35k6 轴段及 ϕ20r6 轴段用来安装滚动轴承及联轴器，为使传动平稳，各轴段应同轴，故径向尺寸的基准为齿轮轴的轴线。端面 C 用于安装挡油环及轴向定位，所以端面 C 为长度方向的主要尺寸基准，以此为基准注出了尺寸 2，8，76 mm 等。端面 D 为长度方向的第一辅助尺寸基准，以此为基准注出了尺寸 2，28 mm。齿轮轴的右端面为长度方向的另一辅助基准，以此为基准注出了尺寸 4，53 mm 等。轴向的重要尺寸，如键槽长度 45 mm，齿轮宽度 60 mm 等已直接注出。

轴上标注的公差主要分 3 种：圆柱体公差、轴向尺寸公差、特殊结构公差（平键、花键等），与其他零件有配合要求的部位，一般都标有尺寸公差。在该齿轮轴中，ϕ35 mm 及 ϕ20 mm 的轴颈处有配合要求和尺寸公差，均为 6 级公差，尺寸精度较高，相应的表面结构要求也较高，分别为 Ra1.6 和 Ra3.2。键属于标准件，与键槽配合，键槽的公差配合可查表，键的工作表面是两侧面，两侧面的表面结构要求也高些。轴上作为其他零件定位的垂直面 C, D 端面因为比较重要，所以表面结构要求也就较高，一般不重要的面表面结构要求定为 Ra12.5，写在标题栏的附近。键槽的对称度要求属于特殊结构的技术要求。另外，对热处理、倒角、未注尺寸公差等要求提出了 4 项文字说明要求。

【课堂活动】

(1) 完成键槽的标准和查表的训练。

(2) 测绘齿轮轴零件，绘出零件图。

3.2.2 绘制空心套的零件图

【任务描述】

图 3-16 所示为车床尾座空心套，属于轴套类零件，主要作用是与传动件(齿轮、皮带轮)等结合传递动力。

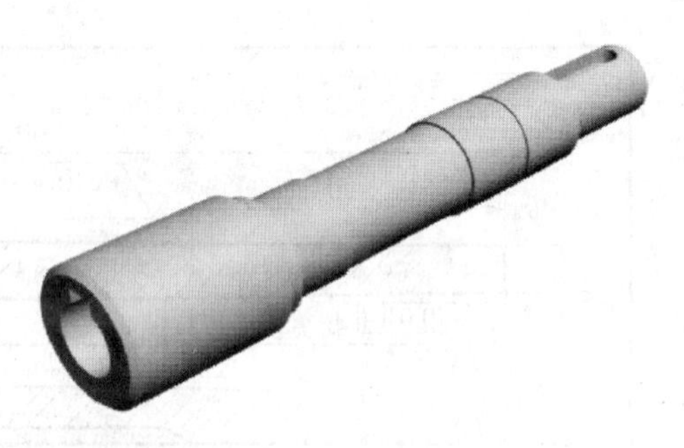

图 3-16 车床尾座空心套

知识目标

(1) 掌握空心套零件的结构特点和断面图的画法和应用。

(2) 掌握尺寸和公差标注、表面粗糙度要求的标注方法及常用的加工方法。

(3) 了解材料的分类、典型材料牌号及常用的加工方法。

技能目标

(1) 能够选择合适的表达方法绘制车床尾座空心套零件图。

(2) 能够正确标注尺寸公差、几何公差及表面粗糙度要求。

(3) 能够正确填写图样注语、材料牌号等。

【知识链接】

绘制轴套类零件图的具体操作步骤如下。

(1) 分析零件特点，确定表达方案　轴套类零件加工的主要工序一般都在车床、磨床上进行，所以主视图常按加工位置将轴线水平横向放置，一般用一个基本视图(主视图)表达各组成部分的轴向位置。对轴上的孔、键槽等局部结构，可用局部视图、局部剖视或断面图表达。对退刀槽、越程槽和圆角等细小结构，可用局部放大图加以表达。对套筒或空心轴，可采用全剖、半剖或局部剖视图表达。

(2) 尺寸标注　轴套类零件有径向尺寸和轴向尺寸，尺寸标注要求完整、正确、清晰、合理。一般以回转轴线为径向尺寸主要基准，标注各回转体的直径尺寸；以重要端面为轴向尺寸主要基准。同时，会有一些辅助基准(如某些轴肩端面就是定位面)进行相应尺寸的标注。标注轴向尺寸时，应按加工顺序标注，并注意按不同工序分类集中标注。

(3) 技术要求　有配合要求的表面，表面粗糙度要求较高，且应选择并标注尺寸公差。有配合的轴颈和重要的端面应有几何公差要求，如同轴度、径向圆跳动、端面圆跳动及键槽的对称度等。

【任务分析】

图 3-16 所示的车床尾座空心套，外形为一直径 55、长 260 的圆柱体，内形是由 4 号莫氏锥孔和 $\phi26.5$，$\phi35$ 圆柱孔组成的全通空套。其主要结构为回转体，所以基本视图一般只需主视图再加以尺寸标注，就可以将其基本形状表达清楚了。主视图为全剖视图，表达了空心套的内外基本形状。在主视图的下方，有两个移出断面，都画在剖切符号的延长线上。将断面图和主视图对照，可看清套筒外轴面下方有一宽度为 10 的键槽，距离右端 148.5 处还有一个轴心偏下 12 的 $\phi8$ 孔。右下端的断面图，清楚地显示了两个 M8 的螺孔和一个 $\phi5$ 的油孔。此油孔旁有一个宽度为 2、深度为 1 的油槽。还要加一个左视图，主要为 A 向斜视图表明位置和投影方向。A 向斜视图是表示空心套前上方处外圆表面上的刻线情况。此外，该零件还有内外倒角和退刀槽。绘制的空心套零件图如图 3-17 所示。

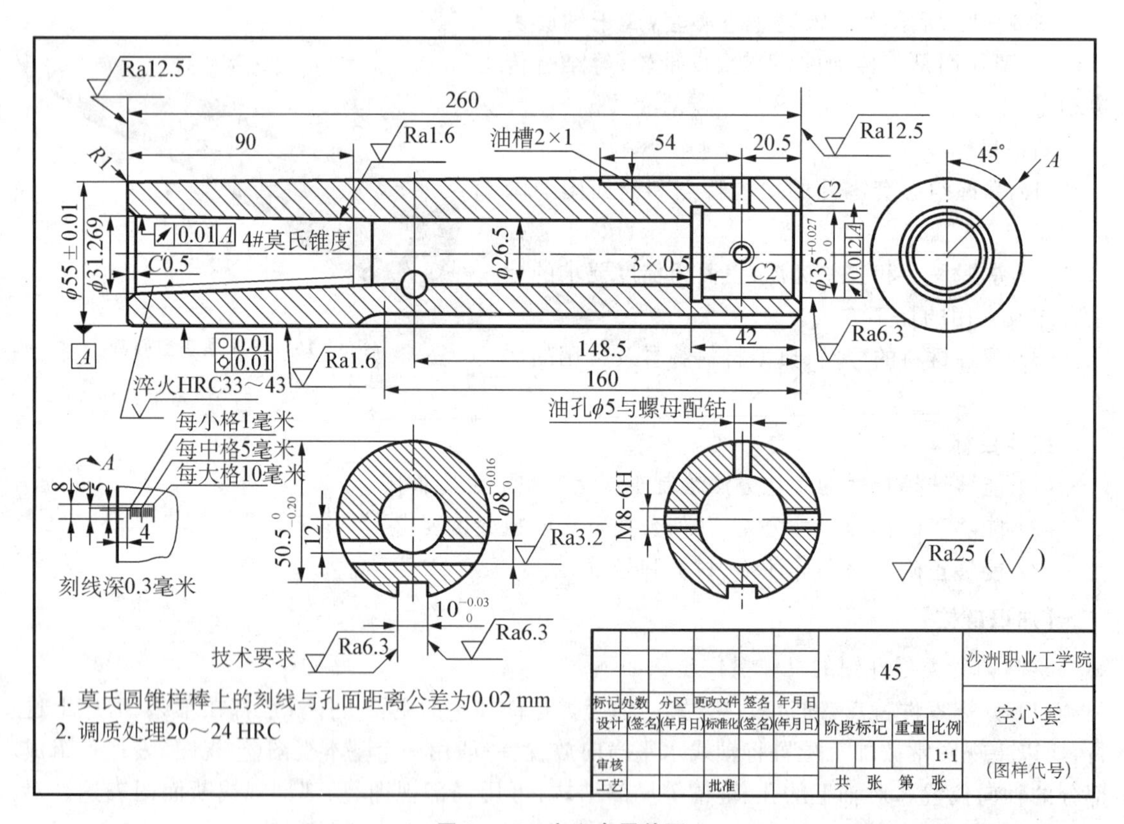

图 3-17　空心套零件图

因轴套类零件的基本形状是同轴回转体，所以其轴线常为径向基准，以重要的端面作为长度基准。如图中的 20.5，42，148.5，160 等尺寸，均从右端面标出。这个端面即为这些尺寸的测量基准。

内孔的中段 $\phi26.5$ 和左端 4 号莫氏锥孔，图中没有给出长度尺寸，表示这两段的长度可以自然形成。图中个别尺寸有文字说明。例如，“油孔 $\phi5$ 与螺母配钻”，表示这个孔是在装配时与相配螺母一起加工。

有些重要尺寸上标有偏差，这些偏差都是采用不同加工方法来得到的。例如，空心套外圆 $\phi55\pm0.01$ 这样的尺寸精度，一般需经磨削才能达到。

空心套上还有几何公差的要求。例如，外圆 $\phi55$，要求圆度和圆柱度公差值为 0.01；两端内孔对轴线的圆跳动，也有严格要求。

此零件的所有表面都要经过机械加工，其中外圆和内圆锥面要求较高。

图中锥孔加工时规定了检验误差及材料的热处理要求，在图中以文字说明的形式出现。

【课堂活动】

(1) 进行断面图画法的训练。

(2) 测绘空心套零件，绘出零件图。

【知识小结】

根据轴套类零件的结构特点，常用主视图表达主体结构，用剖视图、断面图、局部放大图等表达局部结构。零件一般按加工位置水平放置，尺寸基准主要考虑径向和轴向，径向以整体轴线为主要基准，轴向以重要端面为主要基准。零件图上通常标注有粗糙度和几何公差。轴套类零件上的中心孔、螺纹、键槽、螺纹退刀槽、砂轮越程槽、倒角、倒圆等局部结构，有的尺寸是标准化的，有的是推荐数据，测绘时要习惯查阅相关资料。

任务4 轮盘类零件图的识读与绘制

轮盘类零件主要有齿轮、带轮、法兰盘和端盖等。这类零件在机器中主要起传递扭矩、支承、轴向定位和密封等作用。轮一般用来传递动力和扭矩，盘主要起支承、轴向定位及密封等作用。轮盘类零件的结构特点是轴向尺寸小而径向尺寸较大，零件的主体多数是由同轴回转体构成，也有主体形状是矩形，并在径向分布有螺孔或光孔、销孔、轮辐等结构。轮盘类零件应用相当广泛，这类零件图样的识读与绘制，在生产实践中相当普遍。

4.1 轮盘类零件图的识读

4.1.1 识读V带轮零件图

【任务描述】

图4-1所示是V带轮的零件图，这是很典型的轮类零件。V带轮是用于传动的常用零件，以平键通过键槽与轴相联结。

知识目标

(1) 了解V带轮的结构特点和视图表达要点。

(2) 了解材料牌号的含义以及用途。

技能目标

(1) 读懂带轮的形状、结构，知道其表达方法。

(2) 能根据尺寸标注，说出其尺寸基准。

【知识链接】

轮盘类零件一般要选用两个基本视图，并按其传动形状的需要采用适当的剖视，对某些细部结构可用局部放大图的方法来表示清楚。轮盘类零件主要是在车床上加工，有的表面则需要在磨床上加工，所以按其形体特征和加工位置选择垂直轴线的投射方向画主视图，轴线水平放置。主视图常采用剖视图。其他视图的确定必须根据零件结构的复杂程度而定，一般情况下常用左视图或右视图来表达该类零件的外形结构。剖视图的种类及基本概念，见知识链接B.3.1～3.2。

工程上，常用的金属有铸铁、钢、有色金属及合金等4类，常用的金属材料见附表3-1。

【任务分析】

(1) 了解零件图　浏览全图，看标题栏，可以看出该零件属于典型的轮类零件，零件的名称为V带轮，材料为HT200。"HT"由汉语拼音"灰铁"而来，"200"表示抗拉强度为200 MPa。灰铸铁HT200主要用于高强度铸件，如床身、机座、齿轮、带轮、联轴器等。另外，通过阅读标题栏还能知道零件的设计者、审核者、制造厂家，以及零件的比例等内容。

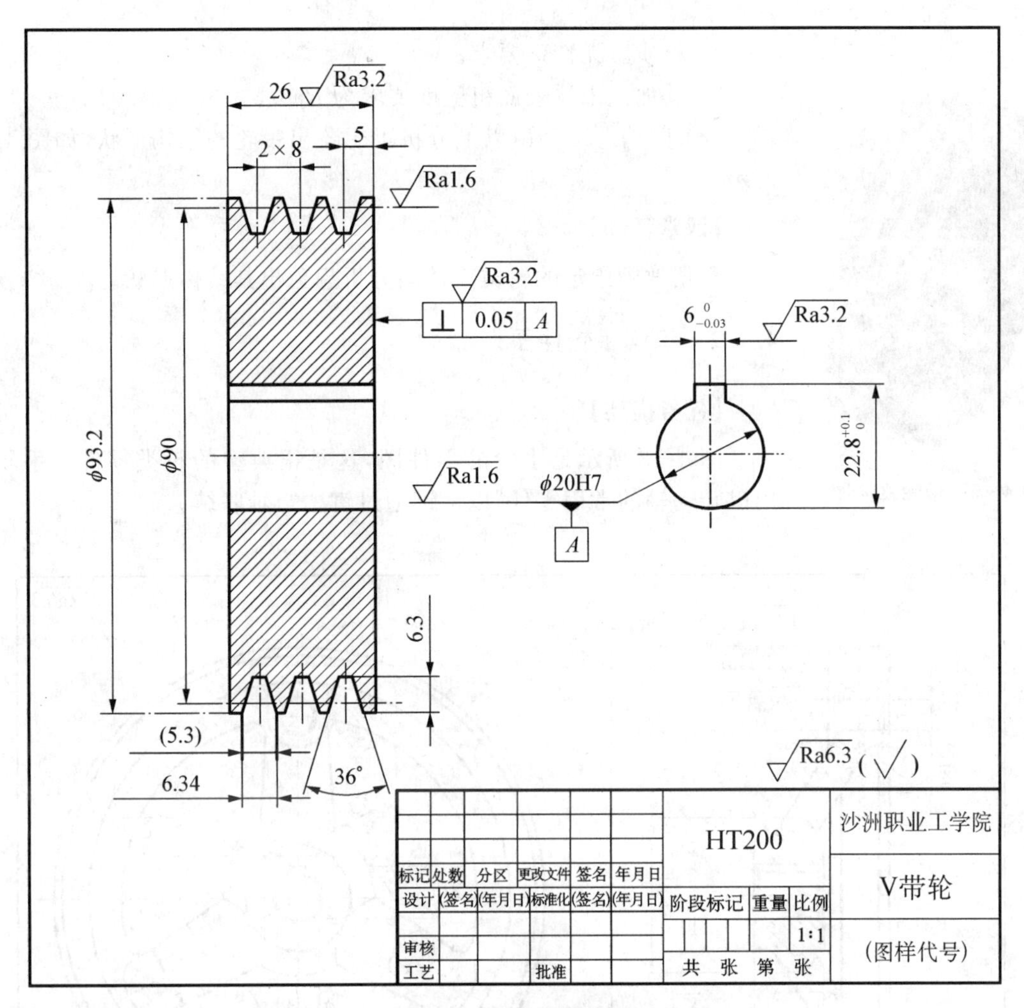

图 4-1 V 带轮零件图

(2) 分析表达方案　带轮由两个视图组成。主视图为全剖视图。左视图为局部视图。局部视图外轮廓封闭时,可省略波浪线。

(3) 细读局部结构　带轮的主视图采用全剖视图,可以看出带轮表面凹槽的形状。中间为轴孔,上面开有键槽,键槽的尺寸通过局部视图表达。

(4) 尺寸分析　径向尺寸以孔 ϕ20H7 的轴线为尺寸基准。轴向尺寸以带轮的右端面为尺寸基准。

(5) 技术要求分析　有以下几点:

1) 表面粗糙度。表面粗糙度要求最高的是轴孔以及带轮的轮齿面,*R*a 值为 1.6;带轮的左、右端面以及键槽的工作面,表面粗糙度要求也比较高,*R*a 值为 3.2;其余未注的加工面为 *R*a6.3。

2) 尺寸公差。轮毂内孔 ϕ12H9 和轮圈通孔 ϕ8H9 以及键槽尺寸 13.6H12 均有尺寸公差要求,但精度要求不高。查表得到,ϕ12H9 的上偏差为+0.043,下偏差为 0;ϕ8H9 的上偏差为+0.036,下偏差为 0。

3) 形状和位置公差。取 ϕ20H7 的轴线为基准,零件的右端面对其有垂直度的位置公差要求，公差值为 0.05。

图 4-2　带轮立体图

4）材质。无特殊要求。

5）其他。未注表面粗糙度要求为 $Ra6.3$。

（6）归纳总结　由以上分析可想象出带轮的结构形状，如图 4-2 所示。

【课堂活动】

根据教师给定的轮类零件图分析想象出其结构形状。

4.1.2　识读手轮件图

【任务描述】

图 4-3 所示是手轮的零件图，这是很典型的轮类零件。手轮是用以转动轴的常用零件，以平键通过键槽与轴联结。

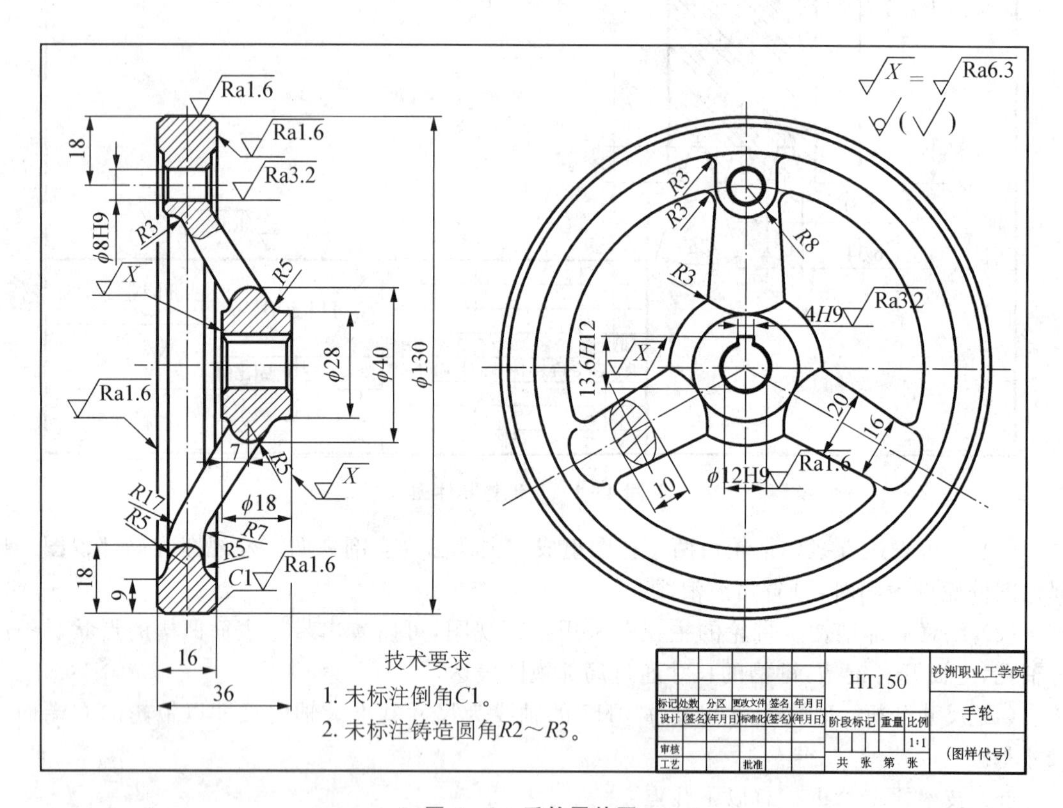

图 4-3　手轮零件图

知识目标

（1）了解手轮的结构特点和视图表达要点。

（2）了解局部剖视图的画图特点。

（3）了解尺寸在图样中的标注。

技能目标

（1）读懂手轮的形状、结构，知道其表达方法。

(2) 能正确说出零件图中标注的极限与配合、尺寸公差、表面粗糙度和手轮材料符号的含义。

【知识链接】

局部剖视图的表达方法，见知识链接 B.3.2。

【任务分析】

(1) 了解零件图　浏览全图，看标题栏，可以看出该零件属于轮类零件，零件的名称为手轮，材料为 HT150。“HT”由汉语拼音“灰铁”而来，“150”表示抗拉强度为 150 MPa。另外，通过阅读标题栏还能知道零件的设计者、审核者、制造厂家，以及零件的比例等内容。

(2) 分析表达方案　图中手轮由主、左两个基本视图组成。主视图为全剖视图。轮盘类零件的主要回转面和端面都在车床上加工，故其主视图的选择与轴套类零件相同，按照加工位置，将其轴线水平安放画主视图，以反映厚度的方向作为主视图的投影方向，用全剖视图反映内部结构和相对位置；左视图主要表达零件的外形轮廓和孔、轮辐等的相对位置及分布情况。

按国家标准规定：当轮辐不在剖切平面上时，可将其旋转到剖切平面上画出，不画剖面符号，而用粗实线与其邻接部分分开。另外按标准作为规定画法，此图还省略了剖切符号和标注。

剖切面后面可见的歪斜轮辐可省略不画。

(3) 细读局部结构　先看主体部分，后看细节。手轮的主体是同轴回转体，上面均布轮辐，中间开有通孔和键槽。手轮的轮辐形状比较复杂，为变截面椭圆，左视图上的重合断面，仅是该处的形状。靠近轮毂处椭圆长轴较长，离轮毂越远，则长轴越短；在轮圈附近已接近圆形。

(4) 尺寸分析　径向尺寸以孔 ϕ12H9 的轴线为尺寸基准。轴向尺寸以轮圈的左端面为尺寸基准。左视图上标注轮辐的尺寸时，由于轮辐是渐变的椭圆，所以要标注轮毂处和轮圈处两个位置的尺寸 20 和 16。重合断面处的轮辐尺寸 10 要直接标注在该位置椭圆的短轴上。

(5) 技术要求分析　有以下几点：

1) 表面粗糙度。轮圈虽然精度要求不高，但表面要求光滑，整体来说表面粗糙度要求最高的是轮圈的左右端面、外圆面以及轮毂的内孔，*R*a 值为 1.6；键槽的侧面以及轮圈上的通孔，由于与其他零件有配合作用，表面粗糙度要求也比较高，*R*a 值为 3.2；轮毂的左右端面以及键槽的底面，为 *R*a6.3，其他为毛坯面。

2) 尺寸公差。轮毂内孔 ϕ12H9 和轮圈通孔 ϕ8H9 以及键槽尺寸 13.6H12 均有尺寸公差要求，但精度要求不高。查表得到，ϕ12H9 的上偏差为 +0.043，下偏差为 0；ϕ8H9 的上偏差为 +0.036，下偏差为 0。

3) 形状和位置公差。无特殊要求。

4) 材质。无特殊要求。

5) 其他。圆角要求。

(6) 归纳总结　由以上分析可想象出手轮的结构形状，如图 4-4 所示。

图 4-4　手轮立体图

【课堂活动】

根据教师给定的轮类零件图分析想象出其结构形状。

4.1.3 识读端盖零件图

【任务描述】

图 4－5 所示是端盖的零件图，这是很典型的盘盖类零件。端盖的作用有很多种，有的可以配合其他零件起防尘密封，也有的起定位固定的作用。端盖与轴类零件相比厚度尺寸较小，几何形状为扁平板状，其主要是在车床上加工，有的表面则需在磨床上加工。

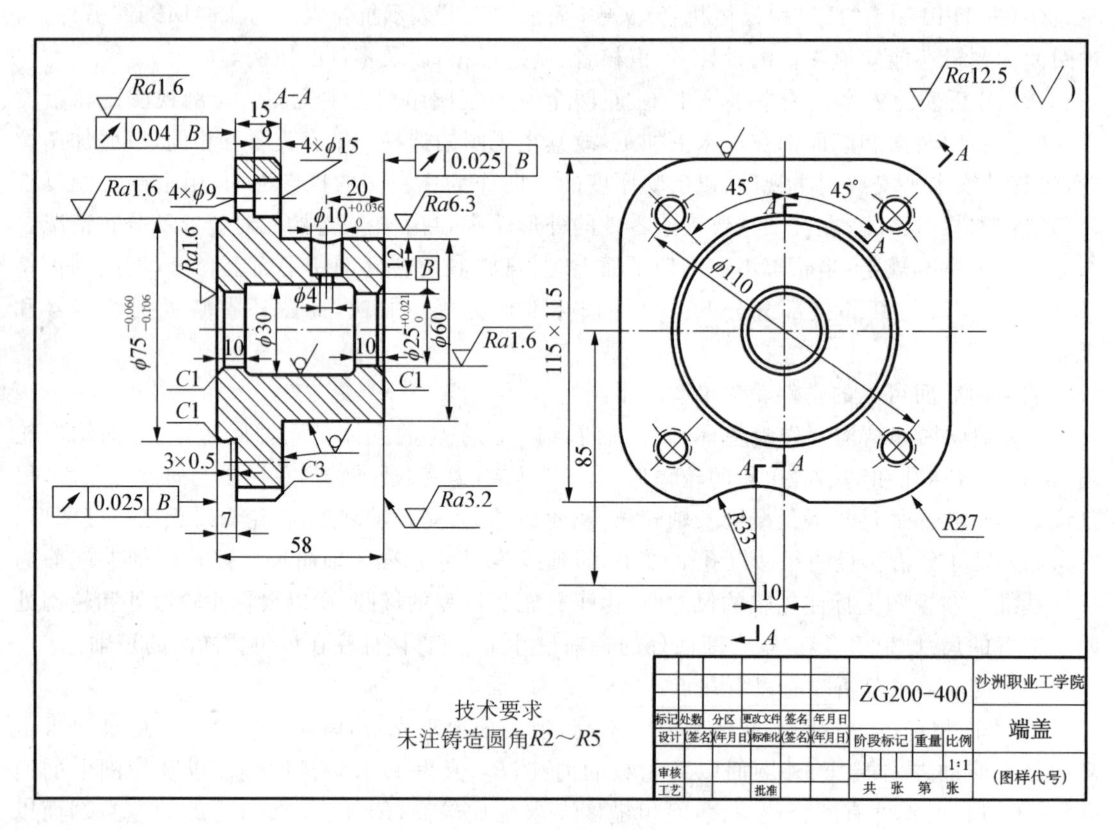

图 4－5 端盖零件图

知识目标

(1) 了解端盖的结构特点和视图表达要点。

(2) 了解粗糙度在图样中的标注。

技能目标

(1) 读懂端盖的形状、结构，知道其表达方法。

(2) 能根据尺寸标注，说出其尺寸基准，能确定定形尺寸和定位尺寸。

(3) 能正确说出零件图中标注的极限与配合、尺寸公差、表面粗糙度、形位公差和端盖材料符号的含义。

【知识链接】

评定表面结构轮的轮廓参数及表面结构符号含义，见知识链接 D.4.1～4.3。

【任务分析】

(1) 了解零件图　浏览全图，看标题栏，可以看出该零件属于盘盖类零件，零件的名称为端盖，材料为ZG200－400。“ZG”由汉语拼音“铸钢”而来，“200”表示屈服强度为200 MPa，“400”表示抗拉强度为400 MPa。另外，通过阅读标题栏还能知道零件的设计者、审核者、制造厂家，以及零件的比例等内容。

(2) 分析表达方案　由于盘盖类零件外形简单，因此主视图采用全剖视图。这样层次分明，显示了零件各部分的形状及其相对位置。同时，主视图的轴线水平放置，符合零件的加工位置。除主视图外，左视图用视图来补充表达方形板的形状和径向沉孔的分布情况等。

零件的主视图采用了3个剖切面剖切得到的复合全剖视图，按国家标准，在左视图上需要标明剖切符号和剖切位置，主视图上标注剖视图的名称 $A—A$。

(3) 细读局部结构　先看主体部分，后看细节。该零件的主体由同轴回转体构成，主体形状为矩形，并且在径向分布有沉孔。从主视图中可以看出，零件的轴孔为阶梯孔，中间尺寸大，为 $\phi30$，两边尺寸小，为 $\phi25$。在轴向上还有一个沉孔 $\phi10^{+0.036}_{0}$，该位置要画出相贯线。

(4) 尺寸分析　盘盖类零件主要有两个方向的尺寸，即径向尺寸和轴向尺寸。图4－5所示的端盖其左端面为长度方向尺寸的主要基准，右断面为辅助基准，孔 $\phi25^{+0.021}_{0}$ 的轴线为宽度和高度方向尺寸基准。由于端盖零件上有轴孔，因此径向尺寸包括外部尺寸 115×115，$\phi75^{-0.060}_{-0.106}$，$\phi60$ 等，以及内部尺寸 $\phi25^{+0.021}_{0}$，$\phi30$ 等，均应分别注出。图中轴向尺寸以左端面为基准，注出7和58。除此之外，该端盖零件上4个均匀分布的沉孔，应同时标注其定形尺寸和定位尺寸。

(5) 技术要求分析　有以下几点：

1) 表面粗糙度。零件表面粗糙度要求最高的 Ra 值为1.6，一共有4处，分别是端盖的左端面、方形板的左端面、$\phi75^{-0.060}_{-0.106}$ 的外圆面以及 $\phi25^{+0.021}_{0}$ 孔的内表面；端盖的右端面，由于与其他零件有配合作用，表面粗糙度要求也比较高，Ra 值为3.2；轴向安装孔 $\phi10^{+0.036}_{0}$，表面也要求比较光滑，为 $Ra6.3$。另外，除了图中标注的4处铸造表面外，其余部分的粗糙度要求 Ra 的值为12.5。

2) 尺寸公差。端盖左侧外圆面 $\phi75^{-0.060}_{-0.106}$，内孔 $\phi25^{+0.021}_{0}$ 以及轴向安装孔 $\phi10^{+0.036}_{0}$ 均有尺寸公差要求。$\phi75^{-0.060}_{-0.106}$ 的上偏差为－0.060，下偏差为－0.106，查表得公差带代号为e8；$\phi25^{+0.021}_{0}$ 的上偏差为＋0.021，下偏差为0，查表得公差带代号为H7；$\phi10^{+0.036}_{0}$ 的上偏差为＋0.036，下偏差为0，查表得公差带代号为H9。

3) 几何公差。取 $\phi25^{+0.021}_{0}$ 的轴线为基准，零件的左右端面以及方形板的左端面均对其有圆跳动的位置公差要求，公差值分别为0.025和0.04。

4) 材质。无特殊要求。

5) 其他。圆角要求。

(6) 归纳总结　由以上分析可想象出端盖的结构形状，如图4－6所示。

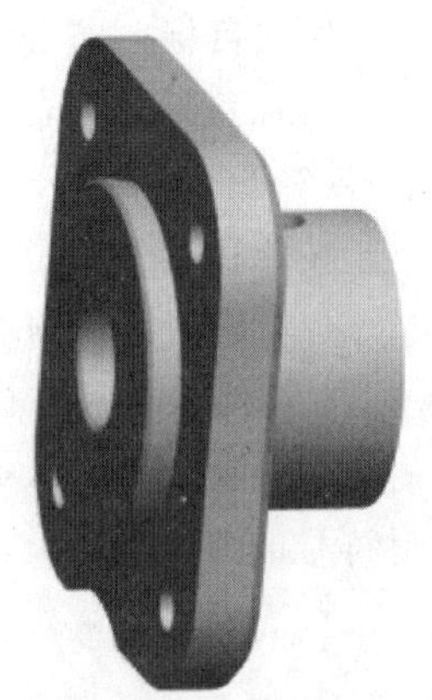
图4－6　端盖立体图

【课堂活动】

根据教师给定的盘盖类零件图分析想象出其结构形状。

4.1.4 识读滚动轴承座零件图

【任务描述】

图 4-7 所示是滚动轴承座的零件图，它也是很典型的盘盖类零件。滚动轴承座在工作中主要起支承轴承的作用，应用非常广泛，根据实际工作场合的需要，其结构形状会有一定的差别。

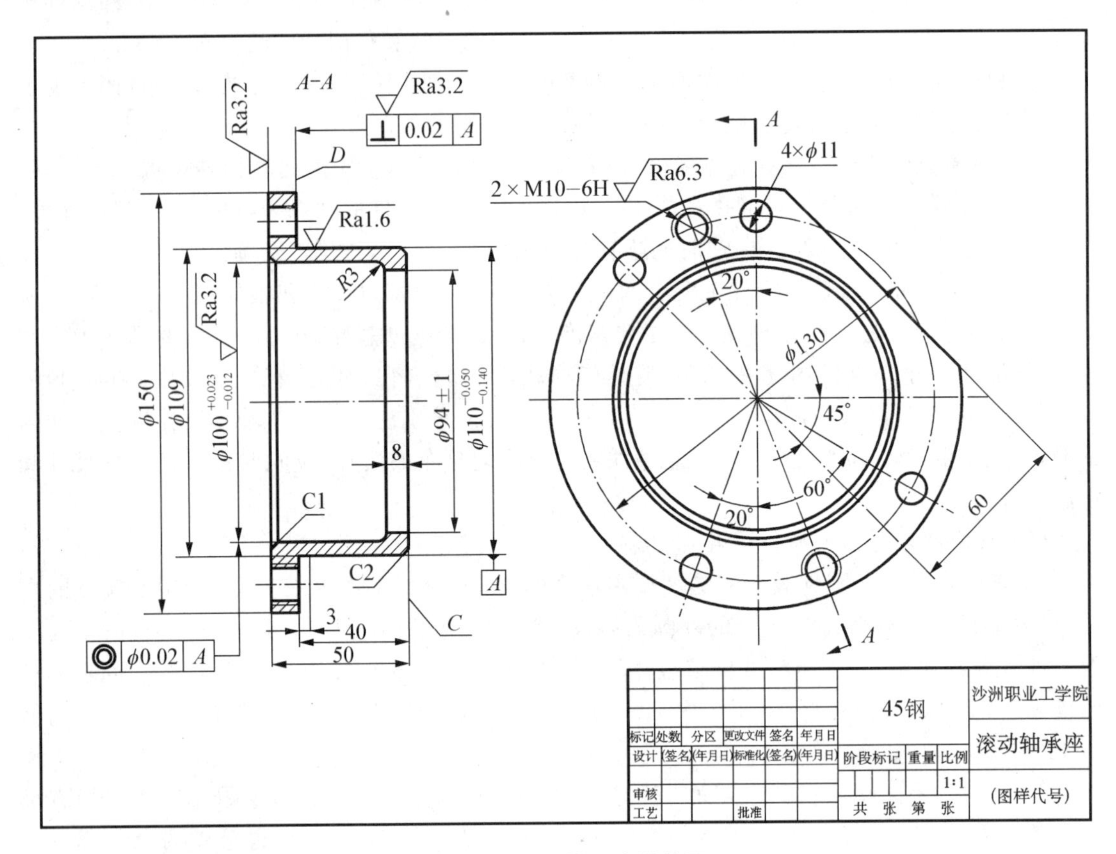

图 4-7 滚动轴承座零件图

知识目标

(1) 了解滚动轴承座的结构特点和视图表达要点。

(2) 了解几何公差在图样中的标注。

技能目标

(1) 读懂滚动轴承座的形状、结构，知道其表达方法。

(2) 能根据尺寸标注，说出其尺寸基准，能确定定形尺寸和定位尺寸。

(3) 能正确说出零件图中标注的极限与配合、尺寸公差、表面粗糙度、几何公差和端盖材料符号的含义。

【知识链接】

几何公差的概念及标注，见知识链接 D.3.1～3.3。

【任务分析】

(1) 了解零件图　浏览全图，看标题栏，可以看出该零件属于盘盖类零件，零件的名称为滚动轴承座，材料为 45 钢。“45”是优质碳素结构钢的牌号，该牌号表示平均含碳量为0.45%，该碳钢属于中碳钢。另外，通过阅读标题栏还能知道零件的设计者、审核者、制造厂家，以及零件的比例等内容。

(2) 分析表达方案　轴承座有两个基本视图，一个是以旋转剖方法作出的全剖视图 $A—A$，不可按早期旧国标把它称为旋转剖视图，新国标已经取消了旋转剖的名称，但可称为旋转全剖视图。另一个是反映外形轮廓和各孔位置的左视图。

(3) 细读局部结构　该零件的主体由同轴回转体构成，主体形状为有缺口的圆形，并且在径向分布有两个螺纹孔和 4 个销孔。从主视图中可以看出，零件的中心轴孔为阶梯孔，左边尺寸大，为 $\phi100^{+0.023}_{-0.012}$，右边尺寸小，为 $\phi94\pm1$。

(4) 尺寸分析　径向尺寸以圆柱孔 $\phi100^{+0.023}_{-0.012}$ 的轴线为尺寸基准。轴向尺寸以轴承座左端面为尺寸基准。左视图上 2 个螺纹孔 2×M10－6H 和 4 个销孔 $4\times\phi11$ 应标注相应的定位尺寸 20°，60°和 $\phi130$。

(5) 技术要求分析　有以下几点：

1) 表面粗糙度。零件表面粗糙度要求最高的 Ra 值为 1.6，为 $\phi110^{-0.050}_{-0.140}$ 的外圆面。轴承座的左端面、孔 $\phi100^{+0.023}_{-0.012}$ 的内表面，以及 D 面，由于与其他零件有配合作用，表面粗糙度要求也比较高，Ra 值为 3.2；螺纹孔的 Ra 值为 6.3。零件其他表面，表面粗糙度未作具体要求。

2) 尺寸公差。轴孔 $\phi100^{+0.023}_{-0.012}$，$\phi94\pm1$ 以及外圆 $\phi110^{-0.050}_{-0.140}$ 均有尺寸公差要求。

3) 几何公差。取 $\phi110^{-0.050}_{-0.140}$ 的轴线为基准，$\phi100^{+0.023}_{-0.012}$ 的轴线对其有同轴度公差要求，其值为 $\phi0.02$；D 面对其有垂直度的位置公差要求，公差值为 0.02。

4) 材质。无特殊要求。

5) 其他。无特殊要求。

(6) 归纳总结　由以上分析可想象出滚动轴承座的结构形状，如图 4－8 所示。

图 4－8　滚动轴承座立体图

4.2　绘制填料压盖零件图

【任务描述】

图 4－9 所示的填料压盖，材料为铸铁 HT200。填料压盖在齿轮泵中起密封和支承齿轮轴的作用，两个销孔用于泵体、泵盖的定位与联结等。

知识目标

(1) 了解填料压盖的结构特点和视图表达要点。

(2) 了解轮盘类零件常用的绘图方法和步骤。

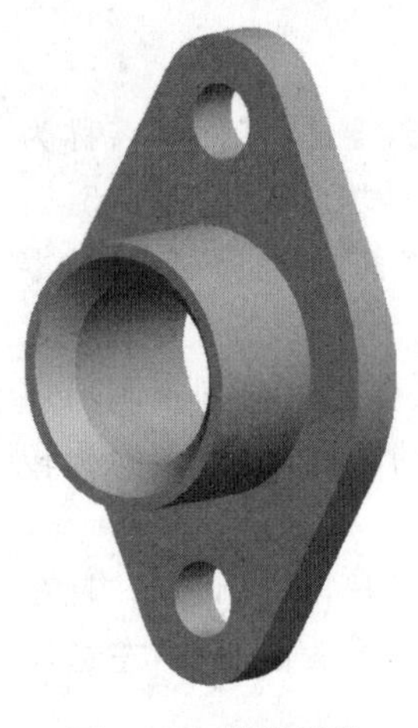

图 4-9　填料压盖

技能目标

（1）根据填料压盖的形状、结构，确定合适的表达方法。

（2）完成填料压盖零件图的尺寸标注和技术要求的注写。

【知识链接】

测绘尺寸是零件测绘过程的重要内容，零件上的全部尺寸数值的量取应集中进行，这样不但可以提高工作效率，还可避免错误和遗漏。测量时，根据对尺寸精度要求的不同选用不同的测量工具。常用的量具有钢直尺，内、外卡钳等；精密的量具有游标卡尺、千分尺等；此外还有专用量具，如螺纹规、圆角规等。轮盘类零件常用的测量方法如下。

（1）轮盘内外径的测量　轮盘内外径一般用内外卡尺测量，再在钢尺上读数，也可用游标卡尺测量。

（2）轮盘轴向尺寸的测量　轴向尺寸一般可用钢尺或三角板直接量出。

（3）轮盘上孔中心距的测量　两孔中心距的测量根据孔间距的情况不同，可用卡尺、直尺或游标卡尺测量。

使用卡钳时要注意：用外卡钳量取外径时，卡钳所在平面必须垂直于圆柱体的轴线；用内卡钳量取内径时，卡钳所在平面必须包含圆孔的轴线。

【任务分析】

（1）分析零件，确定表达方案　进行轮盘类零件的绘制时，首先要了解零件的名称、用途、材料，以及在机器或部件中的位置和作用，然后对零件进行形体分析和结构分析，以确定表达方案。

轮盘类零件的主视图一般按照工作位置安放，考虑结构形状特征，其投影方向可以选为与轴线平行，这样可以使主视图反映的外形和各部分的相对位置比较清楚。轮盘类零件一般常用主视图、左视图两个视图表达。主视图采用全剖视，左视图则多用视图表示其轴向外形和盘上孔和槽的分布情况。

（2）零件尺寸的测量　用外卡钳测量压盖的外径，用内卡钳测量压盖的内径。

（3）画零件草图　零件草图是画零件图的重要依据，必须具有零件图的全部内容（包括一组图形、完整的尺寸、技术要求和标题栏）。

1）绘制图形。根据选定的表达方案，在图纸上以目测比例徒手画出各个视图。画视图时，要尽量保持各部分的大致比例关系，线型粗细要分明，图面要整洁。但需要注意的是，零件上的制造缺陷（如砂眼、气孔等），以及由于长期使用造成的磨损、碰伤等，均不应画出。另外，零件上的细小结构（如制造圆角、倒角、倒圆、退刀槽等）必须画出来。

2）标注尺寸。标注尺寸首先选定尺寸基准，按照正确、完整、清晰、合理的要求标注尺寸，画出全部尺寸线、尺寸界线和箭头；然后逐个测量零件尺寸，并标注尺寸数字，测量尺寸时力求准确。

3）注写技术要求。轮盘类零件的表面粗糙度、极限与配合、几何公差等技术要求，通常可以采用类比法给出。注写的时候要注意，零件的主要尺寸要保证其精度，有相对运动的表面及对形状、位置要求较严格的面线等要素，要给出既合理又经济的粗糙度或几何公差的要求，有配合关系的孔轴要查阅与其相结合的轴孔的相应资料（装配图或零件图）以核准配合制度和配合性质。

4）填写标题栏。一般填写零件的名称、材料、绘图者的姓名和单位等。

（4）画零件图步骤　画零件图的步骤和画草图类似。绘图过程中，要注意草图中的表达方案不够完善的地方，在画零件图时加以改进。如果遗漏了重要的尺寸，必须到现场重新测量。校核尺寸公差、几何公差和表面粗糙度是否符合产品要求，应尽量标准化和规范化。如图4-10所示，轮盘类零件的绘图步骤如下：

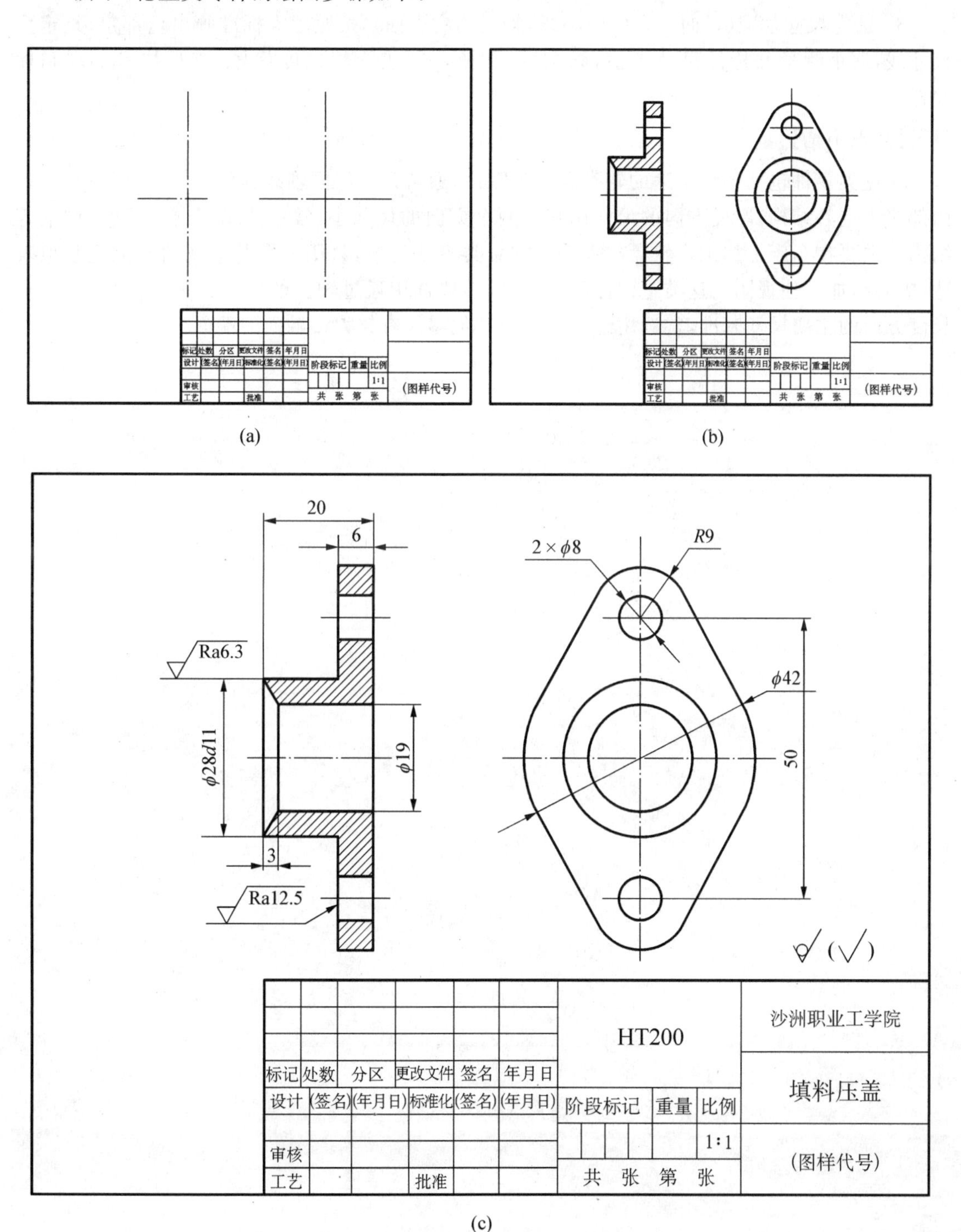

图 4-10　填料压盖零件图的绘制步骤

1）确定比例、图幅、画边框留出标题栏的位置，布置图形，根据表达方案画出各视图的主要基准线。注意各视图之间留出标注尺寸的位置。

2）根据表达方案，按比例画出零件的内、外结构形状。先画主要形体，后画次要形体；先定孔的位置，后画形状；先画主要轮廓，后画细节。

3）选定尺寸基准（径向为孔的中心线，轴线为右端面），按照国家标准画出全部定形、定位尺寸线，逐个测量并标注尺寸数值，画剖面符号，注写表面粗糙度代号，填写技术要求和标题栏。

【知识小结】

轮盘类零件包括各种用途的轮类和盘类零件，通常是一组同轴线的回转体或平板拉伸体，内部多为空心结构，厚度方向的尺寸比其他两个方向的尺寸小，常用凸缘、凸台、凹槽、键槽等结构。主要在车床上加工。轮盘类零件比轴套类零件复杂，只用一个基本视图不能完整地表达，需要增加其他视图。这类零件标注尺寸时，一般选用通过轴孔的轴线作为径向尺寸基准；长度方向的主要尺寸基准，常选用经过加工与其他零件有较大接触面的端面。

任务5　叉架类零件图的识读与绘制

叉架类零件包括各种用途的拨叉和支架。这类零件的形状一般呈现不规则状且比较复杂，多由模锻和铸造产生，未经切削的表面较多，所以零件上常有起模斜度和铸造圆角，无需切削的表面粗糙度要求较低，这种零件需经过多种机床加工，而且加工工位不确定。

5.1　叉架类零件图的识读

5.1.1　识读拨叉零件图

【任务描述】

图5－1所示是拨叉的零件图，这是很典型的叉类零件。叉类零件多有叉形结构，起支承、联结、拨动作用，主要用在机床、内燃机等各种机器的操纵机构上，用以操纵机器、调节速度。

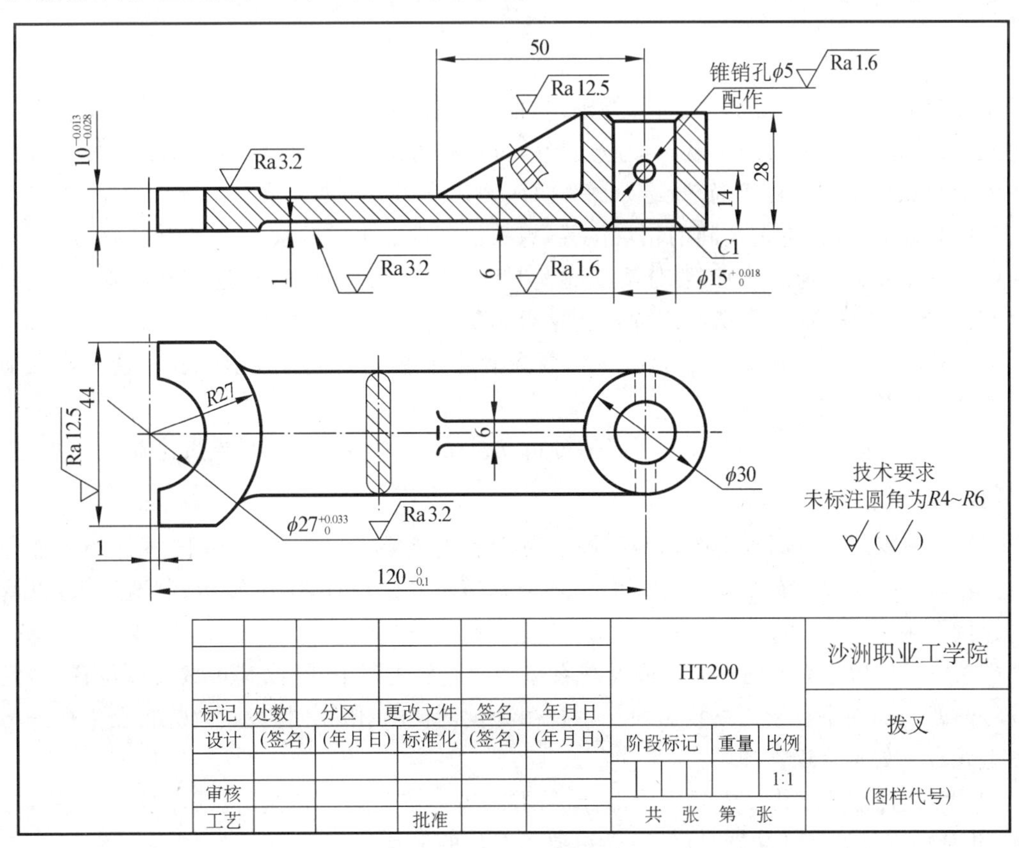

图5－1　拨叉零件图

知识目标

(1) 了解拨叉类零件的结构特点和视图表达要点，了解重合断面图的基本概念。

(2) 了解零件图识读步骤。

(3) 了解公差和极限尺寸的概念、尺寸和图样注语的标注。

技能目标

(1) 读懂图 5-1 所示拨叉的形状、结构，知道其表达方法。

(2) 能根据尺寸标注，说出其尺寸基准，能确定定形尺寸和定位尺寸。

(3) 能正确说出零件图中标注的极限与配合、尺寸公差、表面结构要求和拨叉材料符号的含义。

【知识链接】

读零件图的基本方法是以形体分析为主，线面分析为辅。零件图一般视图数量较多，尺寸及各种代号繁杂，但是对每一个基本形体来说，只要用 2～3 个视图就可以确定它的形状。看图时，只要在视图中找出基本形体的形状特征或位置特征明显之处，并从它入手，用“三等”规律在另外视图中找出其对应投影，就可较快地将每个基本形体“分离”出来，这样就可将一个比较复杂的问题分解成几个简单的问题了。读图的具体步骤如下。

(1) 读标题栏　了解零件的名称、材料、画图比例、技术要求等。联系典型零件的分类，对零件有一个初步认识。

(2) 综览全图，分析表达方案　了解所有视图的名称、剖切位置、投射方向，明确各视图之间的关系，视图间的方位等。

(3) 细读视图，想象形状　在综览全图的基础上，详细分析视图，想象出零件的形状。要先看主要部分，后看次要部分；先看容易确定、能够看懂的部分，后看难以确定、不易看懂的部分；先看整体轮廓，后看细节形状。即应用形体分析的方法，抓特征部分，分别将组成零件各个形体的形状想象出来。对于局部投影难解之处，要用线面分析的方法仔细分析，辨别清楚。最后将其综合起来，弄清它们之间的相对位置，想象出零件的整体形状。

(4) 尺寸分析　看尺寸时，要分清楚哪些是设计基准和主要基准；还要从定形尺寸、定位尺寸、总体尺寸 3 方面入手，分析尺寸标注是否完整。

(5) 看技术要求　看技术要求时，关键要弄清楚哪些部分的要求比较高，以便考虑在加工时采取什么措施予以保证等。

(6) 归纳总结　对以上内容进行归纳分析和总结，针对零件图进行连贯论述。

【任务分析】

(1) 了解零件图　浏览全图，看标题栏，可以看出该零件属于叉类零件，零件的名称为拨叉、材料为 HT200 灰口铸铁。阅读标题栏还能知道零件的设计者、审核者、制造厂家，以及零件的比例等内容。

(2) 分析表达方案　图中叉口底面与右边圆筒底面正好平齐，取其自然安放位置，并且使宽度方向的对称面平行于正立投影面。主视图为全剖视图，俯视图为基本视图，在主视图和俯视图上各有一处重合断面图。

(3) 细读各部分结构　先看主体部分，后看细节。按表达方案找出投影的对应关系，分析形体，并兼顾零件的尺寸功能，以便帮助想象出零件的形状。

根据叉架类零件的特点,左端的工作部分是由近半个圆柱筒(内径 $\phi27$,外径 $\phi54$),并在其前、后两侧各切去一小部分所构成的形体;右端的支承部分为一圆柱筒(内径 $\phi15$,外径 $\phi30$),圆柱筒上有一 $\phi5$ 锥销通孔。中间连接部分有两块,一块是水平放置的厚 6 mm 板状结构,左端与工作部分相连,右端与圆筒相切;另一块是厚 6 mm 的三角形立板,下部与水平板相接,右端与圆筒相连。

(4) 尺寸分析　主要尺寸基准:长度方向——右端圆柱轴线,因为右边圆柱筒与轴装配而使拨叉在部件中定位,所以以此轴线作为基准;宽度方向——零件的前后对称面;高度方向——零件的底面。14 是 $\phi5$ 锥销通孔的定位尺寸,50 是三角形立板与下部水平板相接的定位尺寸,水平板下表面距零件底面的距离是 1 mm。

(5) 技术要求分析　有以下几点:

1) 表面粗糙度。要求最高的是右端圆柱筒内孔与锥销孔的表面,Ra 值为 1.6;其次各加工表面 Ra 值为 3.2 以及 12.5;其他为毛坯面。

2) 尺寸公差。$\phi15$ 的上偏差为 +0.018,下偏差为 0,查表得公差带代号为 H7。$\phi27$ 上偏差为 +0.033,下偏差为 0,查表得公差带代号为 H8,10 的上偏差为 −0.013,下偏差为 −0.028,公差带代号为 f7。

3) 材质。无特殊要求。

4) 其他。圆角要求。

(6) 归纳总结　由以上分析可想象出拨叉的形体结构,如图 5-2 所示。

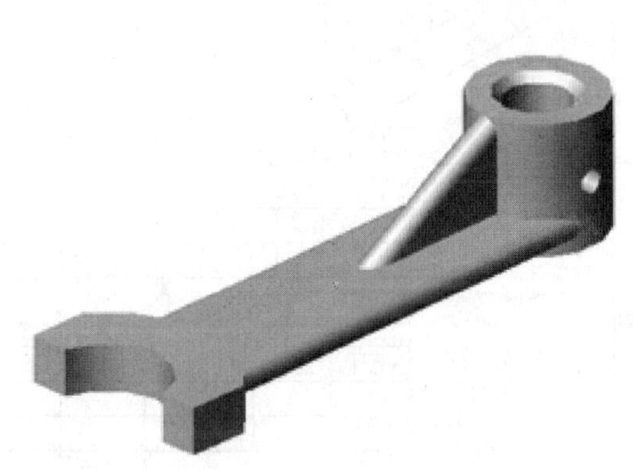

图 5-2　拨叉立体图

【课堂活动】

根据教师给定的叉类零件图分析想象出其结构形状。

5.1.2　识读支架零件图

【任务描述】

图 5-3 所示为一支架零件图。支架多由承托、支承和底座 3 部分组成,起支承和联结作用。

知识目标

(1) 了解支架类零件的结构特点和视图表达要点。

(2) 了解移出断面图、向视图、斜视图与局部视图的基本概念。

(3) 了解材料牌号 HT150 的含义。

技能目标

(1) 读懂图 5-3 所示支架的形状和结构。

(2) 能分析支架零件在长度、宽度和高度方向的尺寸标注基准。

(3) 能解释支架零件的技术要求。

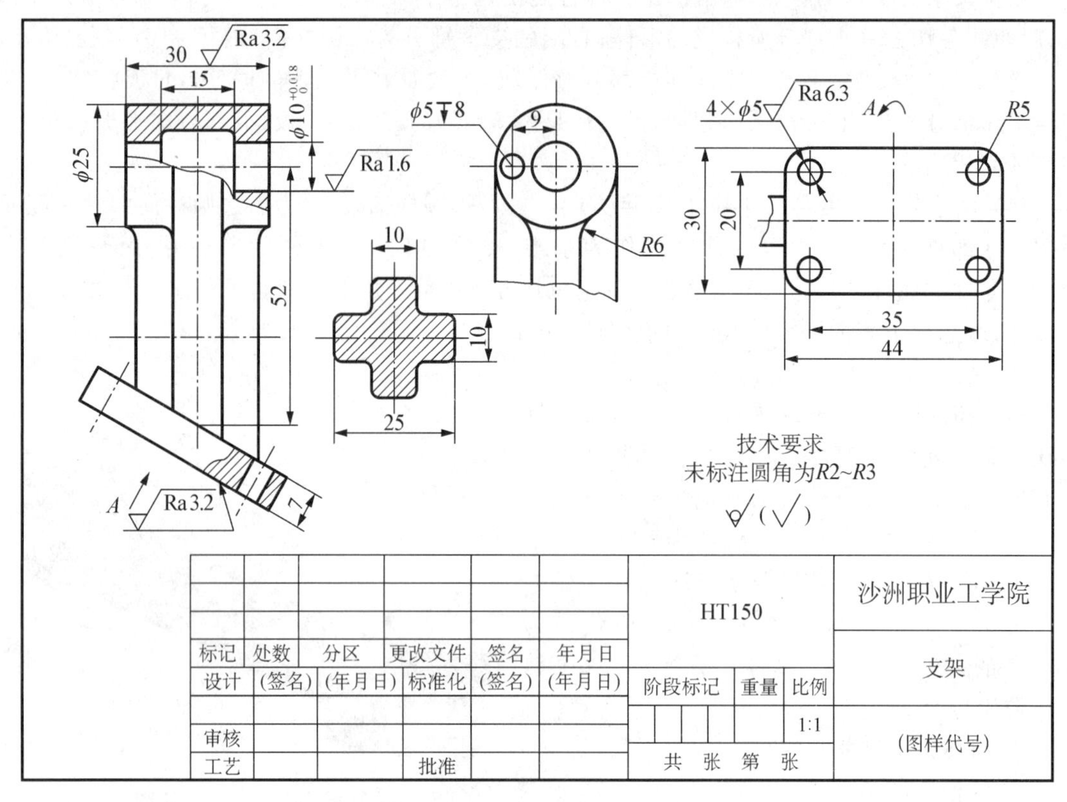

图 5-3 支架零件图

【知识链接】

叉架类零件大多通过铸造方法制造毛坯,零件的结构形状不仅要满足设计要求,还应满足铸造工艺性的要求。详见知识链接 C.8.1。

【任务分析】

(1) 了解零件图　浏览图 5-3 的全图,看标题栏,可以看出该零件属于叉架类零件,零件的名称为支架,材料是 HT150 灰口铸铁。阅读标题栏还能知道零件的设计者、审核者、制造厂家,以及零件的比例等内容。

(2) 分析表达方案　具体分析为:

1) 支架的放置。该零件的形体不规则,无法自然安放,考虑把上方圆柱筒的轴线水平放置,并且使宽度方向的对称面平行于正立投影面。

2) 视图方案。主视图为局部剖视图,用以表达主体结构;局部左视图表达圆柱筒的结构特征,以及十字联结板与圆柱筒的联结关系;A 向斜视图表达底板的形状特征;移出断面图表达联结部分的截面结构。

(3) 细读各部分结构　主体结构可分为 3 部分:支承部分——上方圆柱筒(支承轴),联结及加强部分——十字柱结构,安装底板。十字柱的一块板平行于侧立投影面,相切于圆柱;另一块板平行于正立投影面,比圆柱筒短。底板与十字柱呈 60°夹角,4 个角上有安装孔。

(4) 尺寸分析　主要尺寸基准:长度方向——长度方向的主对称面,宽度方向——零件的宽度方向对称面,高度方向——圆柱筒的轴线。

(5) 技术要求分析　有以下几点:

1) 表面粗糙度。要求最高的是圆柱筒内孔表面,Ra 值为 1.6;其次各加工表面的 Ra 值为 3.2,6.3;其他为毛坯面。

2) 尺寸公差。$\phi 10$ 的上偏差为+0.015,下偏差为 0,查表得公差带代号为 H7。

3) 材质。"HT"为"灰铁"的汉语拼音的首位字母,后面的数字"150"表示抗拉强度为 150 MPa。灰铸铁 HT150 的铸造性能优良,生产成本低,通常用来制造承受中等载荷的一般铸件,是一种物美价廉、应用广泛的结构材料。

4) 其他。为了便于铸造成型和避免产生铸造缺陷,在零件的非切屑加工外表面留有铸造圆角。

(6) 归纳总结　对以上内容进行综合,分析得出支架的构造形态,如图 5-4 所示。

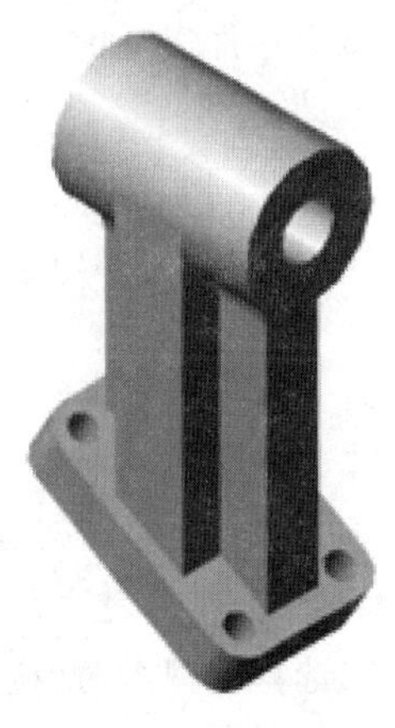

图 5-4　支架立体图

5.2　叉架类零件图的绘制

5.2.1　绘制杠杆的零件图

【任务描述】

图 5-5 所示的杠杆属于典型的叉类零件,这类零件带有叉形结构,主要起拨动、联结、支承等作用,一般作为机器中起操纵作用的一种零件,如拨叉、连杆、杠杆等。根据拨叉类零件的作用,可将这类零件看作 3 部分组成:支承部分、工作部分、联结部分。

图 5-5　杠杆

知识目标

(1) 掌握叉类零件的视图表达。

(2) 掌握断面图和局部剖视图的画法与应用。

(3) 掌握尺寸和公差标注、表面结构要求的标注方法及常用的加工方法。

(4) 了解材料的分类、典型材料牌号及常用的加工方法。

技能目标

(1) 能够绘制叉类零件图,选择合适的表达方法。

(2) 能够正确标注尺寸公差、几何公差及表面结构要求。

(3) 能够正确填写叉类零件图的图样注语、铸钢材料牌号及其热加工方法。

【知识链接】

(1) 叉类零件组成　该类零件大都比较复杂，一般由以下 3 部分组成：

1）支承部分。其基本形体为一圆柱体，中间带孔（花键孔或光孔）。它安装在轴上，作为整个零件运动的支承，沿轴向滑动（孔为花键孔），或固定在轴上（孔为光孔），由操纵杆支配其运动。

2）工作部分。对其他零件施加作用的部分，其结构形状根据被作用部分的结构确定。例如，拨叉对三联齿轮施加作用，其作用部位为环形沟，这时工作部分的结构形状应与齿轮的环形沟吻合。

3）联结部分。其结构主要是联结板，有时还设有加强肋。联结板的形状因支承部分和工作部分的相对位置而异，有对称、倾斜、弯曲等。

(2) 绘制叉架类零件图　具体操作步骤如下：

1）视图表达方案。由于这类零件的加工位置难以分出主次，工作位置也不尽相同，因此在选择主视图时，应将能较多地反映零件各组成部分的结构形状和相对位置的方向作为主视图投射方向，并将零件摆正。一般需要两个以上的视图。由于它的某些结构形状不平行于基本投影面，所以常常采用斜视图或断面图。对零件上的一些内部结构形状可采用局部剖视图，某些较小的结构可采用局部放大图。

2）尺寸标注。零件长、宽、高 3 个方向的尺寸基准，一般为孔的轴线、对称面和较大的加工平面。这类零件尺寸较多，定位尺寸比其他零件显得更多。所以在标注尺寸时，除了要求标注完整外，还要注意能否保证定位的精度，一般要标注出孔中心线（或轴线）间的距离，或孔中心线（轴线）到平面的距离，或平面到平面的距离。定形尺寸应先按形体分析法注出，一般情况下，内、外结构形状要注意保持一致；起模斜度、铸造圆角也要标注出来。这类零件图的圆弧联结较多，标注时应注意对已知弧、中间弧的圆心给出定位尺寸。

3）技术要求。叉架类零件一般对表面粗糙度、尺寸公差、形位公差等内容没有特别严格的要求。但对孔径、某些角度或某部分的长度尺寸，有时有一定的公差要求。

4）材质要求。叉架类零件多由铸件、锻件毛坯经机械加工而成，零件上具有铸造圆角、脱模斜度、凸台、凹坑和肋板等结构。

【任务分析】

在图 5-5 所示的杠杆零件上有 3 个圆筒，大的为支承部分，两个小的圆筒中，一个为工作部分，另一个为操纵杠杆工作的着力部分。主视图按工作位置选择，需要两个以上的基本视图。由于该杠杆外形较复杂，内部则较简单，所以重点是表达外部形状，对内部需要表达的 3 个孔，可采用局部剖视图表达。由于联结部分的断面形状常为矩形、椭圆形、工字形或十字形等，在表达方案的选择中常用断面图表达。对某些不平行基本投影面的结构形状，则采用斜视图、斜剖视来表达。

杠杆零件图的绘制，如图 5-6 所示。主视图采用局部剖视图，俯视图采用了两处局部剖视图和重合断面图表达，另外还采用了一个斜剖视图和一移出断面图表达了两孔及其联结部分的断面形状。

图中以 ϕ9H9 孔的轴线为基准，标注出两个 ϕ6H9 孔的定位尺寸 28 和 50；倾斜和弯曲的联结部分圆弧尺寸为 R4；杠杆支承部分的圆柱套筒外径为 ϕ16；由于支承孔有配合要求，所以

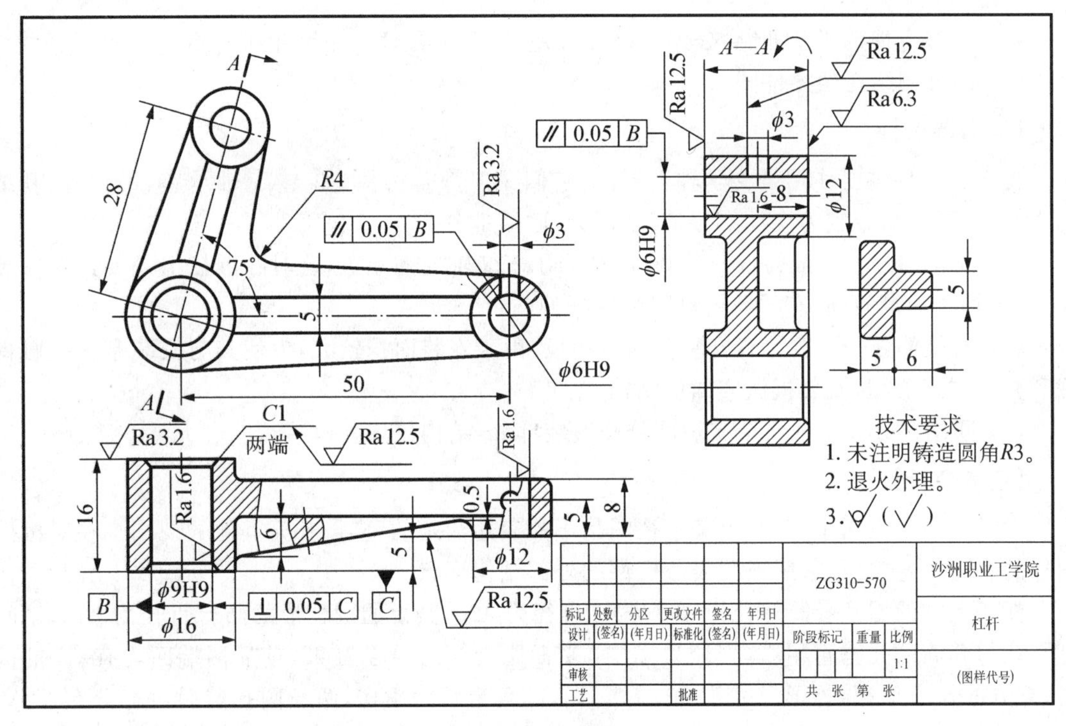

图 5-6 杠杆零件图

给出支承孔内径的配合尺寸为 ϕ9H9;另外两个小的圆柱外径为 ϕ12,内孔同样有配合要求,尺寸为 ϕ6H9。

【课堂活动】

(1) 测绘拨叉类零件,绘出零件图。

(2) 分析哪些尺寸是定形尺寸,哪些尺寸是定位尺寸。

(2) 合理选用几何公差,在图中正确标注。

5.2.2 绘制托架的零件图

【任务描述】

如图 5-7 所示,托架由 3 部分组成:圆柱套筒、安装板和联结部分。上方为圆柱套筒,其上部有一圆柱形的凸台,凸台中间有孔与圆柱套筒的孔相通;下方为一竖直的长方形的安装板,其上有两个长圆孔,左边有一竖直的长方形凹槽,4 个角为圆角;中间是联结部分,用两块弯曲的相互垂直的板将上下两部分联结起来。

图 5-7 托架

知识目标

(1) 掌握托架零件的视图表达。

(2) 了解公差和极限尺寸的选择方法。

技能目标

(1) 能够合理选择基准制、公差等级和公差带，正确合理标注尺寸和公差。

(2) 能够测绘托架零件图。

【知识链接】

支架类零件主要作用是支承轴类零件，它们一般都是铸件，如支架、轴承座、吊架等，其结构由3部分组成，分别为支承部分、安装部分、联结部分。

(1) 支承部分　一般为带孔的圆柱体，为了安装轴孔的端盖，有时在圆柱上还要设置安装孔；为了解决润滑问题，有的还要设置装油杯的凸台。

(2) 安装部分　一般为有安装孔的矩形板，由于安装面积较大，为使其与安装基面接触良好和减少加工面积，安装板做成凹坑结构。

(3) 联结部分　用来联结支承部分和安装部分，结构较规则、均匀。

【任务分析】

对该零件仅应用主、俯两个基本视图是不能表达清楚的，应该补充其他的视图。在对机械图样的表达中，主要是采用视图表达机件的外部结构形状。

托架上方的圆柱套筒外径为ϕ38，内孔直径为ϕ20，其上的圆柱形的凸台直径为ϕ16，中间有圆孔与套筒的孔垂直相通，直径为ϕ8；上平面距套筒的中心为22，前后两端面均有C1的倒角；下方的长方形板，外形尺寸为90，80，12，圆角半径为R10，两长圆孔前后对称分布，距离为60，长度为20，左边的长方形槽宽为30，深4，左平面和长方形板中心到圆柱中心的距离分别为74和95；联结部分的两块板厚度均为8，半径分别为R30和R100，R30圆弧通过直线与上、下部分联结，为连接弧；R(30＋8)的圆弧通过R10的圆弧与上、下两部分连接，R100为中间弧，上部与圆柱外圆内切，下部通过R25的圆弧与板相切。

托架长度方向的尺寸基准为左边的安装面，宽度方向的尺寸基准为零件的前后方向的对称面，高度方向的尺寸基准为圆柱套筒的轴线。

测绘托架模型，完成零件图，如图5-8所示。

【课堂活动】

(1) 进行视图画法的训练。

(2) 测绘托架零件，绘出零件图。

5.2.3　绘制支架的零件图

【任务描述】

图5-9所示的支架由支承、安装和联结等3部分组成，支承部分为带孔的圆柱体，在圆柱上设有装油杯的凸台；安装部分为带安装孔的矩形板，并通过两块弯曲的相互垂直的肋板与圆柱体支承部分联结起来。

知识目标

(1) 了解支架的结构特点和视图表达。

(2) 掌握尺寸和公差标注、表面结构要求的标注方法。

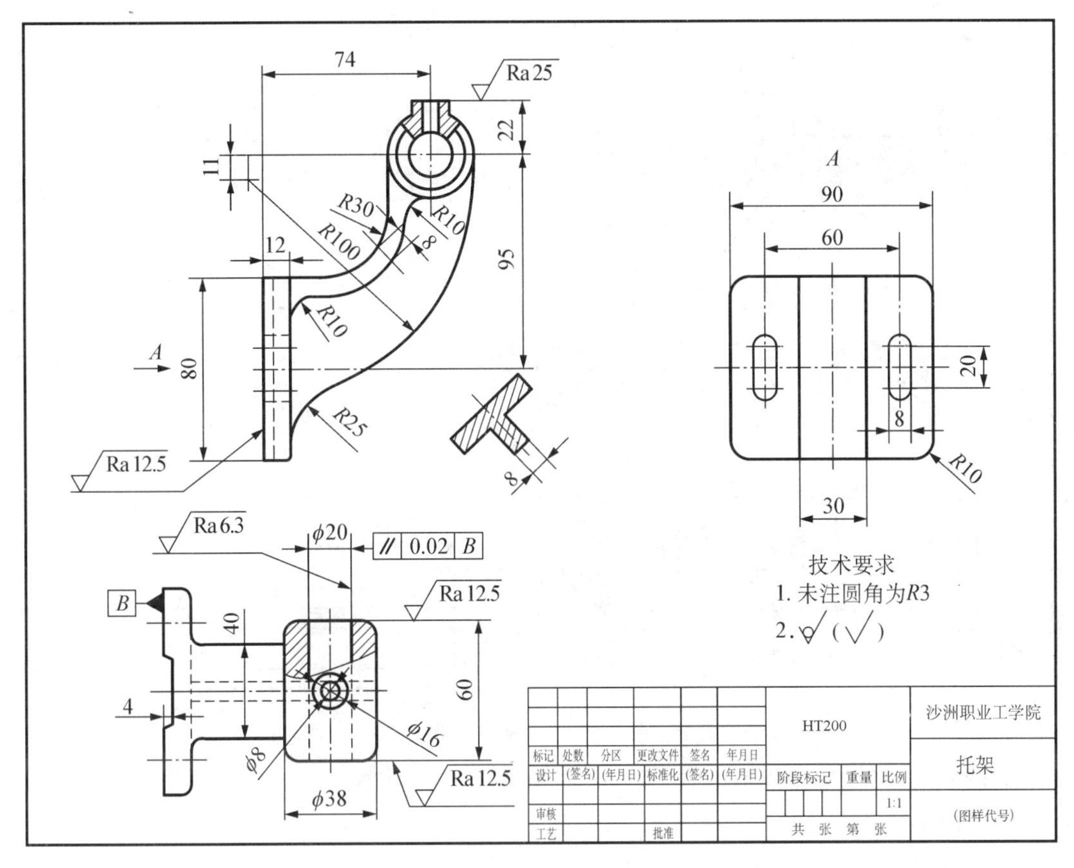

图 5-8 托架零件图

技能目标

(1) 读懂支架的形状、结构,确定其表达方法。

(2) 能够测绘支架零件图,正确合理标注尺寸和公差。

【知识链接】

铸件的工艺结构要求,参见知识链接 C.8.1。凸台的机加工工艺结构要求,参见知识链接 C.8.2。

【任务分析】

图 5-9 所示的支架属叉架类零件,外形较复杂,内部则较简单,因此重点是表达外部形状,内部用局部剖视图表达,肋板部分用移出断面图表达。支架用两个基本视图、一个移出断面图表达其形状和结构。

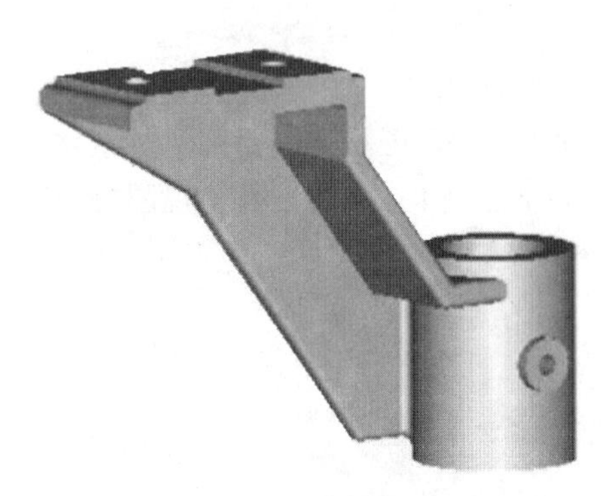

图 5-9 支架

在选择视图时,支架的摆放位置应尽量与工作位置一致,并选择反映形状特征的一面作为主视图,如图 5-10 所示。为了画图方便,在主视图中把支架的主要轮廓放置成水平位置或垂直位置,并采用了两处局部剖视图反映内部开孔结构。

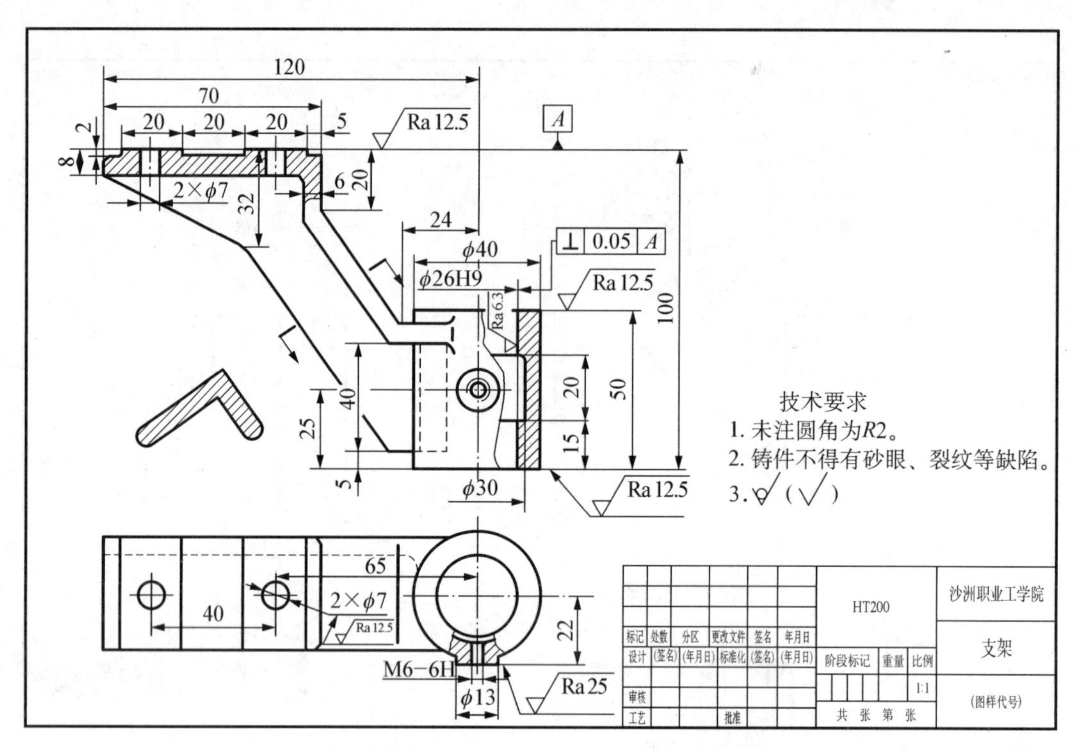

图 5－10　支架零件图

俯视图表达了支架的外形，同时采用了一个局部剖视图表达了凸台的结构。移出断面表达了肋板结构。

【课堂活动】

测绘支架类零件，绘出零件图。

【知识小结】

叉架类零件的几何结构大多数都不太规则，其中不少零件都无法平稳安放。考虑视图表达方案时，可将其主要几何要素水平或垂直放置，选择最能反映其结构特征的方向作为主视图的投影方向，然后用其他视图补充表达，将主体结构和局部结构一一考虑进去。

任务6　箱体类零件图的识读与绘制

箱体类零件包括各种箱体、油泵泵体、车床尾座等，毛坯一般为铸件，经多种机床加工而成。该类零件在机器中起容纳和支承的作用，保护内部零件，利于安全生产。箱体类零件的常见结构有轴承孔、支承板、安装孔、销孔、螺孔、凸台和凹坑、起模斜度、铸造圆角、油槽、油孔、T型槽、燕尾槽等用于承托和容纳相关零件的空腔，也方便与其他零件联结和定位，因此结构比较复杂。复杂箱体内，还有中间壁板和加强筋。

6.1　箱体类零件图的识读

6.1.1　识读减速器零件图

【任务描述】

传动装置中广泛采用的减速器具有固定传动比、结构紧凑、机体封闭并有较大刚度、传动可靠等特点。图6-1所示的减速器下箱体用以支承和固定轴系零件，并保证传动零件的啮合精度、良好润滑及密封的重要零件，其重量占减速器总重的30%～50%。

知识目标

(1) 了解箱体类零件的结构特点和视图表达要点。

(2) 进一步熟悉尺寸公差和表面结构表示法的应用。

技能目标

(1) 能分析减速器下箱体的结构特点和视图表达方法，想象出其形状特征。

(2) 知道减速器下箱体的尺寸标注基准，能解释零件上所有尺寸标注和技术要求。

【知识链接】

箱体类零件通常工艺路线长、加工工序多，因此在表达上一般根据其工作位置和习惯，把最能反映零件形状和位置特征的视图作为主视图。为了完整、清晰地反映箱体类零件的内、外形状，往往选择几个视图表达其外形；选择多种剖视，以不同的剖切方法表达其内部形状；以断面图表达肋、壁的断面形状。

【任务分析】

(1) 读标题栏　通过看图6-1标题栏，得知该零件的名称是减速器下箱体，材料是铸铁HT200，画图的比例是1∶1，属于箱体零件。

(2) 综览全图　由图6-1可知，该减速器有3个图形，即主、俯、左3个基本视图。主视图采用了局部剖视，左视图采用局部剖加重合断面图。几处局部剖视表达了放油孔、销孔、安装孔、圆形油标和壁厚的结构，也能看出箱体内腔的结构；重合断面图表达肋板的断面形状。俯

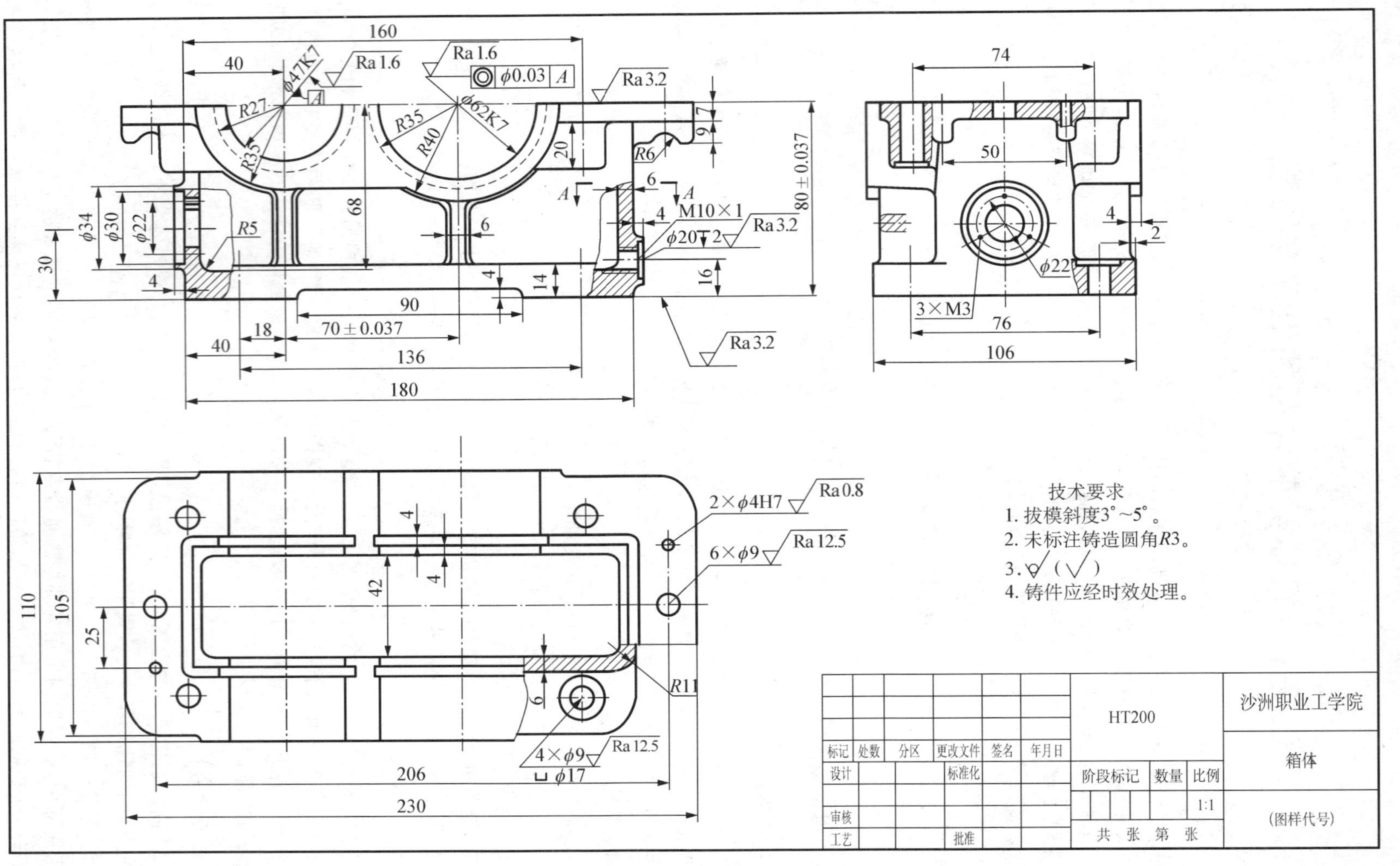

图 6－1 减速器下箱体零件图

视图直接对应箱体的水平投影。

(3) 分析视图,想象形状　通过主、俯视图看清带有凸缘的两对大的半圆孔,上部带销孔和沉孔的联结板,底板上的安装孔,联结板上的左、右吊耳;由主、左视图看清支承凸缘的肋板等。这样逐渐由两个或两个以上的视图相互对应可知,该箱体的主体结构一目了然。对于一些较难看懂的部分,将3个视图分部分进行读图,再将各部分按其对应位置组合起来,就可以想象出整体的形状。

(4) 分析尺寸和技术要求　通过尺寸分析可知,该箱体的高度方向基准为上表面,长度方向基准为孔 ϕ47K7 对称中心线,宽度方向基准为箱体的对称中心面。分析技术要求可知,有两大半圆孔 ϕ62K7, ϕ47K7 和两个销钉孔 2×ϕ4H7 给出了公差带代号,两半圆孔间中心距给出了 70±0.037 mm 尺寸公差要求。两半圆孔的 *Ra* 值均为 1.6 μm,上、下表面的 Ra 值为 3.2 μm。此处由文字说明可知,箱体的铸件需经过时效处理,消除内应力,以避免零件在加工后发生变形,未标记的铸造圆角半径为 R3。

(5) 综合归纳　将上述各项内容综合起来,就能够对这个箱体建立起一个总体概念,想象出其形状,如图 6-2 所示。

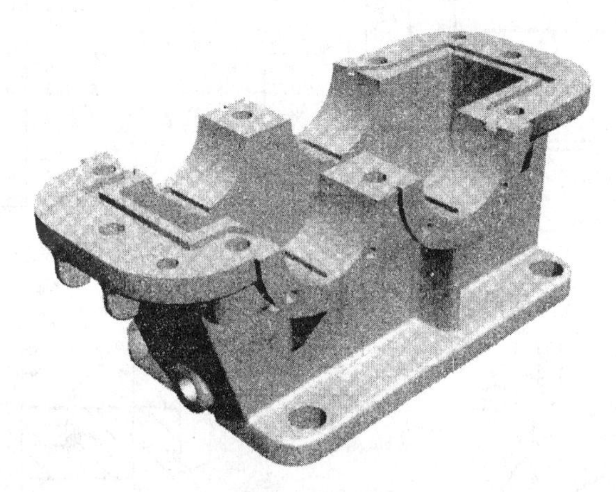

图 6-2　减速箱箱体

【课堂活动】

根据教师给定的箱体零件图分析想象出其结构形状。

6.1.2　识读泵体零件图

【任务描述】

油泵是机器润滑和供油系统中的一个部件。泵体是油泵的外壳体,用以支承和固定轴系零件。图 6-3 所示为一泵体零件图。

知识目标

(1) 了解泵体的构造和视图表达方法。

(2) 掌握尺寸和公差、表面结构要求的标注方法。

技能目标

(1) 能说出泵体的表达方法以及尺寸基准、技术要求。

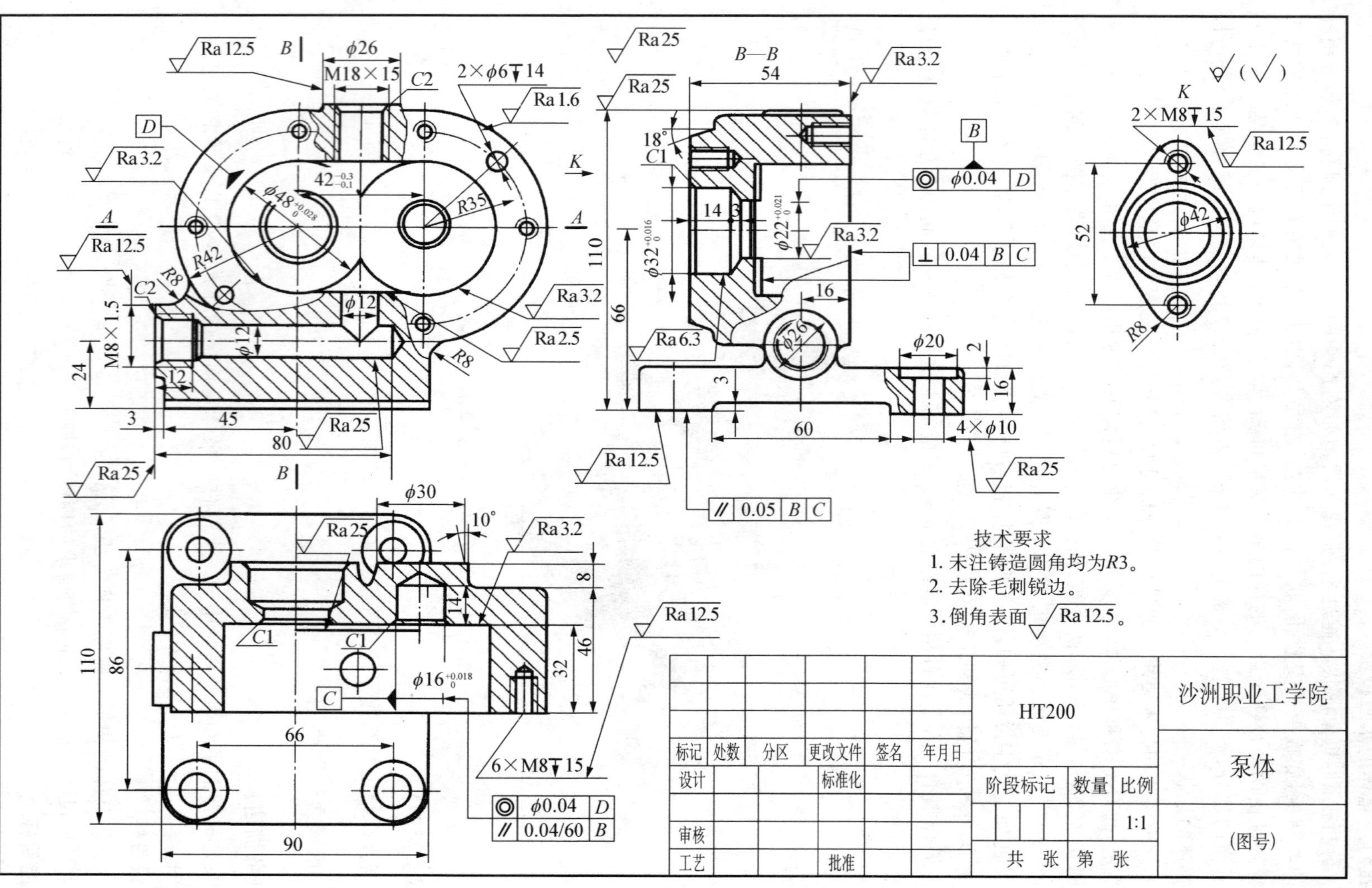
B—B
K
A
B
D
C
2×φ6▼14
M18×15
2×M8▼15
6×M8▼15
M8×1.5
4×φ10
技术要求
1. 未注铸造圆角均为R3。
2. 去除毛刺锐边。
3. 倒角表面 Ra 12.5。
HT200
沙洲职业工学院
泵体
(图号)
标记 处数 分区 更改文件 签名 年月日
设计 标准化
审核
工艺 批准
阶段标记 数量 比例
1:1
共 张 第 张

图 6－3 泵体零件图

(2) 能想象出该零件的形状特征。

【知识链接】

箱体类零件大多都要通过铸造方法制造毛坯，其形状结构应满足铸造工艺性要求，详见知识链接 C. 8. 1。

泵体零件表面的钻孔、倒角、退刀槽、凸台等画法规定，参见知识链接 C. 8. 2。

【任务分析】

(1) 读标题栏　通过看图 6 - 3 标题栏，得知该零件的名称是泵体，材料是 HT200，属于箱体零件。

(2) 综览全图　由图 6 - 3 可知，该泵体有 4 个图形，即主、俯、左 3 个基本视图和一个 K 向局部视图。主视图和左视图采用了局部剖视，俯视图采用全剖视图。几处局部剖视表达了进、出油孔，箱体上一些螺纹孔的结构；俯视全剖视图体现了泵体内腔的结构。俯视图直接对应泵体的水平投影。

(3) 分析视图，想象形状　通过左、俯视图看清底板为带圆角矩形，底板上有安装孔、底部槽；由主、俯视图看清壳体为腰形箱，箱体上有法兰边、螺孔等结构；由主、左视图看出进、出油管的结构。

(4) 分析尺寸和技术要求　通过尺寸分析可知，该泵体的高度方向基准为下底面，长度方向基准为出油孔的垂直面，宽度方向基准为腰形箱的前端面。分析技术要求可知，有同轴度、平行度、垂直度要求公差要求，以及去处毛刺锐边等，不再一一详述。箱体的铸件不得有气孔、夹沙、裂纹等缺陷，需经过时效处理，消除内应力，以避免零件在加工后发生变形。未标记的铸造圆角半径为 R3。

(5) 综合归纳　将上述各项内容综合起来，就能够对这个箱体建立起一个总体概念，想象出其形状，如图 6 - 4 所示。

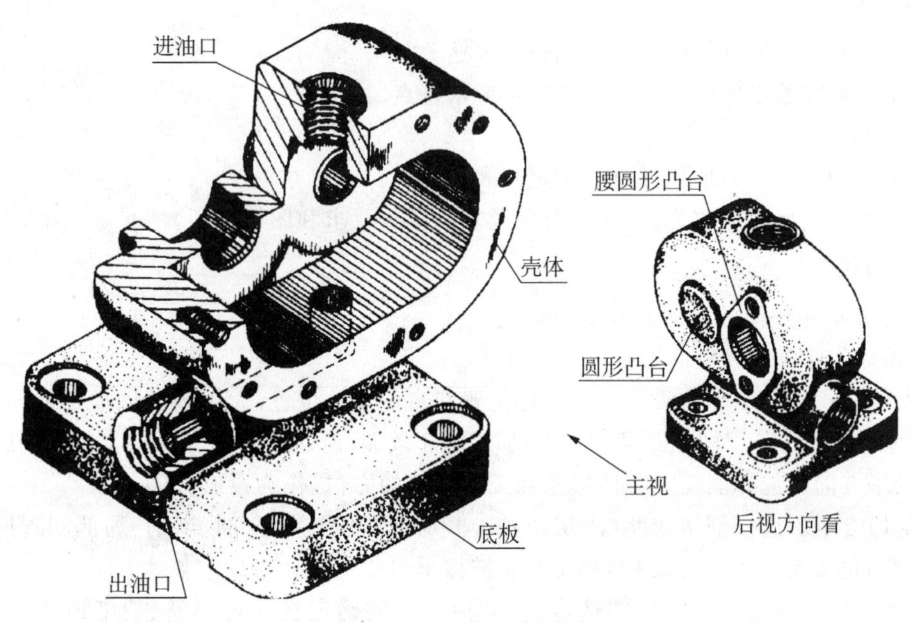

图 6 - 4　泵体立体图

【课堂活动】

根据教师给定的箱体零件图分析想象出其结构形状。

6.2 箱体类零件图的绘制

【任务描述】

固定钳身属于机座式箱体零件，它是部件机用虎钳的机座，在装配体中起基础件的作用。图 6-5 所示为一固定钳身模型。

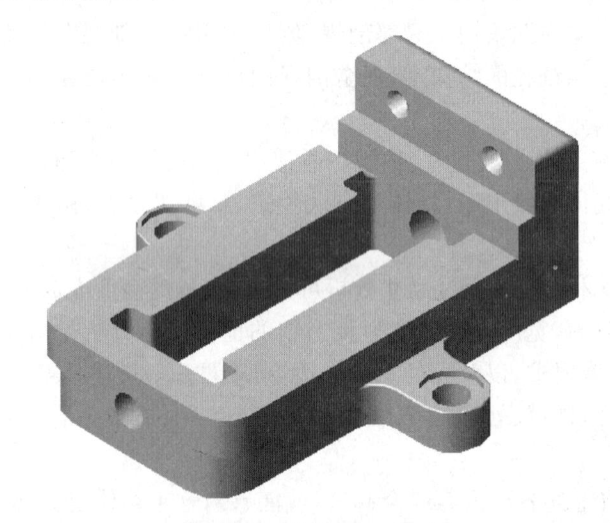

图 6-5 固定钳身立体图

知识目标

(1) 掌握箱体类零件的结构特点和视图表达。

(2) 掌握箱体类零件的尺寸标注和技术要求特点。

技能目标

(1) 读懂固定钳身的形状、结构，确定其表达方法。

(2) 能够正确标注尺寸公差、几何公差及表面结构要求和图样注语。

【知识链接】

绘制箱体类零件图的具体要求如下。

(1) 箱体类零件主视图的选择 做法如下：

1) 安放。箱体类零件的安放采用工作位置和自然安放位置，大多数箱体类零件的工作位置也是自然安放位置。因为箱体类零件的加工工序较多，所以一般不考虑加工位置安放。

2) 投影方向。选择能反映整体形象和工作位置的方位，作为投影方向。

3) 剖切方案。选择剖切线路(剖切面种类)和剖视图种类(全剖、半剖、局部剖)时，要内、外兼顾，尽可能多地反映零件结构，参见知识链接 B.3.2～3.3。

(2) 其他视图的选择 主视图选定后，其他视图的确定在保证完整、清晰地表达出零件内、外部形状的前提下，尽可能使视图数目最少，各视图应互相配合而不重复，使每个视图都有一个表达的重点。

(3) 尺寸标注　箱体类零件尺寸标注的要求是正确、齐全、清晰、合理。长、宽方向选择零件在装配体中的定位面、线以及主要的对称面、线等重要几何要素为尺寸基准，高度方向选择零件的安装支承面、定位轴线等为尺寸基准。

(4) 技术要求　有以下几点：

1) 尺寸公差。箱体上有配合的孔都有尺寸公差，最常见的就是与滚动轴承或滑动轴承的配合。还有其他零件的配合。

2) 表面粗糙度。箱体类零件大多为铸造件，加工面应标注 R_a 等评定值的具体数值，不加工面标注“不加工”符号。

3) 几何公差。箱体类零件常有平面度(支承面)、同轴度(支承某一轴的两端箱孔轴线)、垂直度(两组箱孔轴线之间)、平行度(箱孔轴线对底面)、位置度(安装孔之间)等要求。

(5) 材质要求　箱体类零件最常用的材料是铸铁，热处理一般有退火、时效处理等要求。

【任务分析】

固定钳身可分成3个部分，主体是带“工”形孔的长方块；中部下方前后对称叠加拱形块，拱形块上有安装孔；右上方叠加块有台阶、螺纹孔和圆角等，整个零件前后对称。按照图6-6所示的安放位置，能较理想地表达该零件的整体形状。投影方向如图中箭头所示。因为从左到右内腔结构不断变化，所以主视图选择全剖视图。俯视图作局部剖，表达主体结构的形状特征、拱形块的形状特征，对右边叠加块作局部剖表达螺纹孔的详细结构。左视图作半剖，表达右边叠加块的形状特征、拱形块的厚度，以及进一步表达整体结构和局部小结构。

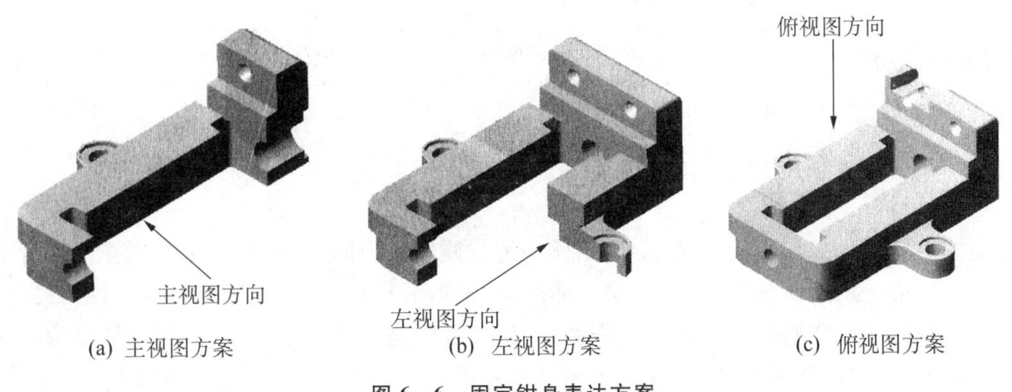

(a) 主视图方案　(b) 左视图方案　(c) 俯视图方案

图6-6　固定钳身表达方案

在长度方向主要尺寸基准选择右端面，宽度方向尺寸基准选择其方向上的对称面，在高度方向尺寸基准选择底面。有尺寸公差要求的内孔表面以及上面(虎钳工作时有相对运动表面)，表面粗糙度要求最高为 Ra1.6 μm；其次是两侧面等为 Ra3.2 μm；其余有加工要求的表面，表面粗糙度为 Ra6.3 μm；视图中未直接给出粗糙度符号的表面为“不加工”。

图中较重要的尺寸都应给出配合公差要求，如 ϕ12H8，ϕ18H8，80f8。另外，还对孔 ϕ12H8 和 ϕ18H8 的轴线提出同轴度要求：左边 ϕ12H8 孔的轴线对右边基准要素为 ϕ18H8 孔轴线的同轴度公差值为 ϕ0.05 mm。

图 6－7 所示是固定钳身的零件图。

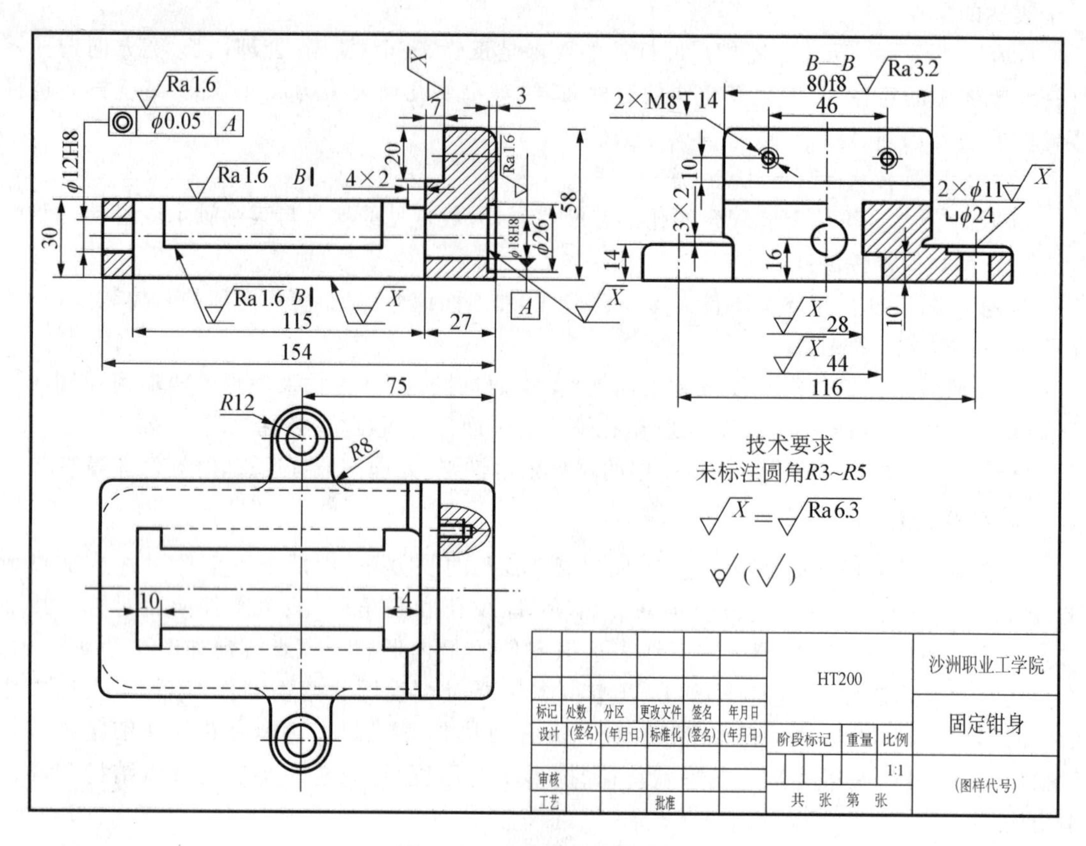

图 6－7　固定钳身的零件图

【课堂活动】

(1) 常见结构的尺寸标注训练。

(2) 测绘固定钳身零件,绘出零件图。

【知识小结】

箱体类零件一般都比较复杂,绘制图样是为方便别人识图及绘图,一定要选择一个合适的表达方案。可运用形体分析法,先明确主体结构,然后分析叠加、切割结构,注意考虑方案全局的整体性和关联性。每一个视图都有表达重点,主视图是表达方案的核心,选择能反映整体形象的位置安放,并作合适的剖视,其他视图是对主视图的补充。

绘制箱体类零件时,尺寸基准应从长、宽、高 3 个方向考虑,选择在其方向上的主要几何要素为基准。阅读箱体类零件图可熟悉箱体类零件的构造特点、视图表达、尺寸及技术要求、使用材料等内容,在掌握知识点的同时加深、拓宽对箱体类零件的认识。

学习情境 3　装配图的识读与测绘

任务 7　绘制部件装配图

7.1　装配图的识读

7.1.1　识读滑动轴承装配图

【任务描述】

滑动轴承是一种支承回转轴的部件，具有工作平稳、无噪声、耐冲击、回转精度高和承载能力大等优点，所以在汽轮机、精密机床和重型机械中被广泛应用。图 7-1 所示为一种剖分式的径向滑动轴承，用于承受径向载荷。剖分式滑动轴承装拆方便，轴瓦磨损后可方便更换及调整间隙，因而应用广泛。

知识目标

(1) 了解装配图的作用、内容和视图关系。

(2) 了解装配图的基本表达方法、尺寸标注、明细栏。

(3) 了解装配图识读步骤。

技能目标

(1) 读懂剖分式滑动轴承装配件的用途、组成，能够想象出总体结构形状。

(2) 能够解释尺寸 ϕ40H8/k7，50H8/f7 和 ϕ10H8/s7 的含义和作用。

【知识链接】

(1) 装配图的作用　表达一部机器或一个部件的图样，称为装配图。通常被用来表达机器或部件的工作原理，零件、部件间的装配、联结关系，是机械设计和生产制造的重要技术文件之一。在机器和部件设计中，应根据设计要求画出装配图，再根据装配图进行零件设计，并画出零件图；在生产过程中，要根据装配图制定装配工艺规程，进行装配和检验；机器使用和维修时，通过装配图了解机器的工作原理和构造。

(2) 装配图的内容　为了实现装配图的作用，一张完整的装配图，应包括下列基本内容：

1) 一组图形。用一组图形表达机器或部件的工作原理、各零件间的相互位置、联结方式和配合性质，并能表达出主要零件的结构形状等。

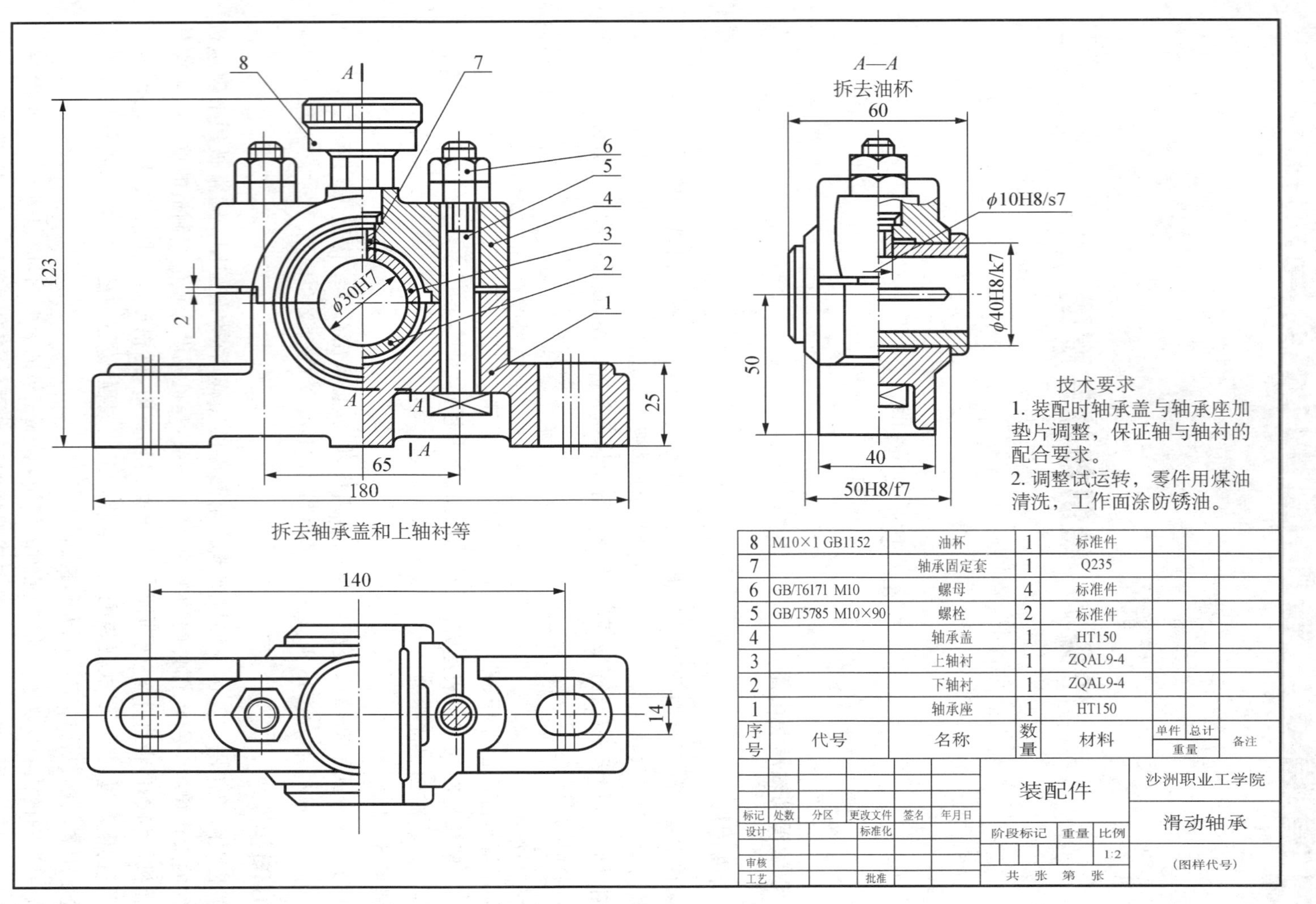
8
A
7
6
5
4
3
2
1
123
φ30H7
2
A
A
A
25
65
180
拆去轴承盖和上轴衬等
140
14
A—A
拆去油杯
60
φ10H8/s7
φ40H8/k7
50
40
50H8/f7
技术要求
1. 装配时轴承盖与轴承座加垫片调整，保证轴与轴衬的配合要求。
2. 调整试运转，零件用煤油清洗，工作面涂防锈油。
8 M10×1 GB1152 油杯 1 标准件
7 轴承固定套 1 Q235
6 GB/T6171 M10 螺母 4 标准件
5 GB/T5785 M10×90 螺栓 2 标准件
4 轴承盖 1 HT150
3 上轴衬 1 ZQAL9-4
2 下轴衬 1 ZQAL9-4
1 轴承座 1 HT150
序号 代号 名称 数量 材料 单件 总计 重量 备注
标记 处数 分区 更改文件 签名 年月日
设计 标准化
审核
工艺 批准
装配件
阶段标记 重量 比例
1:2
共 张 第 张
沙洲职业工学院
滑动轴承
(图样代号)
图 7-1　滑动轴承装配图

2）必要的尺寸。装配图上要标注表示机器或部件的性能、规格，以及装配、检验、安装时所必需的一些尺寸。

注意 装配图与零件图的作用不同，不需要把制造零件所需要的尺寸在装配图中全部标注出来。

3）技术要求。用文字或标注符号说明对机器或部件的性能、装配、检验、调试、安装和使用中所必需满足的要求，如装配图7－1中的技术要求表达了滑动轴承在检验和安装等方面的要求。

4）零件的序号、明细栏和标题栏。装配图中必须对每种零件进行编号，并相应地绘制零件明细栏，用于说明每个零件的名称、代号、数量和材料等，方便看图、图样管理和组织生产。标题栏包括机器或部件的名称、比例，以及图样的绘制、审核人员的签名等内容。明细栏是全部零、部件的详细目录，由序号、代号、名称、数量、材料、重量（单件、总计）、备注等组成。

（3）装配图的表达方法 装配图表达的重点是装配体的总体情况、工作原理以及零件间的装配联结关系，要把机器或部件的内部结构、外部形状和零件的主要结构形状表达清楚，与零件图的要求和表达的侧重点不同，不要求把每个零件的形状完全表达清楚。零件图的各种表达方法和适用原则，在表达机器或部件时同样适用。装配图的表达方法除了与零件图相同的基本表达方法（视图、剖视图、断面图、局部放大图、简化画法）外，还有一些规定画法、特殊画法、简化画法。

1）装配图的规定画法，有以下几种：

① 接触面和配合面画法。相邻两零件的接触面和配合面间只画一条线，不能画成两条线。而当相邻两零件有关部分基本尺寸不同时，即使间隙很小，也必需画成两条线。在图7－1的主视图中，轴承座1与轴承盖4的接触面间只画一条线，而轴承座1、轴承盖4的螺纹孔与螺栓5之间是非接触面，应该画两条线；俯视图中，轴承座1与下轴衬2的配合面之间也只画一条线。

② 剖面线画法。同一零件在各剖视图中，剖面线的方向和间隔应该保持一致；相邻零件的剖面线倾斜方向应相反或倾斜方向相同、间隔不等，便于在装配图中区分不同的零件，如图7－1所示，在主视的半剖视图中，轴承座1与轴承盖4采用倾斜方向相反的剖面线，以方便区分两个不同的零件；类似地，左视图中轴承座与下轴衬、轴承盖与上轴衬也都采用倾斜方向相反的剖面线。

③ 紧固件和实心件画法。装配图中，对于螺栓等紧固件及实心的轴、拉杆、球、键等零件，若剖切平面通过其对称平面或基本轴线时，按未剖切绘制；而若剖切平面垂直这些零件的轴线时，则应按剖视绘制。如图7－1所示，主视的半剖视图中，剖切平面通过了螺栓5和螺母6的轴线，所以按未剖画出；而在俯视图中，剖切平面通过了螺栓5的轴线，则应按剖视绘制。

2）装配图的特殊画法（一），有以下两种：

① 拆卸画法。在装配图的视图中，当某些零件遮住了需要表达的结构与装配关系时，可假想将这些零件拆去后，只画出所表达部分的视图，或沿零件结合面进行剖切绘出，此时，零件的结合面不画剖面线。对拆卸画法应注明“拆去××等”，如图7－1中的俯视图，就是沿结合面剖切，拆去轴承盖和上轴衬而画出的半剖视图，其上方标明“拆去轴承盖和上轴衬等”；左视图就是拆去了油杯后的半剖视图。这种画法在装配图中应用广泛，且形式

多样。

② 剖切画法。装配图中，为表达某些内部结构，可以沿零件间的结合面进行剖切后再投影，如图 7-1 中俯视图的右半部分就是沿结合面的剖切画法。

3）装配图的简化画法(一)，有以下两种：

① 装配图中，零件上某些较小的工艺结构，如退刀槽、倒角、圆角、拔模斜度等可省略不画，如图 7-1 中轴承座 1 外形的拔模斜度。

② 装配图中，当通过某些标准组合件(如油杯、油标、管接头等)的轴线绘制剖切平面图时，可以只画外形，如图 7-1 中的油杯 8 为标准部件，可采用不剖绘制。

【任务分析】

滑动轴承装配图的识读可按下列步骤进行。

(1) 概括了解　由标题栏可以知道装配体的名称是滑动轴承。对照图上的零件序号和明细栏可知，它有 3 种标准件、5 种非标准件共 8 种零件组成，是比较简单的部件。

通过图中所注性能尺寸，结合生产实际知识和相关产品说明书等资料，可以了解到这个部件是用来支承直径为 $\phi 30$ mm 的回转轴。顺着图中零件序号的指引线，能找到零件在装配图中大致位置，为仔细阅读该装配图奠定了基础。

(2) 分析视图　滑动轴承的装配图中，采用了主视图、俯视图和左视图来表达。半剖的主视图表达了各零件之间的相对位置和内部形状。从该图可以看出轴承盖 4 安装在轴承座 1 的上方，依靠螺栓 5 和螺母 6 联结固定；通过插入轴承盖 4 和上轴衬 3 之间的轴承固定套 7，实现上、下轴衬沿圆周向的定位；油杯 8 安装在轴承盖 4 的上方。

俯视图采用半剖视图，表达了下轴承座上的两个腰形安装孔的大小和位置尺寸；由于半剖的部分拆去了轴承盖和上轴衬，更清晰地展示出下轴衬与下轴承座在水平方向的位置关系。

左视图采用半剖视图，表达了上、下轴衬与轴承座和轴承盖之间装配关系。左视图拆去了油杯，以简化视图。

(3) 工作原理　在轴承座的两个腰形安装孔中插入螺纹紧固件，可将整个轴承座联结固定。上、下轴衬支承回转轴，轴承盖借助螺栓螺母将轴衬固定。位于轴承盖上方的油杯可不间断地向轴衬内滴注润滑油，保持轴承的润滑。这种剖分式滑动轴承装拆方便，轴瓦磨损后可方便更换及调整间隙。

(4) 尺寸分析　整个装配体的总长 180，总宽 60，总高 123，它为部件包装、运输和安装过程所占的空间大小提供数据。主要装配尺寸有：

上、下轴衬中段外径与轴承座、轴承盖之间的配合代号 $\phi 40H8/k7$ 是基孔制过渡配合；上、下轴衬中段外径的前、后轴肩与轴承座、轴承盖之间的配合代号 50H8/f7 是基孔制间隙配合；轴承固定套与轴衬之间的配合代号 $\phi 10H8/s7$ 是基孔制过盈配合。

轴孔直径 $\phi 30H7$ 为滑动轴承的规格尺寸，这是该部件主要设计依据，是在绘图前就确定了的。腰孔尺寸 14 和中心距 140 是为保证轴承座正确安装到其他机器或地基上去时需要的安装尺寸。间隙 2、螺栓的间距 65 和轴孔的中心高 50，表示装配部件时需要保证的零件间相对位置的尺寸。

(5) 分析零件　在分析零件的结构形状和尺寸大小时，首先要由明细栏中的零件序号，在装配图中找到该零件所在的位置；然后根据三视图的“长对正、高平齐、宽相等”的对应关系，根据同一零件在装配图的各剖视图中的剖面线方向和间隔相同，可以确定零件在各视图中轮廓范围，并可大致了解构成零件的简单形体，把零件从装配图中分离出来。

由于装配图中对零件内部形状和细微结构表达得不够集中和充分，需要根据部件或机器的工作原理，零件之间的相对位置、联结配合关系，通过综合分析、合理想象来确定零件结构形状。

滑动轴承的实体图，如图 7－2 所示。

图 7－2　滑动轴承的实体图

【课堂活动】

分组画出滑动轴承装配图中各个非标准件的大致形状草图，并通过同一零件草图的相互比较，评价学生识读该装配图的理解能力。

7.1.2　识读油泵装配图

【任务描述】

齿轮油泵是机器润滑、供油等系统中的一个部件。其结构紧凑、体积小，要求传动平稳，保证供油。齿轮油泵是通过装在泵体内的一对啮合齿轮的转动来工作的。图 7－3 所示是 R 型油泵的装配图。

知识目标

(1) 了解啮合齿轮的画法。

(2) 了解螺栓、双头螺柱、螺钉、螺母、垫圈等常用螺纹紧固件的规定画法及标记。

技能目标

(1) 读懂齿轮油泵装配件的工作原理，弄懂各组成零件的作用和装配关系。

(2) 知道螺钉联结、螺栓联结和双头螺柱联结的使用场合和画法。

【知识链接】

常用螺纹紧固件有螺栓、螺钉、螺柱、螺母、垫圈等。螺纹紧固件的结构、尺寸均已标准化，使用时可直接购买。在装配图中，无需画出螺纹紧固件细节，其画法和标记见知识链接 C.1。

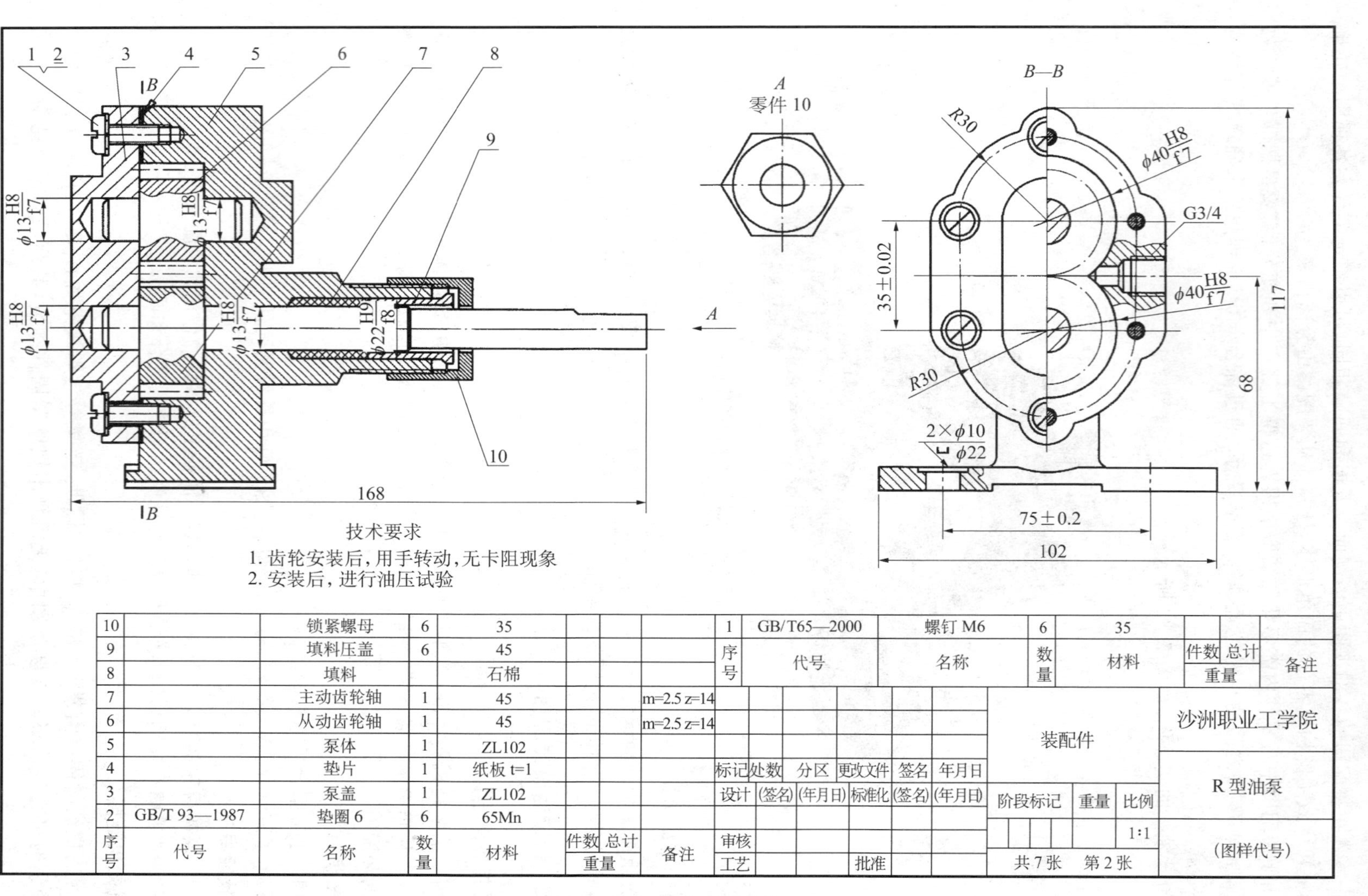
B—B
A
零件 10
技术要求
1. 齿轮安装后，用手转动，无卡阻现象
2. 安装后，进行油压试验
10 锁紧螺母 6 35
9 填料压盖 6 45
8 填料 石棉
7 主动齿轮轴 1 45 m=2.5 z=14
6 从动齿轮轴 1 45 m=2.5 z=14
5 泵体 1 ZL102
4 垫片 1 纸板 t=1
3 泵盖 1 ZL102
2 GB/T 93—1987 垫圈 6 6 65Mn
1 GB/T65—2000 螺钉 M6 6 35
序号 代号 名称 数量 材料 件数 总计 重量 备注
沙洲职业工学院
装配件
R 型油泵
(图样代号)
标记 处数 分区 更改文件 签名 年月日
设计 (签名) (年月日) 标准化 (签名) (年月日)
审核
工艺 批准
阶段标记 重量 比例
1:1
共 7 张 第 2 张

图 7-3 R 型油泵装配图

(1) 油泵装配图中的规定画法　如图 7-4 所示。

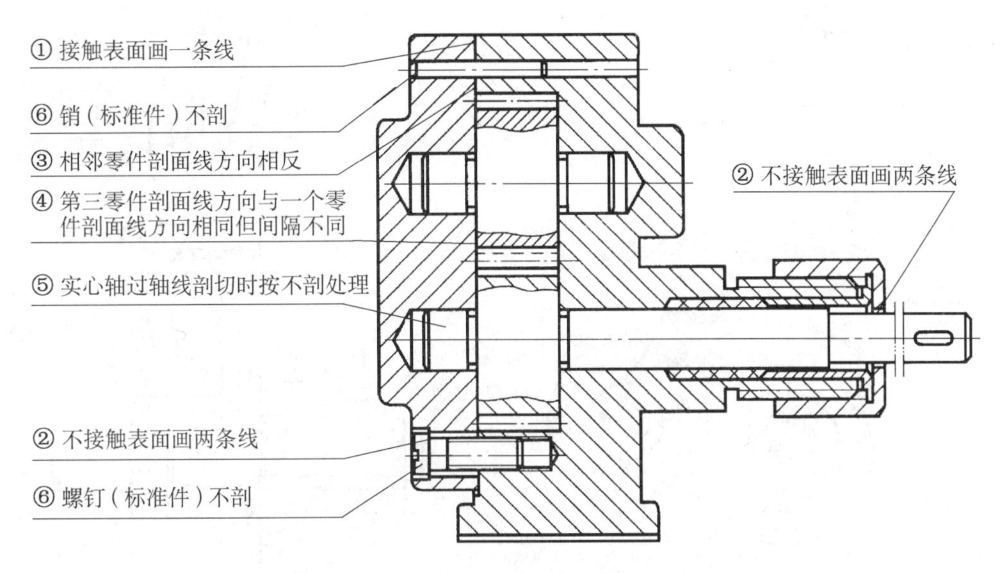

图 7-4　油泵装配图中的规定画法示意图

(2) 装配图的特殊画法(二)　有以下几种：

1) 单独画法。如果所选择的视图已将大部分零件的形状、结构表达清楚，只有少数零件的某些方面还未表达时，可单独画出这些零件的视图或剖视图。如图 7-5 所示的转子油泵中，泵盖的 *B* 向视图。

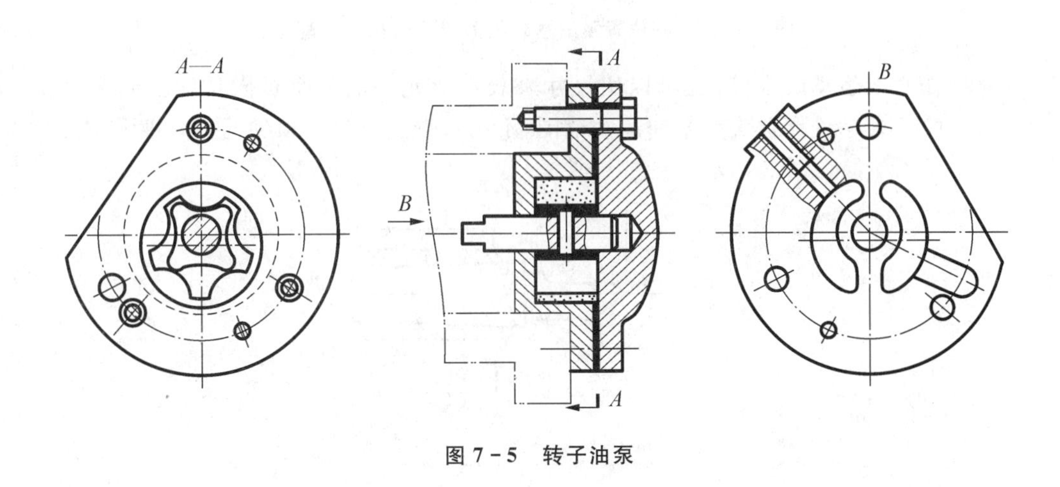

图 7-5　转子油泵

2) 假想画法。为表示部件与相邻部件或零件的装配关系时，可用细双点划线画出相邻部件、零件的部分轮廓线，如图 7-5 所示。

在装配图上，当需要表示某些零件运动范围和极限位置时，可先在一个极限位置上画出该零件，用细双点画线画出该零件的另一个极限位置。如图 7-6 中的三星轮挂轮架手柄的两个极限位置，表达了三星轮中齿轮 2 及齿轮 3 与齿轮 4 的传动关系。

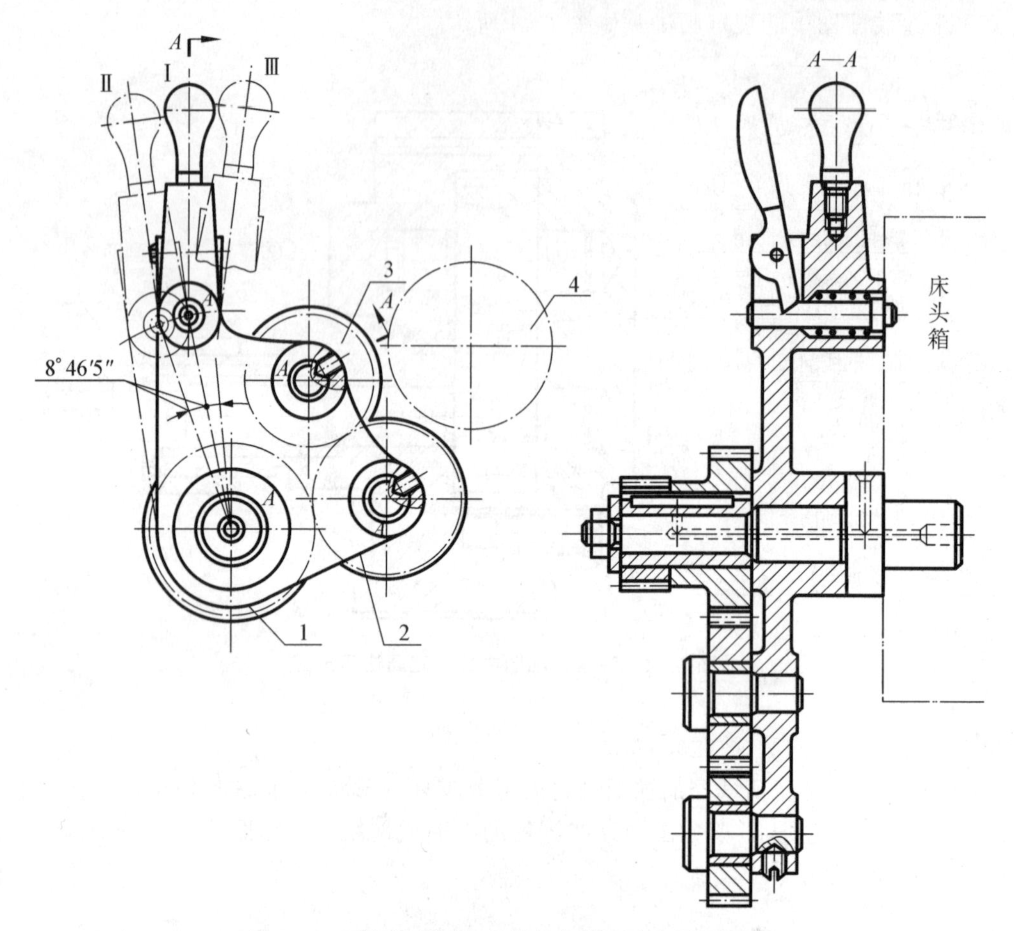

图 7-6　手柄位置及三星轮的假想画法和展开画法

对某些作直线运动的零件，也可以用尺寸来表示所允许的两个极限位置。如图 7-7 所示，可用尺寸 25 表示铣床顶尖的轴向运动范围，不用双点画线表示顶尖的另一极限位置。

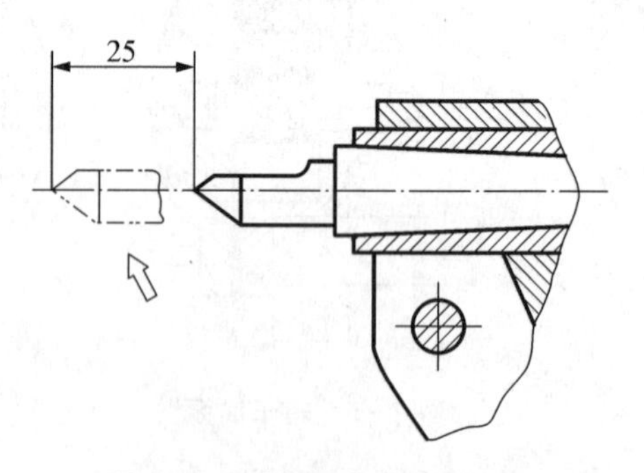

图 7-7　铣床顶尖的极限位置

3）展开画法。展开画法是指为表示传动机构的传动路线和装配关系，假想按传动顺序沿轴线剖切，然后依次将弯折的剖切面伸直，展开到与选定投影面平行的位置画出其剖视图。如图 7-6 所示的三星齿轮传动机构的 A—A 展开图。应用展开画法时，必须在相关视图上用剖切符号和字母表示各剖切平面的位置和关系，用箭头表示投影方向。

4）夸大画法。装配图中，当需绘制孔径或厚度小于 2 mm 的小孔或薄垫片时，允许将该部分不按原比例而采用夸大画法绘制。如图 7－8 中的薄垫片，就是采用夸大厚度的画法绘制的。在绘制较小的锥度和斜度时，也可采用此种画法。

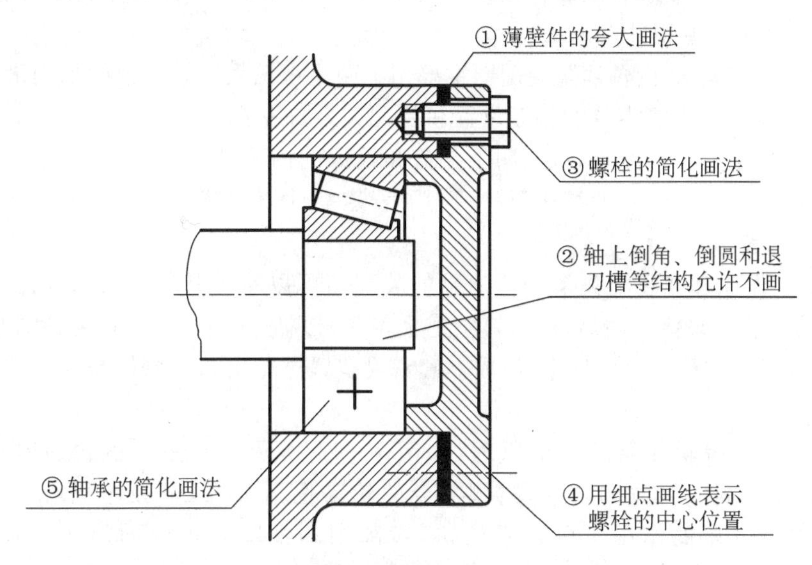

图 7－8　装配图中的夸大画法和简化画法

（3）装配图的简化画法（二）　有以下几种：

1）装配图中如绘制薄垫片等零件时，因空间狭小绘制剖面符号有困难时可将其涂黑，如图 7－8 所示。

2）对于若干个相同的零件组，如螺栓、螺钉联结等，可详细画出一组，其余的用细点画线表示其装配位置即可，如图 7－8 所示。

3）对于装配图中的滚动轴承，可采用特征画法或通用画法。但同一图样中，一般只允许采用一种画法。采用规定画法时，一般一半采用规定画法，一半采用通用画法，如图 7－8 所示。

4）在装配图中，装配关系已清楚表达时，较大面积的剖面可以只沿周边画出部分剖面符号或沿周边涂色，如图 7－9 所示。

5）在装配图中可以省略紧固件的投影，而用点画线和指引线指明它们的位置。但表示紧固件组的公共指引线应根据其不同的类型，从被联结件的某一端引出，如螺钉、螺栓、销联结从其装入端引出，螺栓联结从其装有螺母的一端引出，如图 7－10 所示。

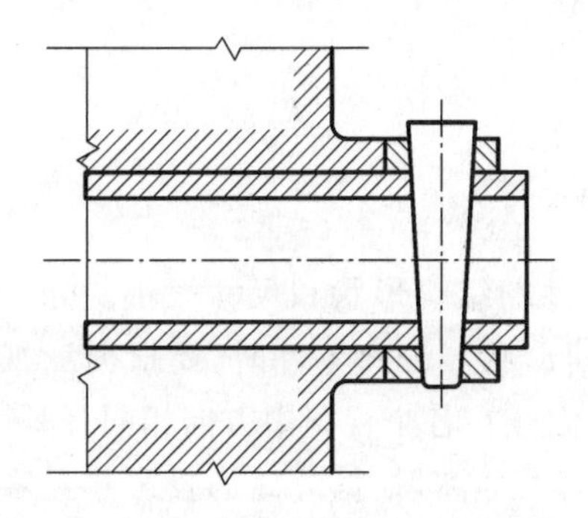

图 7－9　装配图中的剖面符号的表示

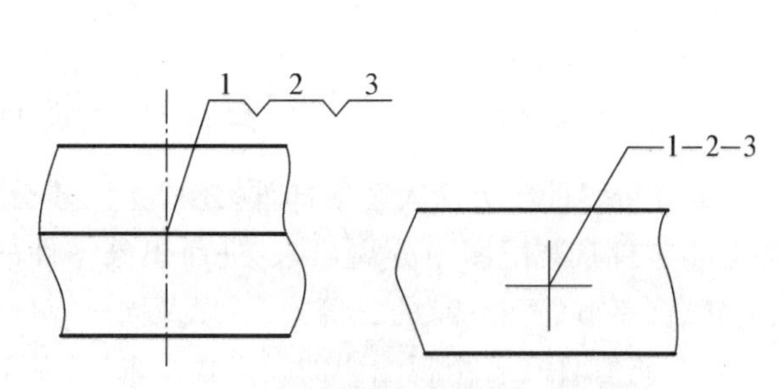

图 7－10　装配图中的紧固件组的表示

【任务分析】

齿轮油泵装配图的识读可按下列步骤进行。

(1) 概括了解　从油泵装配图的明细栏可以看出，油泵由 10 种零件装配而成，其中零件 1,2 为标准件，其余是专用件。

(2) 分析表达方案　齿轮油泵装配图主要用了两个视图表达。主视图采用沿主要装配干线的全剖视图，表达了主要零件的相互位置和装配关系。左视图采用沿结合面剖切的半剖视图，不仅表达了油泵的工作原理，也表明了泵盖和泵体的内外结构。同时，左视图中还采用了两个局部剖视，表达了安装孔的结构形状。为了表达零件锁紧螺母 10 的结构形状，采用了 *A* 向视图单独进行表达。

(3) 分析工作原理和装配关系　从油泵的装配图可以看出其装配关系：将主动齿轮轴 7 和从动齿轮轴 6 装入泵体 5 内后，用螺钉 1 把泵盖 3 与泵体联结。为防止齿轮轴伸出端漏油，用填料 8、填料压盖 9 和锁紧螺母 10 组成一套密封装置进行密封。泵体与泵盖结合面采用垫片 4 密封。

左视图反映了齿轮油泵的工作原理，如图 7－11 所示。当主动齿轮逆时针方向转动时，带动从动齿轮顺时针方向转动，右侧啮合的轮齿逐渐分开，空腔体积增大，压力降低，油池内的油在大气压的作用下进入吸油口，齿隙中的油随着齿轮的旋转被带到左侧，左侧各对轮齿又重新啮合，空腔体积减小，压力增大，将油由出油口压出，送至机器中需要润滑的部分。

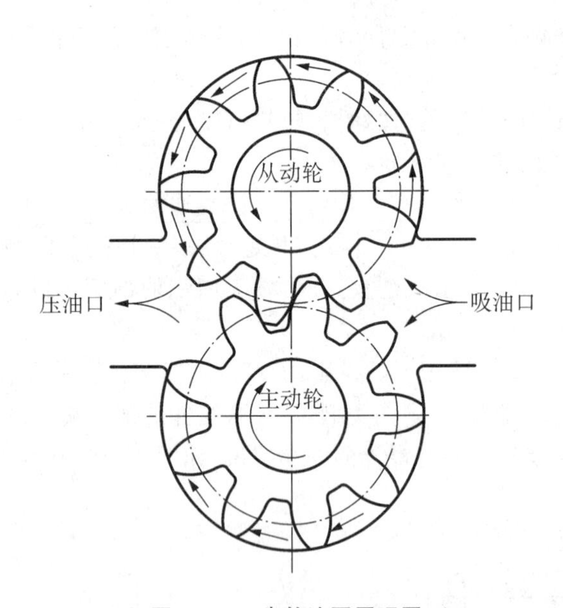

图 7－11　齿轮油泵原理图

(4) 分析零件　为深入了解部件，还应进一步分析零件的结构形状和尺寸大小。分析零件就是将零件从装配图中分离出来，进而想象零件的空间形状。分离零件时，要根据三视图“长对正、高平齐、宽相等”的三等关系，以及同一零件的剖面线在各个视图中方向相同、间隔一致的规定，将零件在各个视图中的投影找出来，并从装配图中分离，根据分离的投影建立零件的空间形状。

以零件泵盖3为例，首先根据序号3沿指引线找到它在主视图中的投影，根据三等关系对应其左视图的投影，最后由分离出的投影想象其空间形状。泵盖分离出的投影，如图7-12所示。其余零件的分析方法也基本如此。

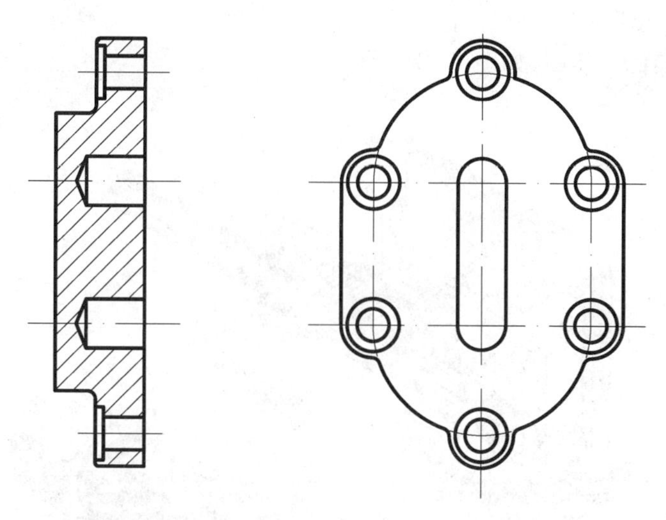

图7-12　泵盖

齿轮油泵的装配图中出现了啮合齿轮，两标准圆柱齿轮啮合时，两齿轮的分度圆相切，此时分度圆又称为节圆。两圆柱齿轮的啮合画法，关键是啮合区的画法，其他部分仍按单个齿轮的规定画法绘制，如图7-13所示。在两齿轮的啮合区，两齿轮节线重合，画细点画线，齿根线画粗实线。齿顶线的画法是将一个齿轮的轮齿用粗实线绘制，另一个齿轮的轮齿被遮挡的部分用虚线绘制，也可省略不画，齿顶线与齿根线之间的间隙为0.25 m（m为齿轮的模数）。

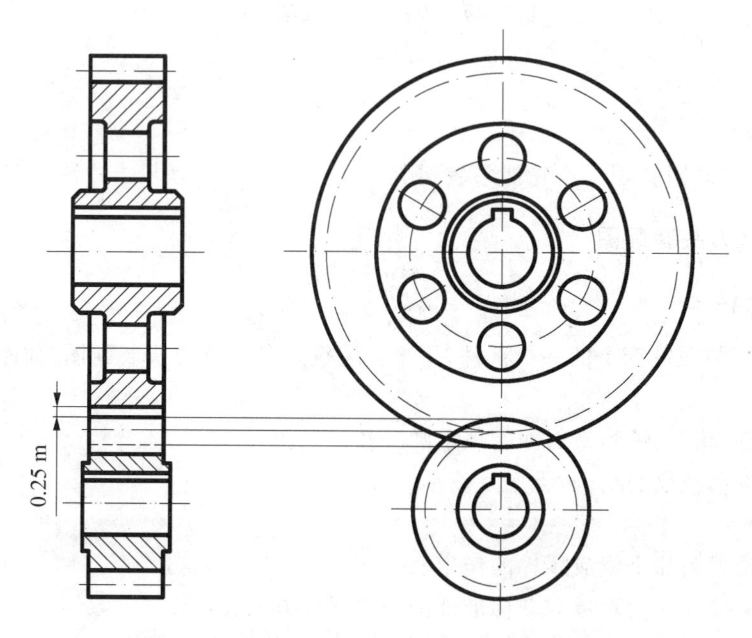

图7-13　直齿圆柱齿轮的啮合画法

(5) 分析尺寸　总体尺寸为：总长 168，总宽 102，总高 117。啮合齿轮的中心距为 35 ± 0.02，油孔中心高为 68，进、出油口的管螺纹尺寸为 G3/4。啮合齿轮的齿顶圆与泵体内腔的配合尺寸为 $\phi40H8/f7$，主、从动齿轮轴与泵盖和泵体的配合尺寸为 $\phi13H8/f7$，填料压盖与泵体的配合尺寸为 $\phi22H9/f8$。

齿轮油泵的装配立体图，如图 7 - 14 所示。

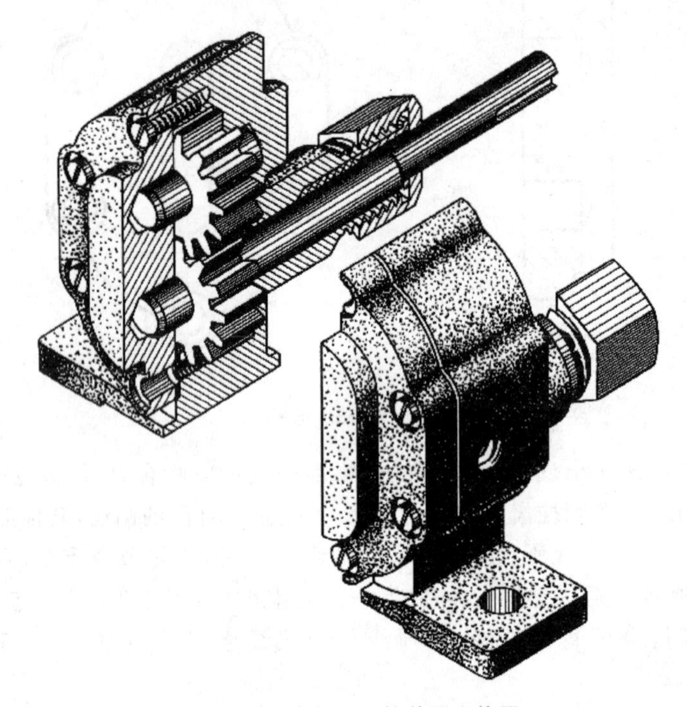

图 7 - 14　齿轮油泵的装配立体图

【课堂活动】

观察油泵内部结构，识读齿轮油泵装配图。

7.1.3　识读铣刀头装配图

【任务描述】

铣刀头是安装在铣床上的一个部件，用来安装铣刀盘。铣刀头装配图，如图 7 - 15 所示。

知识目标

(1) 了解键、花键、销和密封圈的规定画法和标记。

(2) 了解滚动轴承的结构、类型及基本代号。

技能目标

(1) 读懂铣刀头几个组成零件的作用和装配关系。

(2) 弄懂标准件滚动轴承与非标准件配合的标注方法。

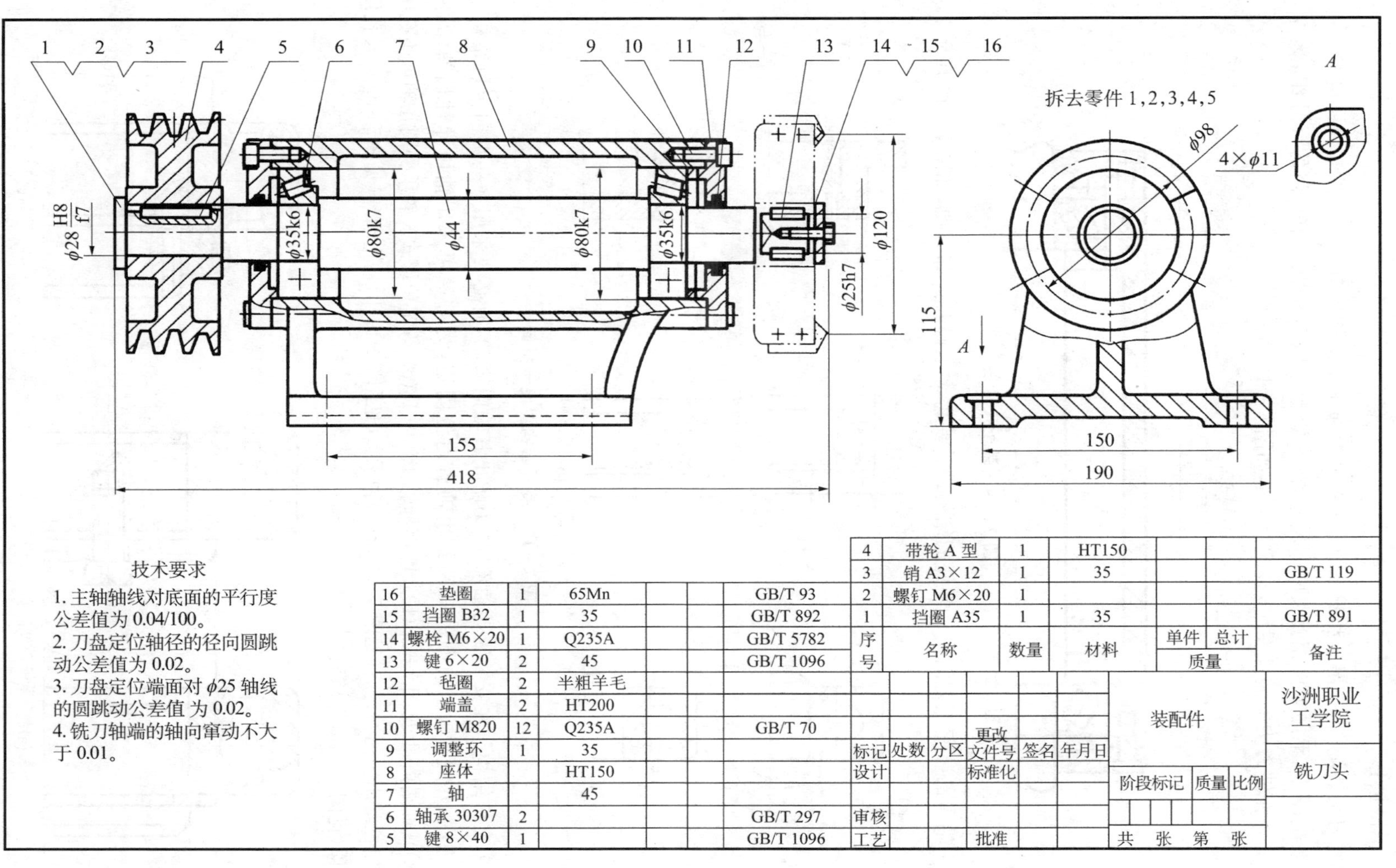
1 2 3 4 5 6 7 8 9 10 11 12 13 14 - 15 16
A
拆去零件 1,2,3,4,5
φ98
4×φ11
$\phi 28\frac{H8}{f7}$
φ35k6
φ80k7
φ44
φ80k7
φ35k6
φ120
φ25h7
115
A
155
418
150
190
技术要求
1. 主轴轴线对底面的平行度公差值为 0.04/100。
2. 刀盘定位轴径的径向圆跳动公差值为 0.02。
3. 刀盘定位端面对 φ25 轴线的圆跳动公差值 为 0.02。
4. 铣刀轴端的轴向窜动不大于 0.01。
4 带轮 A 型 1 HT150
3 销 A3×12 1 35 GB/T 119
16 垫圈 1 65Mn GB/T 93
2 螺钉 M6×20 1
15 挡圈 B32 1 35 GB/T 892
1 挡圈 A35 1 35 GB/T 891
14 螺栓 M6×20 1 Q235A GB/T 5782
13 键 6×20 2 45 GB/T 1096
序号 名称 数量 材料 单件 总计 质量 备注
12 毡圈 2 半粗羊毛
11 端盖 2 HT200
10 螺钉 M820 12 Q235A GB/T 70
9 调整环 1 35
8 座体 HT150
7 轴 45
6 轴承 30307 2 GB/T 297
5 键 8×40 1 GB/T 1096
装配件
沙洲职业工学院
铣刀头
标记 处数 分区 更改文件号 签名 年月日
设计 标准化
阶段标记 质量 比例
审核
工艺 批准
共 张 第 张

图 7-15 铣刀头装配图

【知识链接】

在铣刀头装配图中，键 5 和键 13 均为 A 型普通平键。键及其联结祥见知识链接 C.2。

在装配图中，不同零件相互关联的尺寸，按一定顺序联结形成一个封闭的尺寸组，称为装配尺寸链。在铣刀头的装配图中，装配尺寸链如图 7－16 所示。

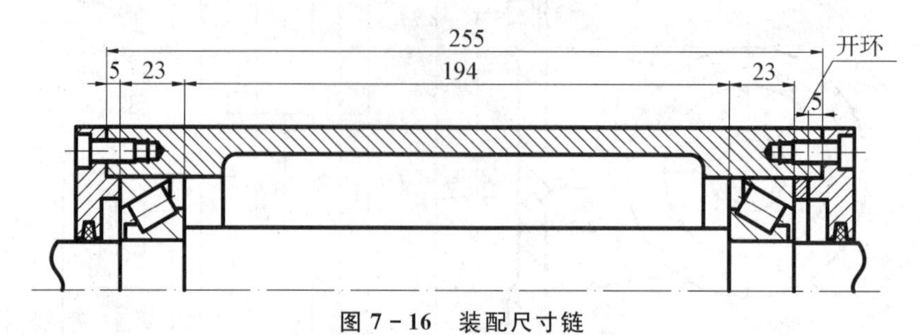

图 7－16　装配尺寸链

（1）轴承的装配工艺结构。零件的结构设计要考虑维修时拆卸方便，如图 7－17 所示。

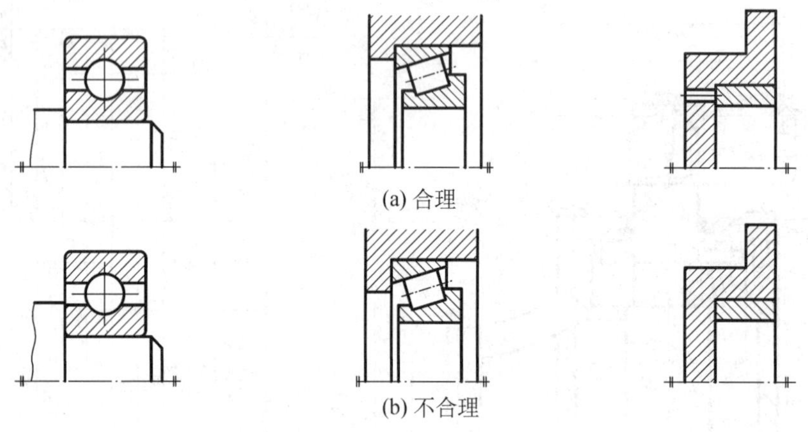

(a) 合理

(b) 不合理

图 7－17　装配结构要便于拆卸

（2）定位结构。在安装滚动轴承时，为防止其轴向窜动，有必要采用一些轴向定位结构来固定其内圈、外圈。轴承内圈的一端常用轴肩定位固定，另一端可采用轴用弹性挡圈（见图 7－18(a)）、轴端挡圈（见图 7－18(b)）、圆螺母（见图 7－18(c)）等定位形式。轴承外圈在轴承座孔中的轴向定位常用座孔的台肩（见图 7－19(a)）、轴承盖（见图 7－19(b)）、止动环（见图7－19(c)）、孔用弹性挡圈（见图 7－19(d)）等。

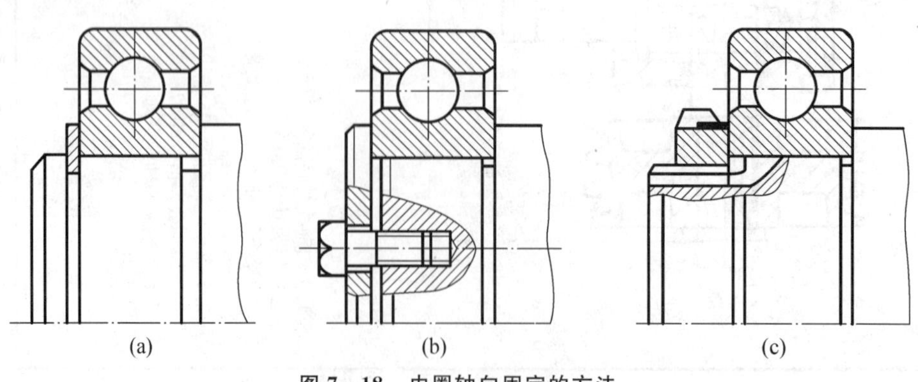

(a)　　(b)　　(c)

图 7－18　内圈轴向固定的方法

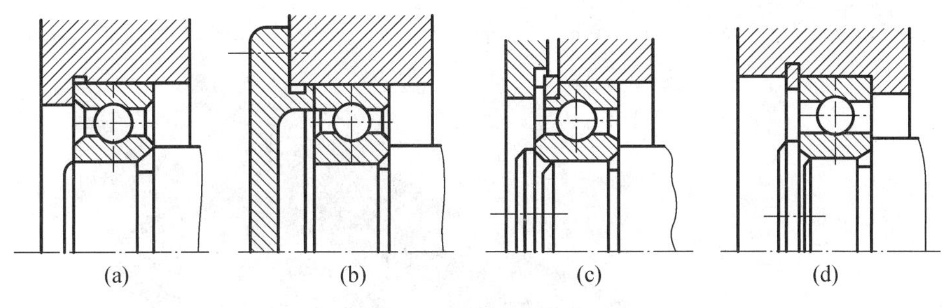

图 7-19　外圈轴向固定的方法

【任务分析】

铣刀头装配图的识读可按下列步骤进行。

(1) 概况了解　由图 7-15 铣刀头装配图可知，铣刀头共有 16 个零件，挡圈 1 和挡圈 15、垫圈 16、销 3、键 5 和键 13、轴承 6、螺钉 10、螺栓 14 为标准件，其余为专用件。

(2) 分析表达方案　铣刀头采用了两个基本视图和一个局部视图的表达方法。主视图是其工作位置，采用了局部剖视，清晰表达了主要零件间的装配关系和铣刀头的工作原理、键联结和螺钉联结。同时，为表达铣刀头与铣刀盘的装配关系，采用了假象画法，即用细双点画线画出铣刀盘的部分轮廓线。

左视图也采用局部剖视，表达座体中间肋板和底板的关系及底板上安装孔的位置，利用拆卸画法突出了座体的主要形状特征。在此基础上，配了一个 A 向的局部视图表达安装孔的形状和尺寸。

(3) 分析工作原理和装配关系　铣刀头工作时，动力通过 V 带轮 4 带动轴 7 转动，轴带动铣刀盘旋转，铣刀装在铣刀盘上，对工件进行铣削加工。基础件座体 8 的两端由圆锥滚子轴承 6 支承轴 7，轴承外侧有轴承端盖 11；左边带轮 4 为动力输入端，带轮和轴由键 5 联结，带轮的左侧有挡圈 1、螺钉 2、销 3 实现定位和紧固；轴的右边动力输出给铣刀盘，刀盘带动铣刀切削，轴与刀盘由键 13 联结，螺栓 14、挡圈 15、垫圈 16 把刀盘与轴紧固住。

(4) 分析尺寸和配合　装配图中，铣刀头总长 418、总宽 190、中心高 115。因为铣刀头的实际外形高度与选用的铣刀盘半径大小有关，是一不确定值，所以可直接用中心高表示。座体底板上 4 个安装孔，长度方向中心距 155，宽度方向中心距 150。

配合尺寸：带轮与轴左端的配合 ϕ28H8/f7，是基孔制间隙配合；轴承外圈与座体孔的配合 ϕ80K7 是基轴制过渡配合，轴承内圈与轴的配合 ϕ35k6 是基孔制过渡配合。

与标准件配合的零件，装配图中仅标注该零件的公差带代号。轴与滚动轴承内圈的配合，选用基孔制，只标注轴颈的公差带代号；机座孔与轴承外圈的配合，选用基轴制，只标注机座孔的公差带代号。

(5) 分析零件　分析零件的关键是将零件从装配图中分离出来，根据三视图的“长对正、高平齐、宽相等”的对应关系，以及同一零件在装配图的各剖视图中的剖面线方向和间隔相同，将零件在各个视图上的投影范围及轮廓搞清楚，进而综合起来想象零件的形状。

铣刀头装配图中序号为 6 的零件是滚动轴承，滚动轴承是标准部件，其作用是支承轴及轴上零件的。由于滚动轴承可以大大地减少轴与孔相对旋转时的摩擦力，且具有机械效率高、结构紧凑等优点，因此被广泛应用。其结构形式和尺寸均已标准化，并由专门厂家生产，需要时，可根据设计要求选型。

铣刀头的装配实体图，如图 7-20 所示。

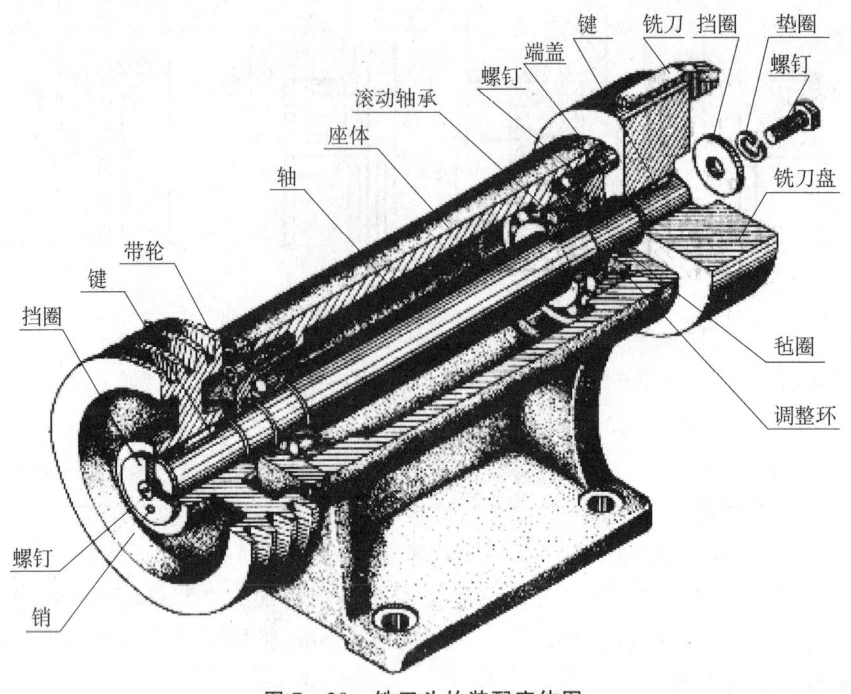

图 7 - 20　铣刀头的装配实体图

7.2　绘制机用台虎钳装配图

【任务描述】

机用虎钳是一种机床附件，安装在机床工作台上，用于夹紧工件，以便切削加工的一种通用工具，常采用液压、气动或偏心凸轮来驱动快速夹紧，其结构简单、装夹迅速、省时省力。机用台虎钳的立体图，如图 7 - 21 所示。

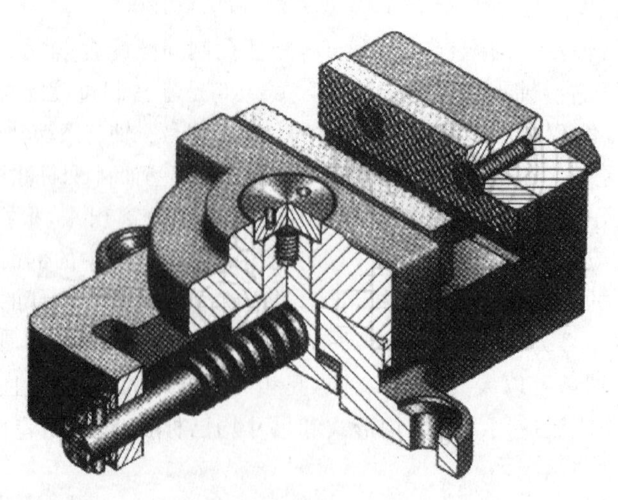

图 7 - 21　机用台虎钳

知识目标

(1) 掌握绘制装配图的方法、步骤，了解常见的合理装配结构。

(2) 掌握装配图的视图选择。

技能目标

(1) 能够正确画出指引线和基准线，能够正确填写零件序号及其编排。

(2) 掌握螺柱、螺钉、双头螺柱联结的规定画法。

【知识链接】

(1) 螺柱、螺钉、双头螺柱联结的规定画法，见知识链接 C.1.2。

(2) 装配图的零部件序号、明细栏和标题栏规定，见知识链接 A.1。

(3) 轴颈和孔的装配工艺结构，有以下两种：

1) 轴颈和孔配合时，应在孔的接触面设计倒角或在轴肩根部切槽，以保证轴肩与孔的端面接触良好，如图 7－22 所示。

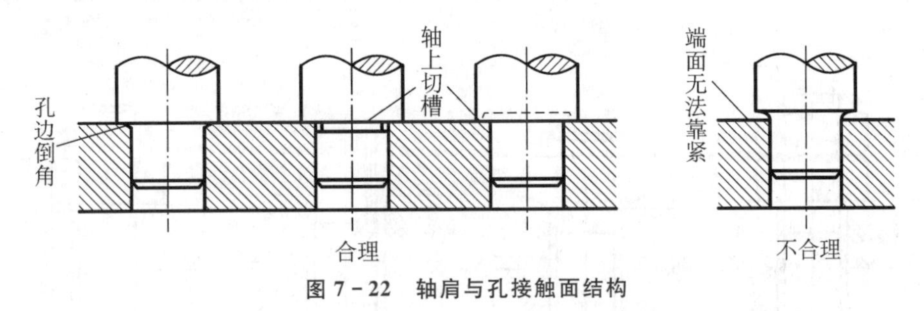

图 7－22　轴肩与孔接触面结构

2) 当两个零件接触时，为避免装配时表面互相干涉，同一个方向上的接触面只能有一个，如图 7－23 所示。

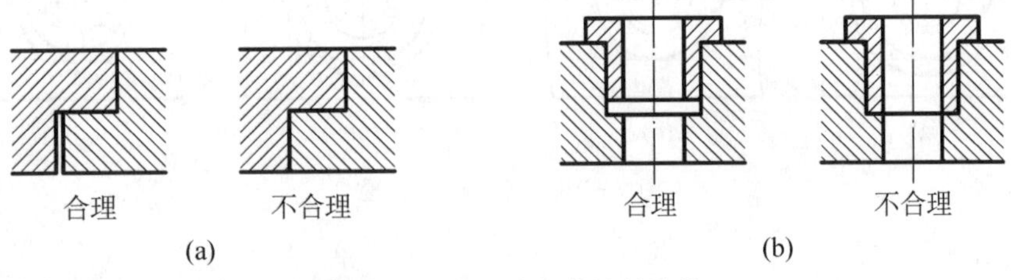

图 7－23　同一方向的接触结构

(4) 紧固件的装配工艺结构，有以下几种：

1) 为了使螺栓、螺钉、垫圈等紧固件与被联结表面接触良好，减少加工面积，应把被联结表面加工成凹坑或凸台，如图 7－24 所示。

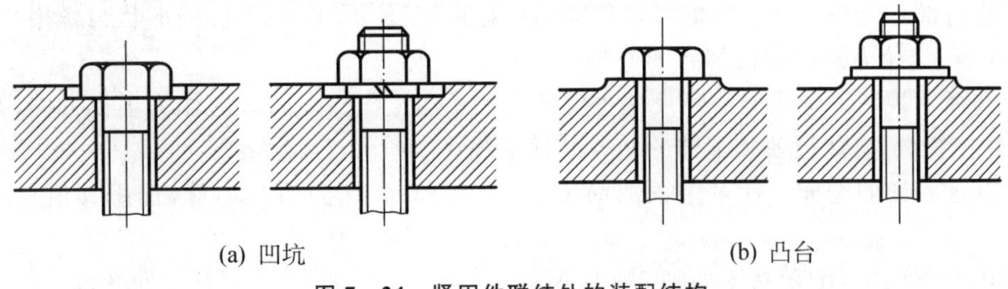

(a) 凹坑　　(b) 凸台

图 7－24　紧固件联结处的装配结构

2）用螺纹联结的地方应留出零件拆卸空间，以方便维修时拆卸，如图 7－25 所示。

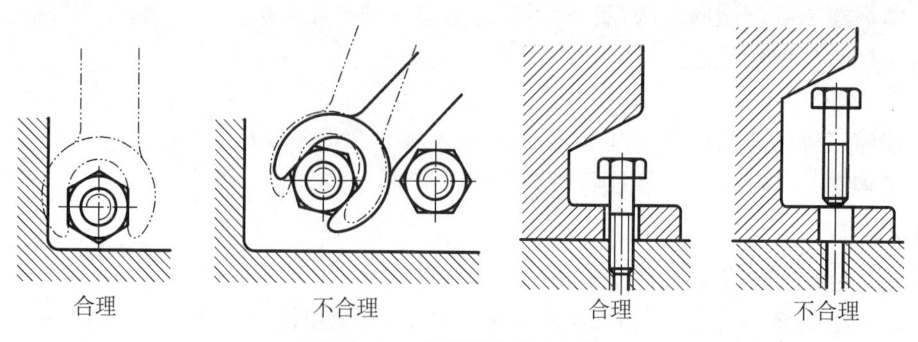

图 7－25　螺纹联结装配结构

3）螺纹紧固件的防松结构。大部分机器在工作时常会产生振动或冲击而使螺纹紧固件松动，常采用双螺母（见图 7－26(a)）、弹簧垫圈（见图 7－26(b)）、止退垫圈（见图 7－26(c)）和开口销（见图 7－26(d)）等，防松装置。

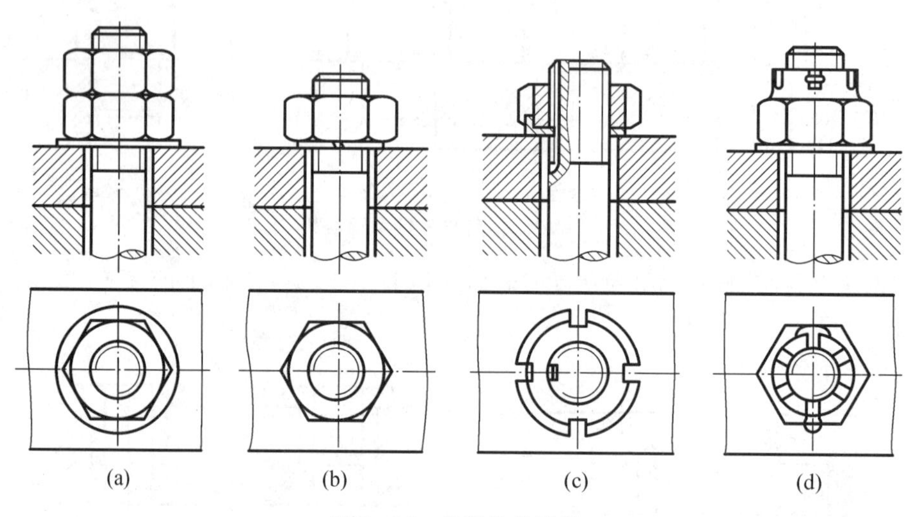

图 7－26　螺纹防松装置

【任务分析】

机用台虎钳装配图的绘制共分为以下 3 个步骤。

（1）分析装配关系，确定表达方案　绘制装配图应先确定表达方案，即进行视图选择，要以最少的视图，完整、清晰地表达出机器或部件的装配关系和工作原理。视图选择的一般步骤为：

1）进行部件分析。分析机器或部件的结构特点、工作原理，对零件的形状与作用、零件间的相对位置、定位方式等进行细致的分析。

2）选择主视图。选用能清晰反映主要装配关系和工作原理的方向作为主视方向，并尽可能按工作位置放置，能反映装配体的主要装配干线。

3）其他视图的选择。针对主视图尚未表达清楚的装配关系及零件，选用其他视图给予补充。

机用台虎钳的装配示意图如图 7－27 所示，其工作原理是：旋转螺杆 7 使螺母 5 带动活动钳身 4 作水平方向左、右移动，夹紧或松开工件。最大夹持厚度为 70 mm。主要零件的装配关系是：螺母 5 从固定钳身 2 的下方装入工字形槽内，再装入螺杆 7，并由垫圈 1，8 及挡圈 10 和圆柱销 9 轴向固定。螺钉 6 将活动钳身 4 与螺母 5 联结，用螺钉 11 将两块钳口板 3 与活动钳身和固定钳身相连。

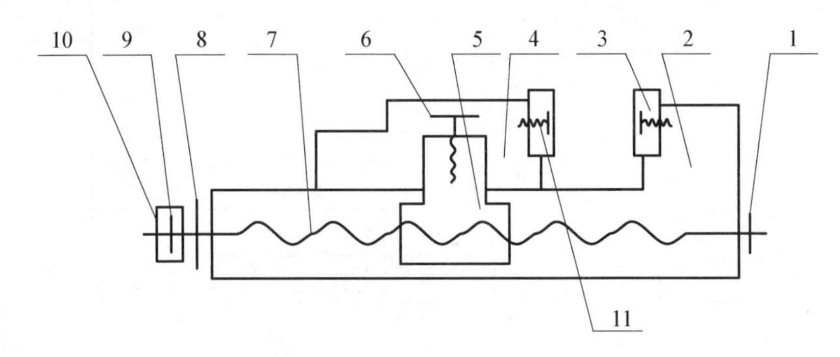

图 7-27 机用台虎钳装配示意图

视图选择上，主要采用 3 个基本视图和一个局部视图的表达方法。主视图采用全剖视图，反映台虎钳的工作原理和零件间的装配关系。俯视图反映装配体外部的结构形状，为了表达固定钳身和钳口板用螺钉联结的情况，采用局部剖视图。左视图采用半剖视图，表达活动钳身和固定钳身的装配关系以及螺母的结构特点。为了表达钳口板的结构形状，采用一个局部视图。为进一步清楚表达螺杆的结构特征，配以一个移出断面图和一个局部剖视图来表达方头和销孔。

(2) 绘制装配图　确定表达方案后，就可以绘制装配图，绘图时应遵循以下步骤：

1) 绘图设置。绘图前，设置好图层、线型、文字样式、标注样式等。

2) 选比例，定图幅。绘图时，尽量选用 1:1 的比例，有利于想象装配体的形状和大小。需要采用放大或缩小比例时，必须使用国家标准推荐的比例。确定比例后，根据表达方案选定图幅。确定图幅时，要注意考虑标题栏和明细栏的大小和位置，要留出编写零件序号和书写技术要求的空间。

3) 绘制图框，标题栏和明细栏。选好图纸幅面后，首先根据图幅大小及是否装订绘制图框，然后按要求画出标题栏和明细栏。

4) 合理布图，画作图基准线。根据表达方案合理布图，画出各视图的主要装配轴线、对称中心线和作图基准线。如图 7-28(a)所示。

5) 绘制主要零件的轮廓线。机用台虎钳的主要零件是固定钳身、活动钳身和螺母及螺杆。首先画出固定钳身、活动钳身的主要轮廓线，如图 7-28(b，c)所示，接着绘制螺母及螺杆的主要轮廓线。

6) 绘制其他零件及结构。绘制好主要零件的轮廓线后，继续绘制其余的细部零件及结构。

注意　每绘制一个零件后，都要作适当的编辑和修改，不要把所有的零件都画好后再修改，这样由于图线太多，修改将变得困难。

7) 完成图形底稿后，检查并描深图线，绘制剖面线，标注尺寸。

8) 编写零件序号，填写标题栏和明细栏，写出技术要求。

9) 完成全图后，仔细检查校核，确定无误后，签名。

最终机用台虎钳的装配图，如图 7-29 所示。

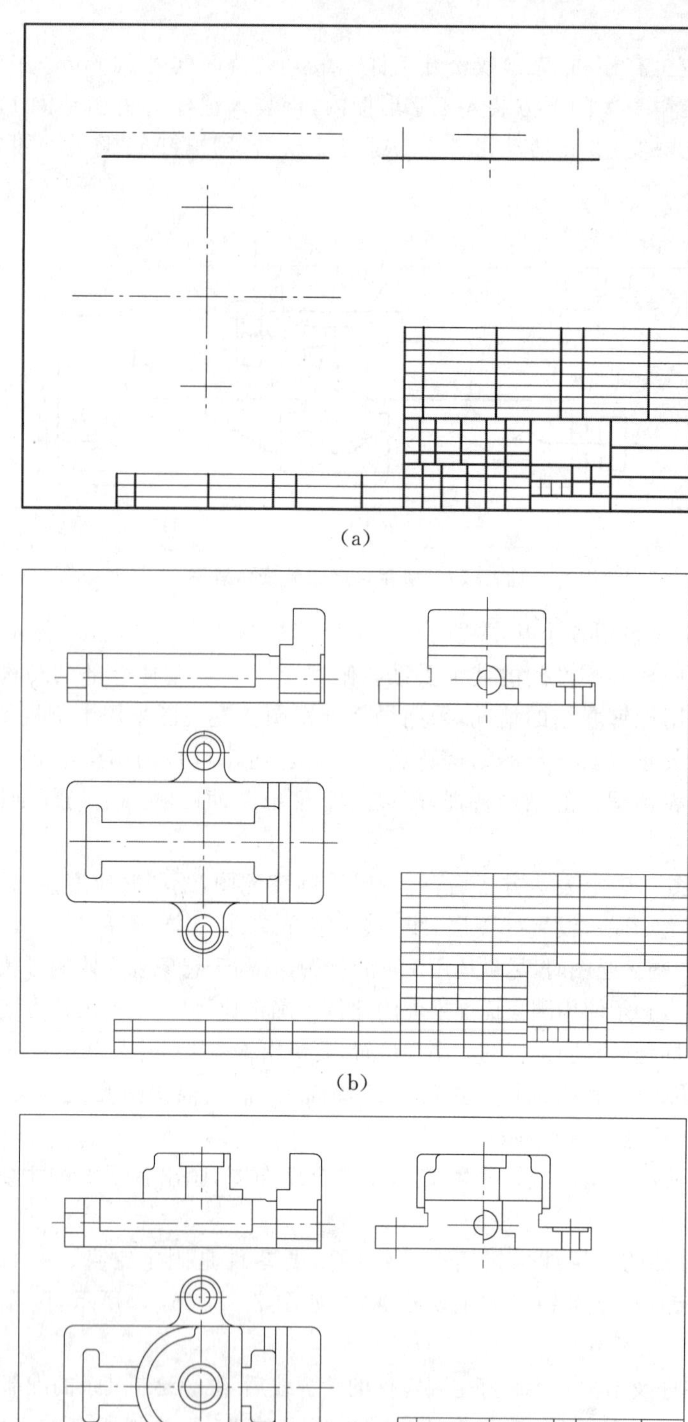

图 7-28　机用台虎钳画图步骤

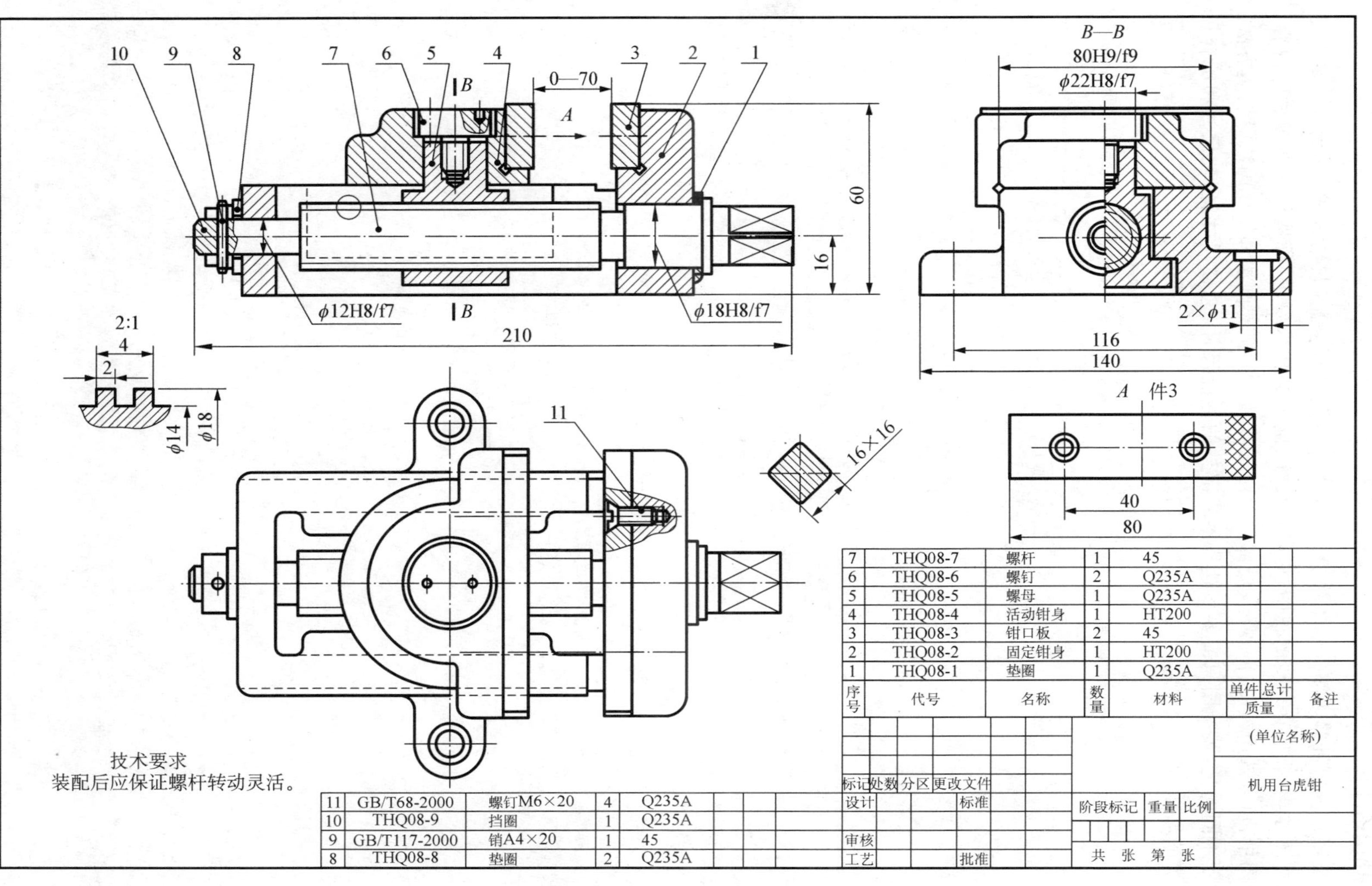

图 7-29 机用台虎钳装配图

【知识小结】

装配图是表达机器或部件的工作原理、零件与部件间的装配、联结方式，以及零件基本结构形状的图样，一般具有完整的视图、必要的尺寸、确定的技术要求、标题栏和明细栏等内容。在装配图中，可以选用视图、剖视图、局部放大图、规定画法、特殊画法和简化画法等表达方法。与零件图不同的是，装配图只需要表达机器或部件的性能尺寸、总体尺寸、安装尺寸和配合尺寸等必要的尺寸，不必完全清晰地标注所有的结构尺寸。

任务8　测绘装配体

本任务将通过几个典型的装配体案例来描述实际生产过程中如何测绘中等复杂的装配体，使学生具备熟练识读与绘制装配图的能力。

8.1　测绘齿轮泵装配体

8.1.1　齿轮泵装配体的测绘

【任务描述】

在任务 7.1.2 中，通过装配图的识读，对齿轮油泵的基本原理和结构有了初步认识。本任务将现场实测齿轮泵中的各个零部件，进而完成全套零部件图的绘制。

知识目标

了解测绘的相关知识，熟知常用测量工具的测量方法，掌握零部件测绘的一般步骤。

技能目标

能使用常用测量工具正确进行零件测绘，并进行简单的部件测绘。

【知识链接】

(1) 部件测绘的概念及其分类　在生产实践中，当对原有机器或部件上的零件进行维修和技术改造，或者设计新产品和仿造原有设备时，往往要测绘有关机器的部分或整体，对现有的机器或部件进行拆卸、测量和计算等，最后整理出装配图和零件图的过程，称为部件测绘。部件测绘按照目的的不同分为 3 类：

1) 设计测绘。设计测绘的目的是为了新产品设计。通常在设计新产品时，对有参考价值的设备或产品进行测绘，以作为新设计的参考依据。

2) 维修测绘。维修测绘的目的是为了机器修配。当机器由于零件损坏无法正常工作，同时又无零件图纸时，就需要对损坏了的零件进行测绘，以修复机器。

3) 仿制测绘。仿制测绘的目的是为了仿制。通常为了制造出性能较好的机器，对较先进的设备进行整机测绘，以得到先进设备的全部图纸和技术资料。

(2) 部件测绘的步骤与测绘要求　测绘的过程按顺序大致分为：了解、分析测绘的对象和拆卸零、部件；画装配示意图；测绘零件（非标准件），并画零件草图；画部件装配图；画零件图等。

测绘对象和拆卸零、部件要通过对实物观察，参阅有关资料和图样，了解部件的用途、性能、工作原理、装配关系和结构特点、拆卸方法等。

拆卸时，应注意以下几点：

1）拆卸零件时，要测量部件的几何精度和性能并记录，供部件复原时参考。

2）拆卸时要制定拆卸方案，选用合适的拆卸工具。对于不可拆卸的联结（如焊接、铆接、过盈配合联结）一般不应拆开；对于较紧的配合，如果不拆也可测绘，则尽量不拆，以免破坏零件之间的配合精度。

3）为了避免零件的丢失和混乱，对拆下的零件，要及时按顺序用打钢印、扎标签或写件号，对每一个部件和零件编上件号，分区、分组放置在规定的地方，妥善保管，并分清楚标准件和非标准件，作出相应的记录，防止螺钉、垫片、键、销等小零件的丢失。

4）对重要的或精度较高的零件，拆卸时注意不要破坏零件间原有的配合精度，要防止碰伤、变形、损坏和生锈，以便再装时仍能保证部件的性能和精度要求。标准件只要在测量尺寸后查阅标准，核对并写出规定标记，不必画零件草图和零件图。

5）对于结构复杂的部件，为了便于拆散后装配复原，最好在拆卸时绘制出部件装配示意图。

【任务分析】

（1）测绘前的准备工作　根据齿轮泵装配体的复杂程度编制测绘计划，准备必要的拆卸工具，如扳手、榔头、改刀和铜棒等；测绘量具，如直尺、游标卡尺、千分尺和细铅丝等。还应准备好绘图用品，如图纸、铅笔和橡皮等。测量时，根据齿轮泵零件的结构形状以及精度要求来选定测量工具。

测量时，应注意的问题：

1）重要的尺寸，如中心距、齿轮模数、零件表面的斜度和锥度等，必要时可通过计算确定。

2）孔、轴的配合尺寸，一般只测量轴的直径；相互旋合的内、外螺纹尺寸，一般只测量外螺纹尺寸。

3）非重要尺寸，如果测量值为小数则应取整数。

4）对有缺陷或损坏部位的尺寸，应按设计要求予以更正。

5）对标准结构的尺寸，如齿轮模数、倒角，轴类零件上的退刀槽、键槽、中心孔等，应查阅有关手册确定。如有与滚动轴承配合的孔、轴的尺寸，也应查表确定。

（2）分析测绘对象齿轮泵并拆卸其零、部件　了解齿轮泵的功用、工作原理、传动情况以及装配情况后，利用拆卸工具拆卸齿轮泵。在拆卸前，应先测量一些必要的尺寸数据，如齿轮泵各零件间的相对位置等，作为后续校核图纸时的参考。具体拆卸步骤：卸下压盖螺母→取下压盖和填料→拧下泵盖上的6个螺栓→取下泵盖和垫片→从泵体上取下长轴和短轴→最后卸下长轴和短轴上的齿轮。

齿轮泵拆卸后的零件要进行编号并贴上标签，顺次排列，以备装配用。对于标准件，只需测出其主要尺寸，然后从《机械零件设计手册》中查出其规格、标准代号，填写标准件明细表。齿轮泵装配体标准件有螺栓和销，查阅附录2可知：螺栓 GB/T 5782 M6×20，销 GB/T 119.23×24，见表8-1。对于非标准件，也应根据测定内容列成明细表，见表8-2所示。

表8-1　齿轮泵标准件明细表

序号	名称	材料	重量	数量	标准代号	备注
1	螺栓	Q235		6	GB/T 5782 M6×20	
2	销	35		2	GB/T 119.2　3×24	

表 8-2　齿轮泵非标准件明细表

序号	名称	材料	重量	数量	标准代号	备注
1	齿轮	45		2		$M=2.5$，$z=14$
2	长轴	45		1		
3	泵盖	ZAlSiCuIMg		1		
4	短轴	45		1		
5	垫片	纸				$t=0.5$
6	泵体	ZAlSiCuIMg		1		
7	填料	石棉绳		1		
8	填料压盖	ZAlSiCuIMg		1		
9	压盖螺母	ZAlSiCuIMg		1		

【拓展提高】

(1) 尺寸的圆整　按实物测量出来的尺寸，往往不是整数，所以，在实际测量过程中需要对测量出来的尺寸进行处理、圆整。尺寸圆整后，可简化计算，使图形清晰，更重要的是可以采用更多的标准刀量具，缩短加工周期，提高生产效率。

基本原则：逢 4 舍，逢 6 进，遇 5 保证偶数。

例如，41.456→41.4，　13.75→13.8，　13.85→3.8。

通常，查阅相关优先系数的选取资料可知：数系中的尾数多为 0，2，5，8 及某些偶数值。

对于各类主要尺寸(轴向尺寸、配合尺寸、一般尺寸)的圆整，还需要根据具体零、部件的要求选择。

(2) 尺寸协调　在零件图上标注尺寸时，必须注意把装配在一起的有关零件的测绘结果加以比较，并确定其基本尺寸和公差。不仅相关尺寸的数值要相互协调，而且，在尺寸的标注形式上也必须采用相同的标注方法。

8.1.2　绘制齿轮泵零件图和装配图

【任务描述】

在齿轮泵部件测绘工作完成之后，需要开始其装配图的绘制工作。在测绘基础上，先绘制出装配示意图，再进行装配草图的绘制。

知识目标

(1) 掌握中等复杂部件装配示意图的绘制方法。

(2) 掌握零件草图的绘制。

技能目标

(1) 能进行零件草图的绘制。

(2) 能绘制齿轮泵部件的装配示意图和装配图。

【知识链接】

(1) 绘制装配示意图　装配示意图是在机器或部件拆卸过程中所画的记录图样，是绘制装配图和重新进行装配的依据。它用来表达机器或部件的结构、装配关系、工作原理和传动路线等，作为重新装配部件或机器和画装配图时的参考。

装配示意图的画法没有严格的规定，通常是通过目测，徒手用简单的线条画出零件的大致轮廓。有些零件可运用国家标准中规定的机构运动简图符号，按照 GB/T 4460—1984《机械制图　机构运动简图符号》的规定，画出部件或机器装配示意图。

绘制装配示意图时，把装配体看成是透明体，既要画出外部轮廓，又要画出内部结构。对零件的表达一般不受前后、上下等层次的限制，可以先从主要零件着手，依次按照装配顺序把其他零件画出。

装配示意图通常只画一两个视图，且接触面之间应留有间隙，以便区分不同的零件。装配示意图上应按顺序编写零件序号，并在图样的适当位置上按序号注写零件的名称及其数量，也可将零件名称直接注写在指引水平线上，序号、名称应与标签上一致。

(2) 绘制零件草图　零件草图是画装配图和零件图的依据。零件草图是以目测实物或简单测量各部分的大致比例关系而徒手在方格纸上画出。它的内容要求和画图步骤都与零件图相同，不同的是草图零件各部分尺寸比例要凭目测，徒手绘制而成。

绘制零件草图时，应注意的事项：

1) 对零件上因铸造留下的某些缺陷，或因磨损形成的某些沟槽或划痕等，不应画出。

2) 零件上的工艺结构，如铸造圆角、加工倒角、螺纹退刀槽等应该画出。若省略，也必须注明尺寸，或在技术要求中加以说明。零件上的标准化结构，如滚动轴承的轴径、螺纹、键槽、退刀槽等可查相关标准确定。

3) 仔细检查所标尺寸，避免重复或遗漏。对两零件之间的相关配合尺寸要严格校对，以确保相互协调。对一些重要的尺寸，如啮合齿轮的中心距等，需要通过计算确定。

4) 要先引出全部尺寸界线、尺寸线之后，再逐个测量注写尺寸数值。

测绘工作有时会受到时间、地点及工作条件限制，画完零件草图后应对其进行审核和整理。整理内容主要有：表达方案是否完善，尺寸标注及布局是否合理，尺寸公差、几何公差和表面粗糙度是否符合要求、标准化、规范化。

审核修改应在原草图上作标记，以便后续核对。然后根据零件结构的复杂程度和视图，选择适当的画图比例和图纸的幅面，参考零件草图，按照零件图的画法和步骤来绘制零件的工作图。

(3) 绘制装配图　根据装配示意图和零件草图绘制出装配图。装配图要表达出装配体的工作原理和装配关系，以及主要零件的结构形状。在绘制装配图的过程中，要检查零件草图上的尺寸是否合理，若发现零件草图上的形状和尺寸有错，应及时更正后才可以画图。

装配图画好后必须注明该机器或部件的规格、性能，以及装配、检验、安装时的尺寸，还必须用文字说明或用符号形式指明机器或部件在装配调试、安装使用时必要的技术要求。

最后，应按规定要求填写零件序号和明细栏、标题栏的各项内容。详见知识链接 A.1。

(4) 绘制零件图　画零件工作图与零件草图基本相同，不同之处在于：零件工作图要严格按比例在图板上用仪器图做出。由零件草图和装配图拆画零件工作图，并应完整、正确、清晰、合理地标注尺寸，注写技术要求，按规定填写标题栏。

完成以上测绘任务后，对图样进行全面检查、整理，装订成册。详见知识链接 A.6。

【任务分析】

在拆卸齿轮泵装配体后，对其内部结构及各零件之间的关系全面了解、分析之后，就可以绘制出齿轮泵的装配示意图。

(1) 绘制齿轮泵装配示意图　在装配示意图中，要严格按照机械制图国家标准规定的机构及组件的简图符号，画出零件的大致轮廓，图 8-1 所示为齿轮泵装配示意图。

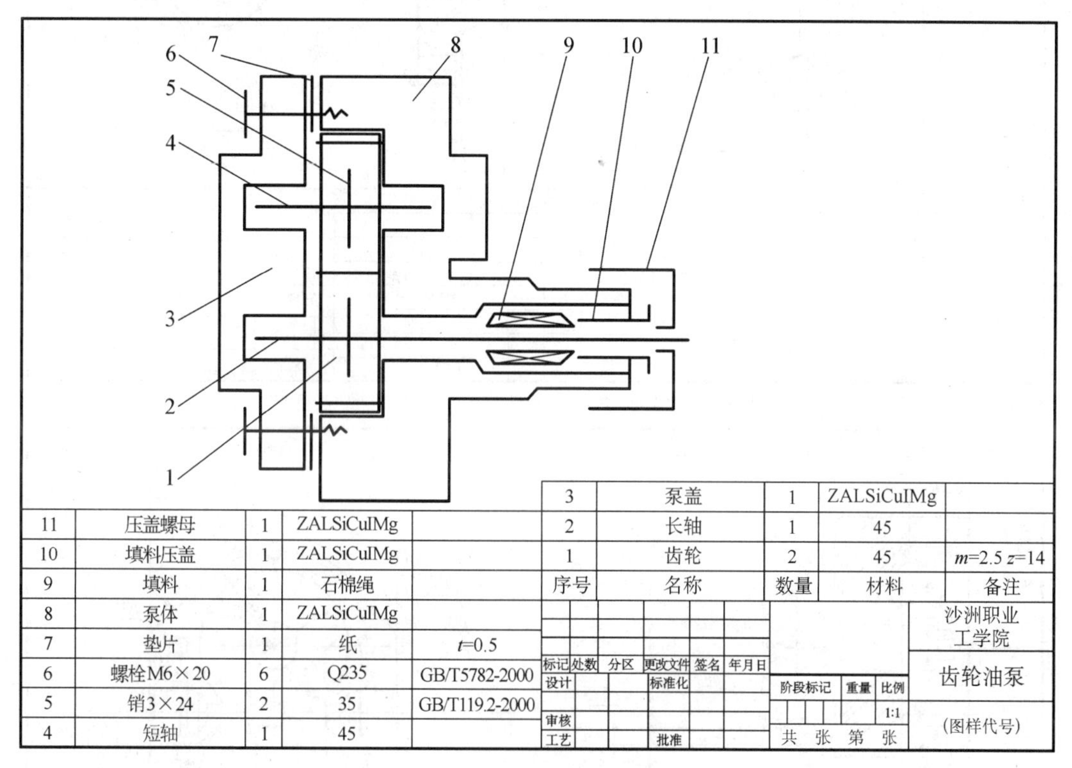

图 8-1　齿轮泵装配示意图

(2) 测绘零件尺寸，绘制零件草图　齿轮泵装配体拆卸工作结束以后，除螺栓和销外，其余非标准零件都要对其进行测绘，绘制出零件草图和零件工作图。注意：

1) 凡标准件只需测量其主要尺寸，查有关标准，确定规定标记，不必画出零件草图，如齿轮泵装配体中的螺栓 6 和销 5。

2) 画零件草图可先从主要的或大的零件着手，按照装配关系依次画出各零件草图，以便随时校核和协调零件的相关尺寸，如齿轮泵装配体中的泵盖 3、泵体 8 与长轴 2、短轴 4 之间有配合关系。

3) 两零件的配合尺寸或结合面的尺寸量出后，要及时填写在各自的零件草图中，以免发生矛盾。

齿轮泵的主要零件草图，如图 8-2 所示。

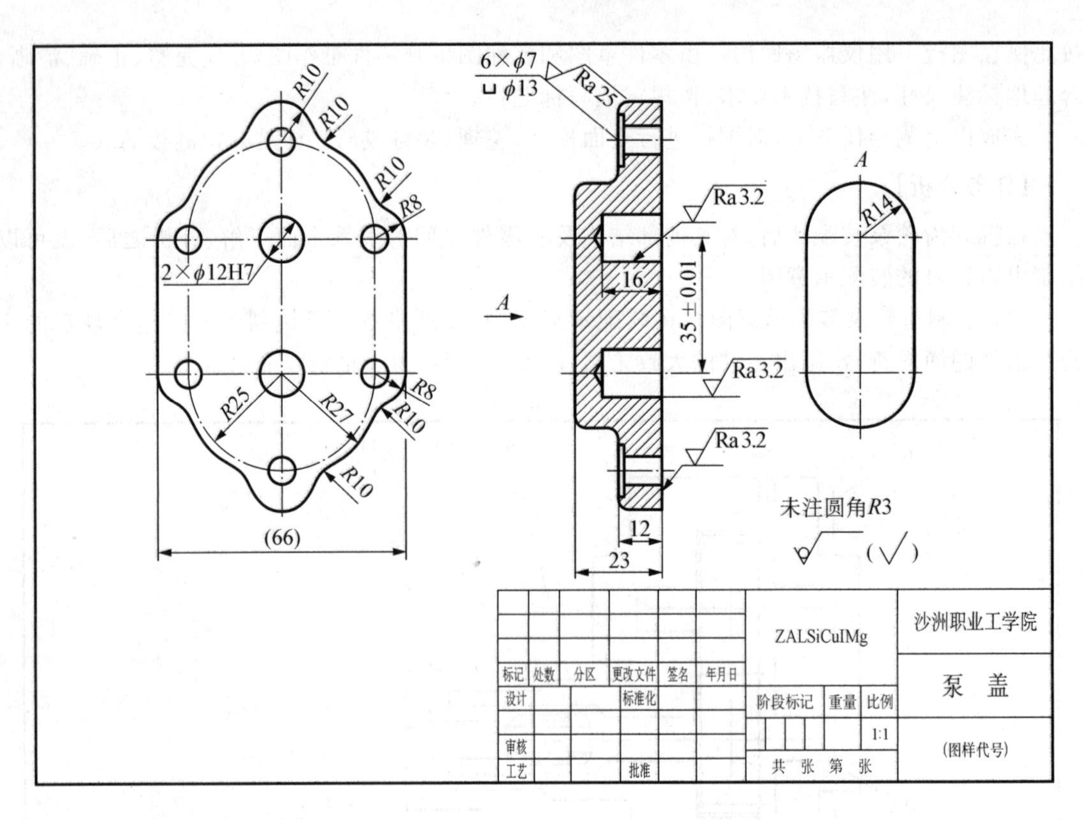

6×ϕ7
⊔ϕ13
Ra 25
R10
R10
R10
R8
2×ϕ12H7
R25
R27
R8
R10
R10
(66)
A
Ra 3.2
16
35±0.01
Ra 3.2
Ra 3.2
12
23
A
R14
未注圆角R3
(√)
ZALSiCuIMg
沙洲职业工学院
泵 盖
标记 处数 分区 更改文件 签名 年月日
设计 标准化
阶段标记 重量 比例
1:1
审核
工艺 批准
共 张 第 张
(图样代号)

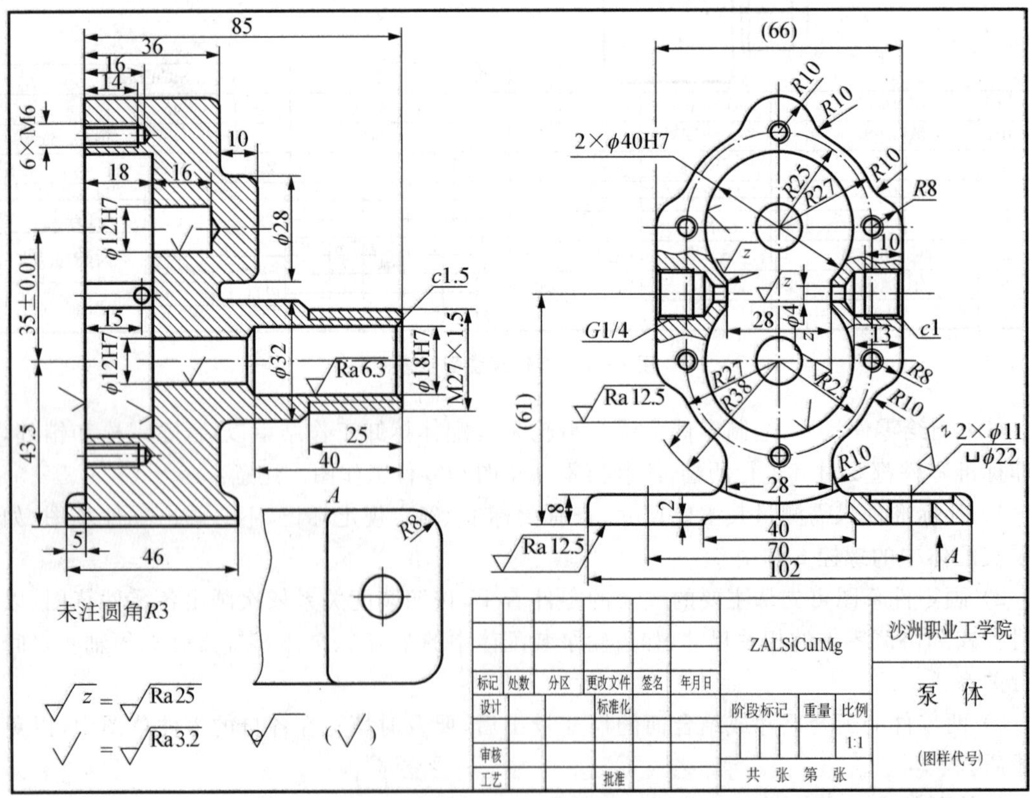

85
36
16
14
6×M6
10
18
16
ϕ28
ϕ12H7
35±0.01
c1.5
15
ϕ12H7
ϕ32
Ra 6.3
ϕ18H7
M27×1.5
43.5
25
40
5
46
A
R8
未注圆角R3
z = Ra 25
= Ra 3.2
(√)
(66)
R10
R10
2×ϕ40H7
R25
R27
R10
R8
10
z
z
28
ϕ4
G1/4
13
c1
R27
R38
R25
R8
R10
Ra 12.5
(61)
2×ϕ11
⊔ϕ22
R10
28
8
2
40
70
102
Ra 12.5
A
ZALSiCuIMg
沙洲职业工学院
泵 体
标记 处数 分区 更改文件 签名 年月日
设计 标准化
阶段标记 重量 比例
1:1
审核
工艺 批准
共 张 第 张
(图样代号)

(a)

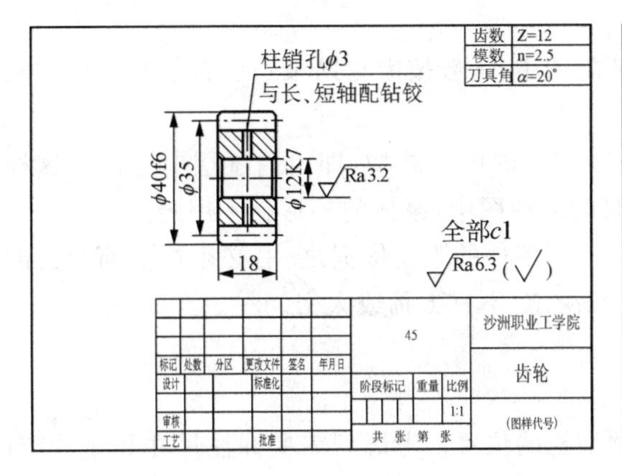

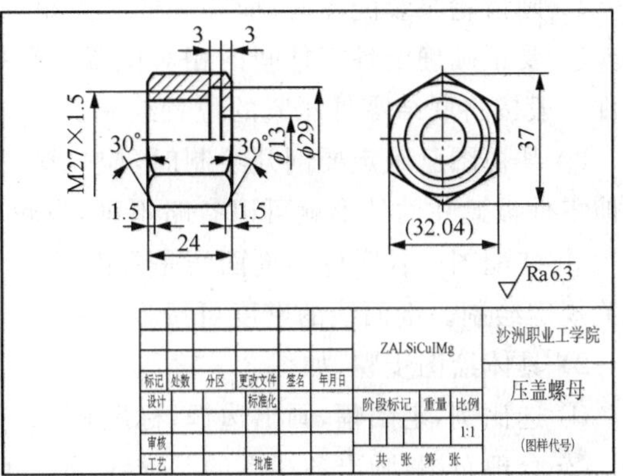

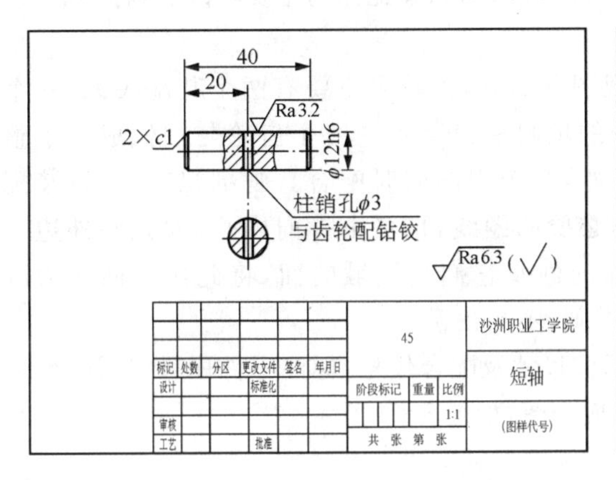

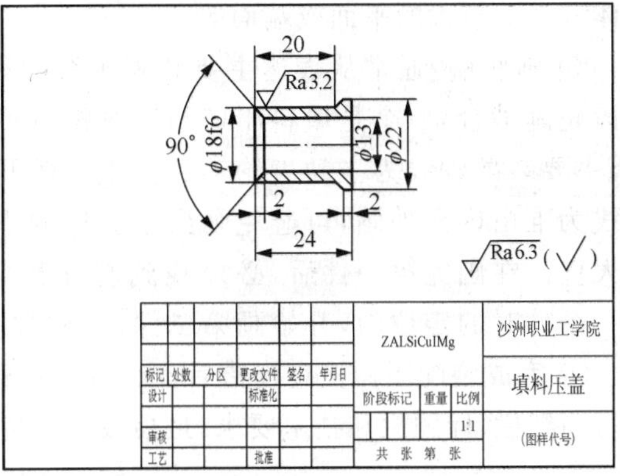

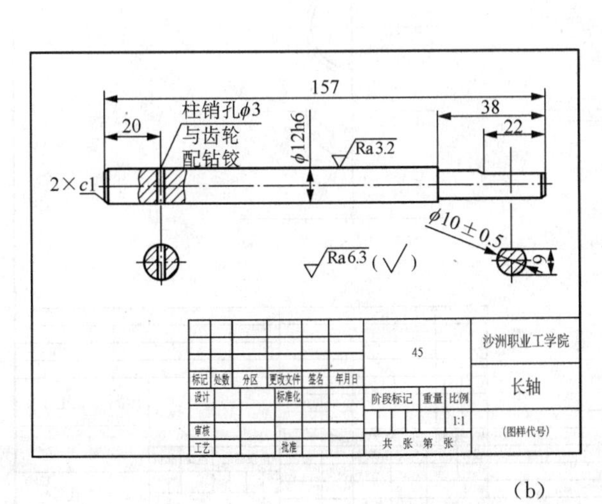

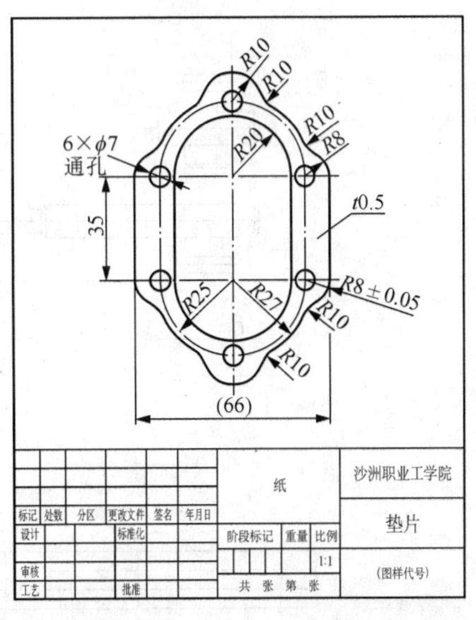

(b)

图 8－2 齿轮泵的主要零件草图

(3) 绘制装配图　注意事项和绘图步骤如下：

1) 画齿轮泵装配图时,应注意的几点事项：

① 要正确确定各零件间的相对位置。在装配图中,一般按齿轮泵某一位置绘制。螺纹联结件一般按将联结零件压紧的位置绘制。

② 某视图已确定要剖开绘制时,应先画被剖切到的内部结构,即由内逐层向外画。这样其他零件被遮住的外形就可以省略不画,齿轮泵的主视图中,泵体的外形就不用画出。

③ 装配图中各零件的剖面线是看图时区分不同零件的重要依据之一,必须按前面所讲的有关规定绘制。剖面线的密度可按零件的大小来决定,不宜太稀或太密。

2) 具体绘图步骤,如图 8-3 所示：

① 选比例,定图幅,画出边框、标题栏。

② 合理布图,画出各视图的基准线,留出明细栏的位置。考虑到需要标注尺寸和序号,布图既要适中,还要留出图间距。画出各视图的作图基准线,如装配体的主要轴线、对称中心线、主体零件上较大的平面或端面等。

③ 画底稿,通常从表达主要装配干线的视图开始画,齿轮泵主要有两个装配关系,一个是齿轮副啮合,一个是填料压盖与压紧螺母处的填料密封装置。由于齿轮与轴做成一个整体,主要装配轴线为主动齿轮轴。从主视图开始,几个视图同时配合。画剖视图时,以装配干线为准由内向外画,可避免画出被遮挡的不必要的图线,也可由外向内画,如先画外边主体大件。在画完第一件后,必须找到与此相邻的件及它们相接触的面,将此接触面作为画下一个件时的定位面,开始画第二件,这样顺次画,不易出乱。

④ 完成装配图。检查改错后,画剖面线,标注尺寸及配合代号,标注零件序号,描深,然后填写明细栏、标题栏和技术要求,最后校核并完成全图,如图 8-4 所示。

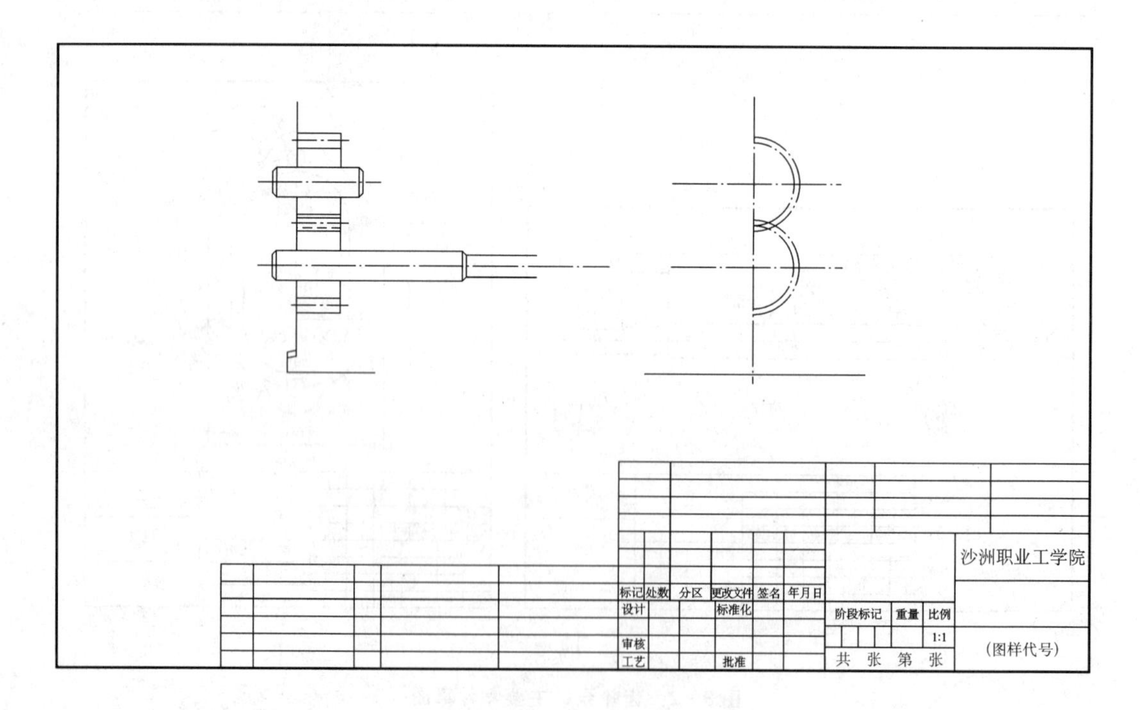

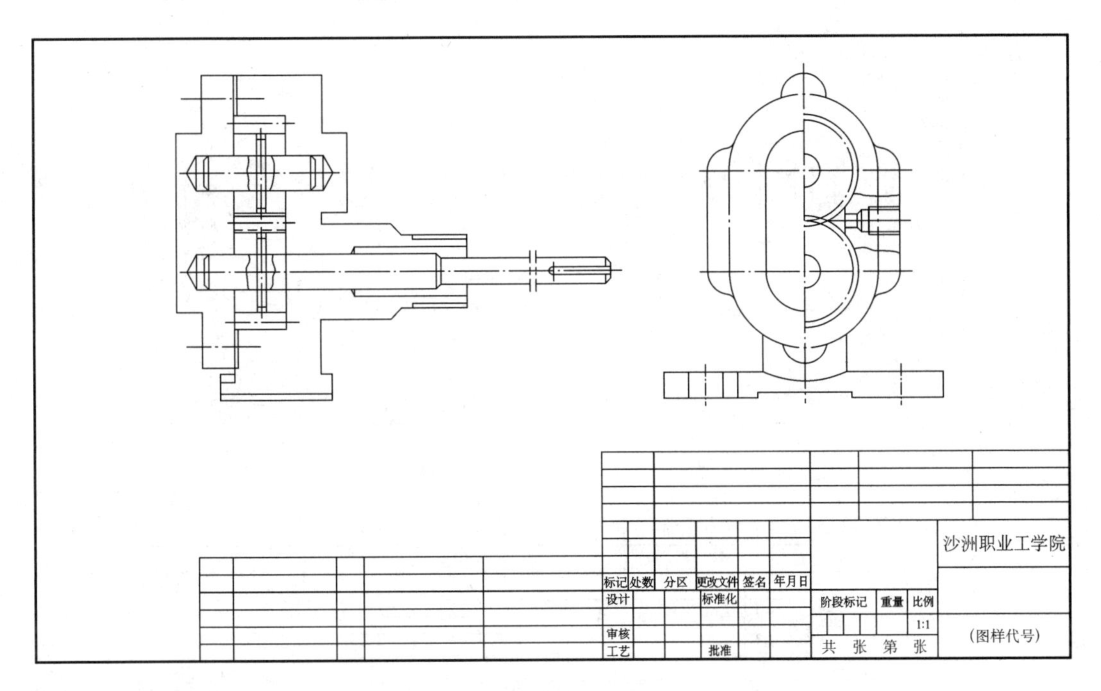

(a)

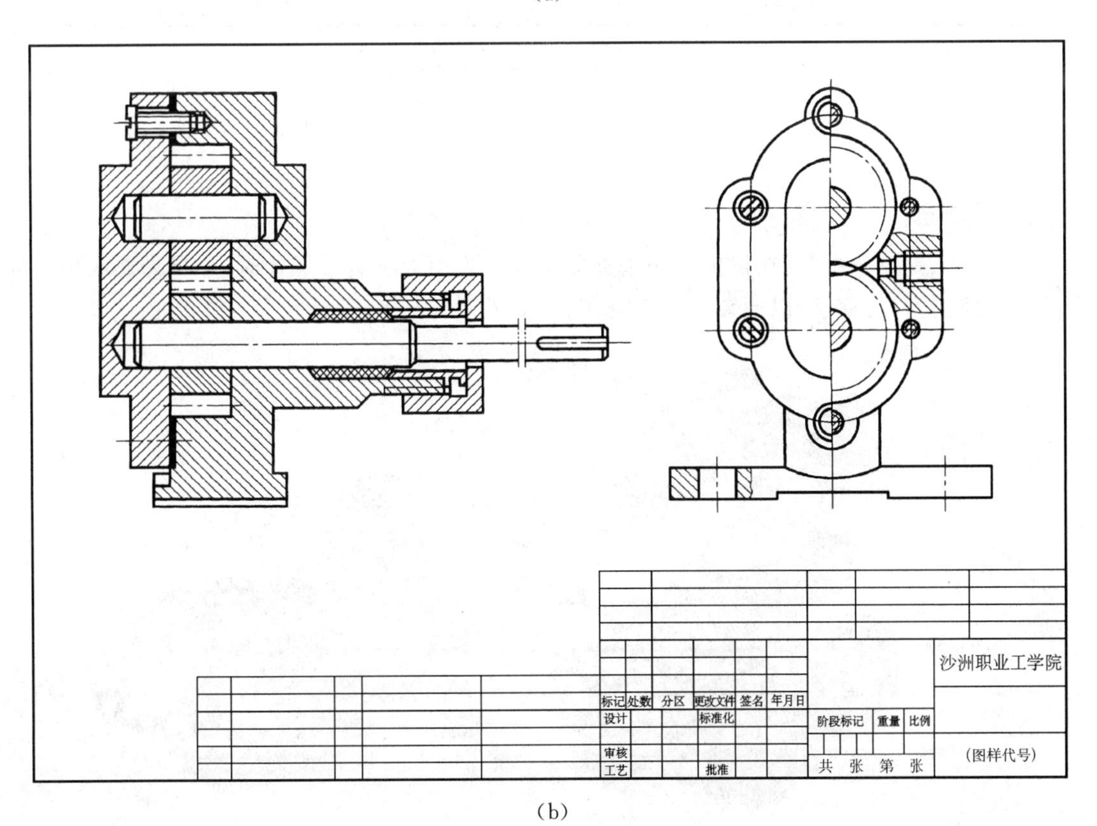

(b)

图 8－3　齿轮泵画图步骤

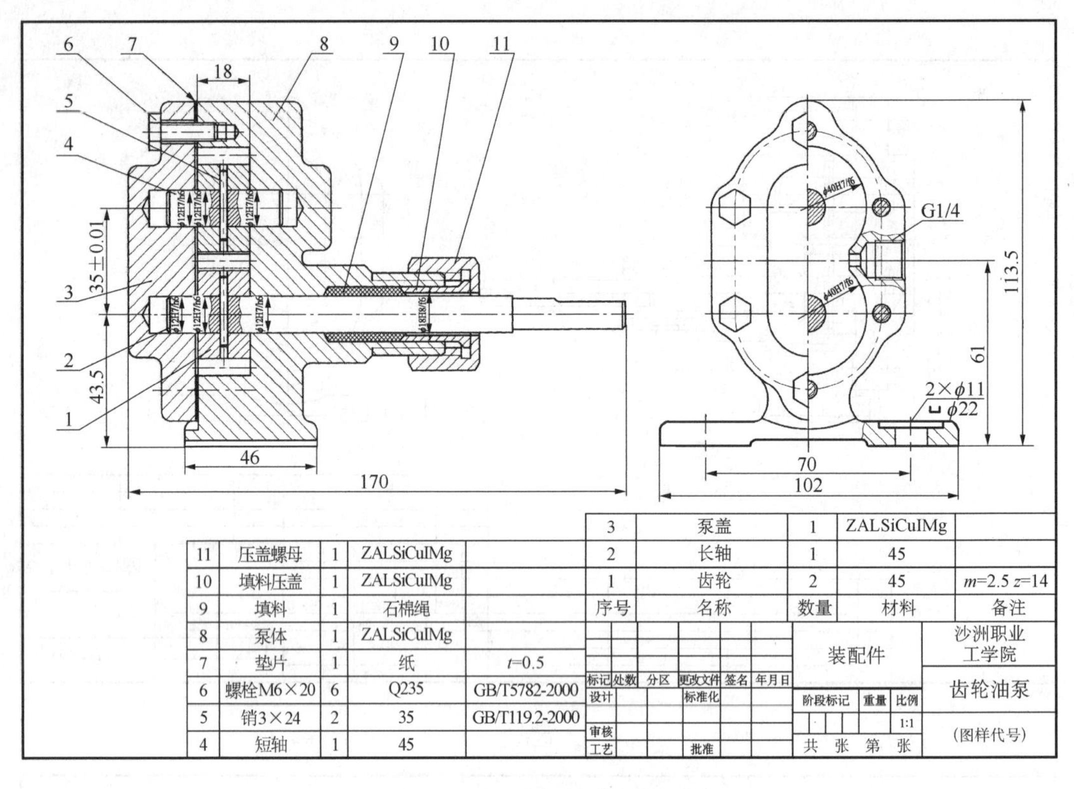

图 8-4　齿轮泵装配图

(4) 绘制零件工作图　根据零件草图和装配图，可以使用绘图工具、仪器或计算机绘制出零件工作图。

【课堂活动】

夹紧卡爪是组合夹具，在机床上用来夹紧工件。当用扳手旋转螺杆时，靠梯形螺纹传动使卡爪在机体内左、右移动，以便夹紧或松开工件，其外形图如 8-5 所示。

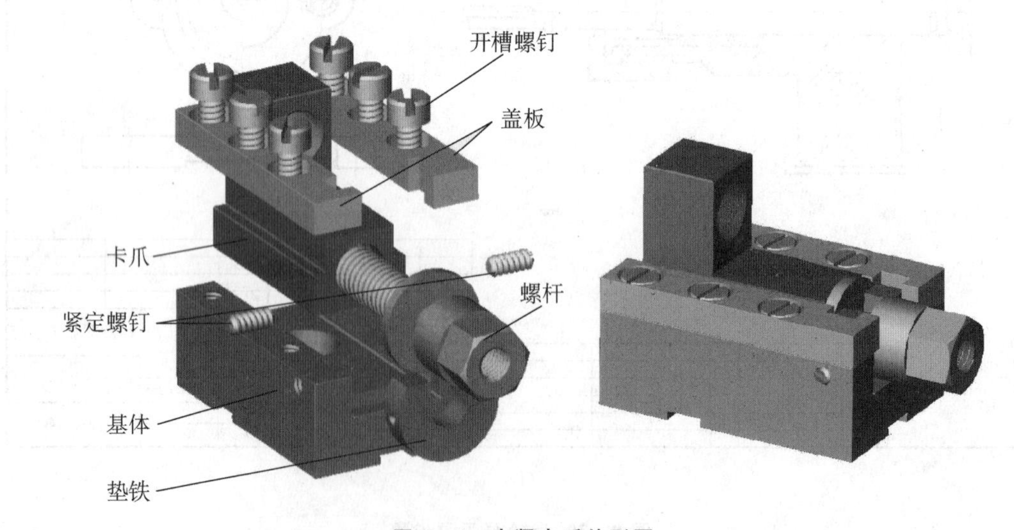

图 8-5　夹紧卡爪外形图

夹紧卡爪共有8种零件组成，拆卸顺序为：先拧下前后盖板上的开槽螺钉(共6件)和紧定螺钉(2件)；接着旋出螺杆，取出垫铁；最后分离卡爪和基体。试绘制出夹紧卡爪的装配示意图。

8.2 测绘一级圆柱齿轮减速器

【任务描述】

一级圆柱齿轮减速器是通过装在箱体内的一对圆柱齿轮的啮合转动，动力从一轴传至另一轴，实现减速的。

技能目标

掌握常用的测量工具(如钢直尺、内外卡尺及游标卡尺等)使用方法和测量方法，能正确绘制装配示意图、零件草图。

(1) 测绘要求：

1) 学生课前需借好减速器模型、相关的测量拆卸工具和绘图工具，并妥善保管；

2) 学生分组测绘，一个班级40人左右，建议每组6～8人为宜；

3) 每组确定一个组长，负责组织管理相关资料和设备；

4) 测绘过程中，要做好必要的资料收集工作，所有的草图都需要保留，以备最后评分用，小组每位成员都要求积极主动地参与交流和学习。

(2) 测绘主要完成任务：

1) 分析并拆卸装配体，画装配示意图；

2) 完成全部非标准件的测绘，画零件草图；

3) 统计标准件，查表核对，写出代号，记下主要尺寸，列入统计表；

4) 画过渡装配图(A1或A2图纸一张)；

5) 画装配图(A1或A2图纸一张)；

6) 画主要零件装配图(3～5张)；

7) 写测绘工作小结。

【知识链接】

(1) 常用测绘工具　常用的测量工具有钢直尺、内卡钳、外卡钳和测量较精密零件用的游标卡尺、千分尺等。

(2) 常用测量方法　常用的测量方法见表8-3。

表8-3　常用的测量方法

类型	简化图例	说　明
线性尺寸	94 1 2 3 4 5 6 7 8 9 10 11 12 13 14 15 1 2 3 4 5 6 7 8 9 10 13 28	可用钢直尺测量线性尺寸

续 表

类型	简化图例	说明
直径尺寸		可用游标卡尺或千分尺测量直径
壁厚尺寸	$h=L-L_1$	可用钢直尺测量壁厚尺寸，也可用内卡钳、外卡钳和钢直尺分步测量壁厚尺寸
阶梯孔直径	(a) (b)	用游标卡尺或钢直尺无法直接测量内孔直径时，可用内卡钳和钢直尺间接测量，如左图(a)所示；或用内外卡钳和钢直尺测量，如左图(b)
中心高	$H=A+D/2$ 或 $H=B+d/2$	可用钢直尺、外卡钳间接测量中心高

【任务分析】

(1) 了解一级圆柱齿轮减速器的工作原理和装配关系　图 8-6 所示为一级圆柱齿轮减速器模型图。动力由电动机通过带轮(图中未画出)或联轴器等传动形式传递到齿轮轴，然后通过两啮合齿轮(小齿轮带动大齿轮)传送到传动轴，从而实现减速之目的。由于传动比 $i=n_1/n_2$，则从动轴的转速 $n_2=\frac{z_1}{z_2}\times n_1$。

减速器有两条轴系——两条装配线，两轴分别由滚动轴承支承在箱体上，轴承的内、外圈与轴、箱体座孔一般采用过渡配合，箱体座孔要求有较好的同轴度，从而保证齿轮啮合的稳定性。4 个端盖可分别嵌入箱体内，从而确定了轴和轴上零件的轴向位置。装配时，只要修磨调整环的厚度，就可使轴向间隙达到设计要求。

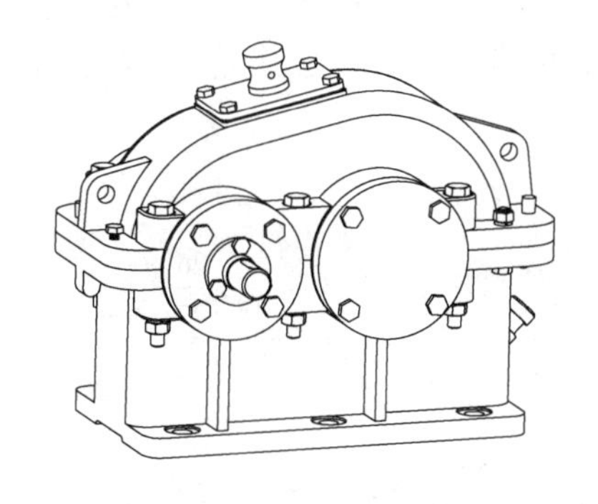
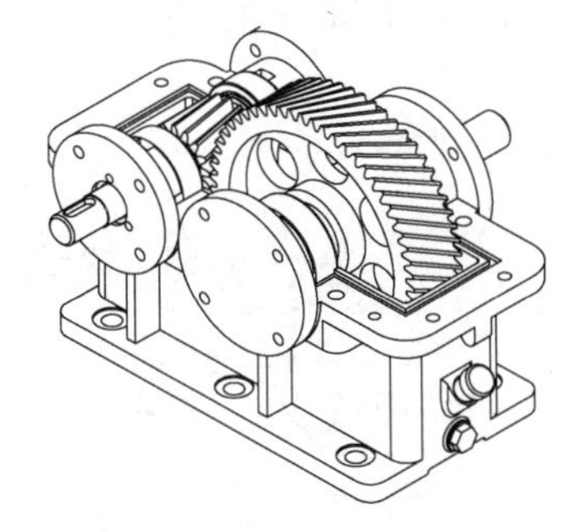
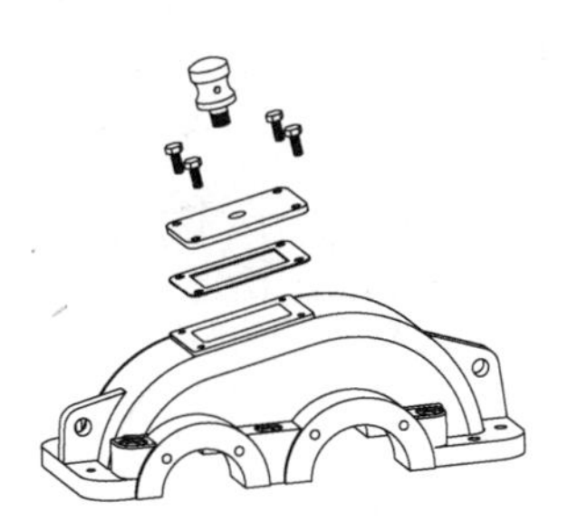

图 8-6　一级圆柱齿轮减速器模型图

箱体采用分离式，沿两轴线平面分为箱座和箱盖，两者采用普通螺栓联结，便于装修。为了保证箱体上安装轴承和端盖的孔的正确形状，两零件上的孔是合在一起加工的。装配时，它们之间采用两锥销定位，销孔钻成通孔，便于拔销。

箱座下部为油池，内装润滑油液，供齿轮润滑。齿轮和轴承采用飞溅润滑方式，油面高度通过油面观察结构（油标或油尺）进行观察。为了防止箱盖与箱座的结合面渗、漏油，一般在箱座顶面四周铣有（或铸出）回油槽。通气塞是为了排放箱体内的挥发气体，拆去视孔小盖可观察齿轮磨损情况或加油。油池底部应有斜度，放油螺塞用于清洗放油，其螺孔应低于油池底面，以便放尽润滑油。

箱体前后对称，两啮合齿轮安置在该对称平面上，轴承和端盖对称分布在齿轮的两侧。箱体的左、右两边有 4 个成钩状的加强肋板或两个吊钩，作用为起吊运输。

（2）拆卸减速器的零、部件　减速器的拆卸顺序为：第一步，先将联结螺栓、螺钉拆下，使盖与体分离，即可画装配示意图，此时不必全部拆散；第二步，对于看不清楚的内部结构，再逐步拆开，边拆边画，完成整个装配示意图。在拆卸过程中，注意妥善保管拆卸下来的零件。

对于减速器中拆下的标准件及常用件，应查阅手册进行核对，写出名称、标记代号、数量，并记下主要尺寸，供画装配图时用。

（3）绘制减速器的装配示意图　先画一张非正式的装配草图，注意其图幅的布置，线型、字体等可不作严格要求，但图面应该清楚。画装配草图需要注意：

1）装配草图的表达方案可经小组讨论最后决定。

2）按照画装配图的步骤绘制，并严格按照比例画。

3）标注必要的尺寸，如主要性能、规格尺寸，主要配合尺寸。减速器中滚动轴承的配合，齿轮、带轮与轴的配合，定位销的配合，普通平键的配合等可从机械零件课程设计图册或国家标准中摘抄下来，供参考选用。

装配示意图是通过目测徒手或用绘图工具，运用简单的线条绘制出装配体的轮廓、装配关系、工作原理及传动路线的图样，是绘制装配图和重新进行装配的依据。

在全面了解减速器的装配关系和工作原理后，可以画出减速器的装配示意图，如图 8-7 所示。

在绘制装配示意图的过程中，要一边拆卸，一边补充，完成装配示意图。装配示意图的画法：画装配示意图时，通常用简单的线条画出零件的大致轮廓，对零件的表达一般不受前后层次的限制，可以从主要零件着手依次按照装配顺序把其他零件逐个画出。

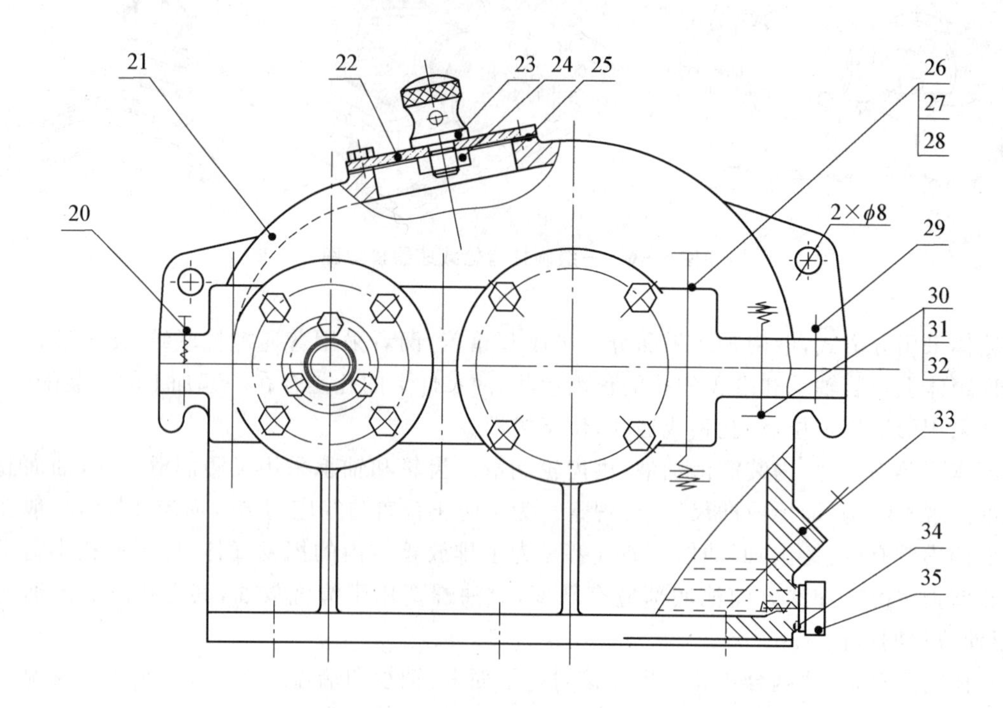

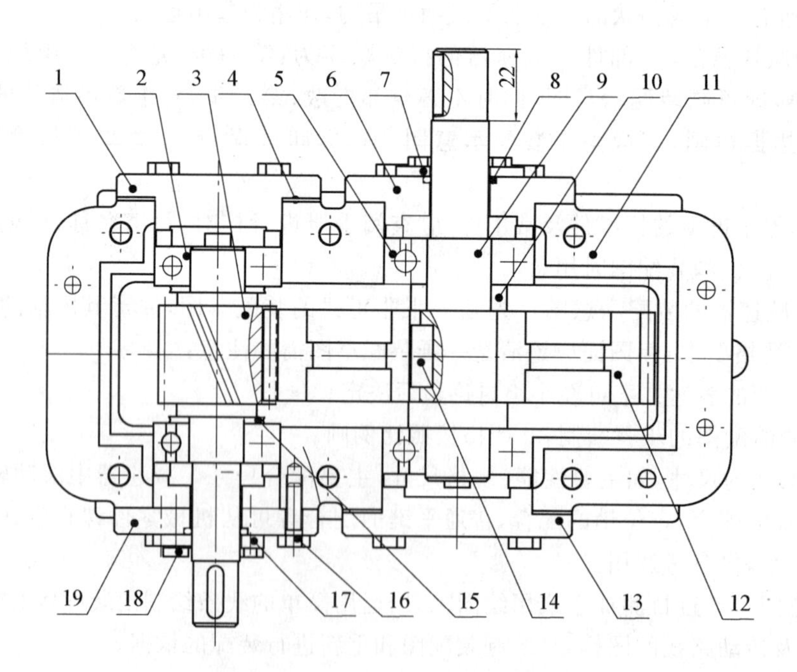

图 8-7　减速器的装配示意图

装配示意图画好后，对各个零件编上序号并列表登记，见表 8－4(此为参考零件明细表，具体可以根据实际模型调整修改)。应注意，图、表、零件标签上的序号、名称要一致，零件序号横线上方为零件序号和名称(或标准件规格尺寸)。

表 8－4　一级圆柱齿轮减速器所有零件明细表

序号	名称	材料	数量	备　注
1	轴承端盖	HT200	1	
2	轴承	GCr15	2	6203 GB/T 276—94
3	齿轮轴	35SiMn	1	$M_n=2$，$Z=57$
4	调整垫片	08F	1 组	
5	轴承	GCr15	2	6204 GB/T 276—94
6	轴承端盖	HT200	1	
7	密封盖	Q235	1	
8	密封圈	橡胶	2	JB/T 7757.2—2006
9	轴	45	1	
10	定距环	Q235	1	
11	机座	HT200	1	
12	大齿轮	35SiMn	1	$M_n=2$，$Z=57$
13	轴承端盖	HT200	1	
14	键	45	1	GB/T 1096 8×18
15	挡油环	塑料	2	
16	螺钉	Q235	16	GB/T 70.1 M5×16
17	密封盖	Q235	1	
18	螺钉	Q235	10	GB/T 70.1 M4×10
19	轴承端盖	HT200	1	
20	启盖螺钉	Q235	1	GB/T 70.1 M4×12
21	机盖	HT200	1	
22	窥视孔盖	有机玻璃	1	
23	通气器	Q235	1	
24	螺母	Q235	1	
25	垫片	石棉橡胶纸	1	
26	螺栓	Q235	6	GB/T 5782 M6×60

续 表

序号	名称	材料	数量	备 注
27	螺母	Q235	6	GB/T 6170 M6
28	垫圈	65Mn	6	GB/T 93 6
29	销	35	2	GB/T 119.2 5×30
30	螺栓	Q235	2	GB/T 5782 M5×25
31	螺母	Q235	2	GB/T 6170 M5
32	垫圈	65Mn	2	GB/T 93 5
33	游标尺		1	组合件
34	垫片	石棉橡胶纸	1	
35	螺塞	Q235	1	JB/T 1760—1991 M8×1

(4) 绘制零件草图　零件草图一般是在生产现场目测大小、徒手绘制的,它是画装配图和零件图的原始资料,必须做到视图正确、尺寸完整。在装配体测绘中,画零件图应注意以下两点:

1) 减速器中的标准件不必画零件草图,但应测量其主要规格尺寸,其他数据可查阅相对应的《国家标准》获取,并在明细表中登记。涉及的标准件主要有螺纹联结件、轴承、销、键,螺纹联结件的主要参数是螺纹部分的参数和螺栓的长度、螺母的厚度、垫圈的外径等,轴承的主要参数为内径、外径及宽度,销的主要参数为小端直径及长度,键的主要参数为所在轴的直径及键长。

2) 根据测绘的零件结构,将减速器中的零件草图按照装配关系或拆卸顺序依次画出,以便随时较对和协调各零件之间的相关尺寸。

(5) 绘制减速器装配图　绘制装配图之前,要对现有测绘的资料进行整理和分析,进一步搞清装配体的用途、性能、结构特点,以及各组成部分的相互位置和装配关系,对其他完整形状做到完全了解。

1) 确定表达方案。根据装配图的视图选择原则,确定表达方案。对该减速器其表达方案可考虑为:

① 主视图应符合其工作位置,重点表达外形,同时对右边螺栓联结及放油螺塞联结、油尺、视孔盖等采用局部剖视,这样不但表达了这两处的装配联结关系,同时对箱体右边和下边壁厚进行了表达,而且油面高度及大齿轮的浸油情况也一目了然;左边可对销钉联结及油标的结构进行局部剖视,表达出这两处的装配联结关系;上边可对透气装置采用局部剖视,表达出各零件的装配联结关系及该结构的工作情况。

② 俯视图采用沿结合面剖切的画法,将内部的装配关系以及零件之间的相互位置清晰地表达出来,同时也表达出齿轮的啮合情况、回油槽的形状以及轴承的润滑情况。

③ 左视图可采用外形图或局部视图,主要表达外形。可以考虑在其上作局部剖视,表达出安装孔的内部结构,以便于标注安装尺寸。另外,可用局部视图表达出螺栓凸台的形状及

位置。

建议用 A1 图幅，1∶1 绘制。

2）装配图上应注明的尺寸。装配图上应考虑注出以下 5 类尺寸：

① 规格、性能确定的尺寸及公差：两轴线中心距　±0.08，

中心高　±0.1。

② 装配配合尺寸：安装向心轴承、向心推力轴承的轴可选　K6 或 K7，

安装向心轴承、向心推力轴承的孔可选　H7，

齿轮孔与轴配合可选　H7/k6，

销联结可选　H7/k6，

键联结可选　N9/js9。

③ 外形尺寸：长　测量得到，

宽　两轴端距中心，

高　通过计算或从图中量取。

④ 安装尺寸：孔的定位尺寸。

⑤ 其他重要尺寸：如齿轮宽度等。

3）装配图上的技术要求：

① 轴向间隙应调整在 0.10 mm±0.02 mm 范围内。

② 运转平稳，无松动现象，无异常响声。

③ 各联结与密封处不应有漏油现象。

4）画装配图的步骤如下：

① 合理布局，画出作图基准线。按选择的表达方案，并考虑图形尺寸、比例、明细表、技术要求等因素，选定图纸幅面。画出图框、标题栏、明细表的底稿线，再画各视图的基准线，即轴线、对称平面迹线及其他作图线，最后画主要零件的部分外形线。

② 依次画出装配线上的各个零件。按先画装配线上起定位作用的零件和由里到外的顺序，画出各个零件。对该减速器，在画图时应从俯视图入手，从俯视图一对啮合齿轮画起（齿轮对称面与箱体对称面重合）；以此为基准，按照各个零件的尺寸前后对称地画出各个零件；最后应使前后两个端盖正好嵌入箱体上厚度为 3 mm±0.1 mm 的槽。如发现某个零件尺寸有误，一定要查找原因，同时应对零件草图上的尺寸进行修改，这也是对各零件草图上尺寸的一次校核。两轴系结构画完后，开始画箱体，此时应 3 个视图配合起来画。这样思路明、概念清、投影准、速度快。

③ 补画装配细节。

④ 画剖面线、编排序号、画尺寸界线等。

⑤ 检查、加深。经检查校对后，擦去多余的图线，然后按线型加深。

⑥ 画箭头，填写尺寸数值、标题栏、明细表及技术要求等。

⑦ 全面检查，完成作图。图 8－8 为一级圆柱齿轮减速器装配图，可供参考。

（6）绘制零件工作图　绘制主要零件（标准件除外），根据装配图和修改后的零件图绘制零件工作图。在标注尺寸时，注意和装配图的一致性，对于零件图上的技术要求可参照同类零件采用类比法确定。

（7）写测绘工作小结　测绘完成后，将此次测绘的收获、不足及建议写成工作小结。

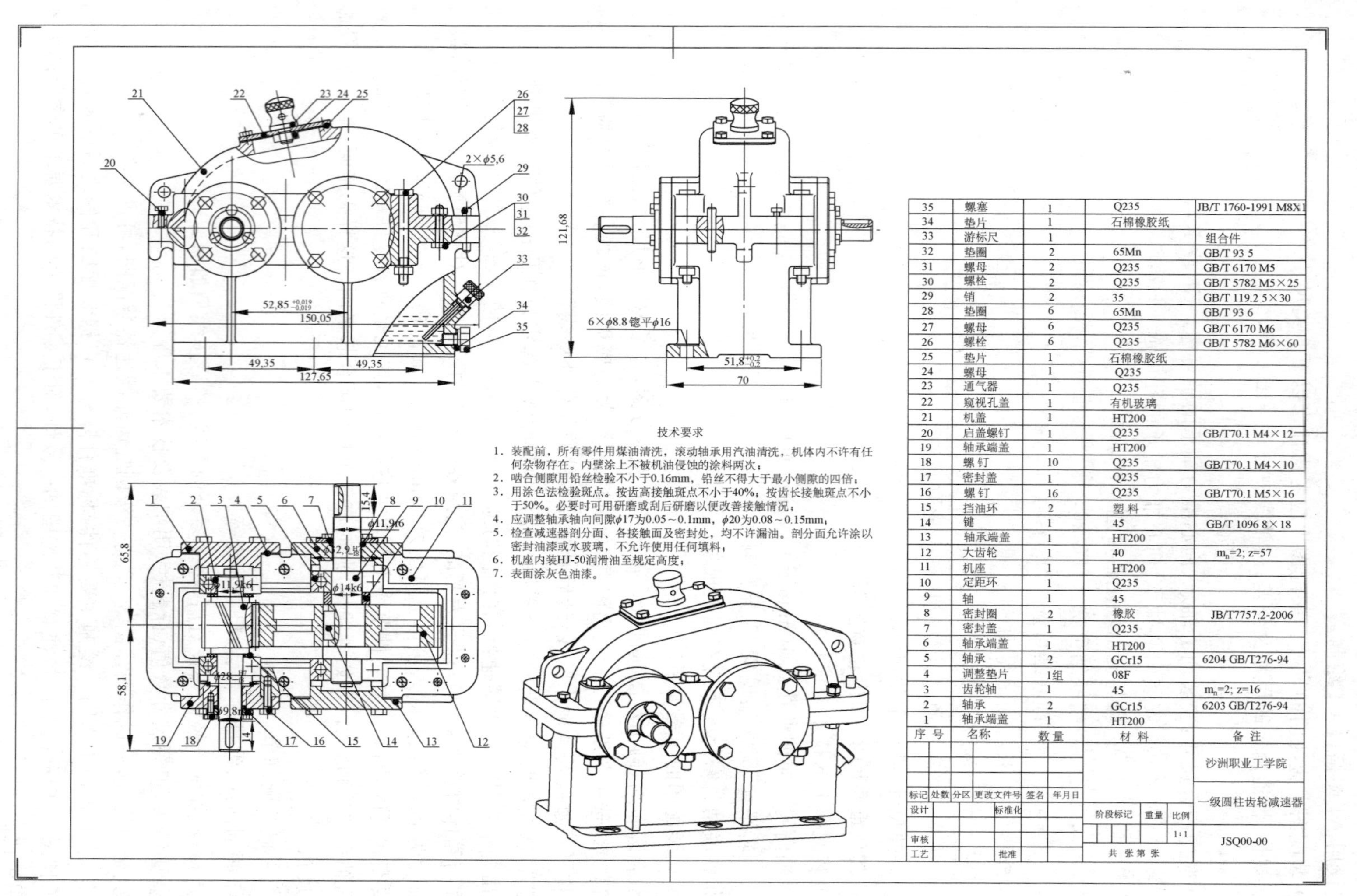

序号	名称	数量	材料	备注
35	螺塞	1	Q235	JB/T 1760-1991 M8X1
34	垫片	1	石棉橡胶纸	
33	游标尺	1		组合件
32	垫圈	2	65Mn	GB/T 93 5
31	螺母	2	Q235	GB/T 6170 M5
30	螺栓	2	Q235	GB/T 5782 M5×25
29	销	2	35	GB/T 119.2 5×30
28	垫圈	6	65Mn	GB/T 93 6
27	螺母	6	Q235	GB/T 6170 M6
26	螺栓	6	Q235	GB/T 5782 M6×60
25	垫片	1	石棉橡胶纸	
24	螺母	1	Q235	
23	通气器	1	Q235	
22	窥视孔盖	1	有机玻璃	
21	机盖	1	HT200	
20	启盖螺钉	1	Q235	GB/T70.1 M4×12
19	轴承端盖	1	HT200	
18	螺钉	10	Q235	GB/T70.1 M4×10
17	密封盖	1	Q235	
16	螺钉	16	Q235	GB/T70.1 M5×16
15	挡油环	2	塑料	
14	键	1	45	GB/T 1096 8×18
13	轴承端盖	1	HT200	
12	大齿轮	1	40	m_n=2; z=57
11	机座	1	HT200	
10	定距环	1	Q235	
9	轴	1	45	
8	密封圈	2	橡胶	JB/T7757.2-2006
7	密封盖	1	Q235	
6	轴承端盖	1	HT200	
5	轴承	2	GCr15	6204 GB/T276-94
4	调整垫片	1组	08F	
3	齿轮轴	1	45	m_n=2; z=16
2	轴承	2	GCr15	6203 GB/T276-94
1	轴承端盖	1	HT200	

图 8-8　一级圆柱齿轮减速器装配图

8.3　由球心阀装配图拆画阀体零件图

【任务描述】

由装配图拆画零件图，是将装配图中的非标准零件从装配图中分离出来绘制成零件图的过程，简称拆图。拆图时，应对所拆零件的作用进行分析，然后分离该零件(即把零件从与其组装的其他零件中分离出来)。拆图是在看懂装配图的基础上，确定装配体中主要零件形状结构，重新考虑视图选择并画出其零件图，完成零件结构设计以及定形、定位尺寸和技术要求的标注。本任务结合典型实例——球心阀拆画阀体零件，具体介绍由装配图拆画零件图的方法，让学生掌握识读装配图及拆画零件图的基本技能。

知识目标

熟悉由装配图拆画零件图的要求、方法和步骤。

技能目标

具有拆画中等复杂装配图零件的能力。

【知识链接】

由装配图拆画零件图工作图是一项细致的工作，它是在全面看懂装配图的基础上进行的。对于部件中的标准件(如螺栓、螺柱、螺钉、螺母、键、销、滚动轴承等)，不必画零件图。

(1) 装配图拆画零件图的注意点　在拆画零件图中，需要注意以下几个问题：

1) 分析清楚零件的类型(确定零件的形状)。装配图主要是表达零件间的装配关系，往往对某些零件结构形状的表达难以兼顾，对个别零件的某些结构未完全表达清楚；零件上某些标准的工艺结构(如倒角、倒圆、退刀槽等)进行了省略。

拆画零件图前，应对装配图所示的机器或部件中的零件进行分类处理，以明确拆画对象。

① 标准件。大多数标准件属于外购件，故只需列出汇总表，填写标准件的规定标记、材料及数量即可，不需拆画其零件图。

② 借用件。是指借用定型产品中的零件，对这类零件，可利用已有的零件图，不必另行拆画其零件图。

③ 特殊零件。是设计时经过特殊考虑和计算所确定的重要零件，在设计说明书中都附有这类零件的图样或重要数据，如汽轮机的叶片、喷嘴等。这类零件应按给出的图样或数据资料拆画零件图。

④ 一般零件。是拆画的主要对象，应按照在装配图中所表达的形状、大小和有关技术要求来拆画零件图。

因此，在拆画零件图时，应根据零件的作用和要求予以完善，补画出某些结构。

2) 对表达方案的处理(确定表达方案)。装配图上的表达方案主要是从表达装配关系、工作原理和装配体的总体情况来考虑的。因此，在拆画零件图时，应根据所拆画零件的内外形状及复杂程度来选择表达方案，而不能简单地照抄装配图中该零件的表达方案，不能强求与装配图一致。

在多数情况下，壳体、箱体类零件主视图所选的位置可以与装配图一致，这样便于装配机器时对照。而对于轴套类和轮盘类零件，则一般按加工位置选取主视图。

3）对零件结构形状的处理。在装配图中，零件上某些局部结构形状，往往未完全表达，在拆画零件图时，应根据零件的功用及零件结构知识加以补充和完善，并在零件图上完整、清晰地表达出来。对于在绘制装配图过程中省略的工艺结构，如倒角、退刀槽、铸造圆角等，也必须根据工艺需要在零件图上表达清楚。如果零件上某部分需要与某零件装配时一起加工，则应在零件图上标注，如销孔的加工要求两零件配作。

4）对零件图上的尺寸处理。装配图中已标注的尺寸都是比较重要的尺寸，要求加工零件时必须保证。这类尺寸应按所标注的尺寸确定，其他尺寸可以从图样上按比例直接量取，但要注意以下几点：

① 抄注。装配图上已标注出的涉及被拆零件的尺寸，往往是较重要的尺寸，不能随意改动，必须直接标注到零件图上，即抄注。需注出尺寸偏差时，应查表。对于配合尺寸，应根据其配合代号，查出偏差数值，标注在零件图上。某些零件在明细栏中给定了尺寸，如弹簧、垫片厚度等，要按给定尺寸注写。

② 查找。对于标准结构或工艺结构尺寸，从有关标准中查出，如倒角、圆角、沉孔、退刀槽等尺寸。与标准件相联结或配合的尺寸，如螺纹孔的尺寸、销孔、键槽等尺寸，应根据与其相配合的标准件尺寸查标准确定。

③ 计算。某些尺寸需要根据装配图给出的参数进行计算而定，如齿轮的分度圆、齿顶圆，弹簧的自由高度、展开长度等，应根据装配图中所提供的参数，通过计算确定。

④ 量取并换算。相邻零件接触面的相关尺寸及联结件的有关定位尺寸要一致。对于装配图中未标注的尺寸，可以根据零件的作用及其与相邻零件的关系，结合生产实际全面考虑，从装配图中按比例直接量取标注，但要注意尺寸数字的圆整和取标准数值。

⑤ 其他。标注尺寸时应注意，有装配关系的尺寸应相互协调，如配合部分的轴、孔，其基本尺寸应相同。其他尺寸，也应相互适应，避免在零件装配时或运动时产生矛盾或产生干涉、咬卡现象。

同时，还要注意尺寸基准的选择。

注意　对于有装配关系的尺寸，在零件图上标注相关的尺寸时，要注意相互对应，不可自相矛盾，如配合的轴和孔，其基本尺寸应相同。

5）表面粗糙度和其他技术要求。零件各表面的粗糙度、形位公差及其他技术要求，应根据零件的作用、要求等恰当地确定。对零件的形位公差、表面粗糙度及其他技术要求，可根据装配体的实际情况及零件在装配体的使用要求，用类比法参照同类产品的有关资料以及已有的生产经验综合确定。

一般来讲，有相对运动表面、接触面与配合表面的粗糙度数值应较小，自由表面粗糙度数值一般较大；有密封、耐腐蚀、美观要求的表面，其表面粗糙度数值也应小些；其他表面粗糙度数值应大些。具体数值可查表。

技术要求在零件图中占重要的地位，它直接影响零件的加工质量和使用性能。但零件图上技术要求的确定涉及有关专业知识，可以查阅相关资料和同类产品零件，用类比法确定，本书不作进一步介绍。

（2）拆画零件图视图方案的选择　主要有：

1）主视图的选择。拆画零件图时，零件的主视图表达方案应根据零件本身的结构特点考虑，不可盲目照抄装配图中该零件主视图的表达方式，因为装配图的表达方案是从整个装配体来考虑的，无法满足每个零件的要求。例如，装配体中轴套类零件，在装配图中可能有各种装配位置，但画它们的零件图时，通常以轴线水平放置作为主视图，这样既符合加工位置，又便于看图。在大多数情况下，壳体、箱体类零件（如泵体、阀体、减速箱体、底座等）主视图的选择常和装配图中一致。

2）其他视图的选择。根据被拆画零件的结构，参照装配图中的表达方案，运用零件图视图的表达方法确定。

（3）零件在装配图中的范围及结构形状的确定　具体如下：

1）零件范围的确定。利用投影关系及该零件的剖面线方向、间隔相同，确定被拆画零件的范围。

2）零件的结构形状确定。

① 从剖面线画到何处，区分零件的实体、孔、槽等部分。

② 从装配图上表达该零件的有关视图中查找，确定其形状。

③ 对装配图上省略的标准结构要素（如倒角、倒圆、退刀槽等），要查标准画出。

④ 在装配图中零件的次要的结构，不一定都表达完全，在拆画零件图时，应根据装配图的作用与要求，参照相邻零件的形状，自行设计。

（4）拆画零件图的方法和步骤　具体做法如下：

1）从装配图中分离出零件。装配图中对零件的表达主要是它们之间的装配关系，而且零件之间的视图重叠，在拆画零件图前，应对所拆零件的作用进行分析，把拆画对象有关的投影找出来，将该零件从与其组装的其他零件中分离出来。分离零件的基本方法是：首先在装配图上找到该零件的序号和指引线，顺着指引线找到该零件；再利用投影关系、剖面线的方向找到该零件在装配图中的轮廓范围。

2）构思零件的完整结构，选择表达方案。在装配图上，常常省略工艺结构，如倒角、倒圆、退刀槽、砂轮越程槽等，在拆画零件图时要补全这些结构。对分离出来的不完整图形或零件间有投影重叠的图形，可根据零件的功能以及相邻零件的关系，来判断和构思出零件的完整结构，进行继续设计。

在拆画零件图时，可依据绘制零件图安放的原则（加工位置、工作位置、自然安放位置、主要几何要素水平或垂直位置等）基础上，选择合适的投影方向。通常，可根据零件的表达要求，重新选择主视图和其他视图。

3）标注尺寸。在选定或画出视图后，可采用抄注、查取、计算的方法标注零件图上的尺寸。

4）零件图上技术要求的确定。最后，根据零件的功能注写表面粗糙度值及技术要求，并填写标题栏。

【任务分析】

如图 8－9 所示，拆画球心阀中的阀体零件图，具体方法和步骤如下。

（1）看懂装配图，并分离阀体　球心阀的工作原理为：旋转扳手 9，通过阀杆上端的方榫带动阀杆转动，阀杆带动球心 3 旋转，使阀内通道逐渐变小。当阀杆转过 90°后，球阀便处于关闭状态。我们要拆画球心阀装配图中的阀体 8 的零件图，首先来分析下球心阀装配图。该图采用了 3 个基本视图，主视图为全剖，主要表达了球心阀两条装配干线上的各零件装配关系及其结构。俯视图基本上是外形图，用局部剖视表明了阀体 8 与阀体接头 1 的联结方法。左视图

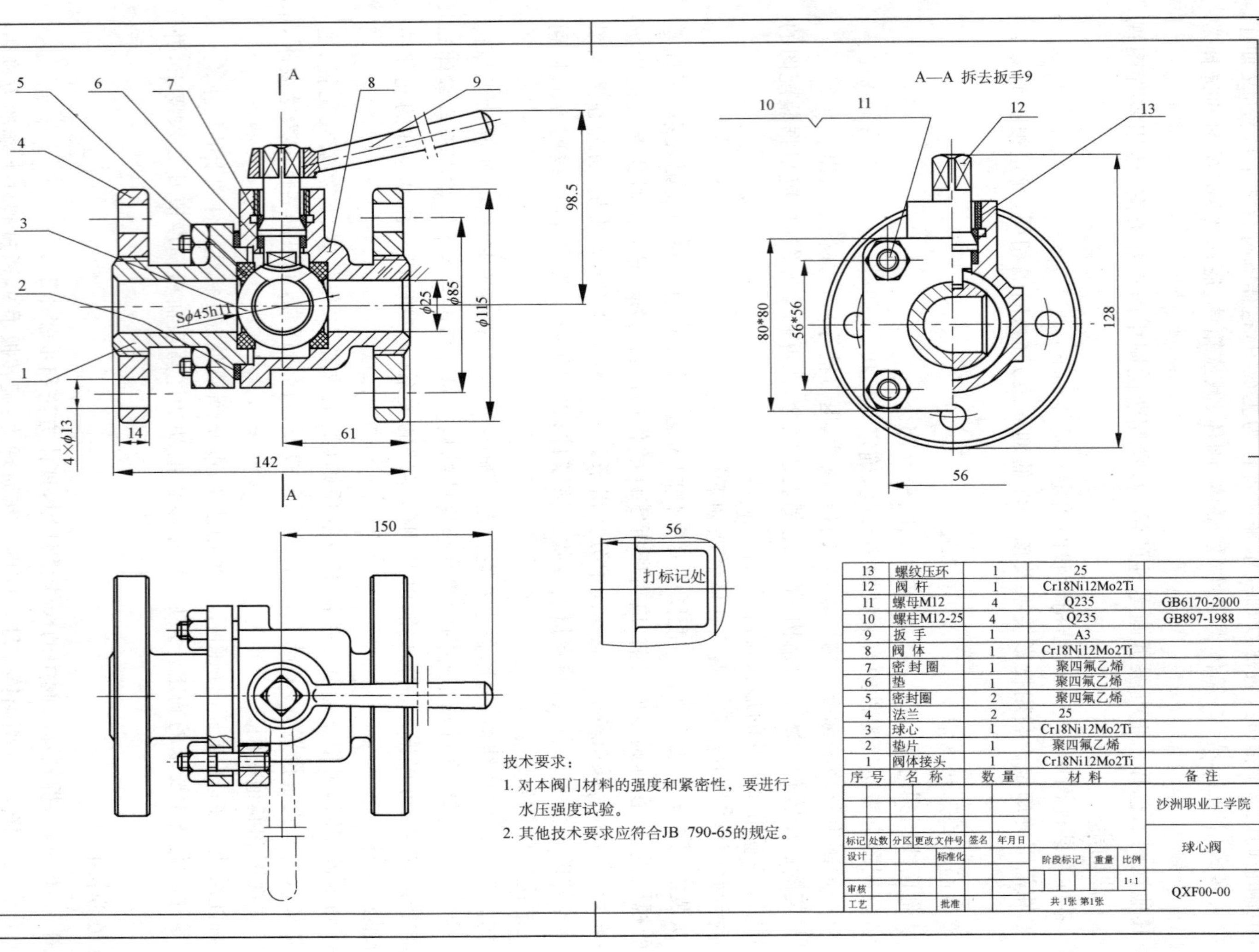
A—A 拆去扳手9
技术要求：
1. 对本阀门材料的强度和紧密性，要进行水压强度试验。
2. 其他技术要求应符合JB 790-65的规定。
打标记处
13 螺纹压环 1 25
12 阀杆 1 Cr18Ni12Mo2Ti
11 螺母M12 4 Q235 GB6170-2000
10 螺柱M12-25 4 Q235 GB897-1988
9 扳手 1 A3
8 阀体 1 Cr18Ni12Mo2Ti
7 密封圈 1 聚四氟乙烯
6 垫 1 聚四氟乙烯
5 密封圈 2 聚四氟乙烯
4 法兰 2 25
3 球心 1 Cr18Ni12Mo2Ti
2 垫片 1 聚四氟乙烯
1 阀体接头 1 Cr18Ni12Mo2Ti
序号 名称 数量 材料 备注
沙洲职业工学院
球心阀
QXF00-00
标记 处数 分区 更改文件号 签名 年月日
设计 标准化 阶段标记 重量 比例
1:1
审核
工艺 批准 共1张 第1张

图 8-9　球心阀装配图

用半剖视，反映了阀杆 12 与球心 3 的装配关系及阀体接头与阀体联结时所用 4 个双头螺柱的分布情况及阀体和阀体接头的端面形状。

了解了各视图之后，将阀体 8 从主、俯、左 3 个视图中分离出来。先看明细表中阀体零件的序号是 8，再从视图上找到序号为 8 的零件。对于一些标准件和常用件，如螺栓、垫片、手柄等，其形状已很清楚地表达了，不用细看。对于一些形状比较复杂的零件就要仔细分析，把该零件的投影轮廓从各视图中分离出来。利用上述方法从球心阀装配图中分离出来的阀体的投影轮廓，如图 8－10 所示。通过分析这些轮廓并补全其他零件遮挡的线条，就可以构想出阀体零件的形状。

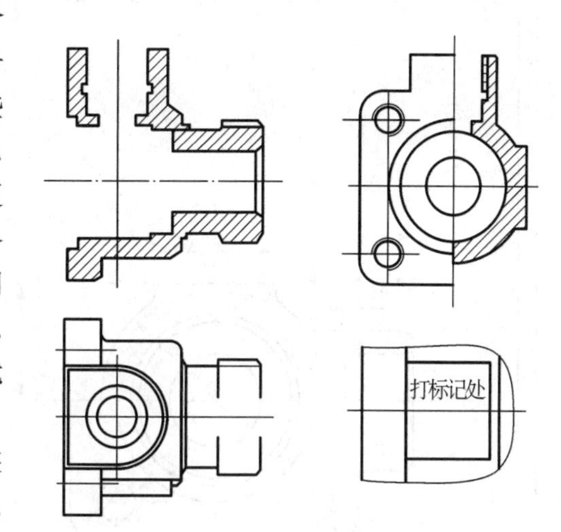

图 8－10　分离出来的阀体各视图

（2）确定视图表达方案　此处参考阀体在装配图的表达方案，但要注意不受原装配图的限制。该阀体的主、俯视图和装配图相同，左视图采用了半剖视图。

（3）标注尺寸　旋塞装配图上给出的尺寸较少，而在零件图上则需注出阀体零件各组成部分的全部尺寸。标注阀体尺寸，按球心阀装配图上已给的尺寸标注，如孔 $\phi 25$，61 mm等；量取装配图上未注尺寸，并查阅有关标准，如螺纹孔尺寸等。

（4）技术要求的确定　根据阀体的工作情况，查阅有关标准和资料，确定表面粗糙度及其技术要求。图 8－11 所示是球心阀中阀体零件图。

8.4　由零件图拼画千斤顶装配图

绘制装配图与绘制零件图的步骤相似。对于装配图，如果投影方向与零件的投影方向一致，则装配图上的部分零件形状与零件图类似，就可以将绘制好的零件图进行适当的编辑修改，并创建成图块，然后在装配图中直接插入该零件图块，必要时填充适当的剖面符号，这样可以提高装配图的作图效率和准确度。

【任务描述】

千斤顶是顶起重物的部件，使用时只需逆时针方向转动手柄，螺杆就向上移动，并将重物顶起。本任务主要讲述如何利用 AutoCAD 软件绘制千斤顶，如图 8－12 所示的零件图，并将零件图拼画成装配图。

知识目标

（1）学习由零件图拼画装配图的方法与步骤。

（2）学习表格(table)样式设置、单元格的编辑修改以及表格中文字的书写。

能力目标

（1）掌握 AutoCAD 绘制零件图的基本方法，具备计算机绘制零件图的能力。

（2）掌握 AutoCAD 绘制装配图的方法，使学生具备用计算机绘制装配图的能力。

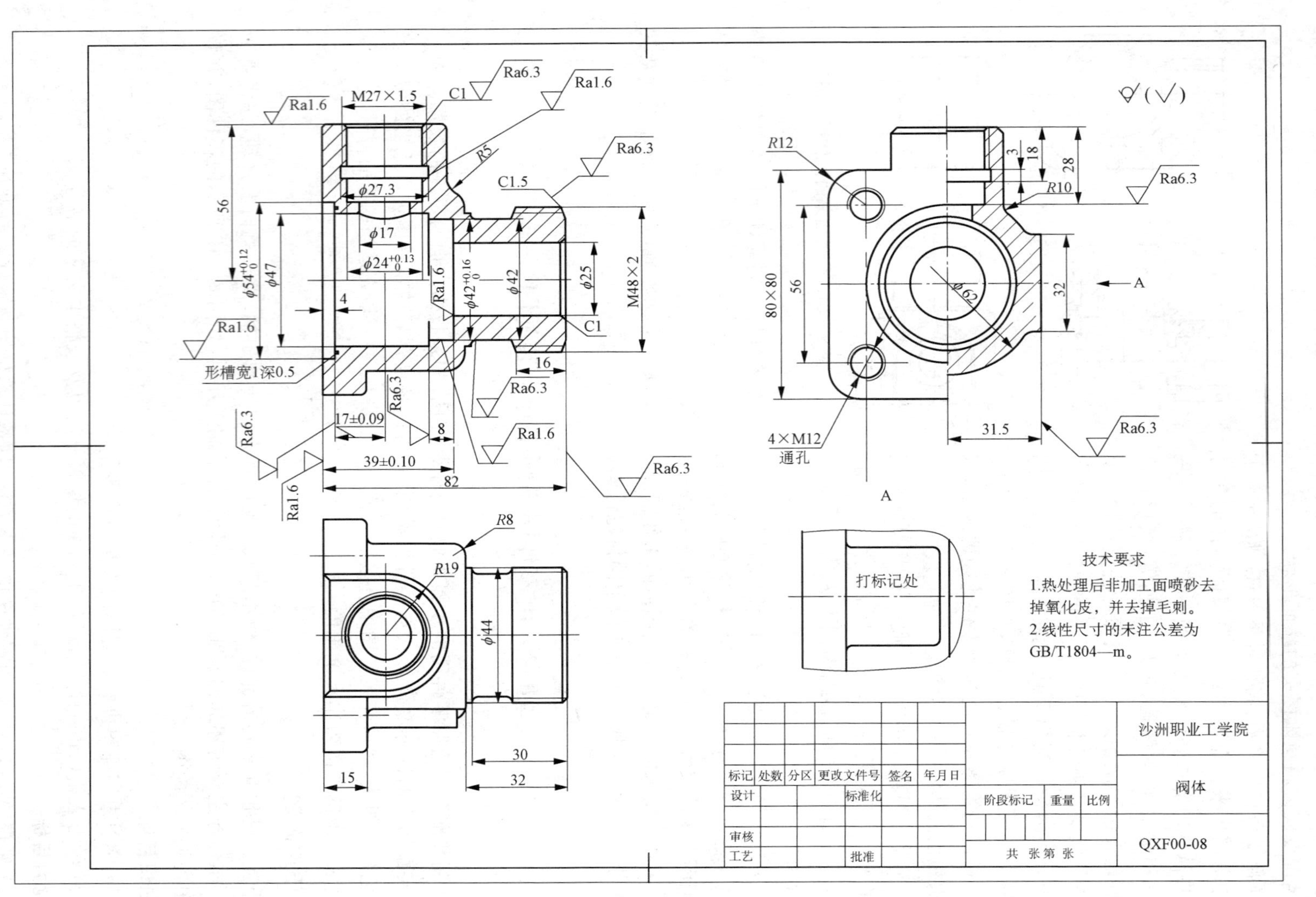
技术要求
1.热处理后非加工面喷砂去掉氧化皮，并去掉毛刺。
2.线性尺寸的未注公差为GB/T1804—m。
打标记处
4×M12 通孔
80×80
M48×2
M27×1.5
39±0.10
17±0.09
形槽宽1深0.5
沙洲职业工学院
阀体
QXF00-08
标记 处数 分区 更改文件号 签名 年月日
设计 标准化
审核
工艺 批准
阶段标记 重量 比例
共 张 第 张

图 8-11 阀体零件图

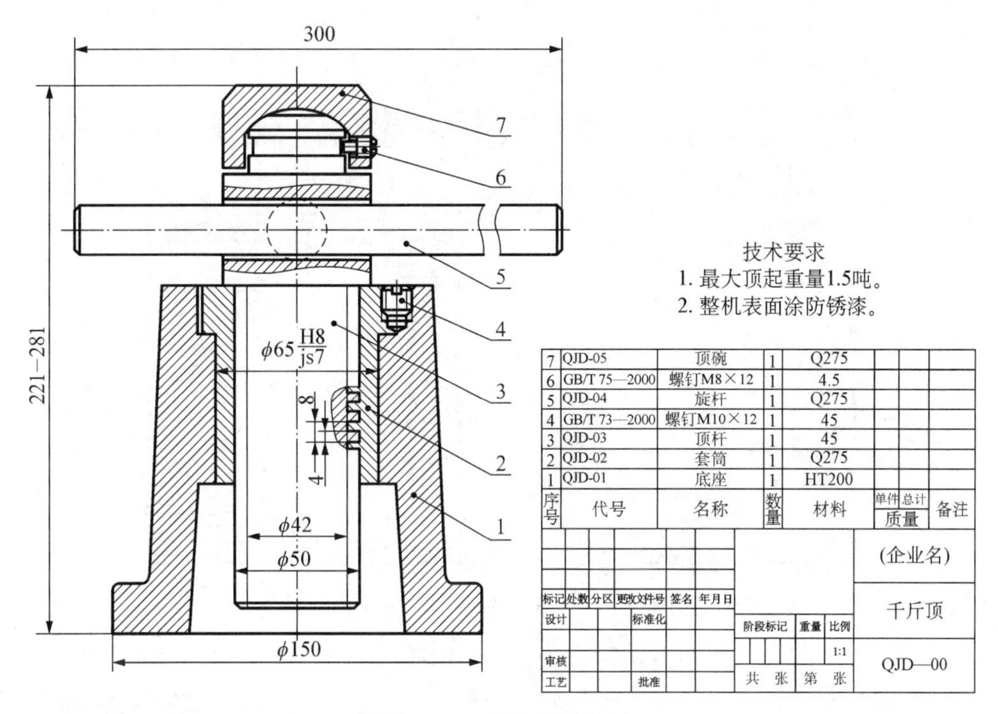

图 8－12　千斤顶装配图

【知识链接】

(1) 装配图中明细栏表格的制作及编辑　表格制作的主要操作步骤如下：

1）建立一张新图，命名为“明细栏”。创建新的文字样式，样式名为“HZ”，字体为“仿宋 GB 2312”。

2）建立新的表格样式。

① 点击“绘图”→“表格”按钮，出现图 8－13 所示的“插入表格”对话框。

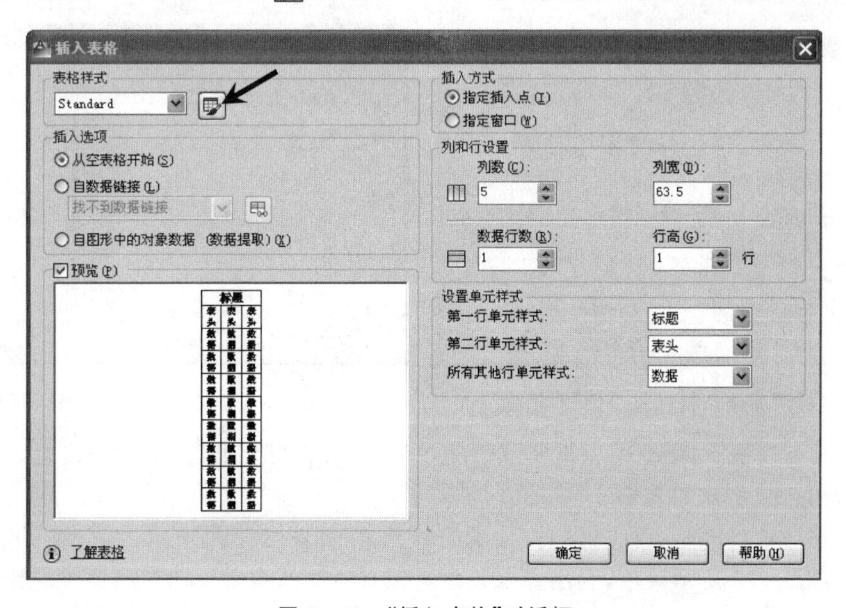

图 8－13　“插入表格”对话框

② 点击图 8-13 中箭头所示的按钮，显示如图 8-14 所示“表格样式”对话框(1)。

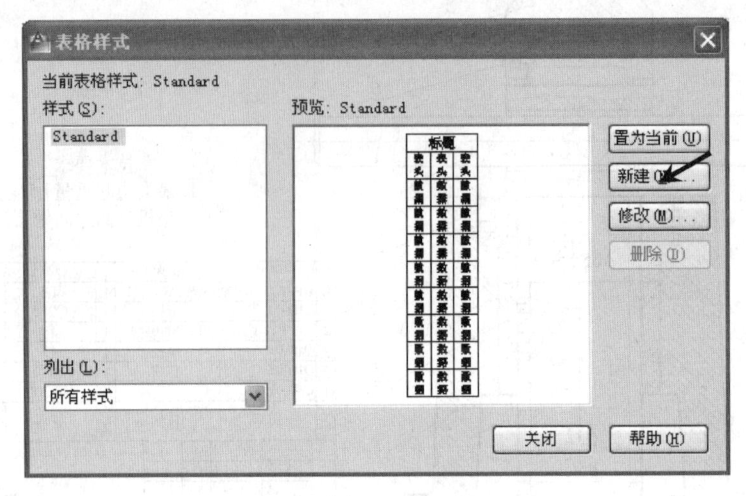

图 8-14 “表格样式”对话框(1)

③ 在“表格样式”对话框中点击【新建】按钮，出现图 8-15 所示的“创建新的表格样式”对话框。输入新样式名称“MX”，然后点击【继续】按钮，则出现“新建表格样式:MX”对话框，如图 8-16 所示。

④ 在“新建表格样式:MX”对话框中，单击【确定】即完成了新表格样式的建立，在“表格样式”对话框里多了一个新的样式，如图 8-17 所示。点击【置为当前】按钮，然后点击【关闭】按钮，返回“插入表格”对话框。

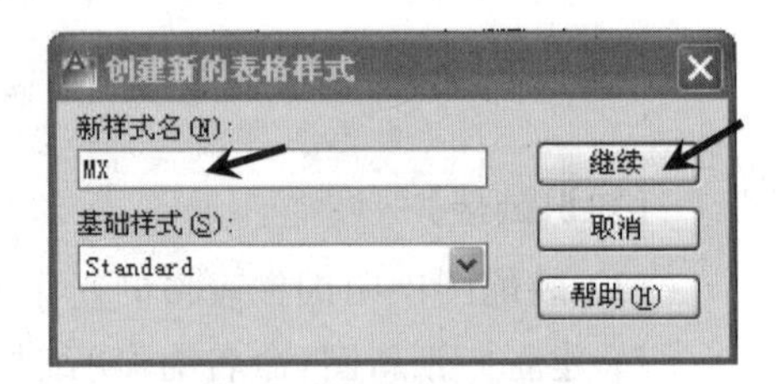

图 8-15 创建新的表格样式

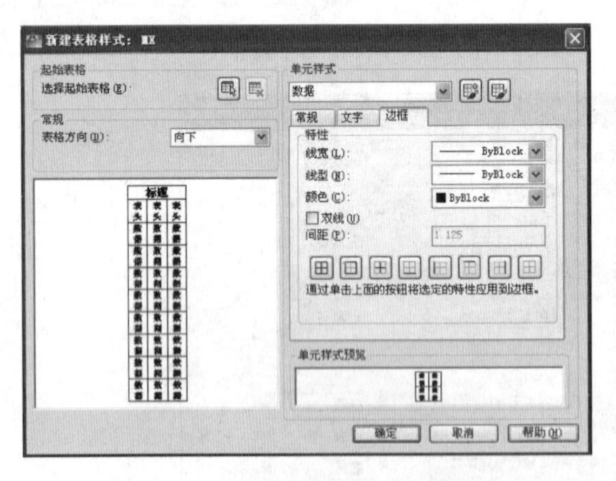

图 8-16 “新建表格样式:MX”对话框

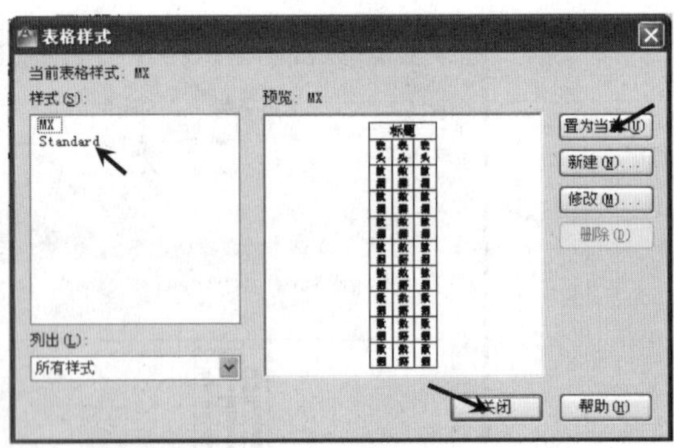

图 8-17 “表格样式”对话框(2)

⑤ 在“插入表格”对话框中根据实际情况对表格的列、行要求进行设置，设置好后点击【确定】按钮，即可生成所需的表格。

要编辑已生成的表格，可先选中待编辑的单元格，如图 8-18 所示，在待编辑单元格处右击即可弹出图 8-19 所示菜单，利用弹出菜单对现有表格的编辑。在弹出菜单的特性中，可以修改表格的各个参数。

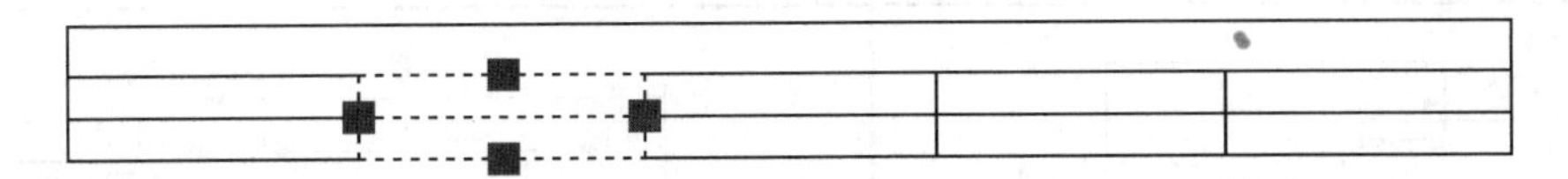

图 8－18　待编辑的单元格

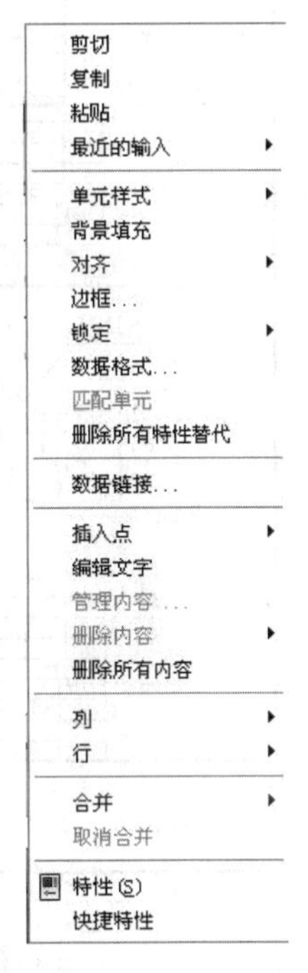

图 8－19　弹出菜单

【课堂活动】

熟悉表格样式设置、单元格的编辑以及表格中文字的书写，完成图 8－20中表格的绘制。

装配图 CAD 绘制方法是用计算机绘制的，通常有直接绘图和拼装两种：一是直接绘制；二是在零件图完成的基础上拼画装配图，即用 Insert 命令，将已画好的零件图插入到装配图中的指定位置，从而形成装配图。

（1）直接绘制　直接绘制是将所有的零件图形直接画到合适位置形成装配图，比较烦繁琐。这里不做介绍。

（2）拼画装配图　拼装是将组成装配图的零件图制作成图块，并插入至适当位置后再进行编辑。作图步骤：建立零件图块➤插入图块➤编辑图形。

【任务分析】

以拼画千斤顶装配图为例，描述 CAD 绘制零件图和装配图的过程。该装配是在绘制好千斤顶的主要零件图的基础上进行的。千斤顶的零件图如图 8－21 所示。

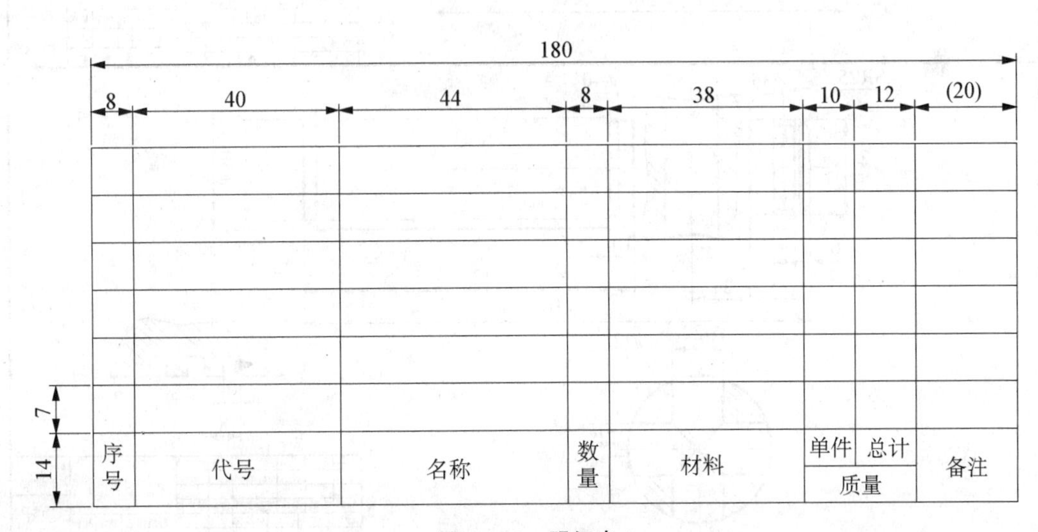

图 8－20　明细表

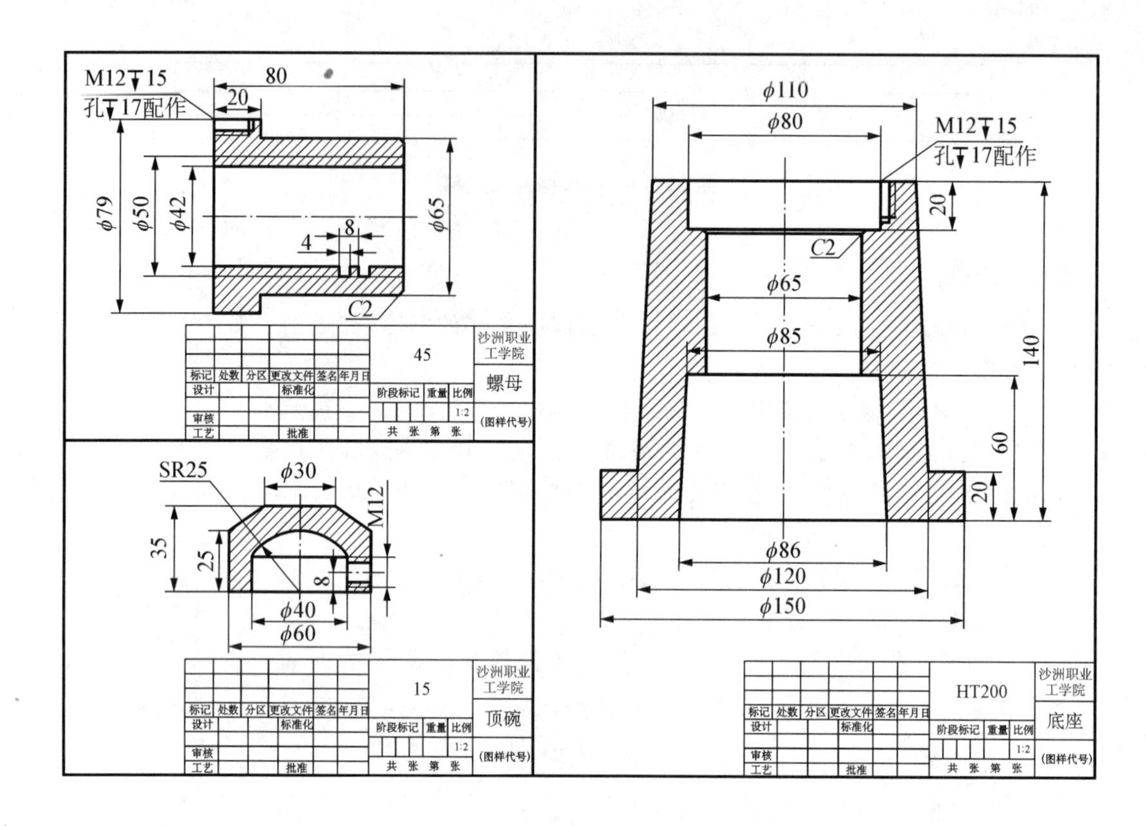

M12↧15
孔↧17配作
80
20
φ79
φ50
φ42
8
4
φ65
C2
45
沙洲职业工学院
螺母
标记 处数 分区 更改文件 签名 年月日
设计 标准化
审核
工艺 批准
阶段标记 重量 比例
1:2
共 张 第 张
(图样代号)
SR25
φ30
M12
35
25
8
φ40
φ60
15
沙洲职业工学院
顶碗
1:2
φ110
φ80
M12↧15
孔↧17配作
20
C2
φ65
φ85
140
60
20
φ86
φ120
φ150
HT200
沙洲职业工学院
底座
1:2

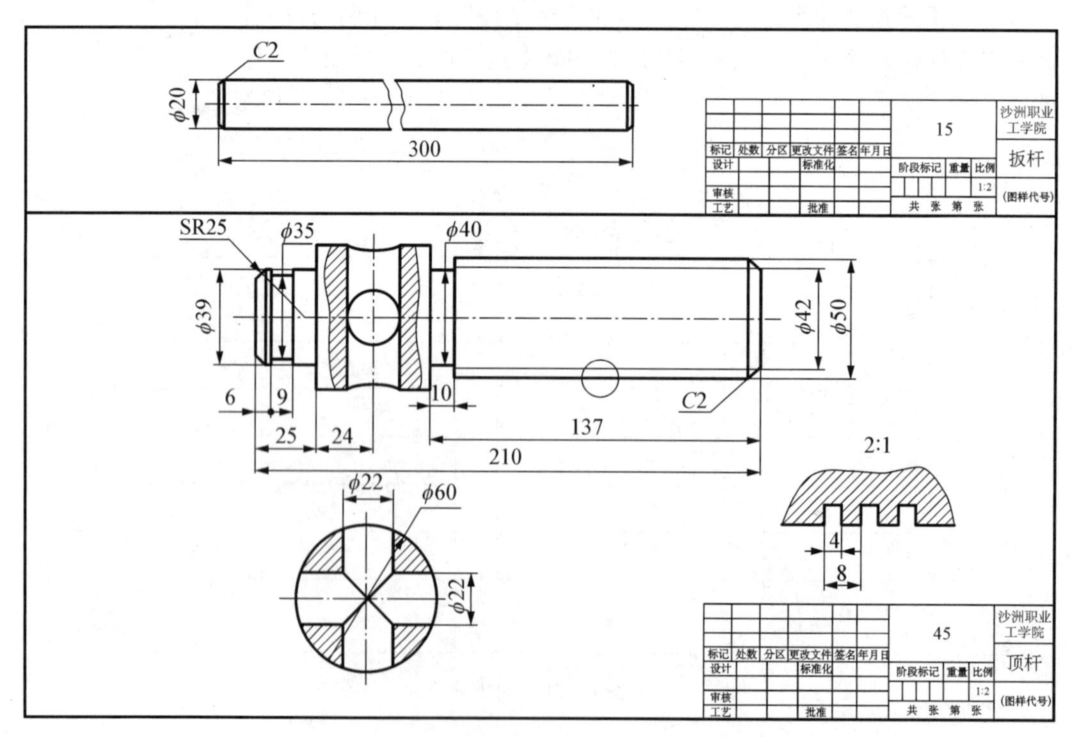

C2
φ20
300
15
沙洲职业工学院
扳杆
1:2
SR25
φ35
φ40
φ39
φ42
φ50
6
9
10
C2
25
24
137
210
2:1
4
8
φ22
φ60
φ22
45
沙洲职业工学院
顶杆
1:2

图 8-21 千斤顶零件图

主要步骤：

(1) 依次打开螺母、顶碗、底座、扳杆、顶杆的零件图，关闭其零件图中标注尺寸、粗糙度的图层，利用 Wblock(写块)命令将各零件制作成块文件、块名称及拾取基点，如图 8－22 所示。

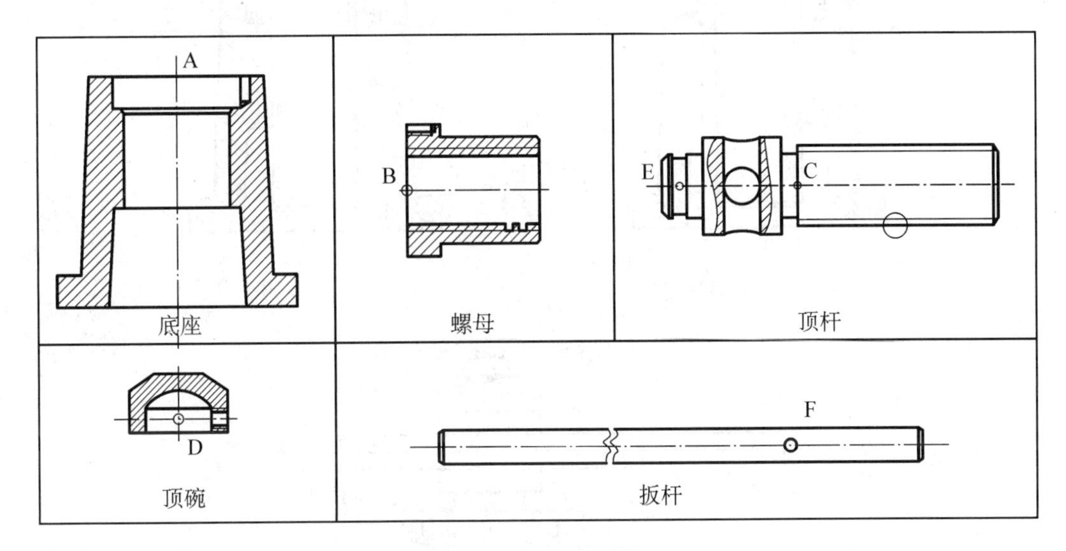

图 8－22 装配图中零件图块(块名、拾取基点)

(2) 调用 A3 图幅样板图，命名为 qjd－1. dwg。

(3) 拼画千斤顶装配图的主视图，装配过程如图 8－23 所示。

1) 利用 Insert 命令调用底座图块，如图 8－23(a)所示。

2) 利用 Insert 命令调用螺母图块，使 *A* 点与 *B* 点重合，如图 8－23(b)所示。

3) 利用 Insert 命令调用顶杆图块，使 *C* 点与 *A*，*B* 点重合，如图 8－23(c)所示。

4) 利用 Insert 命令调用顶碗图块，使 *D* 点与 *E* 点重合，如图 8－23(d)所示。

5) 利用 Insert 命令调用扳杆图块，用 Move 命令将其移动到合适的位置，如图 8－23(e)所示。

6) 去除倒角这一工艺结构，并修改剖面线间隔或角度，使装配图相邻零件的剖面线有所区分。同时，清除无用线条等。

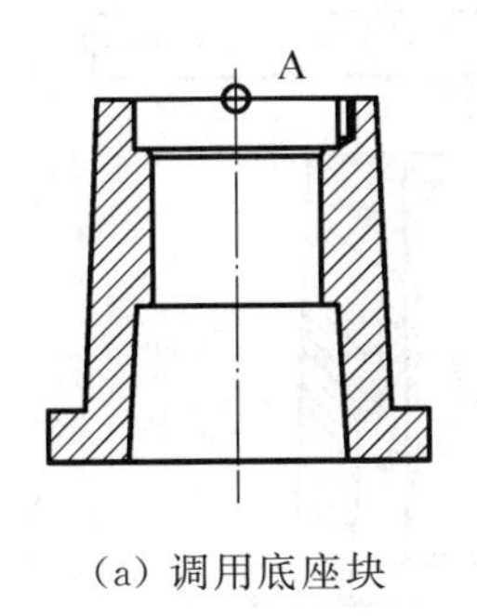

(a) 调用底座块

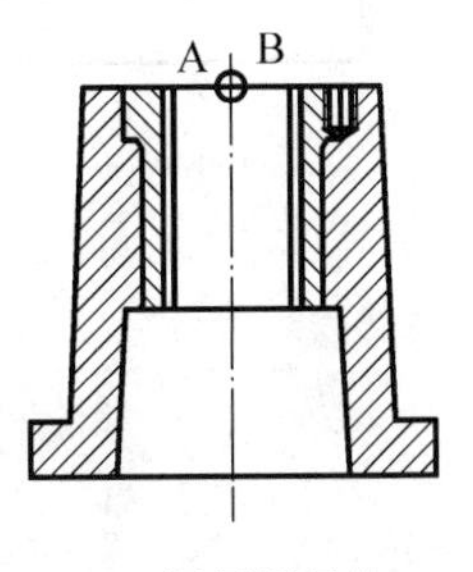

(b) 调用螺母块

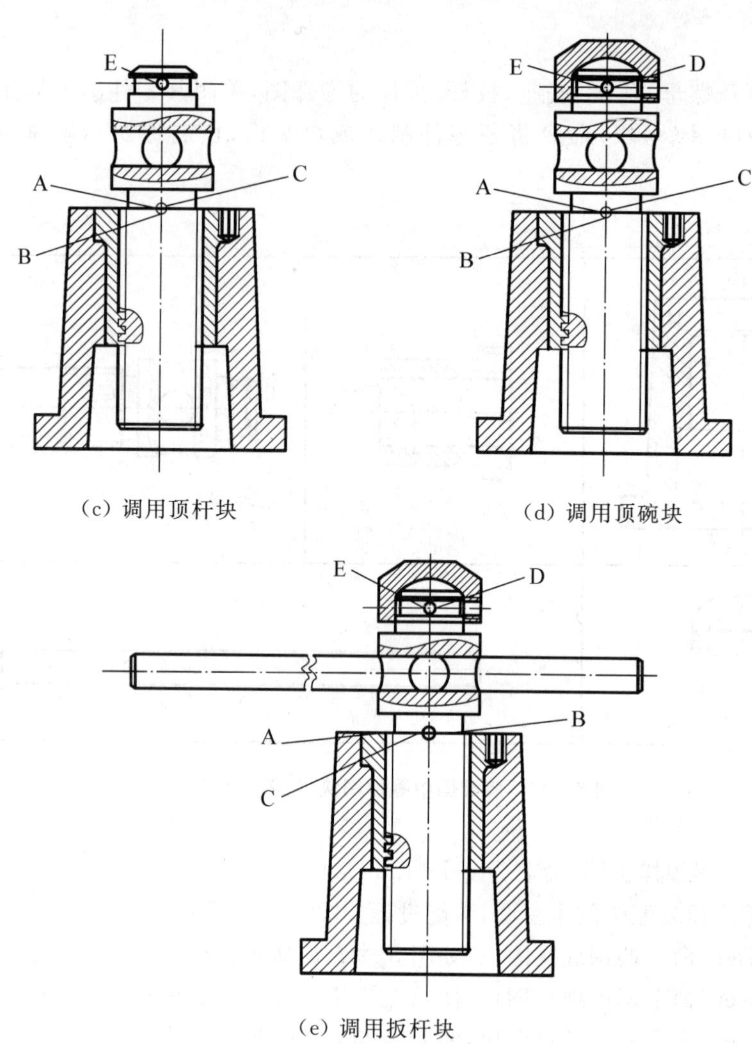

(c) 调用顶杆块

(d) 调用顶碗块

(e) 调用扳杆块

图 8-23　千斤顶的装配过程

7）在千斤顶装配图必要的位置绘制螺钉(GB/T 73 M10×12 和 GB/T 73 M8×12)，形成完整的装配图，如图 8-24 所示。

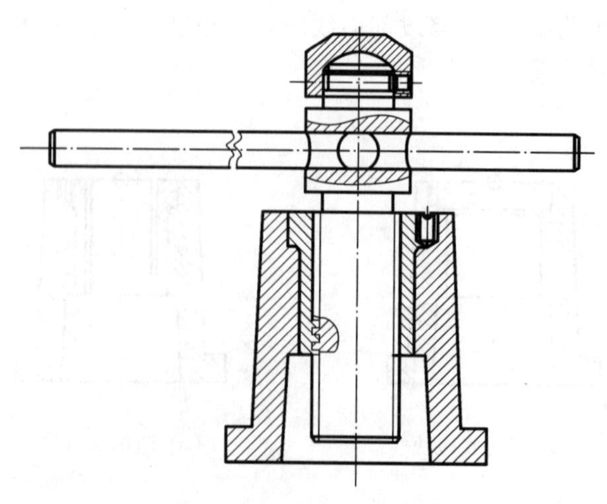

图 8-24　千斤顶装配图

8）局部修改，完成主视图投影。

9）在装配图中标注尺寸、编写零件序号、制作明细栏、书写技术要求等，存盘。

【拓展提高】

另外，也可以在 AutoCAD 环境中一次打开多个文件，关闭尺寸等图层，将所需零件直接拖动至新窗口中（相当于使用“标准”工具栏上的“复制＋粘贴”命令），然后利用旋转命令将部分不符合位置要求的零件调整好位置，再通过移动命令逐个将零件放至指定位置，最后通过修剪等命令编辑完成装配图。此方法也比较实用。

8.5 焊接图的识读

【任务描述】

焊接图是一种特殊的装配图，工程实践中常见。图 8－25 所示的上支架底纵梁是设备平台的焊接支架中的一个焊接组件。支架是以承受设备载荷为主的焊接件，要求具有较高的结构强度。采用 H 型钢构建焊接结构，具有结构稳定性高、结构强度高、塑性和韧性良好、自重轻的特点。因此不仅能节省劳力、降成本，而且还可降低用钢量吗，容易实现灵活的设计风格。

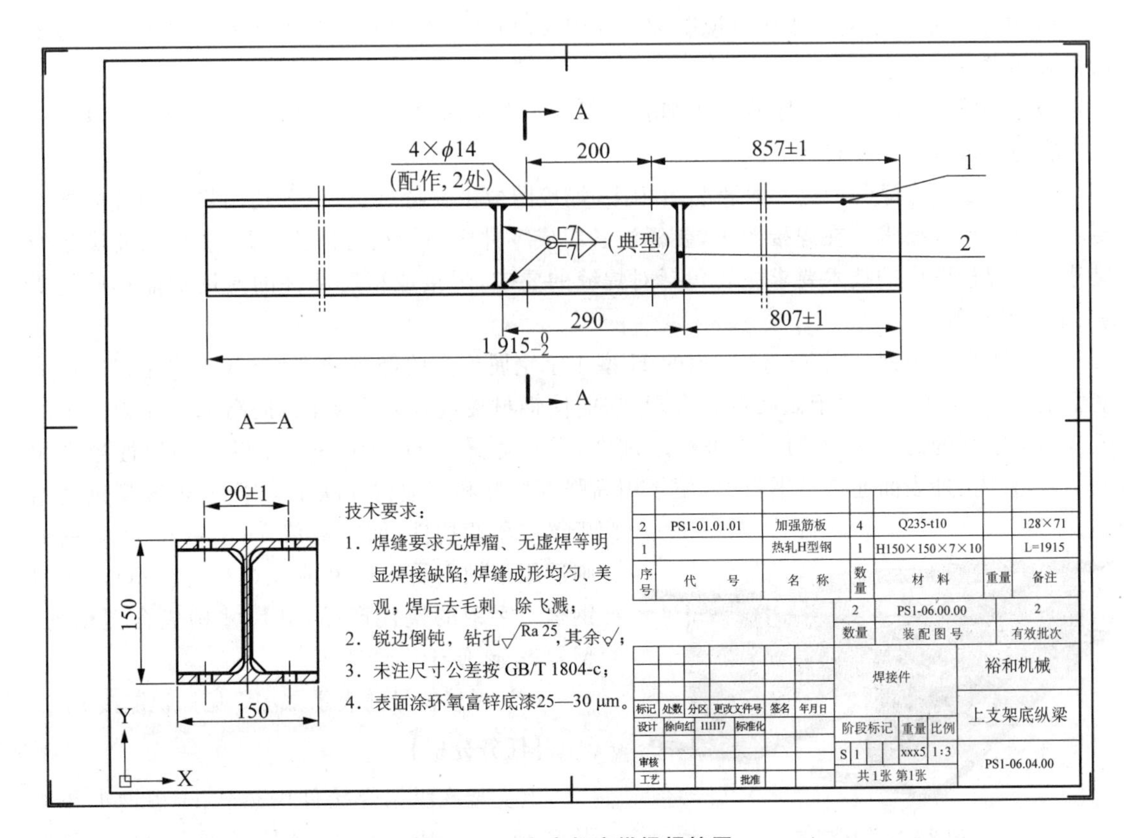

图 8－25 上支架底纵梁焊接图

知识目标

(1) 了解焊接图的内容和画法特点。

(2) 了解焊缝符号的标注方法。

技能目标

(1) 能识读上支架底纵梁焊接图。

(2) 能识读中等复杂的焊接装配图。

【知识链接】

(1) 焊接图的内容　焊接是一种很广泛的联结金属的工艺方法,是把需要联结的金属零件,在联结处进行局部加热,并采用填充或不填充焊接材料,或加压等方法使其熔合在一起的过程。焊接是一种不可拆的联结,具有联结可靠、节省材料、工艺简单和便于现场操作等优点。焊接图表达通过焊接工艺而制成的金属部件的技术图样,称为金属焊接图样。焊接工艺不仅应用于金属,也应用于非金属,此处主要介绍金属焊接图。焊接图表达的部件,是由各零部件组焊而成,零部件之间属于不可拆联结。

与一般装配图类似,焊接图样主要有 4 方面的内容:

1) 一组视图。用一组视图,表达焊接部件各组成零件的主要结构形状及其相对位置,以及焊接后的整体结构形状。机件形状的各种表达方法也都适于焊接图的表达。

2) 一组尺寸。一般需要标注焊接施工所需要的尺寸(焊接尺寸),部件的安装尺寸、外形尺寸及其他重要尺寸。

3) 技术要求。用文字或代号说明部件在焊接时、加工时、焊接后,以及安装等方面的技术指标和要求。

4) 标题栏、零(部)件的序号及明细表。焊接图也有标题栏、零部件序号及明细栏,其格式和内容与一般装配图一样。

(2) 焊接图的特点　与一般装配图相比,焊接图最主要特点是:要表达出焊接相关的技术要求和焊接尺寸要求。在焊接图中,要标注各组成零件之间的相对位置,部件整体需要满足的尺寸等。焊接图中的技术要求主要包括对焊缝的要求,焊接成型后部件的使用功能和质量要求、结构形状等。

(3) H 型工字钢　图 8-26 所示的 H 型工字钢属于高效经济截面型材(其他还有冷弯薄壁型钢、压型钢板等),由于截面形状合理,它能使钢材更高地发挥效能,提高承载能力。不同于普通工字型的是 H 型钢的翼缘进行了加宽,因为宽翼缘 H 型钢两个主轴方向惯性半径相差不多,且内、外表面通常是平行的,便于用高强度螺栓和其他构件联结。窄翼缘 H 型钢适用于梁或压弯构件,而宽翼缘 H 型钢和 H 型钢桩则适用于轴心受压构件或压弯构件。所以 H 型钢是工字钢的换代产品,其尺寸构成合理系列,型号齐全,便于设计选用。

图 8-26　H 型钢

(4) 焊接符号的表示方法　见知识链接 D.5。

【任务分析】

上支架底纵梁焊接件由热轧 H 型钢 1 和加强筋板 2 组成。该焊接件的外形尺寸为长

1915_{-2}^{0}，宽 150，高 150 mm。加强筋板位于 H 型钢的中段，起结构加强作用。为了便于与 H 型钢对接吻合，在加强筋板上对应位置开有倒角缺口。尺寸 807±1 和 290 mm 为加强筋板的焊接位置尺寸。

焊接图所示的焊缝标注给出了 H 型钢和加强筋板的焊缝为三面角焊缝，焊角尺寸为 7 mm。图中注语还对焊缝质量、表面粗糙度、未注尺寸公差和表面防腐等提出了具体的技术要求。

在 H 型钢的上下两面分别钻有 4 个 ϕ14 通孔，孔间距尺寸为 90±1 和 200 mm，长度方向的定位尺寸为 857±1 mm。

图的明细表中，给出了该焊接件所需的热轧 H 型钢规格标记（用"腰高×宽度×腹板厚度×翼缘厚度"的毫米表示）为"H150×150×7×10"，下料长度为 1 915 mm；加强筋板为 10 mm 厚的 Q235 板材，下料尺寸为 128×71。明细表中还注明了组成每个焊接件的热轧 H 型钢数量为 1 件，加强筋板数量为 4 件。由于上支架底纵梁在单套设备的焊接装配中共需要 2 件，则每台（套）设备共需要这种规格的热轧 H 型钢 2 件，加强筋板 8 件。

【知识小结】

测绘是一个综合性再学习的过程。通过结合典型实例讲述装配体的实际测绘过程，可以掌握如何由零件图拼画装配图的方法，以及由装配图拆画零件图的方法。在任务的实施过程中，应注意通过相应习题的训练全面掌握制图知识和 CAD 技能并灵活运用，同时还要注意学习与机械设计与制造相关的各种专业知识，才能很好地完成零部件的测绘工作，为后续的测绘实训打下坚实的基础。

通过本实训环节的实施，学生应掌握常用测量工具的测量方法，掌握零、部件测绘的一般步骤，能够熟练运用常用测量工具正确地进行零、部件测绘，绘制出装配图、零件图，并了解焊接图样相关标准，能识读中等复杂的焊接装配图。

学习情境 4　零件 CAD 图的识读与绘制

AutoCAD 是由美国 Autodesk 公司开发的计算机辅助绘图与设计软件，广泛应用于机械、建筑、电子、航天、石油化工、土模工程、纺织、轻工业等众多领域。在中国，AutoCAD 已经成为工程设计领域应用最广泛的计算机辅助设计软件之一。AutoCAD 2012 是 AutoCAD 公司开发的 AutoCAD 最新版本，与以前的版本相比较，具有更完善的绘图界面和设计环境，它在性能和功能方面都有较大的增强，同时保证了与低版本完全兼容。

本情境以机械中常见图形为练习对象，以任务引领的形式，有机融合 AutoCAD 2012 的各项功能，最终使读者达到独立绘制二维机械工程图的目的。

任务 9　绘制简单零件 CAD 平面图

9.1　支座平面图的绘制

【任务描述】

绘制如图 9－1 所示的图形。要求按表 9－1 创建图层，设置图层线型及颜色，并以文件名“EX1.dwg”保存在“E:\CAD 训练图”目录下。

表 9－1　图层创建基本要求

图层	名称	颜色	线型	其他
图层 1	中心线	红色	CENTER2	默认状态
图层 2	轮廓线	白色	CONTINOUS	默认状态
图层 3	尺寸线	绿色	CONTINOUS	默认状态

知识目标

(1) 熟悉 AutoCAD 2012 的工作界面和基本文件管理方法，掌握图层、线型及颜色等的设置方法。

(2) 熟悉基本绘图命令、编辑命令、控制图形显示命令，掌握正交、对象捕捉等绘图辅助工具的使用。

能力目标

(1) 能使用 AutoCAD 2012 绘制图层分明、线型清楚的简单零件平面图。

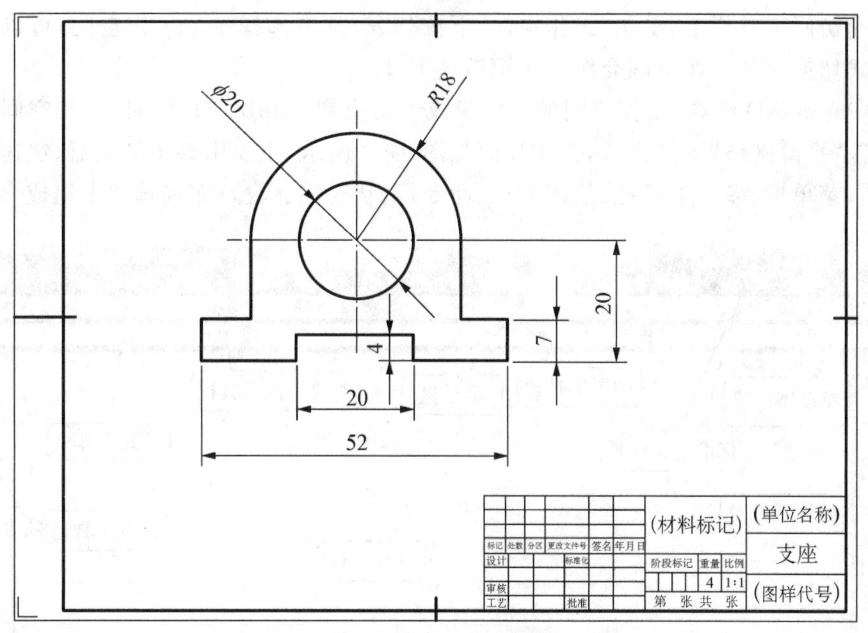

图 9-1 支座平面图

(2) 能正确标注简单尺寸。

【知识链接】

(1) AutoCAD 2012 的工作空间　工作空间是一组菜单、工具栏、选项板和功能区面板的集合,可对其进行编组和组织来创建基于任务的绘图环境。AutoCAD 2012 提供了"草图与注释"、"三维基础"、"三维建模"和"AutoCAD 经典"4 种工作空间模式。

启动 AutoCAD 2012 后,系统进入默认的"草图与注释"工作空间,如图 9-2 所示。该工作空间主要由快速访问工具栏、标题栏、功能区、绘图区、命令行和状态栏等部分组成。

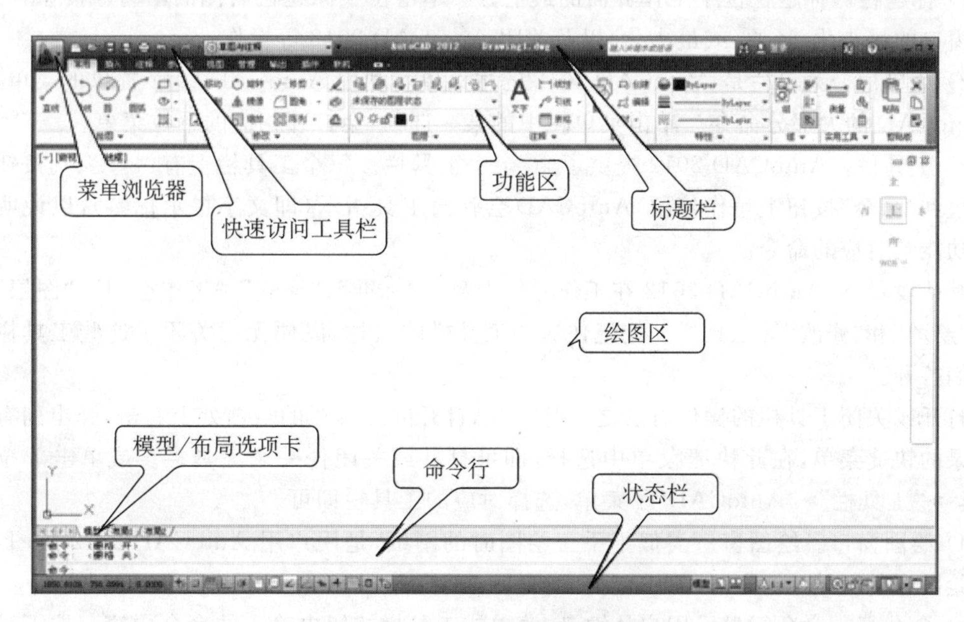

图 9-2 "草图与注释"工作空间

在快速访问工具栏上，单击“工作空间”下拉列表，其中选择一个工作空间，可以实现各工作空间模式切换。各工作空间介绍见知识链接 E.1。

(2) “AutoCAD 经典”工作空间的界面组成　切换到“AutoCAD 经典”工作空间，关闭“工具选项板”、“平滑网格”工具栏后，工作界面如图 9-3 所示，主要由菜单浏览器、快速访问工具栏、标题栏、菜单栏、多个工具栏、绘图窗口、命令行、状态栏、模型/布局选项卡组成。

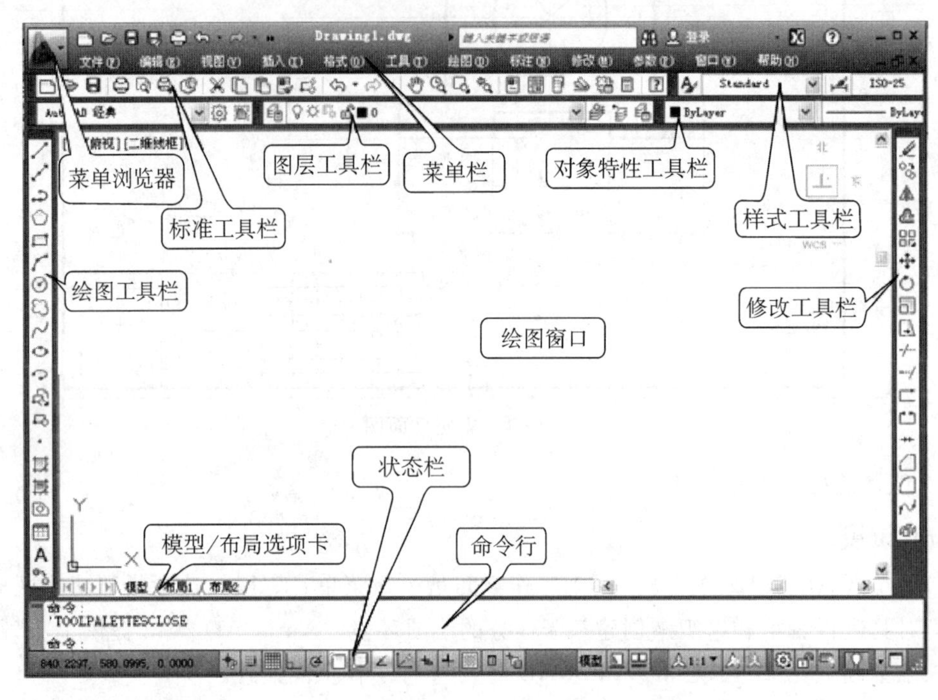

图 9-3　“AutoCAD 经典”工作空间

1) 标题栏。标题栏位于工作界面的最上方。单击位于标题栏右侧的按钮，可分别实现窗口的最小化、还原(或最大化)以及关闭 AutoCAD 2012 等操作。

2) 菜单栏。菜单栏是 AutoCAD 2012 的主菜单。利用 AutoCAD 2012 提供的菜单，可执行 AutoCAD 的大部分命令。单击菜单栏中的某一选项，会打开相应的下拉菜单。

3) 工具栏。AutoCAD 2012 提供了 40 余个工具栏。每个工具栏上有一些工具按钮。将光标放到“命令”按钮上稍作停留，AutoCAD 会弹出工具指示(即文字提示标签)，以说明该按钮的功能及对应的命令。

默认设置下，AutoCAD 2012 在工作界面上显示“标准”、“样式”、“工作空间”、“图层”、“特性”、“绘图”和“修改”等工具栏。应记住这些工具栏的名称，以便无意关闭了这些工具栏时再将它们打开。

打开或关闭工具栏的操作方法之一是：在已打开的工具栏的空白处上右击，弹出列有工具栏目录的快捷菜单，在此快捷菜单中选择，即可打开或关闭任一个工具栏。或单击下拉菜单“工具”➤“工具栏”➤“AutoCAD”子菜单，选择对应的工具栏即可。

4) 绘图窗口。绘图窗口类似于手工绘图时的图纸，是用户用 AutoCAD 2012 绘图，并显示所绘图形的区域。

5) 命令行。命令行显示用户从键盘、菜单或工具栏按钮中输入的命令内容。按下键盘上的【F2】键，弹出命令窗口，对于初学者来说，应特别注意这个窗口。因为在输入命令后的提示信息，如命令选项、错误信息及下一步操作的提示信息等都在该窗口中显示。

6）状态栏。状态栏左边显示了当前十字光标所在位置的三维坐标。其余按钮从左到右分别表示当前是否启用了捕捉、栅格、正交、极轴追踪、对象捕捉、对象捕捉追踪、允许/禁止动态 UCS、动态输入等功能，以及是否按设置的线宽显示图形等。

7）模型/布局选项卡。AutoCAD 2012 提供了两种绘图环境：模型空间及图纸空间。默认情况下，AutoCAD 的绘图环境是模型空间，用户在这里按实际尺寸绘制二维或三维图形。图纸空间提供了一张虚拟图纸（与手工绘图时的图纸类似），用户可在这张图纸上将模型空间的图样按不同缩放比例布置在图纸上。模型/布局选项卡用于实现模型空间与图纸空间的切换。

（3）直角坐标表示法　在 AutoCAD 坐标系中，绘制图形的时候，如何精确地定位一个点是关键。点的坐标通常采用以下 4 种输入方式：绝对直角坐标、相对直角坐标、绝对极坐标和相对极坐标，详见知识链接 E. 2。

如图 9－4 所示，命令行中输入 A 点坐标“30，40”，这是相对于坐标原点而言，表达绝对直角坐标值。如图 9－5 所示，命令行中输入 B 点坐标“@－45，－50”，是相对于上一个输入点 A(50，50)而言，表达的是相对直角坐标值，此时 B 点的绝对坐标实为(5，0)。

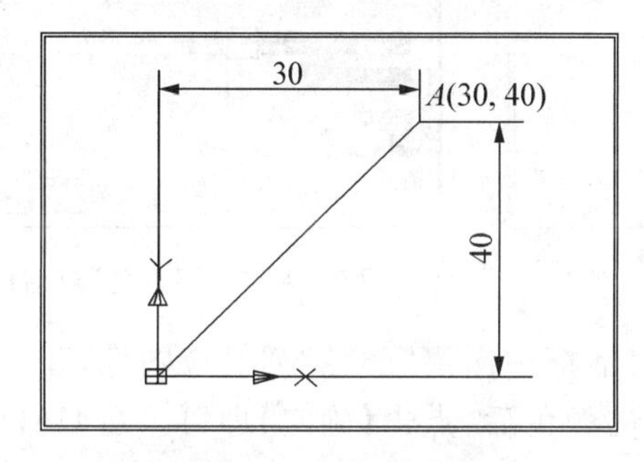

图 9－4　绝对直角坐标

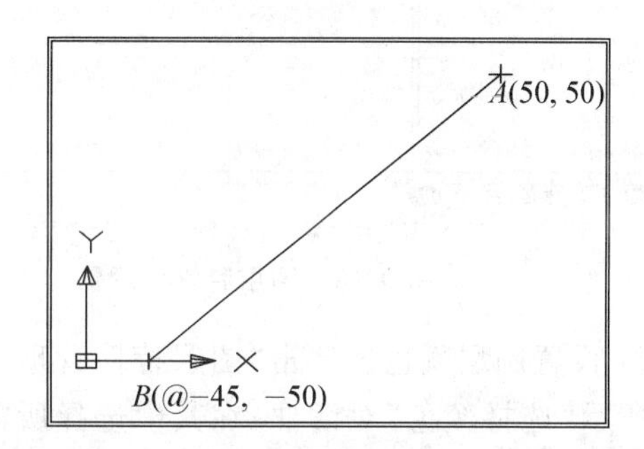

图 9－5　相对直角坐标

（4）图形文件的新建与保存　说明如下：

1）从样板创建新图形文件。单击“快速访问工具栏”中的“新建”按钮，弹出如图 9－6 所示窗口，窗口列出了 Template 文件夹中所有可用的样板文件。选择所需要的样板文件后，单击【打开】按钮，AutoCAD 将按所选样板的设置进入图纸空间。切换“命令行”上方的“模型”选项卡，即可进入如图 9－7 所示的绘图模型空间。如何使用样板创建新图形文件，详见知识链接 E. 3。

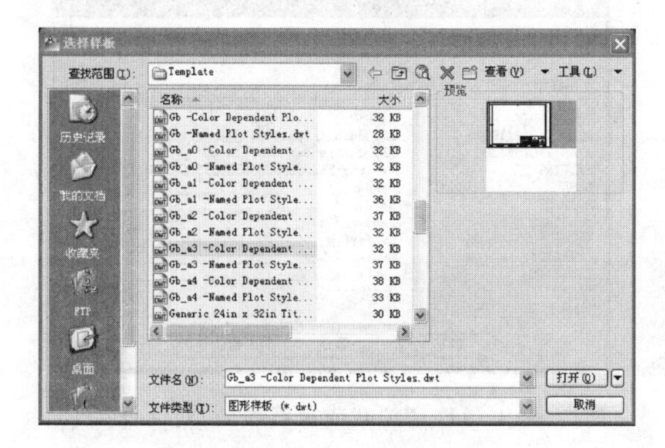

图 9－6　“选择样板”对话框

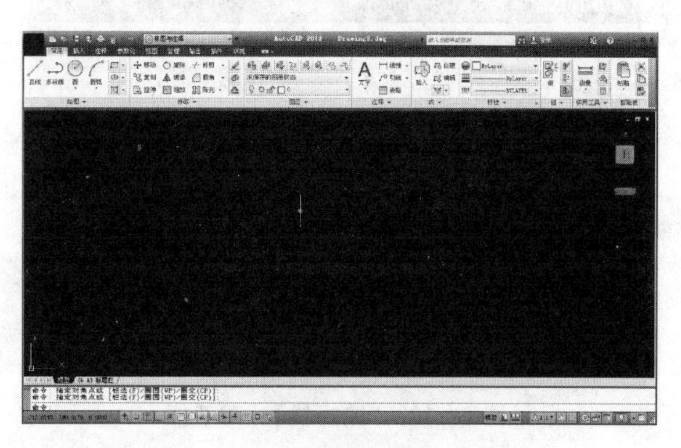

图 9－7　AutoCAD 2012 模型空间

2) 保存图形文件。点击“标准工具栏”中的【保存】工具按钮，首次保存时，会弹出“图形另存为”对话框，输入图形文件的名称，点击【保存】按钮即可。

(5) 图层的基本操作 具体如下：

1) 创建图层。点击“图层工具栏”➤“图层特性管理器”按钮，打开“图层特性管理器”对话框，如图 9-8 所示，单击对话框上方的“新建图层”按钮，可以新建图层。默认情况下，创建的图层会依次以“图层 1”、“图层 2”……进行命名。右键单击所创建的图层，在弹出的快捷菜单中选择“重命名图层”选项，可编辑图层名称。

如果新建了多余的图层，可以单击“删除图层”按钮将其删除，但 0 层、Defpoints 图层、当前层、插入了外部参照的图层、包含了可见图形对象的图层等除外。

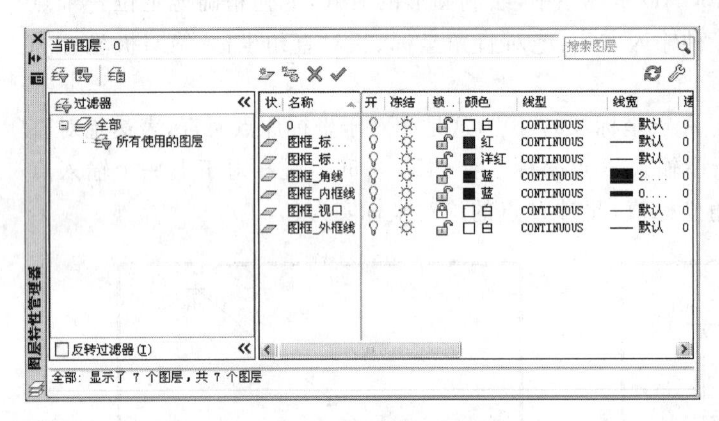

图 9-8 图层特性管理器

图 9-9 “选择颜色”对话框

2) 设置图层颜色。单击“图层特性管理器”对话框中图层“颜色”列对应图标，弹出如图 9-9所示“选择颜色”对话框，在其中选择所需要的颜色后，点击【确定】即可。在 CAD 工程图中，图层中图线的颜色应参照 GBT 18229—2000 中“基本图线的颜色”，详见知识链接 E. 4。

3) 设置图层线型。单击“图层特性管理器”对话框中图层“线型”列对应图标，弹出如图 9-10所示“选择线型”对话框，选择一种，单击【确定】，即可完成图层线型的设置。在默认状态下，“选择线型”对话框中只有 Continuous 一种线型。

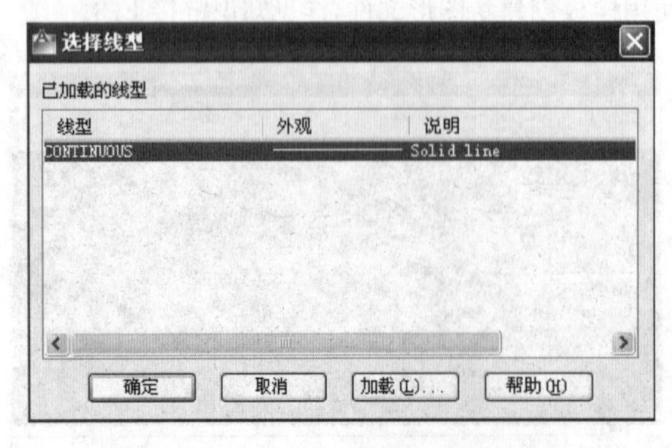

图 9-10 “选择线型”对话框

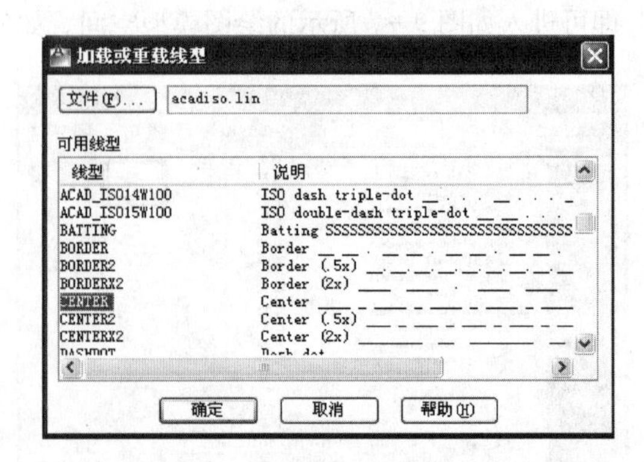

图 9-11 “加载或重载线型”对话框

要使用其他线型，必须将其添加到“已加载的线型”列表框中。单击【加载】按钮，系统弹出如图 9-11 所示“加载或重载线型”对话框，从对话框中选择相应线型，单击【确定】按钮，完成线型加载。

CAD 工程图中所用的图线，应遵照 GB/T 17450 中的有关规定，详见知识链接 E.4。

4）设置当前图层。当前层是当前工作状态下所处的图层。当设定某一图层为当前层后，接下来所绘制的全部图形对象都将位于该图层中。如果以后想在其他图层中绘图，需要更改当前层的设置。

单击“图层工具栏”➤“图层控制”下拉列表，选择目标图层，即可将该图层设置为“当前图层”，如图 9-12 所示。设置好后，即可在此目标图层上绘图。

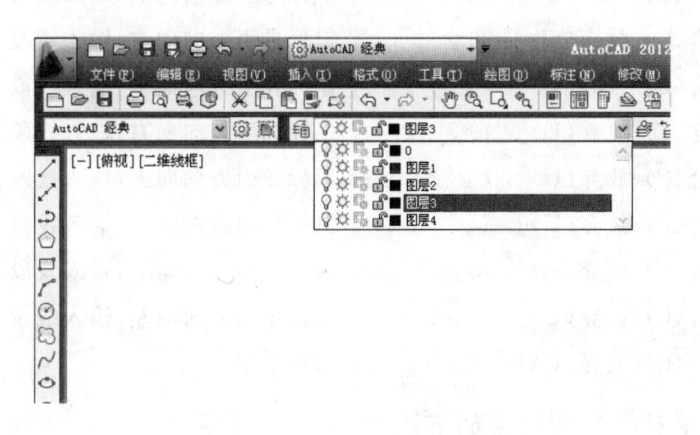

图 9-12 设置当前图层

(6) 直线与圆的绘制 具体做法如下：

1）圆的绘制。单击“绘图工具栏”➤“圆”工具按钮，AutoCAD 命令行提示如下：

命令：_circle 指定圆的圆心或［三点(3P)/两点(2P)/切点、切点、半径(T)］：200，200↙

//命令行输入圆心坐标，回车确认

指定圆的半径或［直径(D)］：18↙ //命令行输入圆半径，回车确认

结果如图 9-13 所示。

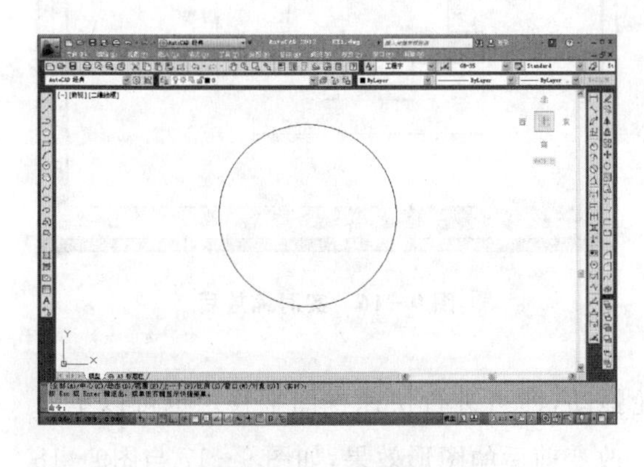

图 9-13 绘制圆

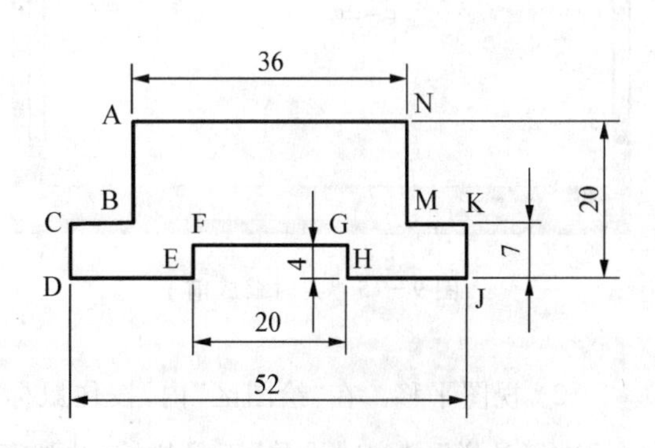

图 9-14 正交模式下绘制直线

2）与坐标轴平行的直线的绘制。利用“正交模式”绘制如图 9－14 所示图形。点击按下“状态栏”➤“正交模式”功能按钮，即可打开正交模式。单击“绘图工具栏”➤“直线”工具按钮 ，AutoCAD 命令行提示如下：

命令：_line 指定第一点：　　// 绘图区任意拾取 A 点
指定下一点或［放弃(U)］：13↙　　// 鼠标导引方向向下，输入线段 AB 长度
指定下一点或［放弃(U)］：8↙　　// 鼠标导引方向向左，输入线段 BC 长度
指定下一点或［闭合(C)/放弃(U)］：7↙　　// 鼠标导引方向向下，输入线段 CD 长度
指定下一点或［闭合(C)/放弃(U)］：16↙　　// 鼠标导引方向向右，输入线段 DE 长度
指定下一点或［闭合(C)/放弃(U)］：4↙　　// 鼠标导引方向向上，输入线段 EF 长度
指定下一点或［闭合(C)/放弃(U)］：20↙　　// 鼠标导引方向向右，输入线段 FG 长度
指定下一点或［闭合(C)/放弃(U)］：4↙　　// 鼠标导引方向向下，输入线段 GH 长度
指定下一点或［闭合(C)/放弃(U)］：16↙　　// 鼠标导引方向向右，输入线段 HJ 长度
指定下一点或［闭合(C)/放弃(U)］：7↙　　// 鼠标导引方向向上，输入线段 JK 长度
指定下一点或［闭合(C)/放弃(U)］：8↙　　// 鼠标导引方向向左，输入线段 KM 长度
指定下一点或［闭合(C)/放弃(U)］：13↙　　// 鼠标导引方向向上，输入线段 MN 长度
指定下一点或［闭合(C)/放弃(U)］：36↙　　// 鼠标导引方向向左，输入线段 NA 长度
指定下一点或［闭合(C)/放弃(U)］：　　// 回车结束

（7）视图缩放与平移　具体做法如下：

1）视图实时缩放。在“绘图区”内向前或向后滚动鼠标滚轮，即可实现视图的实时缩放功能。也可以点击“标准工具栏”中的“实时缩放”按钮来实现。需要注意的是，视图缩放不会改变图形的实际大小。改变前后的图形效果，如图 9－15 与图 9－16 所示。

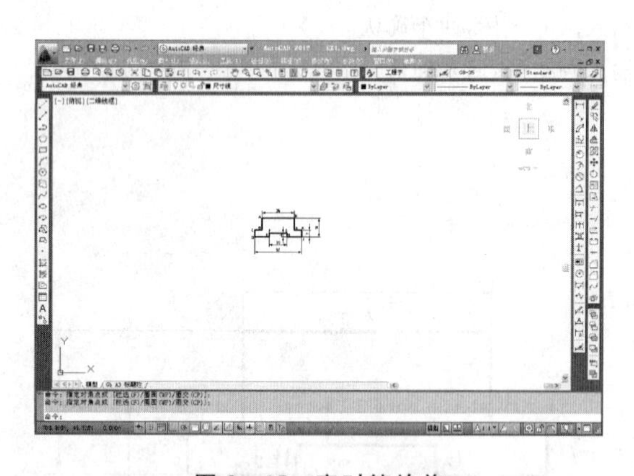

图 9－15　实时缩放前

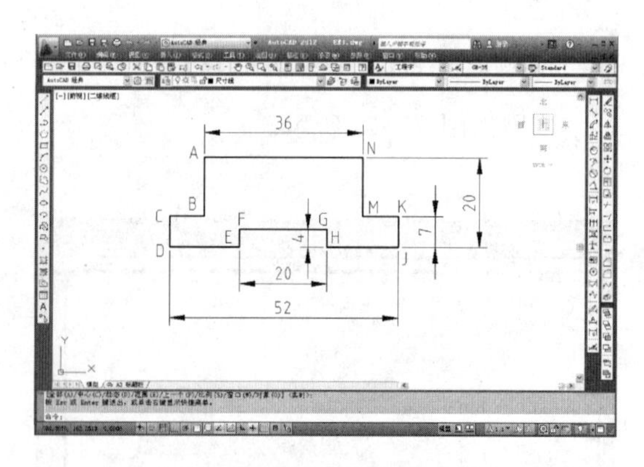

图 9－16　实时缩放后

2）视图平移。在“绘图区”内，按住鼠标滚轮拖动，即可进行快速视图平移。也可以单击“标准工具栏”➤“实时平移”工具栏按钮 实现。改变前后的图形效果，如图 9－17 与图9－18 所示。

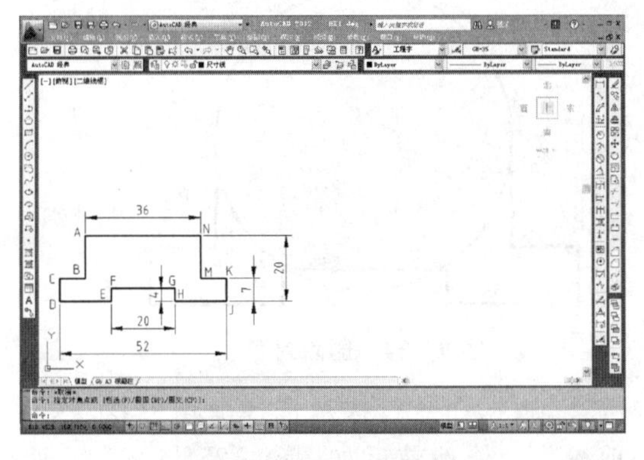

图 9-17　视图平移前

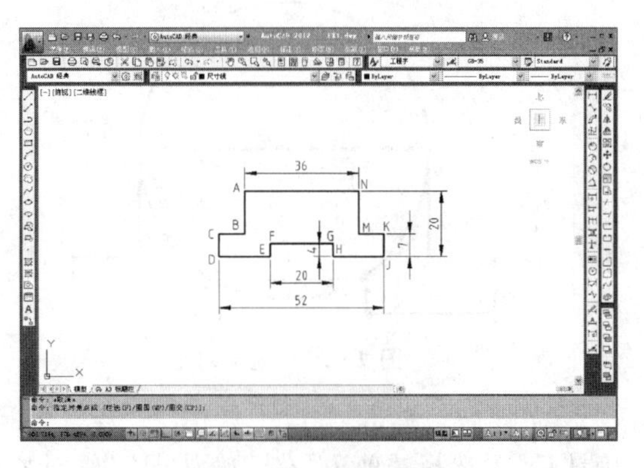

图 9-18　视图平移后

(8) 对象捕捉　点击按下“状态栏”➤“对象捕捉”功能按钮，启用对象捕捉模式。利用中点捕捉与端点捕捉功能在图 9-19 的基础上绘制如 9-20 所示图形。设置中点与端点捕捉模式，详见知识链接 E.5。

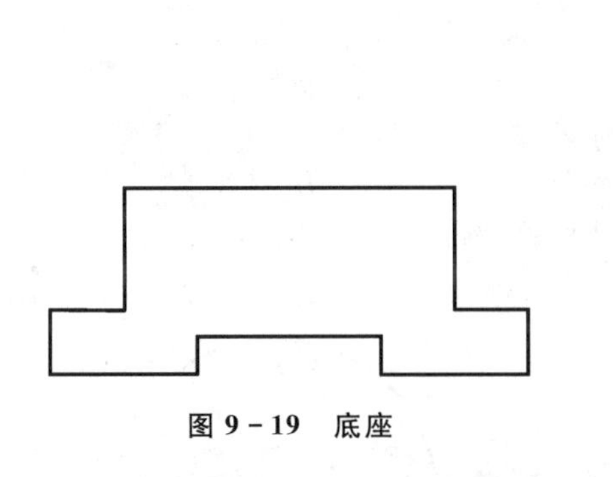

图 9-19　底座

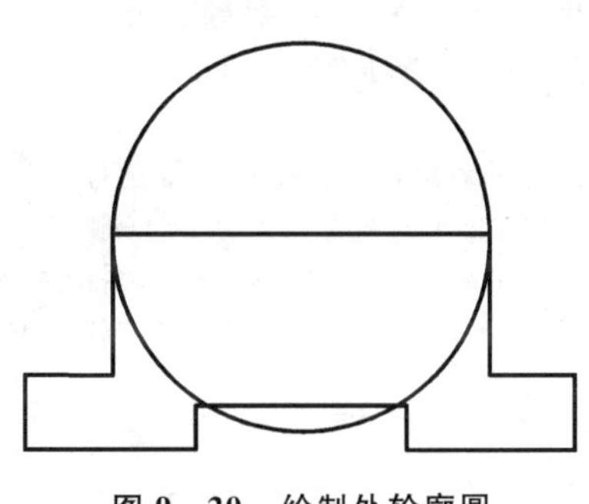

图 9-20　绘制外轮廓圆

单击“绘图工具栏”➤“圆”工具按钮 ，光标靠近直线中间处，捕捉到中点作圆心，如图 9-21 所示，单击鼠标确定；光标靠近直线左端处，捕捉到端点确定半径大小，如图 9-22 所示，单击鼠标确定，这样便完成图 9-20 中圆的绘制。

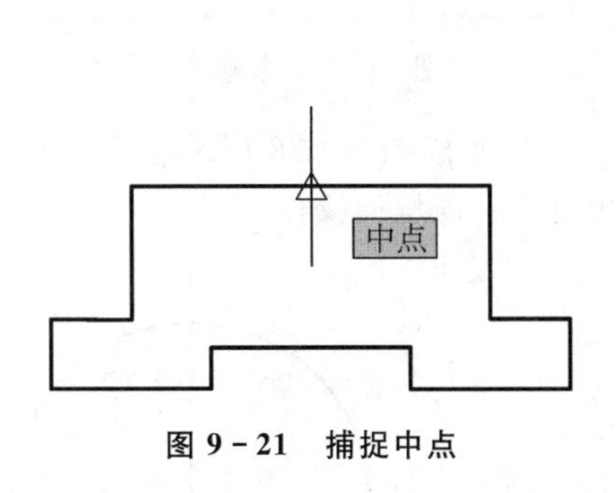

图 9-21　捕捉中点

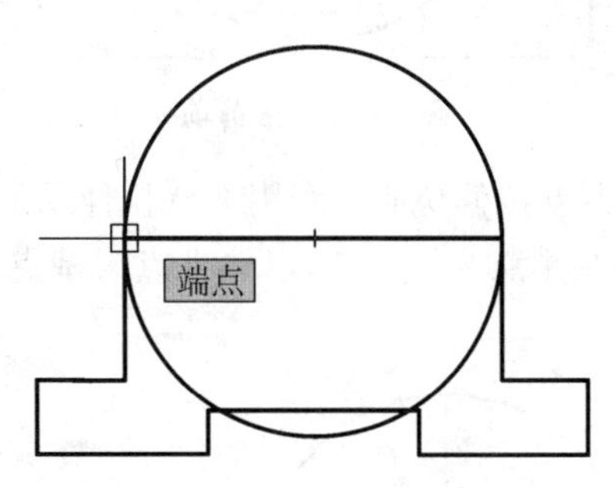

图 9-22　捕捉端点，确定半径

(9) 删除、修剪及夹点拉伸功能　说明如下：

1) 删除。单击“修改工具栏”➤“删除”工具按钮 ，根据命令行提示选择对象，可以点选或是窗口选取(详见知识链接 E.6)，右键确认即可完成所选对象的删除，如图 9-23 与 9-24 所示。

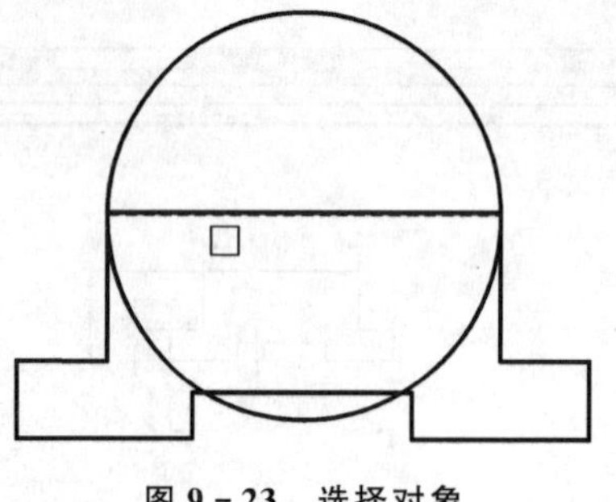
图 9-23　选择对象

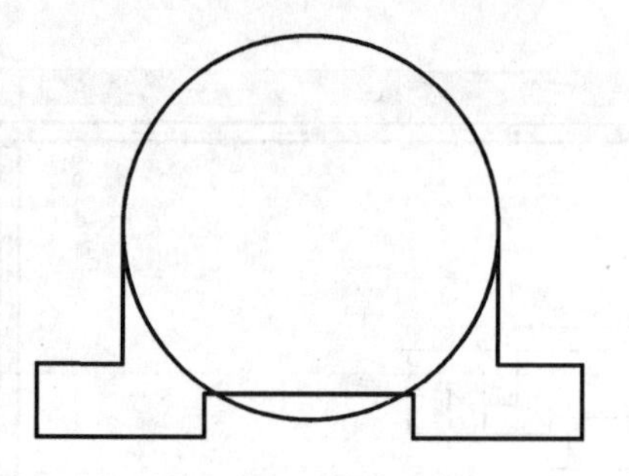
图 9-24　删除对象

2）修剪。单击“修改工具栏”➤“修剪”工具按钮，根据命令行提示选择剪切边界，右键确认后，再选择被剪边，右键确认即完成对象的修剪操作。修剪前后如图 9-25 与 9-26 所示，具体命令操作过程如下：

命令：_trim
当前设置：投影＝UCS，边＝无　　// 选择命令
选择剪切边...
选择对象或〈全部选择〉：找到 1 个
选择对象：找到 1 个，总计 2 个　　// 选择剪切边界
选择对象：　　// 剪切边界右键确认
选择要修剪的对象，或按住 Shift 键选择要延伸的对象，或
[栏选(F)/窗交(C)/投影(P)/边(E)/删除(R)/放弃(U)]：　　// 被剪边选择
选择要修剪的对象，或按住 Shift 键选择要延伸的对象，或
[栏选(F)/窗交(C)/投影(P)/边(E)/删除(R)/放弃(U)]：　　// 被剪边右键确认

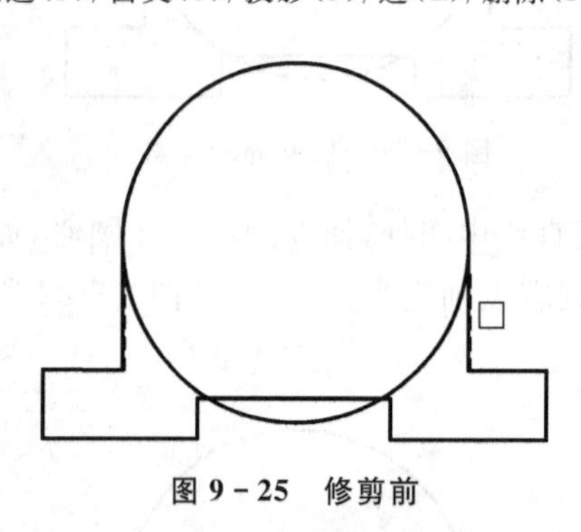
图 9-25　修剪前

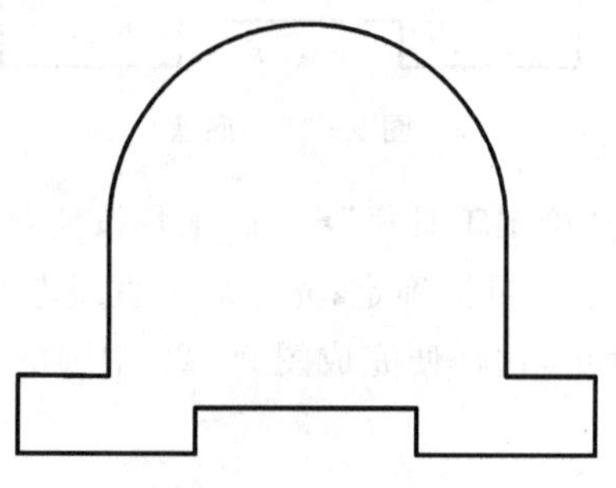
图 9-26　修剪后

3）夹点拉伸功能。利用夹点拉伸功能，把图 9-27 修改成图 9-28 所示效果。点选中心线，激活右侧点为热夹点，以热夹点为基点，拖曳鼠标便可实现拉伸操作。

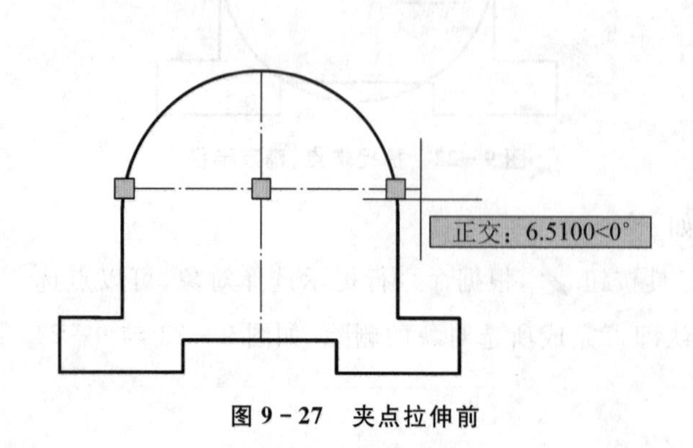

图 9-27　夹点拉伸前

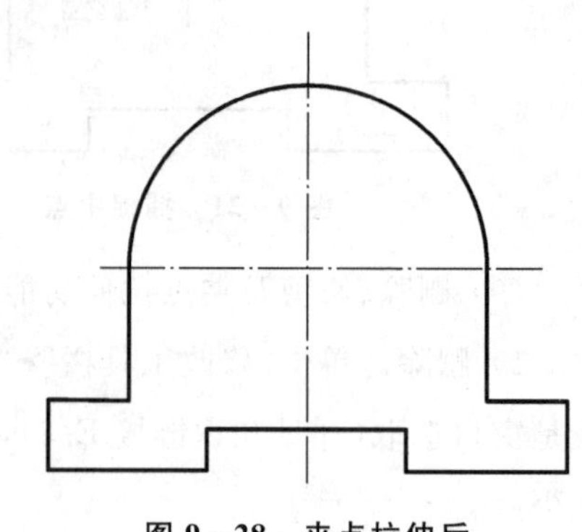
图 9-28　夹点拉伸后

(10) 简单尺寸标注　单击“标注工具栏”➤“线性”工具按钮，选择所要标注对象的两端点，指定尺寸线位置即可完成所选择对象的线性尺寸标注，如图 9－29 所示。

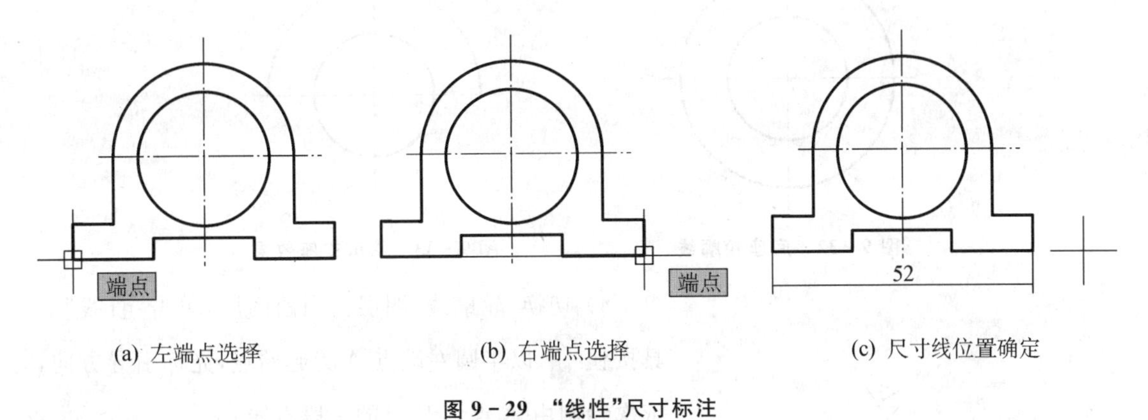

图 9－29　“线性”尺寸标注

单击“标注工具栏”➤“半径”工具按钮，选择对象，指定尺寸线位置，即可完成半径尺寸标注，如图 9－30 所示。单击“标注工具栏”➤“直径”工具按钮，同理可完成直径尺寸标注，如图 9－31 所示。

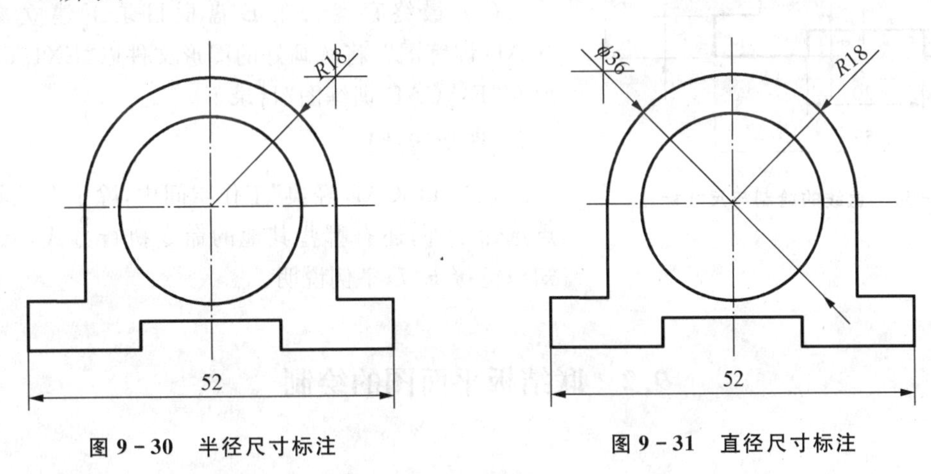

图 9－30　半径尺寸标注

图 9－31　直径尺寸标注

【任务实施】

主要操作步骤如下。

(1) 从样板建立新文件。选择样板文件 Gb_a3－Color Dependent Plot Styles. dwt 后，进入模型空间。

(2) 创建图层，设置线型及颜色。

(3) 绘制图形、进行尺寸标注，具体做法为：

1) 打开“正交模式”、“对象捕捉”功能模式，设置为捕捉端点、圆心、交点。

2) 在“图层”面板中将“轮廓线”图层置为当前图层。单击“圆心，半径”按钮，以点 O(200，200)为圆心，依次绘制两圆。切换“中心线”图层为当前图层，添加中心线，如图 9－32 所示。

3) 利用修剪命令剪掉支座孔外轮廓半圆，修剪效果如图 9－33 所示。

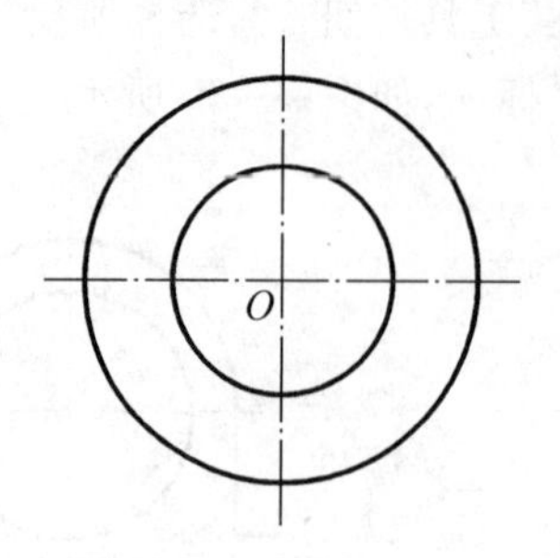

图 9-32　底座轮廓线

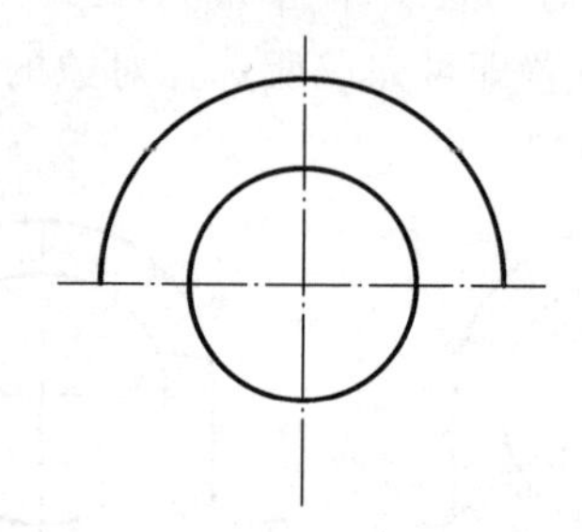

图 9-33　修剪支座效果

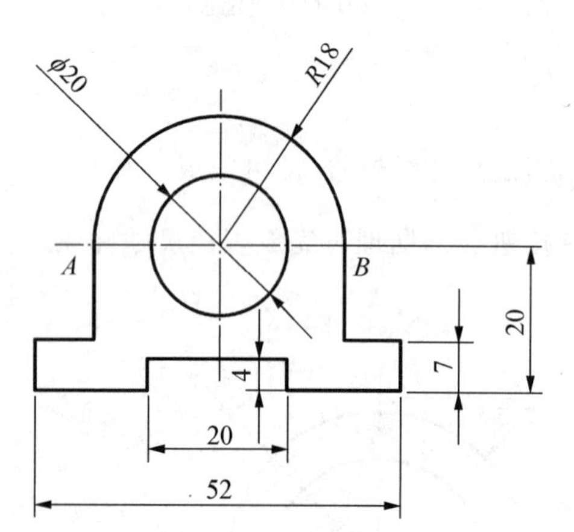

图 9-34　直线的绘制与尺寸标注

4）切换“轮廓线”图层为当前图层，单击“直线”工具按钮，以半圆左端点 A 为起始点，光标引导方向，依次绘制由 A 点到 B 点的一段直线。

5）切换“尺寸线”图层置为当前图层，利用“线性”、“直径”与“半径”标注尺寸命令标注图中相应要素尺寸。

完成整体效果，如图 9-34 所示。

（4）最终存盘。在 E 盘根目录下建立文件夹“CAD 训练图”，将所画好的图形文件以“EX1. dwg”存放在“E:\CAD 训练图”目录下。

【课堂活动】

在“AutoCAD 经典”工作空间中，除了在工具栏中点选命令外，还有哪些其他的命令执行方式？试参考知识链接 E. 7，举例说明。

9.2　联结板平面图的绘制

【任务描述】

绘制如图 9-35 所示的图形。要求创建图层，设置图层线型及颜色（见表 9-1），并以文件名“EX2. dwg”存放在“E:\CAD 训练图”目录下。

知识目标

（1）掌握 AutoCAD 2012 的极坐标系。

（2）掌握基本绘图命令（矩形）、编辑命令（倒角与倒圆、分解、偏移、复制），学会利用极轴追踪、对象捕捉追踪等绘图辅助工具绘图。

能力目标

（1）能使用 AutoCAD 2012 绘制层次分明的简单零件平面图，并标注尺寸。

（2）能按要求创建尺寸标注样式。

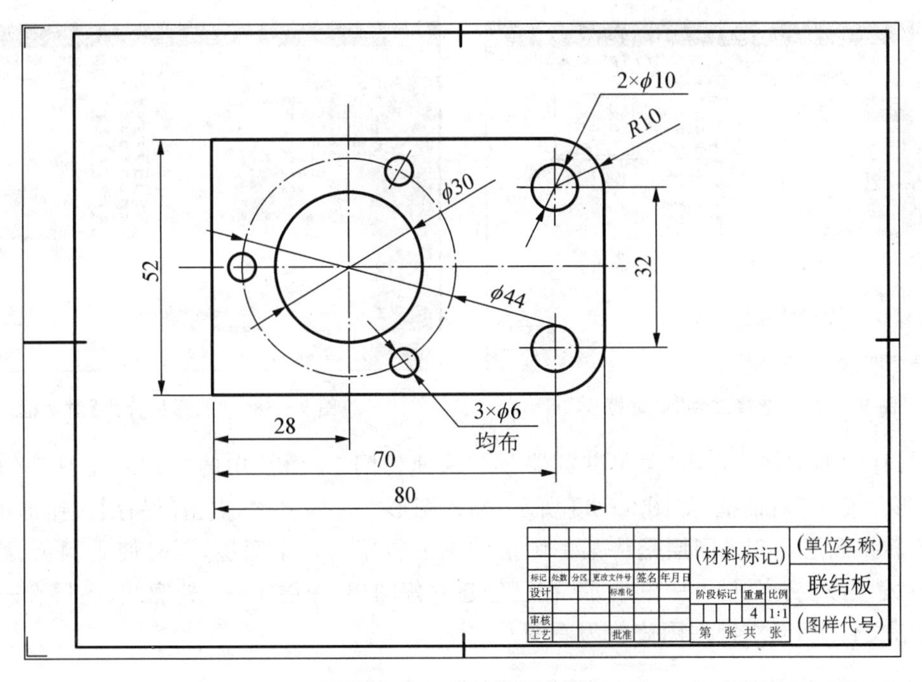

图 9-35　联结板平面图

【知识链接】

(1) 绝对与相对极坐标　如图 9-36 所示,要求用极坐标输入将左图修改为右图。极坐标表示法参看知识链接 E.2。

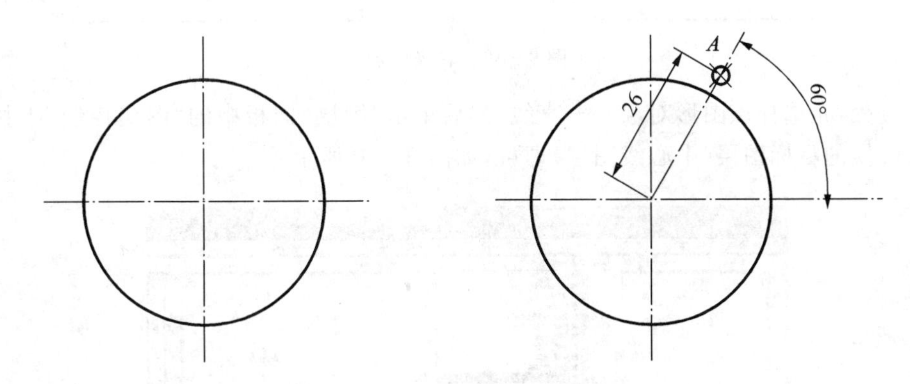

图 9-36　利用相对极坐标绘制中心线

单击"绘图工具栏"➤"直线"工具按钮,捕捉圆心做直线的起始点,命令行提示"指定下一点时",输入"@26<60",回车确认或右键确认即可。

(2) 图形文件的打开与另存　做法如下:

1) 打开图形文件。点击"快速访问工具栏"中的"打开"工具按钮,系统会自动弹出"选择文件"对话框,如图 9-37 所示,选择目标文件名,点击【打开】按钮即可。此外,【打开】按钮下拉菜单提供了 4 种打开方式,详见知识链接 E.3。

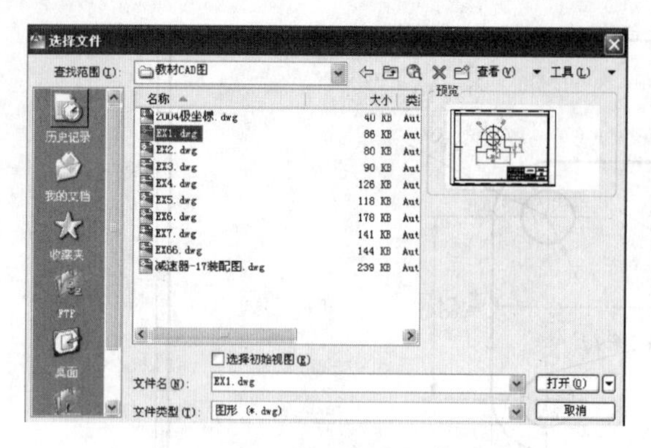

图 9-37 “选择文件”对话框

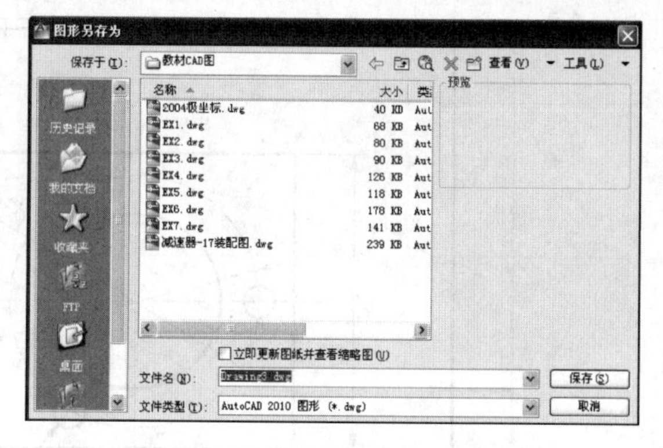

图 9-38 “图形另存为”对话框

2) 另存图形文件。点击“菜单浏览器”或“快速访问工具栏”中的“另存”工具按钮，将弹出“图形另存为”对话框，如图 9-38 所示，输入图形文件的名称，点击【保存】按钮即可。

(3) 转换图层　转换图层是将某一图层的图形转至另一个图层，同时使其颜色、线型、线宽等特性发生改变。如图 9-39 所示，在已经建立好图层(图层 1——轮廓线、图层 2——中心线)的图形文件上，要求把左图修改为右图。

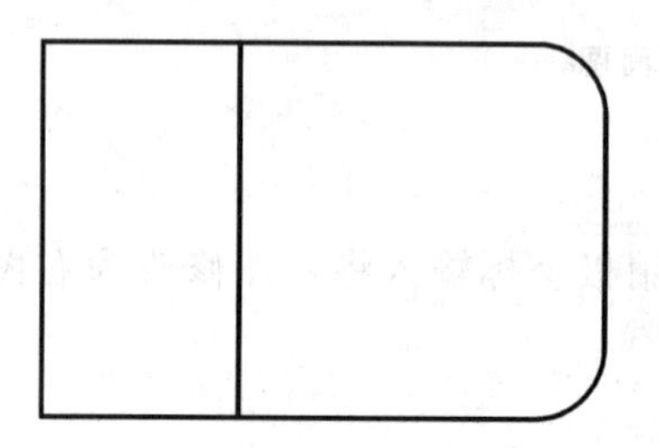

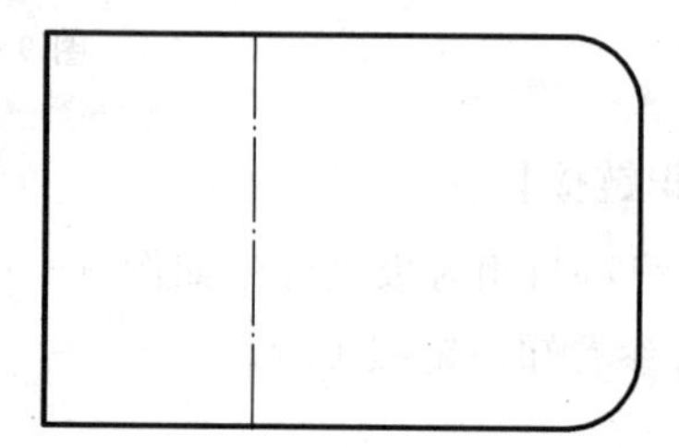

图 9-39 转换图层

操作过程：先选择该图形对象——直线，然后单击“图层”面板中的“图层控制”下拉列表，选择到要转换的目标图层(中心线图层)即可，如图 9-40 所示。

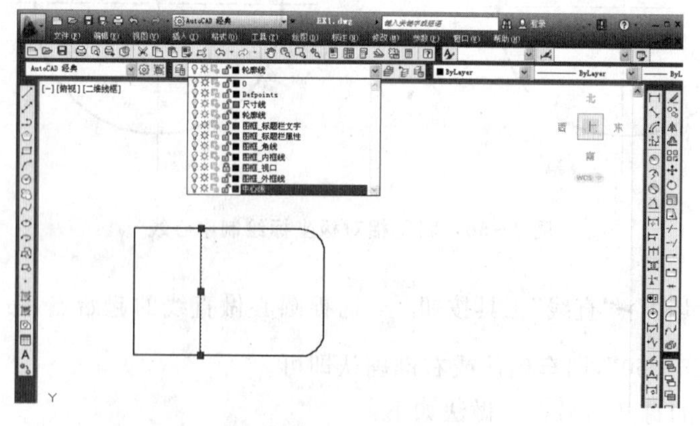

图 9-40 图层转换操作

(4) 矩形的绘制　单击“绘图工具栏”➤“矩形”按钮，AutoCAD 命令行提示如下：

命令：_rectang　　　　　　　　　　　　　　//启动矩形命令

指定第一个角点或[倒角(C)/标高(E)/圆角(F)/厚度(T)/宽度(W)]：　//选择起始角点
指定另一个角点或[面积(A)/尺寸(D)/旋转(R)]：D　　　　　　　　// 按尺寸绘制矩形
指定矩形的长度〈80.0000〉：80　　　　　　　　　　　　　　　　// 输入矩形长度
指定矩形的宽度〈52.0000〉：52　　　　　　　　　　　　　　　　// 输入矩形宽度
指定另一个角点或[面积(A)/尺寸(D)/旋转(R)]：　　　　　　　　　// 确定终止角点方向

执行结果如图 9－41 所示。

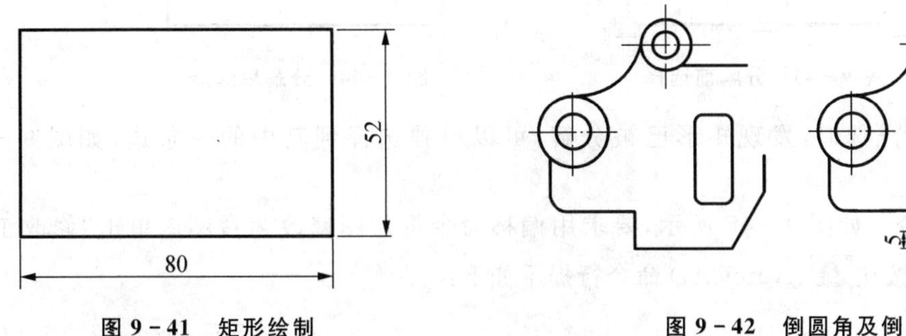

图 9－41　矩形绘制　　　　图 9－42　倒圆角及倒角

(5) 倒角和圆角　要求用"圆角"与"倒角"命令将左图修改为右图。单击"修改工具栏"➤"圆角"工具按钮，AutoCAD 命令行提示如下：

命令：_fillet　　　　　　　　　　　　　　　　//启动圆角命令
当前设置：模式 = 修剪，半径 = 3.0000
选择第一个对象或[放弃(U)/多段线(P)/半径(R)/修剪(T)/多个(M)]：R↙
　　　　　　　　　　　　　　　　　　　　　　//设置圆角半径
指定圆角半径〈3.0000〉：6↙　　　　　　　　　//输入圆角半径
选择第一个对象或[放弃(U)/多段线(P)/半径(R)/修剪(T)/多个(M)]：　//选择第一条边线
选择第二个对象，或按住 Shift 键选择对象以应用角点或[半径(R)]：　//选择第二条边线

单击"修改工具栏"➤"倒角"工具按钮，AutoCAD 命令行提示如下：

命令：_chamfer　　　　　　　　　　　　//启动倒角命令
("修剪"模式) 当前倒角长度 = 10.0000，角度 = 60
选择第一条直线或[放弃(U)/多段线(P)/距离(D)/角度(A)/修剪(T)/方式(E)/多个(M)]：D↙
　　　　　　　　　　　　　　　　　　//设置倒角距离
指定 第一个倒角距离〈5.0000〉：5↙　　//输入第一个边的倒角距离
指定 第二个倒角距离〈5.0000〉：8↙　　//输入第二个边的倒角距离
选择第一条直线或[放弃(U)/多段线(P)/距离(D)/角度(A)/修剪(T)/方式(E)/多个(M)]：
　　　　　　　　　　　　　　　　　　//选择第一条边线
选择第二条直线，或按住 Shift 键选择直线以应用角点或[距离(D)/角度(A)/方法(M)]：
　　　　　　　　　　　　　　　　　　//选择第二条边线

结果如图 9－42 所示。

(6) 分解命令　利用矩形绘制命令绘制的矩形，点选后，发现是一个整体，如图 9－43 所示。此时单击"修改工具栏"➤"分解"按钮，命令行提示如下：

命令：_explode　　　　　//启动分解命令

选择对象：找到 1 个　　　　// 选择要分解的对象
选择对象：　　　　　　　　// 右键确认

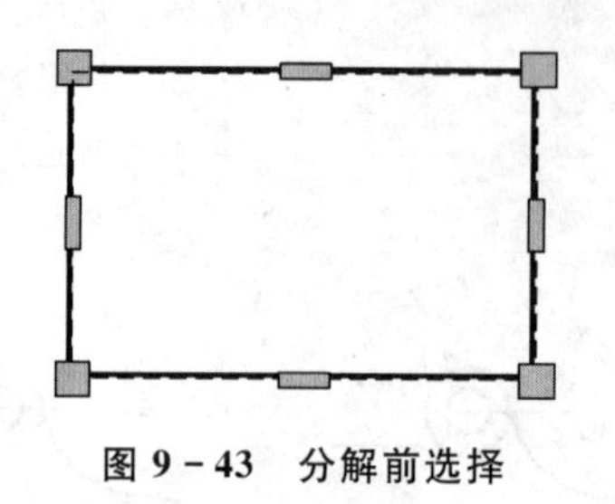
图 9－43　分解前选择

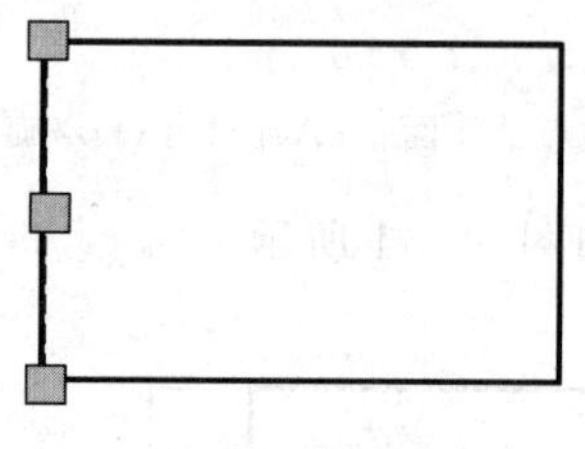
图 9－44　分解后选择

此时，再进行点选时，发现矩形已被分解，可以单独选择到其中的一条边，如图 9－44 所示。

(7) 偏移命令　如图 9－45 所示，要求用偏移命令将左图修改为右图。单击“修改工具栏”➤“偏移”工具按钮，AutoCAD 命令行提示如下：

命令：_offset　　//启动偏移命令
当前设置：删除源＝否　图层＝源　OFFSETGAPTYPE＝0
指定偏移距离或［通过(T)/删除(E)/图层(L)］〈28.0000〉：28　　//输入偏移距离
选择要偏移的对象，或［退出(E)/放弃(U)］〈退出〉：　　//选择源对象
指定要偏移的那一侧上的点，或［退出(E)/多个(M)/放弃(U)］〈退出〉：　　//确定偏移方向
选择要偏移的对象，或［退出(E)/放弃(U)］〈退出〉：　　// 右键确认退出

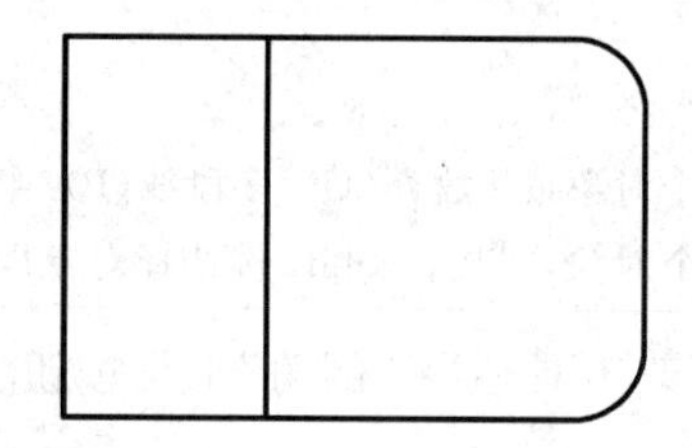
图 9－45　偏移直线

(8) 复制　如图 9－46 所示，要求用复制命令将最左图修改为最右图。单击“修改工具栏”➤“复制”工具按钮，根据命令行提示在绘图区中选取需要复制的对象(如两个圆及其中心线)，右键确认，指定复制基点(如圆的圆心)，然后拖动鼠标指定新目标点或键盘输入目标点位置(如“@56，0”)即可完成复制操作。

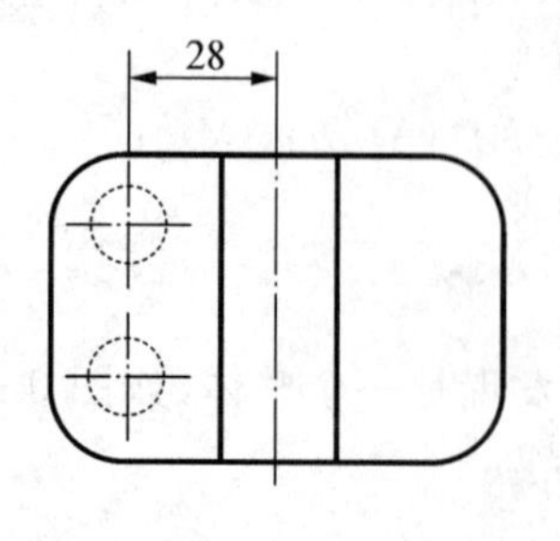

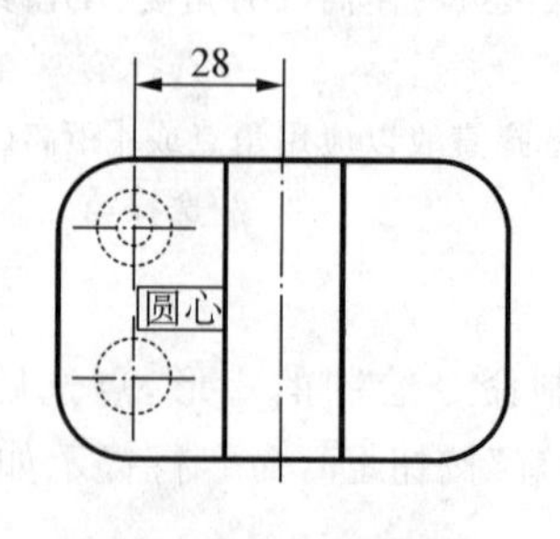

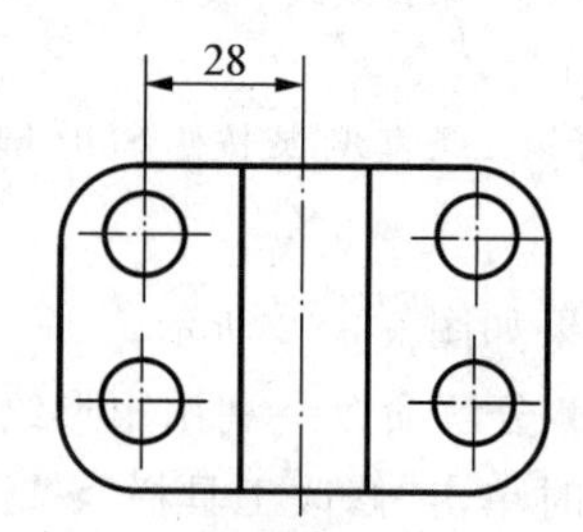

图 9－46　复制对象

(9) 尺寸标注样式　单击“标注工具栏”➤“标注样式管理器”按钮，系统弹出“标注样式管理器”对话框，如图 9－47 所示。单击【新建】按钮，系统弹出“创建新标注样式”对话框，可以在“新样式名”文本框中输入新样式名称，在“基础样式”下拉列表框中选择一种基础样式，新样式将在该基础样式的基础上进行修改。点击【继续】按钮，系统弹出“新建标注样式”对话框，可以设置标注中的直线、符号和箭头、文字、单位等内容，如图 9－48 所示。

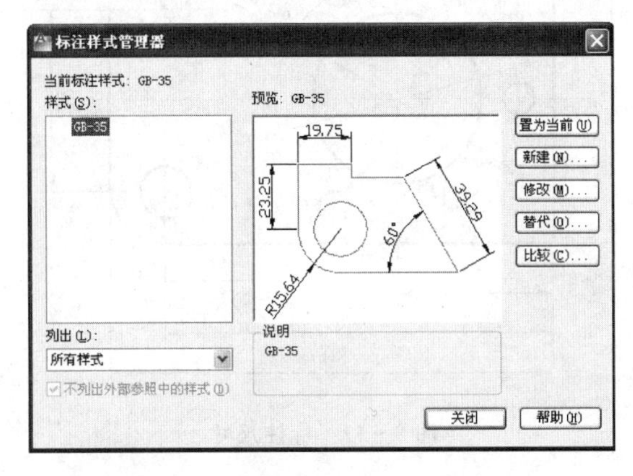

图 9－47　“标注样式管理器”对话框

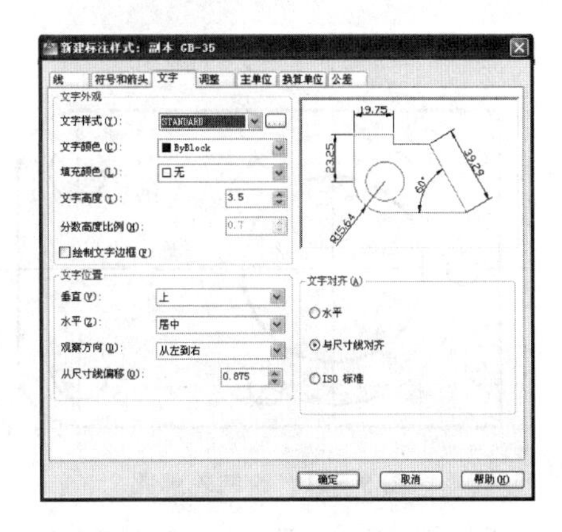

图 9－48　“新建标注样式”对话框

(10) 修改标注文字　尺寸文字分为数字形式的(如尺寸数字)和非数字形式的(如注释)两种。双击所标注的尺寸数字，直接输入修改即可。注释需要另外手工文字添加。单击“绘图工具栏”➤“多行文字”按钮 A，可以创建文字。文字样式可以在“注释”面板下拉菜单➤“文字样式”按钮中选择，也可以根据自己的需要创建新的样式。

【任务实施】

主要操作步骤如下。

(1) 从样板建立新文件。

(2) 创建图层，设置线型及颜色。

(3) 绘制图形如下：

1) 将“轮廓线”图层置为当前图层，打开“正交模式”、“对象捕捉”、“对象捕捉追踪”。

2) 绘制矩形线框，并倒两个 R10 的圆角，如图 9－49 所示；然后切换“中心线”图层置为当前图层，利用偏移命令、圆的绘制命令等绘制中心线及 ϕ44 定位圆，如图 9－50 所示。

图 9－49　绘制封闭矩形线框、倒圆角

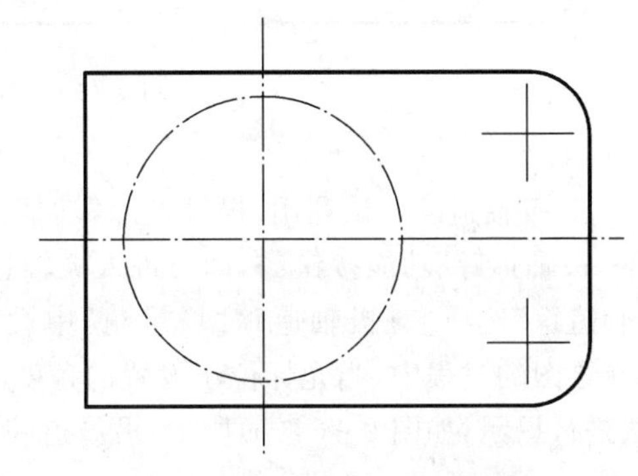

图 9－50　绘制中心线、定位圆

3）切换“轮廓线”图层置为当前图层，利用捕捉命令、圆绘制命令绘制 $\phi30$，$\phi10$，$\phi6$ 圆，利用极坐标及夹点功能绘制 $\phi6$ 圆中心线，如图 9-51 所示。

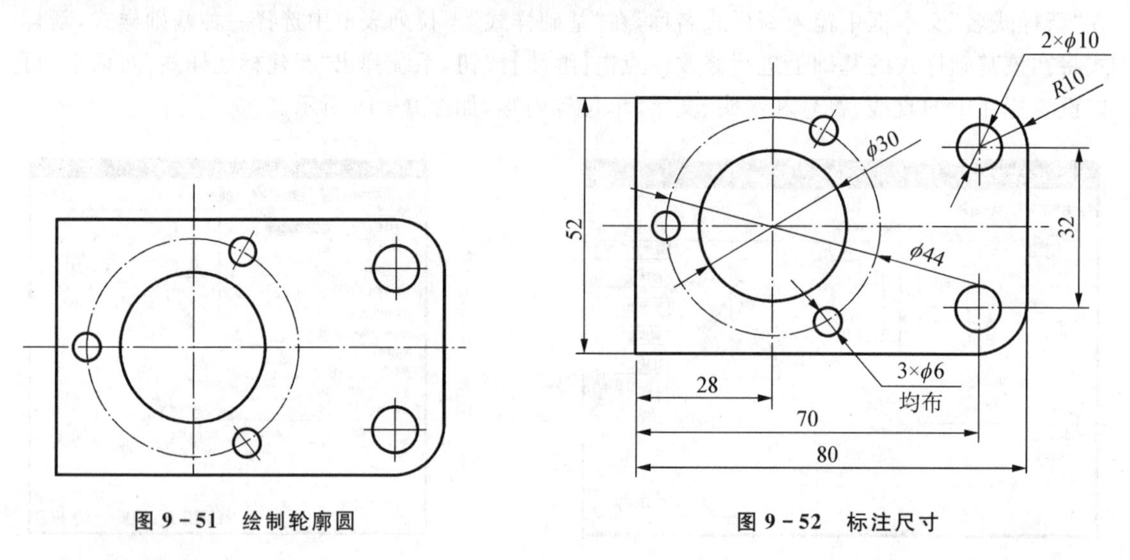

图 9-51　绘制轮廓圆　　　　图 9-52　标注尺寸

（4）标注尺寸、添加文字。切换“尺寸线”图层置为当前图层，利用“线性”与“直径”标注尺寸命令标注图中相应要素尺寸。新建标注样式完成 $3\times\phi6$ 圆、$2\times\phi10$ 圆的标注。手工添加注释文字“均布”，完成整体效果如图 9-52 所示。

（5）最终存盘。建立“CAD 训练图”文件夹，将画好图形以“EX2. dwg”存放在“E:\CAD 训练图”目录下。

【拓展提高】

（1）对象捕捉追踪　试利用“对象捕捉追踪”功能，绘制图 9-53 所示的中心线。点击“状态栏”➤“对象捕捉追踪”功能按钮，即可启用该追踪模式。开启该模式后，当绘图过程中捕捉到中点时，水平向左移动光标，会追踪一条虚线，找到需要的精确位置即可定位该点；同理，可确定直线右端点。绘制结果如最右图所示。

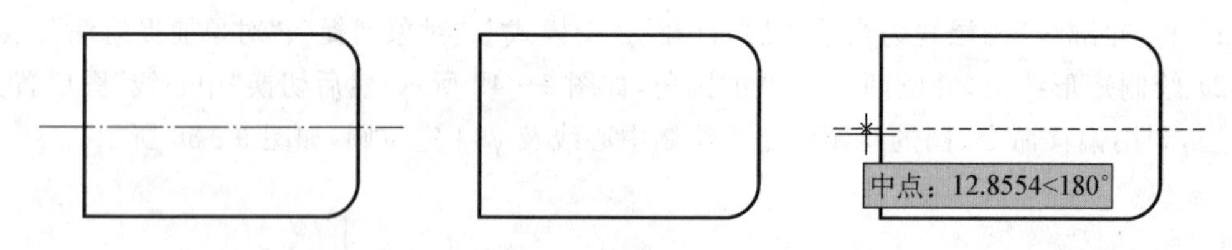

图 9-53　对象捕捉追踪功能

（2）极轴追踪　试利用“极轴追踪”功能绘制如图 9-54(a)所示 60°中心线。点击“状态栏”➤“极轴追踪”功能按钮，即可进入极轴追踪模式。追踪的角度可在“草图设置”对话框➤“极轴追踪”选项卡➤极轴追踪“增量角”中设置，详见知识链接 E.5。设置好 60°的追踪角度后，在绘图的过程中，当光标位于设置的角度或其整数倍角度方向时，就会出现一条无限长的虚线进行提示，如图 9-54(b)所示，沿该追踪虚线可定位到需要的点。

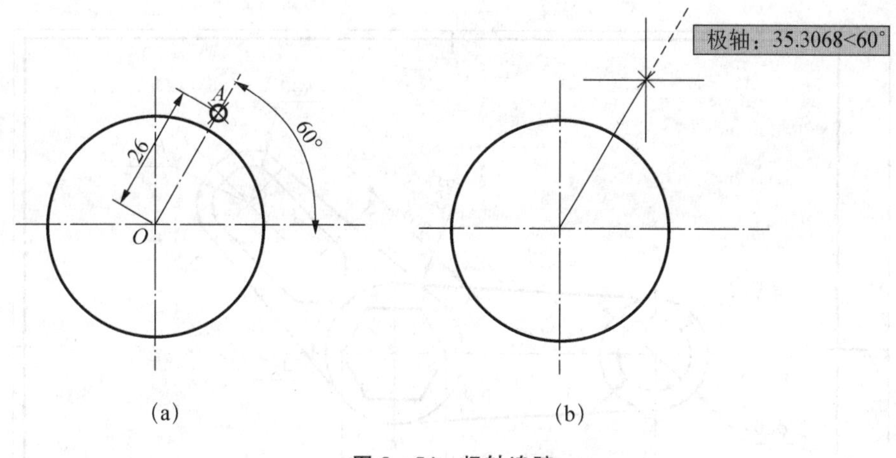

图 9-54　极轴追踪

【课堂活动】

如图 9-55 所示，试调整泵盖零件图中的尺寸标注，使尺寸数字、箭头大小显示均匀。

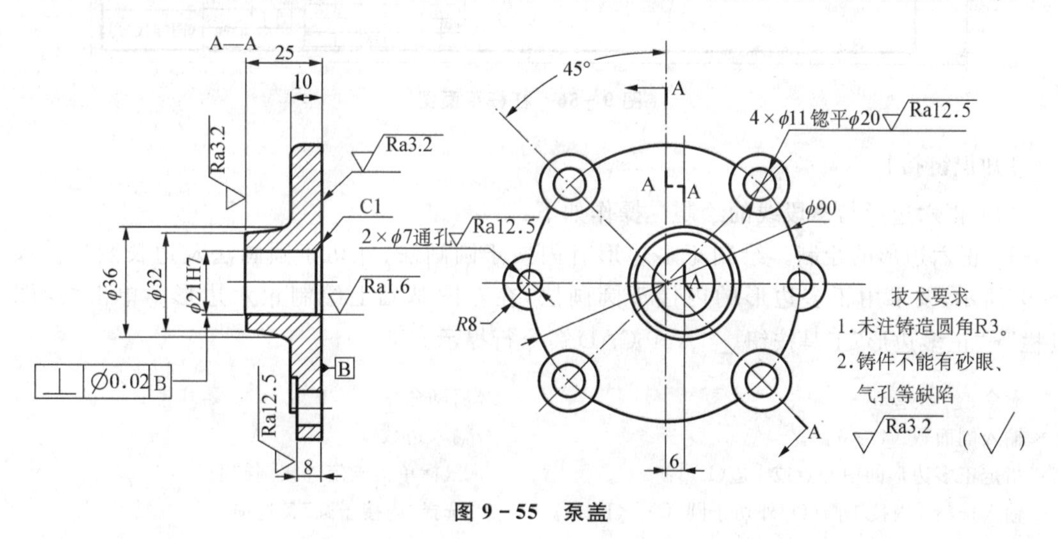

图 9-55　泵盖

9.3　杠杆平面图的绘制

【任务描述】

绘制如图 9-56 所示的图形，要求图层分明、线型清楚。

知识目标

掌握基本绘图命令（正六边形、多段线）、编辑命令（旋转、移动、打断）、控制图形显示命令（全部缩放、窗口缩放）。

能力目标

能使用 AutoCAD 2012 绘制层次分明的简单零件平面图，并标注尺寸。

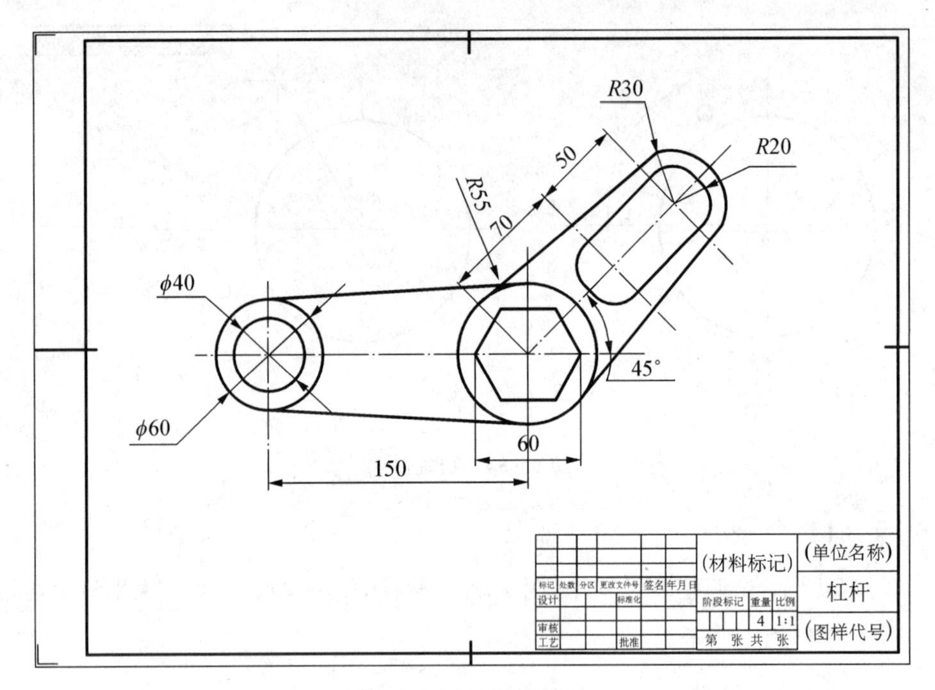

图 9－56　杠杆平面图

【知识链接】

(1) 正六边形与多段线的绘制　操作如下：

1) 正六边形的绘制。绘制正多边形有内接于圆画法、外切于圆画法及边长画法。如图 9－57所示，要求用正多边形的内接于圆画法，在左图基础上绘制正六边形。单击“绘图工具栏”➤“正多边形”工具按钮，AutoCAD 命令行提示如下：

```
命令：_polygon                                  //启动命令
输入侧面数〈4〉：6↙↙                            //输入边数
指定正多边形的中心点或[边(E)]：                  // 鼠标单击确定外接圆圆心
输入选项[内接于圆(I)/外切于圆(C)]〈I〉：I↙       // 选择“内接于圆”备选项
指定圆的半径：30↙↙                              //输入外接圆半径
```

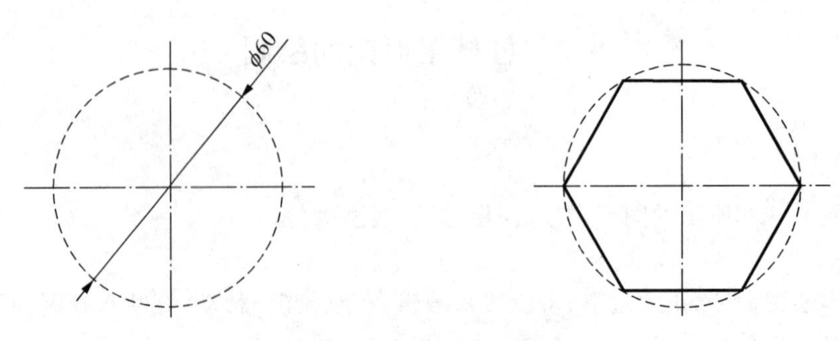

图 9－57　正六边形的绘制

2) 多段线的绘制。如图 9－58 所示，要求用多段线的绘制命令绘制键槽轮廓图。单击“绘图工具栏”➤“多段线”按钮，如图 9－59 所示，AutoCAD 命令行提示如下：

命令：_pline　　　　　　　　　　　　//启动命令

指定起点：　　　　　　　　　　　　//用鼠标在合适位置单击，确定多段线的起点 A

指定下一个点或 [圆弧(A)/半宽(H)/长度(L)/放弃(U)/宽度(W)]：10↙　　//确定 B 点

指定下一点或 [圆弧(A)/闭合(C)/半宽(H)/长度(L)/放弃(U)/宽度(W)]：A↙

//选择"圆弧选项"，切换至绘制圆弧方式

指定圆弧的端点或[角度(A)/圆心(CE)/闭合(CL)/方向(D)/半宽(H)/直线(L)/半径(R)/第二个点(S)/放弃(U)/宽度(W)]：10↙　　// 确定圆弧端点 C

指定圆弧的端点或[角度(A)/圆心(CE)/闭合(CL)/方向(D)/半宽(H)/直线(L)/半径(R)/第二个点(S)/放弃(U)/宽度(W)]：L↙　　//选择"直线选项"，切换至绘制直线方式

指定下一点或 [圆弧(A)/闭合(C)/半宽(H)/长度(L)/放弃(U)/宽度(W)]：10↙

//确定 D 点

指定下一点或 [圆弧(A)/闭合(C)/半宽(H)/长度(L)/放弃(U)/宽度(W)]：A↙

//选择"圆弧选项"，切换至绘制圆弧方式

指定圆弧的端点或[角度(A)/圆心(CE)/闭合(CL)/方向(D)/半宽(H)/直线(L)/半径(R)/第二个点(S)/放弃(U)/宽度(W)]：　　//鼠标在绘图区捕捉到点 A

指定圆弧的端点或[角度(A)/圆心(CE)/闭合(CL)/方向(D)/半宽(H)/直线(L)/半径(R)/第二个点(S)/放弃(U)/宽度(W)]：↙　　//回车结束命令

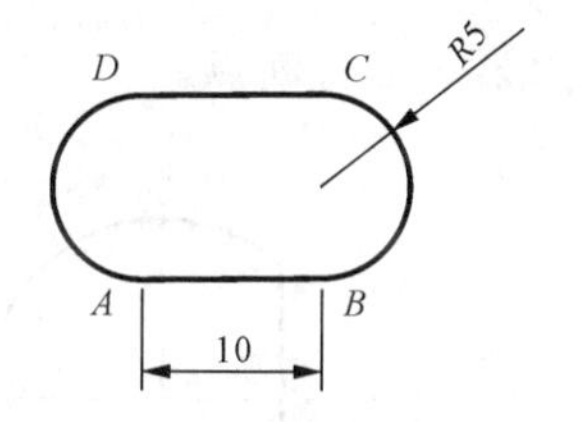

图 9-58　多段线绘制实例

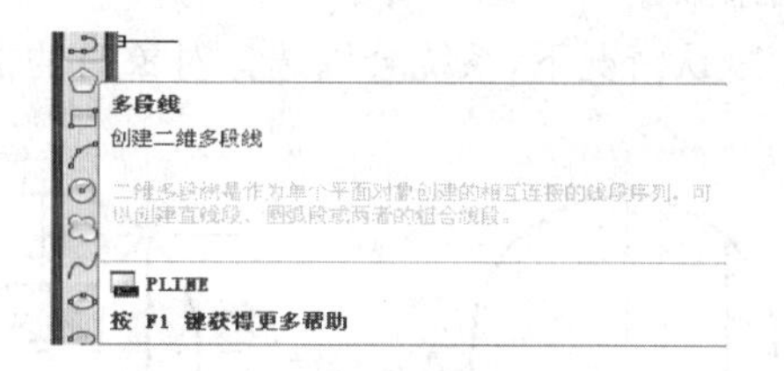

图 9-59　启动【多段线】命令

(2) 默认旋转　如图 9-60 所示，要求用旋转命令将左图修改为右图。单击"修改工具栏"➤"旋转"按钮，窗口选择所有图形对象，右键确认，指定旋转中心，根据命令行提示输入旋转角度，按回车键即可完成旋转对象操作。

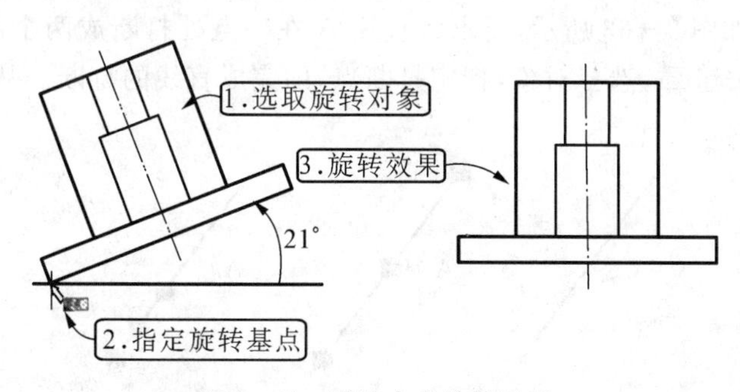

图 9-60　默认方式旋转图形

注意　在 AutoCAD 中，逆时针旋转的角度为正值，顺时针旋转的角度为负值。

(3) 移动　如图 9-61 所示，要求用移动命令将最左图修改为最右图。单击"修改工具栏"➤"移动"工具按钮，根据命令行提示在绘图区中拾取需要移动的对象后右击，然后拾取移动基点，最后指定第二个点(目标点)，即可完成对所选择的对象的移动操作。

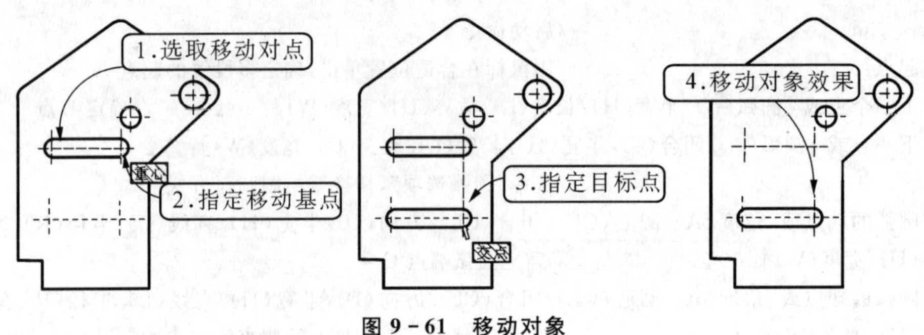

图 9-61　移动对象

（4）打断及打断于点　操作如下：

1）打断。如图 9-62 所示，要求用打断命令将图(a)修改为图(c)。单击“修改工具栏”➤“打断”按钮，AutoCAD 命令行提示如下：

命令：_break 选择对象：　　　　　　//启动命令，选择圆
指定第二个打断点 或［第一点(F)］：F　　// 输入选项参数
指定第一个打断点：　　　　　　　　//指定第一打断点，如图中(b)图所示。
指定第二个打断点：　　　　　　　　//指定第二打断点

操作结果如图 9-62(c)所示。

注意　默认情况下，系统会以选择对象时的拾取点作为第一个打断点。

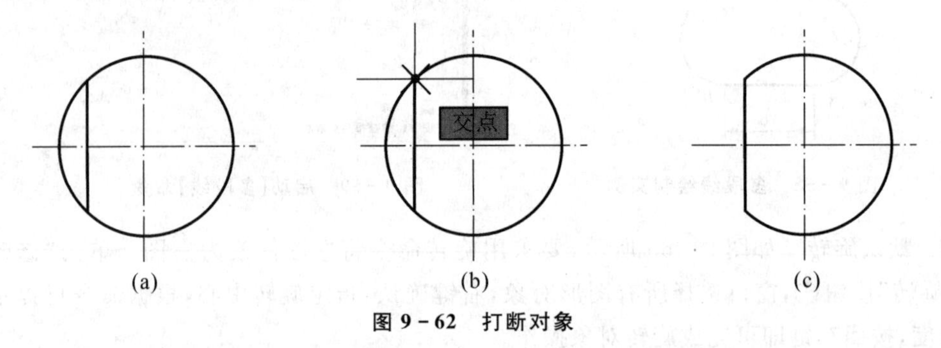

图 9-62　打断对象

2）打断于点。如图 9-63 所示，要求将直线 A 在一点处打断成两个部分。单击“修改工具栏”➤“打断于点”按钮，选择对象，指定打断点，即完成直线的打断。从(c)图可看出，两部分之间没有间隙。

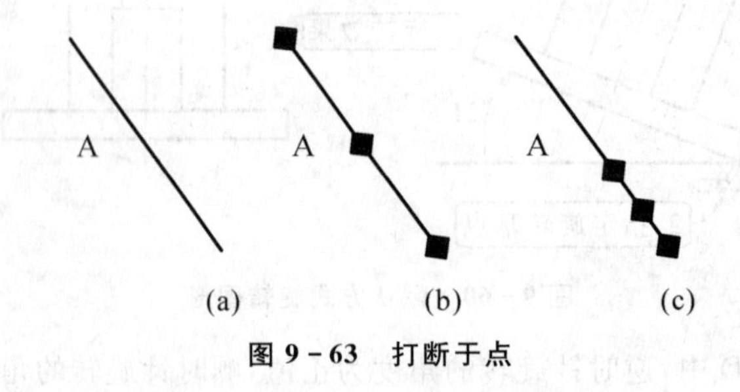

图 9-63　打断于点

（5）控制图形显示命令　“标准工具栏”中，“全部缩放”、“窗口缩放”或“范围缩放”按钮可以实现当前视图大小控制，但不会改变图形实际大小，有点类似于照相机的可变焦距镜头。

1）全部缩放。“全部缩放”按钮将最大化显示整个模型空间的所有图形对象(包括绘图界限

范围内和范围外的所有对象)和视觉辅助工具(如栅格),如图 9-64 所示为全部缩放前后对比效果。

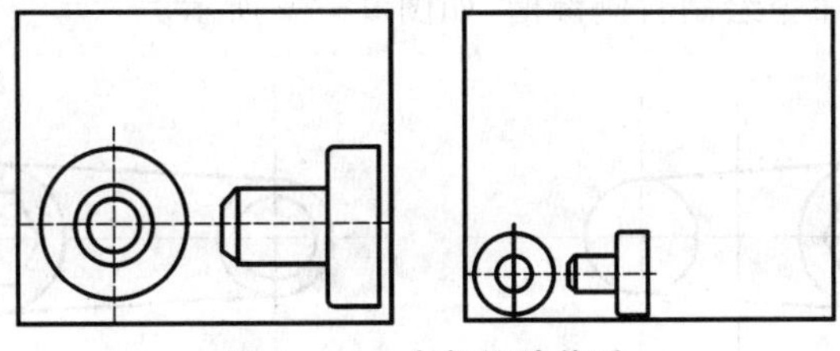
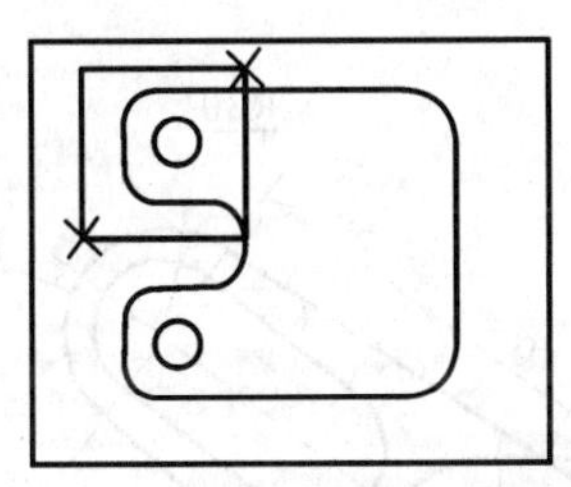
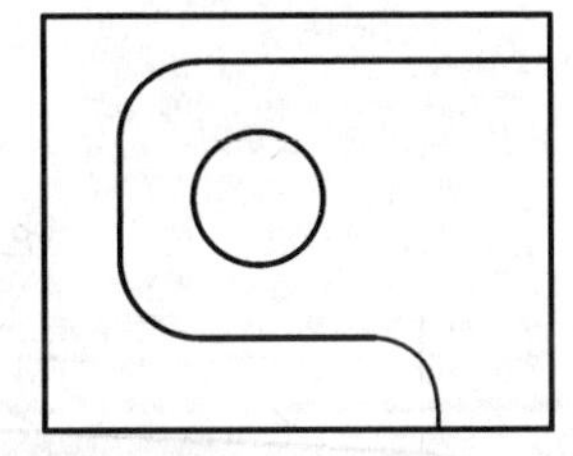

图 9-64 全部缩放前后

2) 窗口缩放。"窗口缩放"按钮方式以矩形窗口指定的区域缩放视图,需要用鼠标在绘图区指定两个角点以确定一个矩形窗口,该窗口区域的图形将放大到整个视图范围,如图 9-65所示为全部缩放前后对比效果。

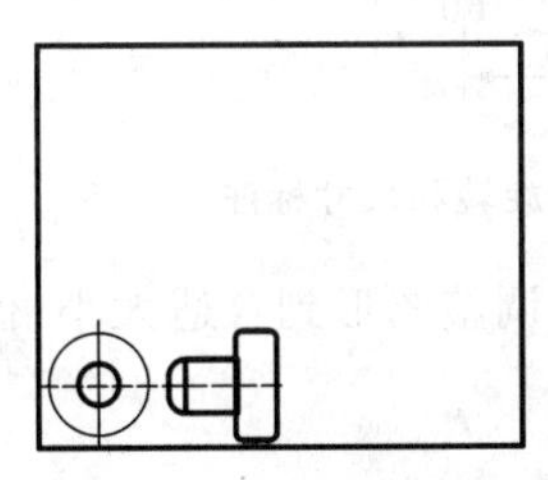
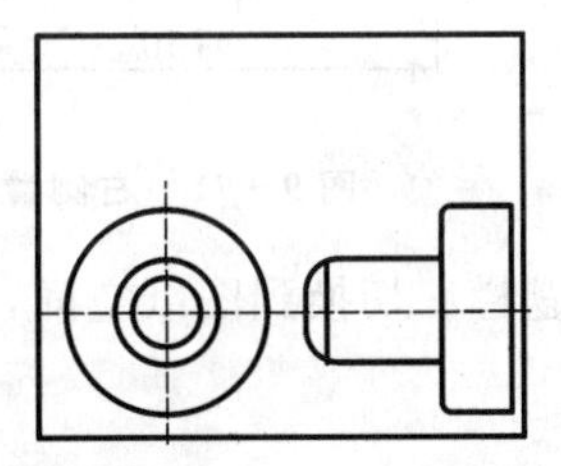

图 9-65 缩放窗口前后

3) 范围缩放。"范围缩放"按钮能使所有图形对象(不包含栅格等视觉辅助工具)最大化显示,充满整个视口,如图 9-66 所示为全部缩放前后对比效果。

图 9-66 范围缩放前后

【任务实施】

主要操作步骤如下。

(1) 调用 A3 图幅样板图。

(2) 创建图层,设置线型及颜色,图层分类原则及设置标准详见知识链接 E.4。

(3) 绘制图形如下:

1) 置中心线图层为当前图层,绘制中心线,如图 9-67 所示。

2) 切换轮廓线图层为当前图层,绘制定位圆与正六边形内轮廓线,如图 9-68 所示。

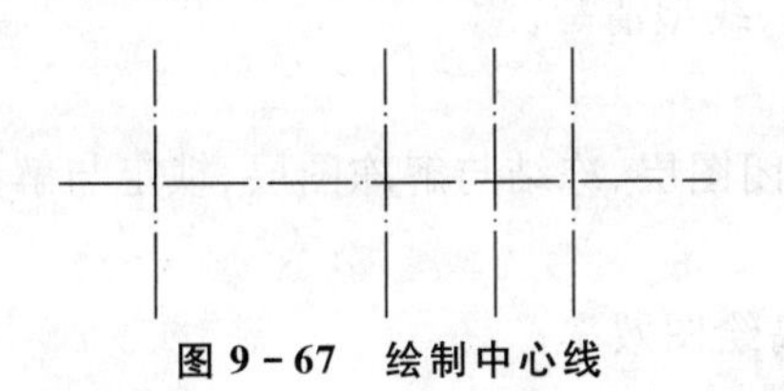

图 9-67 绘制中心线

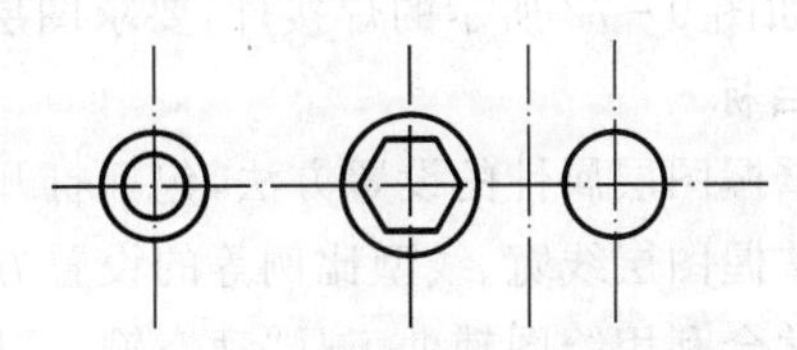

图 9-68 绘制定位圆、正六边形

3）打开捕捉模式，利用切点捕捉功能绘制联结外轮廓线，如图 9-69 所示。

4）利用多段线绘制命令绘制右侧键槽，如图 9-70 所示。

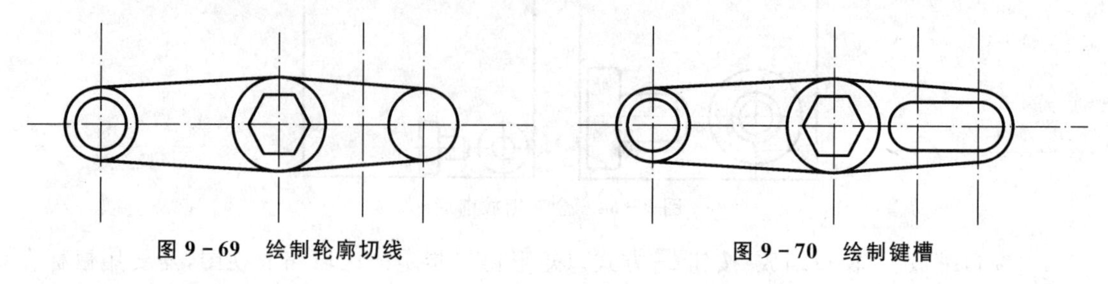

图 9-69　绘制轮廓切线　　　　图 9-70　绘制键槽

5）利用旋转命令把右侧臂旋转 45°，拐角处打断、设置好线宽。

6）标注尺寸，效果如图 9-71 所示。

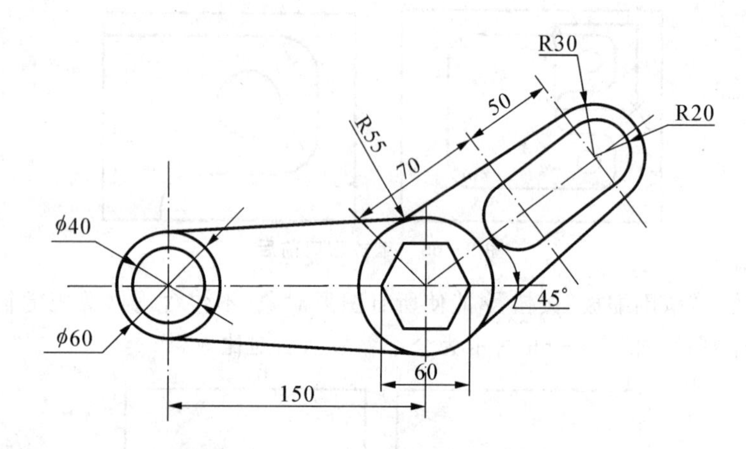

图 9-71　右侧臂旋转和尺寸标注

（4）布局与填写标题栏　切换到图纸空间，调整图形到合适大小、位置后，填写标题栏，便如任务图所示。

【课堂活动】

（1）试用外切于圆画法及边长画法绘制正六边形。

（2）试用其他方法绘制键槽。

9.4　焊接件的 CAD 图绘制

【任务描述】

绘制如图 9-72 所示的焊接件，要求图层分明、线型清楚。

知识目标

（1）掌握图层属性的设置方法，包括打开与关闭图层、冻结与解冻图层、锁定与解锁图层。

（2）掌握图层线宽、线型比例等的设置方法。

（3）学会利用绘图辅助工具“动态输入”以提高绘图效率。

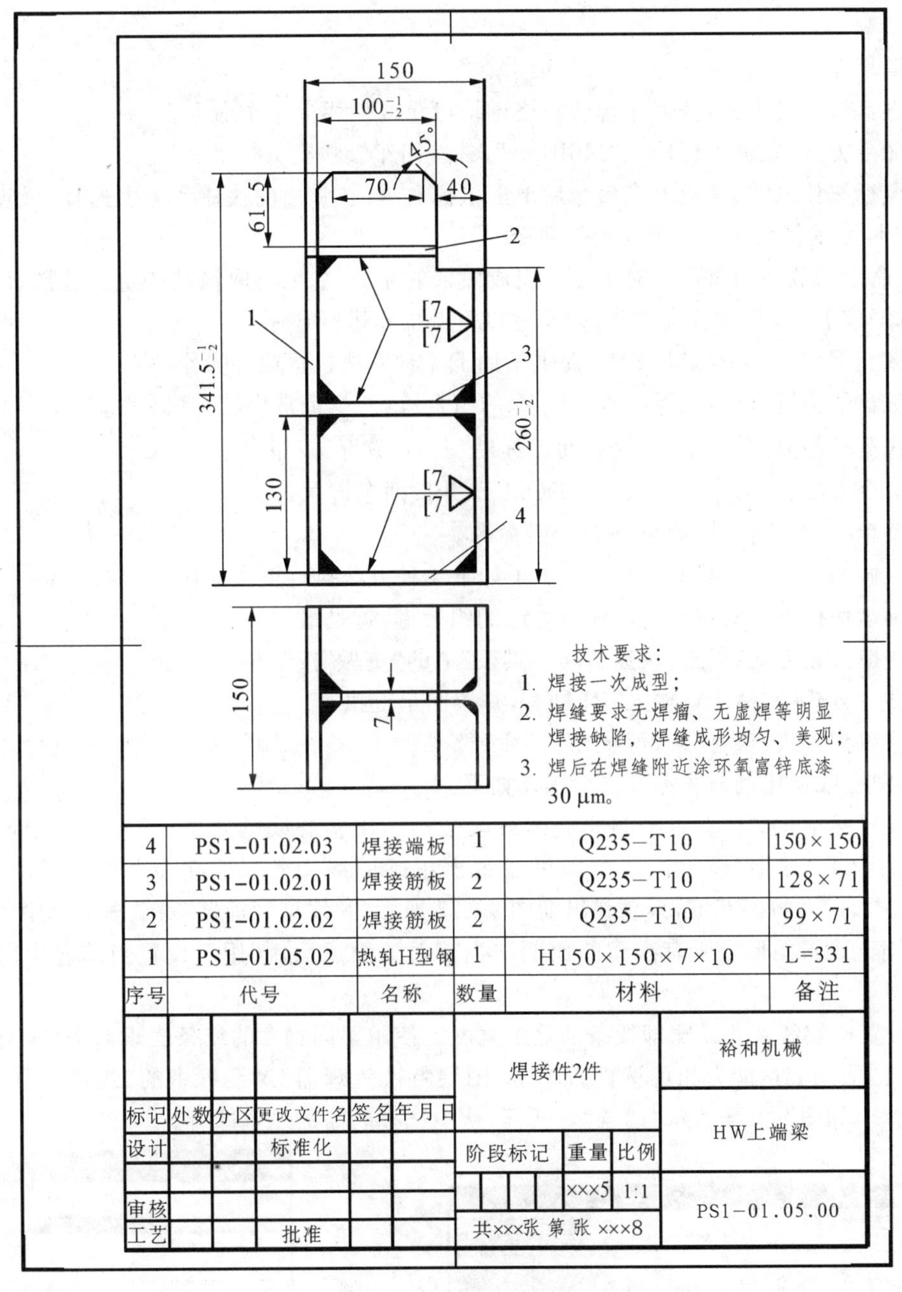

图 9－72　HW 型上端梁

能力目标

能使用 AutoCAD 2012 绘制层次分明的简单零件平面图，并标注尺寸。

【知识链接】

(1) 命令的终止与重复　在使用 AutoCAD 绘图的过程中，有时会产生误操作，有时则需要重复使用某项命令。

1) 终止命令。对于已经执行且尚在进行的命令，按下[ESC]键可退出当前命令。对于已经确定执行，但仍未在绘图区体现效果的命令，按[ESC]键同样可以终止，但有的需要按下两次才有效。

2）重复命令。

① 键盘快捷键方式：按回车键或空格键均可重复使用上一个命令。

② 命令方式：在命令行输入“Multiple”，并按回车键执行。

③ 鼠标按钮方式：完成上次命令后单击鼠标右键，在弹出的快捷菜单中选择“最近使用的命令”选项，可重复调用上一个使用的命令。

（2）命令的放弃与重做　对于已经完成效果的命令，如果要取消其产生的效果，可以使用放弃操作，而对于错误的放弃操作，则又可以重做操作进行还原。

1）放弃操作。AutoCAD 2012 提供了如下 4 种方法执行放弃操作：

① 键盘快捷键方式：按下[Ctrl]＋[Z]的组合键，这是最常用的方法。

② 快捷按钮方式：单击“快速访问工具栏”上的“放弃”按钮。

③ 命令方式：在命令行输入“UNDO/U”，并按回车键执行。

④ 菜单栏方式：执行“编辑”➤“放弃”命令。

2）重做操作。AutoCAD 2012 提供了如下 4 种方法执行重做操作：

① 键盘快捷键方式：按下[Ctrl]＋[Y]的组合键，这是最常用的方法。

② 快捷按钮方式：单击“快速访问工具栏”上的“重做”按钮。

③ 命令方式：在命令行输入“REDO”，并按回车键执行。

④ 菜单栏方式：执行“编辑”➤“重做”命令。

（3）图层线型比例与线宽设置　操作如下：

1）设置线型比例。有时绘制非连续线段会显示出实心线的效果，通常是由于该线型的“全局比例因子”过小，修改该数值即可显示出正确的线型效果。在命令行中输入“LINETYPE”或“LT”并按回车键，系统弹出如图 9－73 所示的“线型管理器”对话框。其中，“全局比例因子”用于设置图形中所有线型的比例，“当前对象缩放比例”用于设置当前选中的线型的比例。

2）设置图层线宽。线宽即线条的显示宽度。使用不同宽度的线条表现对象的不同部分，可以提高图形的表达能力和可读性。单击“图层特性管理器”对话框中的“线宽”列的对应图标，系统弹出如图 9－74 所示“线宽”对话框，从中选择所需的线宽即可。

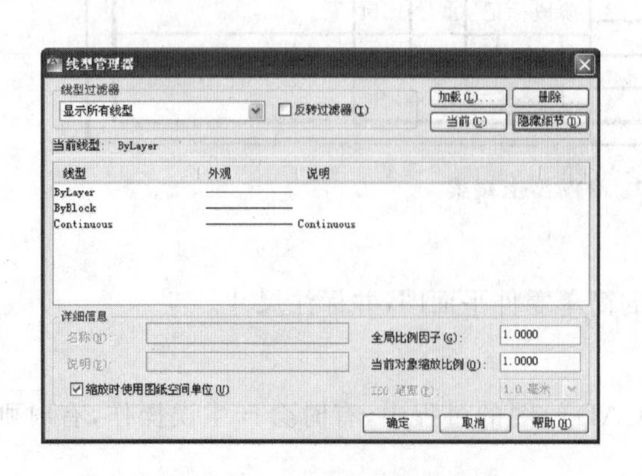

图 9－73　“线型管理器”对话框

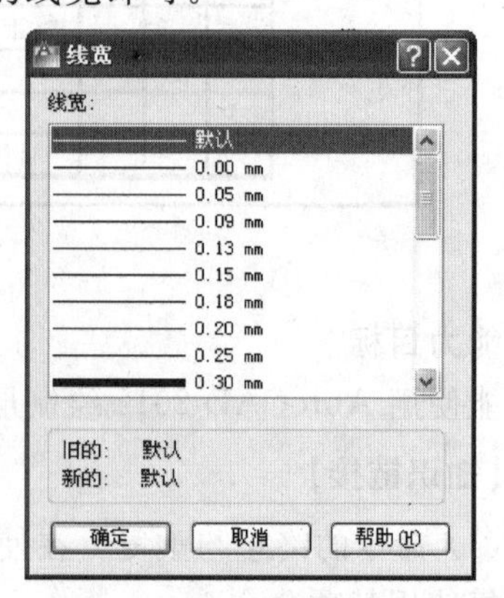

图 9－74　“线宽”对话框

(4) 图层属性设置　操作如下：

1) 打开与关闭图层。绘图过程中，可以将暂时不用的图层关闭，被关闭的图层中的图形对象将不可见，并且不能被选择、编辑、修改以及打印。单击“图层工具栏”中的灯泡图案，如图 9－75 所示，可实现对图层的开启或关闭，也可在“图层特性管理器”对话框中进行该操作。

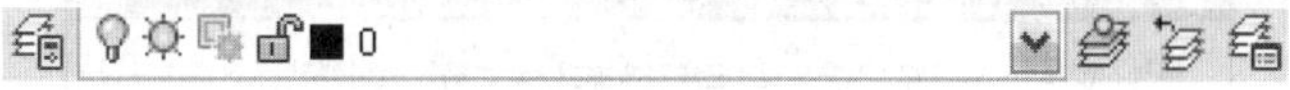

图 9－75　图层工具栏

2) 冻结与解冻图层。将长期不需要显示的图层冻结，可以提高系统运行速度，减少图形刷新的时间。因为这些图层将不会被加载到内存中，且 AutoCAD 不会在被冻结的图层上显示、打印或重生成对象。单击图 7－75 中的太阳图案，会显示雪花图案，这就实现了对该图层的冻结，也可在“图层特性管理器”对话框中进行该操作。

3) 锁定与解锁图层。如果某个图层上的对象只需要显示、不需要选择和编辑，可以锁定该图层。被锁定图层上的对象不能被编辑、选择和删除，但该层对象仍然可见，而且可以在该层上添加新的图形对象。单击图 9－75 中的锁图案，可实现对该图层的锁定和解锁，也可在“图层特性管理器”对话框中进行该操作。

(5) 绘制构造线　单击“绘图工具栏”➤“构造线”按钮，可以实现构造线绘制。调用命令后，命令行提示如下：

命令：_xline 指定点或［水平(H)/垂直(V)/角度(A)/二等分(B)/偏移(O)］：

命令行中各选项的含义如下：

水平：绘制水平构造线；　　　　　　垂直：绘制垂直构造线；

角度：按指定的角度创建构造线；　二等分：用来创建已知角的角平分线；

偏移：用来创建平行于另一个对象的平行线。创建的平行线可以偏移一段距离与对象平行，也可以通过指定的点与对象平行。

(6) 临时捕捉　临时捕捉是一种灵活的一次性捕捉模式，这种捕捉模式不是自动的。当用户临时捕捉某个图形特征点时，可以在捕捉之前按住［Shift］键单击鼠标右键，系统会弹出如图 9－76 所示的快捷菜单。在其中单击选择需要的对象捕捉点，系统就会将该特征点设置成临时捕捉特征点，捕捉完后，该设置自动消失。

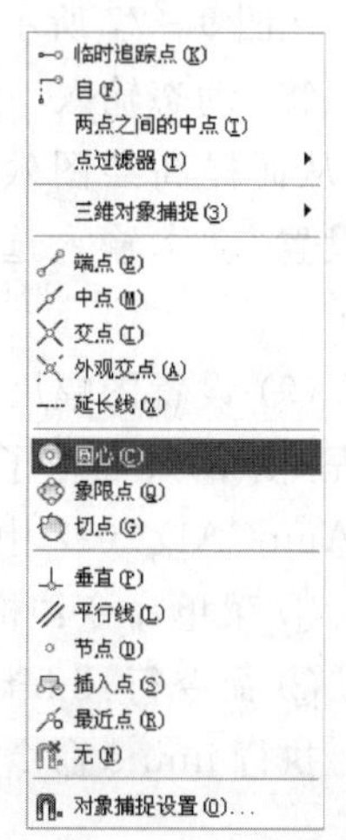

图 9－76　临时捕捉菜单

(7) 栅格与捕捉

1) 栅格。栅格如同传统纸面制图中所使用的坐标纸，按照相等的间距在屏幕上设置了栅格，使用者可以通过栅格数目来确定距离，从而达到精确绘图目的。但要注意，屏幕中显示的栅格不是图形的一部分，打印时不会被输出。在 AutoCAD 2012 中启用栅格功能有以下两种常用的方法：

① 快捷键：［F7］；

② 状态栏：“栅格”开关按钮。

栅格不但可以显示或隐藏，栅格的大小与间距也可以进行自定义设置，在命令行中输入“DS”并回车，打开“草图设置”对话框，在“栅格间距”参数组中可以自定义栅格间距，在“栅格行为”参数组中，可以通过勾选来确定是否“显示超出界限的栅格”，如图 9 77 所示。

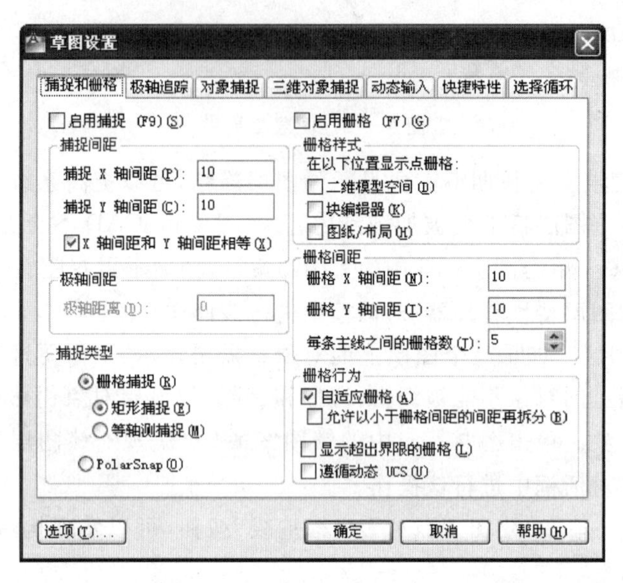

图 9－77　捕捉与栅格选项卡

2）捕捉。捕捉(非对象捕捉与临时捕捉)经常和栅格功能联用。当捕捉功能打开时，光标只能停留在栅格点上，因此此时只能移动与栅格间距整数倍距离。在 AutoCAD 2012 中启用栅格功能有以下两种常用的方法：

① 快捷键：[F9]；

② 状态栏：[捕捉]开关按钮。

在图 9－77 所示捕捉与栅格选项卡中，可以进行一些捕捉属性设置。

(8) 动态输入　使用动态输入功能可以在指针位置处显示标注输入和命令提示等信息，从而提高绘图效率。在命令行中输入“DS”并回车，打开“草图设置”对话框，进入“草图设置”动态输入选项卡，可以设置指针输入、标注输入、动态提示是否显示，如图 9－78 所示。

(9) 设置图幅尺寸　工程人员在绘制图形的时候，首先要设置图纸的大小。国家标准对工程图纸的尺寸作了精确的定义，如，A0(1 189 mm×841 mm)，A3(420 mm×297 mm)等。在 AutoCAD 2012 中，操作方法有以下常用的两种：

① 菜单命令：“格式”/“图纸界限”；

② 命令行：limits。

执行 limits 命令，AutoCAD 提示如下：

命令：_limits ↙

重新设置模型空间界限：

指定左下角点或 [开(ON)/关(OFF)] ⟨0.0000, 0.0000⟩：　　//在屏幕上指定一点

指定右上角点〈420.0000，297.0000〉：@420，297 ↙
命令：_limits ↙
重新设置模型空间界限：
指定左下角点或［开(ON)/关(OFF)］〈0.0000，0.0000〉:on　//打开图纸界限,此时界限外绘图无效

图 9-78　“动态输入”选项卡

(10) 文字添加　如图 9-79 所示的技术要求。单击“绘图工具栏”中的**A**按钮,AutoCAD 提示如下：

命令：_mtext 当前文字样式："Standard"　文字高度：2.5　注释性：否
指定第一角点：　　　　　　　　　　　　　// 指定文字输入的起点
指定对角点或［高度(H)/对正(J)/行距(L)/旋转(R)/样式(S)/宽度(W)/栏(C)］：
　　　　　　　　　　　　　　　　　　　　　// 指定文字输入的对角点,输入文字如图 9-79 所示。

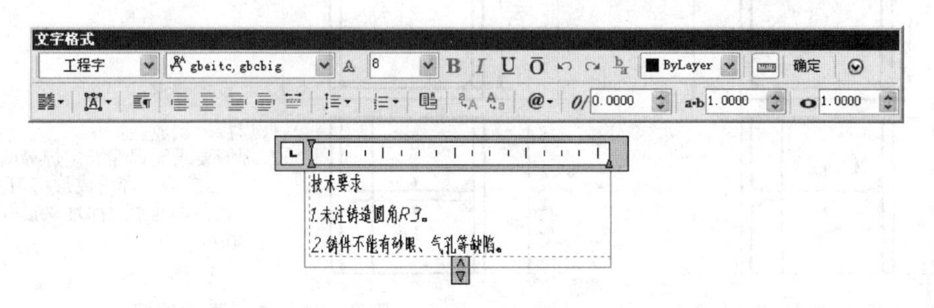

图 9-79　在文字编辑器中输入要表达的文字

【任务实施】

主要操作步骤如下：

(1) 调用 A3 图幅样板图,打开栅格显示出绘图界限范围。

(2) 创建图层,设置线型及颜色,图层分类原则及设置标准详见知识链接 E.4。

(3) 绘制图形　操作如下：

1）绘制基本框架并绘制焊接符号，如图 9-80 所示。

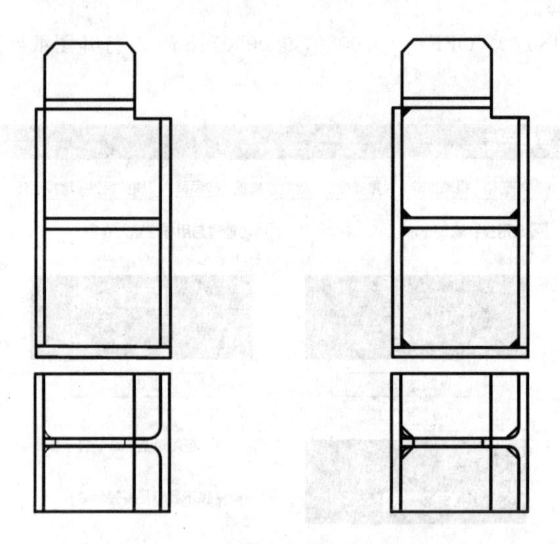

图 9-80　基本框架和焊接符号绘制

2）标注尺寸、零件序号，如图 9-81 所示。

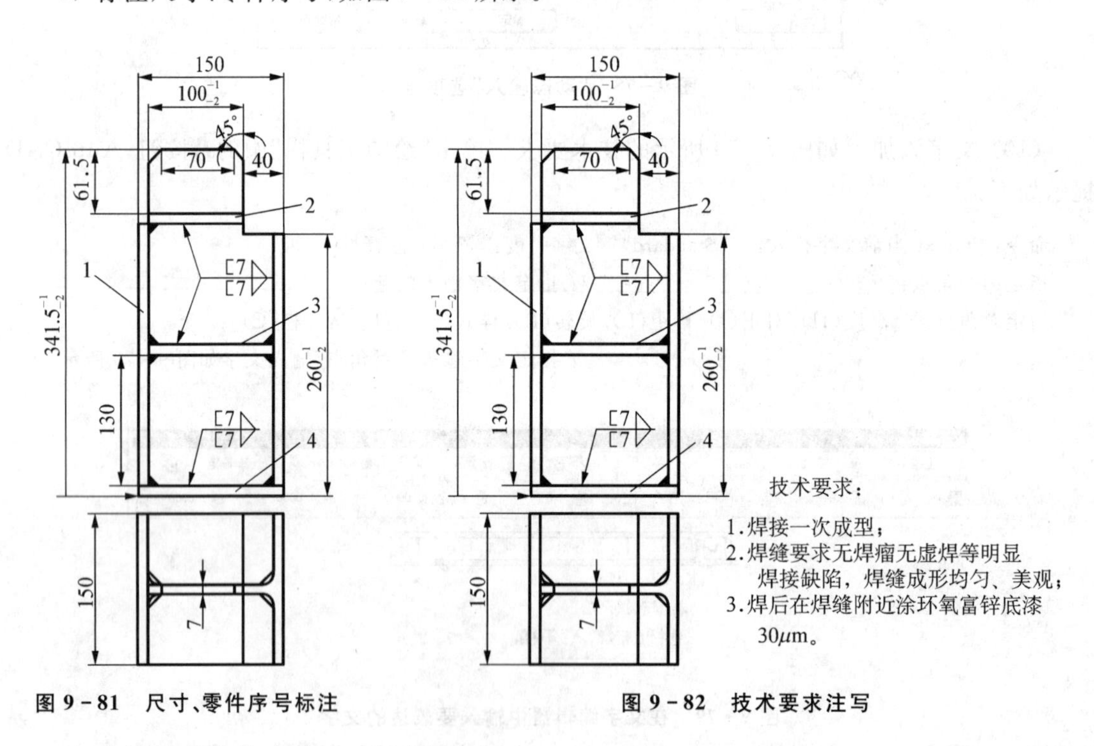

图 9-81　尺寸、零件序号标注　　**图 9-82　技术要求注写**

3）注写技术要求，如图 9-82 所示。

(4) 布局与填写标题栏　切换到图纸空间，调整图形到合适大小、位置后，填写标题栏、制作明细表，结果如图 9-83 所示。图形布局与调整、明细表制作详见后续章节。

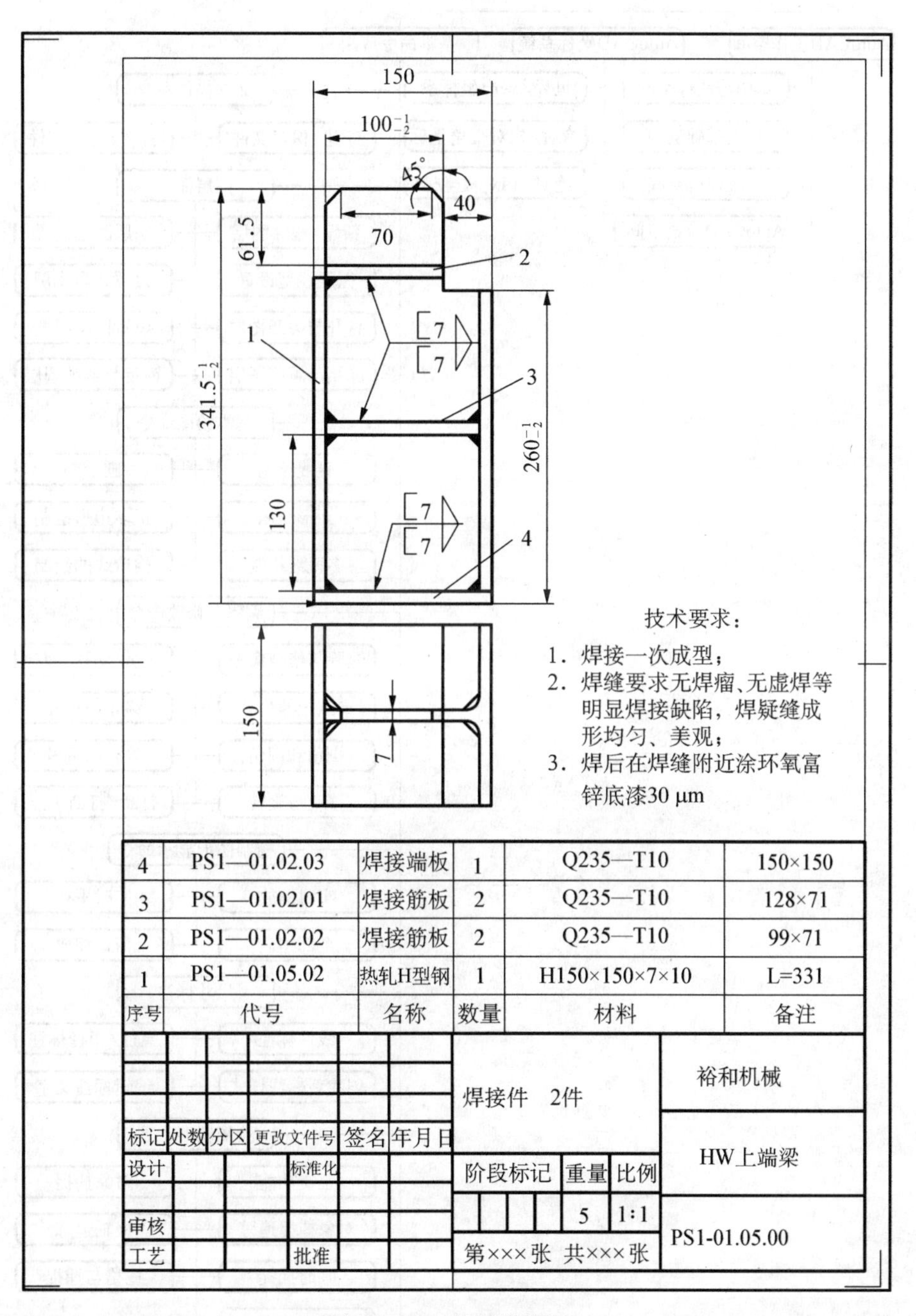
150
100$_{-2}^{-1}$
45°
40
70
61.5
2
1
341.5$_{-2}^{-1}$
7
7
3
260$_{-2}^{-1}$
130
4
150
7
技术要求：
1. 焊接一次成型；
2. 焊缝要求无焊瘤、无虚焊等明显焊接缺陷，焊疑缝成形均匀、美观；
3. 焊后在焊缝附近涂环氧富锌底漆30 μm
4 PS1—01.02.03 焊接端板 1 Q235—T10 150×150
3 PS1—01.02.01 焊接筋板 2 Q235—T10 128×71
2 PS1—01.02.02 焊接筋板 2 Q235—T10 99×71
1 PS1—01.05.02 热轧H型钢 1 H150×150×7×10 L=331
序号 代号 名称 数量 材料 备注
标记 处数 分区 更改文件号 签名 年月日
焊接件 2件
裕和机械
HW上端梁
设计 标准化
阶段标记 重量 比例
5 1:1
审核
工艺 批准
第×××张 共×××张
PS1-01.05.00

图 9－83 标题栏填写

【知识小结】

在本任务中,主要介绍的知识点如下:

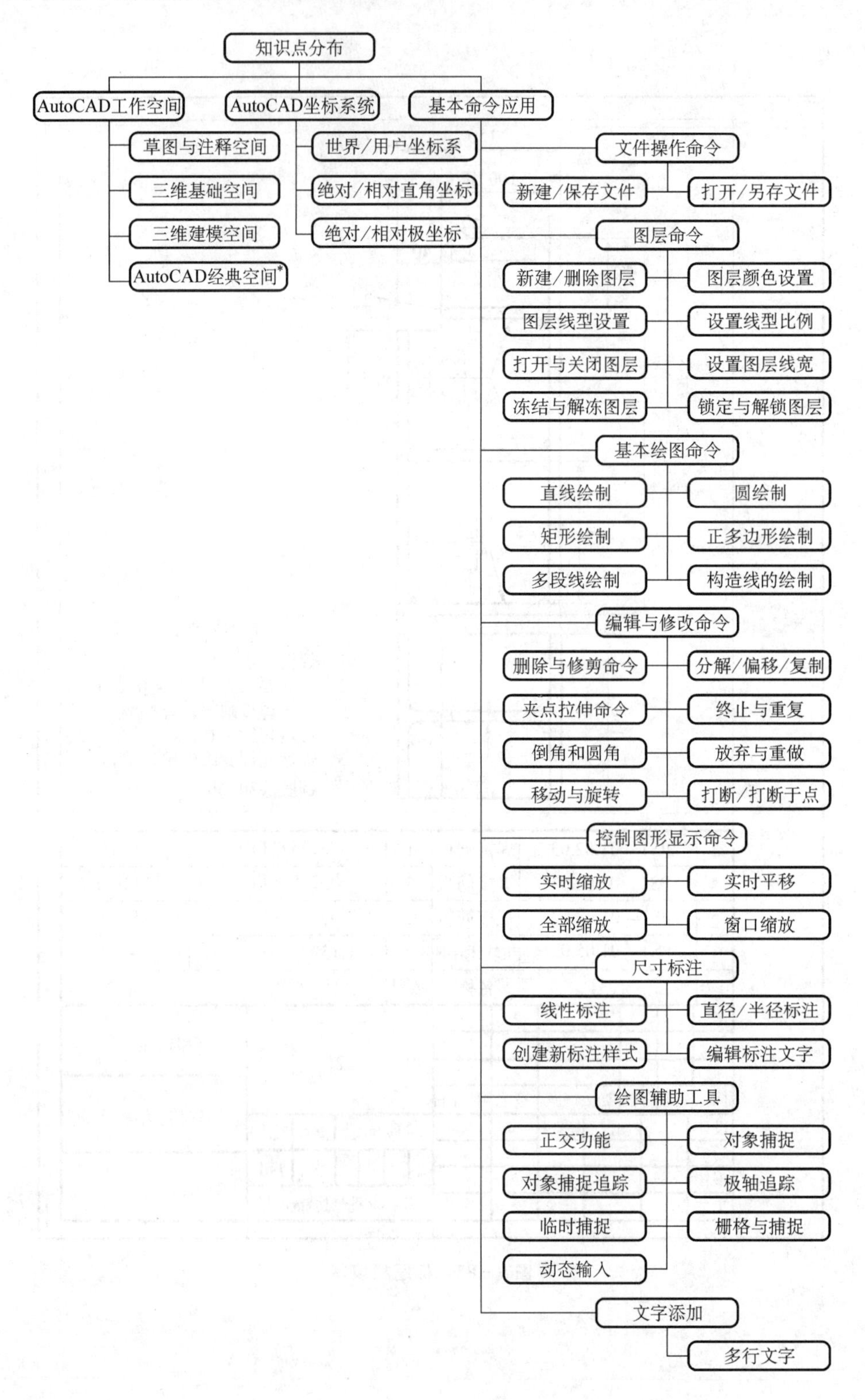

任务10　绘制轴套类、盘盖类、叉架类和箱体类零件CAD图

10.1　轴套类零件CAD图绘制

【任务描述】

绘制如图10-1所示的阶梯轴。阶梯轴是一个传动件，兼有支承和传动扭矩的双重作用，通常中间较粗而两侧较细。

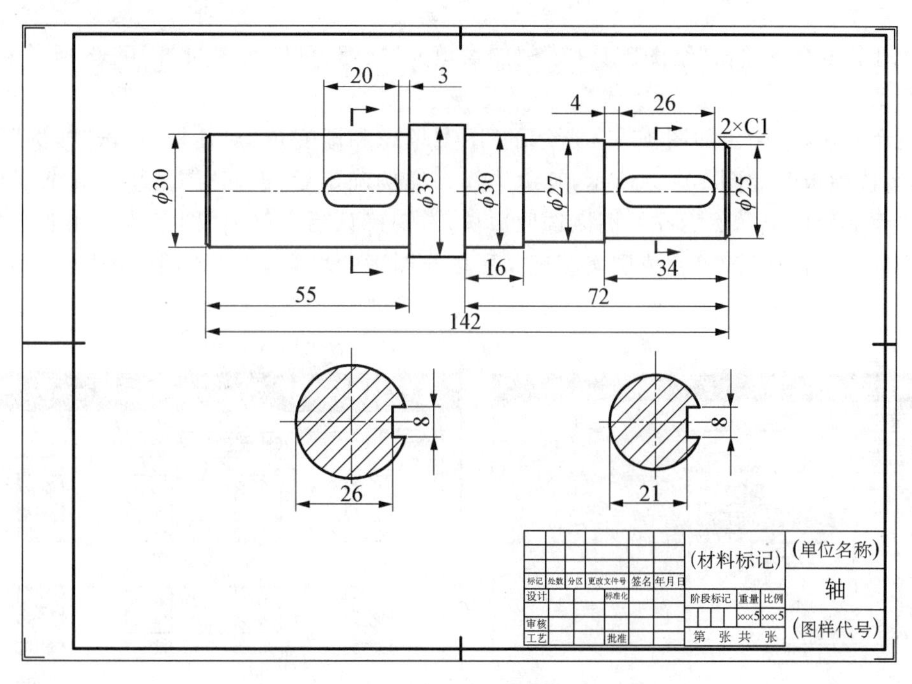

图10-1　阶梯轴

知识目标

(1) 掌握镜像命令与图案填充。

(2) 学会利用面域作图。

能力目标

能创建并编辑带有剖面的零件图，能运用面域绘制零件图。

【知识链接】

(1) 镜像　单击“修改工具栏”➢“镜像”按钮，要求实现如图10-2所示的镜像功能。调用命令后，AutoCAD命令行提示如下：

命令：_mirror　　　　　　　　　　　　　　　　　//启动命令
选择对象：指定对角点：找到 3 个　　　　　　　　//用交叉窗选方式选择图 10-2(a)三角形
选择对象：　　　　　　　　　　　　　　　　　　//右键确认
指定镜像线的第一点：指定镜像线的第二点：　　　// 镜像对称线上任意选取两点
要删除源对象吗？[是(Y)/否(N)]〈N〉：n ↙　　　　//选择不删除源对象，回车确认

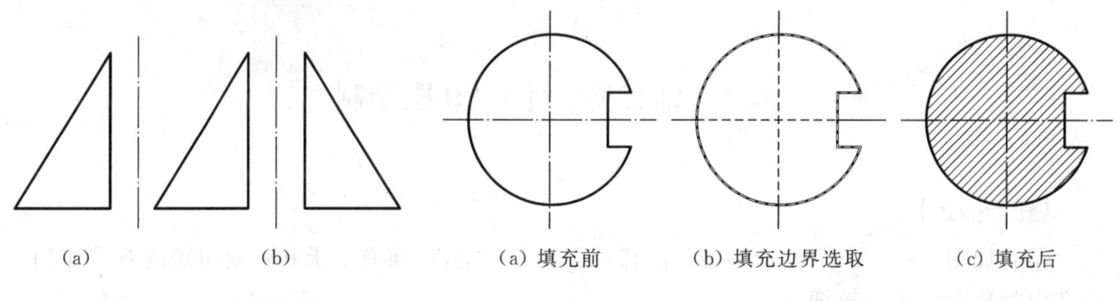

(a)　(b)　　(a) 填充前　(b) 填充边界选取　(c) 填充后

图 10-2　镜像前后　　　　**图 10-3　图案填充**

(2) 图案填充　单击"绘图工具栏"➤"图案填充"按钮，可以实现如图 10-3 所示的图案填充功能。

调用命令后，会弹出如图 10-4 所示的"图案填充和渐变色"对话框，点击"样例"，会弹出"填充图案选项板"，如图 10-5 所示，其中选择一样例确定后，返回"图案填充和渐变色"对话框，单击"添加拾取点"，然后在绘图区选取边界，右键确认后在弹出"图案填充和渐变色"对话框中点击【确定】按钮，即可完成图案填充。所填充图案的填充角度、比例可在"角度和比例"中设置。

图 10-4　"图案填充和渐变色"对话框

图 10-5　填充图案选项板

(3) 面域与布尔运算　操作如下：

1) 创建面域。单击“绘图工具栏”➤“面域”按钮，选择一个或多个封闭图形，AutoCAD 可根据选择的边界自动创建面域，并报告已经创建的面域数目，如图 10－6 所示。调用命令后，AutoCAD 命令行提示如下：

命令：_region　　　　　　　　　　　//启动命令
选择对象：找到 1 个　　　　　　　　//选择对象(图 8－6 中 5 个矩形面域)
选择对象：找到 1 个，总计 2 个
选择对象：找到 1 个，总计 3 个
选择对象：找到 1 个，总计 4 个
选择对象：找到 1 个，总计 5 个
选择对象：　　　　　　　　　　　　//右键确认，结果如图 10－7 所示。
已提取 5 个环。
已创建 5 个面域。　　　　　　　　　// 报告已创建的面域数

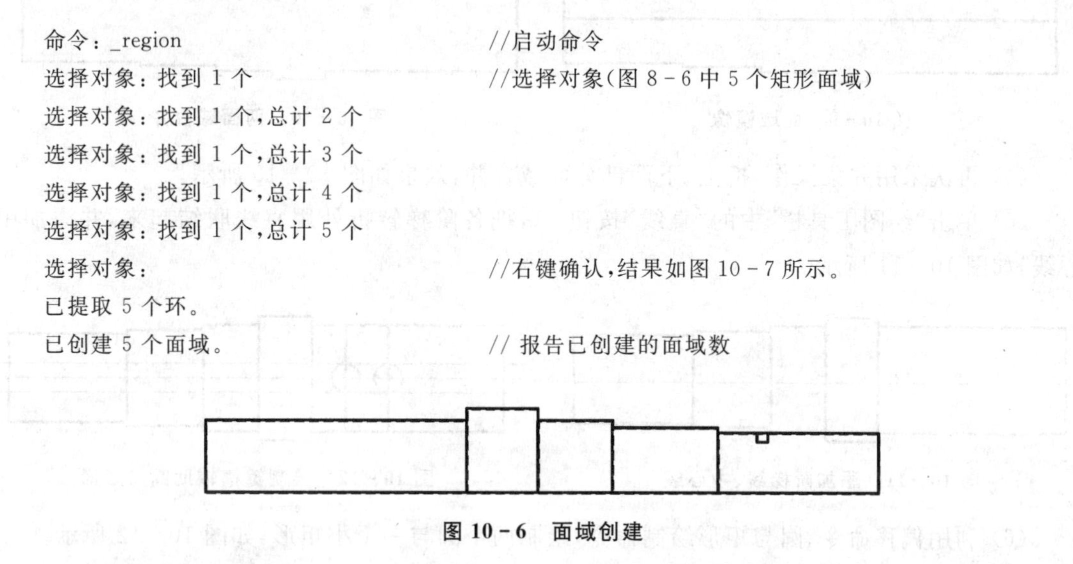

图 10－6　面域创建

2) 布尔运算。布尔运算主要有并集、差集与交集 3 种运算方式。此处以并集为例。单击“实体编辑工具栏”➤“并集”按钮，可以合并所选择的多个面域，如图 10－7 所示。调用命令后，AutoCAD 命令行提示如下：

命令：_union　　　　　　　　　　　//启动命令
选择对象：找到 1 个　　　　　　　　//选择对象
选择对象：找到 1 个，总计 2 个
选择对象：找到 1 个，总计 3 个
选择对象：找到 1 个，总计 4 个
选择对象：找到 1 个，总计 5 个
选择对象：　　　　　　　　　　　　//右键确认

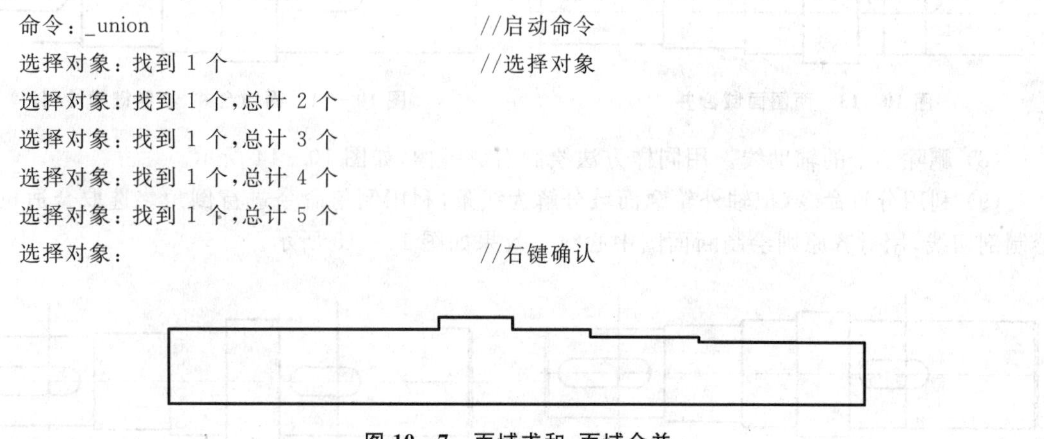

图 10－7　面域求和、面域合并

【任务实施】

主要作图步骤如下。

(1) 按尺寸绘制一系列矩形，如图 10－8 所示。

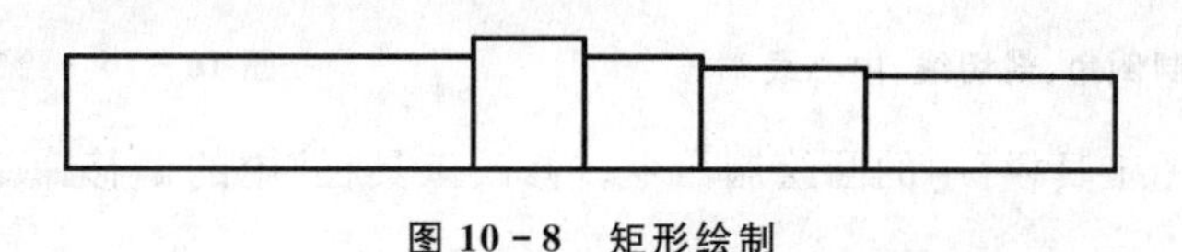

图 10－8　矩形绘制

(2) 把各矩形转换为面域,并求并集(见图 10-7)。

(3) 采用镜像功能,把图沿下边线镜像,效果如图 10-9 所示。

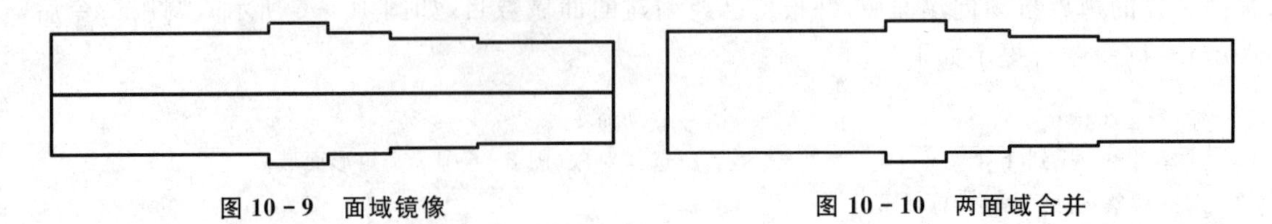

图 10-9　面域镜像　　**图 10-10　两面域合并**

(4) 再次采用并集操作,把上、下两部分面域合并,效果如图 10-10 所示。

(5) 单击“绘图工具栏”中的“直线”按钮,把各阶梯转折处用直线联结起来,并添加中心线,如图 10-11 所示。

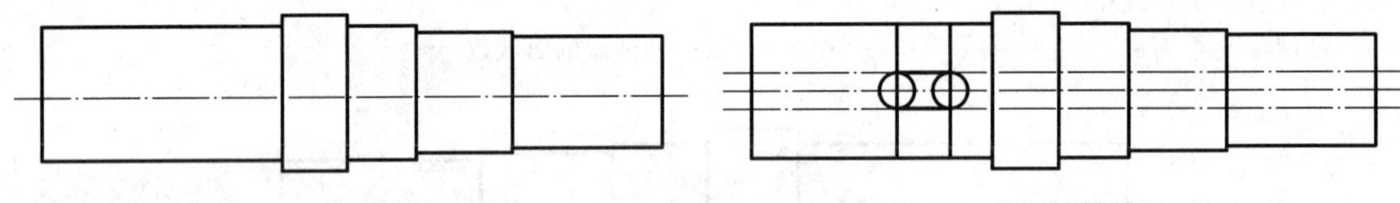

图 10-11　添加阶梯线、中心线　　**图 10-12　绘制键槽辅助圆与矩形**

(6) 利用偏移命令、圆与矩形绘制命令,绘制两个圆与一个小矩形,如图 10-12 所示。

(7) 利用面域并集操作,把圆与矩形合并为一整体面域,效果如图 10-13 所示。

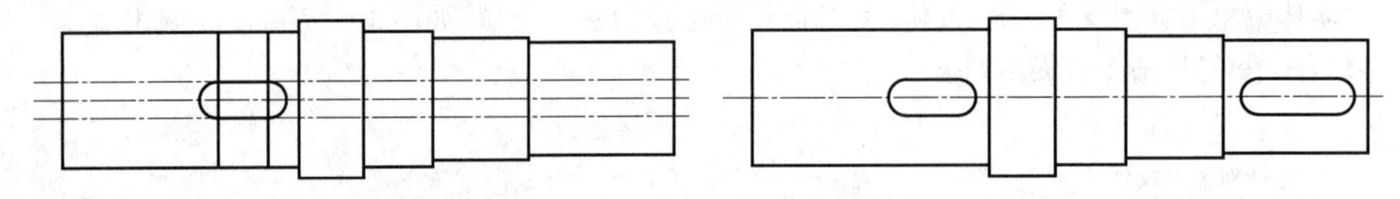

图 10-13　两图面域合并　　**图 10-14　面域合并、右侧键槽绘制**

(8) 删除多余的辅助线。用同样方法绘制右侧键槽,如图 10-14 所示。

(9) 利用分解命令,把轴外轮廓面域分解为线条,利用倒角命令进行倒角。选取合适位置绘制剖切线,用对齐原则绘制断面图中心线。效果如图 10-15 所示。

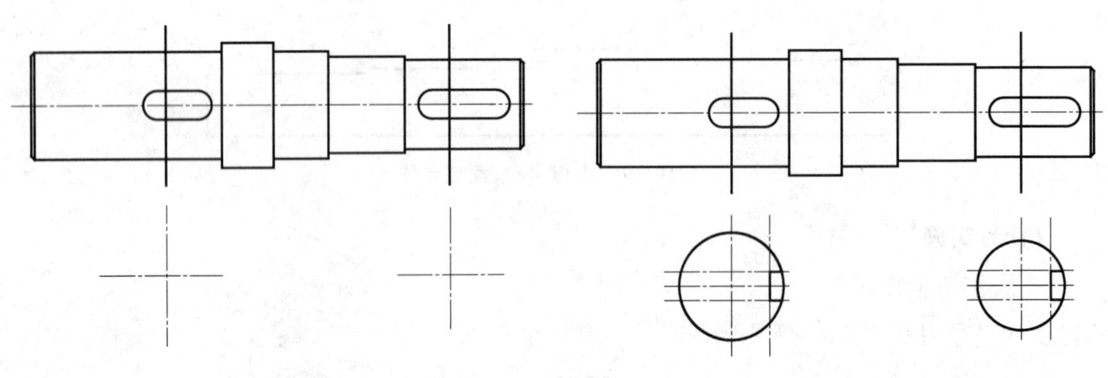

图 10-15　绘制倒角、剖切线、中心线　　**图 10-16　绘制断面图**

(10) 利用“绘图工具栏”中的圆绘制命令、“修改工具栏”中的偏移命令,绘制如图 10-16 所示的内容。

(11) 利用“修改工具栏”中的修剪命令，“绘图工具栏”中的图案填充命令，进一步完善作图内容，效果如图 10 - 17 所示。

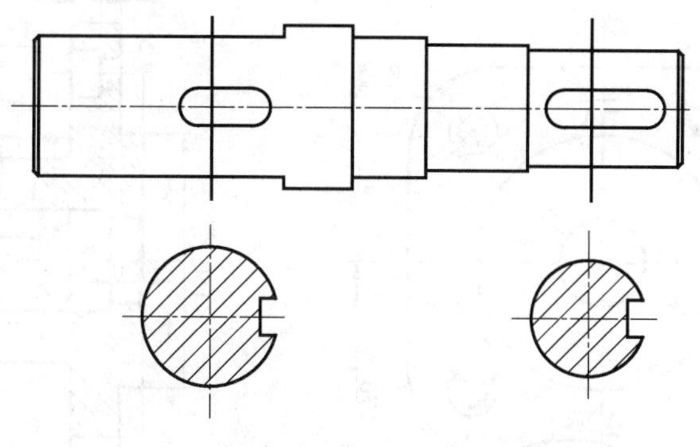

图 10 - 17　剖面线添加

(12) 按照加工顺序、车铣分开原则，进行尺寸标注，如图 10 - 18 所示。用线性尺寸标注时，“ϕ”的输入为：点击“修改”菜单栏➤“对象”➤“文字”➤“编辑”命令 ，单击所要修改的尺寸，在弹出的“文字格式”对话框下面的修改区的尺寸数字前敲打键盘“%%C”，然后点击【确定】即可。

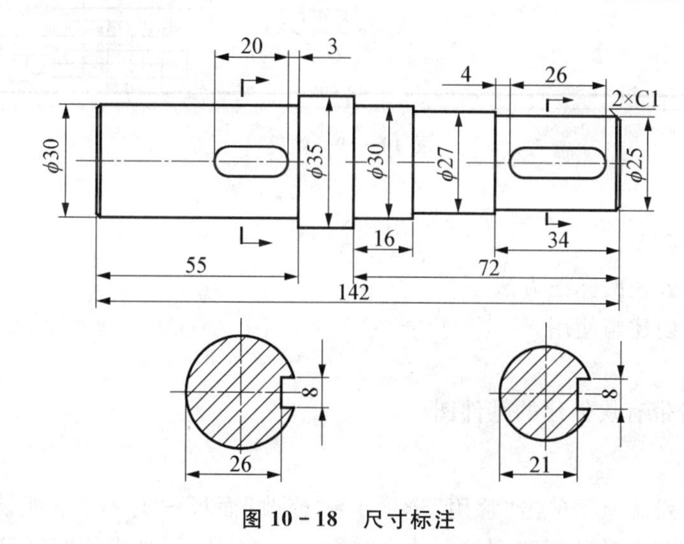

图 10 - 18　尺寸标注

【课堂活动】

课堂讨论：用偏移命令可不可以实现任务图的绘制？试用偏移命令绘制如上任务图。

10.2　盘盖类零件 CAD 图绘制

【任务描述】

盘盖类零件多用于传动支承、联结、分度和防护等，通常都有一个底面作为同其他零件靠紧的重要结合面。本项目要求绘制图 10 - 19 所示的盘盖类零件图。

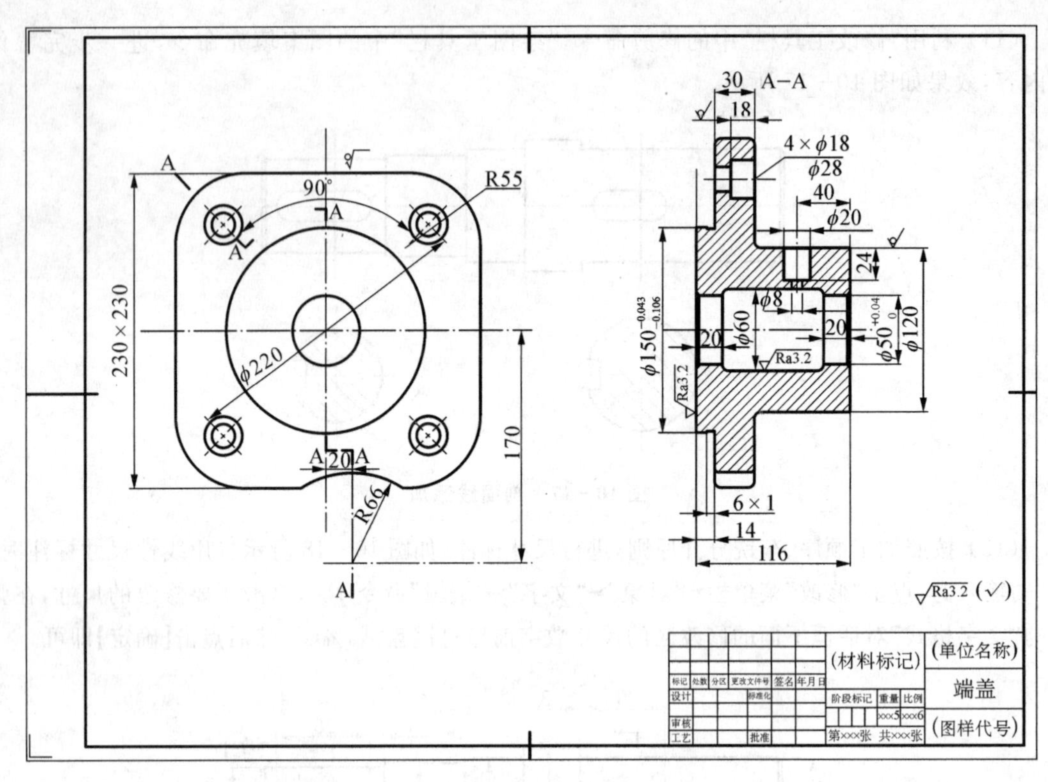

图 10 - 19　端盖

知识目标

(1) 掌握阵列命令。

(2) 掌握尺寸公差的标注方法。

(3) 掌握块的创建与使用。

能力目标

能创建并编辑带有块创建的零件图。

【知识链接】

(1)“环行”阵列命令　单击“常用”选项卡➤“修改”面板➤“环行”阵列 ⁘ ,可以完成围绕指定圆心复制选定对象的环行阵列的创建。如图 10 - 20 所示,要求用“环行”阵列命令将左图修改为右图。调用命令后,AutoCAD 命令行提示如下:

命令:_arraypolar　　//启动环行阵列命令

选择对象:找到 1 个　　//选择阵列对象—圆 A

选择对象:类型 = 极轴　关联 = 是

指定阵列的中心点或[基点(B)/旋转轴(A)]:　　//捕捉阵列中心点 O1

输入项目数或[项目间角度(A)/表达式(E)]〈4〉:6↙　　//输入阵列后的总数量(包括源对象)

指定填充角度(+=逆时针、-=顺时针)或[表达式(EX)]〈360〉:360↙

// 输入总阵列角度

按回车键接受或[关联(AS)/基点(B)/项目(I)/项目间角度(A)/填充角度(F)/行(ROW)/层(L)/旋转项目(ROT)/退出(X)]〈退出〉:↙

// 回车确认

圆 A 阵列完毕,如图 10－20(b)所示。圆 B 和槽 C 阵列原理同上。

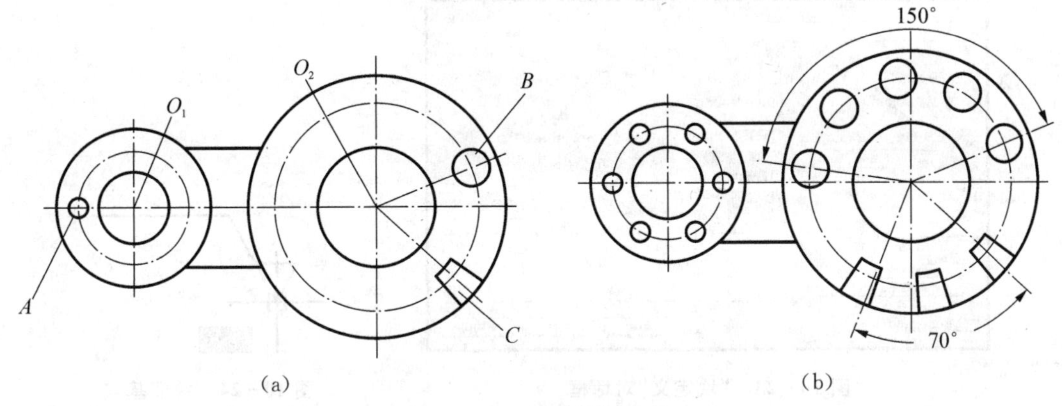

图 10－20　创建环行阵列

注意　若阵列角度为正,则 AutoCAD 沿逆时针方向创建阵列;否则,按顺时针方向创建阵列。

(2) 尺寸公差标注　如单独对图样中某个尺寸标注尺寸公差,选择该尺寸后,可点击"标准工具栏"中的"特性"按钮 ,在"公差"栏处标注,如图 10－21(a, b)所示。欲对其标注公差消去后续零,如图 10－21(c)所示。

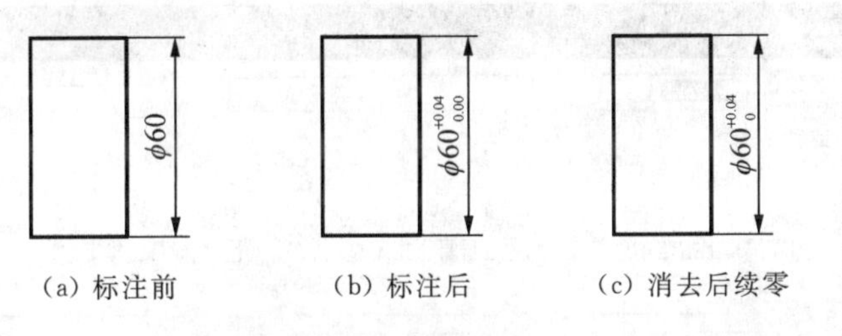

(a) 标注前　(b) 标注后　(c) 消去后续零

图 10－21　公差标注

点击"标准工具栏"中的"特性"按钮 ,弹出如图 10－22 所示的特性面板,在"显示公差"处选择"极限偏差",然后下面依次输入上、下偏差即可。注意,不需要输入符号。如需要消去后续零,操作相似。

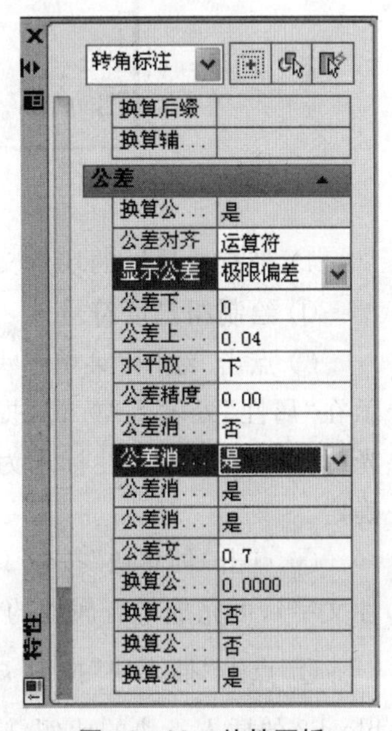

图 10－22　特性面板

(3) 创建与使用块　以表面粗糙度标注为例,块创建与使用块步骤如下:

1) 按比例画好表面粗糙度符号。

2) 简单块创建。点击"绘图工具栏"中的"创建块"按钮 ,弹出"块定义"对话框,如图 10－23 所示。

① 在"块定义"对话框中输入块名称,选择在屏幕上拾取基点。

② 点击"选择对象",回到绘图区选择事先画好的图所示内容,右键确认,可看到对话框中提示:"已选择 4 个对象"。点选"转换为块",点击【确定】,回到绘图区拾取基点,如图10－24所示,即可完成块 block1 的创建。

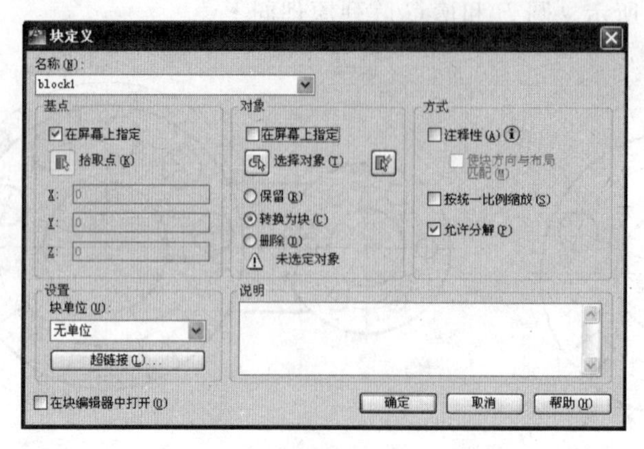

图 10-23 “块定义”对话框

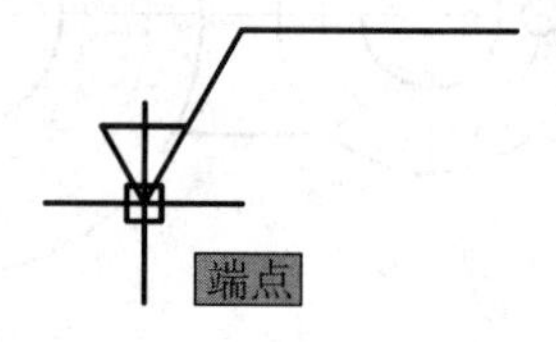

图 10-24 拾取基点

3）简单块插入。点击“绘图工具栏”中的“插入块”按钮 ，弹出“插入”对话框，如图10-25所示。选择在屏幕上指定插入点、比例、旋转角度，点击【确定】后回到绘图区，可看到此时鼠标上已带有随光标一起浮动的已定义好的块 block1，选取合适位置单击左键，命令行输入 X，Y 方向比例因子，旋转角度，即可完成块 block1 的插入。

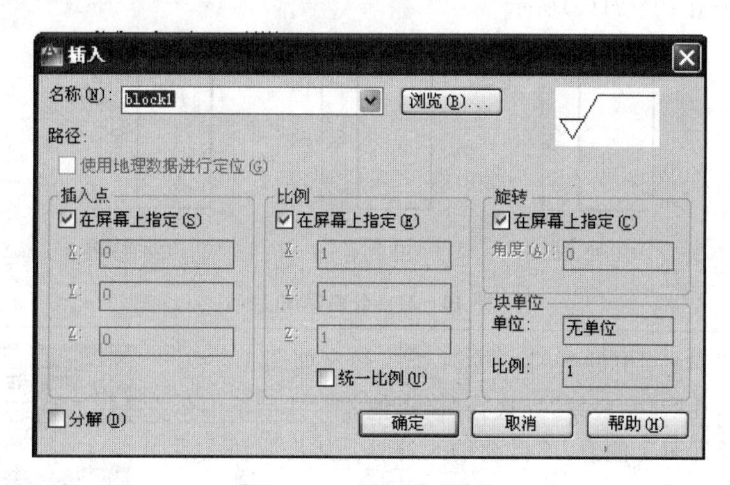

图 10-25 “插入”对话框

4）带有块属性的块定义。

① 绘制粗糙度符号。

② 点击“绘图”菜单➤“块”➤“定义属性”命令，弹出“属性定义”对话框，如图 10-26 所示在“属性”处输入“标记，提示，默认”项后，点击【确定】回到绘图区，可看到鼠标上带有随光标一起浮动的属性标志为 XXX1 的文字，如图 8-27 所示，选取合适位置，鼠标左键单击确定。

③ 点击“创建块”按钮 ，弹出“块定义”对话框，重复块创建操作(选择对象时包含块属性文字)，可完成带有属性的块 block2 的创建。

④ 点击“插入块”按钮 ，弹出“插入”对话框，重复块插入操作，可完成带有属性的块 block2 的插入。块的比例、旋转角度、粗糙度数值可在屏幕命令行输入。

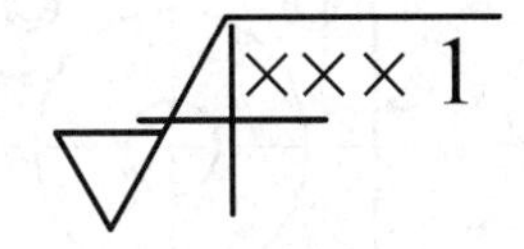

图 10-26 “属性定义”对话框　　图 10-27 块浮动状态

注意 在图样以插入的块上,双击鼠标,可弹出如图 10-28 所示的“增强属性编辑器”对话框,可看到属性、文字选项、特性选项卡。在“文字”选项卡里,可设置文字样式、高度、是否旋转等,如图 10-29 所示。

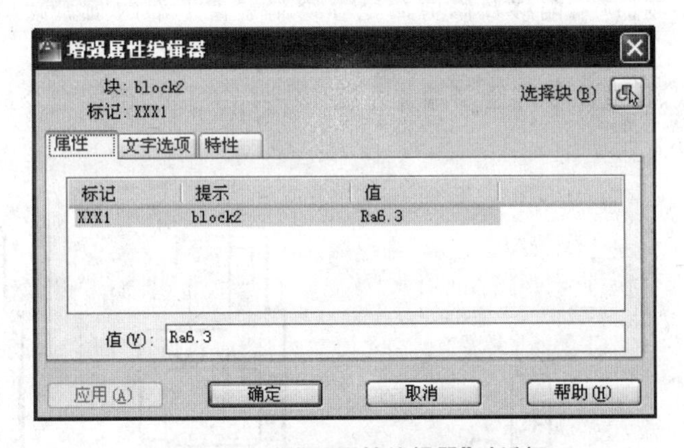

图 10-28 “增强属性编辑器”对话框

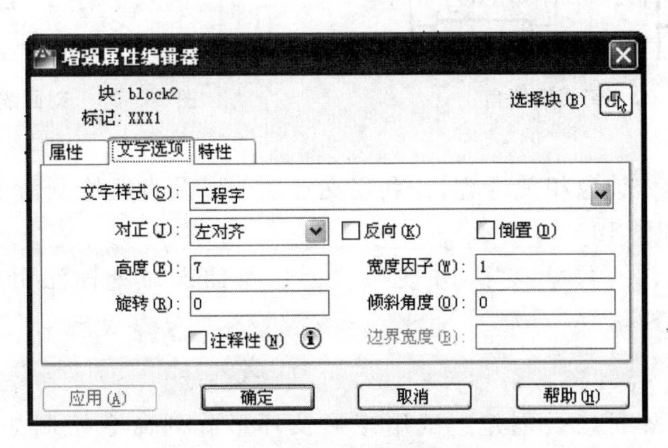

图 10-29 “文字”选项卡

【任务实施】

主要作图步骤如下。

(1) 调用 A3 图幅样板图。创建好图层、线型及颜色。

(2) 利用圆、矩形绘制命令，打断以及阵列命令绘制端盖主体轮廓，如图 10-30 所示。

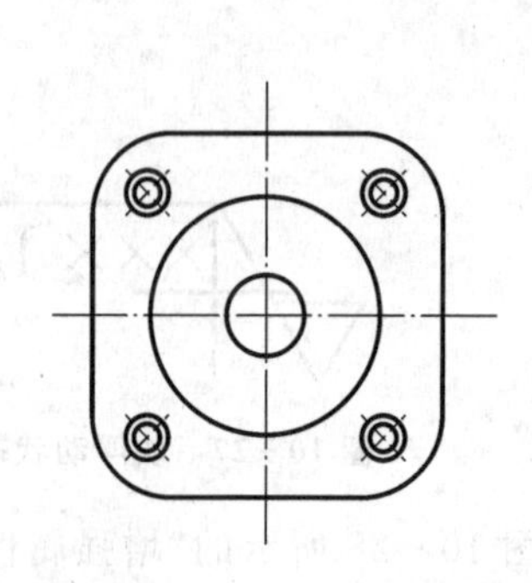

图 10-30 端盖主体轮廓绘制

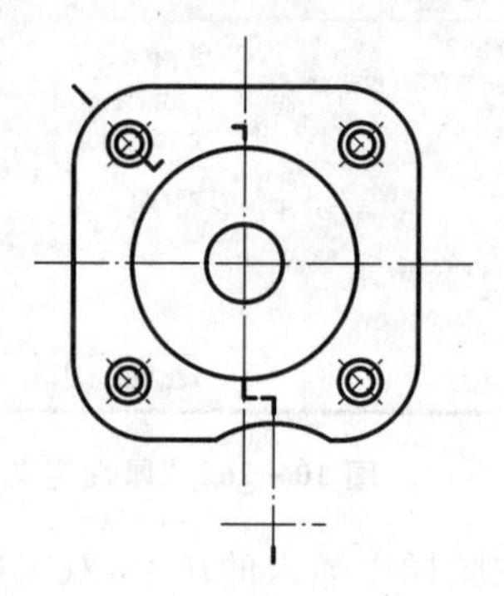

图 10-31 圆弧缺口及剖切符号绘制

(3) 利用直线绘制命令、偏移及修剪命令等绘制端盖下部的圆弧缺口及剖切符号，如图 10-31所示。

(4) 利用构造线、面域命令等绘制端盖左视图一半，并使用倒圆命令进行倒圆，补上缺少线，如图 10-32 所示。

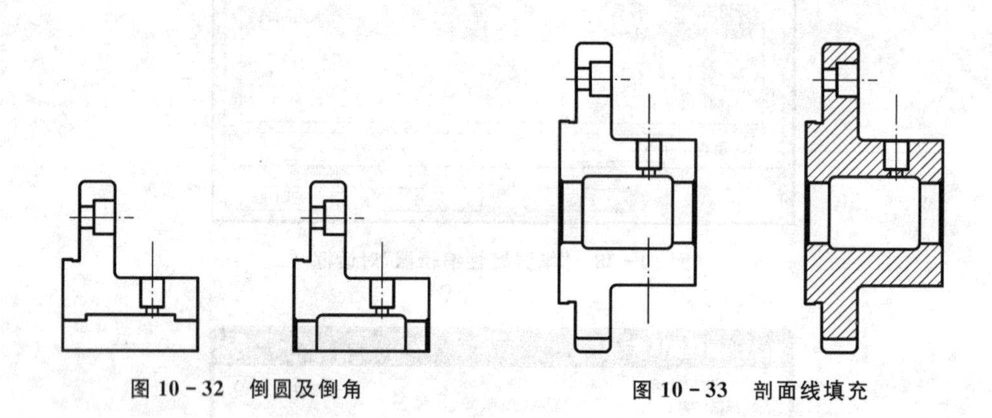

图 10-32 倒圆及倒角

图 10-33 剖面线填充

(5) 使用镜像命令镜像相关内容，并利用夹点功能以及直线绘制命令绘制左视图镜像。同时，填充剖面线，如图 10-33 所示。

(6) 标注尺寸，注写尺寸文字，并使用块创建及插入命令标注粗糙度，如图 10-34 所示。

【课堂活动】

课堂讨论：矩形阵列怎么创建？试用矩形及环形阵列命令绘制如图 10-35 中所示内容。

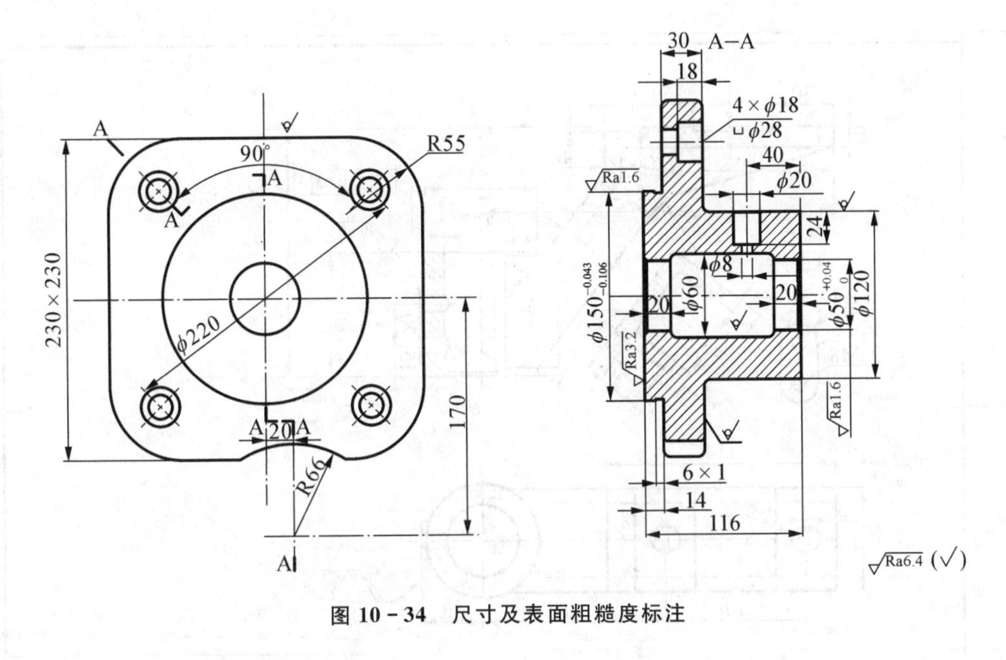

图 10－34　尺寸及表面粗糙度标注

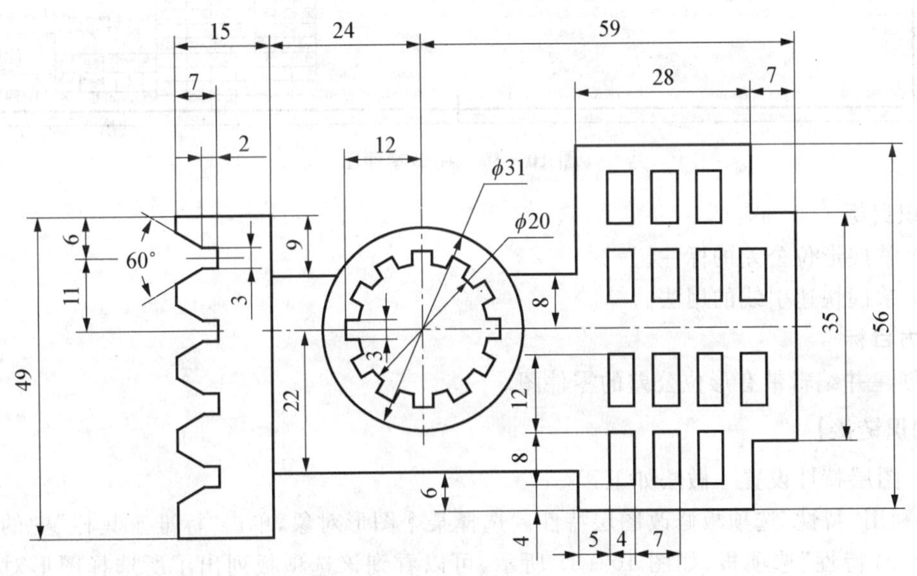

图 10－35　阵列练习图

10.3　叉架类零件的 CAD 图绘制

【任务描述】

叉架类零件主要用于支承传动轴及其他零件，主要包括支架、拨叉、连杆及杠杆等，结构一般比较复杂，常带有安装板、支承板、支承孔、肋板及夹紧用螺孔等结构。本项目要求绘制托脚零件图，如图 10－36 所示。

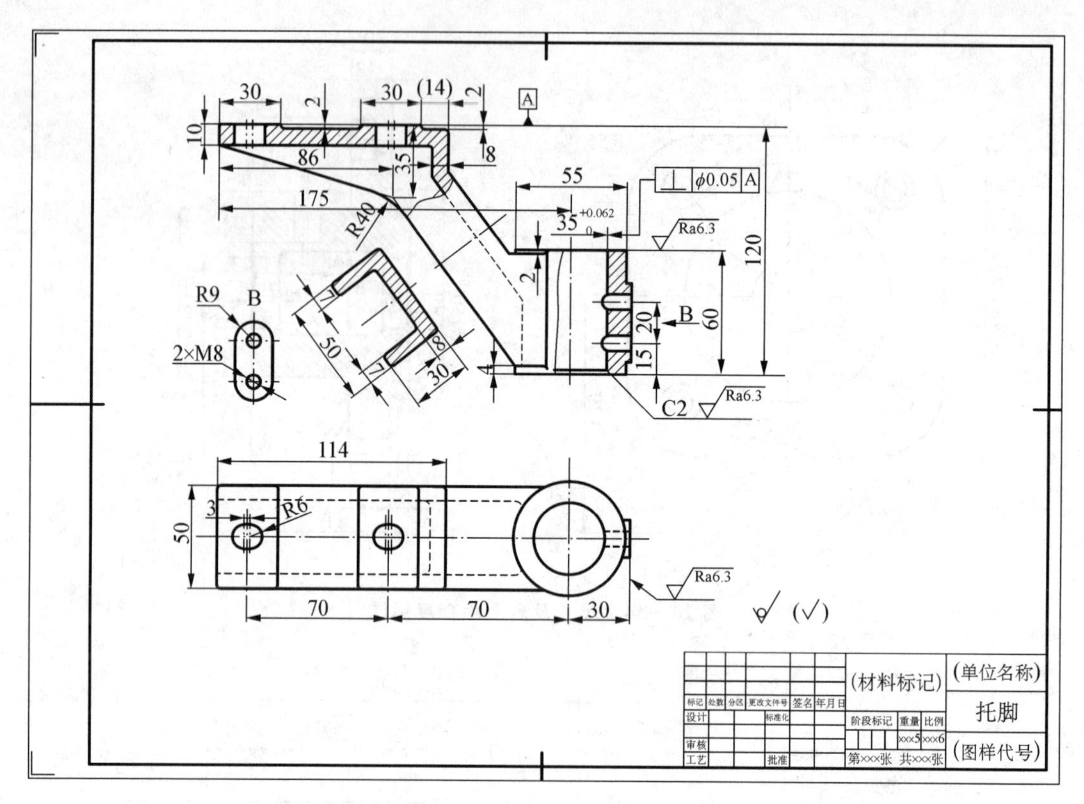

图 10-36 托脚零件图

知识目标

(1) 掌握形位公差的标注。

(2) 掌握快速引线的用法。

能力目标

能创建并编辑带有形位公差的零件图。

【知识链接】

(1) 图层特性设置　做法如下：

1) 利用"特性"选项板修改图层特性。选择某个图形对象，单击"标准工具栏"中的"特性"按钮，打开"特性"选项板，如图 10-37 所示，可以看到该选项板列出了所选择图形对象的颜色、线宽、线型、打印样式等常规图形属性，可以对其进行独立于图层之上的修改与调整。

2) 匹配图形属性。单击"标准工具栏"➤"特性匹配"按钮，选择源对象，选择目标对象，即可实现目标对象的部分或全部特性和源对象相同。调用命令后，命令行输入如下：

命令：MA

MATCHPROP

选择源对象：　　　　　　　　　　// 单击选择源对象

当前活动设置： 颜色 图层 线型 线型比例 线宽 透明度 厚度 打印样式 标注 文字 图案填充 多段线 视口 表格材质 阴影显示 多重引线

选择目标对象或［设置(S)］：　　　　// 光标变成格式刷状，选择目标对象，可以立即修改其属性

选择目标对象或［设置(S)］：　　　　// 选择目标对象完毕后回车，结束命令

图 10-37 "特性"选项板

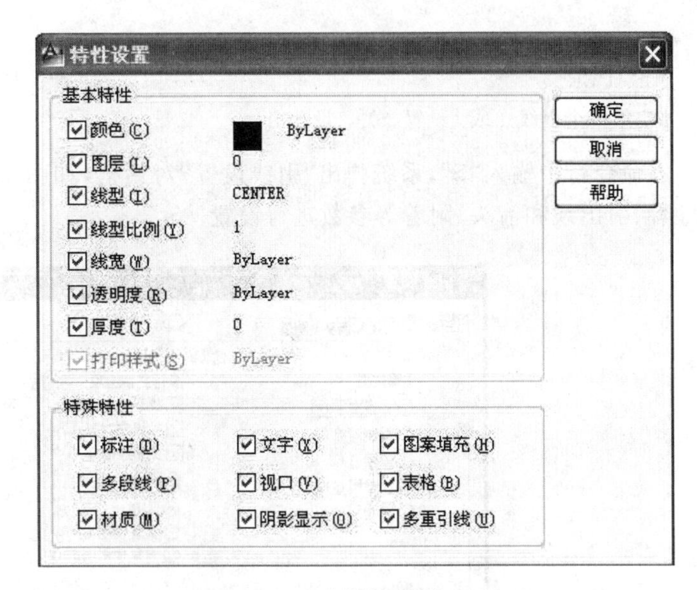

图 10-38 "特性设置"对话框

通常,源对象可供匹配的特性很多,选择"设置"备选项,将弹出如图 10-38 所示的"特性设置"对话框。在该对话框中,可以设置哪些特性允许匹配,哪些特性不允许匹配。

(2) 几何公差标注　做法如下:

1) 绘制基准代号和公差指引。通常在进行几何公差(形位公差)标注之前指定公差的基准位置绘制基准符号,并在图形上的合适位置利用引线工具绘制公差标注的箭头指引线,如图 10-39 所示。

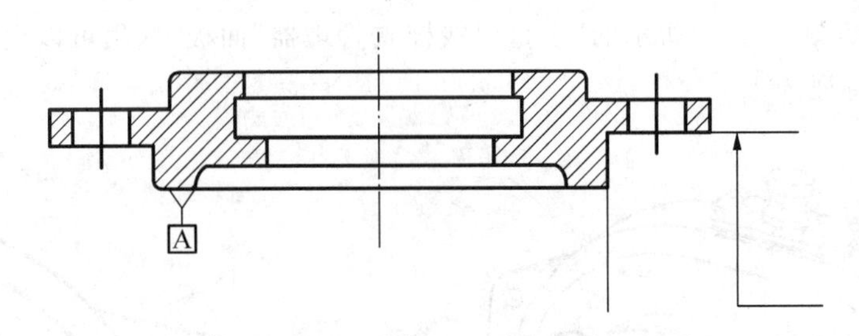

图 10-39 绘制公差基准代号和箭头指引线

2) 指定形位公差符号。单击"标注工具栏"➤"公差"按钮,系统弹出如图 10-40 所示的"形位公差"对话框,选择公差符号,在"公差 1"色块单击决定是否选择输入"ϕ",后面的文本框中直接输入公差值,右侧色块弹出的"附加符号"中可选择包容条件,最后为基准的输入。

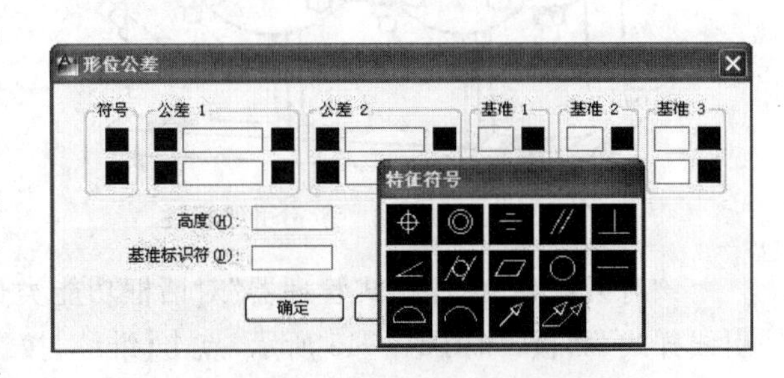

图 10-40 "形位公差"对话框

(3) 快速引线　在命令行中输入"QLEADER/LE",然后按回车键可以激活"快速引线"命令,此时命令行提示:

命令：LE
QLEADER
指定第一个引线点或［设置(S)］〈设置〉：

在命令行中输入“S”，系统弹出“引线设置”对话框，如图 10－41 所示，可以在其中对引线的注释、引出线和箭头、附着等参数进行设置。

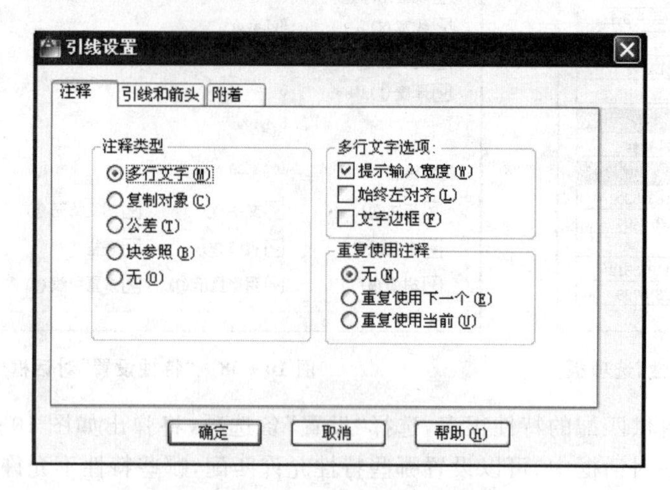

图 10－41 “引线设置”对话框

(4) 多重引线　单击“多重引线工具栏”➤“多重引线”按钮，能够快速地标注装配图的零部件序号、引出公差等，如图 10－42 所示。单击“多重引线工具栏”➤“添加引线”按钮，可以为图形继续添加多个引线和注释，如图 10－43 所示。单击“多重引线工具栏”➤“多重引线样式”按钮 ，可以打开如图 10－44 所示的“多重引线样式管理器”面板，这里可以设置多重引线的箭头、引线、文字等特征。

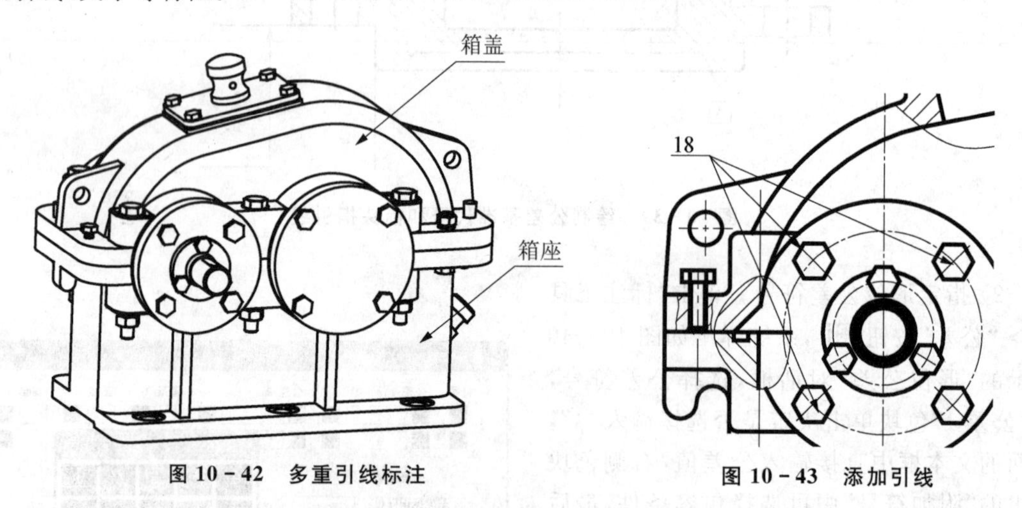

图 10－42　多重引线标注　　图 10－43　添加引线

该对话框和“标注样式管理器”对话框功能类似，点击【新建】按钮，系统弹出“创建新多重引线样式”面板，如图 10－45 所示，点击【继续】按钮，系统弹出“修改多重引线样式”对话框，如图 10－46 所示，可以创建多重引线的格式、结构和内容。用户定义好“多重引线样式”后，单击【确定】按钮，然后在“多重引线样式管理器”对话框中将新建样式置为当前即可。

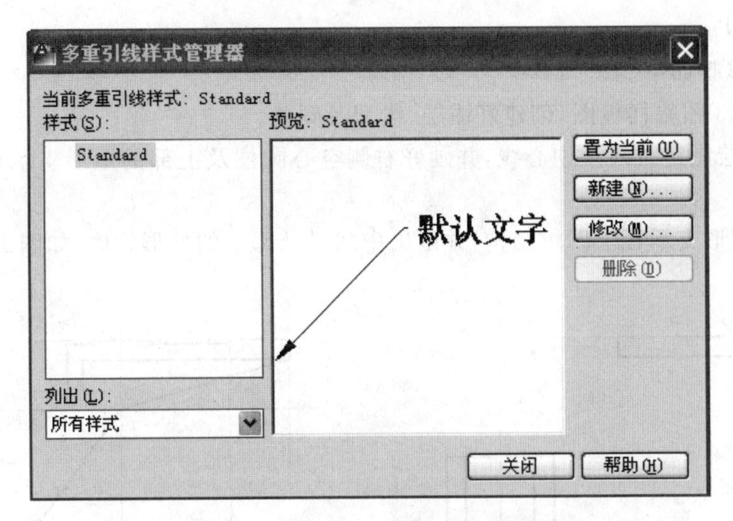

图 10-44 “多重引线样式管理器”面板

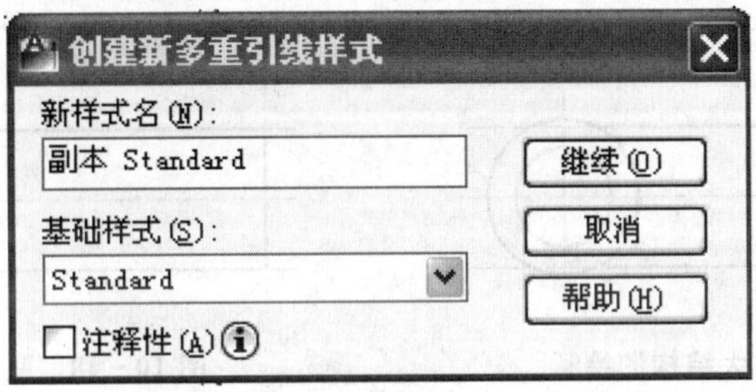

创建新多重引线样式
新样式名(N):
副本 Standard
继续(O)
基础样式(S):
取消
Standard
帮助(H)
注释性(A)

图 10-45 “创建新多重引线样式”面板

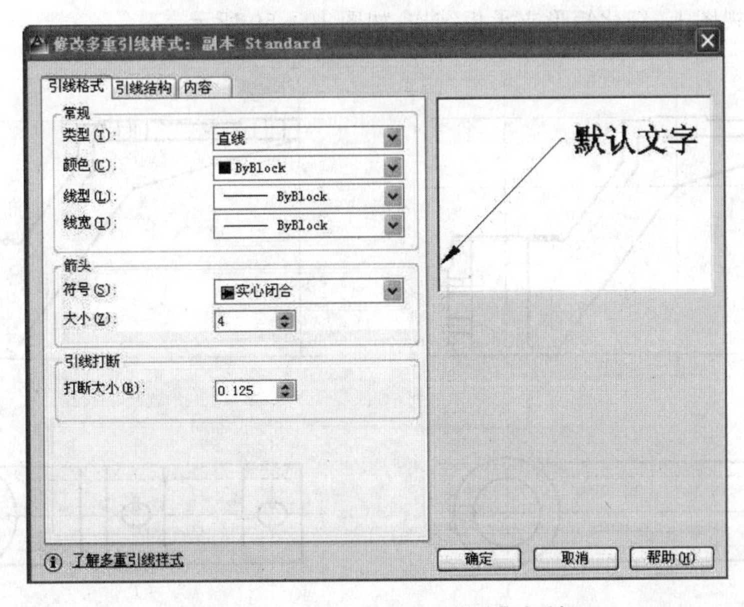

图 10-46 “修改多重引线样式”对话框

【任务实施】

主要作图步骤如下。

(1) 调用 A3 图幅样板图，创建好图层、线型及颜色。

(2) 布图，绘制定位线及中心线，并画好右侧空心圆柱及上部的矩形支承板，如图 10-47 所示。

(3) 画出矩形支承板上凹坑结构，并画出中间联结部分的外形轮廓，如图 10-48 所示。

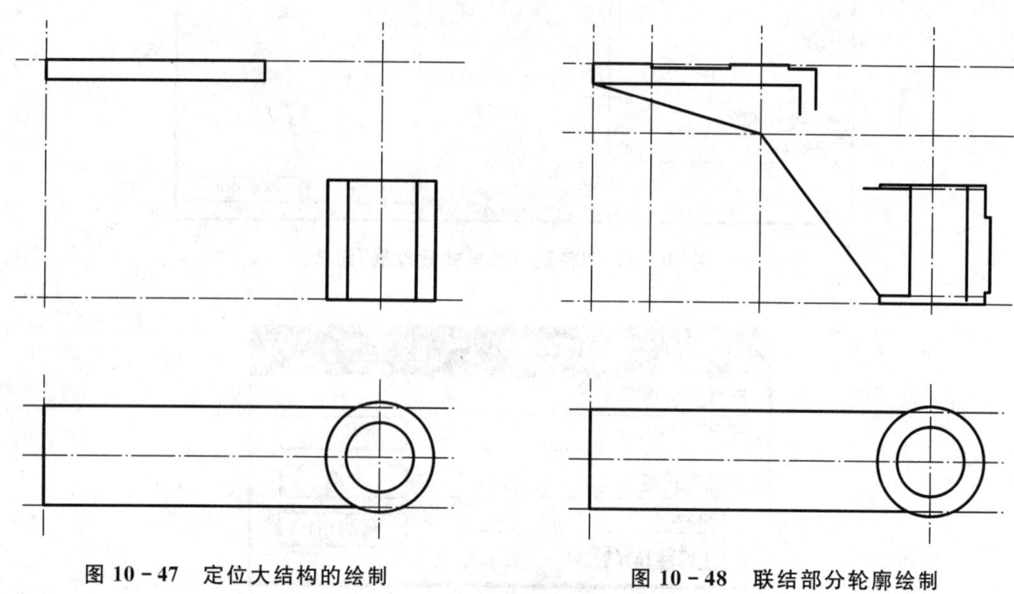

图 10-47　定位大结构的绘制　　图 10-48　联结部分轮廓绘制

(4) 细化联结部分结构，并补画空心圆柱右侧凸台，如图 10-49 所示。

(5) 主、俯视图上，细化矩形支承板结构，如图 10-50 所示。

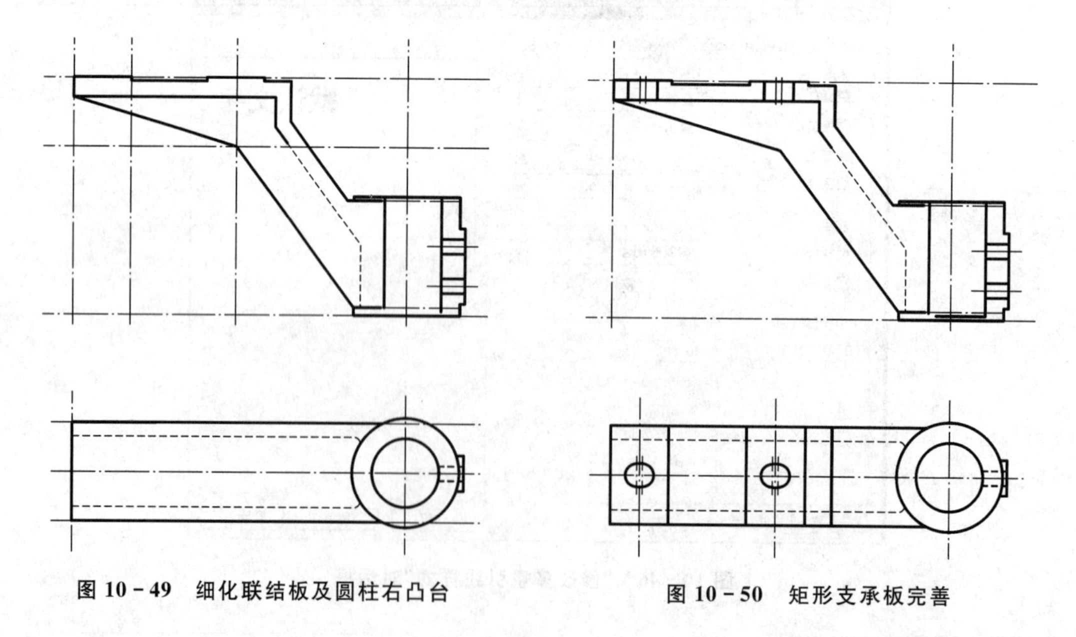

图 10-49　细化联结板及圆柱右凸台　　图 10-50　矩形支承板完善

(6) 补画出联结处的移出断面，及空心圆柱右侧凸台轮廓的局部视图，如图 10－51 所示。

(7) 绘制打断线，处理好边界处虚实线，如图 10－52 所示。

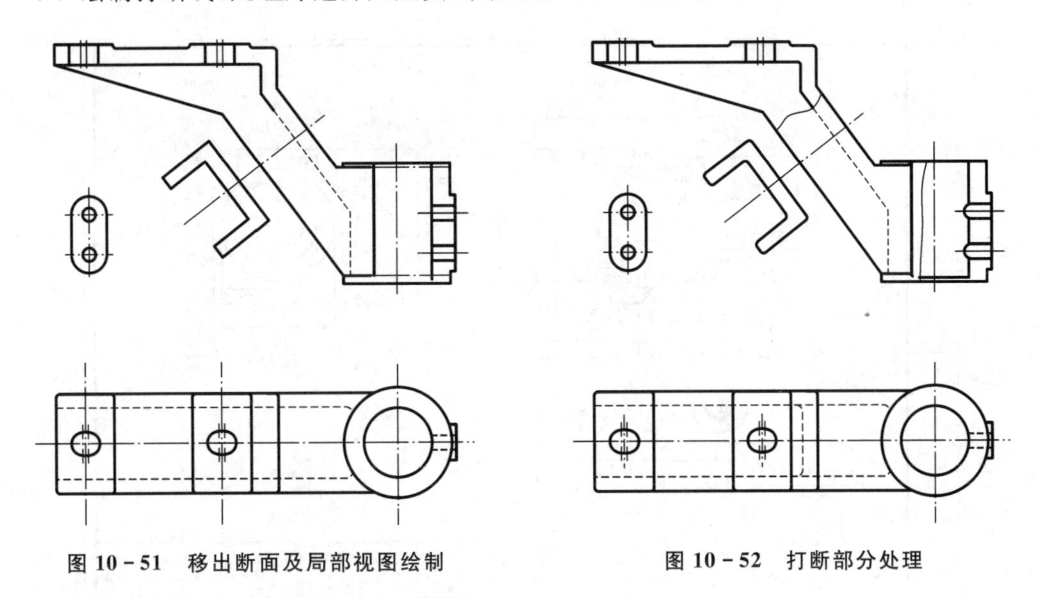

图 10－51　移出断面及局部视图绘制　　　　图 10－52　打断部分处理

(8) 填充剖面线，如图 10－53 所示。

(9) 标注尺寸、形位公差、粗糙度，如图 10－54 所示。

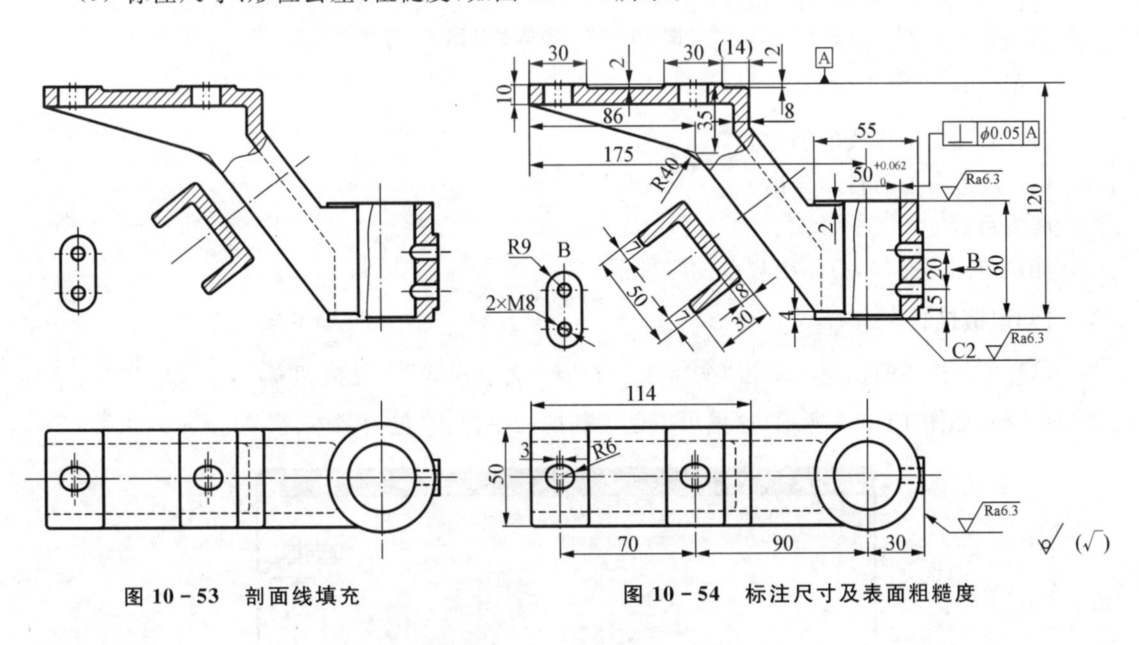

图 10－53　剖面线填充　　　　图 10－54　标注尺寸及表面粗糙度

10.4　箱体类零件的 CAD 图绘制

【任务描述】

箱体类零件主要用于支承、包容其他零件，机器或部件的外壳、机座及主体等均属于箱体类零件，此类零件的结构往往较为复杂，一般带有空腔、轴孔、肋板、凸台、沉孔及螺孔等结构。本项目要求绘制壳体零件图，如图 10－55 所示。

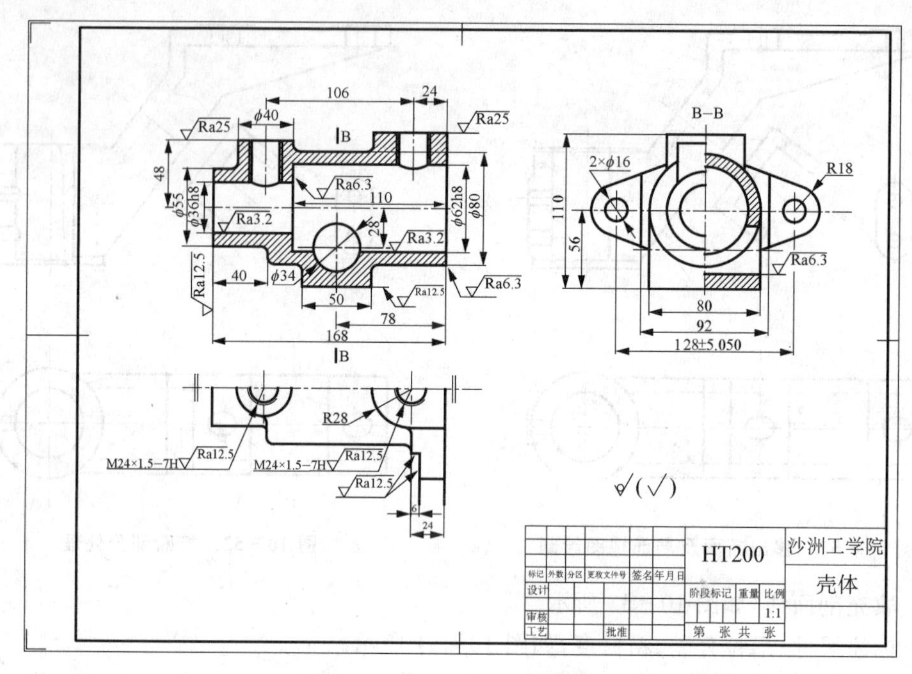

图 10－55 壳体零件图

知识目标

(1) 掌握文字样式的创建。

(2) 熟悉布局与打印输出。

能力目标

能调节图形布局，打印出规范的零件图。

【知识链接】

(1) 文字样式的创建　单击“文字工具栏”➤“文字样式”工具按钮 ，系统弹出“文字样式”对话框，如图 10－56 所示，这里可以创建新的文字样式（包括字体、字高、显示效果等）。

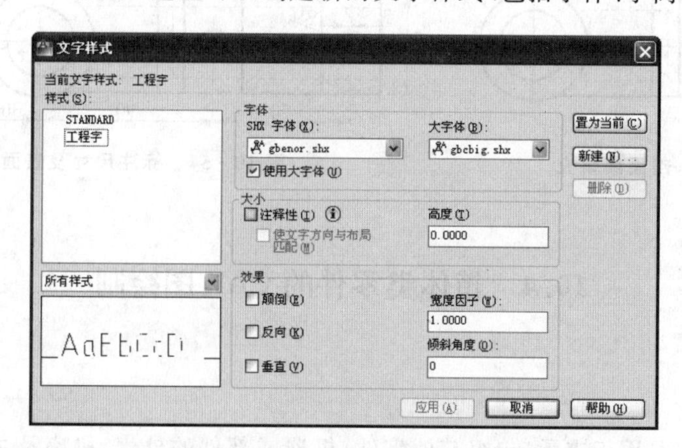

图 10－56 “文字样式”对话框

从样板建立的新图形文件，样式列表中列出了系统默认的当前可以使用的文字样式：STANDARD、工程字。

可以点击“新建”按钮，弹出如图 10－57 所示的“新建文字样式”对话框，输入样式名“MX”，点击【确定】按钮，进入当前样式为 MX 的“文字样式”对话框，在此对话框中，可以按照自己的需要进行字体、大小、文字效果等方面的设置。设置完毕后，列表中选择 MX 样式，点击“置为当前”按钮，可将所创建的文字样式置为当前的文字样式，然后便可以用此定义好的文字样式进行标注。

图 10－57 “新建文字样式”对话框

(2) 布局与打印输出　操作如下：

1) 图形布局。在模型空间将工程图样画好后，切换到图纸空间，如图 10－58 所示，在图框边界内部双击鼠标，激活视口后，利用实时平移和实时缩放工具，把图形位置、大小调整合适后，在图框边界外部任意位置双击鼠标，此时平移或缩放操作时，会发现图纸跟随图形一起变化。

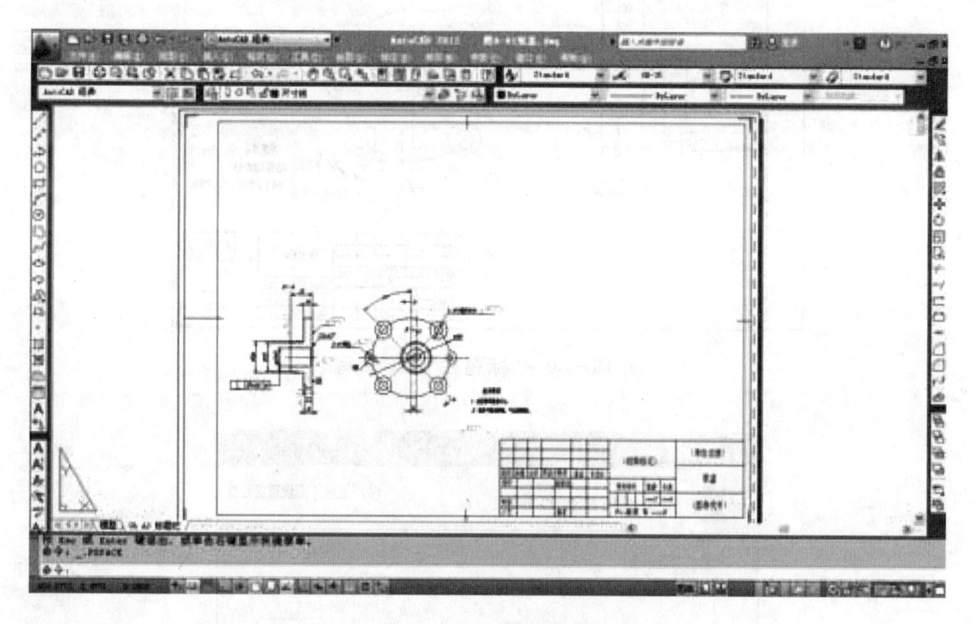

图 10－58 图纸空间

2) 标题栏填写。鼠标在标题栏处双击，弹出“增强属性编辑器”对话框，如图 10－59 所示。在列表中单击选择不同的标记处，在“值”文本框中修改成所需要输入的内容，点击【确定】即可，结果如图 10－60 所示。

3) 布局页面设置。单击菜单栏中的“文件”➤“页面设置管理器”命令，弹出如图 10－61 所示的“页面设置管理器”对话框，可以进行新建、修改布局等操作。在这里，点击【修改】按钮，进入如图 10－62 所示的“页面设置—GB A3 标题栏”对话框，指定打印机名称、图纸尺寸、图形方向等后，即可完成布局的页面设置。

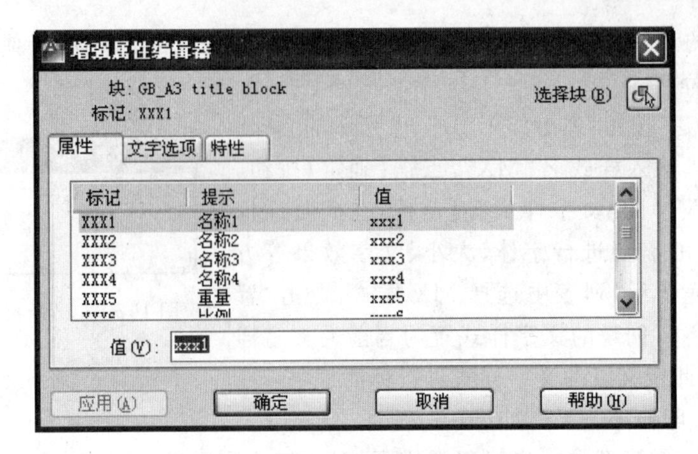

图 10-59 “增强属性编辑器”对话框

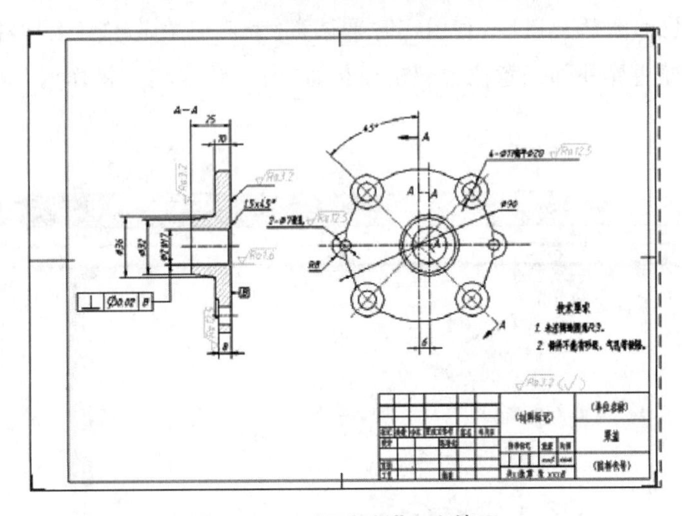

图 10-60 “标题栏”文字填写

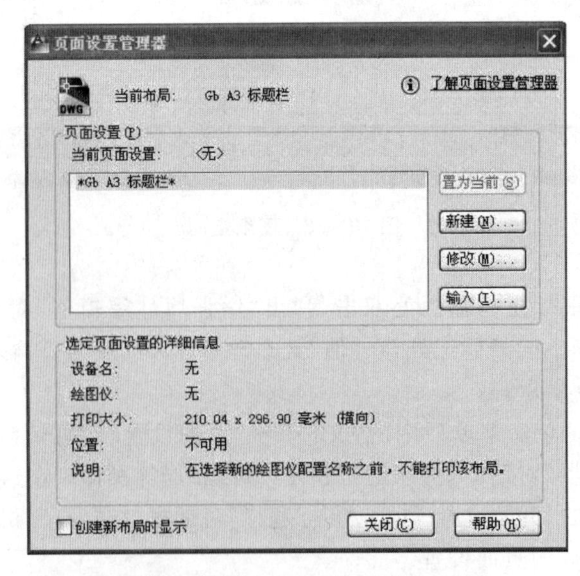

图 10-61 “页面设置管理器”对话框

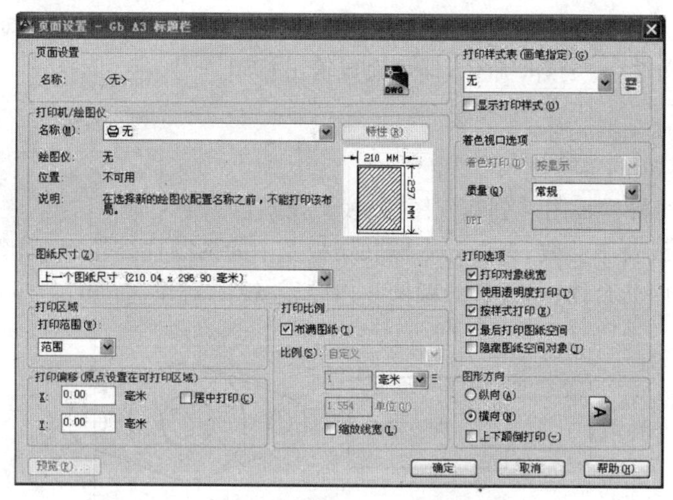

图 10－62 “页面设置—GB A3 标题栏”对话框

4）打印样式设置。AutoCAD 中有两种类型的打印样式:颜色相关样式(CTB)和命名样式(STB)。从样板建立新文件时,如选择的样板是 GB_a3－Color Dependent Plot Styles,那么打印时,在图 10－62 中的页面设置对话框中的打印样式表应选 acad.ctb 。点击右侧的按钮,弹出“打印样式表编辑器”对话框,如图 10－63 所示。

图 10－63 “打印样式表编辑器”对话框

在此对话框中,以 255 种颜色为基础,通过设置,可以使得所具有该颜色的图形对象都具有相同的打印效果,包括线宽、线型等。例如,可以为所有用红色绘制的图形设置具有相同的打印线宽、线型和填充样式等特性。设置完毕后点击【保存并关闭】按钮退出。

5）打印输出。点击菜单栏中的“文件”➤“打印预览”命令，可在打印前对设置效果进行预览，如无误，点击“文件”➤“打印”命令，即可完成输出打印。

【任务实施】

主要作图步骤如下。

（1）调用A3图幅样板图。创建好图层、线型及颜色。

（2）绘制定位线及中心线，并画好右侧联结板及中间两圆柱外轮廓，如图10－64所示。

（3）绘制上部两凸台结构，并补画两圆柱内腔，左视图剖开，如图10－65所示。

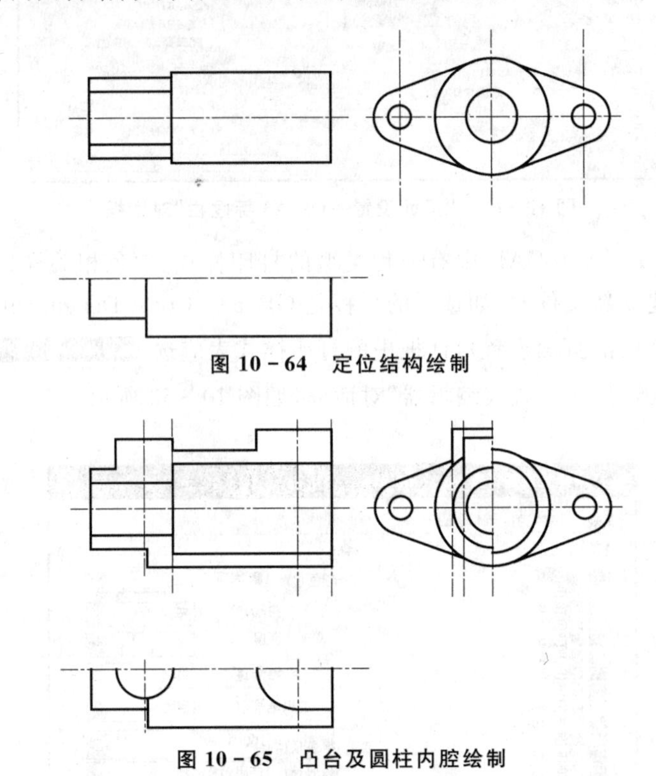

图10－64　定位结构绘制

图10－65　凸台及圆柱内腔绘制

（4）绘制底座外轮廓，如图10－66所示。

（5）绘制底座$\phi 32$内孔，细化右侧联结板局部结构，如图10－67所示。

（6）填充剖面线，绘制对称符号，如图10－68所示。

（7）标注尺寸，形位公差，粗糙度，如图10－69所示。

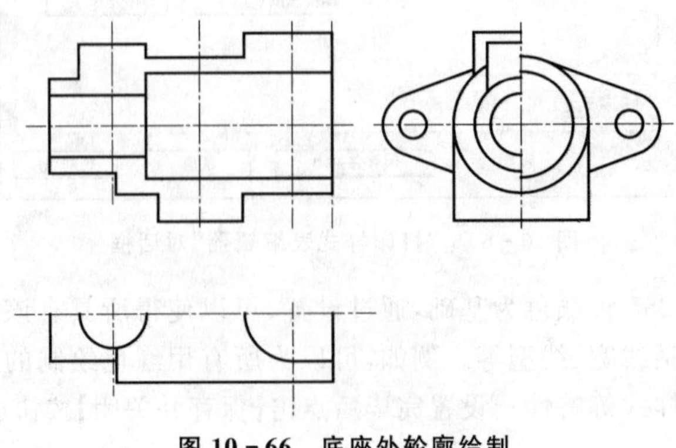

图10－66　底座外轮廓绘制

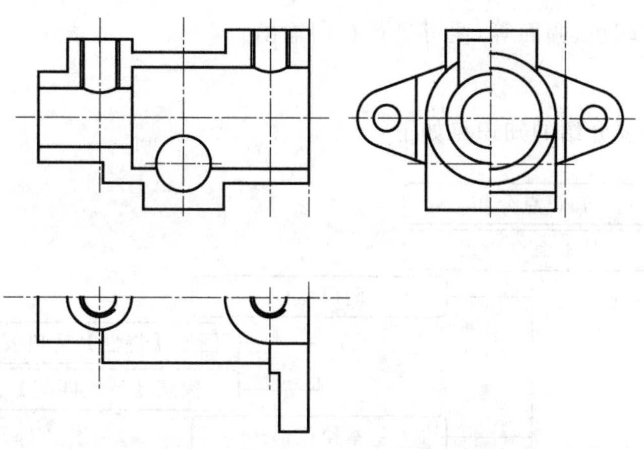

图 10-67　底座内孔及右联结板局部结构绘制

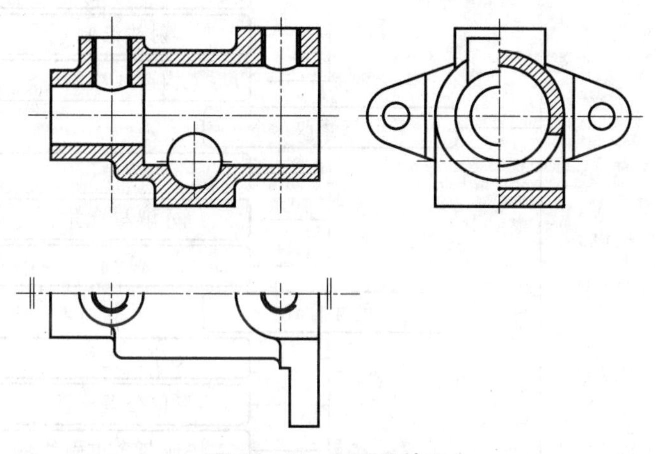

图 10-68　剖面线填充

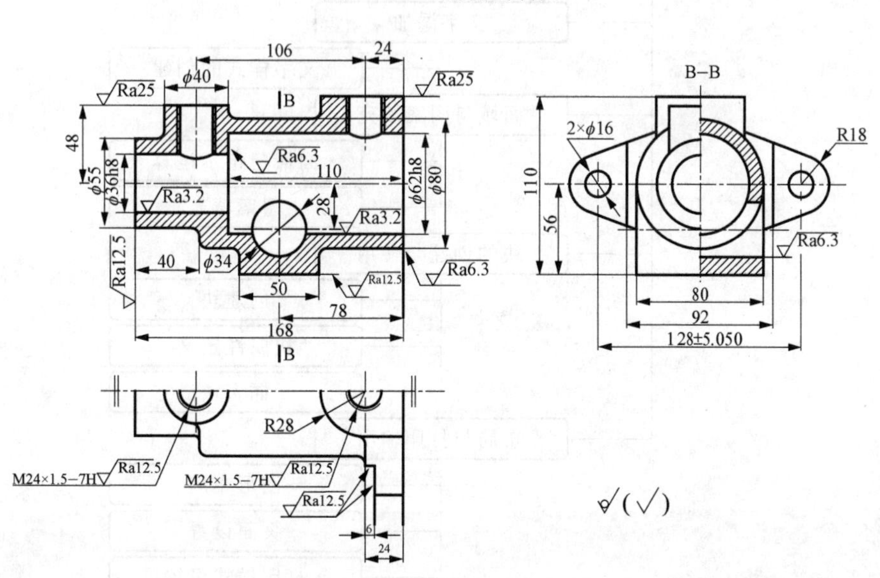

图 10-69　标注尺寸及表面粗糙度

(8) 布局，打印输出。切换到图纸空间，调整图形位置、大小合适后，填写标题栏，设置好打印样式表，选择打印机、幅面等，便可进行打印输出。

【知识小结】

在本任务中，主要介绍的知识点如下：

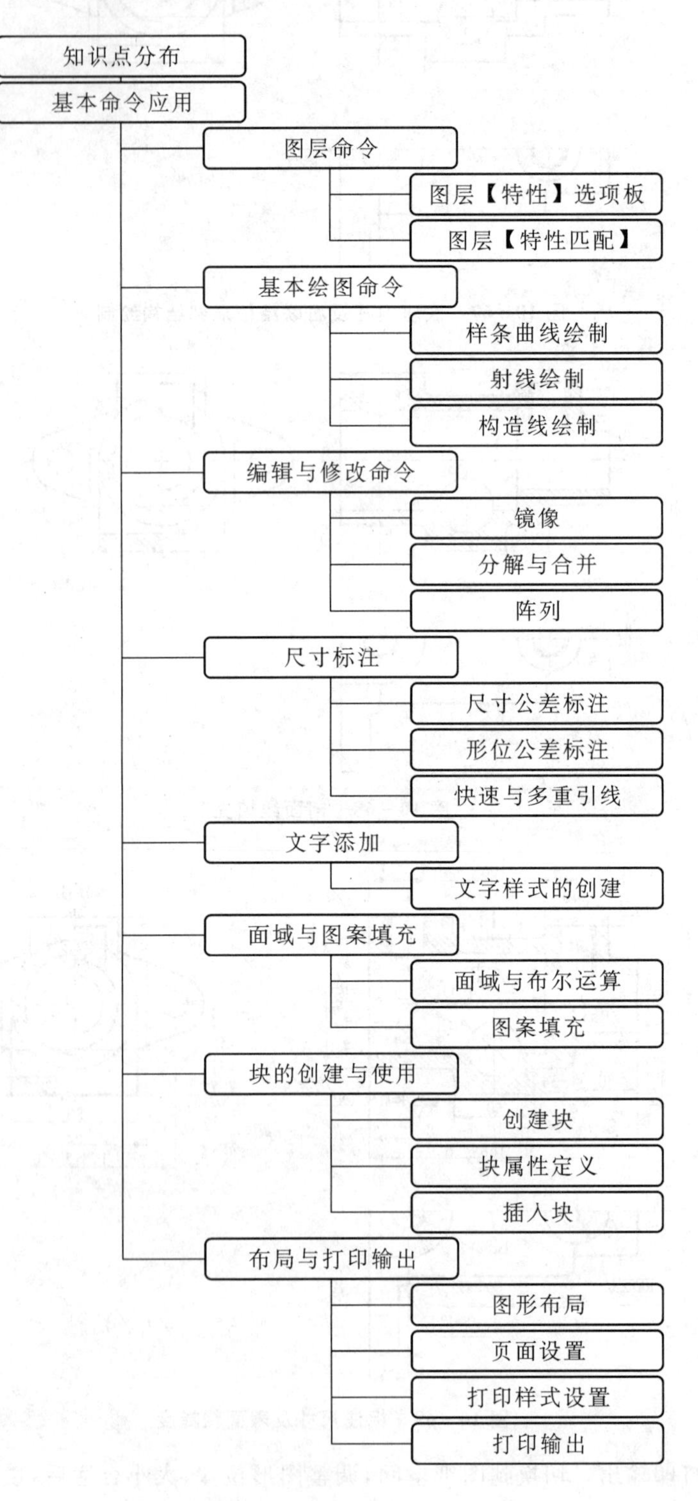

知识链接 A　制图国家标准的基本规定

为了科学地进行生产和管理，必须对图样画法、尺寸注法等作统一的规定。我国于 1959 年首次颁布了《机械制图》国家标准，对图样作了统一规定。为适应经济和科学技术发展的需要，我国先后于 1970 年、1974 年及 1984 年重新修订《机械制图》国家标准。进入 20 世纪 90 年代后，为了与国际接轨，国家质量技术监督局依据国际标准化组织制定的国际标准，制定并颁布了《技术制图》和《机械制图》国家标准，简称“国标”。用 GB 或 GB/T(GB 为强制性国家标准，GB/T 为推荐性国家标准)表示，通常称为制图标准。在绘制工程图样时，必须严格遵守和认真贯彻国家标准。

A.1　图纸幅面及格式

为了便于图样的绘制、使用和保管，图样均应画在规定幅面和格式的图纸上。

A.1.1　图纸幅面尺寸(GB/T 14689—2008)

图纸幅面是指图纸宽度与长度组成的图面。绘制技术图样时，应优先采用表 A.1－1 所规定的基本幅面。必要时，也允许选用表 A.1－2 和表 A.1－3 所规定的加长幅面。这些幅面的尺寸是由基本幅面的短边成整数倍增加后得出，如图 A.1－1 所示，其中：粗实线所示为基本幅面(第一选择)；细实线所示为表 A.1－2 所规定的加长幅面(第二选择)；虚线所示为表 A.1－3 所规定的加长幅面(第三选择)。

表 A.1－1　基本幅面(第一选择)

单位：mm

幅面代号	尺寸 $B\times L$
A0	841×1 189
A1	594×841
A2	420×594
A3	297×420
A4	210×297

表 A.1－2　加长幅面(第二选择)

单位：mm

幅面代号	尺寸 $B\times L$
A3×3	420×891
A3×4	420×1 189
A4×3	297×630
A4×4	297×841
A4×5	297×1 051

表 A.1－3　加长幅面(第三选择)

单位：mm

幅面代号	尺寸 $B\times L$	幅面代号	尺寸 $B\times L$
A0×2	1 189×1 682	A3×5	420×1 486

续 表

幅面代号	尺寸 $B \times L$	幅面代号	尺寸 $B \times L$
A0×3	1 189×2 523	A3×6	420×1 783
A1×3	841×1 783	A3×7	420×2 080
A1×4	841×2 378	A4×6	297×1 261
A2×3	594×1 261	A4×7	297×1 471
A2×4	594×1 682	A4×8	297×1 682
A2×5	594×2 102	A4×9	297×1 892

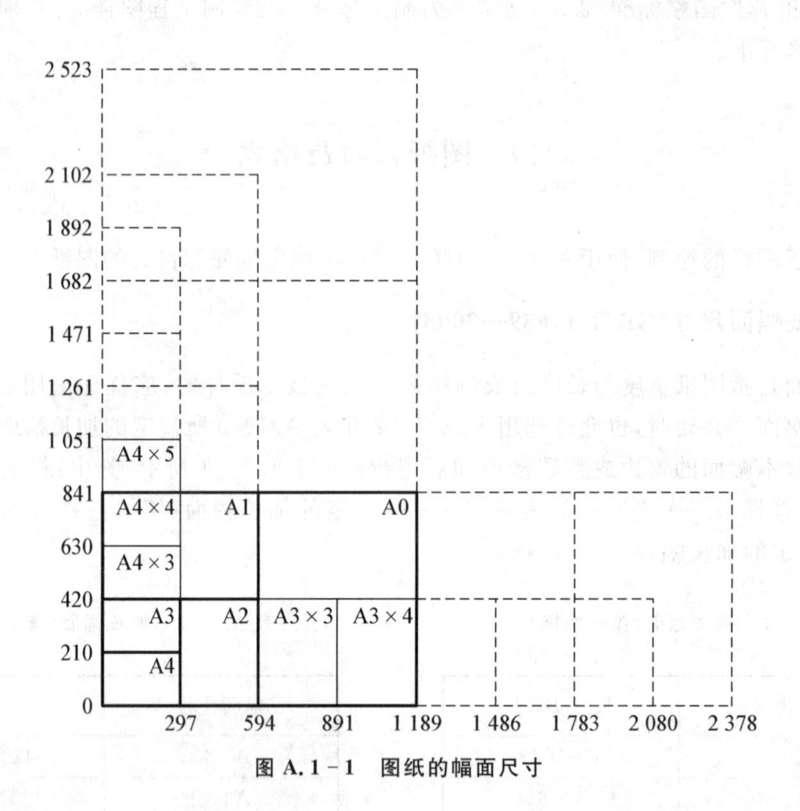

图 A.1-1 图纸的幅面尺寸

A.1.2 图框格式(GB/T 14689—2008)

图框是指图纸上限定绘图区域的线框。在图纸上,必须用粗实线画出图框,其格式分为不留装订边和留有装订边两种,但同一产品的图样只能采用一种格式。

不留装订边的图纸,其图框格式如图 A.1-2、图 A.1-3 所示,尺寸按表 A.1-4 的规定。留有装订边的图纸,其图框格式如图 A.1-4、图 A.1-5 所示,尺寸按表 A.1-4 的规定。

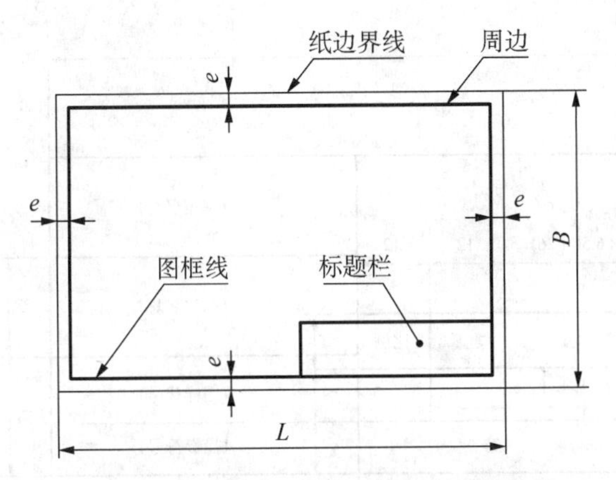

图 A.1-2　无装订边图纸(X 型)的图框格式

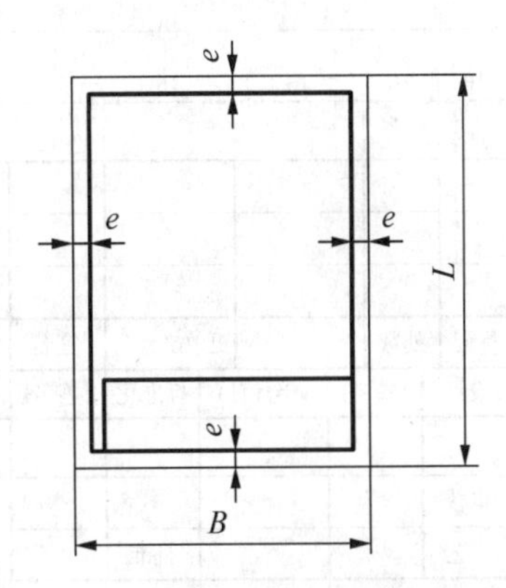

图 A.1-3　无装订边图纸(Y 型)的图框格式

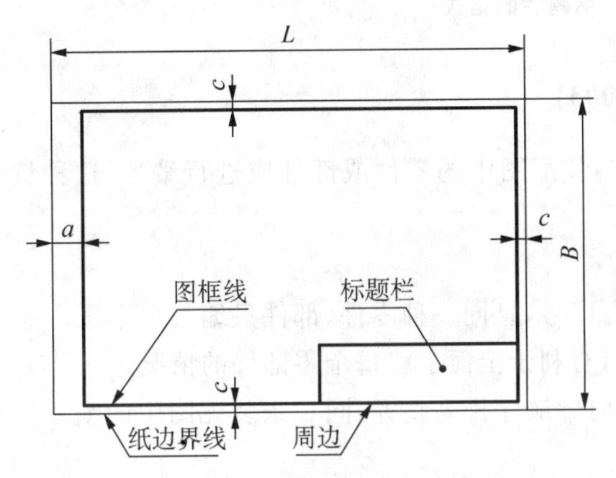

图 A.1-4　有装订边图纸(X 型)的图框格式

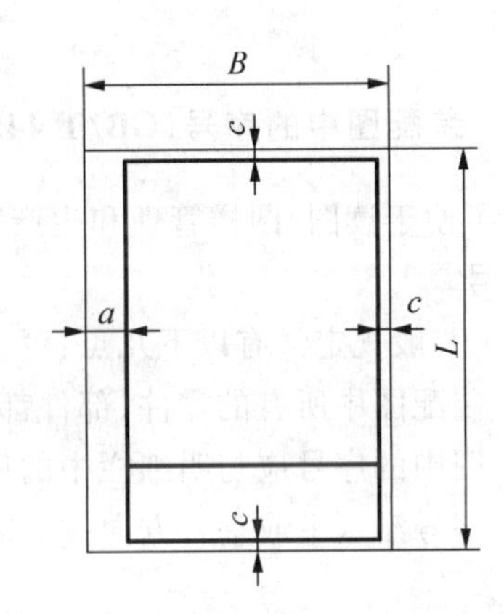

图 A.1-5　有装订边图纸(Y 型)的图框格式

表 A.1-4　图框尺寸

单位:mm

幅面代号	A0	A1	A2	A3	A4
$B \times L$	841×1 189	594×841	420×594	294×420	210×294
e	20		10		
c	10			5	
a	25				

加长幅面的图框尺寸,按所选用的基本幅面大一号的图框尺寸确定。例如 A2×3 的图框尺寸,按 A1 的图框尺寸确定,即 e 为 20(或 c 为 10)。

A.1.3　标题栏(GB/T 10609.1—2008)

标题栏是指由名称及代号区、签字区、更改区和其他区组成的栏目。标题栏应按国标 GB 10609.1—2008 规定的标题栏的格式和尺寸绘制,如图 A.1-6 所示,配置在图框的右下角,标题栏的外框为粗实线,右边线和底边线与图框重合。应注意的是,标题栏的位置一旦确定,看图的方向也就确定了(按标题栏中文字的方向确定)。

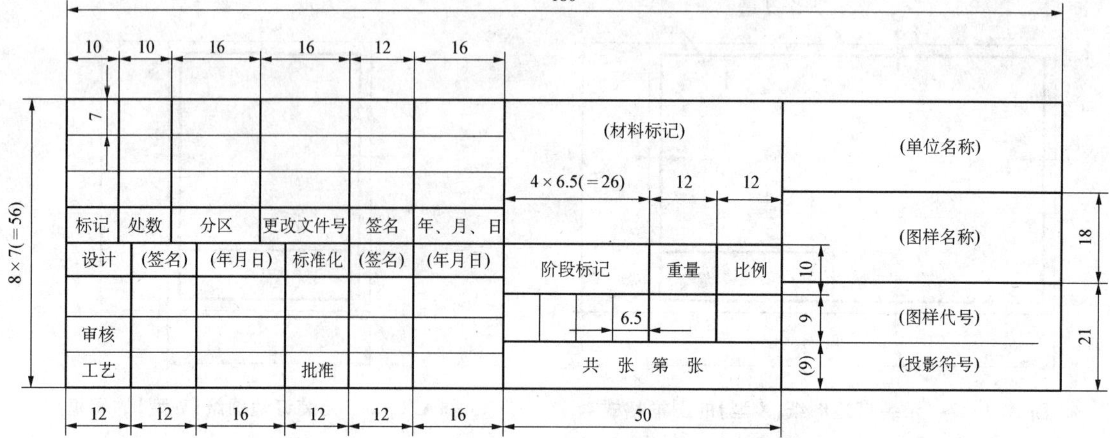

图 A.1-6 标题栏的格式

A.1.4 装配图中的序号(GB/T 4458.2—2003)

为了便于读图、图样管理和生产准备工作，装配图中的零件或部件应进行编号，这种编号称为序号。

(1) 一般规定 有以下几点：

1) 装配图中所有的零件、部件都必须编写序号，且同一种零件、部件只编一个序号。

2) 图中的序号应与明细栏中的序号一致，有利于全面了解每个零部件的情况。

3) 序号沿水平或垂直方向按顺时针或逆时针顺序排列整齐，同一张装配图中的编号形式应一致。

(2) 序号的编排方法 有以下几种：

1) 编注零(部)件序号的3种通用表示方法，如图 A.1-7(a)所示。其中序号的标注由圆点(对很薄的零件或涂黑的剖面可用箭头代替)、指引线(用细实线绘制)、水平线或圆(用细实线绘制，也可不画)和序号组成。

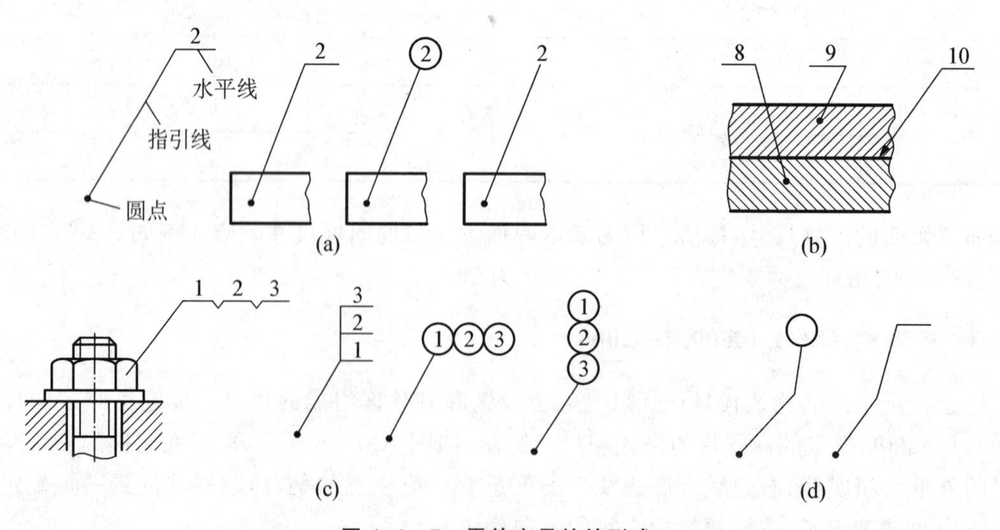

图 A.1-7 零件序号编绘形式

2）序号应标注在图形轮廓线的外边，并注写在水平线上或圆内，序号字高比图中的尺寸数字高度大一或两号。不画水平线或圆时，序号字高应比图中的尺寸数字高度大两号。

3）若所指零件很薄或涂黑的剖面，可在指引线的起始处画出指向该件的箭头，如图 A.1－7(b)所示。

4）指引线应自所指部分的可见轮廓内引出，指引线彼此不得相交，通过剖面区域时，不应与剖面线平行，必要时可画成折线，但只允许折一次，如图 A.1－7(d)所示。

5）对紧固件装配关系清楚的零件组，可以采用公共指引线进行编号，如图 A.1－7(c)中螺栓组件的几种编号形式。

6）装配图中的标准化组件或成品件，如电动机、滚动轴承、油杯等，可视为一件只编一个序号。

A.1.5　明细栏(GB/T 10609.2—2009)

明细栏是指全部零、部件的详细目录，栏目由序号、代号、名称、数量、材料、重量、备注等内容组成，也可按实际需要增加或减少。装配图中，一般应有明细栏。

明细栏一般配置在装配图标题栏的上方，如图 A.1－8 所示，按由下而上的顺序填写，其格数应根据需要而定。当由下而上延伸位置不够时，可紧靠在标题栏的左边自下而上延续。当装配图中不能在标题栏的上方配置明细栏时，可作为装配图的续页按 A4 幅面单独给出，其顺序应是由上而下延伸，还可连续加页，但应在明细栏的下方配置标题栏，如图 A.1－9 所示。明细栏外框竖线为粗实线，其余各线为细实线，其下边线与标题栏上边线或图框下边线重合，长度相同。

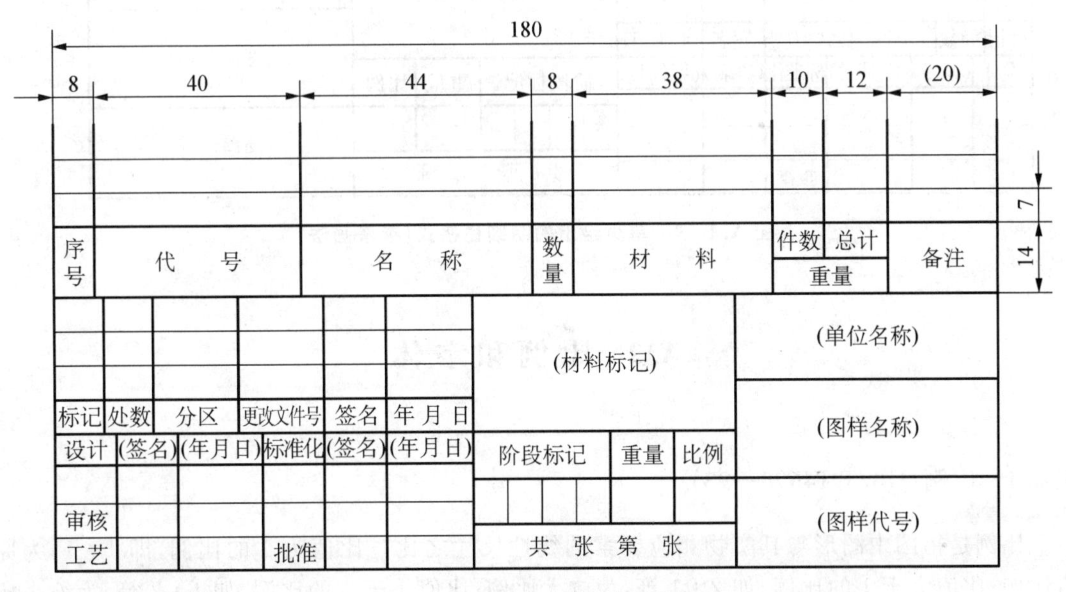

图 A.1－8　装配图上的明细栏格式

180

10	46	70	10	(44)
序号	代　号	名　称	数量	备注

14

7

标记	处数	分区	更改文件号	签名	年 月 日	(材料标记)			(单位名称)
设计	(签名)	(年月日)	标准化	(签名)	(年月日)	阶段标记	重量	比例	(图样名称)
审核									
工艺			批准			共　张　第　张			(图样代号)

图 A.1-9　单页给出的明细栏格式(参考画法)

A.2　比例和字体

A.2.1　比例(GB/T 14690—93)

比例是指图中图形与其实物相应要素的线性尺寸之比。比值为 1 的比例,即 1∶1,为原值比例;比值大于 1 的比例,如 2∶1 等,为放大比例;比值小于 1 的比例,如 1∶2 等,为缩小比例。需要按比例绘制图样时,应由表 A.2-1 规定的优先选择系列中选取适当的比例,必要时,也允许选取比例系列。

表 A.2-1　比例

种类	定义	优先选择系列	比例系列
原值比例	比值为1	1∶1	
放大比例	比值大于1	5∶1　2∶1　5×10^n∶1　2×10^n∶1　1×10^n∶1	4∶1　2.5∶1 4×10^n∶1　2.5×10^n∶1
缩小比例	比值小于1	1∶2　1∶5　1∶10 1∶2×10^n　1∶5×10^n 1∶1×10^n	1∶1.5　1∶2.5　1∶3　1∶4　1∶6 1∶1.5×10^n　1∶2.5×10^n　1∶3×10^n 1∶4×10^n　1∶6×10^n

为了能从图样上得到实物大小的真实概念，应尽量采用原值比例绘图。绘制大而简单的机件，可采用缩小比例；绘制小而复杂的机件，可采用放大比例。不论采用缩小或放大的比例绘图，图样中所标注的尺寸，均为机件的实际尺寸。

绘制同一机件的各个视图一般宜采用相同的比例，并把它标注在标题栏的比例栏内。比例符号应以"∶"表示，如1∶1，1∶2等。当个别视图选用的比例与标题栏中所标注的比例不同时，可在此视图名称的下方或右侧另行标注比例，如$\frac{1}{2:1}$　$\frac{A}{1:100}$　$\frac{B—B}{2:1}$等。不论采用何种比例绘图，图样中所标注的尺寸数字必须是机件的真实大小，与图形的比例和作图精确度无关。

A.2.2　字体(GB/T 14691—93)

图形中除图形外，还需要用文字、字母、数字等来标注尺寸和说明机件在设计、制造、装配时的各项要求。书写字体必须做到字体工整、笔画清楚、间隔均匀、排列整齐。字体高度(用h表示)的公称尺寸系列为1.8，2.5，3.5，5，7，10，14，20 mm，如需要书写更大的字，其字体高度应按$\sqrt{2}$的比率递增。字体高度代表字体的号数。

1. 汉字

汉字应写成长仿宋体，并应采用国家正式公布的《汉字简化方案》中规定的简化字。汉字的高度不应小于3.5 mm，其字宽一般为$h/\sqrt{2}$。书写长仿宋体的基本要领是：横平竖直、注意起落、结构均匀、填满方格。汉字示例如图A.2-1所示。

横平竖直注意起落结构均匀填满方格

字体工整　笔画清楚　间隔均匀　排列整齐

图 A.2-1　长仿体汉字字例

2. 字母和数字

字母和数字分为A型和B型。A型字体的笔画宽度(d)为字高(h)的1/14，B型字体的笔画宽度为字高的1/10。在同一图样上，只允许选用一种型式的字体。图A.2-2～A.2-4所示为B型字体的字母和数字字例。

字母和数字可写成斜体或直体，斜体字的字头向右倾斜，与水平基准线成75°。

ABCDEFGHIJKLMNOP abcdefghijklmnopq

QRSTUVWXYZ rstuvwxyz

图 A.2-2 拉丁字母字例(B型)

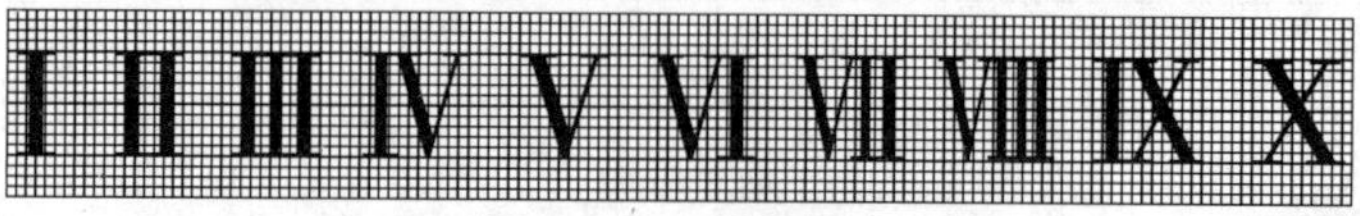

Ⅰ Ⅱ Ⅲ Ⅳ Ⅴ Ⅵ Ⅶ Ⅷ Ⅸ Ⅹ

图 A.2-3 罗马数字字例(B型)

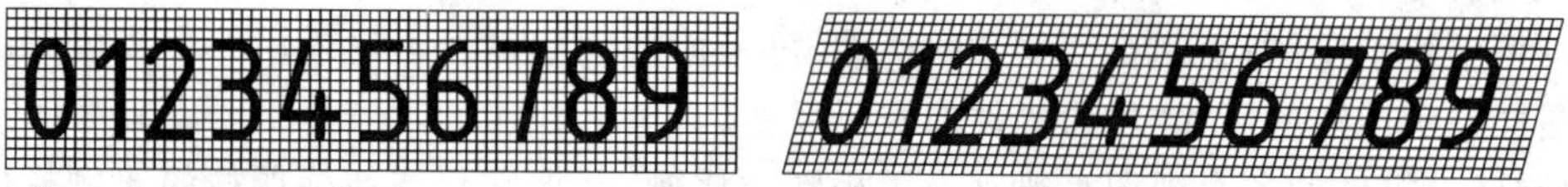

0123456789 *0123456789*

图 A.2-4 阿拉伯数字字例(B型)

3. 综合应用规定

用作指数、分数、极限偏差、注脚等的数字及字母，一般应采用小一号字体。图样中的数学符号、物理量符号、计量单位以及其他符号、代号，应分别符合国家的有关法令和标准的规定。综合举例如图 A.2-5 所示。

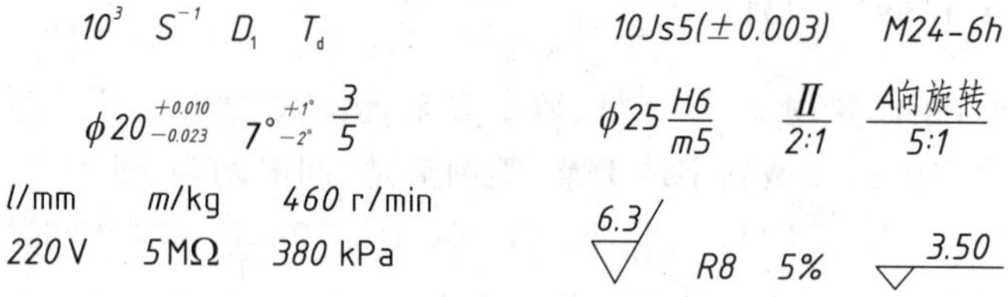

10^3 S^{-1} D_1 T_d 10Js5(±0.003) M24-6h

$\phi 20^{+0.010}_{-0.023}$ $7^{\circ}{}^{+1^{\circ}}_{-2^{\circ}}$ $\frac{3}{5}$ $\phi 25\frac{H6}{m5}$ $\frac{II}{2:1}$ $\frac{A向旋转}{5:1}$

l/mm m/kg 460 r/min 6.3

220 V 5 MΩ 380 kPa R8 5% 3.50

图 A.2-5 字体书写综合举例

A.3 图线(GB/T 17450—1998 和 GB/T 4457.4—2002)

GB/T 17450—1998 中，规定了 15 种图线的名称、型式、结构、标记及画法规则，其基本线型见表 A.3-1。

表 A.3-1 基本线型

代码 No.	基本线型	名称
01	————————————	实线
02	— — — — — — — —	虚线
03	— — — — — —	间隔画线
04	—·—·—·—·—	点画线

续 表

代码 No.	基本线型	名称
05		双点画线
06		三点画线
07		点线
08		长画短画线
09		长画双短画线
10		画点线
11		双画单点线
12		画双点线
13		双画双点线
14		画三点线
15		双画三点线

A.3.1 图线型式及应用

GB/T 4457.4—2002 中，规定了绘制机械图样使用图线的一般规则。常用的 4 种基本线型、一种基本线型的变形（波浪线）和一种图线组合（双折线），见表 A.3-2。

表 A.3-2 机械制图常用图线型式（GB/T 4457.4—2002）

类型	代码 No.	名称		线型
基本线型	01.2	实线	粗实线	
	01.1		细实线	
	02.1	虚线		
	04.1	点画线	细点画线	
	04.2		粗点画线	
	05.1	双点画线		
基本线型的变形	01.1	波浪线		
图线的组合	01.1	双折线		

代码为 01.1 的细实线一般应用于过渡线、尺寸线、尺寸界线、指引线和基准线、剖面线、重合断面的轮廓线、短中心线、螺纹牙底线、尺寸线的起止线、表示平面的对角线、零件成形前的折弯线、范围线及分界线、重复要素表示线（如齿轮的齿根线）、锥形结构的基面位置线、叠片结构位置线（如变压器叠钢片）、辅助线、不连续同一表面连线、成规律分布的相同要素连线、投影线、网络线。

代码为 01.1 的波浪线和双折线一般应用于断裂处边界线、视图剖视图的分界线，在一张图样上一般只采用其中的一种线型；代码为 01.2 的粗实线一般应用于可见棱边线、可见轮廓线、相贯线、螺纹牙顶线、螺纹长度终止线、齿顶圆（线）、表格图和流程图中的主要表示线、金属结构工程中的系统结构线、模样分型线、剖切符号用线；代码为 02.1 的细虚线一般应用于不可见棱边线、不可见轮廓线；代码为 04.1 的细点画线一般应用于轴线、对称中心线、分度圆（线）、孔系分布的中心线、剖切线；代码为 05.1 的细双点画线一般应用于相邻辅助零件的轮廓线、可动零件的极限位置的轮廓线、重心线、成形前轮廓线、剖切面前的结构轮廓线、轨迹线、毛坯图中制成品的轮廓线、特定区域线、延伸公差带表示线、工艺用结构的轮廓线、中断线；代码为 04.2 的粗点画线一般应用于限定范围表示线；代码为 02.2 的粗虚线一般应用于允许表面处理的表示线。

图线常见应用示例，如图 A.3-1 所示。常用线型的应用示例，见表 A.3-3。

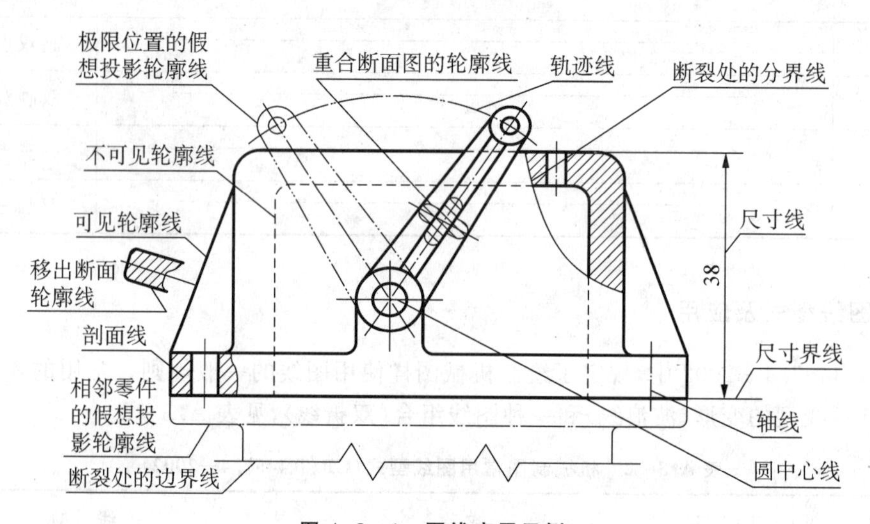

图 A.3-1　图线应用示例

表 A.3-3　常用线型应用示例

线型	图例	说明	线型	图例	说明
细实线	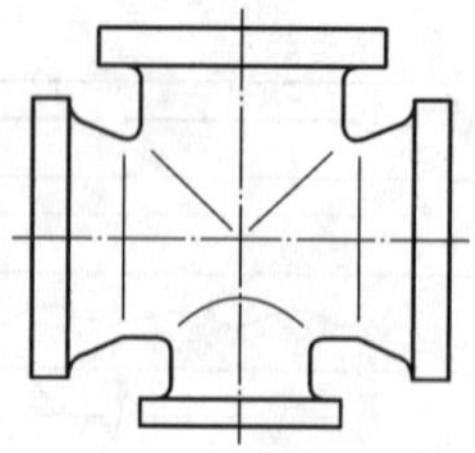	用细实线绘制过渡线	细实线	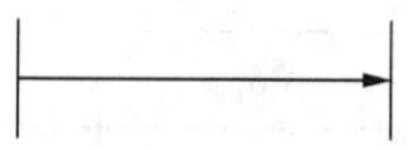	用细实线绘制尺寸线的起止线
细实线	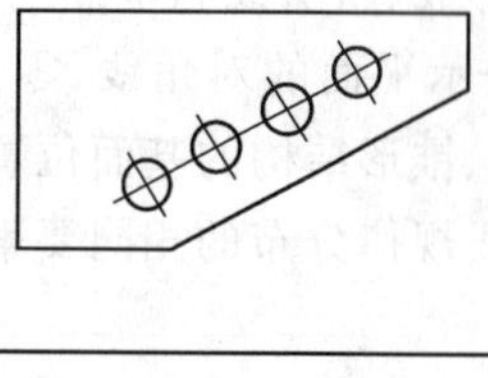	用细实线绘制短中心线	细实线	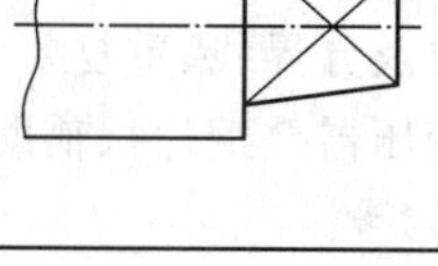	用细实线表示平面的对角线

续 表

线型	图例	说明	线型	图例	说明
细实线	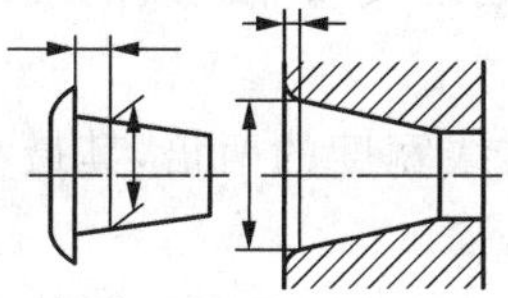	用细实线表示锥形结构的基面线	粗实线	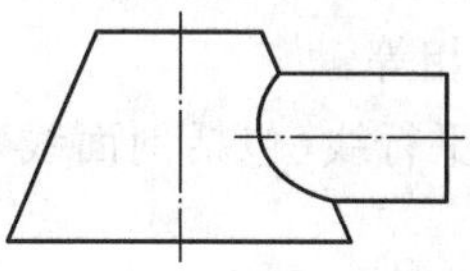	用粗实线绘制相贯线
细实线	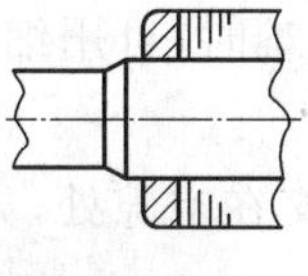	用细实线绘制叠片结构的位置线	粗实线	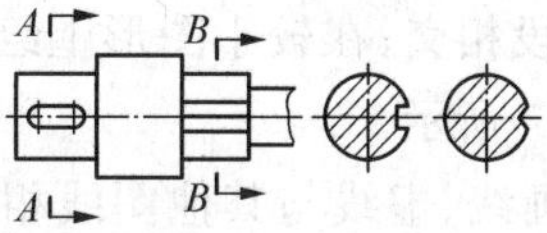	用粗实线绘制剖切符号
细实线	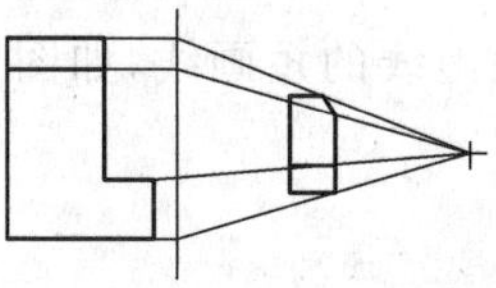	用细实线绘制投影线	细双点画线	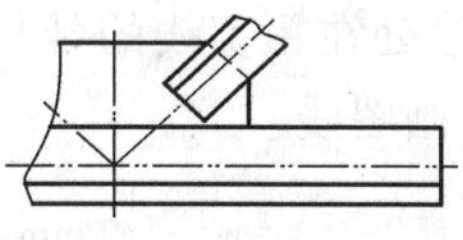	用细双点画线表示重心线
细实线	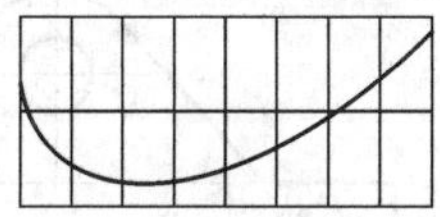	用细实线绘制网格线	细双点画线	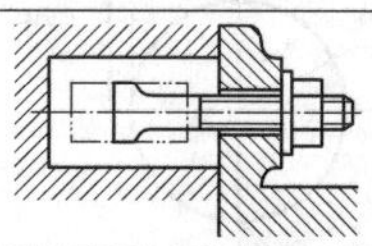	用细双点画线表示轨迹线
细点画线	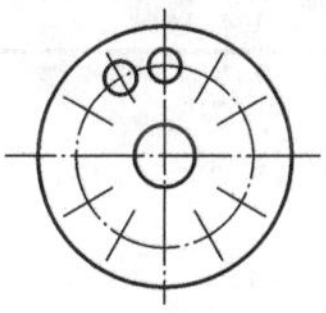	用细点画线表示孔系分布中心线	细双点画线	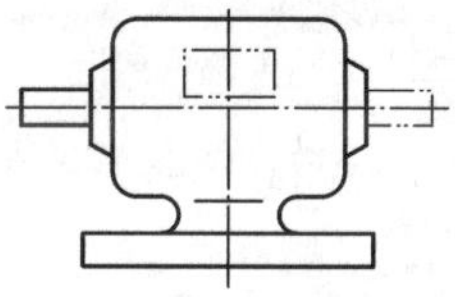	用细双点画线表示特定区域线
细点画线	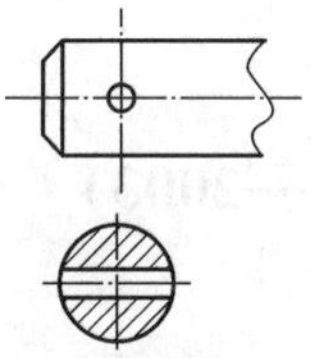	用细点画线表示剖切线	细双点画线	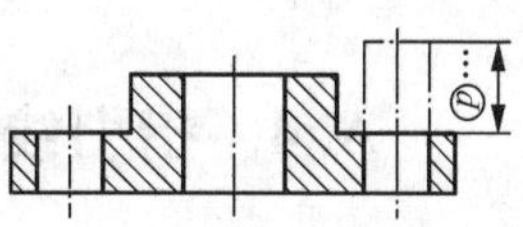	用细双点画线表示延伸公差带

A.3.2 图线宽度和组别

机械图样中,图线宽度分粗细两种,其比例为 2∶1,按图样的大小和复杂程度,在下列数系中选择:0.13,0.18,0.25,0.35,0.5,0.7,1.0,1.4,2.0 mm,并优先采用表 A.3-4 中的第 0.5 组或第 0.7 组。

表 A.3-4 图线宽度和组别

线型组别	粗线	细线	线型组别	粗线	细线
0.25	0.25	0.13	1	1	0.5
0.35	0.35	0.18	1.4	1.4	0.7
0.5①	0.5	0.25	2	2	1
0.7①	0.7	0.35	① 为优先选用的组别		

A.3.3 图线画法

（1）同一图样中，同类图线的宽度基本一致，虚线、细点画线及双点画线的线段长度和间隔应各自均匀相等。

（2）两条平行线（包括剖面线）之间的距离应不小于粗实线宽度的两倍，其最小距离不得小于 0.7 mm。

（3）点画线及双点画线的首末两端应是线段而不是点。点画线（或双点画线）相交时，其交点应为线段相交；在较小图形上绘制细点画线或双点画线有困难时，可用细实线代替，如图 A.3－2(a，b)所示。

（4）点画线、虚线与其他图线相交时，都应是线段相交，不能交在空隙处，如图 A.3－2(c) 所示中 B 处所画图线。

（5）当虚线处在粗实线的延长线上时，应先留空隙，再画虚线的短画线，如图 A.3－2(c) 所示中 A 处所画图线。

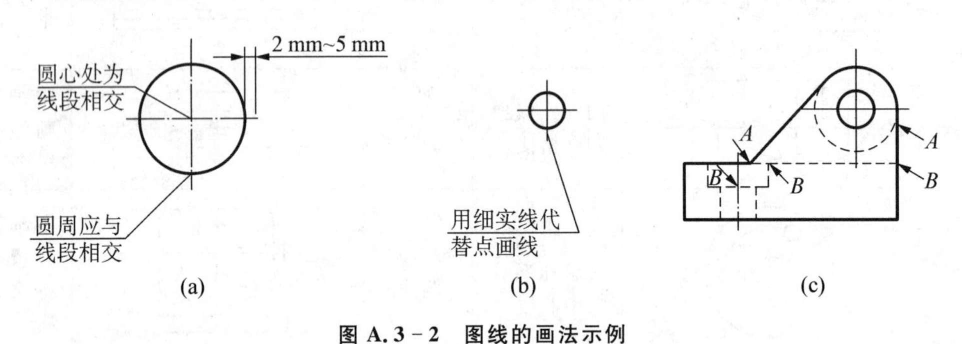

图 A.3－2 图线的画法示例

A.4 指引线和基准线(GB/T 4457.2—2003)

A.4.1 指引线

指引线为细实线，它以明确的方式建立图形表达和附加的字母数字或文本说明（注意事项、技术要求、参照条款等）之间的联系的线。它与要表达的物体形成一定的角度，在绘制的结构上给予限制，而不能与相邻的图线（或剖面线）平行，与相应图线所成的角度应大于 150°，如图 A.4－1 所示。

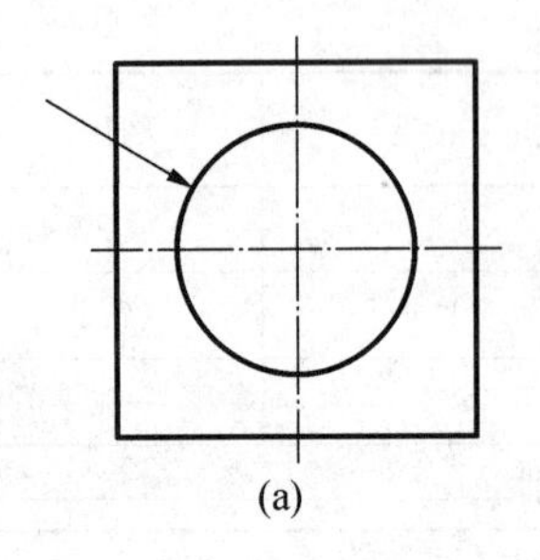

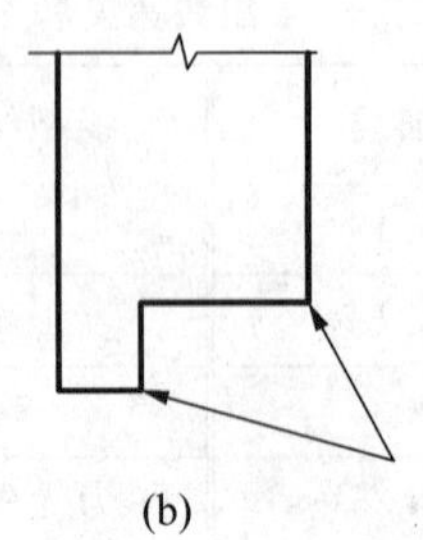

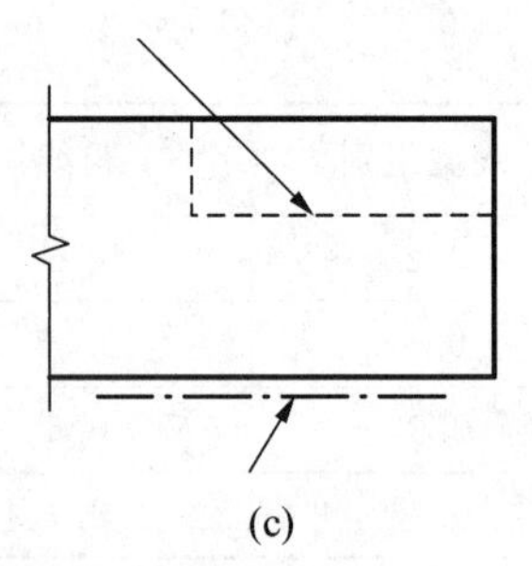

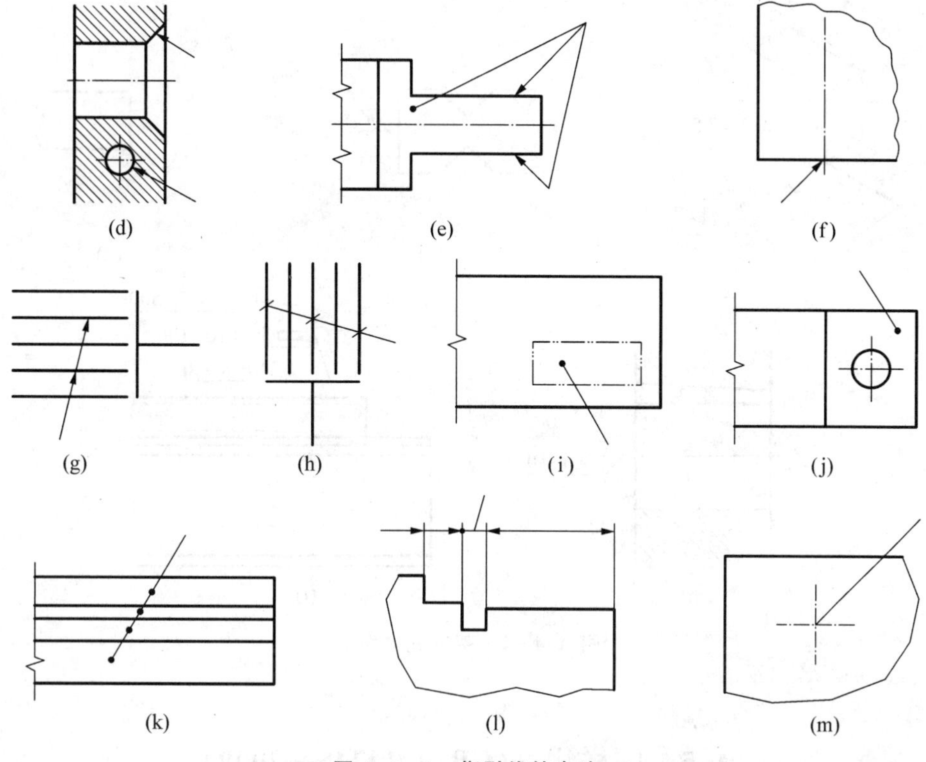

图 A.4-1　指引线的表达

指引线可以弯折成锐角，两条或几条指引线可以共有一个起点，指引线不能穿过其他的指引线、基准线以及诸如图形符号或尺寸数值等。指引线的终端有以下几种形式。

(1) 实心箭头。如果指引线终止于表达零件的轮廓或转角处时，平面内部的管件和缆线、图表和曲线图上的图线时，可以采用实心箭头。箭头也可以画到这些图线与其他图线(如对称中心线)相交处。如果是几条平行线，允许用斜线代替箭头。

(2) 一个点。如果指引线的末端在一个物体的轮廓内，可以采用一个点。

(3) 没有任何终止符号。如果指引线在另一条图线上，如尺寸线、对称线等。

A.4.2　基准线

基准线是与指引线相连的水平或竖直的细实线，可在上方或旁边注写附加说明。基准线可以画成具有固定的长度，应为 6 mm，如图 A.4-2(b, c)所示；或者与注释说明同样长度，如图 A.4-2 (a, d, h, i)所示。在特殊应用的情况下，应画出基准线，如图 A.4-2(b)所示。如果指引线绘制成水平或竖直方向，此时注释说明的注写与指引线方向一致，如图 A.4-2 (e)所示。不适用基准线的情况下，均可省略基准线，如图 A.4-1(m)、图 A.4-2 (f, g)所示。

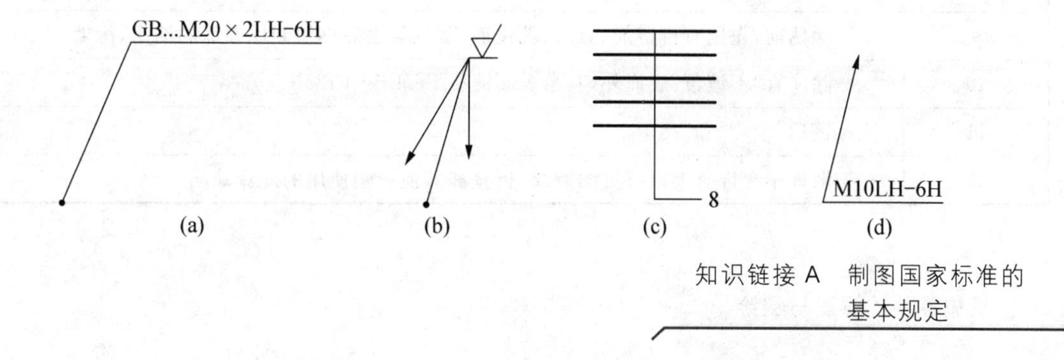

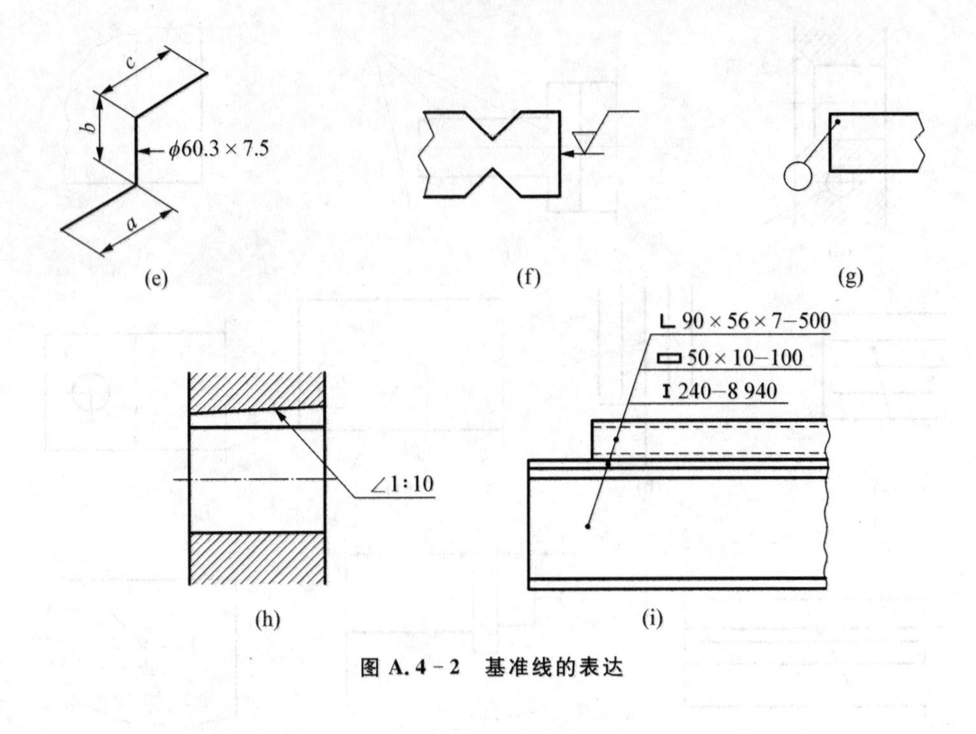

图 A.4-2 基准线的表达

A.5 图样注语(GB/T 24745—2009)

正确使用图样注语有利于正确理解、准确与规范表达设计意图。零件图图样注语见表 A.5-1,装配图图样注语见表 A.5-2,其他注语见表 A.5-3。

表 A.5-1 零件图图样注语

序号	注 语 内 容
1	保持锐边
2	补焊区及坡口周围××mm 以内的粘砂、油、水、锈等脏物必须彻底清理
3	表面渗碳,渗碳深度××
4	表面硬化和回火
5	保证锻件内部充分锻透
6	保证锻件内部无缩孔和严重的偏析
7	除标注外,其余加工处为(表面粗糙度的符号)
8	成形冲压件
9	除锈前,先用有机溶剂、碱液、乳化剂、蒸汽等去除钢铁制件表面的油污、污垢
10	除注有“不镀覆”表面外,其余表面镀铬 Fe/EP·Cr25b
11	镀后
12	锻件不允许有肉眼可见的裂纹、折叠和其他影响使用的外观缺陷

续 表

序号	注 语 内 容
13	锻件不允许存在白点、内部裂纹和残余缩孔
14	锻件非加工表面缺陷应清理干净，并圆滑过渡
15	锻件局部缺陷可以清除，但清理深度不得超过加工余量的××
16	锻件应在有足够能力的锻压机锻造成形
17	顶面对基准 A(底面)的平行度公差为 ϕ××
18	镀前
19	镀前进行××处理
20	非工作表面抛光、喷漆
21	分模面
22	公差等级
23	刮削
24	工作极限应力 $T_j = a$N/mm^2
25	焊疤修平达××，焊后外表面修平达××
26	焊缝在 0.05 MPa 表压下不漏气
27	焊后焊缝处修整××，粗糙度为××
28	焊后人工时效，去应力
29	焊后修整，××清除焊疤，保持平整
30	焊接采用××焊，焊条牌号为××，焊缝高为××，工艺按××
31	焊前做喷砂处理，焊后进行气密性检查
32	精度等级
33	精加工后的配合面、齿面不应有退火，不得有脱皮现象
34	孔 ϕ××的轴线对基准 A 的垂直公差为 ϕ××
35	零件加工表面上，不应有划痕、擦伤等损伤零件表面的缺陷
36	零件去除氧化皮
37	零件××(LH)如图，零件××(RH)对称
38	零件整体硬化和回火
39	轮缘与轮芯装配后，再精车和切制轮齿
40	拉削
41	磨削
42	平冲压件
43	喷砂
44	喷丸

续 表

序号	注 语 内 容
45	配作
46	全部表面钝化 Cu/Ct・P
47	全部表面磷化 Fe/Ct・MnPh
48	全部表面阳极氧化 Al/Et・A・Cl(BK)
49	全部倒角 C××
50	去除毛刺飞边
51	锐角倒钝
52	涂后
53	涂前
54	调质处理,HRCa—HRCb
55	未加工处涂上××漆
56	纹理方向
57	未注尺寸公差按 GB/T 1804-××
58	未注倒角为 C××
59	未注几何公差按 GB/T 1184-××
60	网(直)纹 m××(GB/T 6403.3)
61	弯折线
62	未注铸造圆角 R××
63	纤维方向
64	应经时效处理,以消除内应力
65	研磨
66	衍削
67	允许焊接,焊后修整
68	在补焊的全过程中,铸钢件预热区的温度不得低于 350℃
69	铸件不得有砂眼、缩孔和裂纹等缺陷
70	铸件不许进行水韧处理
71	铸件尺寸公差按××
72	铸件非加工表面的粗糙度,砂型铸造 R××,不大于××μm
73	铸件非加工表面的皱褶,深度小于××,间距应大于××
74	铸件非加工表面涂××底漆,非加工外表面复涂××磁漆
75	铸件精加工前进行人工时效
76	铸件起模斜度为××

续 表

序号	注 语 内 容
77	铸件热处理按××
78	铸件热处理后,表面喷砂处理
79	铸件上的型砂、芯砂、芯骨、多肉等应铲磨平整,清理干净
80	铸件应清砂处理
81	铸件有倾斜的部位,其尺寸公差带应沿倾斜面对称布置
82	在条件允许的情况下,尽可能在水平位置施焊
83	铸造非加工表面上的铸字和标志应清晰可靠,位置和字体应符合图样要求
84	展开长度 L=a
85	ϕ××和 ϕ××的圆柱面的轴线分别对基准 B(ϕ××圆柱面轴线)的同轴度公差为 ϕ××
86	ϕ××圆柱面对基准 A-B 公共轴线的径向圆跳动公差为 ϕ××
87	ϕ××圆柱面轴线的直线度公差为 ϕ××

注:表中凡出现"××"符号处,由设计人员根据需要填入相应内容

表 A.5-2 装配图图样注语

序号	注 语 内 容
1	齿轮箱与盖的结合面应接触良好
2	齿轮装配后,齿面的接触斑点和侧隙
3	产品的安全防护装置
4	除已注的××处,其余均采用手工电弧焊,焊条为××
5	电焊处不贴合时,允许增加焊点
6	点铆
7	各密封件装配前必须浸透油
8	滑动配合的平键装配后,配件移动自如,不得有松紧不均现象
9	焊接后喷砂并浸油
10	焊接结构的一般尺寸公差和几何公差
11	结合件
12	结合面用××塞尺的塞入深度不得大于接触面宽度的 1/3
13	经装配调试后
14	机座与机盖的结合面错位不得大于××
15	零件在装配前必须清理和清洗干净,装配时注意保护表面油漆
16	黏结后应清除流出的多余黏结剂
17	平键与轴上键槽两侧面应均匀接触,其配合面不得有间隙

续 表

序　号	注 语 内 容
18	配制
19	上下轴瓦的结合面要紧密贴合,用 0.05 mm 的塞尺检查不入
20	调试合格后
21	涂××密封胶
22	同一零件用多种螺钉紧固时,各螺钉要交叉、对称、均匀拧紧
23	完成装配后应按 GB/T××进行可靠性试验
24	完成装配后应按 GB/T××进行寿命试验
25	完成装配后应按 GB/T××进行性能试验
26	无图
27	××点,EQS
28	用××剂粘接
29	与××同钻铰
30	圆锥销装配时应与孔进行涂色检查
31	轴承外圈与开式轴承座与轴承盖的半圆孔不准有卡住现象
32	轴承外圈装配好后用手转动应灵活、平稳
33	装配过程中零件部允许磕、碰、划伤和锈蚀
34	装配前所有的管子应去除管端飞边、毛刺并倒角
35	装配前,所有钢管都要进行脱脂、酸洗、中和、水洗及防锈处理
36	装配前应对零件的尺寸进行复查
37	装配时××处涂××润滑脂
38	在××MPa 压力下试验××min,不得出现渗漏现象

注:表中凡出现"××"符号处,由设计人员根据需要填入相应内容

表 A.5-3　其他注语

序号	注语内容	序号	注语内容
1	按××生产说明书	8	××分离面
2	按××工艺说明书	9	发动机前安装面
3	本图有重要特性××处	10	发动机后安装面
4	本图仅示改动部分,未示部分均按××	11	工艺孔轴线
5	标印打在标签上	12	关键件
6	锉修处涂××底漆	13	关键特性
7	打冲点	14	机械关锁

续　表

序号	注语内容	序号	注语内容
15	机械开锁	22	一般公差
16	距××轴线××	23	与××零件协调制孔
17	精度等级	24	允许锉修
18	喷××色漆	25	允许打磨
19	水平测量点	26	允许分段制造
20	水平测量公差	27	右件如图,左件对称
21	销孔轴线	28	左件如图,右件对称

注:表中凡出现“××”符号处,由设计人员根据需要填入相应内容

A.6　图纸折叠方法(GB/T 10609.3—2009)

A.6.1　基本要求

折叠后的图纸幅面一般应有 A4 (210 mm×297 mm)或 A3 (297 mm×420 mm)的规格。对于需装订成册又无装订边的复制图,折叠后的尺寸可以是 190 mm×297 mm 或 297 mm×400 mm。当粘贴上装订胶带后,折叠后复制图上的标题栏均应露在外面。无论采用何种折叠方法,折叠后复制图上的标题栏均应露在外面。

A.6.2　折叠方法

1. 需装订成册的复制图

(1) 有装订边的复制图　首先沿标题栏的短边方向折叠,然后再沿标题栏的长边方向折叠,并在复制图的左上角折出三角形的藏边,最后折叠成 A4 或 A3 的规格,使标题栏露在外面,如图 A.6-1 和图 A.6-2 所示。

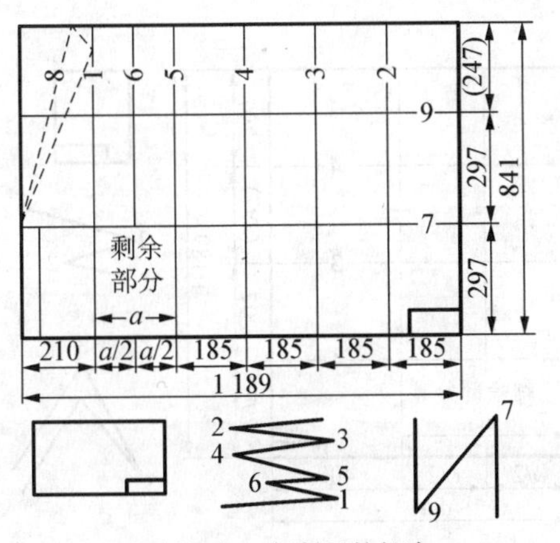

(a) 标题栏在A0复制图的长边

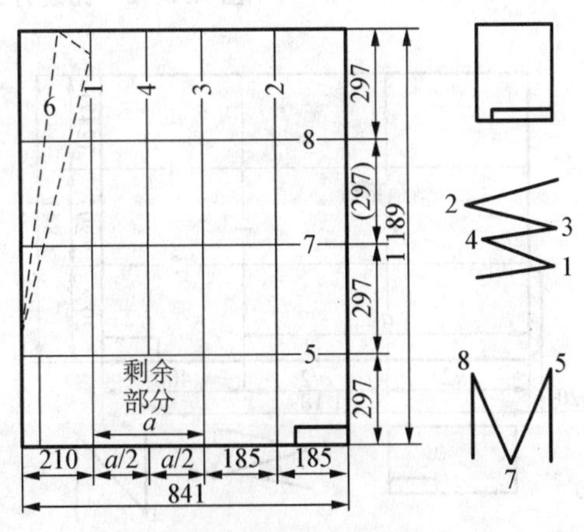

(b) 标题栏在A0复制图的短边

图 A.6-1　有装订边的复制图折叠成 A4

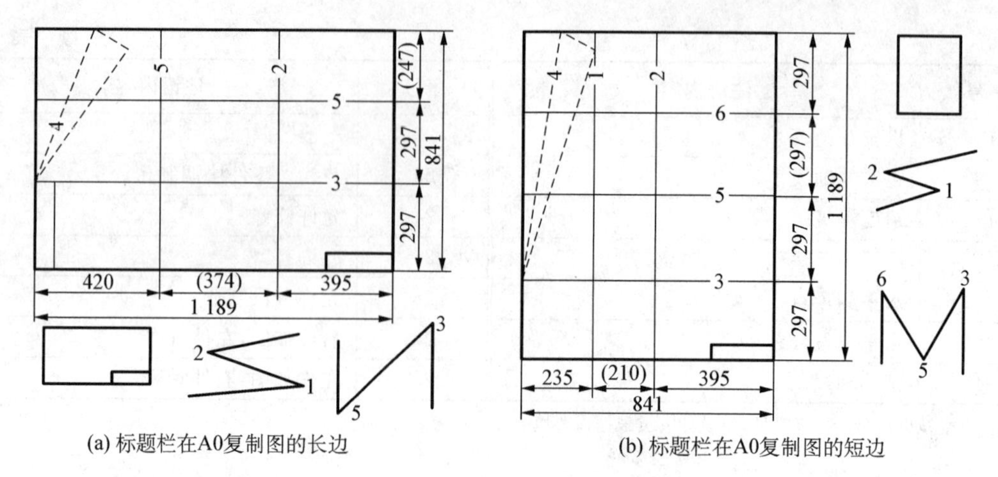

(a) 标题栏在A0复制图的长边　　(b) 标题栏在A0复制图的短边

图 A.6-2　有装订边的复制图折叠成 A3

(2) 无装订边的复制图　首先沿标题栏的短边方向折叠，然后再沿标题栏的长边方向折叠成 190 mm×297 mm 或 297 mm×400 mm 的规格，使标题栏露在外面，并粘贴上装订胶带，如图 A.6-3 和图 A.6-4 所示。

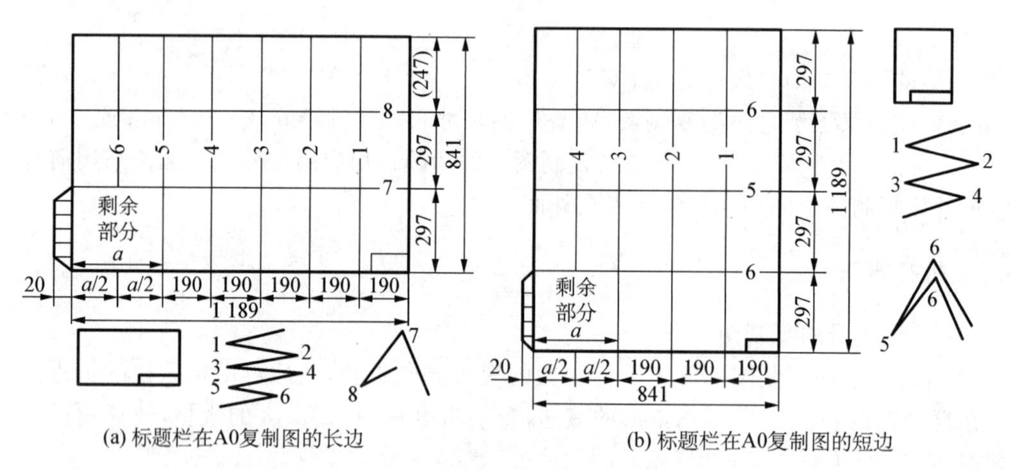

(a) 标题栏在A0复制图的长边　　(b) 标题栏在A0复制图的短边

图 A.6-3　无装订边的复制图折叠成 A4

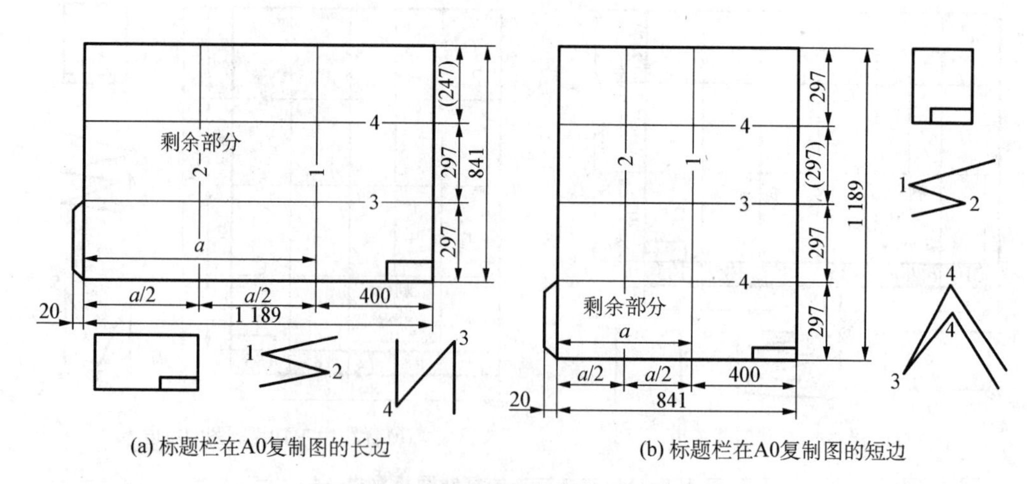

(a) 标题栏在A0复制图的长边　　(b) 标题栏在A0复制图的短边

图 A.6-4　无装订边的复制图折叠成 A3

2. 不装订成册的复制图

不装订成册的复制图的折叠方法有两种。第一种：首先沿标题栏的长边方向折叠，然后再沿标题栏的短边方向折叠成 A4 或 A3 的规格，使标题栏露在外面，如图 A. 6 - 5 和图 A. 6 - 6 所示。第二种：首先沿标题栏的短边方向折叠，然后再沿标题栏的长边方向折叠成 A4 或 A3 的规格，使标题栏露在外面，如图 A. 6 - 7 和图 A. 6 - 8 所示。

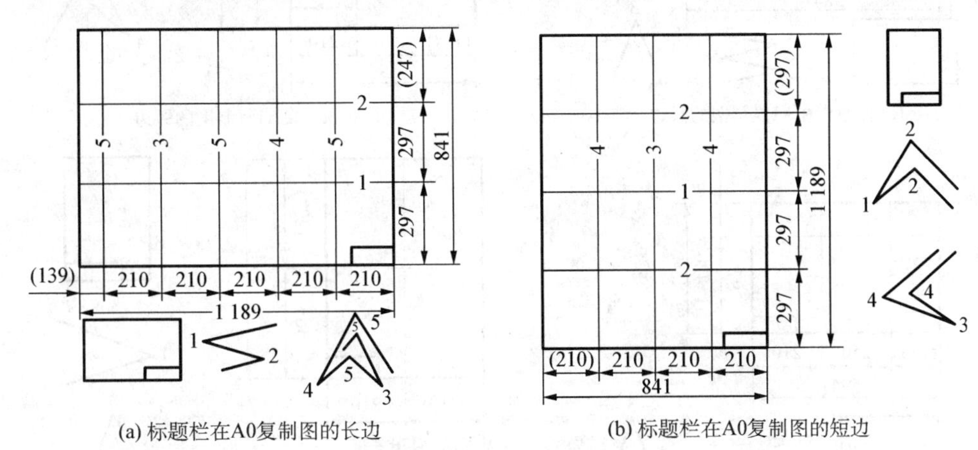

(a) 标题栏在A0复制图的长边 (b) 标题栏在A0复制图的短边

图 A. 6 - 5 无需装订的复制图折叠成 A4(方法 1)

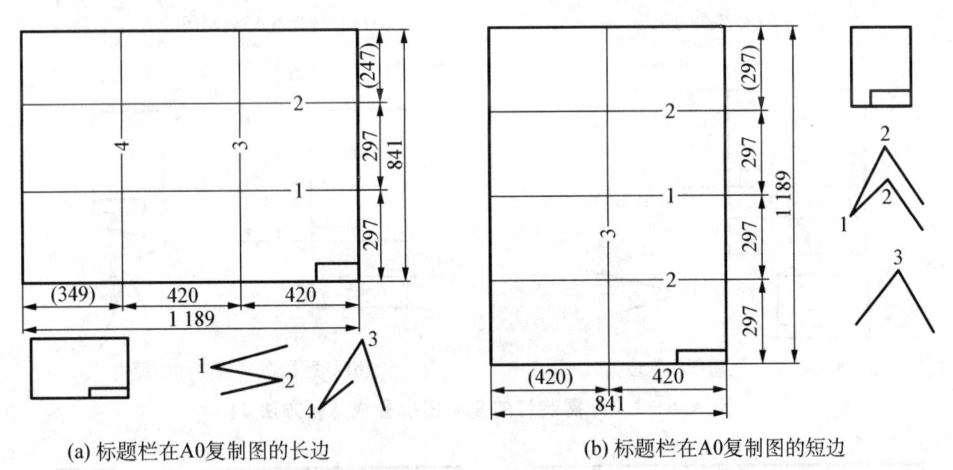

(a) 标题栏在A0复制图的长边 (b) 标题栏在A0复制图的短边

图 A. 6 - 6 无需装订的复制图折叠成 A3(方法 1)

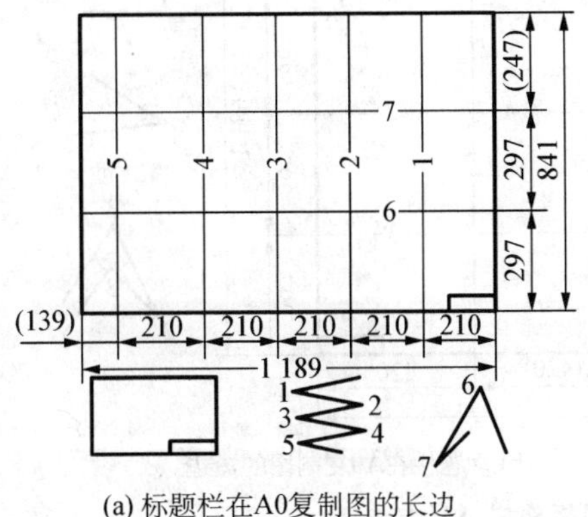

(a) 标题栏在A0复制图的长边

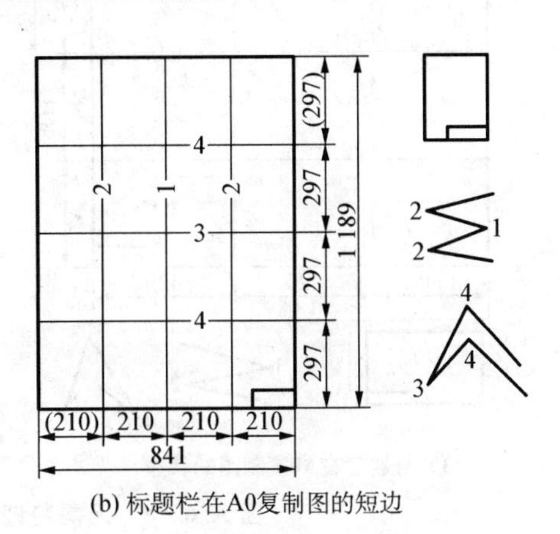

(b) 标题栏在A0复制图的短边

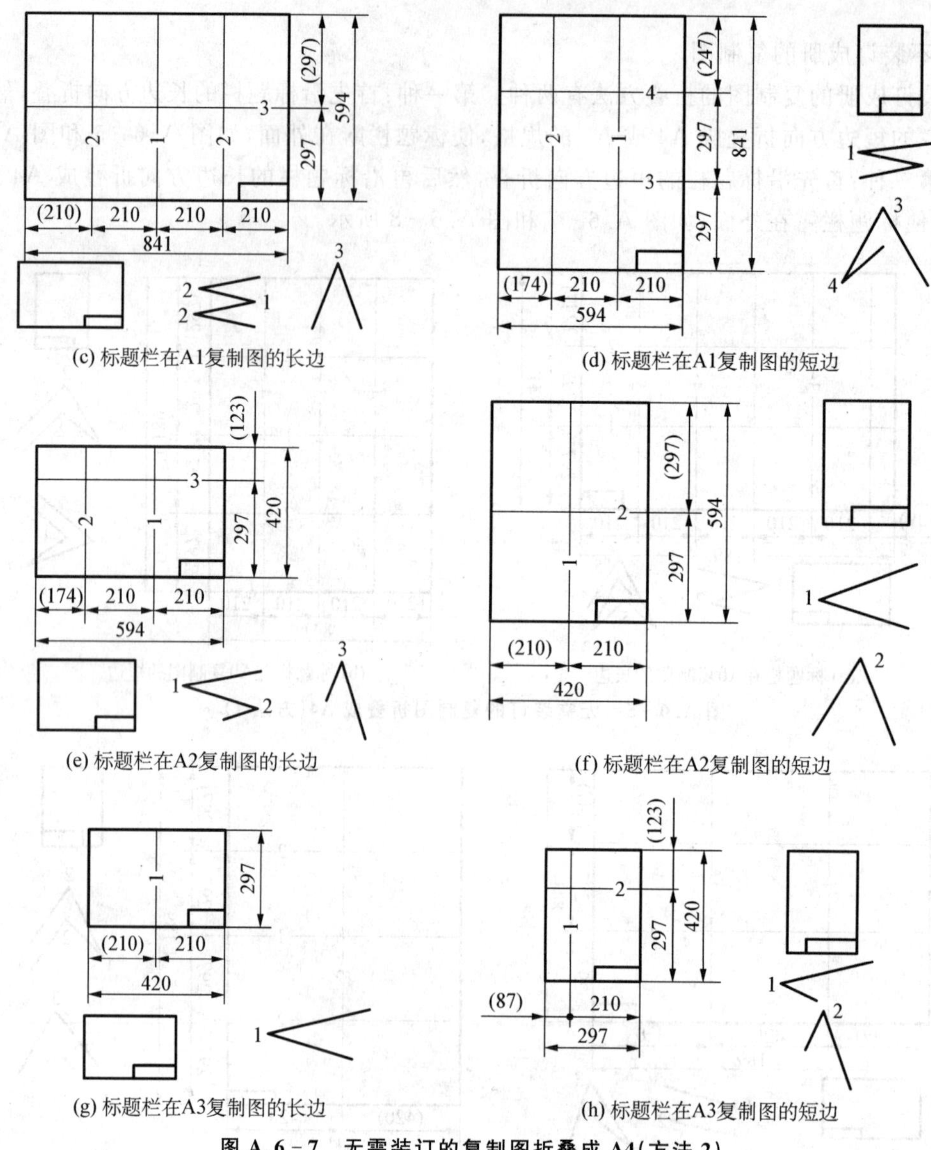

(c) 标题栏在A1复制图的长边

(d) 标题栏在A1复制图的短边

(e) 标题栏在A2复制图的长边

(f) 标题栏在A2复制图的短边

(g) 标题栏在A3复制图的长边

(h) 标题栏在A3复制图的短边

图 A.6－7　无需装订的复制图折叠成 A4(方法 2)

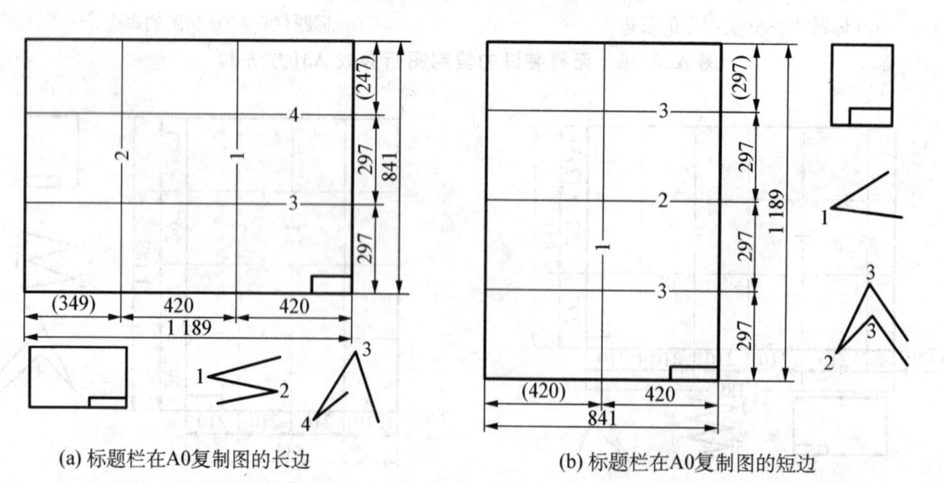

(a) 标题栏在A0复制图的长边

(b) 标题栏在A0复制图的短边

图 A.6－8　无需装订的复制图折叠成 A3(方法 2)

A.7 型材及其断面表示(GB/T 4656.1—2000)

棒料、型材及其断面用相应的标记表示，见表 A.7－1 和 A.7－2。标记格式中，各参数间用短画分隔，必要时，可在标记后注出切割长度。标记格式示例如图 A.7－1 所示，此标记也填入明细栏(见 GB/T 10609.2)。

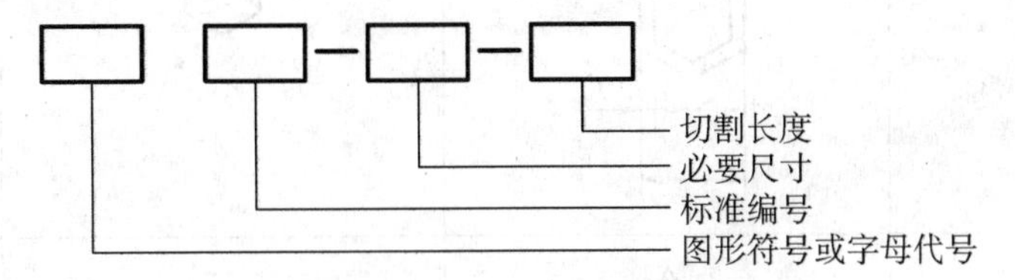

图 A.7－1 棒料、型材的标记格式

表 A.7－1 棒料及其断面标记

棒料断面	尺寸	标记	
		图形符号	必要尺寸
圆形 圆管形	ϕd t, ϕd	⌀	d $d \cdot t$
方形 空心方管形	b t, b	□	b $b \cdot t$
扁矩形 空心矩管形	b, h h, t, b	▭	$b \cdot h$ $b \cdot h \cdot t$

续 表

棒料断面	尺寸	标记	
		图形符号	必要尺寸
六角形 空心六角管形			s $s \cdot t$
三角形			b
半圆形			$b \cdot h$

表 A.7－2 型材及其断面标记

型材	标记		
	图形符号	字母符号	尺寸
角钢		L	特征尺寸
T 型钢		T	
工字钢		I	
H 钢		H	
槽钢		U	
Z 型钢		Z	
钢轨			
球头角钢			
球扁钢			

标注示例：

角钢，尺寸为 50 mm×50 mm×4 mm，长度为 1000 mm，标记为：∟ GB/T 9787—50×50×4—1000；

扁钢，尺寸为 50 mm×10 mm，长度为 100 mm，简化标记为：▭ 50×10—100；

角钢，尺寸为 90 mm×56 mm×7 mm，长度为 500 mm，简化标记为：∟ 90×56×7—500 或 L90×56×7—500。

标记应尽可能靠近相应的构件标注，如图 A.7-2、图 A.7-3 所示，图上的标记应与型钢的位置一致，如图 A.7-4 所示，金属构件可用粗实线画出的简图表示。此时，节点间的距离值应按图的方法标注。金属构件的尺寸允许标注封闭尺寸，在需考虑累计误差时，要指明封闭环尺寸。

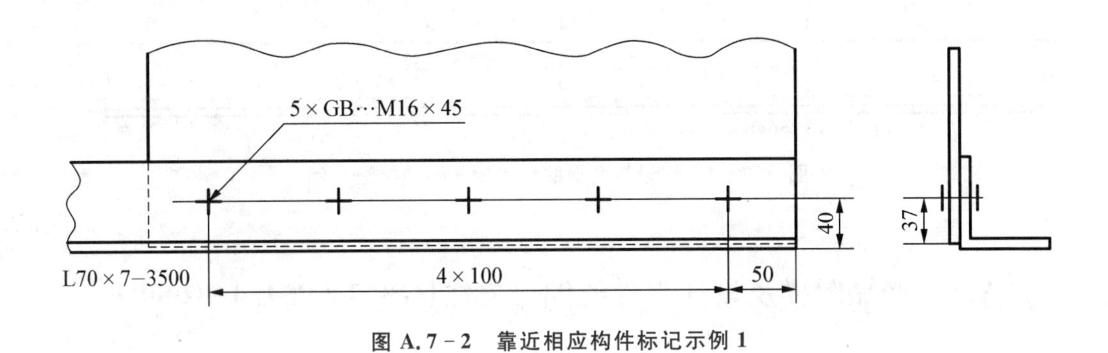

图 A.7-2 靠近相应构件标记示例 1

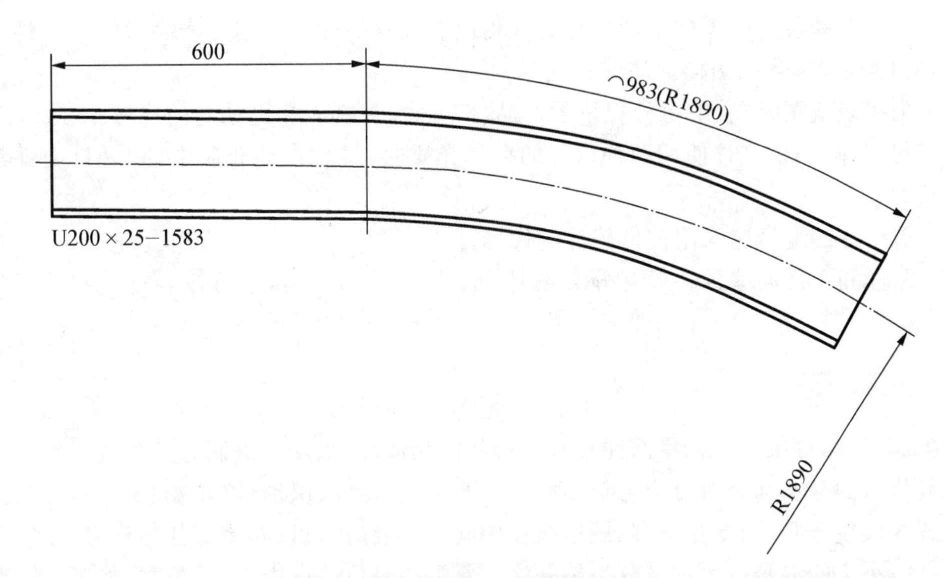

图 A.7-3 靠近相应构件标记示例 2

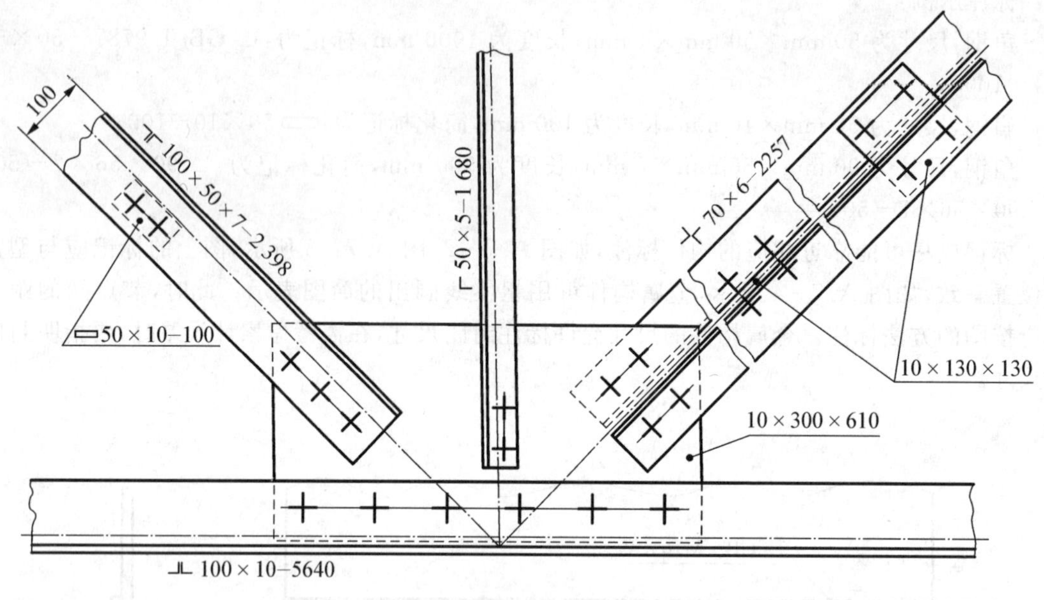

图 A.7-4 标记与型钢的位置相一致的标记示例

A.8 产品图样及设计文件的编号方法(GB/T 5054.4—2000)

A.8.1 一般要求

(1) 每个产品、部件、零件的图样和文件均应有独立的代号。同一产品、部件、零件的图样用数张图纸绘制时,各张图样标注同一代号。

(2) 采用表格图时,表中每种规格的产品、部件、零件都应标出独立的代号。

(3) 同一种 CAD 文件使用两种以上的存储介质时,每种存储介质中的 CAD 文件都应标注同一代号。

(4) 借用件的编号应采用被借用件的代号。

(5) 图样和文件的编号一般有分类编号和隶属编号两大类,也可按各行业有关标准规定编号。

A.8.2 分类编号

分类编号,按对象(产品、零部件)功能、形状的相似性,采用十进制分类法进行编号。分类编号及其代号的基本部分由分类号(大类)、特征号(中类)和识别号(小类)3 部分组成。中间以圆点或短横线分开,圆点在下方,短横线在中间。必要时,可以在尾部加尾注号。

大、中、小类的编号按十进位分类编号法。每类的码位一般由 1～4 位数(如级、类、型、种)组成。每位数一般分为 10 个档次,如 10 级(0～9),每级分 10 类(0～9),每类分 10 型(0～9),每型分 10 种(0～9)等。尾注号表示产品改进和设计文件种类。一般改进的尾注号用拉丁字母表示,设计文件尾注号用拼音字头表示。分类码位的序列及其含义,见表 A.8-1。

表 A.8-1　分类码位表

分类号(大类)	特征号(种类)	识别号(小类)	尾注号	校验号
产品、部件、零件的区分码位	产品按类型,部件按特征、结构,零件按品种、规格编码	产品按品种,部件按用途,零件按形状、尺寸、特征编码	设计文件、产品改进尾注号	校验产品代号的码位

用计算机自动生成产品代号时,应在代号终端加校验号(校验码)。校验号应按 GB/T 17710 的规定计算、确定。

A.8.3　部分分类编号

部分分类编号的构成和各码位的含义,见表 A.8-2。

表 A.8-2　部分分类码位表

分类号(大类)	特征号(种类)	识别号(小类)	尾注号
产品代号	部件按特征、结构,零件按品种、规格编码	部件按用途,零件按形状、尺寸、特征编码	设计文件、产品改进码位

A.8.4　隶属编号

隶属编号是按产品、部件、零件的隶属关系编号。其代号由产品代号和隶属号组成。中间可用圆点或短横线隔开,必要时可加尾注号。隶属编号示例,如图 A.8-1 所示。

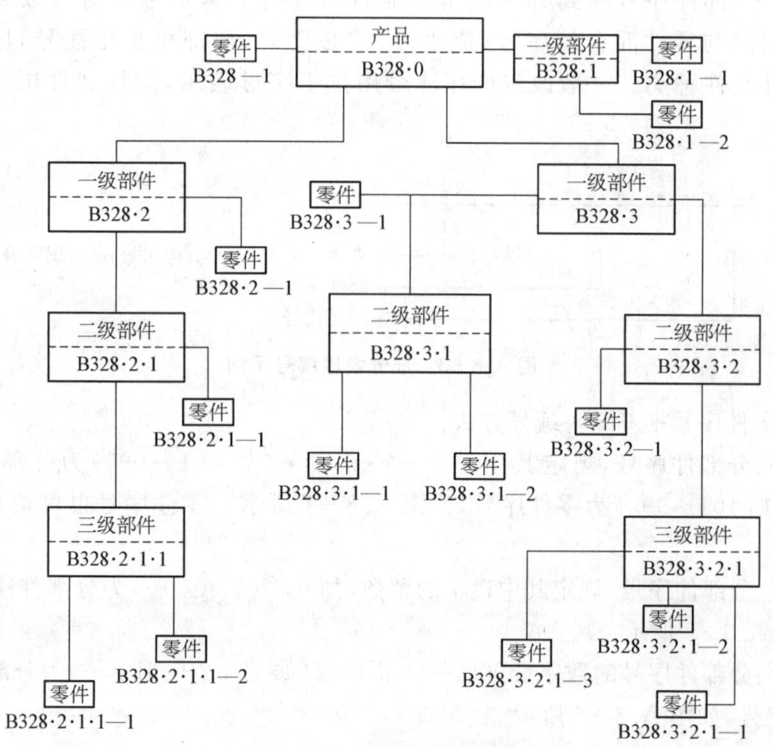

图 A.8-1　隶属编号示例 1

隶属编号码位，见表 A.8-3。

表 A.8-3　隶属编号码位表

码位	1 2	3 4 5	6 7 8	9 10
含义	产品代号码位	各级部件序号码位	零件序号码位	设计文件、产品改进码位

产品代号由字母和数字组成。隶属号由数字组成，其级数和位数应按产品结构的复杂程度而定。零件的序号，应在其所属(产品或部件)的范围内编号。部件的序号，应在其所属(产品或上一级部件)的范围内编号。尾注由字母组成，表示产品改进和设计文件种类。如两种尾注号同时出现时，两者所用的字母应予以区别，改进尾注号在前，设计文件尾注号在后，并在两者之间空一字间隔，或加一短横线，如图 A.8-2 所示。

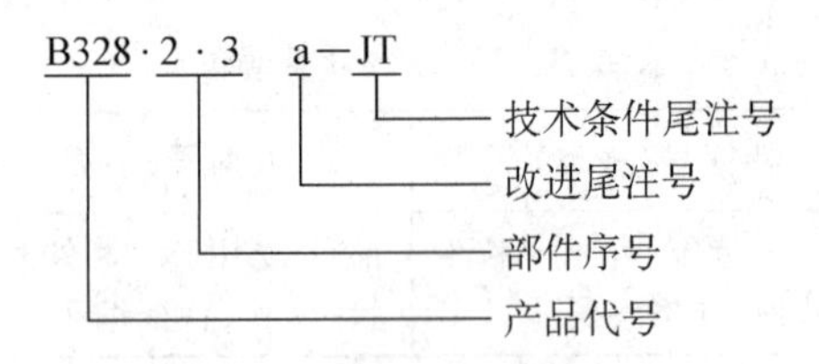

图 A.8-2　隶属编号示例 2

A.8.5　部分隶属编号

部分隶属编号的代号由产品代号、隶属号和识别号组成。其隶属号为部件序号，如图A.8-3 所示，部件序号编到哪一级由企业自行规定。识别号是对一级或二级以下的部件(称分部件)与零件混合编序号(流水号)。必要时，尾部可加尾注号，尾注号表示产品改进和设计文件种类。一般改进的尾注号用拉丁字母表示，设计文件尾注号用拼音字头表示。

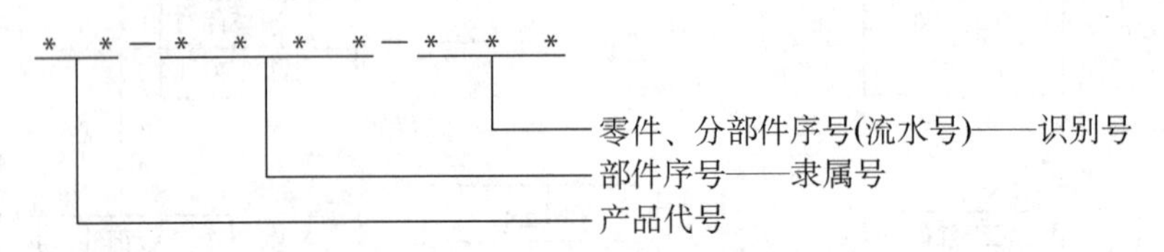

图 A.8-3　部分隶属编号示例

分部件、零件序号推荐 3 种编号方法：

(1) 零件、分部件序号，规定其中 * * *—* * *(如 001～099)为分部件序号，* * *—* * *(如 101～999)为零件序号，如图 A.8-4 所示。零件序号也可按材料性质分类编号。

(2) 零件、分部件序号，规定其中逢十的整数(如 0, 20, 30, …)为分部件序号，余者为零件序号，如图 A.8-5 所示。

(3) 零件、分部件序号的数字后再加一字母 P, Z(如 1P, 2P, 3P, …)为分部件序号，无字母者为零件序号，如图 A.8-6 所示。

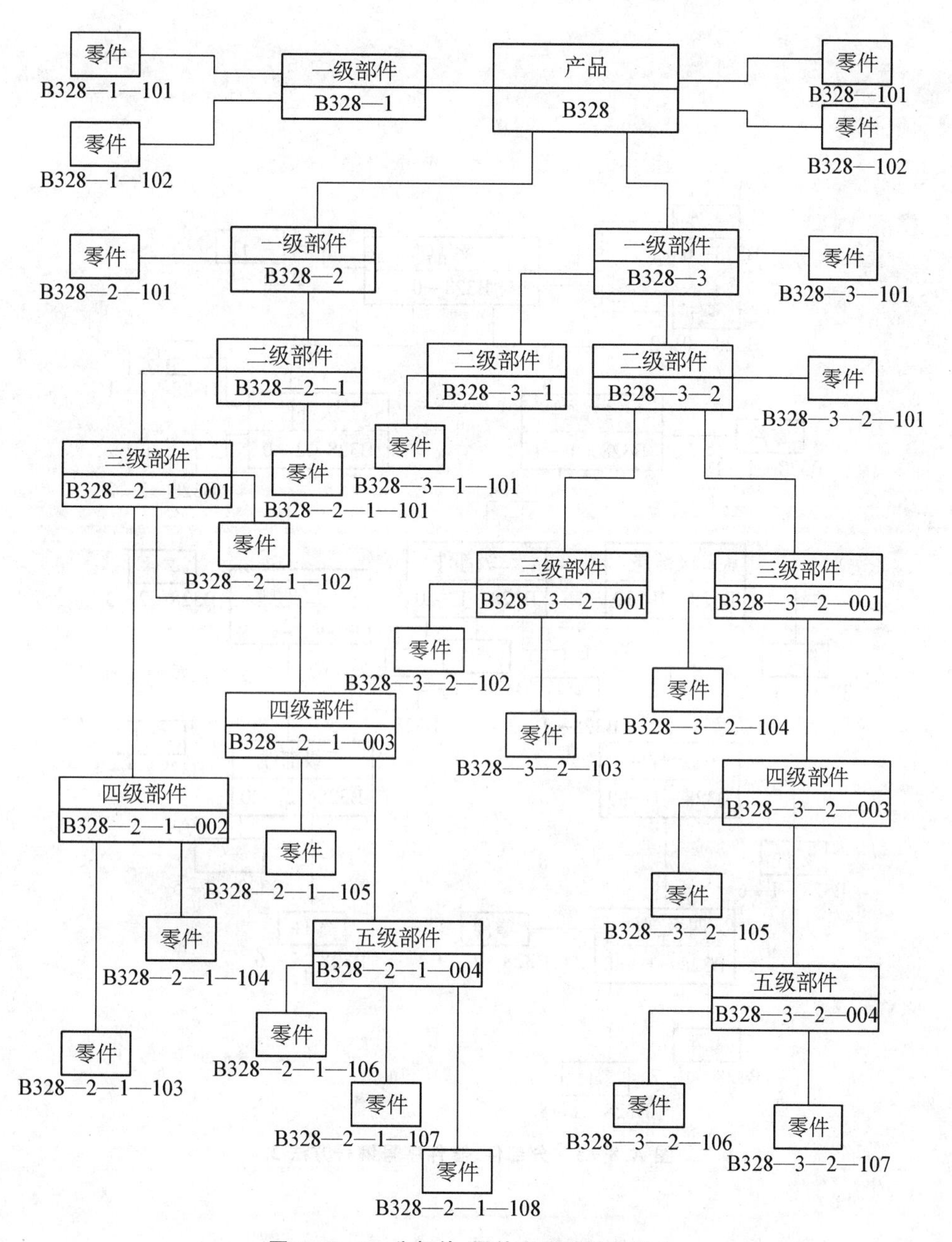

图 A.8-4 分部件、零件序号编号方法 1

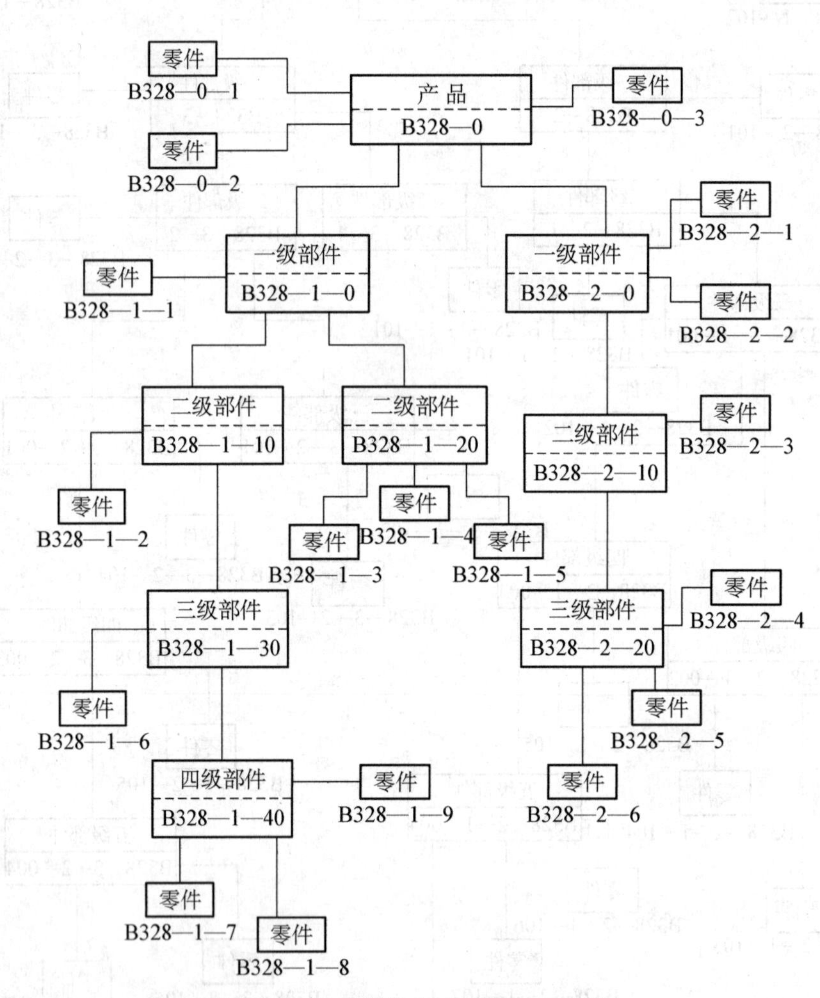

图 A.8-5　分部件、零件序号编号方法 2

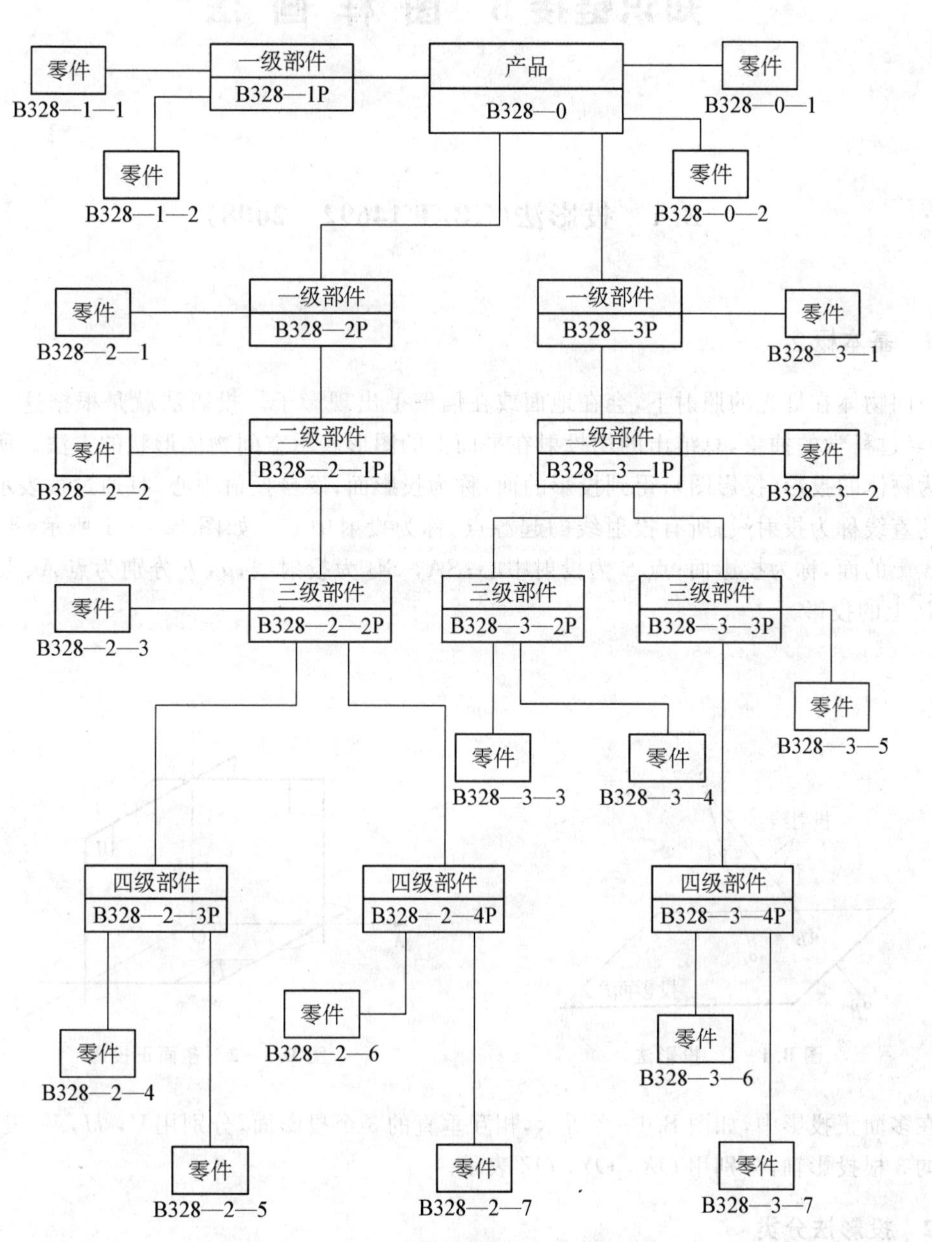

图 A.8－6　分部件、零件序号编号方法 3

知识链接B 图样画法

B.1 投影法(GB/T 14692—2008)

B.1.1 基本概念

空间物体在灯光的照射下，会在地面或在墙壁上出现影子。投影法就是根据这一自然现象，并经过科学的抽象，总结出的用投射在平面上的图形表示空间物体形状的方法。所得的图形称为物体的投影(投影图)；得到投影的面，称为投影面；发自投射中心，且通过被表示物体上各点的直线称为投射线；所有投射线的起源点，称为投射中心。如图 B.1-1 所示，平面 P 是得到投影的面，称为投影面；点 S 为投射中心；SA，SB 为投射线；a，b 分别为点 A、点 B 在投影面 P 上的投影。

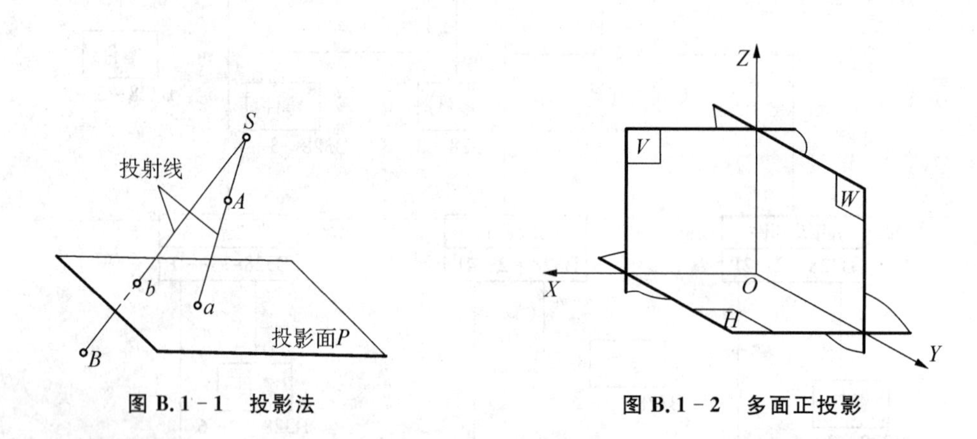

图 B.1-1 投影法　　图 B.1-2 多面正投影

在多面正投影中，如图 B.1-2 所示，相互垂直的 3 个投影面，分别用 V，H，W 表示；相互垂直的 3 根投影轴，分别用 OX，OY，OZ 表示。

B.1.2 投影法分类

投影法分类是根据投射线的类型(平行或汇交)、投影面与投射线的相对位置(垂直或倾斜)及物体的主要轮廓与投影面的相对关系(平行、垂直或倾斜)设定的，其基本分类如图 B.1-3 所示。

(1) 中心投影法　投射线汇交一点的投影法(投射中心位于有限远处)。如图 B.1-4 所示，通过投射中心 S 作出了△ABC 在投影面 P 上的投影△abc。在中心投影法中，△abc 的大小随着 S 距离△ABC 的远近或者△ABC 距离投影面 P 的远近而变化，所以它不适用于绘制

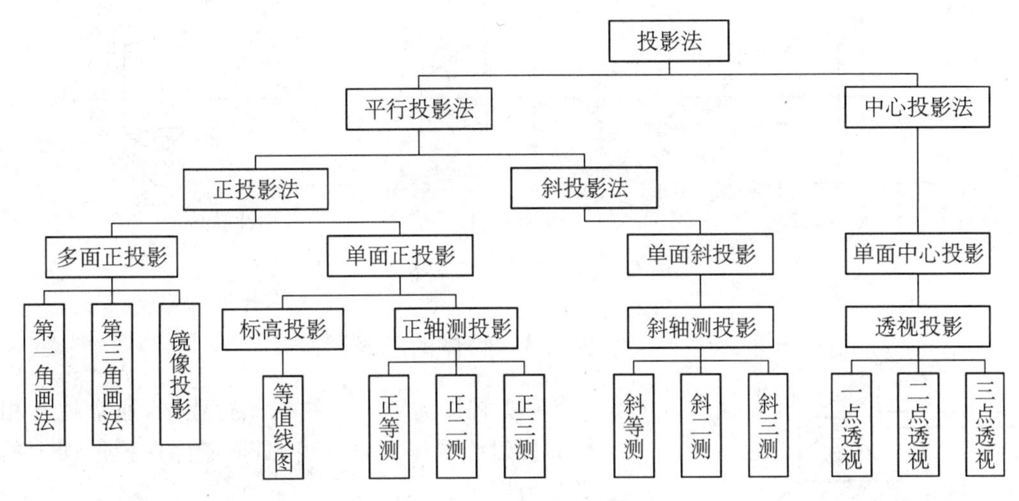

图 B.1-3 投影法分类

机械图样。但是,根据中心投影法绘制的直观图立体感较强,适用于绘制建筑物的透视图。

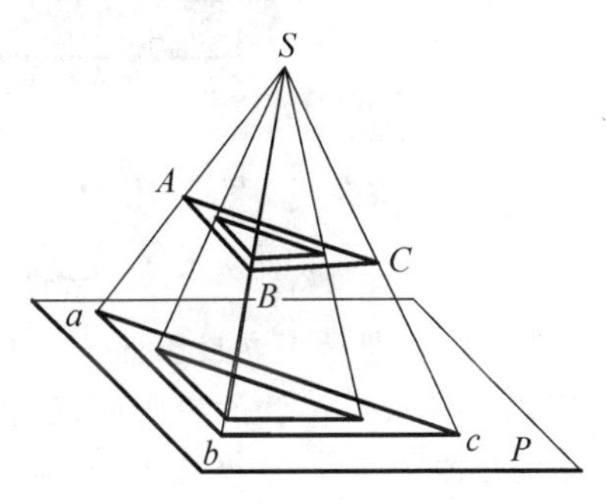

图 B.1-4 中心投影法

(2) 平行投影法 若将投影中心 S 移到离投影面无穷远处,则所有的投影线都相互平行,这种投影线相互平行的投影方法,称为平行投影法,所得投影称为平行投影。根据投射线与投影面是否垂直,平行投影法可分为斜投影法和正投影法。

1) 斜投影法:投射线倾斜于投影面时的投影,如图 B.1-5所示。主要用于绘制有立体感的图形,如斜轴测图。

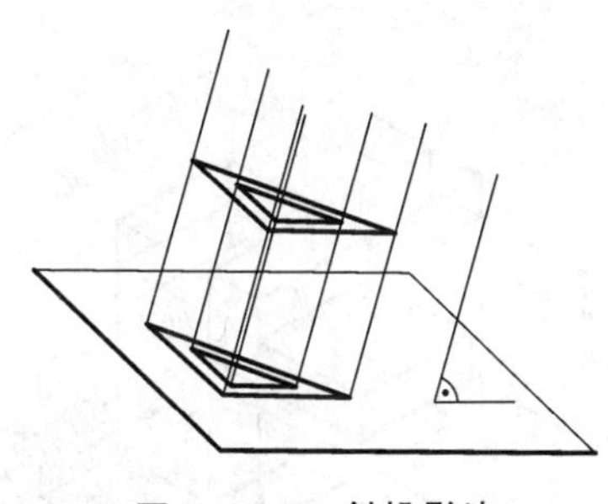

图 B.1-5 斜投影法

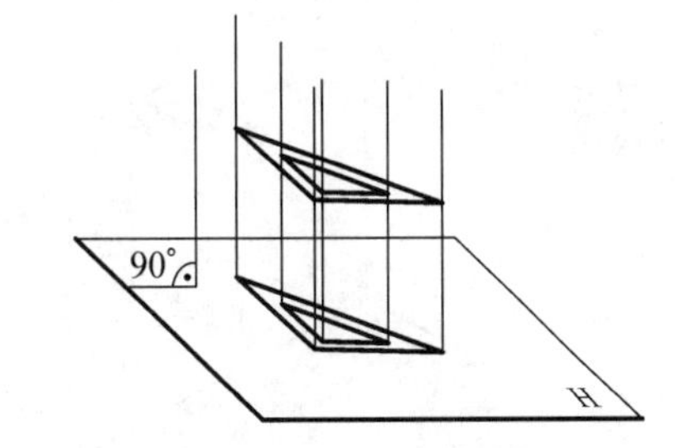

图 B.1-6 正投影法

2) 正投影法:投射线垂直于投影面时的投影,如图 B.1-6 所示。它能正确地表达平面的真实形状和大小,作图方便,主要用于绘制工程图样。正投影法的基本特性:

① 真实性:平面形(或直线段)平行于投影面时,其投影反映实形(或实长),这种投影性质称为真实性或全等性。如图 B.1-7(a)所示。

② 积聚性:平面形(或直线段)垂直于投影面时,其投影积聚为线段(或一点),这种投影性质称为积聚性。如图 B.1-7(b)所示。

③ 类似性:平面形(或直线段)倾斜于投影面时,其投影变小(或变短),但投影形状与原来形状相类似,这种投影性质称为类似性。如图 B.1-7(c)所示。

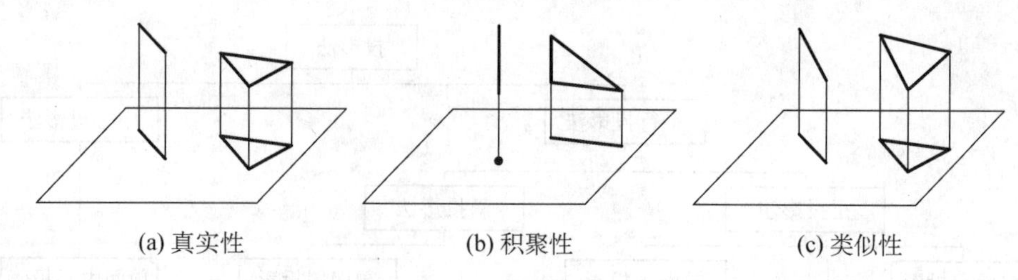

图 B.1－7　正投影法基本特性

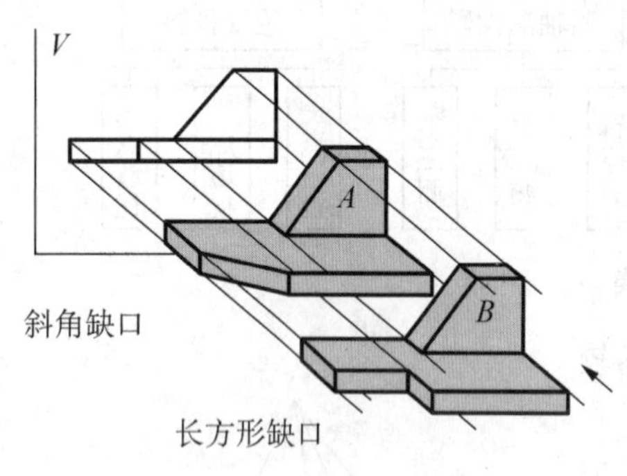

图 B.1－8　物体的视图

B.1.3　物体的三视图

（1）视图的定义　在机械行业中，通常把互相平行的投射线看作人的视线，而把零件在投影面上的投影称为视图。

在正投影中，一般一个视图不能完整地表达零件的形状和大小，也不能区分不同的零件。如图 B.1－8 中两个不同的零件在同一投影面上的视图完全相同。因此，要反映零件的完整形状和大小，必须有几个不同投影方向得到的视图。

（2）三投影体系　在工程图样中，通常采用与零件的长、宽、高相对应的 3 个互相垂直的投影面，分别是正立投影面——直立在观察者正对面的投影面，简称正面，用 V 表示；水平投影面——水平位置的投影面，简称水平面，用 H 表示；侧立投影面——右侧的投影面，简称侧面，用 W 表示。如图 B.1－9 所示。

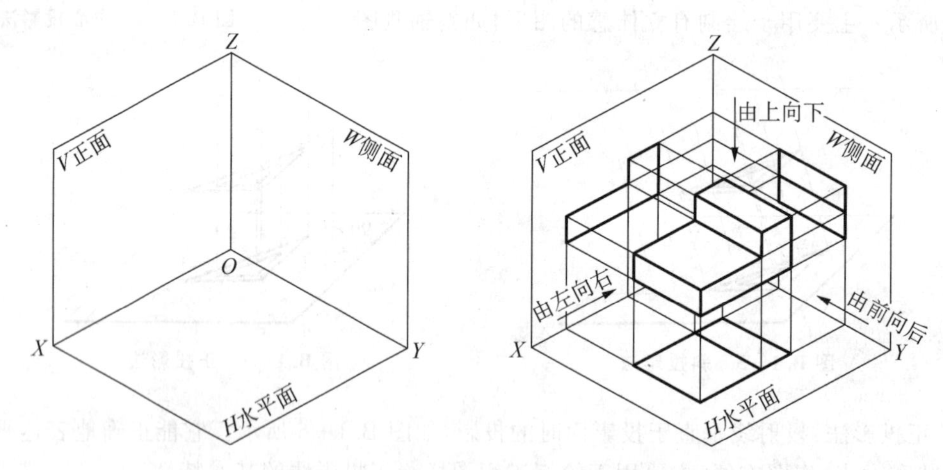

图 B.1－9　三投影面体系和三视图的形成

（3）三视图的形成　GB/T 14692—2008 规定：零件的图形按正投影绘制，并采用第一角投影法。

在图 B.1－9 中，将零件置于第一分角内，并使其处于观察者与投影面之间分别向 V，H，W 面正投影，可分别得到该零件的 3 个投影：

由前向后投影所得的图形，即物体的正面投影称为主视图；

由上向下投影所得的图形，即物体的水平投影称为俯视图；

由左向右投影所得的图形，即物体的侧面投影称为左视图。

为方便绘图与读图，三面视图应画在同一张图纸上，可将三投影面展开。正面 V 保持不动，水平面 H 绕 OX 轴向下旋转 90°，侧面 W 绕 OZ 轴向右旋转 90°，使三面共面，展开过程如图 B.1－10(a)所示。

在投影面展开时，OY 轴一分为二，在 H 面上的标记为 OY_H，在 W 面上的标记为 OY_W。展开后得到如图 B.1－10(b)所示的投影图。

画图时，通常省去投影面的边框和投影轴。在同一张图纸内按图示那样配置视图时，一律不注明视图的名称，如图 B.1－10(c)所示。

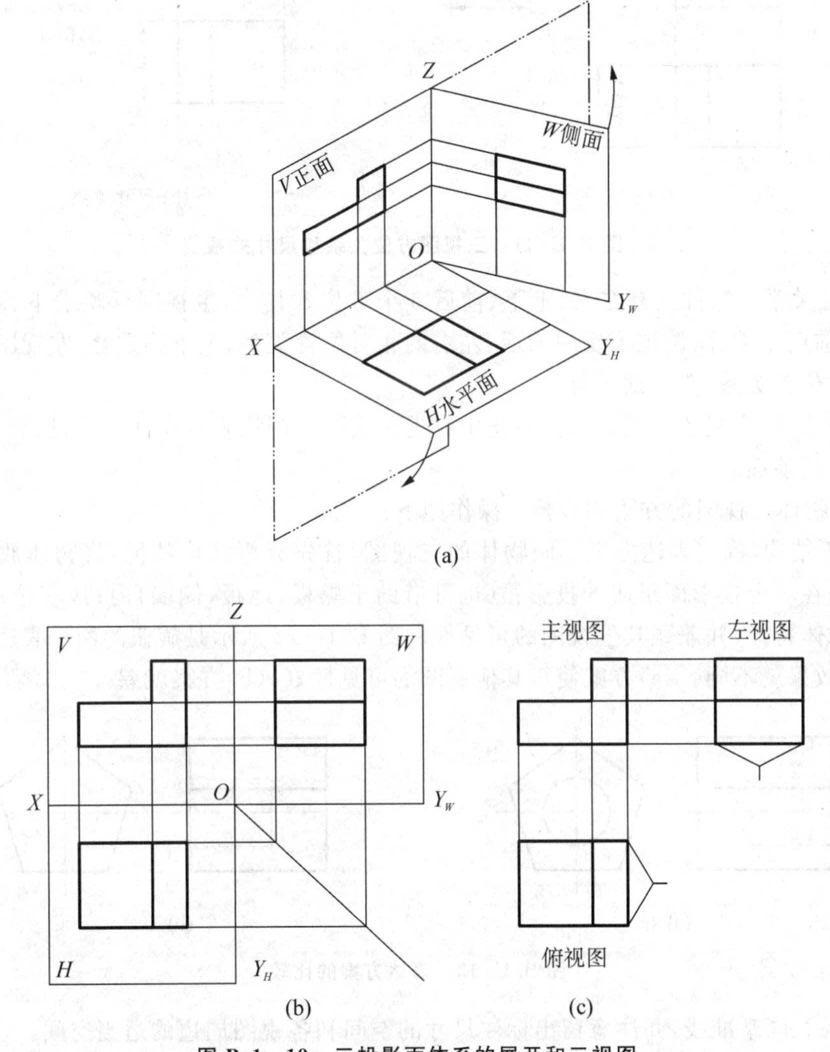

图 B.1－10　三投影面体系的展开和三视图

(4) 三视图的投影关系　分析如下：

1) 位置关系。以主视图为准，俯视图在主视图的正下方，左视图在主视图的正右方。画零件的三视图时，必须按以上的投影关系配置，主、俯、左 3 个视图之间必须互相对齐，不能错位,如图 B.1-11(a)所示。

2) 尺寸关系。由图 B.1-11(b)可见,主视图反映了零件的长度和高度,俯视图反映了长度和宽度,左视图反映了宽度和高度,且每两个视图之间有一定的对应关系。由此,可得到 3 个视图之间的如下投影关系:主、俯视图都反映零件的长度——长对正;主、左视图都反映零件的高度——高平齐;俯、左视图都反映零件的宽度——宽相等。

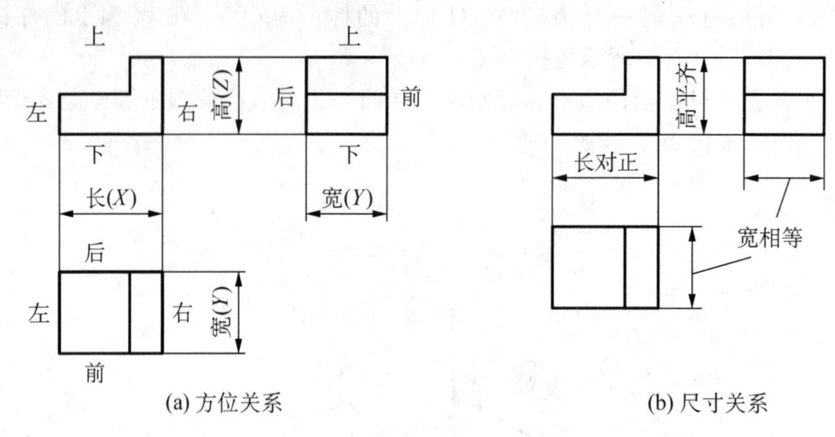

(a) 方位关系　　(b) 尺寸关系

图 B.1-11　三视图方位关系和尺寸关系

3) 方位关系。零件具有左右、上下、前后 6 个方位。其中,主视图反映上下、左右的相对位置关系,前后则重叠;俯视图反映前后、左右的相对位置关系,上下则重叠;左视图反映前后、上下的相对位置关系,左右则重叠。

从上可知,以主视图为准,俯、左视图中靠近主视图一侧均表示零件后面,远离主视图一侧均表示零件的前面。

(5) 画物体三视图的方法和步骤　操作如下:

1) 分析结构,确定表达方案。画物体的三视图,首先分析结构特征,将物体放好,初学者可将其正放在 3 个投影面组成的投影箱(也可借助于黑板、地板、侧墙)内;接着选定主视图时考虑反映总体特征,并兼顾其他视图的可见性。图 B.1-12 所示是旋钮的两个表达方案,安放不同,投影效果就不同。(a)方案使得其他视图的可见性好,(b)方案就差。

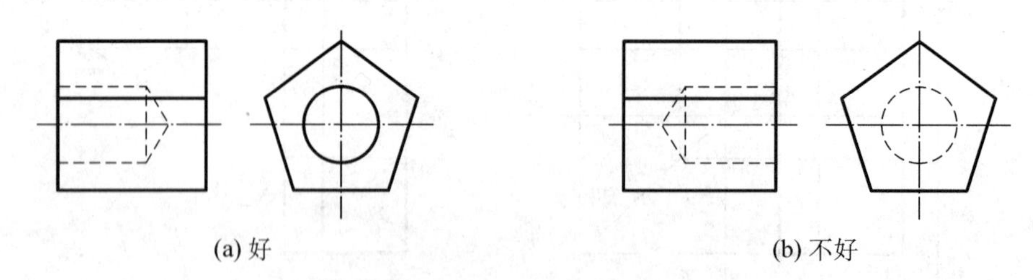

(a) 好　　(b) 不好

图 B.1-12　表达方案的比较

2) 布局。画基准线,并注意留出标注尺寸的空间和各视图周边的适当空间。

3) 绘制三视图。按物体的构成由大到小依次作图,因为小结构附属于大结构,并且应该从每一部分的形状特征视图入手,再根据长对正、宽相等、高平齐的对应关系,绘制其他的视图。以绘制带斜角凸台垫块的三视图为例,介绍画三视图的方法和步骤,如图 B.1-13 所示。

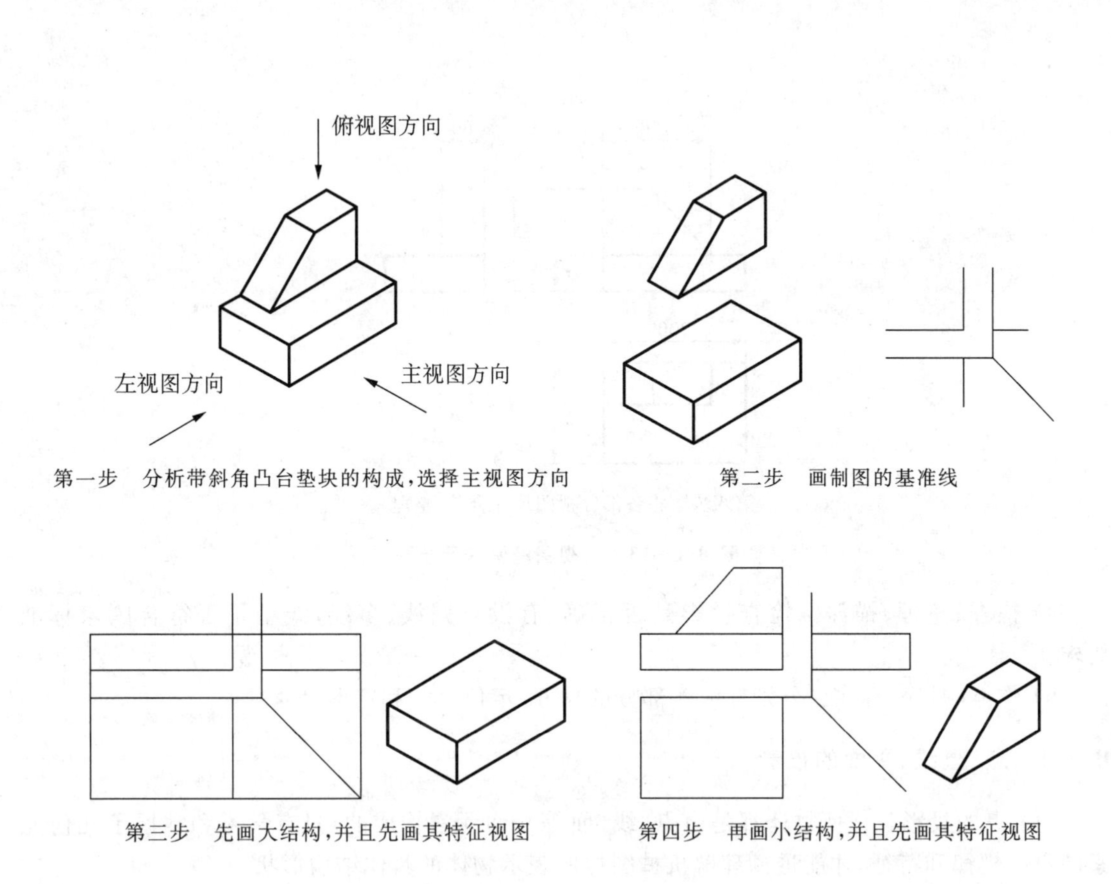

第一步　分析带斜角凸台垫块的构成，选择主视图方向　　第二步　画制图的基准线

第三步　先画大结构，并且先画其特征视图　　第四步　再画小结构，并且先画其特征视图

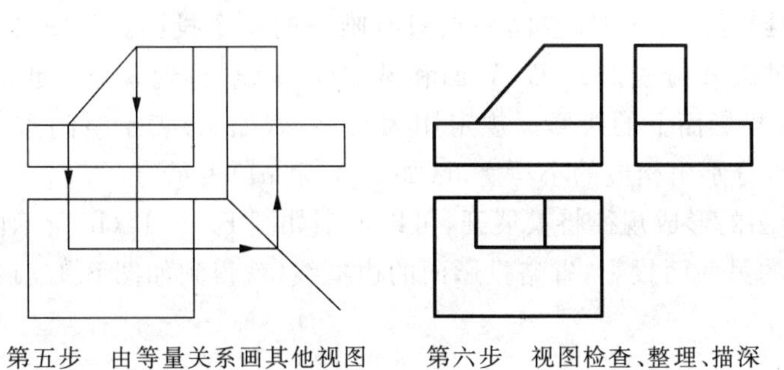

第五步　由等量关系画其他视图　　第六步　视图检查、整理、描深

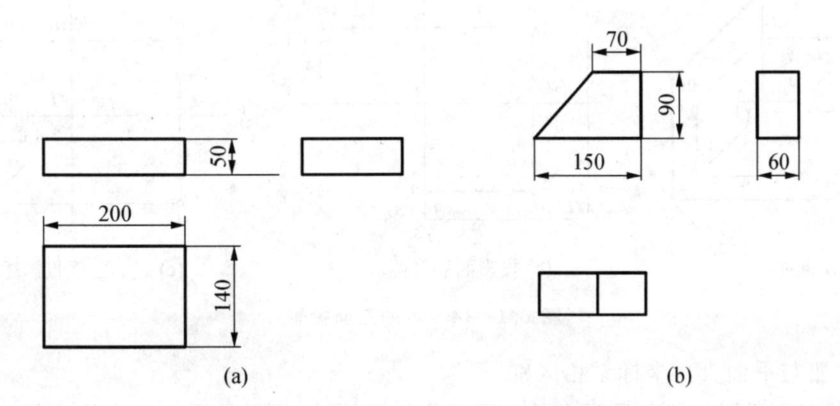

第七步　分部分标注其视图定位尺寸和定形尺寸

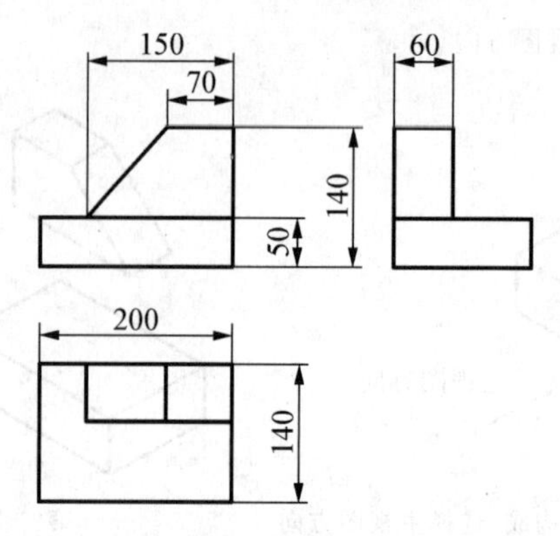

第八步　将各部分视图尺寸合并、整理

图 B.1-13　三视图的画法及步骤

4）检查、整理、描深。检查投影是否正确，有没有漏线、多线，线型是否符合国家标准要求。

5）物体的尺寸标注。分别标注各部分的尺寸（定位尺寸和定形尺寸）。

B.1.4　点、直线、平面的投影

（1）点的投影　任何物体都是由点、线、面等几何元素构成的，只有学习和掌握了几何元素的投影规律和特征，才能透彻理解机械图样所表示物体的具体结构形状。

当投影面和投影方向确定时，空间一点只有唯一的一个投影。如图 B.1-14(a)所示，假设空间有一点 A，过点 A 分别向 H 面、V 面和 W 面作垂线，得到 3 个垂足 a，a'，a''，这 3 个垂足便是点 A 在 3 个投影面上的投影。规定用大写字母（如 A）表示空间点，它的水平投影、正面投影和侧面投影，分别用相应的小写字母（如 a，a' 和 a''）表示。

根据三面投影图的形成规律将其展开，可以得到如图 B.1-14(b)所示的带边框的三面投影图，即得到点 A 的另两面投影；省略投影面的边框线，就得到如图 B.1-14(c)所示的 A 点的三面投影图。

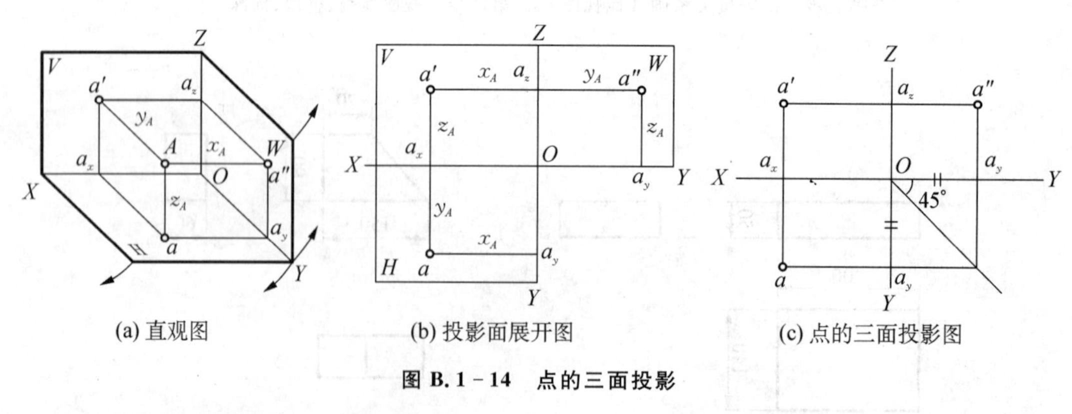

(a) 直观图　(b) 投影面展开图　(c) 点的三面投影图

图 B.1-14　点的三面投影

注意　要与平面直角坐标系相区别。

1）点的三面投影规律。通过点的三面投影图的形成，可总结出点的投影规律：

① 点的正面投影和水平投影的连线垂直 OX 轴，即 $a'a \perp OX$ 轴；

② 点的正面投影和侧面投影的连线垂直 OZ 轴，即 $a'a'' \perp OZ$ 轴；

③ 点的投影到投影轴的距离，等于空间点到相应的投影面的距离，即“点面距等于影轴距”，如点的水平投影 a 到OX 轴的距离等于点的侧面投影a''到OZ 轴的距离，都等于空间点到 V 面的距离，即 $aa_x = a''a_z = Aa'$（可以用45°辅助线或以原点为圆心作弧线来反映这一投影关系）。同理，$a'a_z = aa_y = Aa''$，$a'a_x = a''a_y = Aa$。

根据上述投影规律，若已知点的任何两个投影，就可求出它的第三个投影。

2）点的三面投影与直角坐标的关系。三投影面体系可以看成是一个空间直角坐标系，因此可用直角坐标确定点的空间位置。投影面 H，V，W 作为坐标面，3 条投影轴 OX，OY，OZ 作为坐标轴，三轴的交点 O 作为坐标原点。

由图 B.1－14 可以看出 A 点的直角坐标与其 3 个投影的关系：

① 点 A 到 W 面的距离 $= Oa_x = a'a_z = aa_{YH} = x$ 坐标；

② 点 A 到 V 面的距离 $= Oa_{YH} = aa_x = a''a_z = y$ 坐标；

③ 点 A 到 H 面的距离 $= Oa_z = a'a_x = a''a_{YW} = z$ 坐标。

用坐标来表示空间点位置比较简单，可以写成 $A(x, y, z)$的形式。

由图 B.1－14 可知，坐标 x 和 z 决定点的正面投影 a'，坐标 x 和 y 决定点的水平投影 a，坐标 y 和 z 决定点的侧面投影 a''。因此，已知一点的三面投影，就可以量出该点的 3 个坐标；相反地，已知一点的 3 个坐标，就可以量出该点的三面投影。

3）两点的相对位置和重影点

① 两点的相对位置。空间两点的位置关系有上下、左右、前后的位置关系。空间两点的位置关系可由两点的坐标来确定，如图 B.1－15 所示。由空间两点 A，B 及它们的三面投影，可以看出：$x_A > x_B$，表示 B 点在A 点的右方；$z_A > z_B$，表示 B 点在 A 点的下方；$y_B > y_A$，表示 B 点在点的 A 前方。总起来说，就是 B 点在 A 点的右、前、下方。

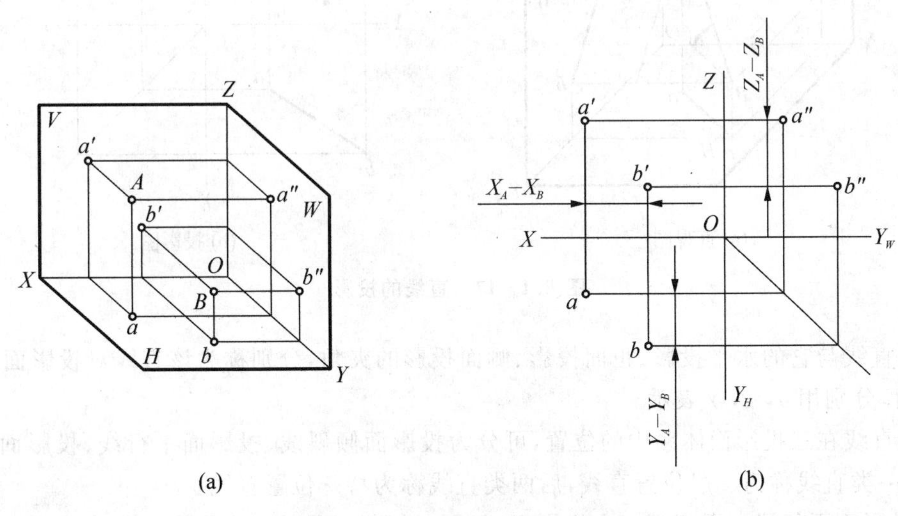

图 B.1－15　两点的相对位置

② 重影点。若空间两点在某一投影面上的投影重合，则这两点是该投影面的重影点。当两点的投影重合时，就需要判别其可见性。应注意：对 H 面的重影点，从上向下观察，z 坐标

值大者可见；对 W 面的重影点，从左向右观察，x 坐标值大者可见；对 V 面的重影点，从前向后观察，y 坐标值大者可见。在投影图上不可见的投影加括号表示，如（a'）。如图 B.1－16 所示，A 点在上，B 点在下，A，B 两点是相对于 H 面的投影点。由于 $z_A > z_B$，因此在水平投影中，a 为可见，b 为不可见，加括号表示。

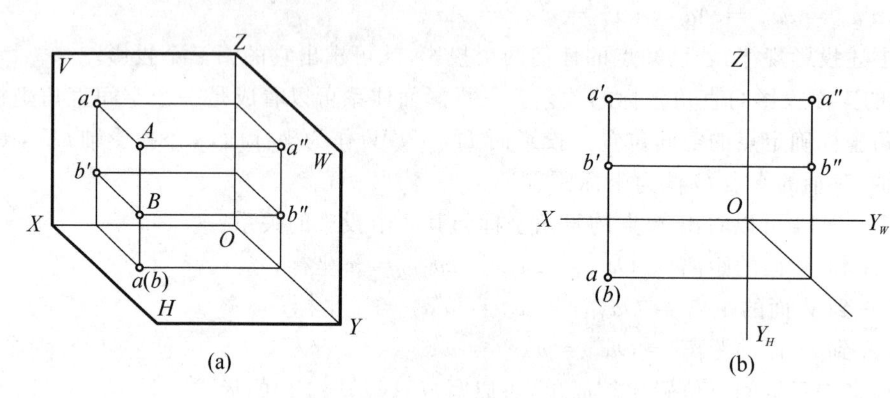

(a)　　(b)

图 B.1－16　点的可见性判断

（2）直线的投影　一条直线可由直线上的任意两点决定，所以作出确定该直线的任意两点的投影，将这两点的同面投影相连，便可得直线的三面投影，如图 B.1－17 所示。

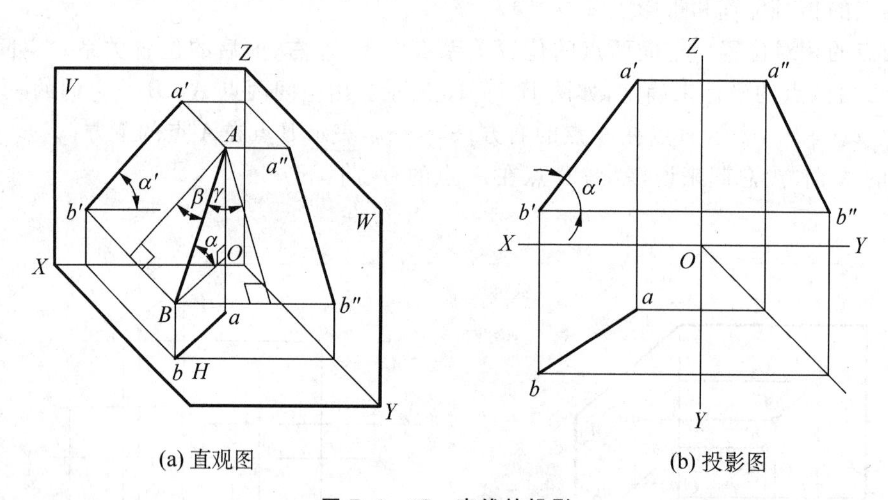

(a) 直观图　　(b) 投影图

图 B.1－17　直线的投影

空间直线与它的水平投影、正面投影、侧面投影的夹角，分别称为该直线对投影面 H，V，W 的倾角，分别用 α，β，γ 表示。

根据直线在三投影面体系中的位置，可分为投影面倾斜线、投影面平行线、投影面垂直线 3 类。前一类直线称为一般位置直线，后两类直线称为特殊位置直线。

1）投影面平行线。平行于一个投影面，且同时倾斜于另外两个投影面的直线称为投影面平行线。平行于 V 面的称为正平线，平行于 H 面的称为水平线，平行于 W 面的称为侧平线。投影面平行线的投影特性，见表 B.1－1。

表 B.1-1　投影面平行线的投影特性

名称	水平线	正平线	侧平线
立体图	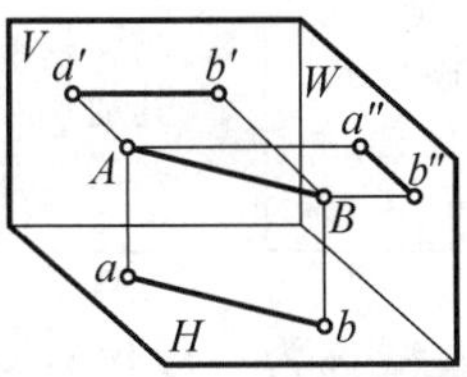 平行于 H，倾斜于其他两个投影面	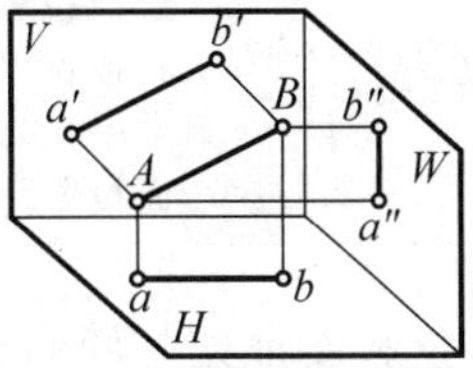 平行于 V，倾斜于其他两个投影面	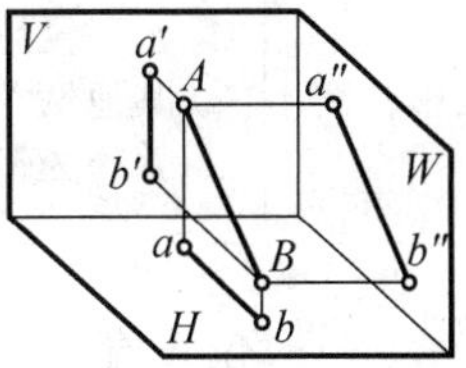 平行于 W，倾斜于其他两个投影面
投影图	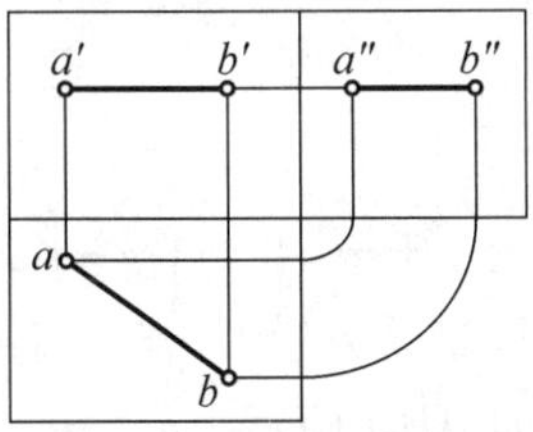	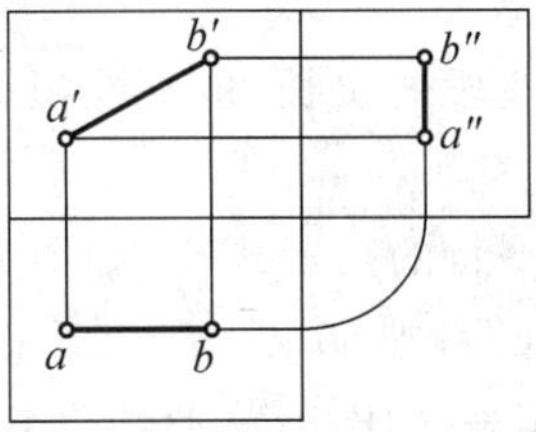	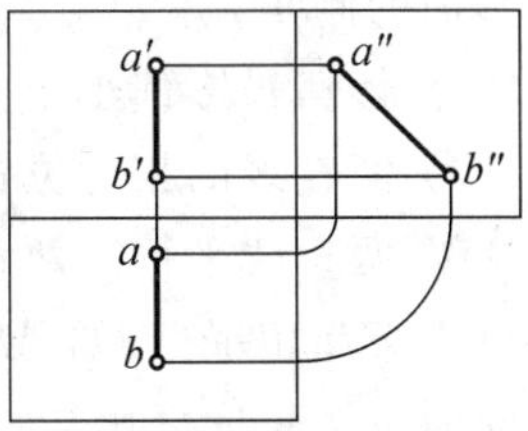
投影特性	① 水平投影反映实长，位置倾斜；② 其他两个投影都为水平位置，且投影长度都较实长缩短了	① 正面投影反映实长，位置倾斜；② 水平投影为水平位置，侧面投影为铅直位置，且投影长度都较实长缩短了	① 侧面投影反映实长，位置倾斜；② 其他两个投影都为铅直位置，且投影长度都较实长缩短了

2）投影面垂直线。垂直于一个投影面，且同时平行于另外两个投影面的直线称为投影面垂直线。垂直于 V 面的称为正垂线，垂直于 H 面的称为铅垂线，垂直于 W 面的称为侧垂线。投影面垂直线的投影特性，见表 B.1-2。

表 B.1-2　投影面垂直线的投影特性

名称	铅垂线	正垂线	侧垂线
立体图	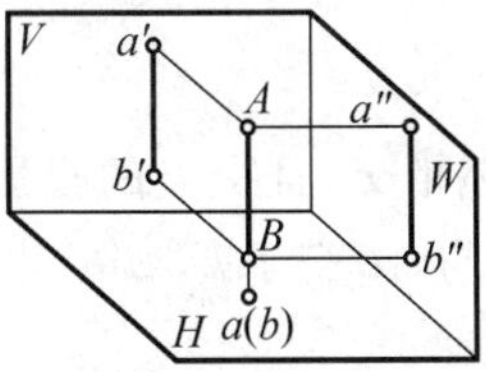 垂直于 H，平行于 V 和 W	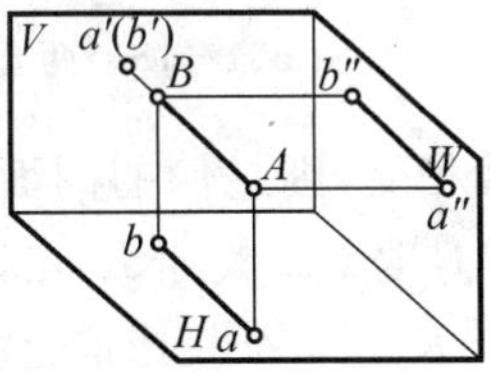 垂直于 V，平行于 H 和 W	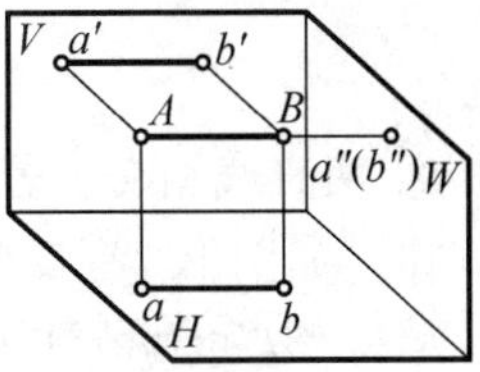 垂直于 W，平行于 H 和 V
投影图	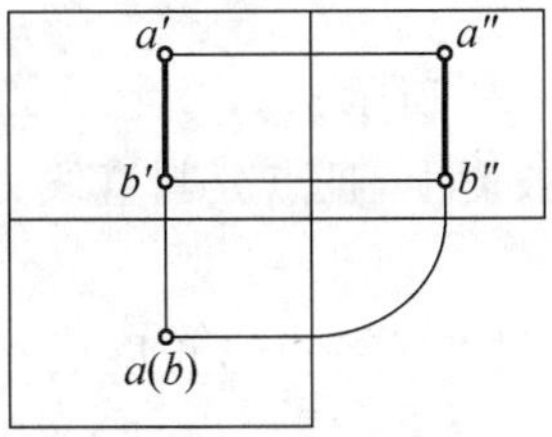	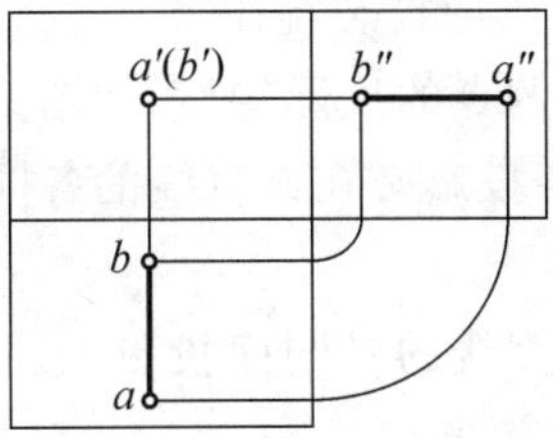	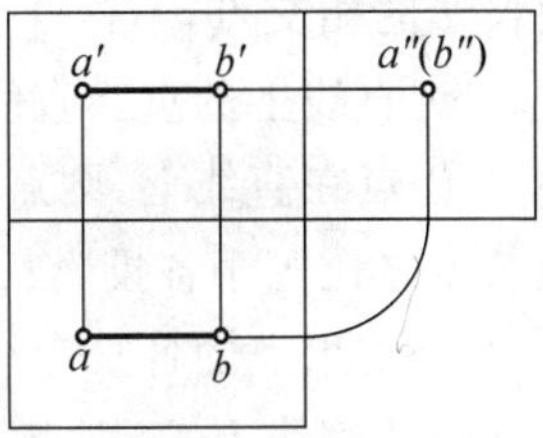

续 表

名称	铅垂线	正垂线	侧垂线
投影特性	① 水平投影积聚成一点； ② 其他两个投影反映实长，并均为铅直位置	① 正面投影积聚成一点； ② 其他两个投影反映实长。水平投影为铅直位置，侧面投影为水平位置	① 侧面投影积聚成一点； ② 其他两个投影反映实长，并均为水平位置

3）一般位置直线。与3个投影面都处于倾斜位置的直线称为一般位置直线（见图B.1-17），其投影特性为：

① 直线的3个投影和投影轴都倾斜，各投影和投影轴所夹的角度不反映空间直线对相应投影面的倾角；

② 任何投影都小于空间线段的实长，也不能积聚为一点。

4）两直线的相对位置。

① 两直线平行。两直线平行的投影规律，如图B.1-18所示：若两直线平行，则它们的同面投影必互相平行，如$AB \parallel CD$，则$ab \parallel cd$，$a'b' \parallel c'd'$，$a''b'' \parallel c''d''$；若两直线平行，则它们的同面投影长度之比与它们实长之比相等，且指向相同，如$AB:CD = ab:cd = a'b':c'd' = a''b'':c''d''$。

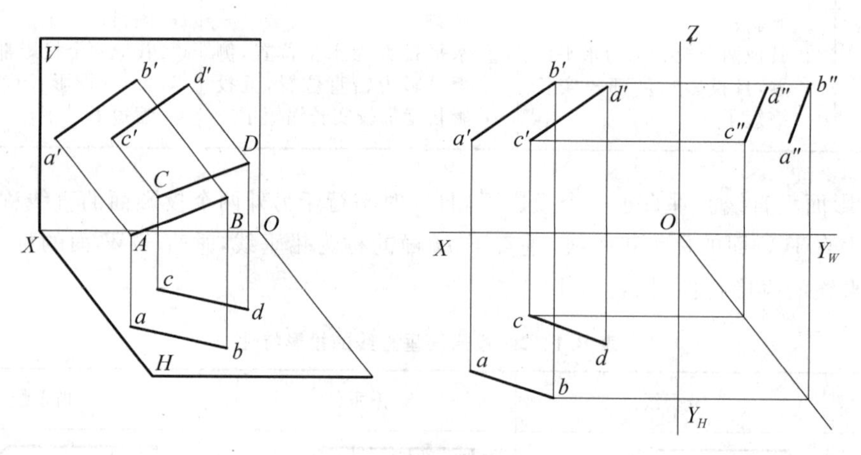

图B.1-18 两直线平行

② 两直线相交。若两直线相交，则它们的同面投影必相交，且交点的投影必符合点的投影规律。如图B.1-19所示，AB与CD交于K点，则ab与cd交于k，$a'b'$与$c'd'$交于k'，同理$a''b''$与$c''d''$也应交于k''，并且K的3个投影满足投影规律。

③ 两直线交叉，如图B.1-20所示。两直线交叉不存在共有点，但必存在重影点。其同面投影的相交点，不符合一个点的投影规律。

5）直线上的点。直线上的点的投影特性，如图B.1-21所示：

① 点在直线上，则点的各投影必在该直线的各同面投影上，且点分割直线为两线段，两线段长度之比等于各投影长度之比；

② 如果点的各投影均在直线的各同面投影上，且分割直线各投影长度成相同比例，则该点必在此直线上，否则点不在直线上。

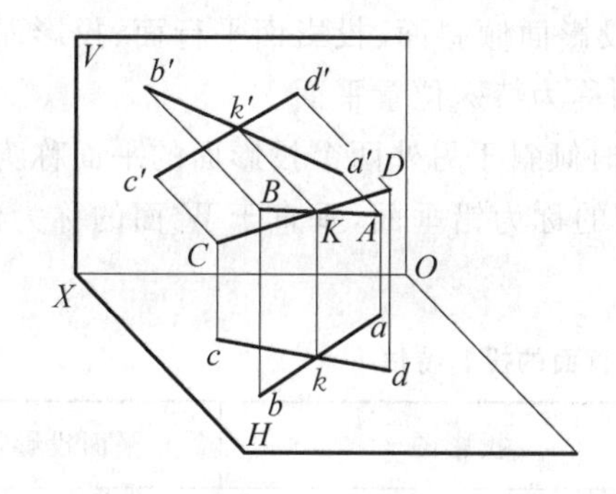

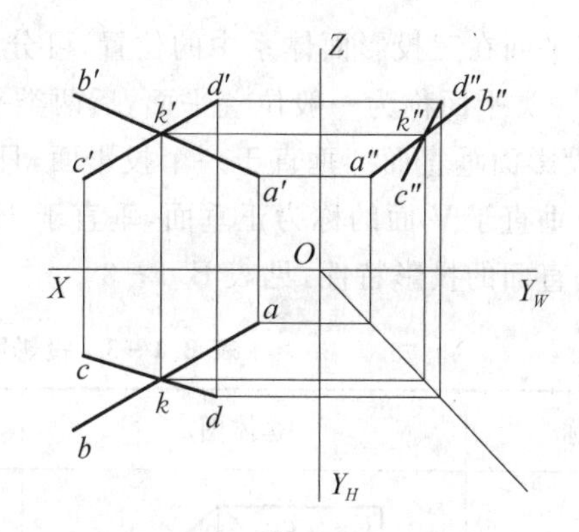

图 B.1－19　两直线相交

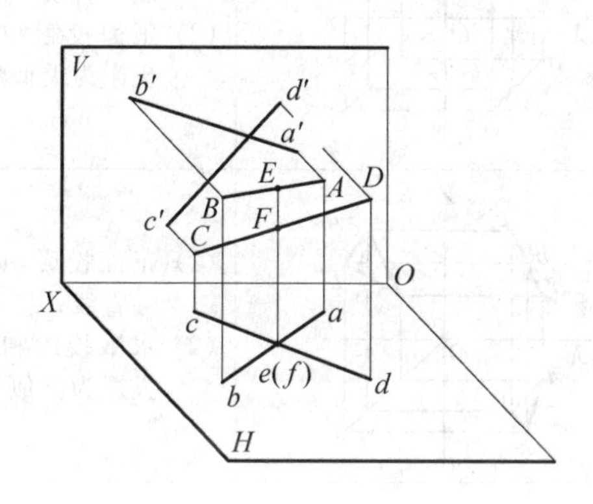

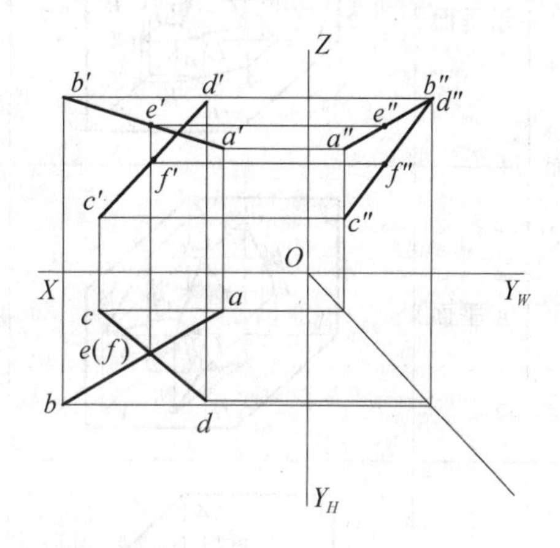

图 B.1－20　两直线交叉

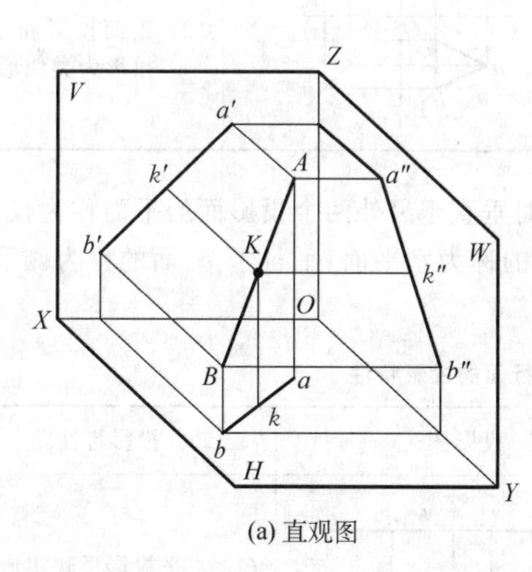

(a) 直观图

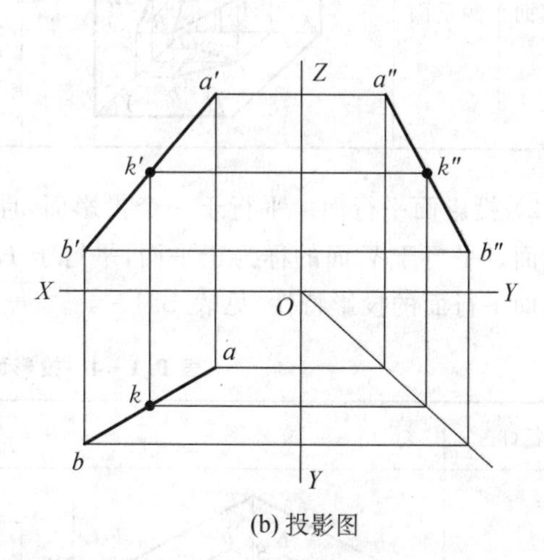

(b) 投影图

图 B.1－21　直线上的点

(3) 平面的投影　平面图形具有一定的形状、大小和位置，常见的有三角形、矩形、正多边形等直线轮廓的平面形。另外，还有一些由直线或曲线围成的平面形。平面投影的实质，就是求平面形轮廓上的一系列的点的投影(对于多边形而言则是其顶点)，然后将各点的同面投影依次连线。

根据平面在三投影面体系中的位置,可分为投影面倾斜面、投影面平行面、投影面垂直面3类。前一类平面称为一般位置平面,后两类平面称为特殊位置平面。

1）投影面垂直面。垂直于一个投影面,且同时倾斜于另外两个投影面的平面称为投影面垂直面。垂直于 V 面的称为正垂面,垂直于 H 面的称为铅垂面,垂直于 W 面的称为侧垂面。投影面垂直面的投影特性,见表 B.1－3。

表 B.1－3　投影面垂直面的投影特性

名称		立体图	投影图	平面投影特性
垂直面	铅垂面			(1) 水平面投影积聚成一直线; (2) 正面投影和侧面投影为类似形
	正垂面			(1) 正面投影积聚成一直线; (2) 水平投影和侧面投影为类似形
垂直面	侧垂面			(1) 侧面投影积聚成一直线; (2) 正面投影和水平投影为类似形

2）投影面平行面。平行于一个投影面,且同时垂直于另外两个投影面的平面称为投影面平行面。平行于 V 面的称为正平面,平行于 H 面的称为水平面,平行于 W 面的称为侧平面。投影面平行面的投影特性,见表 B.1－4。

表 B.1－4　投影面平行面的投影特性

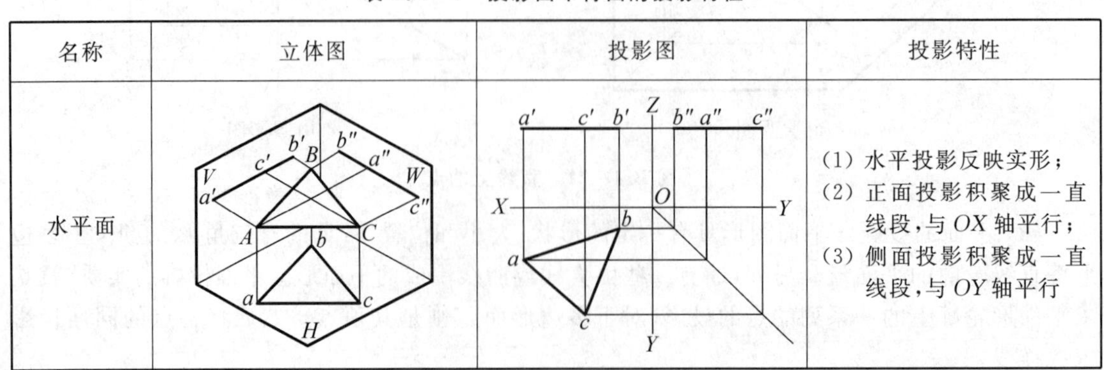

名称	立体图	投影图	投影特性
水平面			(1) 水平投影反映实形; (2) 正面投影积聚成一直线段,与 OX 轴平行; (3) 侧面投影积聚成一直线段,与 OY 轴平行

续 表

名称	立体图	投影图	投影特性
正平面	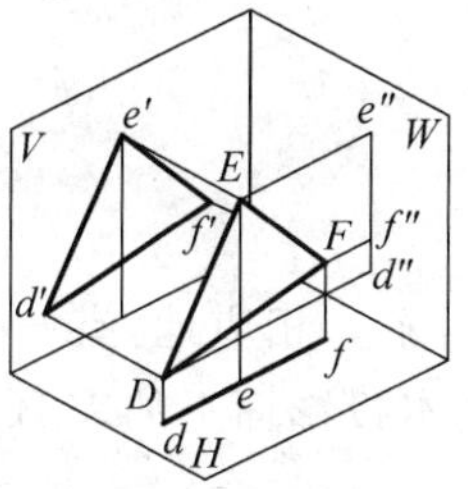	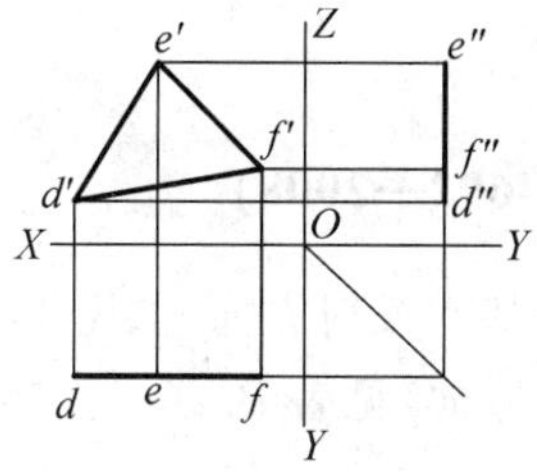	(1) 正面投影反映实形； (2) 水平投影积聚成一直线段，与 OX 轴平行； (3) 侧面投影积聚成一直线段，与 OZ 轴平行
侧平面	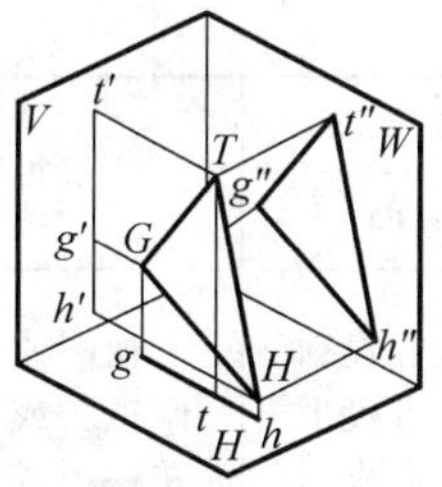	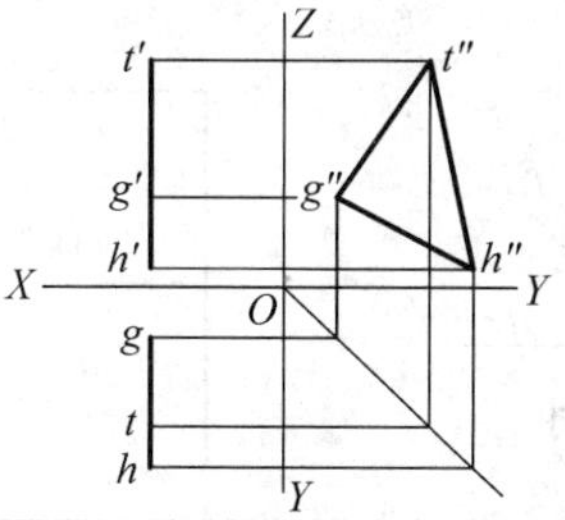	(1) 侧面投影反映实形； (2) 正面投影积聚成一直线段，与 OZ 轴平行； (3) 水平投影积聚成一直线段，线段与 OY 轴平行

3）一般位置平面。与3个投影面都处于倾斜位置的平面，称为一般位置平面。如图B.1-22所示，平面 ABC 与 H，V，W 面都处于倾斜位置，它的三面投影都没有积聚性，也不反映平面的实形及与各投影面的倾角的大小。如果平面的三面投影都是类似的几何图形的投影，则可判定该平面一定是一般位置平面。

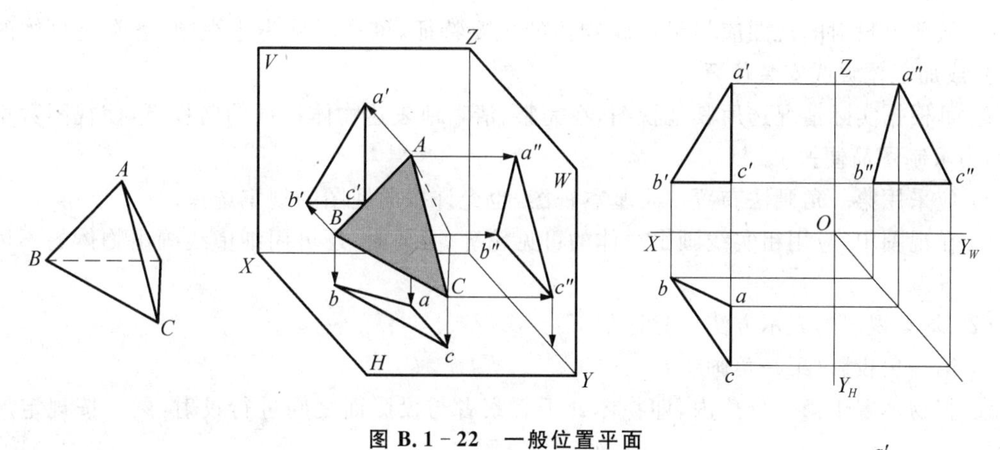

图 B.1-22　一般位置平面

4）平面上的点和直线。

① 平面上的点。如果一个点在一个平面上，它一定在这个平面的一条直线上；反之，如果一个点在平面的一条直线上，它必然在平面上，如图B.1-23中的D点。

② 平面上的直线。一条直线如果通过平面上两个点，或者通过平面上一个点且平行于平面上的一条直线，则该直线在该平面上。在图B.1-23中，直线 BD 通过平面 ABC 上的 B，D 两点，则 BD 在平面 ABC 上。

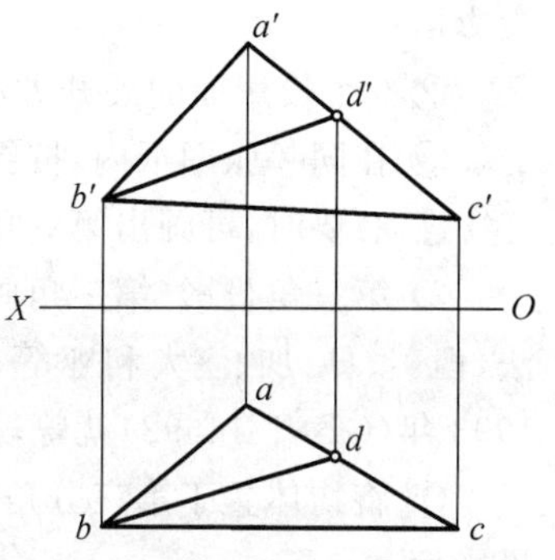

图 B.1-23　平面上的点和直线

B.2 视　　图

B.2.1 基本视图(GB/T 14692—2008)

表示一个物体可有6个基本投射方向，如图B.2-1所示。相应地，有6个基本的投影平面分别垂直于6个基本投射方向，见表B.2-1。物体在基本投影面上的表B.2-1投影，投射方向称为基本视图。

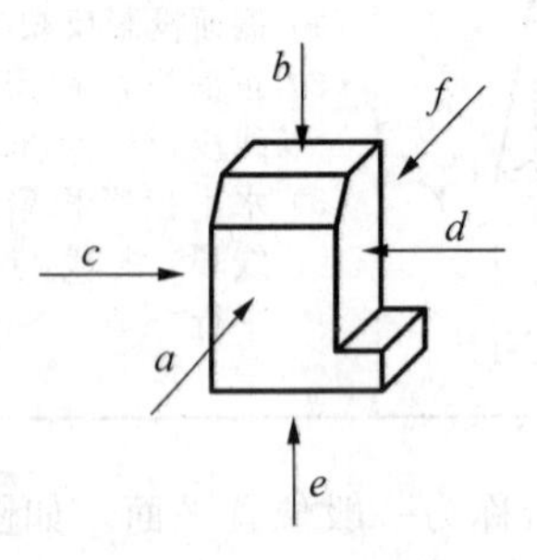

图B.2-1 基本视图的投射方向

投射方向		视图名称
方向代号	方向	
a	自前方投射	主视图或正立面图
b	自上方投射	俯视图或平面图
c	自左方投射	左视图或左侧立面图
d	自右方投射	右视图或右侧立面图
e	自下方投射	仰视图或底面图
f	自后方投射	后视图或背立面图

(1) 基本视图的基本要求　具体如下：

1) 从前方投射的视图应尽量反映物体的主要特征，该视图称为主视图，通常是物体的工作位置或加工位置或安装位置；

2) 可根据实际情况选用其他视图，在完整、清晰地表达物体特征的前提下，使视图数量为最少，力求制图简便；

3) 应采用第一角画法布置6个基本视图，也允许按向视图的规定选择；

4) 在视图中，应用粗实线画出物体的可见轮廓，必要时，还可用细虚线画出物体的不可见轮廓。

(2) 基本视图的表示方法　具体如下：

1) 第一角投影(第一角画法)。

① 将物体置于第一分角内，即物体处于观察者与投影面之间进行投射，然后按规定展开投影面；

② 6个投影面的展开方法，如图B.2-2所示。各视图的配置，如图B.2-3所示；

③ 在同一张图纸内，按图B.2-3配置视图时，一律不注视图的名称；

④ 必要时，可画出第一角画法的投影识别符号，如图B.2-4(a)所示。

2) 第三角投影(第三角画法)。世界上大多数国家(如中、英、俄、德等)都是采用第一角画法，但美、日、加、澳大利亚等采用第三角画法。为了便于国际间的技术交流和协作，我国在1993年(GB/T 14692)就曾规定：必要时(如按合同规定等)允许使用第三角画法。

① 将物体置于第三分角内，即投影面处于观察者与物体之间进行投射，然后按规定展开投影面；

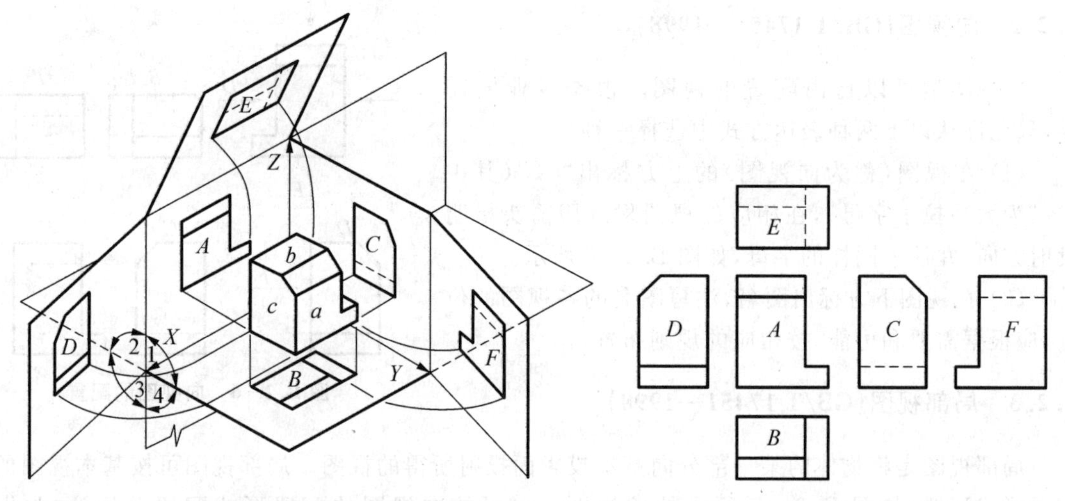

图 B.2-2　基本投影面的展开方法(第一角画法)　　图 B.2-3　基本视图的配置(第一角画法)

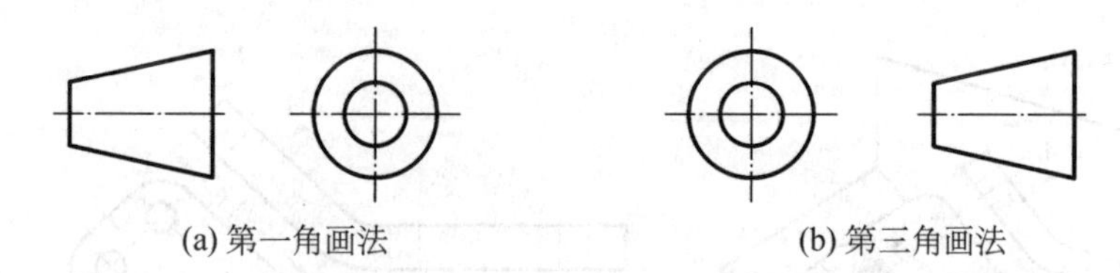

图 B.2-4　第一、三角投影识别符号

② 6 个投影面的展开方法如图 B.2-5(a)所示，各视图的配置如图 B.2-5(b)所示；
③ 在同一张图纸内，按图 B.2-5(b)配置视图时，一律不注视图的名称；
④ 采用第三角画法时，必须在图样中画出第三角画法的投影识别符号(见图 B.2-4(b))。

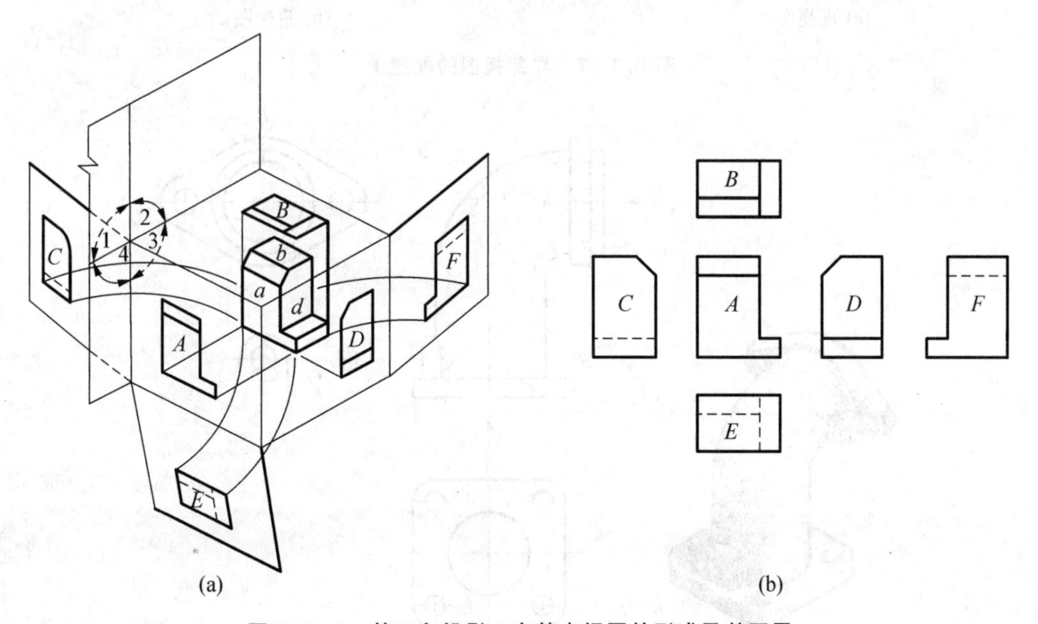

图 B.2-5　第三角投影 6 个基本视图的形成及其配置

B.2.2 向视图(GB/T 17451—1998)

向视图是可以自由配置的视图。根据专业的需要,只允许从以下两种表达方式中选择一种。

(1) 在视图(称为向视图)的上方标出"×"(其中"×"为大写拉丁字母),在相应的视图附近用箭头指明投射方向,并注上同样的字母,如图 B.2-6 所示。

(2) 在视图下方标出图名,注写图名的各视图的位置,应根据需要和可能,按相应的规则布置。

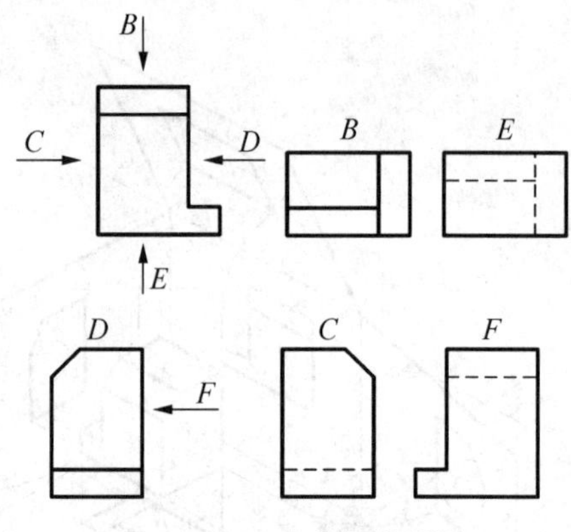

图 B.2-6 向视图的配置

B.2.3 局部视图(GB/T 17451—1998)

局部视图是将物体的某一部分向基本投影面投射所得的视图。局部视图可按基本视图的配置形式配置,如图 B.2-7 所示的俯视图。也可按向视图的配置形式配置并标注,如图 B.2-8 所示:

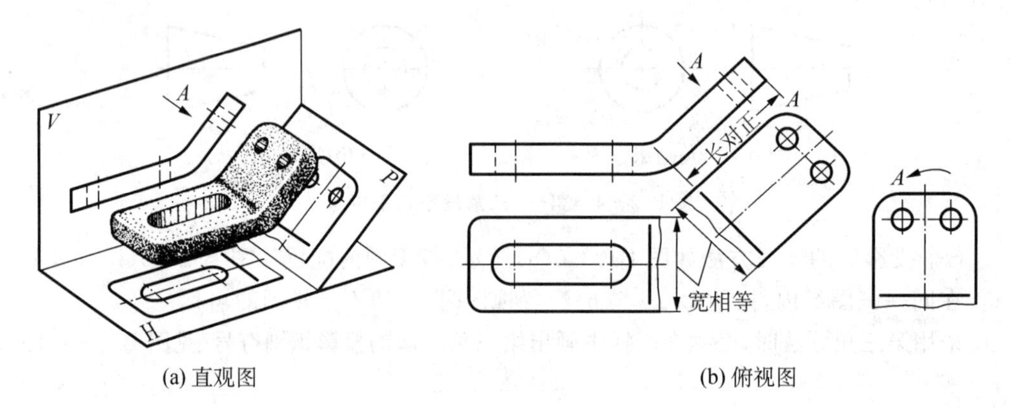

(a) 直观图　　(b) 俯视图

图 B.2-7 局部视图的配置 1

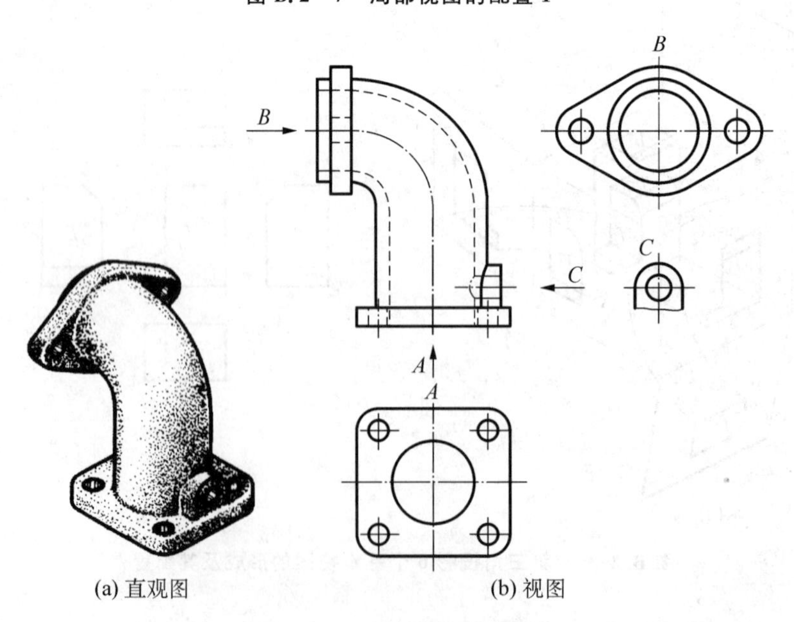

(a) 直观图　　(b) 视图

图 B.2-8 局部视图的配置 2

1）绘图时，一般在局部视图的上方标出视图的名称“×”，在相应的视图附近用箭头指明投射方向，并注上同样的大写拉丁字母。

2）当局部视图按投影关系配置，中间又无其他图形隔开时可省略标注，如“*A*”视图，可省略不注。

3）局部视图的范围应以视图轮廓线和波浪线的组合表示，如“*A*”，“*B*”视图。

4）当所表示的结构形状完整，且外轮廓线成封闭时，波浪线可省略，如“*C*”视图。

为了节省绘图时间和图幅，对称构件或零件的视图可只画一半或1/4，并在对称中心线的两端画出两条与其垂直的平行细实线（见GB/T 17450），如图B.2－9所示。

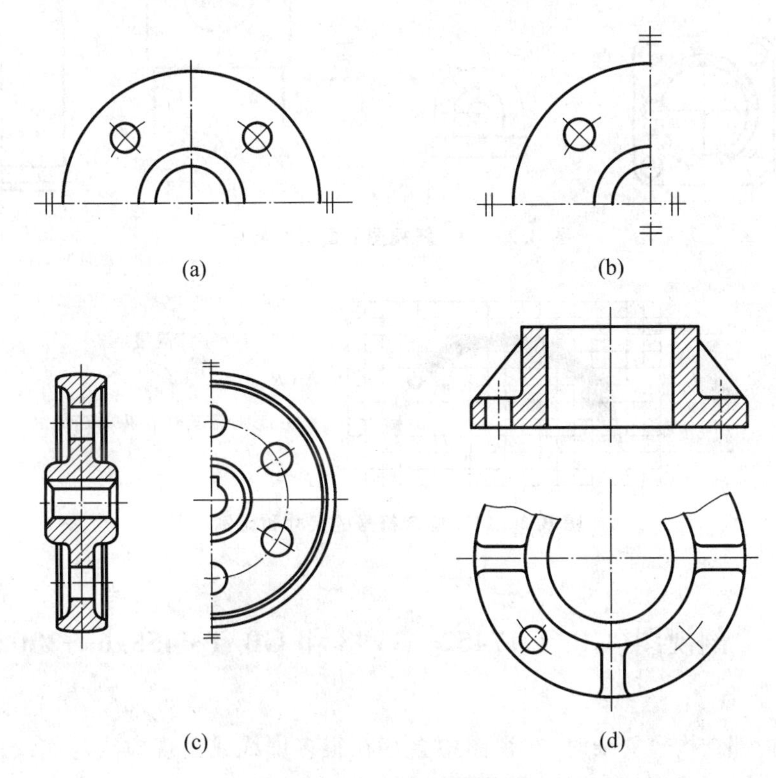

图B.2－9　对称图形的画法

B.2.4　斜视图（GB/T 17451—1998）

斜视图是物体向不平行于基本投影面的平面投射所得的视图。

（1）斜视图只要求表达倾斜部分的局部形状，其余部分不必全部画出，可用波浪线断开。

（2）绘图时，必须在斜视图的上方标出视图的名称“×”，在相应的视图附近用箭头指明投射方向，并注上同样的大写拉丁字母，如图B.2－10所示。

（3）通常斜视图按投影关系配置，必要时也可画在其他适当的位置。在不致引起误解时，允许将图形旋转，字母“×”应靠近旋转符号的箭头端，如图B.2－10所示。其旋转符号的尺寸和比例如图B.2－11所示，也允许将旋转角度标注在字母之后。

注意　此时应标注旋转符号，图示为逆时针方向旋转。

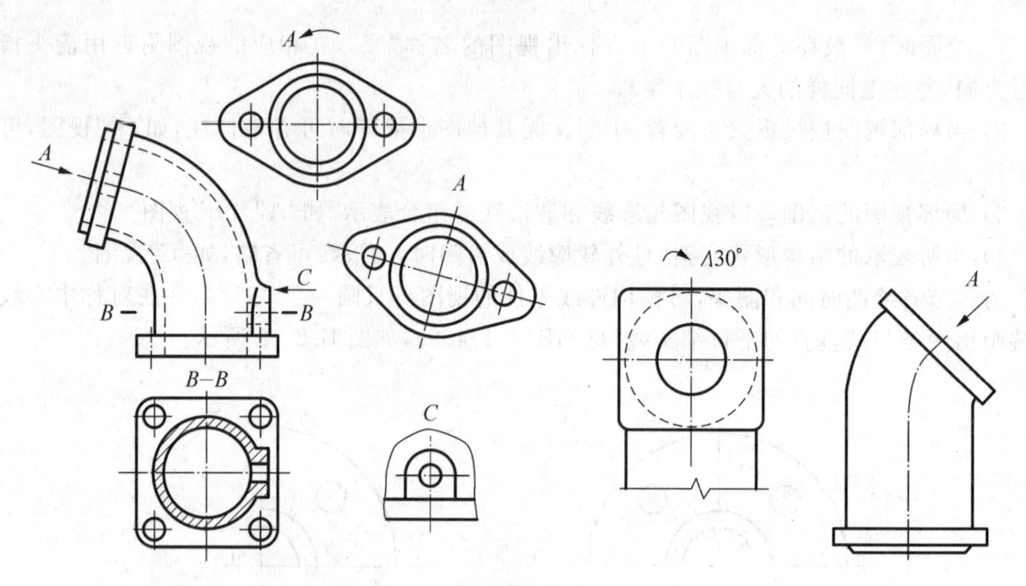

图 B.2-10　斜视图的配置和标注

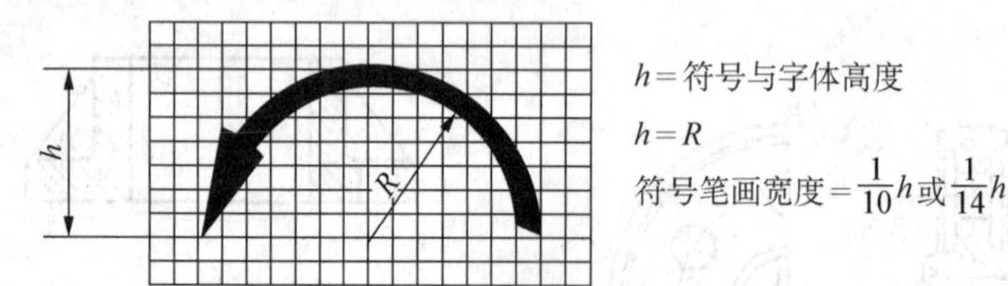

图 B.2-11　旋转符号的尺寸和比例

B.3　剖视图(GB/T 17452—1998 和 GB/T 4458.6—2002)

当机件的内部结构较复杂时，在视图中会存在很多虚线或出现虚线与实线的重叠，如图 B.3-1(a)所示，这样既不便于画图及看图，又不利于尺寸标注。因此，在国标中规定用"剖视"的方法来解决内部结构的表达问题，如图 B.3-1(b)所示。在剖视图上，机件内部形状变为可见，原来不可见的虚线画成实线，如图 B.3-1(c)所示。

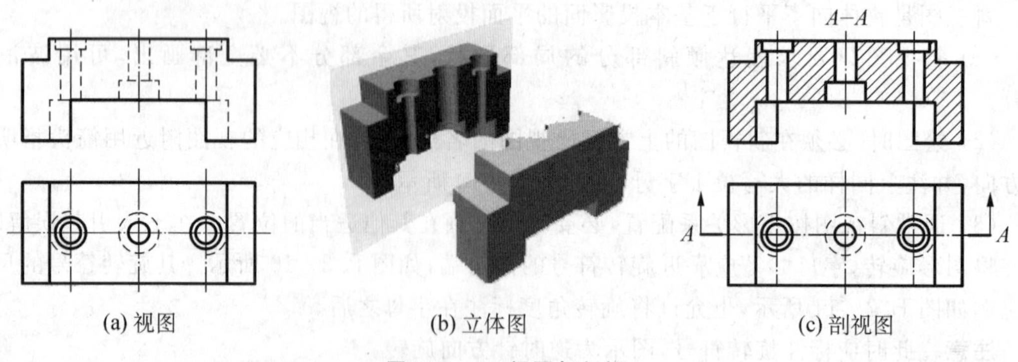

图 B.3-1　视图与剖视

B.3.1 基本概念

假想用剖切平面在适当的部位剖开机件，把处于观察者和剖切面之间的部分形体移去，而将余下的部分形体向投影面投射，这样所得的图形称为剖视图，简称剖视。剖切被表达物体的假想平面或曲面，称为剖切面。剖切面应该平行于投影面，且尽量通过较多的内部结构（孔、槽等）的轴线或对称中心线、对称面等。用剖切面剖开物体，剖切面与物体的接触部分称为剖面区域。剖面区域要画出剖面符号，并且规定不同材料要用不同的剖面符号。各种材料的剖面符号及其画法，见表 B.3-1。

表 B.3-1 各种材料的剖面符号及其画法

材料		剖面符号	材料	剖面符号
金属材料（已有规定剖面符号者除外）			木质胶合板（不分层数）	
线圈绕组元件			基础周围的泥土	
转子、电枢、变压器和电抗器等的迭钢片			混凝土	
非金属材料（已有规定剖面符号者除外）			钢筋混凝土	
型砂、填砂、粉末冶金、砂轮、陶瓷刀片、硬质合金刀片等			砖	
玻璃及供观察用的其他透明材料			格网（筛网、过滤网等）	
木材	纵剖面		液体	
	横剖面			

注：1. 剖面符号仅表示材料的类别，材料的名称和代号必须另行注册。
2. 迭钢片的剖面线方向，应与束装中迭钢片的方向一致。
3. 液面用细实线绘制。

（1）剖面符号的画法 操作如下：

1）金属材料剖面符号画成与水平线成 45°方向且间距相等的细实线，该线称为剖面线。剖面线用细实线绘制。

2）同一机件的所有剖面图形上，剖面线的方向、间隔应相同，如图 B.3-2 所示。

3）若图形中的主要轮廓线与水平成 45°，则应将该图形的剖面线画成与水平成 30°或 60°的平行线，其倾斜方向仍与其他图形的剖面线一致，如图 B. 3－3 所示。

4）相邻辅助零件（或部件），一般不画剖面符号，如图 B. 3－4 所示。当需要画出时，仍按表 B. 3－1 的规定绘制。

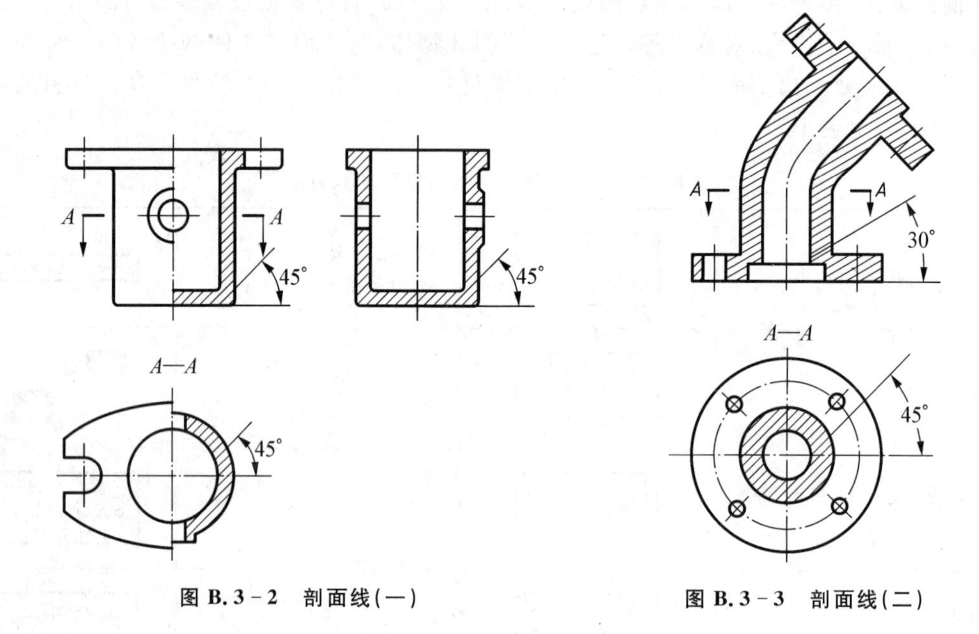

图 B. 3－2　剖面线（一）

图 B. 3－3　剖面线（二）

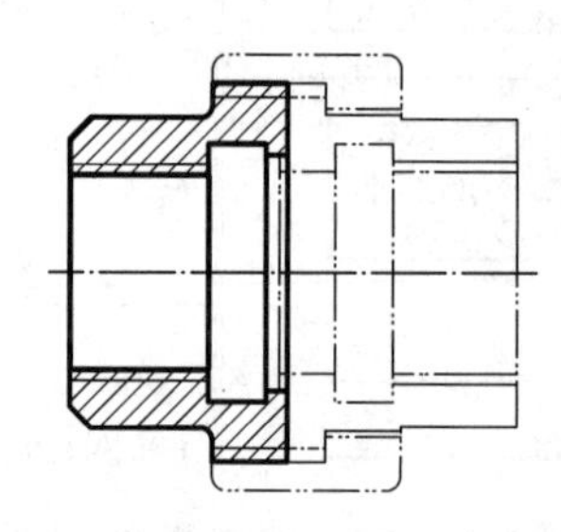

图 B. 3－4　相邻辅助零件的剖面符号

5）当被剖部分的图形面积较大时，可以只沿轮廓的周边画出剖面符号，如图 B. 3－5 所示。

6）如仅需画出剖视图中的一部分图形，其边界又不画波浪线时，则应将剖面线绘制整齐，如图 B. 3－6 所示。

7）在零件图中，也可以用涂色代替剖面符号。

8）木材、玻璃、液体、叠钢片、砂轮及硬质合金刀片等剖面符号，也可在外形视图中画出一部分或全部作为材料的标志，如图 B. 3－7 所示。

9）在装配图中，相互邻接的金属零件的剖面线，其倾斜方向应相反，或方向一致而间隔不等（见图 B. 3－5 和图 B. 3－6）。

同一装配图中的同一零件的剖面线，应方向相同、间隔相等。除金属零件外，当两个邻接零件的剖面符号相同时，应采用疏密不一的方法以示区别。

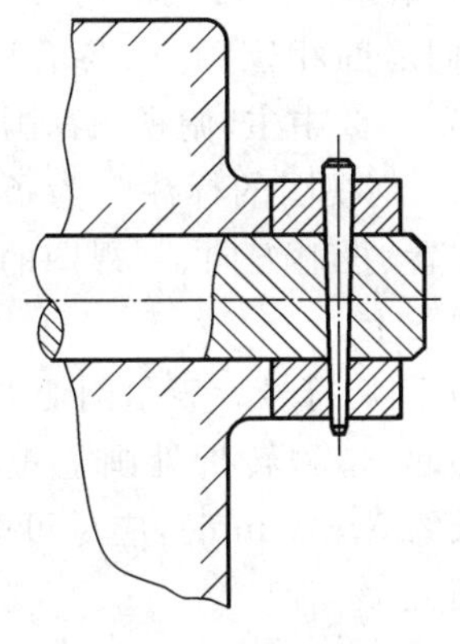

图 B.3-5　大面积图形的剖面线绘制

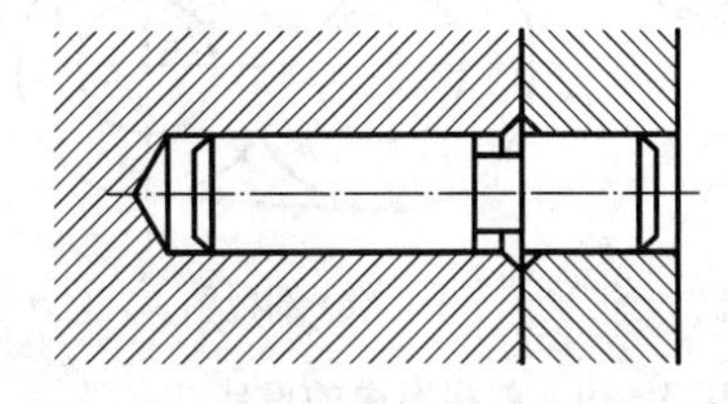

图 B.3-6　不画边界时的剖面线绘制

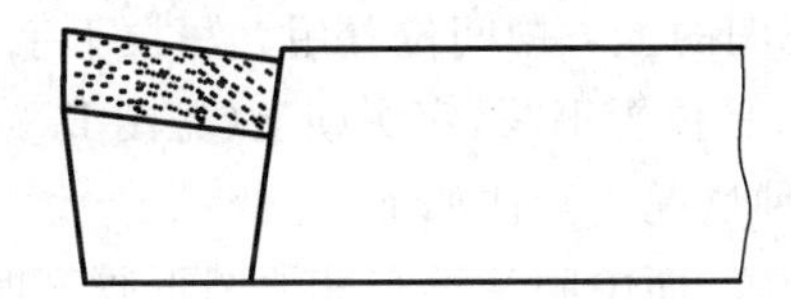

图 B.3-7　部分剖面线

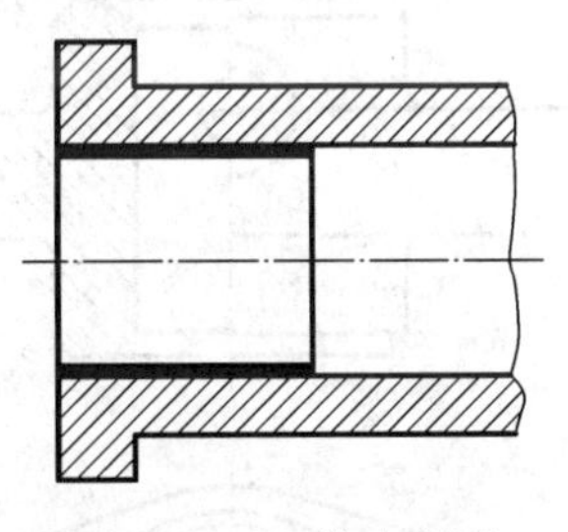

图 B.3-8　狭小剖面

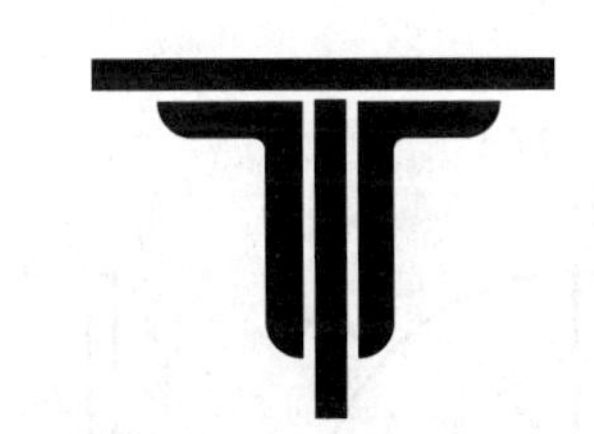

图 B.3-9　相近的狭小剖面

10）在装配图中，宽度小于或等于 2 mm 的狭小面积的剖面，可用涂黑代替剖面符号，如图 B.3-8 所示。如果是玻璃或其他材料，而不宜涂黑时，可不画剖面符号。

当两邻接剖面均涂黑时，两剖面之间应留出不小于 0.7 mm 的空隙，如图 B.3-9 所示。

（2）画剖视图时的注意点　有如下几点：

1）为了分清机件的实体部分与空心部分，国标规定被切到的剖面部分应画上剖面符号。

2）剖视图是假想将机件剖开后画出的，事实上机件并没有被剖开，因此，除剖视图按规定画法绘制外，其他视图仍按完整的机件画出。

3）画剖视图时，应将剖切面与投影面之间机件的可见轮廓线全部画出，不能遗漏。

4）剖切平面应通过机件的对称平面或孔、槽的轴线（在图上应沿对称线、轴线、对称中心线），以便反映结构的真形，应避免剖切出不完整要素或不反映真形的剖面区域。

5）剖视图中，一般不画不可见轮廓线。只有当需要在剖视图上表达这些结构，否则会增加视图数量时，才画出必要的虚线，如图 B.3-10(b)中相互垂直的两条虚线应画出。

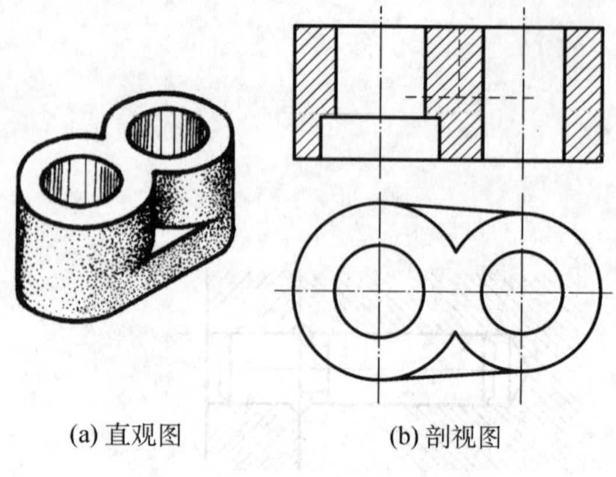

图 B.3-10 剖视图中的虚线

6）根据需要可同时将几个视图画成剖视图，它们之间相互独立、各有所用、互不影响，如图 B.3-3 中主、俯视图都画成剖视图。

（3）剖视图的标注　为了便于看图，应将剖切位置、投射方向、剖视图的名称，标注在相应的视图上。

1）剖切符号。表示剖切平面的位置，在剖切面的起、迄和转折处画上短的粗实线（粗实线段长约 5～10 mm），应尽可能不与视图的轮廓线相交。

2）箭头。表示剖切后的投射方向，画在起、迄剖切符号两端外侧且与其相垂直。

3）剖视图的名称。在剖视图的上方中间位置用大写拉丁字母标注出“X-X”，并在起、迄处写上同样字母，字母一律按水平位置书写，字头朝上（见图 B.3-1(c)）。

（4）剖视图省略标注的几种情况　具体如下：

1）当剖视图按投影关系配置，而中间又没有其他图形隔开时，可省略箭头，如图 B.3-11 所示。

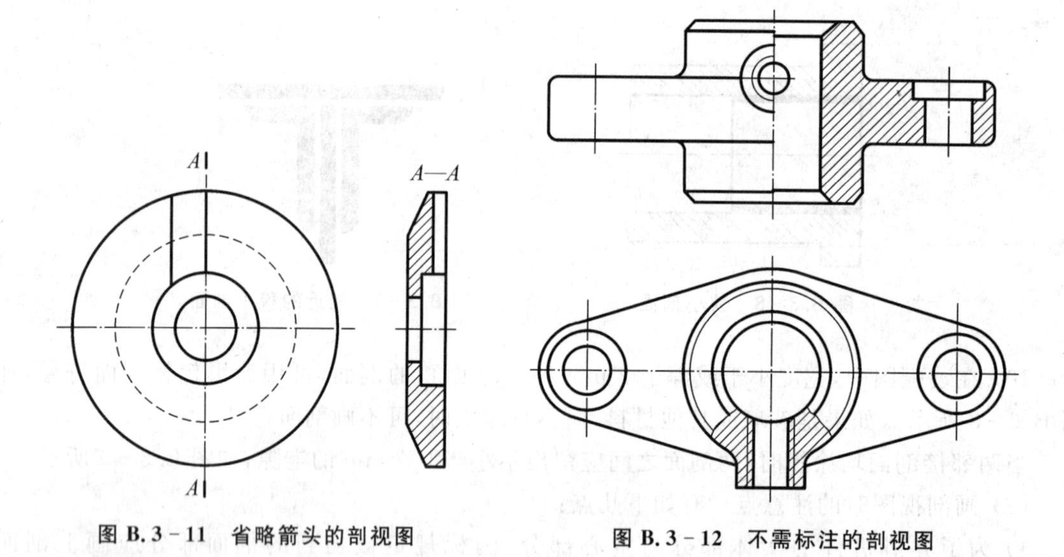

图 B.3-11　省略箭头的剖视图　　图 B.3-12　不需标注的剖视图

2）用单一剖切平面通过机件的对称平面或基本上对称的平面，且剖视图按投影配置，而中间又没有其他图形隔开时，可省略标注，如图 B.3-12 所示的主视图上画成的半剖视图省略了标注。

3）当单一剖切平面的剖切位置明确时，局部剖视图不必标注（见图 B.3-12）。

（5）剖视图的配置　基本视图的配置规定同样适用于剖视图，如图 B.3-13 中的 A-A、图 B.3-14 中的 B-B。剖视图也可按投射关系配置在与剖切符号相对应的位置，如图 B.3-14 中的 A-A。必要时，允许配置在其他适当位置。

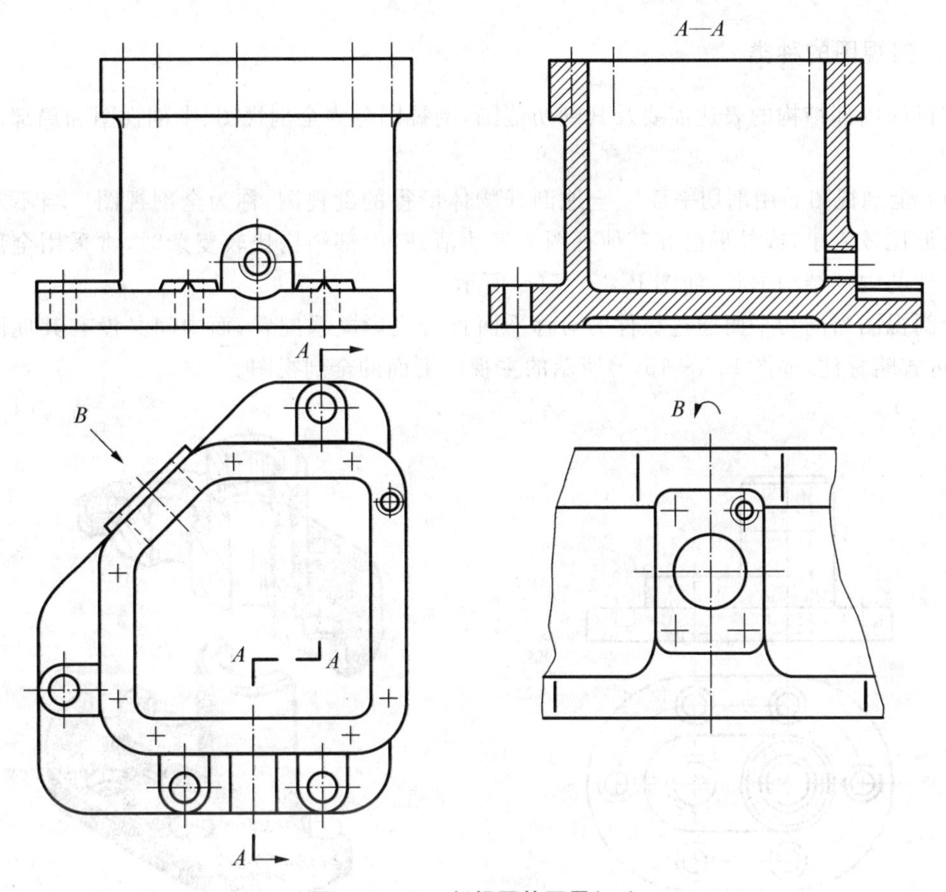

图 B.3-13 剖视图的配置(一)

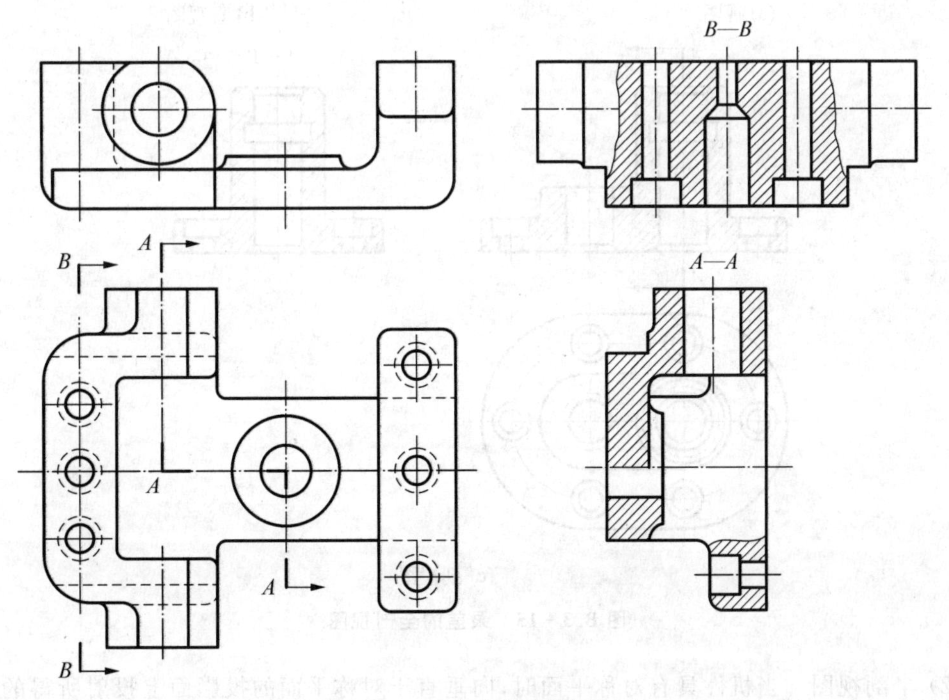

图 B.3-14 剖视图的配置(二)

B.3.2 剖视图的种类

按机件内部结构的表达需要及其剖切范围，剖视图分为全剖视图、半剖视图和局部剖视图等3种。

(1) 全剖视图　用剖切平面完全地剖开物体所得的剖视图，称为全剖视图。当不对称机件的外形比较简单，或外形已在其他视图上表达清楚，内部结构比较复杂时，常采用全剖视图表达机件的内部结构形状，如图B.3-15(c)所示。

全剖视图当剖切平面通过机件的对称平面且按投影关系配置，而中间又没有其他图形隔开时，可省略标注，如图B.3-15(c)所示的主视图上面的全剖视图。

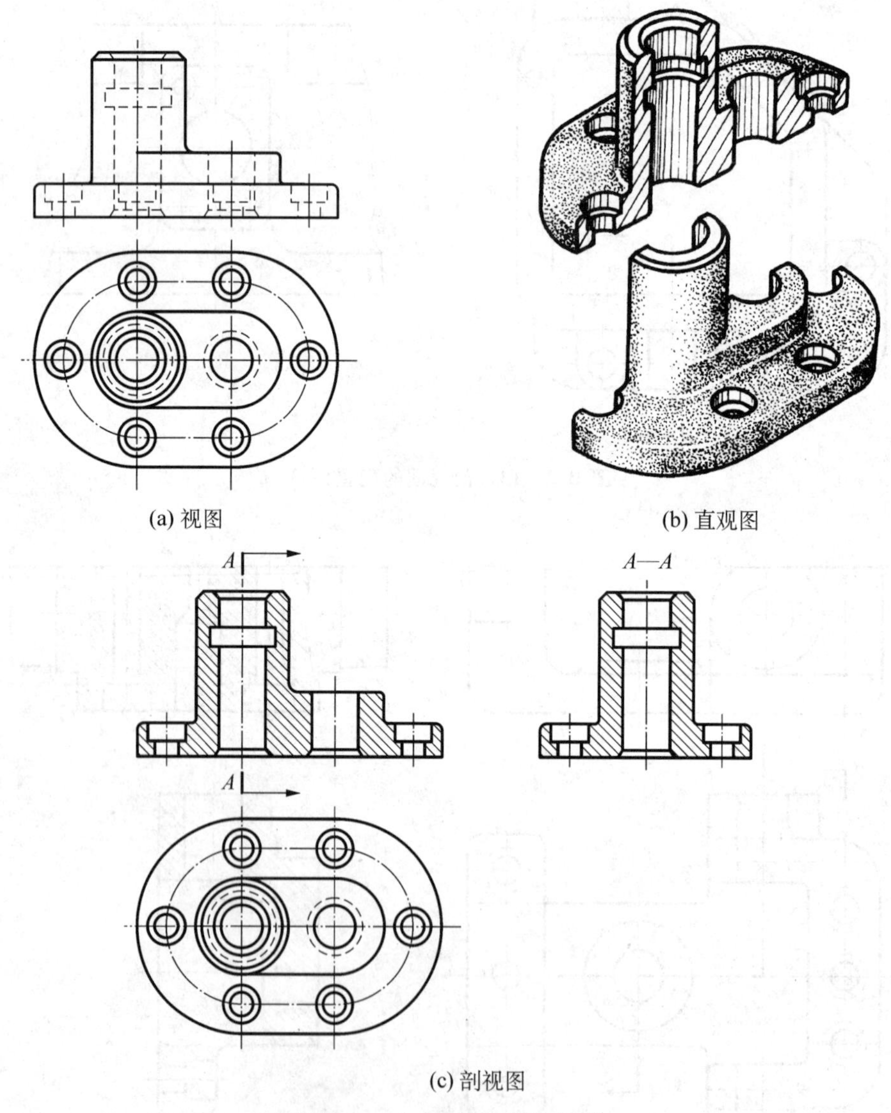

图B.3-15　泵盖的全剖视图

(2) 半剖视图　当机件具有对称平面时，向垂直于对称平面的投影面上投射所得的图形，以对称中心线(细点画线)为界,一半画成视图,另一半画成剖视图,这样组合的图形,称为半剖视图。如图 B.3-16 所示机件的主、俯、左视图,都是画成半剖视图。

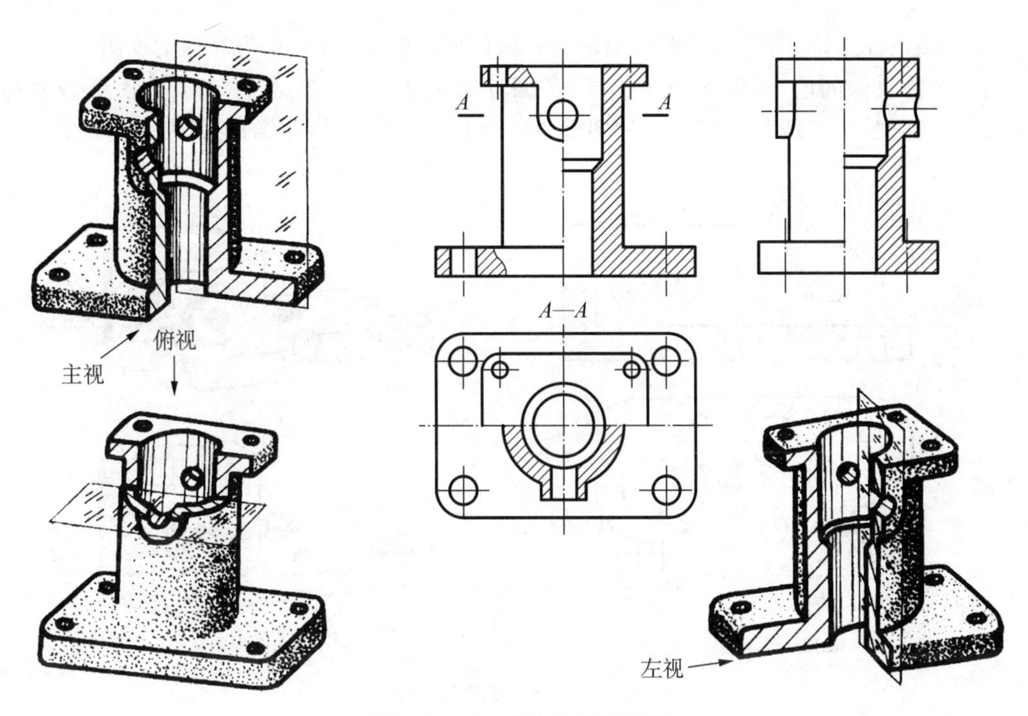

图 B.3-16 支座的半剖视图

半剖视图主要用于内、外形状需在同一图上兼顾表达的对称机件。当机件的形状接近于对称,且不对称部分已另有其他图形表达清楚时,也可以画成半剖视图,如图 B.3-17 所示。

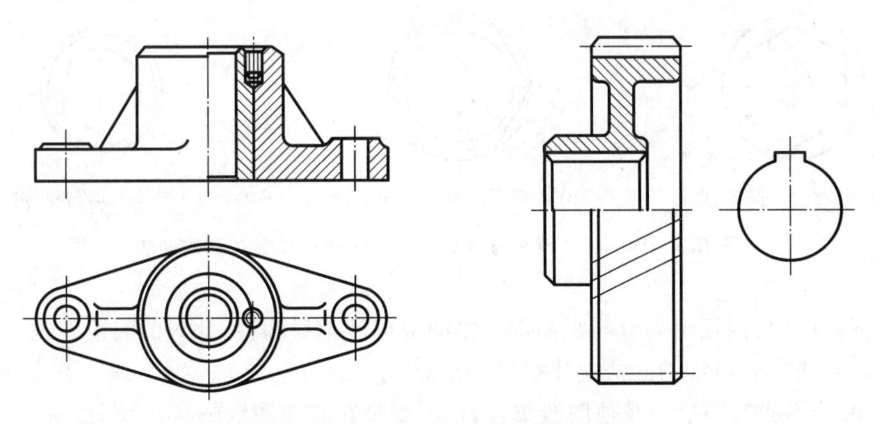

图 B.3-17 接近于对称的半剖视图

半剖视图标注方法及省略标注的情况与全剖视图完全相同。画半剖视图应注意:

1) 半个剖视图与半个视图的分界线应是对称线、回转轴线(用点画线表示)。

2）在表示机件外部结构形状的半个视图上，一般不需再画虚线。

3）半剖视图多半画在主、俯视图的右半边，俯、左视图的前半边，主、左视图的上半边。

（3）局部剖视图　用剖切平面局部地剖开机件所得的剖视图，称为局部剖视图。

当不对称机件的内、外形均需要在同一视图上兼顾表达，如图 B. 3－18(a)所示，或对称机件不宜作半剖视（分界线是粗实线），如图 B. 3－19 所示，可采用局部剖视图表达。

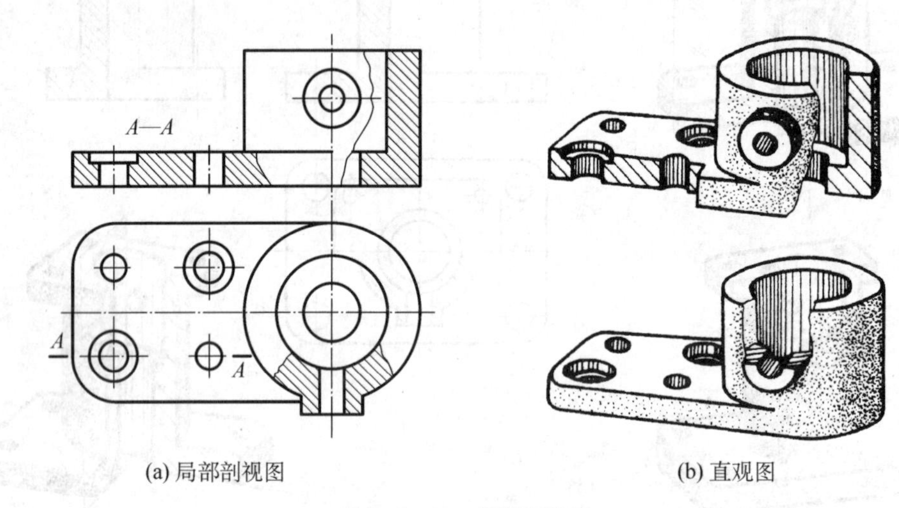

(a) 局部剖视图　(b) 直观图

图 B. 3－18　局部剖视图

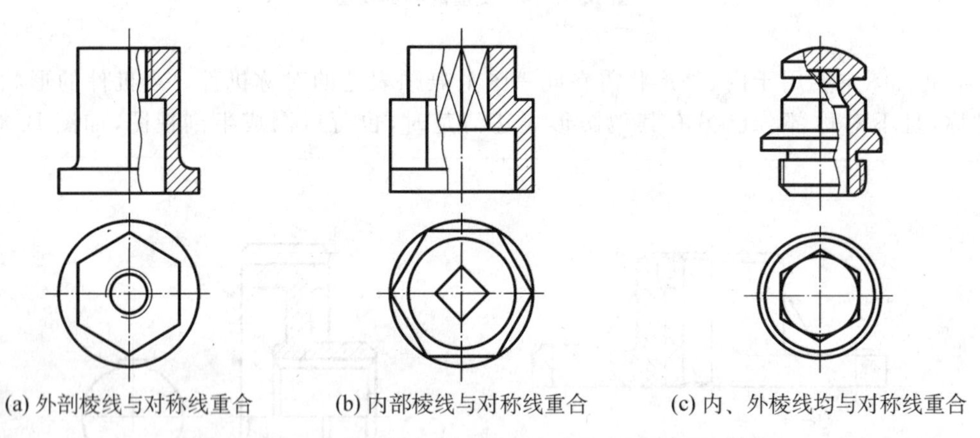

(a) 外剖棱线与对称线重合　(b) 内部棱线与对称线重合　(c) 内、外棱线均与对称线重合

图 B. 3－19　机件棱线与对称线重合时的局部剖视图的画法

局部剖视图中，剖视图部分与视图部分之间应以波浪线为界，此时的波浪线也可当作机件断裂处的边界线。波浪线的画法应注意以下几点：

1）波浪线不能与图形中其他图线重合，也不要画在其他图线的延长线上。

2）波浪线不能超出图形轮廓线。

3）波浪线不能穿空而过，如遇到孔、槽等结构时，波浪线必须断开。图 B. 3－20(a)中波浪线的画法是错误的。

4）当被剖切部位的局部结构为回转体时，允许将该结构的回转轴线作为局部剖视图与视图的分界线，如图 B.3－20(b)所示。

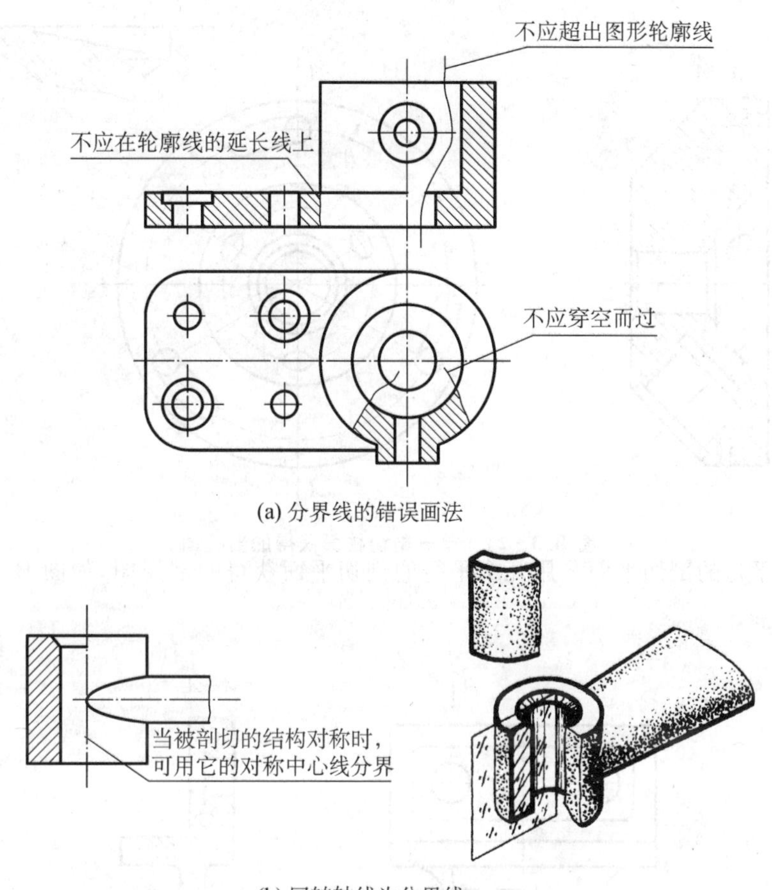

(a) 分界线的错误画法

(b) 回转轴线为分界线

图 B.3－20　局部剖视图中分界线的画法

单一剖切平面的剖切位置明显时，局部剖视图可省略标注。但当剖切位置不明显或局部剖视图未按投影关系配置时，则必须加以标注(见图 B.3－18(a))。

局部剖视图的剖切范围可大可小，非常灵活，如运用恰当可使表达重点突出、简明清晰。但同一机件在同一视图上的局部剖视图的剖切处不宜过多，否则，会使表达过于凌乱，且会割断它们之间内部结构的联系。

B.3.3　剖切面的种类

由于零件内部结构形状变化较多，常需选用不同数量、位置、范围及形状的剖切面剖切零件，才能把其内部结构形状表达清楚。

(1) 单一剖切平面　用一个剖切平面(平面或柱面)剖开机件获得的剖视图。一般用平行(或垂直)于基本投影面的单一剖切平面剖切。前面介绍的全剖视图、半剖视图和局部剖视图都是用平行于基本投影面的单一剖切平面剖切得到的剖视图。采用单一柱面剖切机件时，剖视图一般应按展开绘制，如图 B.3－21 中的 $B-B$ 所示。

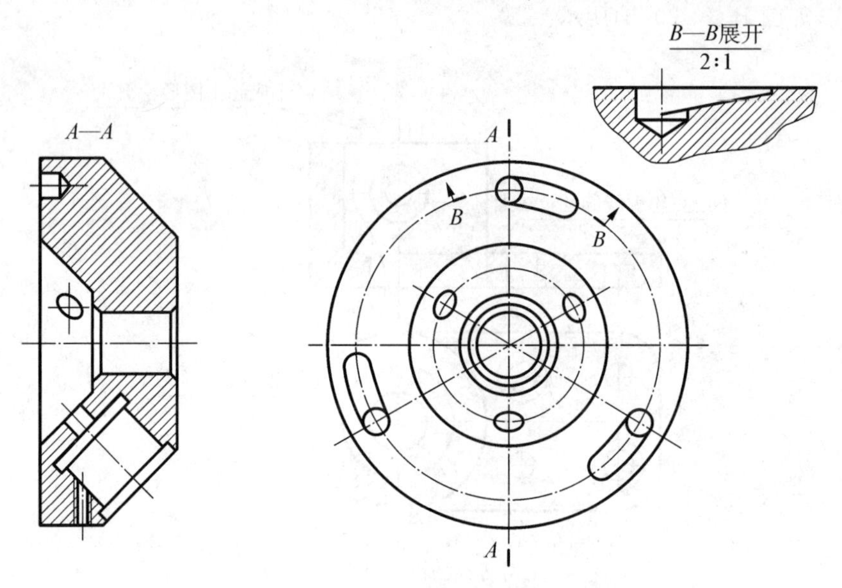

图 B.3-21 单一剖切柱面获得的剖视图

(2) 几个平行的剖切平面 用几个平行的剖切平面获得的剖视图，如图 B.3-22 所示的机件。

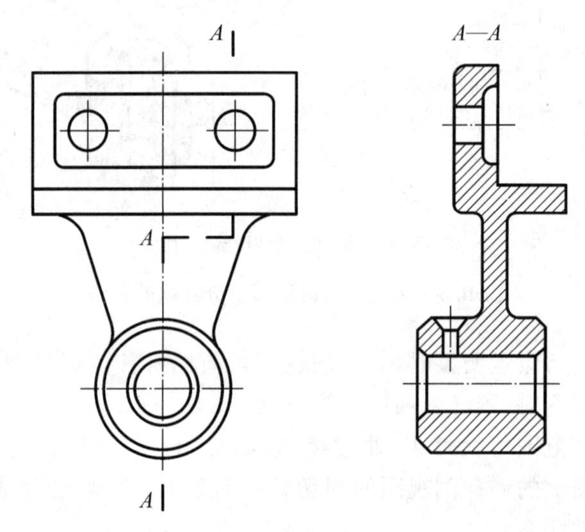

图 B.3-22 两个平行剖切平面获得的剖视图(一)

用几个平行的剖切平面获得的剖视图适用于表达外形简单、内形较复杂，且难以用单一剖切平面剖切表达的机件。画此剖视图时，应注意几点：

1) 各剖切平面剖切后所得的剖视图是一个图形，不应在剖视图中画出各剖切平面的界限，即转折处不应在剖视图中画出轮廓线，如图 B.3-23 中(d)所示。

2) 剖视图上不应出现不完整的孔、槽等元素，如图 B.3-23 中(f)所示。

3) 剖切平面转折处的剖切符号中，短粗画不应与视图中的轮廓线重合，如图 B.3-23 中(e)所示。

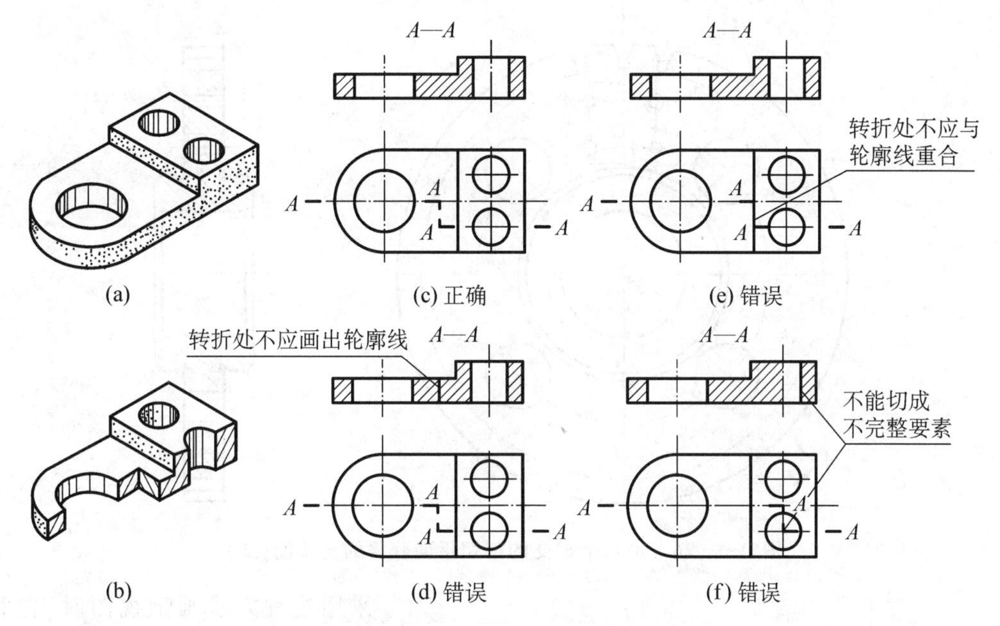

图 B.3－23　两个平行剖切平面获得的剖视图(二)

4）只有当两个元素在图形上具有公共对称中心线或轴线时，才可以以该对称线为界各画一半。如图 B.3－24 所示。

采用几个剖切平面画剖视图时必须标注，其标注方法与单一剖切基本相同。同时，省略标注的情况也基本相同，即当剖视图按照投影关系配置，中间又没有其他图形隔开时，可省略箭头；当转折处的地方有限，而又不致引起误解时，允许省略标注字母。

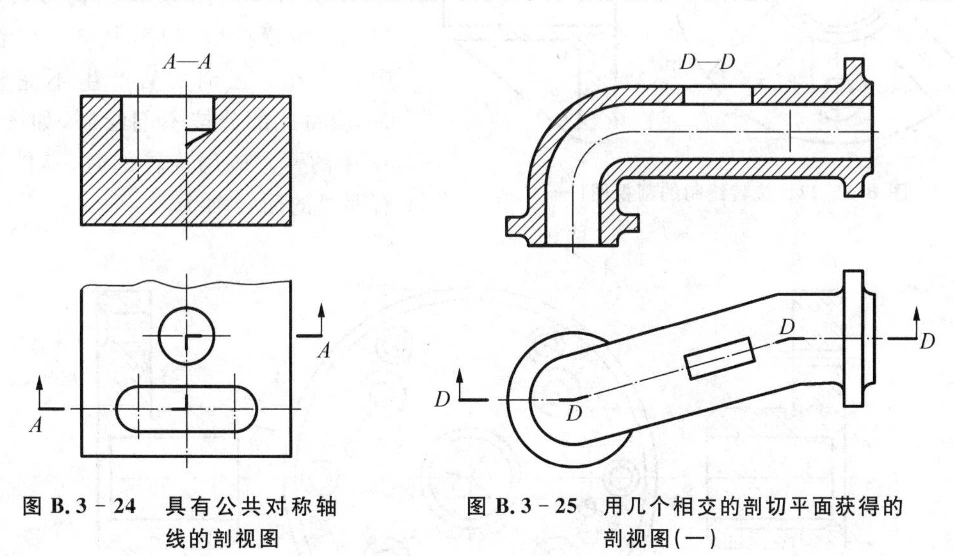

图 B.3－24　具有公共对称轴线的剖视图

图 B.3－25　用几个相交的剖切平面获得的剖视图(一)

(3) 几个相交的剖切平面　用几个相交的剖切平面(交线垂直于某一基本投影面)剖开机件，获得的剖视图应旋转到一个投影平面上，如图 B.3－25、图 B.3－26 所示的机件。

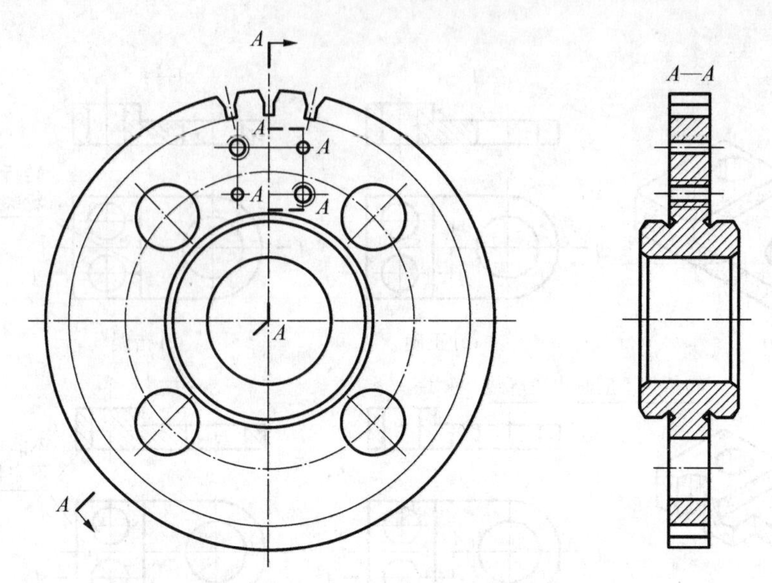

图 B.3-26 用几个相交的剖切平面获得的剖视图(二)

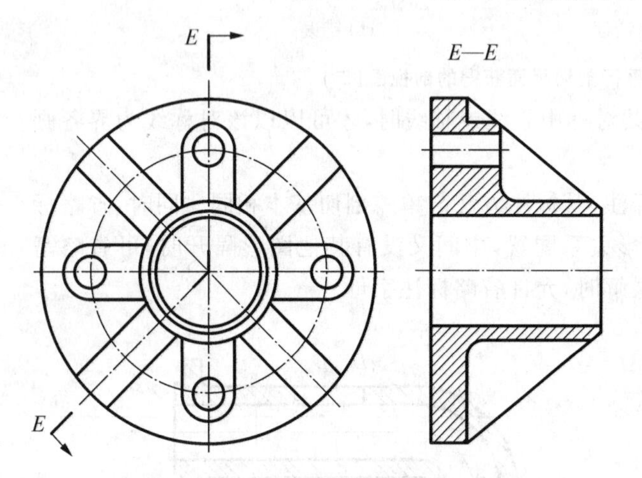

图 B.3-27 旋转绘制的剖视图(一)

采用这种方法画剖视图时，先假想按剖切位置剖开零件，然后将被剖切平面剖切到的结构旋转到与选定的投影面平行后再进行投射，如图 B.3-27～B.3-29所示；或采用展开画法，此时应标注“X-X 展开”，如图 B.3-30 所示。在剖切平面之后的其他结构形状一般仍按原来位置投射，如图 B.3-31 俯视图中的小孔。当剖切后产生不完整要素时，应将此部分按不剖绘制，如图 B.3-32 中的臂。应用旋转剖时，零件上应具有明显的回转轴线。

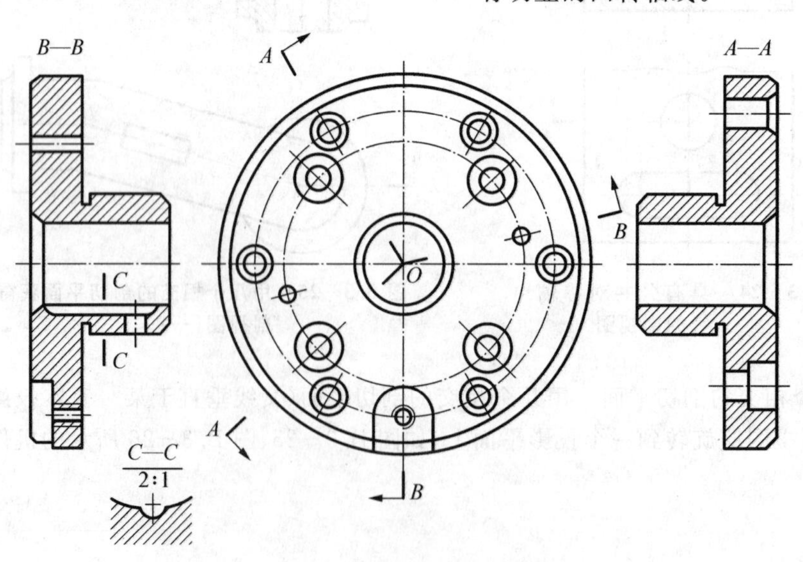

图 B.3-28 旋转绘制的剖视图(二)

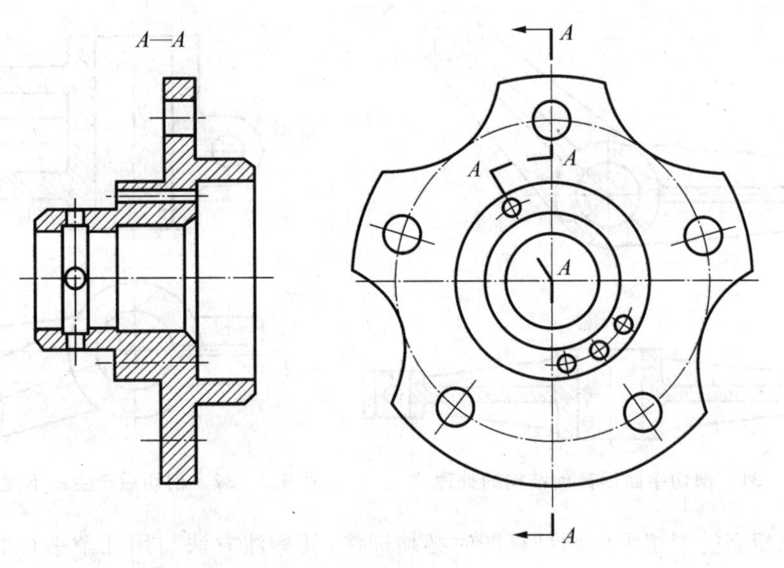

图 B.3-29　旋转绘制的剖视图(三)

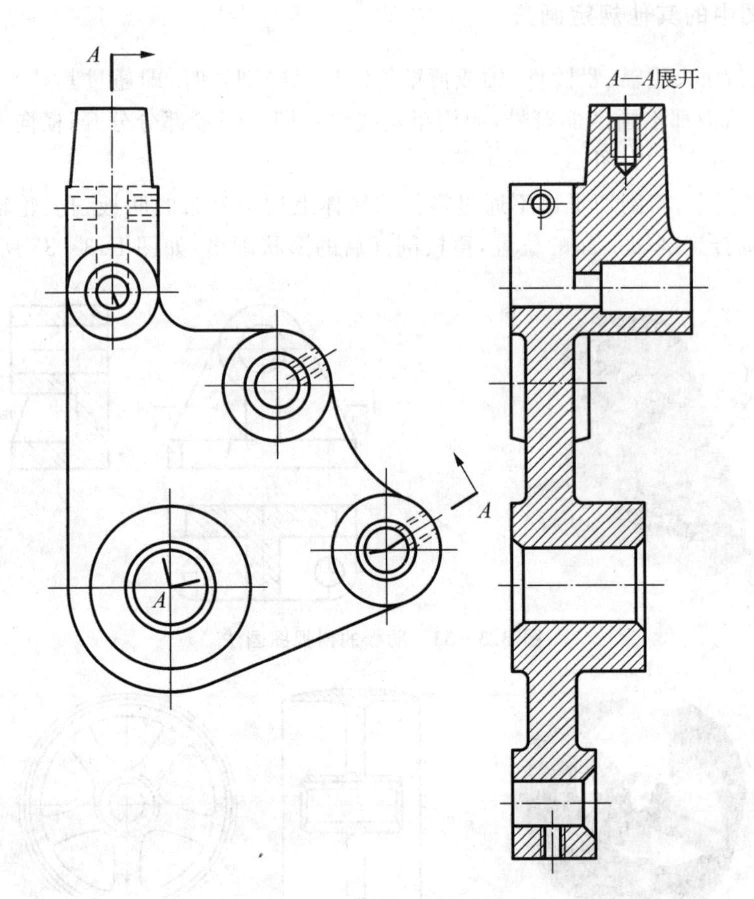

图 B.3-30　展开绘制的剖视图

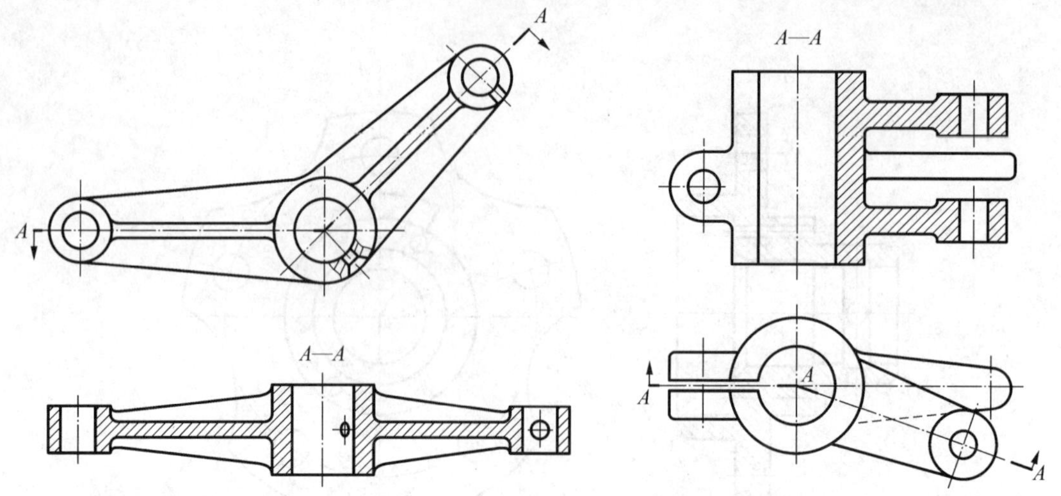

图 B.3-31　剖切平面后其他结构的处理　　图 B.3-32　剖切后产生的不完整要素的处理

采用几个相交的剖切平面画剖视图时必须标注，其标注方法与用几个平行的剖切平面画剖视图基本相同。但特别要注意的是，标注中的箭头所指的方向是与剖切平面垂直的投射方向，而不是旋转方向。有时也可省略箭头，注写字母一律水平位置书写，字头朝上。

B.3.4　剖视图中的其他规定画法

（1）零件上的肋、轮辐、紧固件、轴或薄壁等结构纵向剖切时，即通过其基本轴线或对称平面剖切时，这些结构都不画剖面符号，而用粗实线将它们与邻接部分分开；横向剖切时，仍要画出剖面线。如图 B.3-33、图 B.3-34 所示。

（2）在剖视图中，当剖切平面不通过零件回转体上均匀分布的肋板、孔、轮辐等结构时，可以将这些结构旋转到剖切平面的位置，再按剖开后的形状画出，如图 B.3-35 所示。

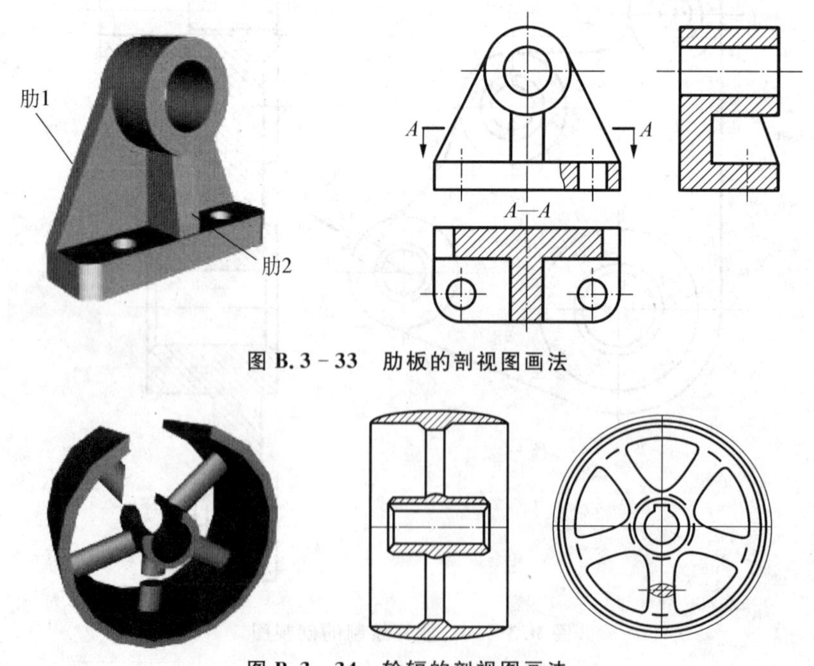

图 B.3-33　肋板的剖视图画法

图 B.3-34　轮辐的剖视图画法

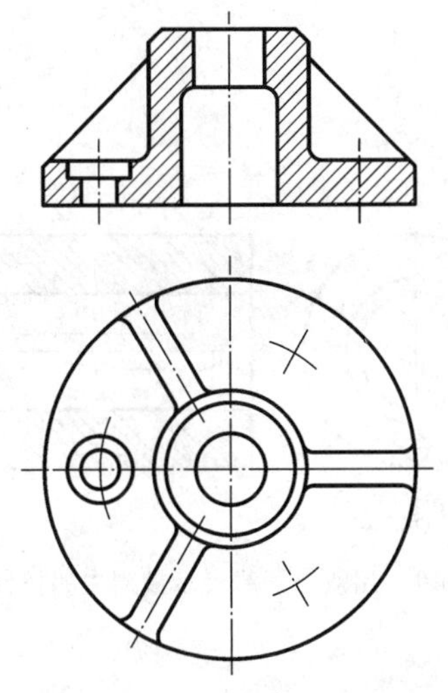

图 B.3-35 带有规则结构要素的回转零件的剖视图

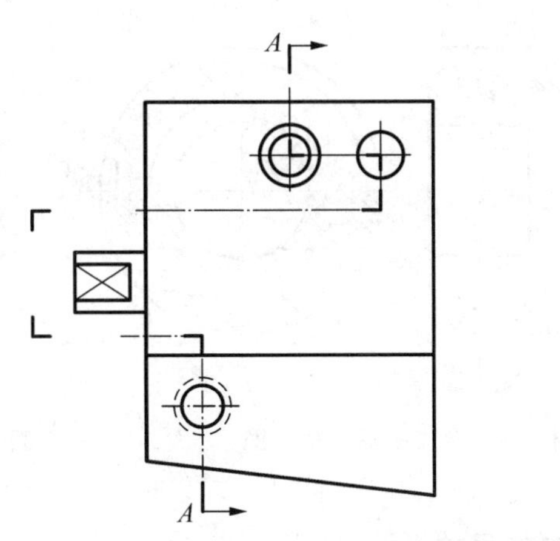

图 B.3-36 部分剖切结构的表示

(3) 当只需剖切绘制零件的部分结构时，应用细点画线将剖切符号相连，剖切面可位于零件实体之外，如图 B.3-36 所示。

(4) 用几个剖切平面分别剖开机件，得到的剖视图为相同的图形时，可按图 B.3-37 所示的形式标注。

(5) 用一个公共剖切平面剖开机件，按不同方向投射得到的两个剖视图，应按图 B.3-38 的形式标注。

(6) 可将投射方向一致的几个对称图形各取一半(或$\frac{1}{4}$)，合并成一个图形。此时，应在剖视图附近标出相应的剖视图名称"X-X"，如图 B.3-39 所示。

(7) 在需要表示位于剖切平面之前已剖去部分上的结构时，这些结构按假想投影的轮廓线(用双点画线)画出，如图 B.3-40 所示。

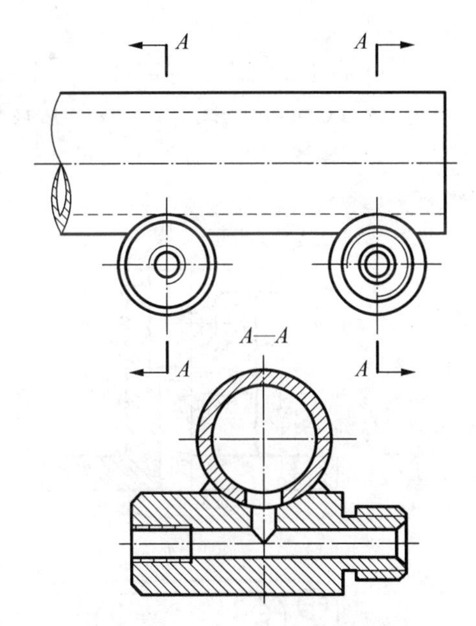

图 B.3-37 用几个剖切平面获得相同图形的剖视图

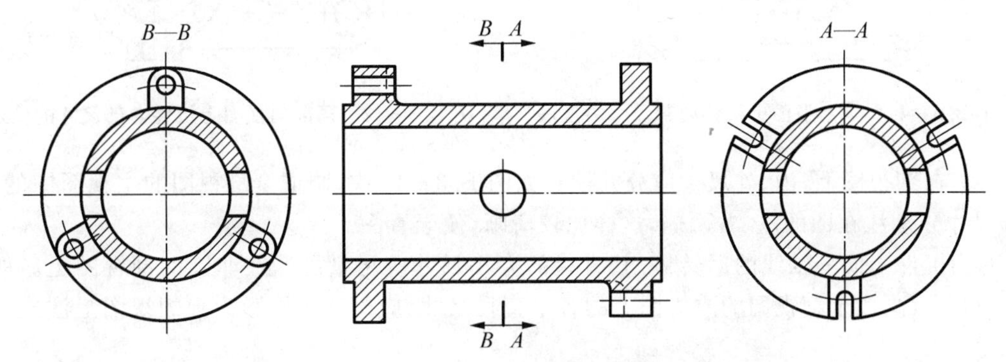

图 B.3-38 用一个公共剖切平面获得的两个剖视图

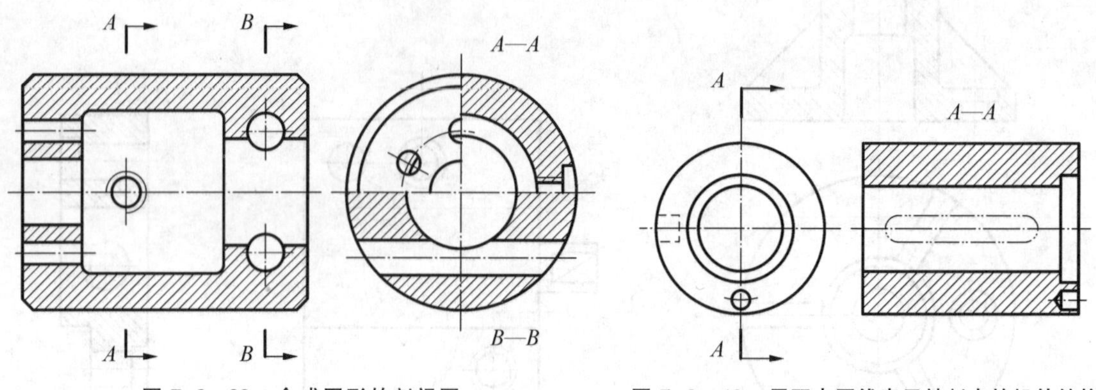

图 B.3-39　合成图形的剖视图　　　图 B.3-40　用双点画线表示被剖去的机件结构

B.3.5　剖视图中的尺寸标注

除前面已讲过的尺寸标注应达到正确、齐全、清晰的要求外，在剖视图上标注尺寸还应注意以下几点。

(1) 在半剖视图或局部视图上注内部尺寸(如直径)时，其一端不能画出箭头的尺寸线应略过对称线、回转轴线、波浪线(均为图上的分界线)，但在尺寸线的另一端应画出箭头，如图 B.3-41、图 B.3-42 所注出的尺寸。

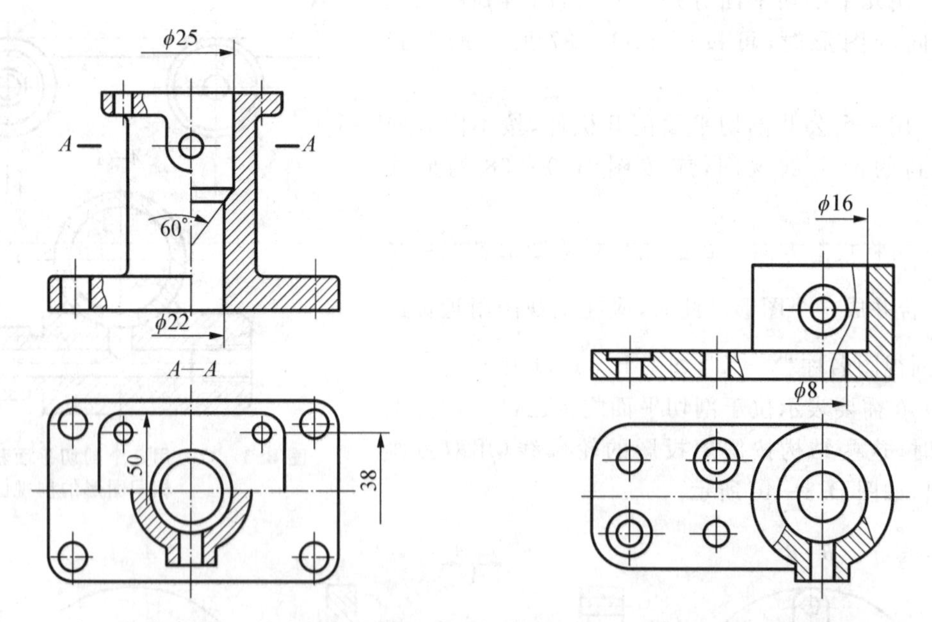

图 B.3-41　半剖视图上机件内部尺寸的注法　　　图 B.3-42　局部剖视图上机件内部尺寸的注法

(2) 在剖视图上，内、外尺寸应分开注。如图 B.3-43 中，画成全剖视图的主视图中的内、外形尺寸分别注在图的左、右两侧，这样比较清晰，便于看图。

(3) 机件上同一轴线的回转体，其直径的大小尺寸应尽量配置在非圆的剖视图上。如图 B.3-43 中，画成全剖视图的主视图上的各个直径尺寸，应避免在投影为圆的视图上注成放射状尺寸。

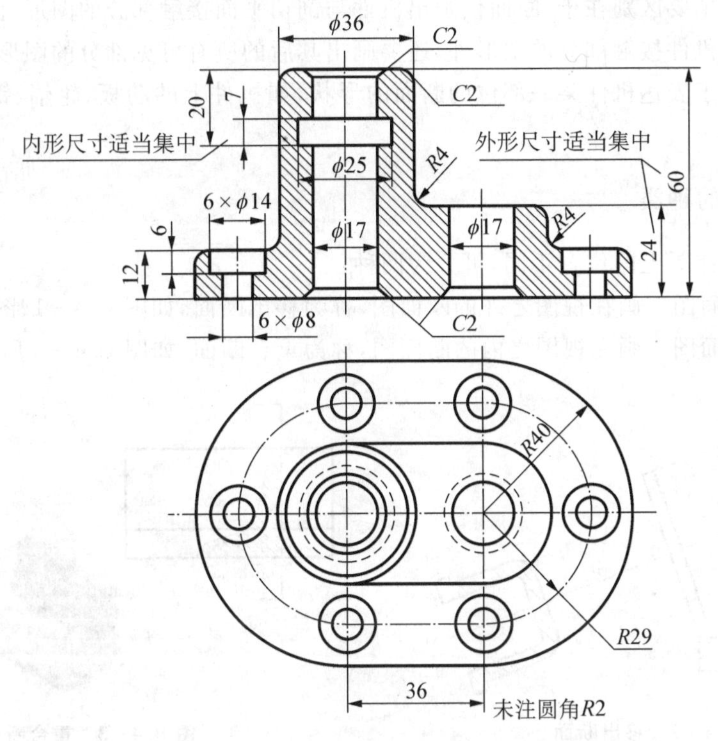

图 B.3-43 全剖视图上的尺寸注法

B.4 断面图(GB/T 4458.6—2002)

B.4.1 基本概念

假想用剖切面将机件的某处切断,仅画出剖切面与机件接触部分的图形,称为断面图,如图 B.4-1 所示。

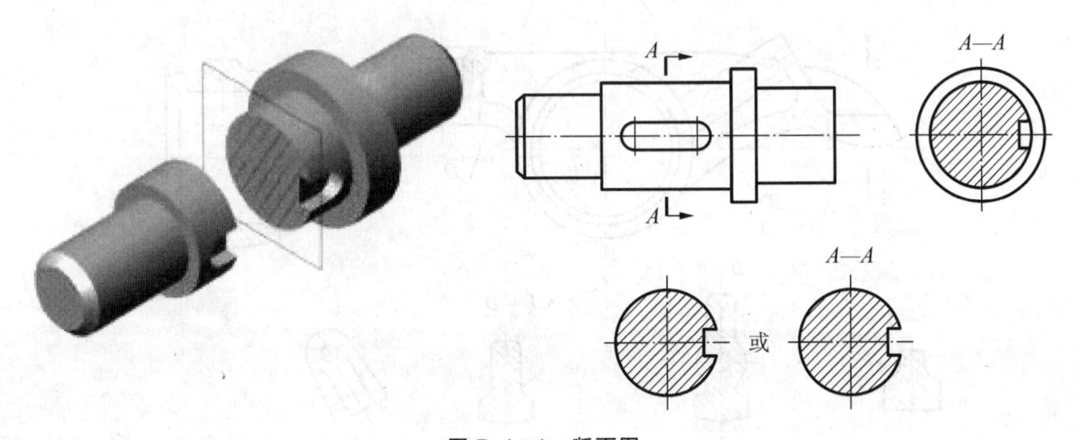

图 B.4-1 断面图

断面与剖视主要区别在于：断面仅画出机件与剖切平面接触部分的图形；而剖视则除需要画出剖切平面与机件接触部分的图形外，还要画出其后的所有可见部分的图形。

断面主要用于表达机件某一部位的断面的形状，如机件上的肋板、轮辐、键槽及型材的断面等。

B.4.2 断面图的种类

根据断面画在图上的位置不同，可分为两种：

(1) 移出断面图　画在视图之外的断面图，称为移出断面，如图 B.4－1、图 B.4－2 所示。

(2) 重合断面图　画在视图之内的断面图，称为重合断面，如图 B.4－3 所示。

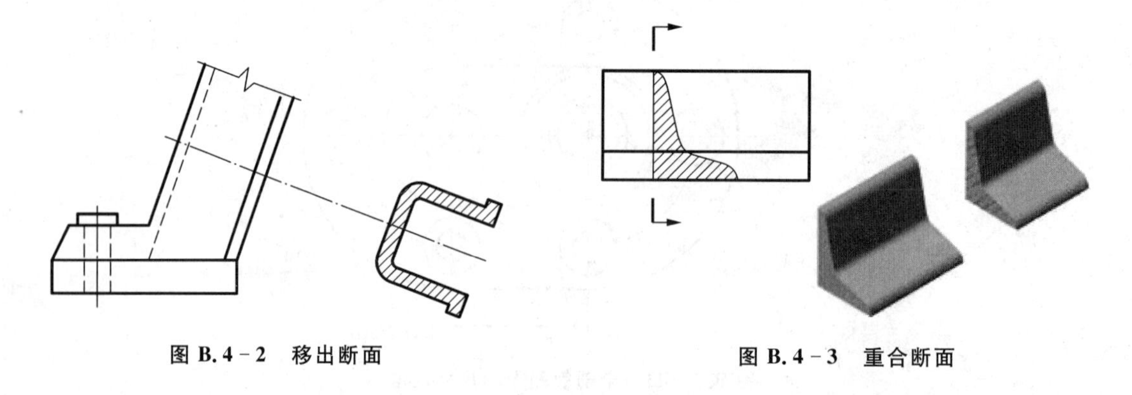

图 B.4－2　移出断面　　图 B.4－3　重合断面

B.4.3 断面图的画法和标注

(1) 移出断面的画法　操作如下：

1) 移出断面的轮廓线用粗实线绘制，并在断面上画出剖面符号(见图 B.4－1)。

2) 移出断面应尽量配置在剖切线的延长线上(见图 B.4－2)，必要时也可画在其他适当位置，如图 B.4－1 中的"A－A"。在不引起误解时，允许将断面图形旋转放正画出，如图 B.4－4 中的"⌒D—D 或 B—B⌒"。当移出断面对称时，也可画在视图的中断处，如图 B.4－5 所示。

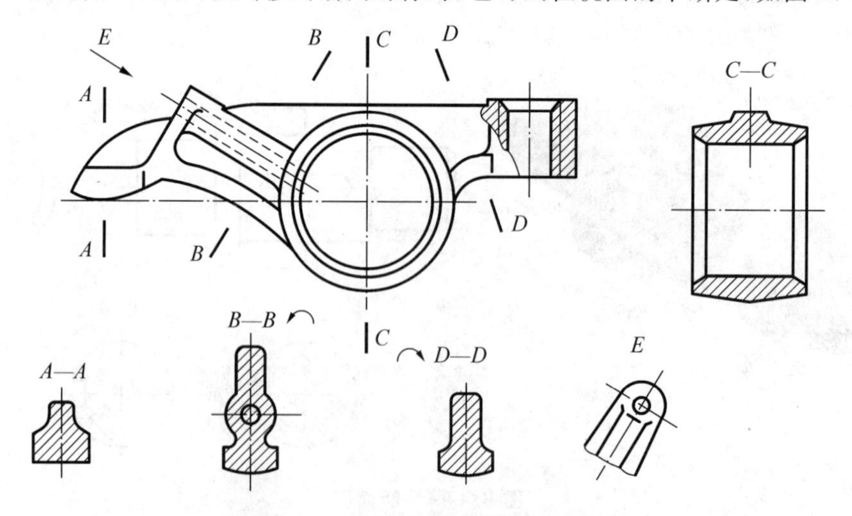

图 B.4－4　配置在适当位置的移出断面

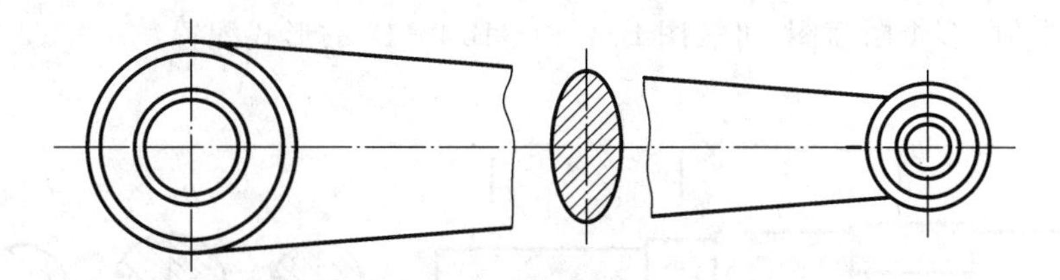

图 B.4-5 配置在视图中断处的移出断面

3）剖切平面应与被剖切部分的主要轮廓线垂直（见图 B.4-4），若用一个剖切平面不能满足垂直时，可用相交的两个（或多个）剖切平面分别垂直于机件轮廓线剖切，其断面图形的中间应用波浪线断开，如图 B.4-6 所示。

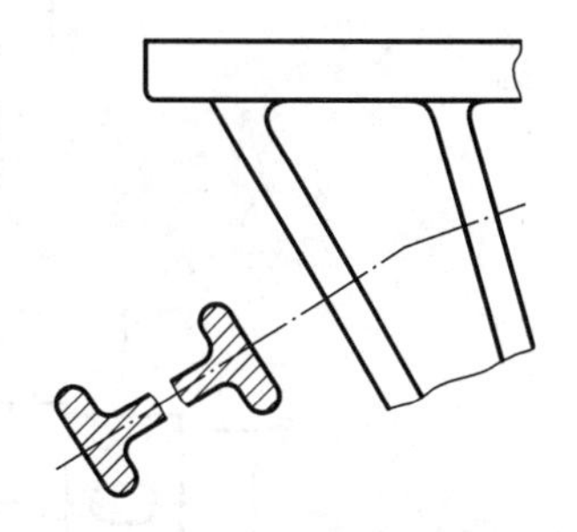

图 B.4-6 断开的移出断面图

4）当剖切平面通过由回转体形成的孔或凹坑的轴线时，按剖视绘制，如图 B.4-7(a～d)中的 $A-A$ 所示。当剖切平面通过非回转面，但会导致出现完全分离的两部分时，则这样的结构也应按剖视绘制，如图 B.4-7(e)所示。但必须指出，这里的"按剖视绘制"是指被剖切到的结构，并不包括剖切平面后的其他结构。

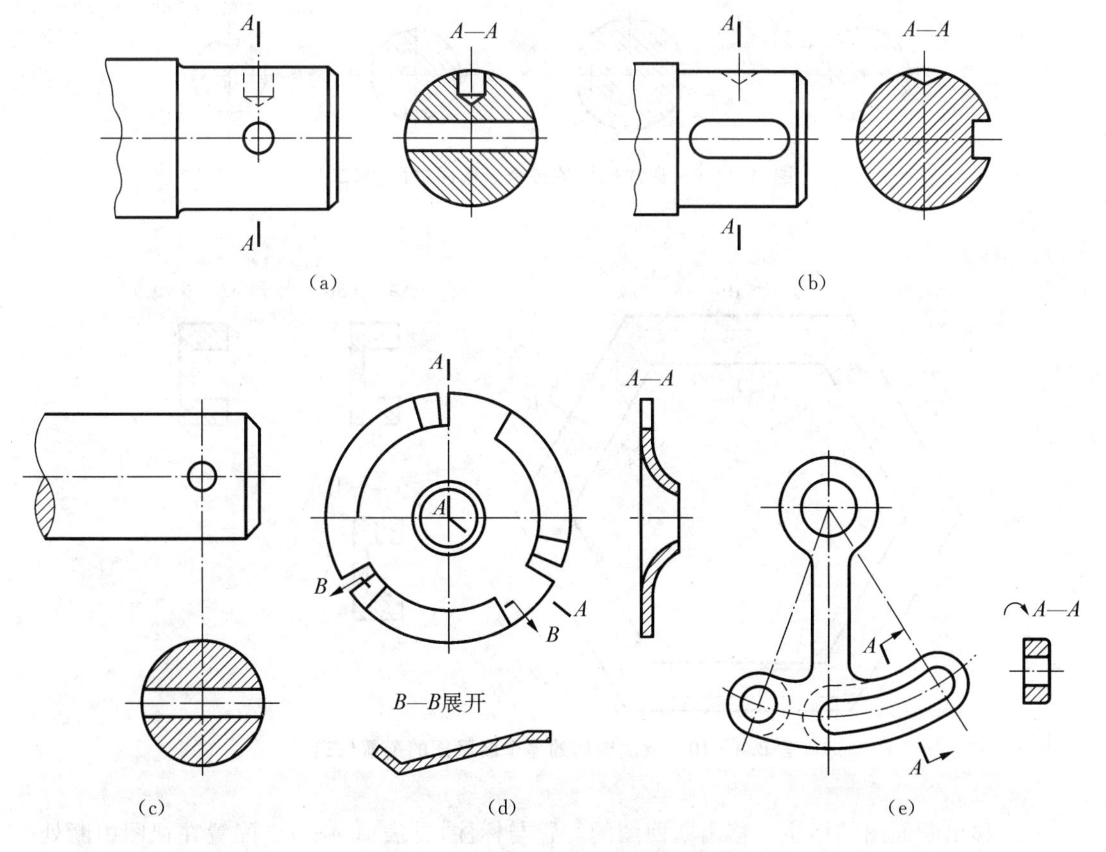

图 B.4-7 按剖视绘制的移出断面图

5）逐次剖切的多个断面图，可按图 B.4－8～B.4－10 的形式配置。

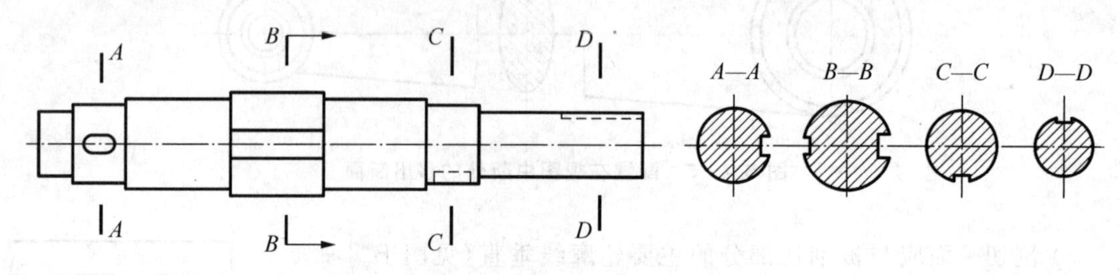

图 B.4－8　逐次剖切的多个断面图的配置(一)

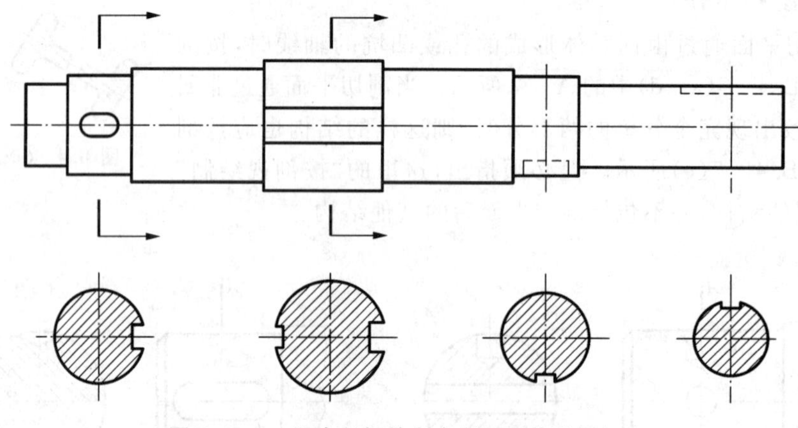

图 B.4－9　逐次剖切的多个断面图的配置(二)

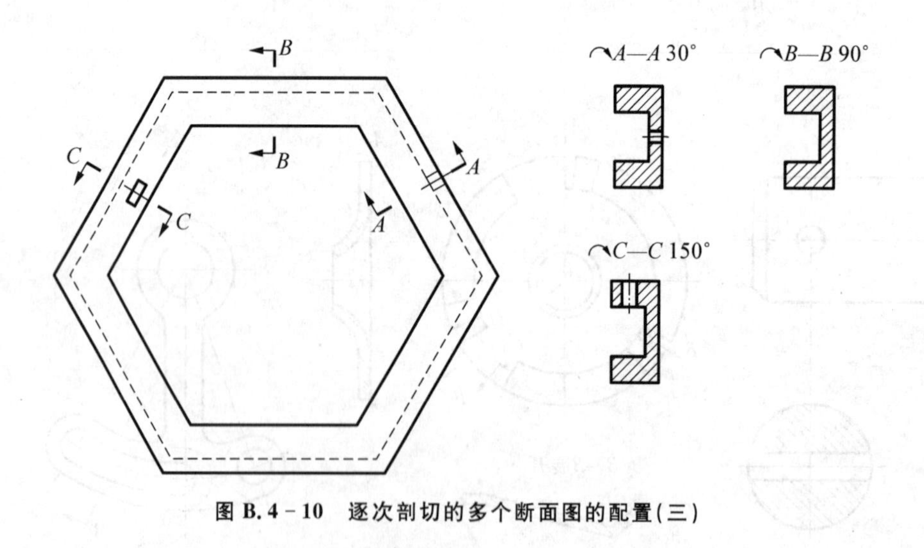

图 B.4－10　逐次剖切的多个断面图的配置(三)

(2) 移出断面图的标注　移出断面图的配置与标注，见表 B.4－1。配置在视图中断处的对称移出断面不必标注(见图 B.4－5)。

表 B.4－1　移出断面图的配置与标注

配置 ＼ 断面图 ＼ 端面形状	对称的移出断面	不对称的移出断面
配置在剖切线或剖切符号延长线上	不必标出字母和剖切符号，剖切线路用细点画线表示	不必标注字母
按投影关系配置	A A—A A 不必标注箭头	A A—A A 不必标注箭头
配置在其他位置	A A A—A 标注字母，不必标注箭头	A A A—A 应标注剖切符号(含箭头)和字母

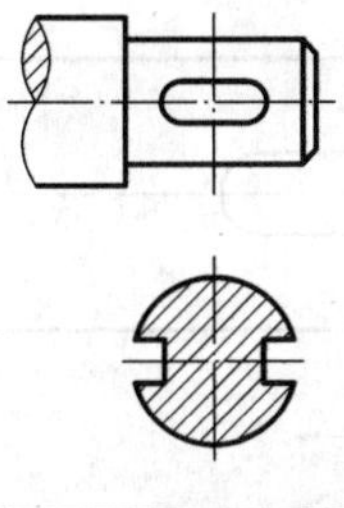

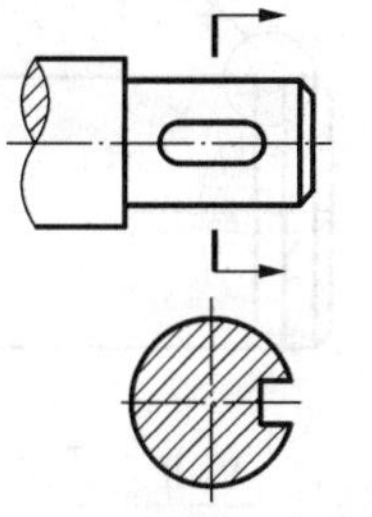

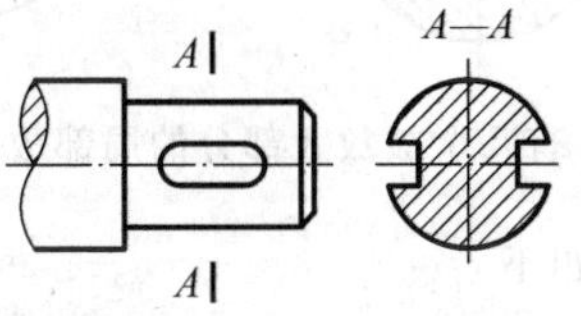

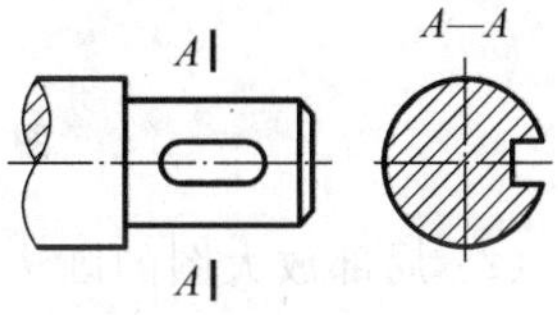

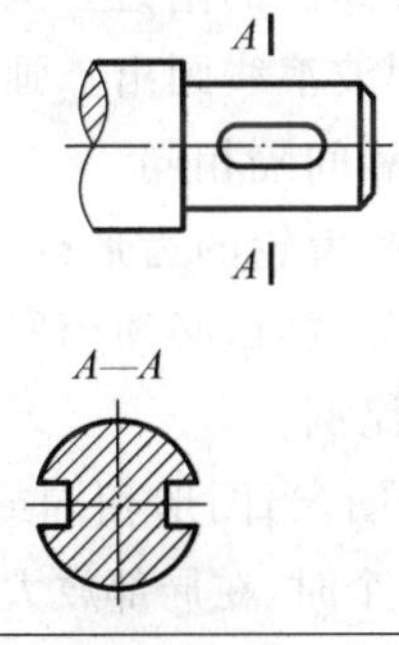

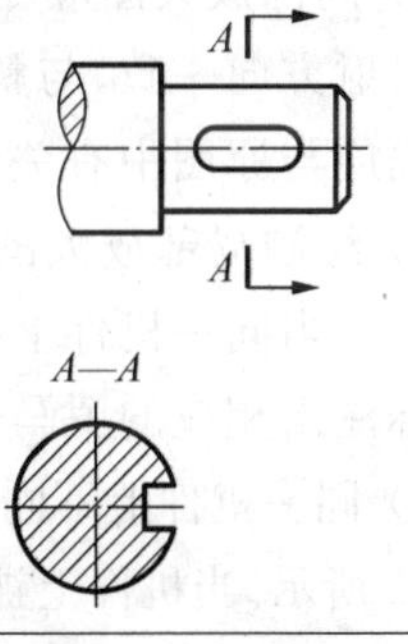

（3）重合断面的画法和标注　重合断面的轮廓线用细实线绘制，断面图形画在视图之内。当重合断面图形与视图中轮廓线重叠时，视图中的轮廓线仍应连续画出，不可间断(见图 B.4－3)。

对称的重合断面不必标注。在不致引起误解时，不对称的重合断面可以省略标注，如图 B.4－11 所示。

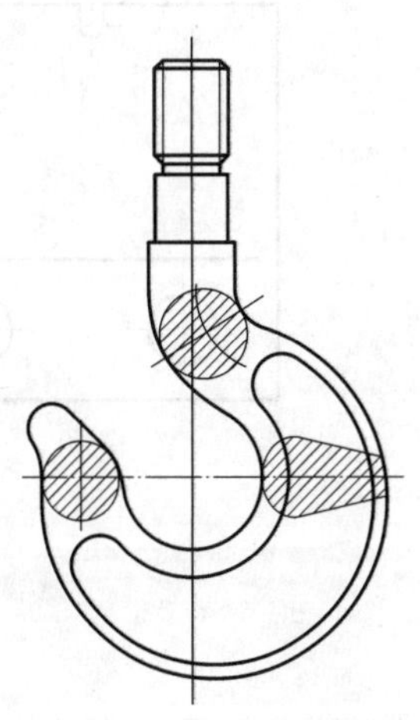

图 B.4－11　不必标注的重合断面

B.5　局部放大图和简化画法(GB/T 16675.1—1996)

B.5.1　局部放大图

（1）基本概念　将机件的部分结构用大于原图形所采用的比例

画出的图形，称为局部放大图，如图 B. 5－1 所示。当机件的某些结构较小，如按原图所用的比例画出，图形过小而表达不清楚，或标注尺寸困难时，可采用局部放大图画出。

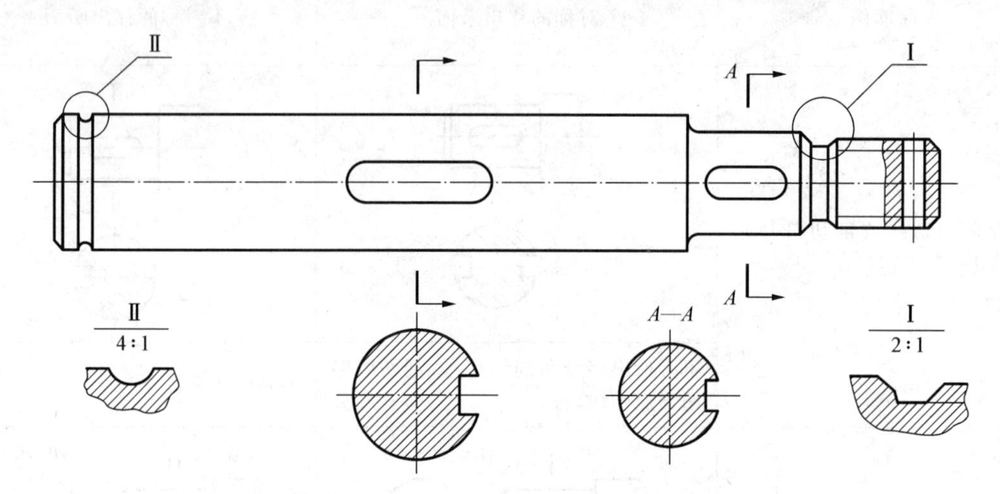

图 B. 5－1　有几个被放大部分的局部放大图画法

(2) 局部放大图的画法　操作如下：

1) 局部放大图可画成视图、剖视、断面图，它与被放大部分的表达方式无关。

2) 局部放大图应尽量配置在被放大部位的附近。局部放大图的投射方向应与被放大部位的投射方向一致，与整体联系的部分用波浪线画出。画成剖视和断面时，对其剖面线的方向和间隔应与原图中有关的剖面线的方向和间隔相同。

3) 绘制局部放大图时，除螺纹牙型和齿轮的齿形外，应在视图上用细实线圆画出被放大的部位。当同一机件上有多个被放大的部位时，必须用罗马数字依次标明，并在局部放大图的上方标注出相应的罗马数字和所采用的比例。

4) 同一机件上不同部位的局部放大图，当图形相同或对称时，只需画出其中的一个，如图 B. 5－2 所示。当机件上被放大的部分仅一个时，在局部放大图的上方只需注明所采用的比例。

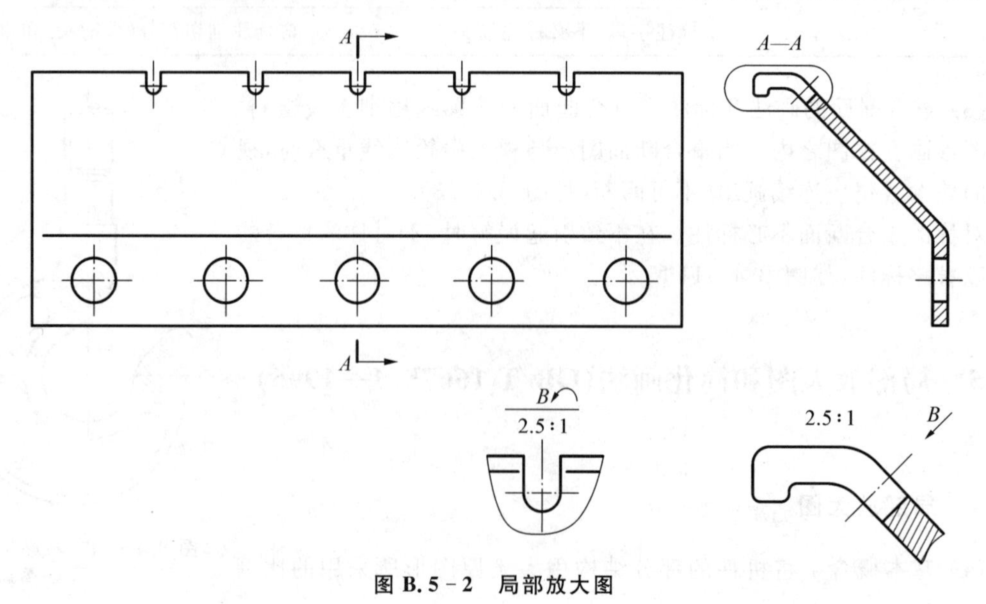

图 B. 5－2　局部放大图

5）必要时，可用几个图形来表达同一个被放大部分的结构(见图 B.5－2)。

B.5.2 简化画法

(1) 相同要素的简化画法　操作如下：

1）当机件具有若干相同结构(齿、槽等)，并按一定规律分布时，只需画出几个完整的结构，其余用细实线联结结构的顶部或底部，但须注明这些相同结构的总数，如图 B.5－3 所示。

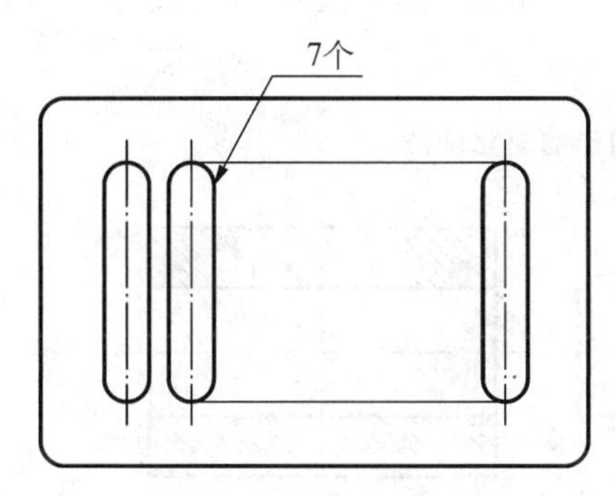

图 B.5－3　相同要素的简化画法(一)

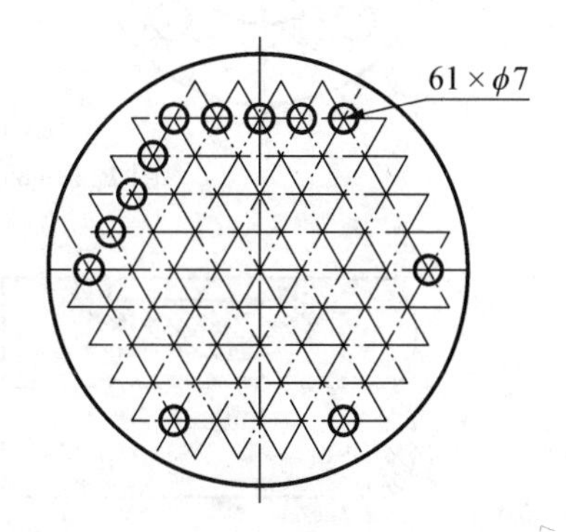

图 B.5－4　相同要素的简化画法(二)

2）若干直径相同且成规律分布的孔(如圆孔、螺孔、沉孔等)，可仅画出一个或几个，其余用点划线表示中心位置，在零件图中则应注明孔的总数，如图 B.5－4 所示。

3）圆柱形法兰和类似零件上均匀分布的孔，可按图 B.5－5 所示方法绘制，由外向法兰端面方向投影。

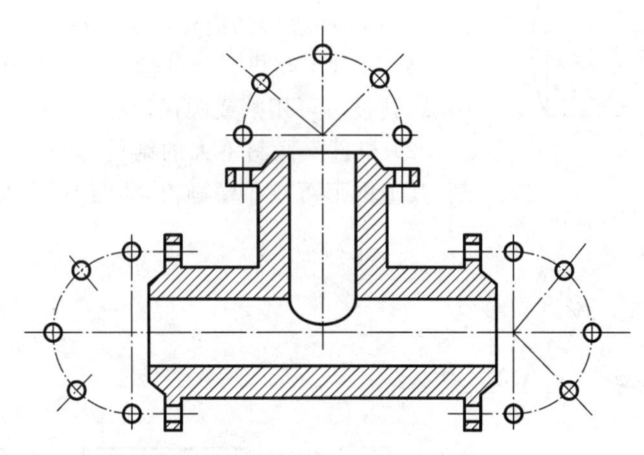

图 B.5－5　均匀分布同直径孔的简化画法

(2) 对称图形的简化画法　操作如下：

1）在不致引起误解时，对称零件的视图可只画一半或 1/4，并画出对称符号。即在对称中心线的两端画出两条与其垂直的平行细实线，如图 B.5－6 所示。

2）在不致引起误解时，非圆曲线的过渡线及相贯线允许简化为圆弧或直线，如图 B.5－7 所示。

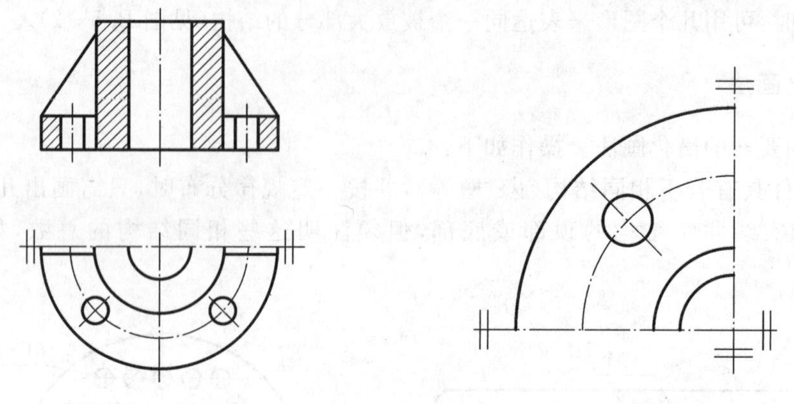

图 B.5-6　对称图形的简化画法

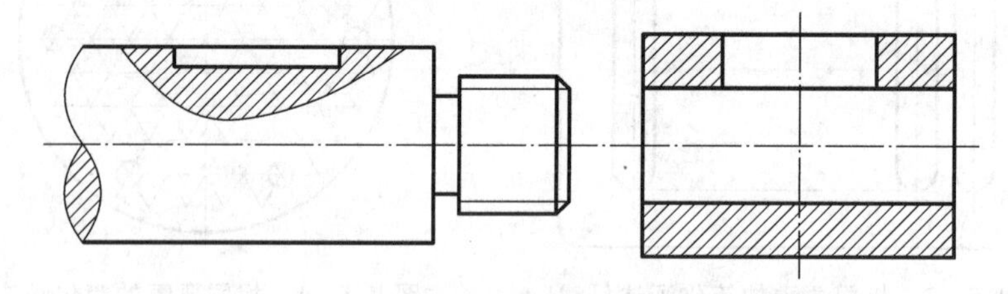

图 B.5-7　表面交线的简化画法

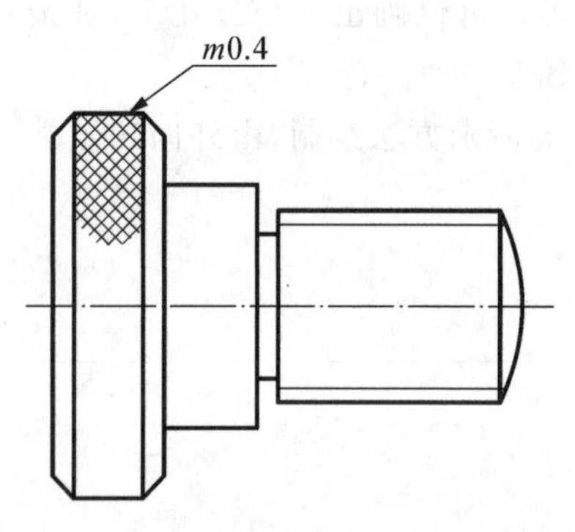

图 B.5-8　滚花的简化画法

(3) 零件滚花、法兰的简化画法　零件上的滚花部分、网状物或编织物,可在轮廓线附近用细实线示意画出,并在零件图上或技术要求中注明这些结构的具体要求,如图 B.5-8 所示。

(4) 某些投影的简化画法　操作如下:

1) 零件上与投影面的倾斜角度小于或等于 30°的圆或圆弧,其投影可用圆或圆弧代替,如图 B.5-9(a)所示。

2) 机件上倾斜不大的结构,如在一个图形中已表达清楚,其他图形可按小端画出,如图 B.5-9(b)所示。

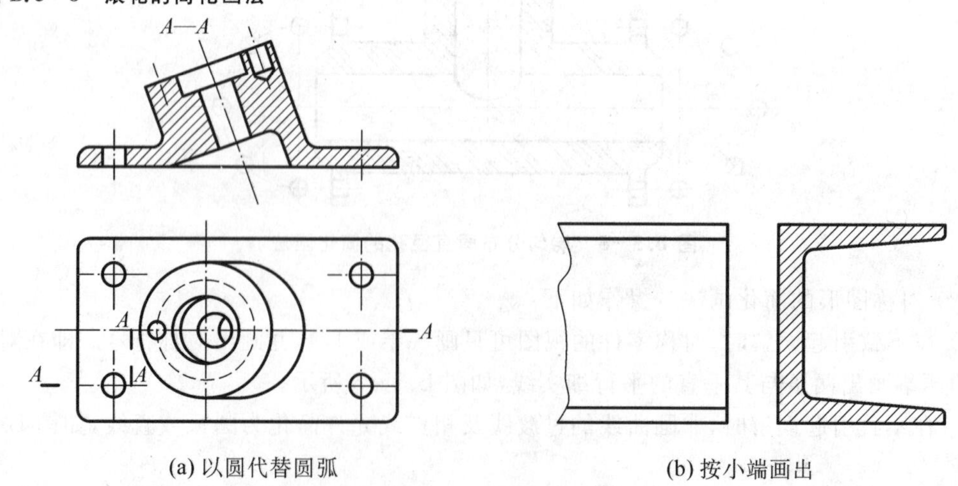

(a) 以圆代替圆弧　　(b) 按小端画出

图 B.5-9　斜度不大的结构简化画法

3）在不致引起误解时，零件图中的小圆角、锐边的小倒圆或45°小倒角允许省略不画，但必须在视图中注明尺寸或在技术要求中加以说明，如图 B.5－10 所示。

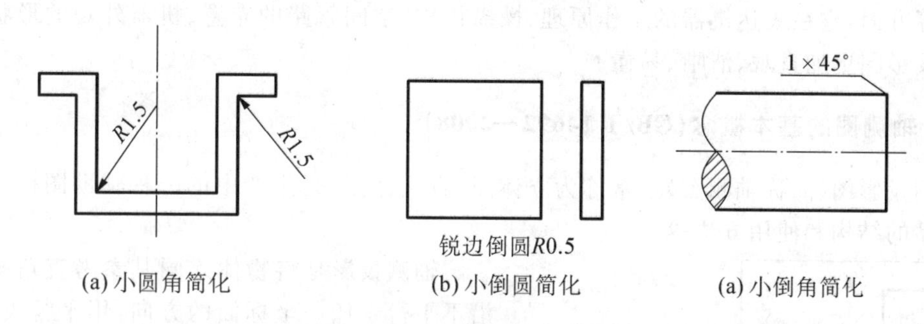

图 B.5－10　小圆角简化、小倒圆简化、小倒角简化画法和注法

4）当图形不能充分表达平面时，可用平面符号（相交的两细实线）表示，如图 B.5－11 所示。

（5）长机件的简化画法　较长的零件（如轴、杆等），当其沿长度方向的形状一致或按一定规律变化时，可断开后缩短绘制，但尺寸仍按实长进行标注，如图 B.5－12 所示。

（6）移出断面图的简化画法　在不致引起误解时，机件的移出断面允许省略剖面符号，但剖切符号和字母是否标注，必须遵照前面所述的规定标注，如图 B.5－13 所示。

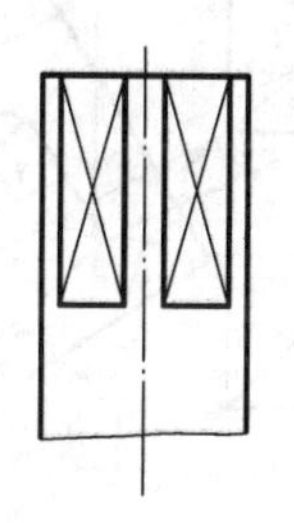
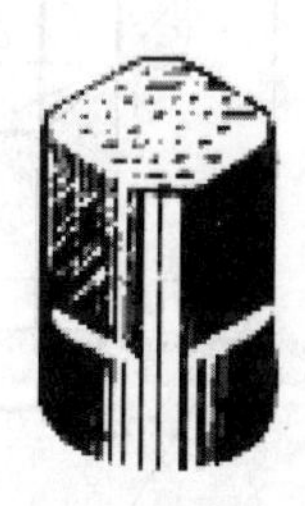

图 B.5－11　回转体上小平面的简化画法

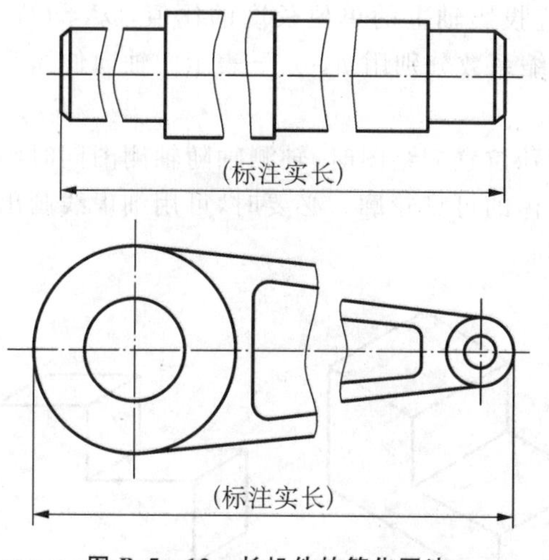

图 B.5－12　长机件的简化画法

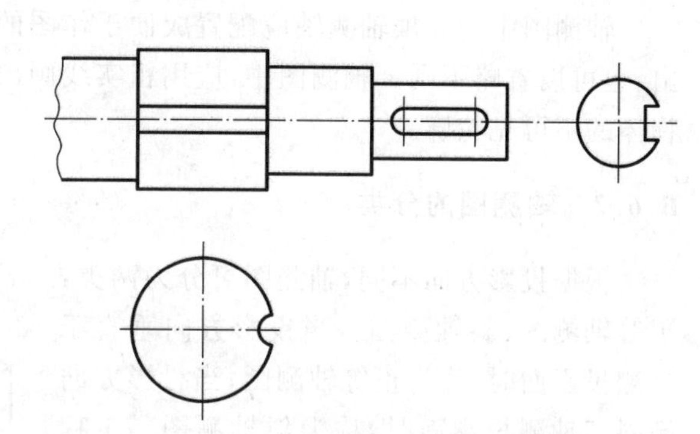

图 B.5－13　移出断面图可省略剖面符号

B.6　轴　测　图

前面介绍的多面正投影的优点是：作图较简单、度量性好，它可以完全确定物体的形状和大小，工程上广泛采用；但缺点是立体感差，缺乏看图基础的人难以看懂。因此工程上有时也采用富有立体感，但作图较繁和度量性差的单面投影图(即轴测图)作为辅助图样，帮助人们看懂多面正投影图，以弥补多面正投影的不足。轴测图多用于结构设计、技术革新、产品说明书及广告等方面，它在表达机器的工作原理、操纵机构、空间管路的布置、机器外观的形状时，比多面正投影图更加直观、清晰、易懂。

B.6.1 轴测图的基本概念(GB/T 14692—2008)

轴测投影图(简称轴测图)通常称为立体图，直观性强，是生产中的一种辅助图样，常用来说明产品的结构和使用方法等。

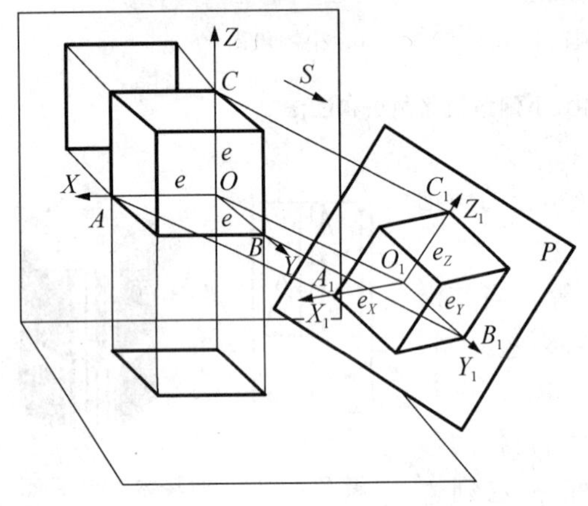

图 B.6-1 轴测投影的形成

轴测投影是将物体连同其参考直角坐标系，沿不平行于任一坐标面的方向，用平行投影法将其投射在单一投影面上所得的具有立体感的图形，如图 B.6-1 中投影面 P 上所得的图形。它能同时反映出零件长、宽、高 3 个方向的尺度，富有立体感，但不能反映零件的真实形状和大小，度量性差。

投影平面 P 称为轴测投影面。物体上的坐标轴 OX，OY，OZ 在轴测投影面上的投影 O_1X_1，O_1Y_1，O_1Z_1 称为轴测投影轴，简称轴测轴。轴测投影图中，两根轴测轴之间的夹角称为轴间角。

轴向伸缩系数是指轴测轴上的单位长度与相应投影轴上的单位长度的比值，OX，OY，OZ 方向的伸缩系数分别用 p_1，q_1，r_1 表示，简化伸缩系数分别用 p，q，r 表示。轴向伸缩系数之比，即 $p:q:r$ 应采用简单的数值，以便于作图。

轴测图中的 3 根轴测轴应配置成便于作图的特殊位置。绘图时，轴测轴随轴测图同时画出，也可以省略不画。轴测图中，应用粗实线画出物体的可见轮廓。必要时，可用细虚线画出物体的不可见轮廓。

B.6.2 轴测图的分类

根据投影方向不同，轴测图可分为两类：正等轴测图、斜轴测图。当投影方向垂直于轴测投影面时，称为正等轴测图；当投影方向倾斜于轴测投影面时，称为斜轴测图。工程上使用较多的是正等轴测图(简称正等测)和斜二轴测图(简称斜二测)，如图 B.6-2 所示。这里只介绍这两种轴测图的画法。

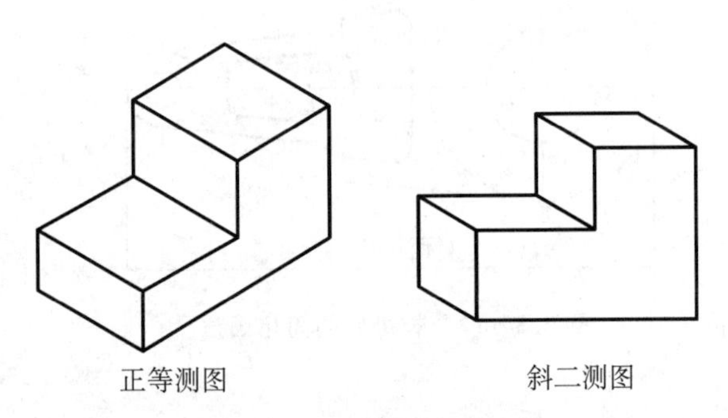

图 B.6-2 正等测和斜二测

(1) 正等轴测图采用的是正投影，如图 B.6-3 所示，其中，

$$p = q = r = \cos 35°16' \approx 0.82, \quad \angle X_1O_1Y_1 = \angle X_1O_1Z_1 = \angle Y_1O_1Z_1 = 120°。$$

为了作图方便，将正等轴测图的轴向伸缩系数简化为 $p = q = r \approx 1$。

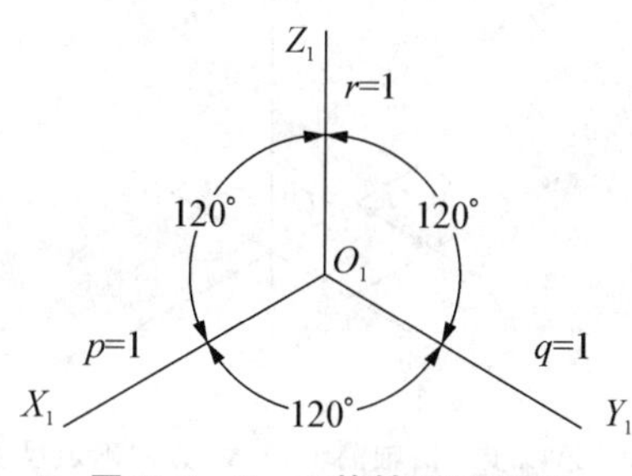

图 B.6-3　正等轴测图形式

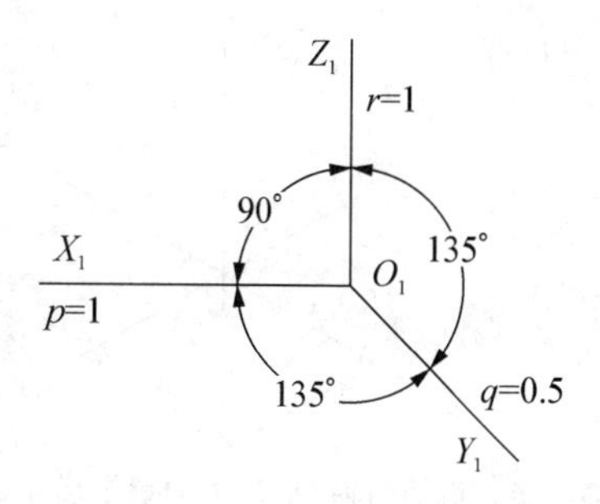

图 B.6-4　斜二轴测图形式

(2) 斜二轴测图采用的是斜投影，如图 B.6-4 所示，其中，

$$p = r = 1,\quad q = 0.5\quad \angle X_1O_1Z_1 = 90°,\quad \angle X_1O_1Y_1 = \angle Y_1O_1Z_1 = 135°。$$

(3) 轴测图的投影特性如下：

1) 平行性。空间互相平行的线段，轴测投影仍相互平行。利用平行性作图，可使作图过程更加简单。

2) 可测量性。沿平行于 3 个轴测轴方向的线段的长度可在途中直接测量，其测量值乘以轴向伸缩系数就是该线段的长度；不平行于 3 个轴测轴方向的线段的长度不可在图中直接测量。

B.6.3　正等轴测图的画法

画轴测图的常用方法有坐标法、切割法。通常的画法步骤是：

(1) 将坐标系 $OXYZ$ 的原点捆绑到要画轴测图的物体的某个特征点上，并在视图上标出 $OXYZ$ 来。

(2) 画出轴测坐标系 $O_1X_1Y_1Z_1$。

(3) 从特征点开始，向外画出各个结构。

(4) 检查、整理、描深，一般不可见的轮廓线不画。

1. 平面立体正等轴测图的画法

(1) 坐标法　即按每个点的坐标关系采用简化轴向伸缩系数，依次画出各点的轴测图，由点连线而得到物体的正等测图。具体步骤如图 B.6-5 所示的正六棱柱的正等轴测图的画法。

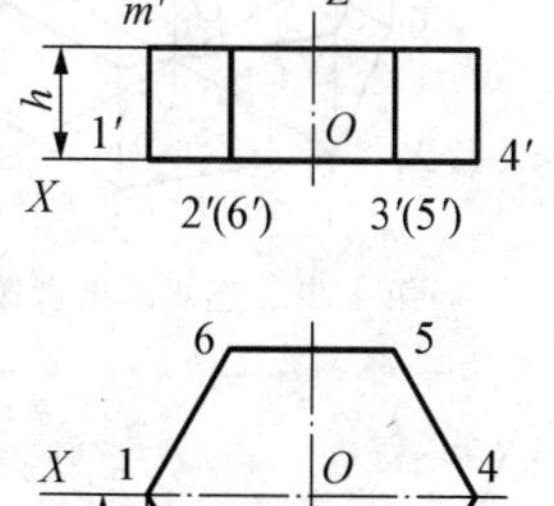

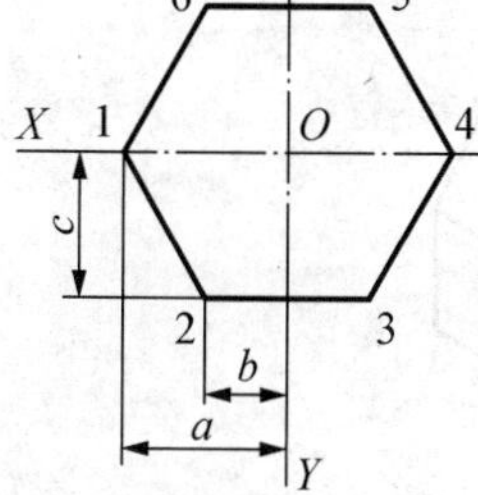

第一步　确定六棱柱的特征点，标注 $OXYZ$ 坐标系

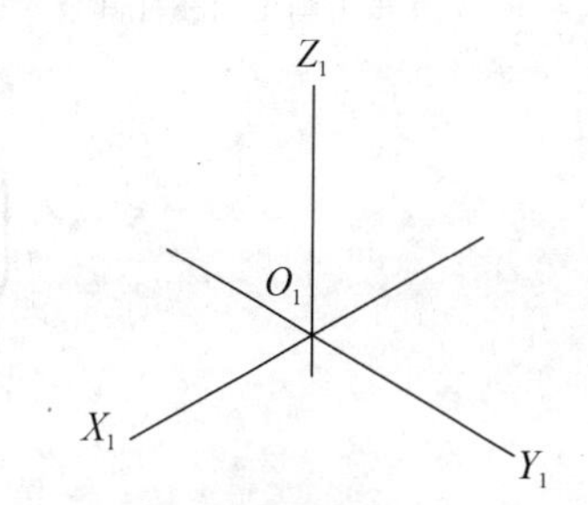

第二步　画轴测坐标系 $O_1X_1Y_1Z_1$

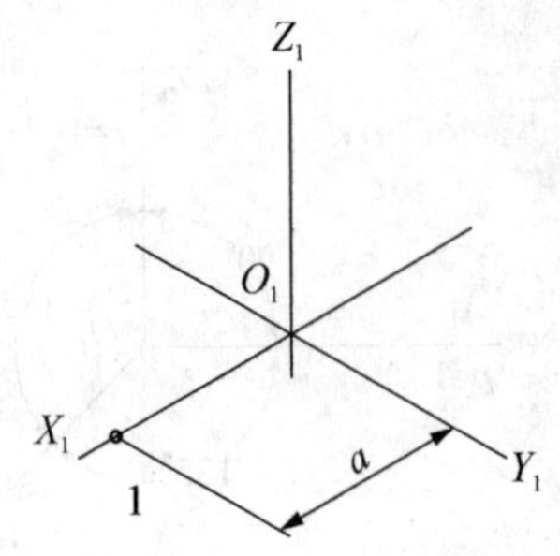

第三步　沿轴测轴 O_1X_1 方向确定尺寸 a，画出点 1

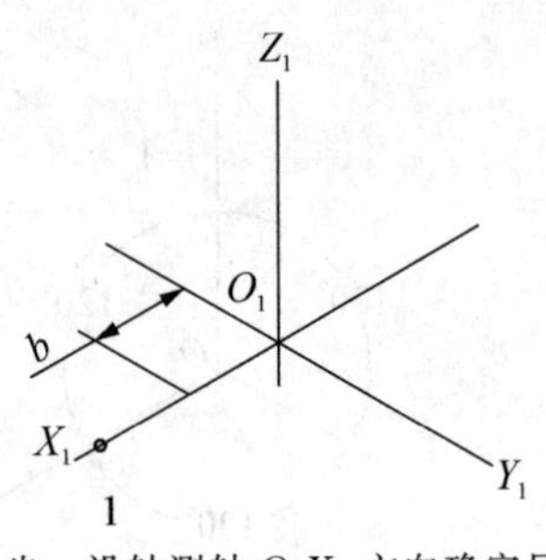

第四步　沿轴测轴 O_1X_1 方向确定尺寸 b

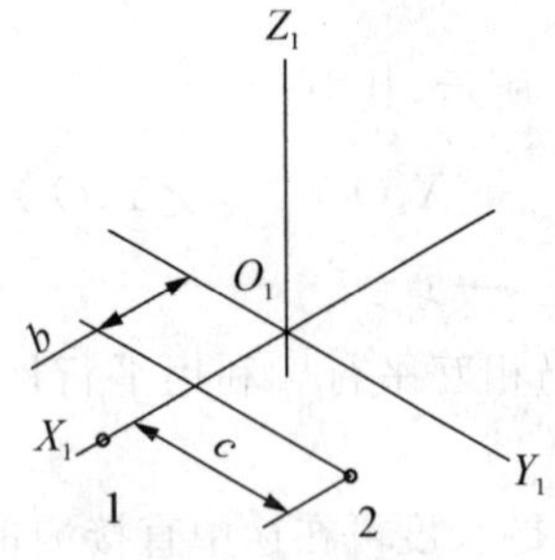

第五步　沿轴测轴 O_1Y_1 方向确定尺寸 c，画出点 2

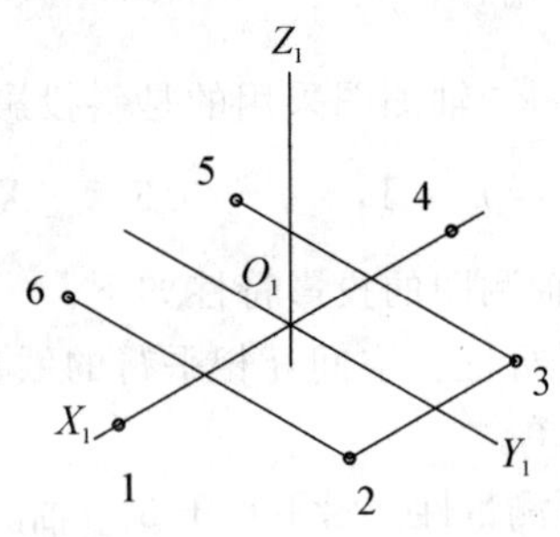

第六步　画出点 3，4，5，6

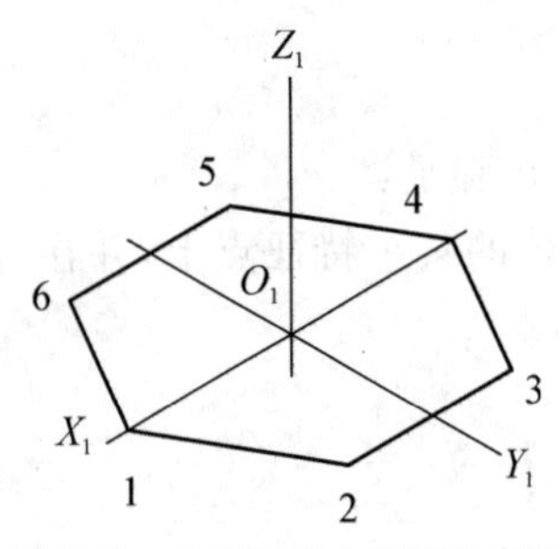

第七步　连线画出六棱柱的底面

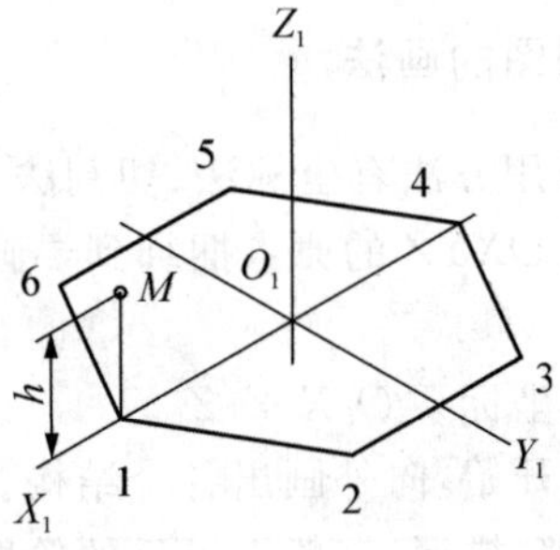

第八步　沿轴测轴 O_1Z_1 方向确定高度 h，画出点 M

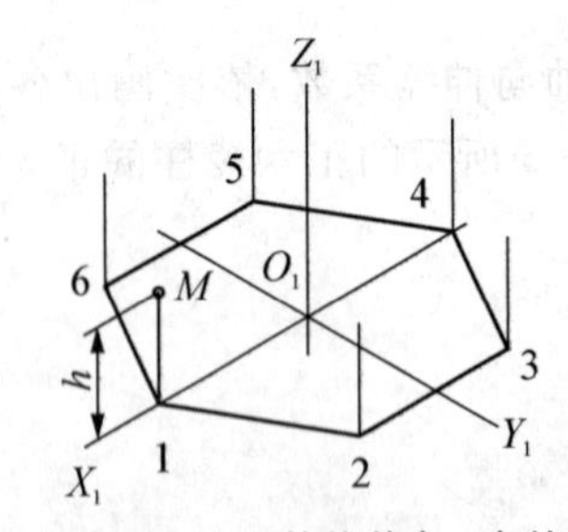

第九步　画出六棱柱其余 5 条棱边

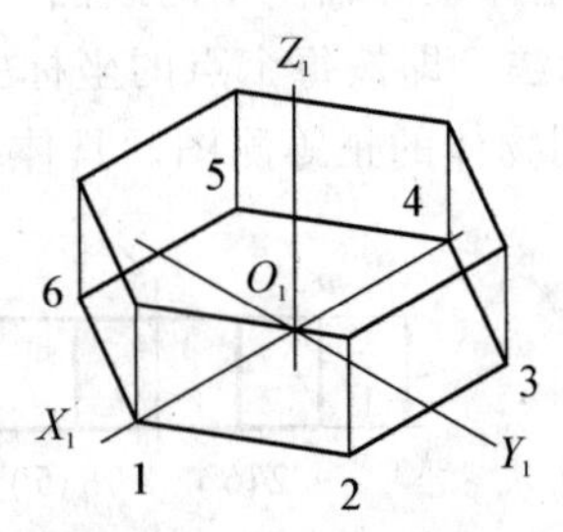

第十步　连线画出六棱柱

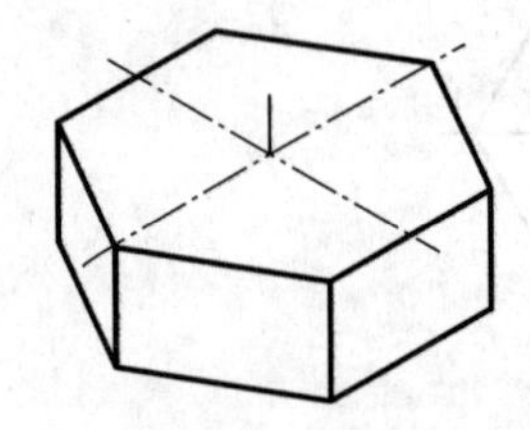

第十一步　检查、整理、描深

图 B.6－5　坐标法画正六棱柱的正等轴测图

(2) 切割法　即假想物体是由一个长方体为基础，经切割而成的具体零件。具体步骤如图 B.6－6 所示的夹紧块的正等轴测图的画法。

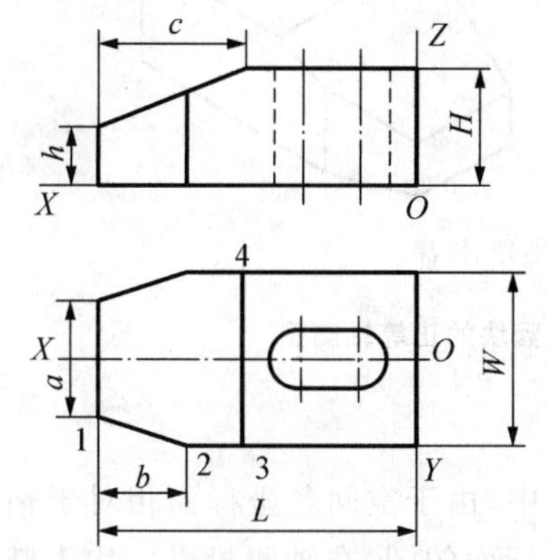

第一步　确定夹紧块的特征点，标注 $OXYZ$ 坐标系

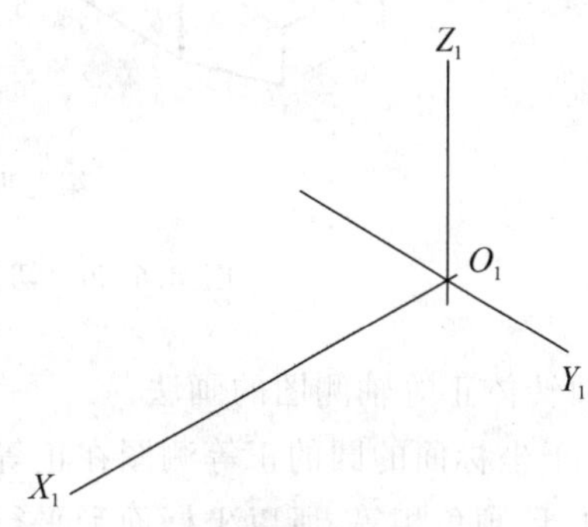

第二步　画轴测坐标系 $O_1X_1Y_1Z_1$

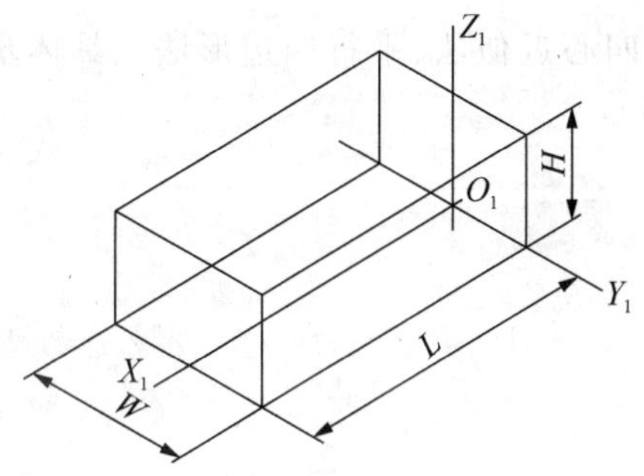

第三步　根据夹紧块的最大尺寸画出切割长方体

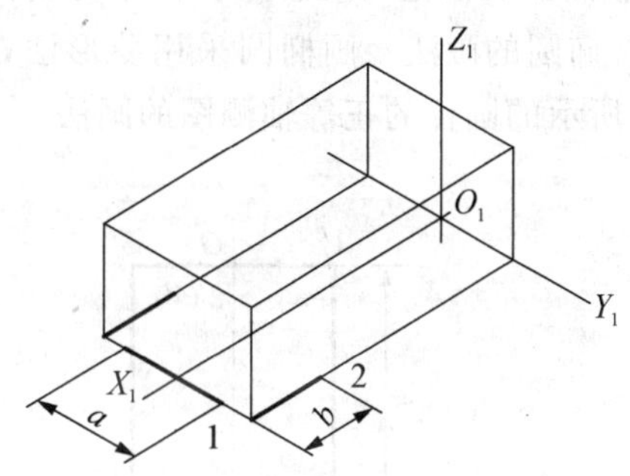

第四步　确定尺寸 a，b，画出点 1，2

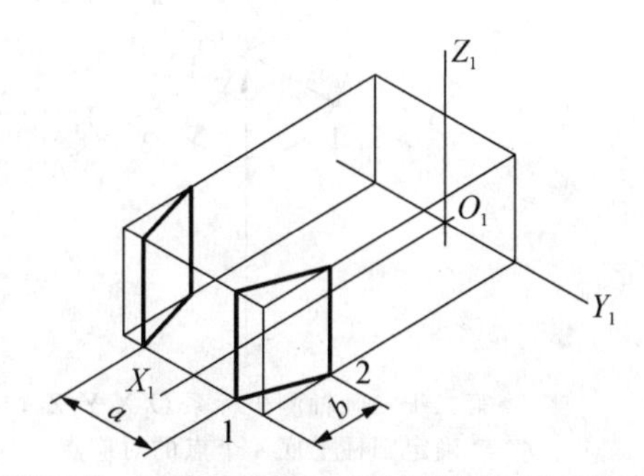

第五步　画出经过点 1，2 的切割平面及对称面

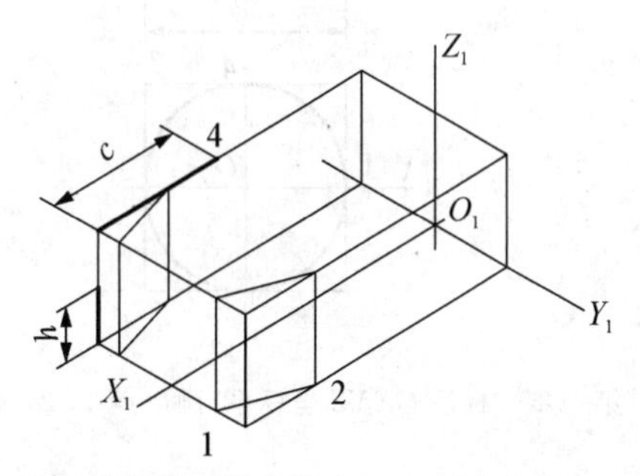

第六步　确定尺寸 h，c，画出点 4

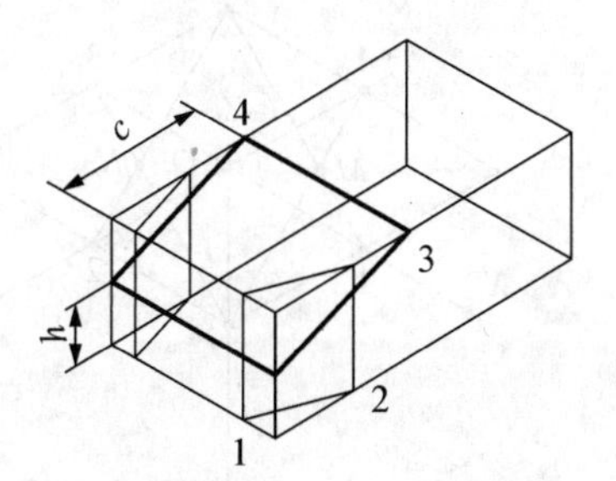

第七步　画出经过点 3，4 的切割平面

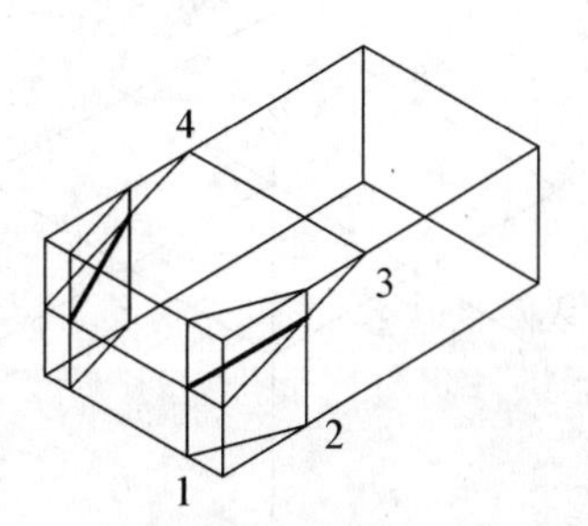

第八步　画出 3 个切割平面的交线

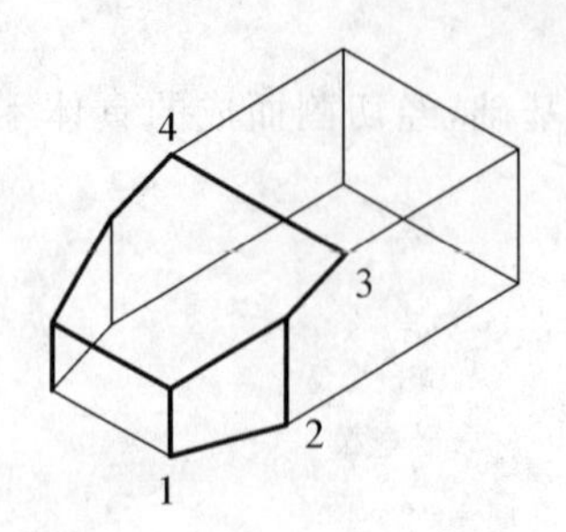

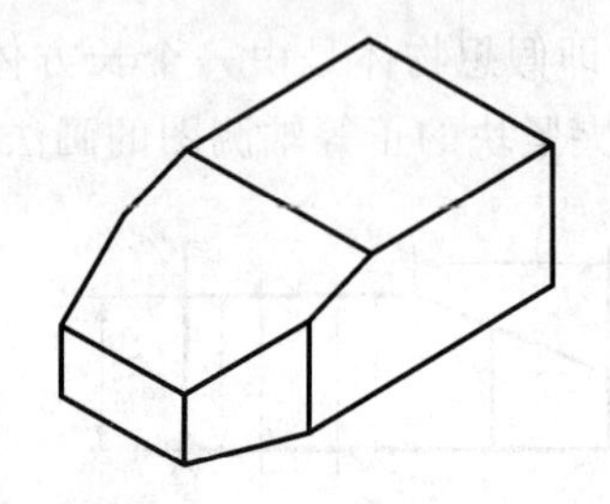

第九步　检查、整理、描深

图 B.6-6　切割法画夹紧块的正等轴测图

2. 回转体正等轴测图的画法

平行于坐标面的圆的正等测图在正等测投影中，由于空间各坐标面相对于轴测投影面都是倾斜的，且倾角相等，所以坐标面和平行于各坐标面的圆，在轴测投影中均为椭圆。回转体的正等轴测图画法是，先画椭圆，再作切线。

(1) 椭圆的画法　画椭圆采用菱形法，又叫四心近似法、平行四边形法。具体步骤如图 B.6-7 所示的圆柱的正等轴测图的画法。

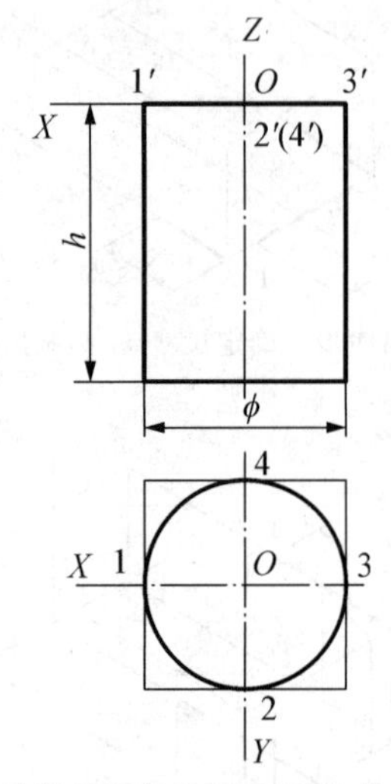

第一步　标注 $OXYZ$ 坐标系，画出点 1, 2, 3, 4

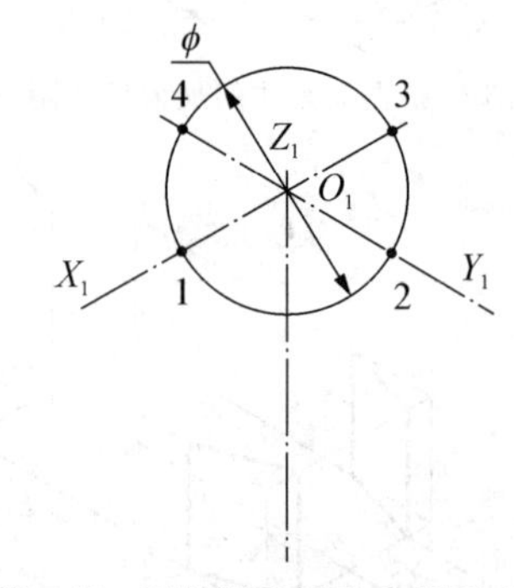

第二步　画轴测坐标系 $O_1X_1Y_1Z_1$，确定圆柱上底 4 个点的对应点

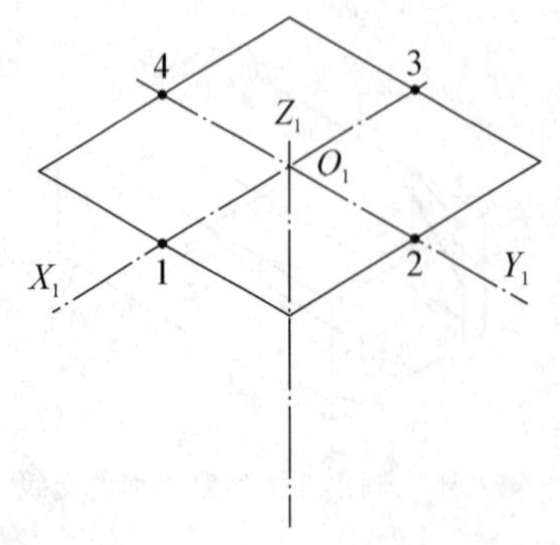

第三步　画出经过点 1, 2, 3, 4 的菱形

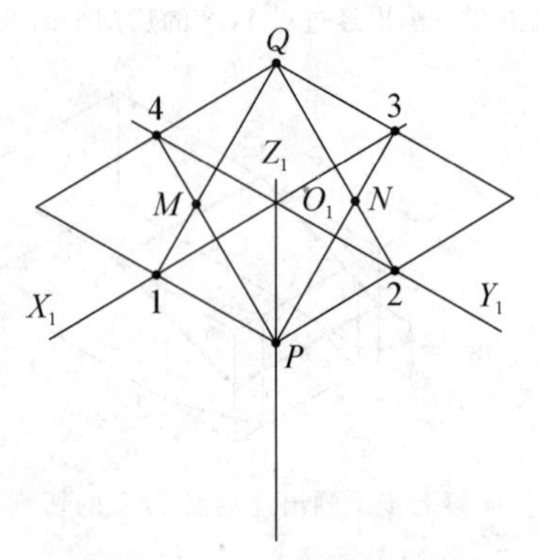

第四步　确定 4 段圆弧的圆心

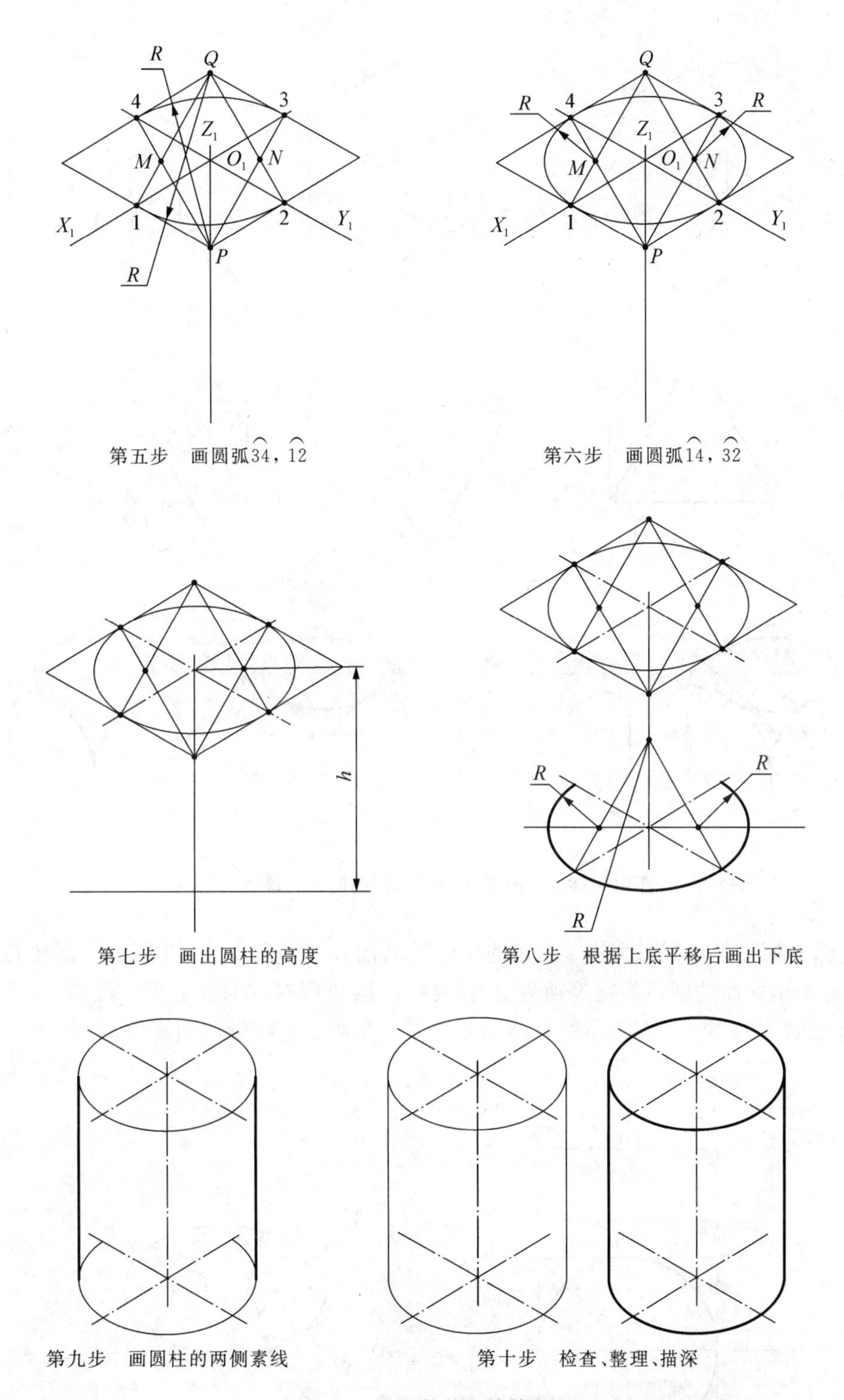

第五步 画圆弧$\overset{\frown}{34}$，$\overset{\frown}{12}$

第六步 画圆弧$\overset{\frown}{14}$，$\overset{\frown}{32}$

第七步 画出圆柱的高度

第八步 根据上底平移后画出下底

第九步 画圆柱的两侧素线

第十步 检查、整理、描深

图 B.6－7 圆柱的正等轴测图

(2) 圆的正等轴测图画法 平行于3个投影面的圆的正等轴测图的画法，如图B.6－8所示。

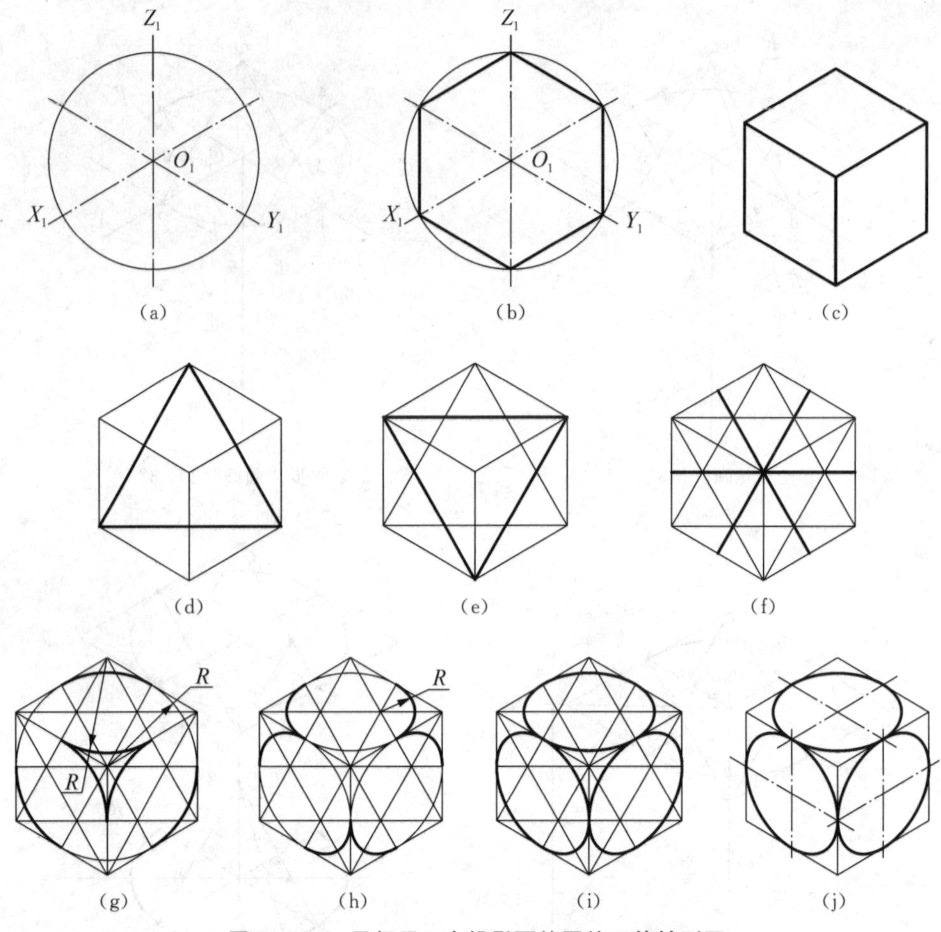

图 B.6-8　平行于 3 个投影面的圆的正等轴测图

(3) 圆角的正等轴测图画法　圆角的正等轴测图画法如图 B.6-9 所示。圆角是圆的一部分，平行于坐标面的圆角的正等轴测图，只要找出圆角所对应的圆的那一段弧，即可知道圆角的正等轴测图的画法。图 B.6-10 所示是带圆角平板的正等轴测图画法。

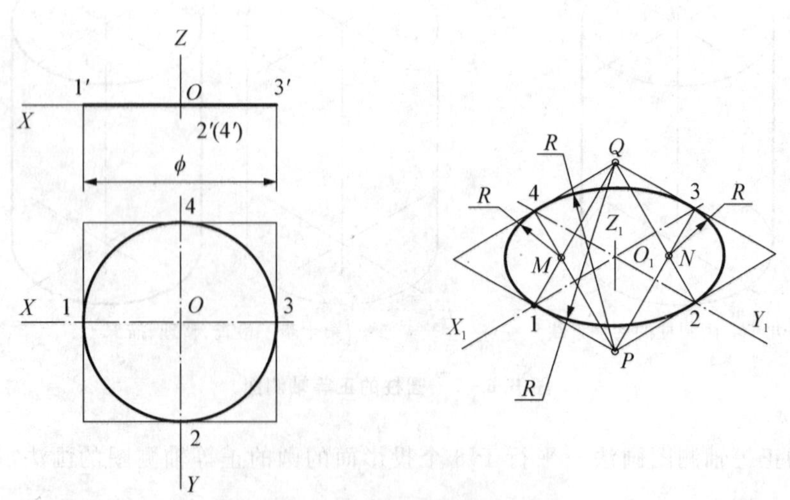

图 B.6-9　圆角的正等轴测图画法

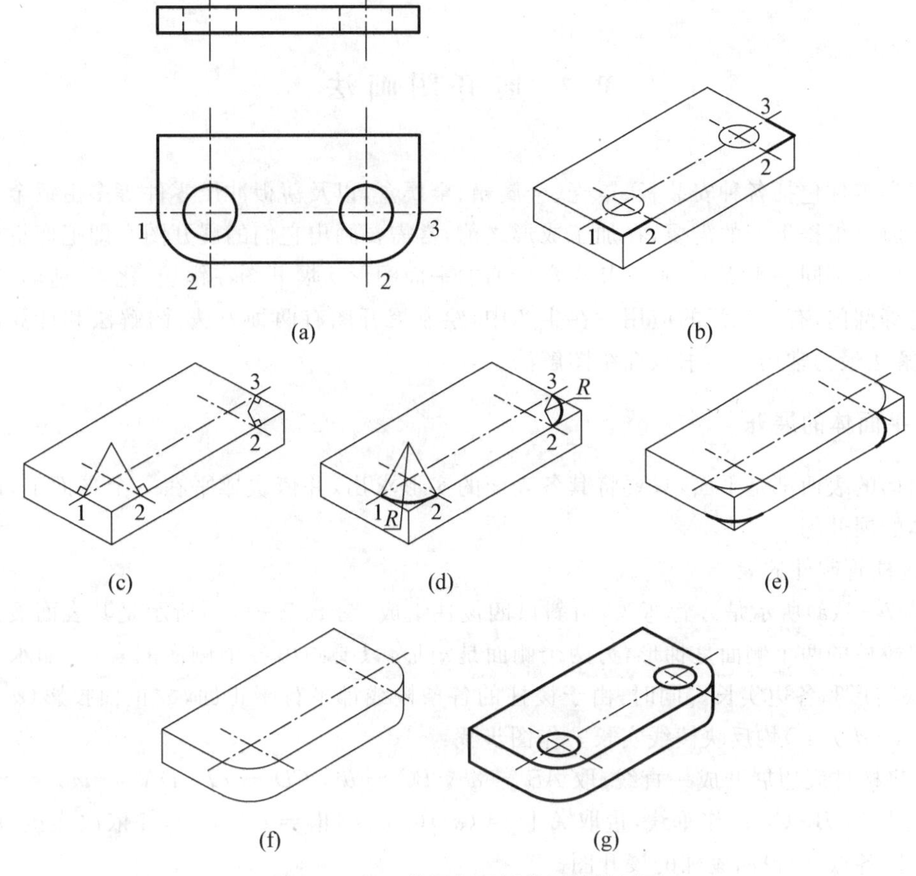

图 B.6-10　带圆角平板的正等轴测图

B.6.4　斜二轴测图的画法

斜二轴测图因其平行于 XOZ 坐标面上的形体与空间的形体在形状上保持不变，所以在画斜二轴测图时，如平行于 XOZ 坐标面上有很多圆的话，不必像正等测那样费时、费力地画很多的椭圆，而只需画圆即可。所以，斜二测尤其适合于平行于 XOZ 坐标面上有很多圆的零件和主要形状为正方体的零件。斜二轴测图的画法如图 B.6-11 所示。

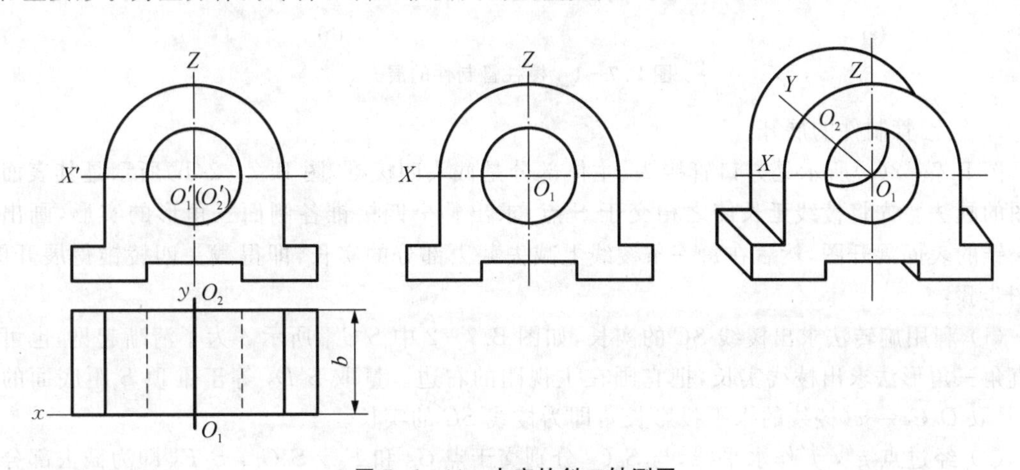

图 B.6-11　支座的斜二轴测图

B.7 展开图画法

薄板类零件包括各种安装板、罩壳、金属箱、金属盒，以及薄板冲压零件等多由钣金工或冲床冲压而成。根据生产的需要，在加工成形之前，常需要画出它们的展开图。即把弯折成形的薄板零件展开到同一平面上，画出其未弯折前的平面图形。展开图在锅炉、化工、造船、冶金及机械制造等部门，有着广泛的应用。在生产中，绘制展开图有两种方法：图解法和计算法。其中，以图解法最为常用。本书只介绍图解法。

B.7.1 平面体的展开

平面体的表面都是平面，只要将其各表面的实形求出，并依次摊平在一个平面上，即能得到平面体的展开图。

1. 棱柱管制件的展开

图 B.7-1(a)所示是方管弯头，由斜口四棱柱组成，图 B.7-1(b)所示是其表面展开图的画法。四棱柱的两个侧面是梯形，另两个侧面是矩形，只要画出各个侧面的实形，如水平投影 $abcd$ 反映实形和各边实长。同时，由于棱柱的各条棱线都平行于正面，故正面投影 $(a')(1')$，$b'2'$，$c'3'$，$(d')(4')$ 均反映棱线实长。作图步骤：

(1) 将棱柱底边展开成一直线，取 $AB = ab$，$BC = bc$，$CD = cd$，$DA = da$。

(2) 过 A，B，C，D 作垂线，量取 $A\text{I} = (a')(1')$，$B\text{II} = b'2'$，…，并依次连接 Ⅰ，Ⅱ，Ⅲ，Ⅳ，Ⅰ 各点，即得四棱柱的展开图。

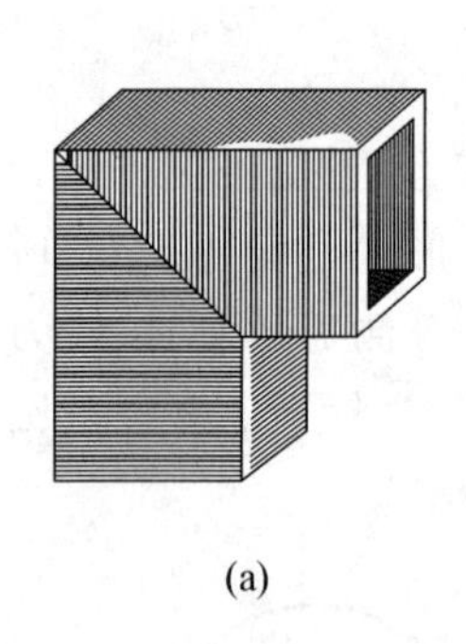

(a)

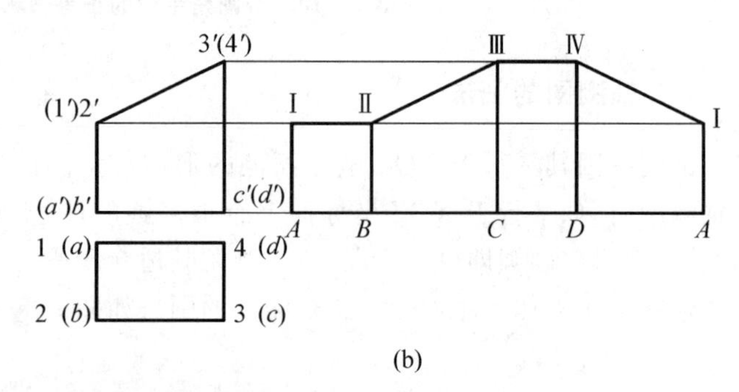

(b)

图 B.7-1 棱柱管制件的展开

2. 棱锥管制件的展开

图 B.7-2(a)所示是方口管接头，主体部分是截头四棱锥，图 B.7-2(b)所示是其表面展开图的画法。先将棱线延长使之相交于 S 点，求出整个四棱锥各侧面三角形的实形，画出整个棱锥的表面展开图，然后在每一条棱线上减去截去部分的实长，即得截头四棱锥得展开图。作图步骤：

(1) 利用旋转法求出棱线 SC 的实长，如图 B.7-2 中 $S'C'_1$ 所示。为了清晰起见，也可利用直角三角形法求出棱线实长，把它画在主视图的右边。量取 S_0D_0 等于锥顶 S 距底面的高度，并取 $D_0C_0 = sc$(棱线的水平投影长)，即为棱线 SC 的实长。

(2) 经过点 g'，f' 作水平线，与 S_0C_0 分别交于点 G_0 和 F_0。S_0G_0，S_0F_0 即为截去部分的

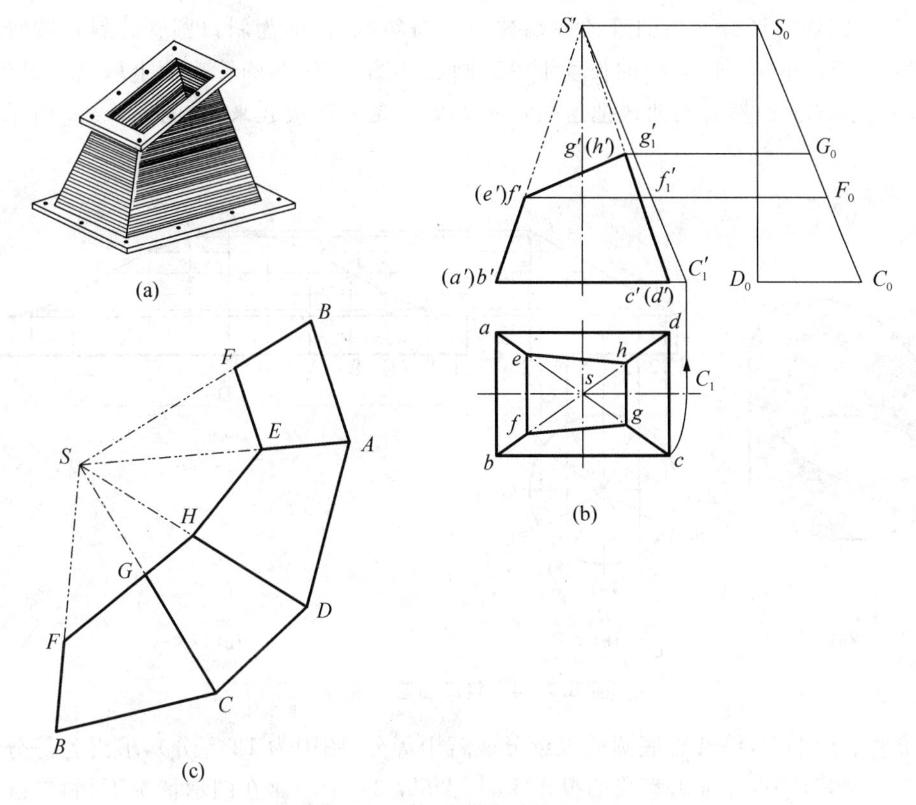

图 B.7－2　棱锥管制件的展开

线段实长。

(3) 以 S 为顶点，分别取 SB，SC，…等于棱线实长，$BC=bc$，$CD=cd$，…，依次画出三角形，即得整个四棱锥的展开图。

B.7.2　曲面体的展开

1. 圆柱管制件的展开

(1) 正圆管的展开　正圆管是最常见的一种管道，其圆柱面的展开图为一矩形。矩形的一边长度等于圆柱底圆的圆周长 πD，另一边长度等于圆柱的高度 H，如图 B.7－3 所示。

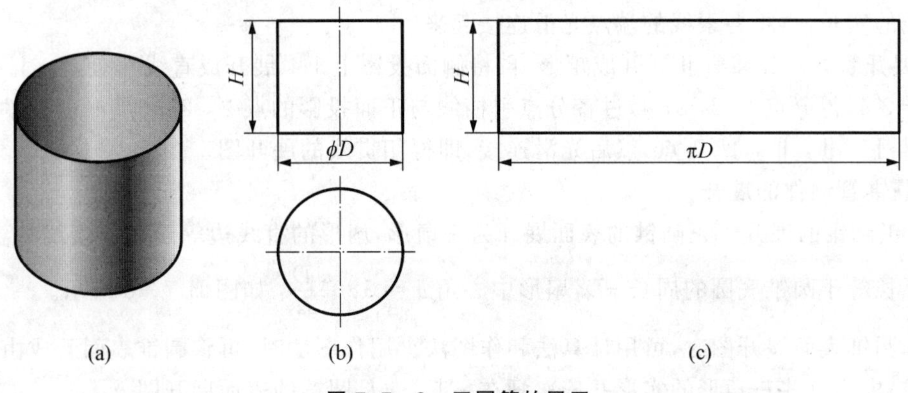

图 B.7－3　正圆管的展开

(2) 斜口圆管的展开　当圆管的一端被一平面斜截后,即为斜口圆管。斜口圆管表面上相邻两素线ⅠA,ⅡB,ⅢC,…的长度不等。画展开图时,先在圆管表面上取若干素线,分别量取这些素线的实长,然后用曲线把这些素线的端点光滑连接起来,如图 B.7-4 所示。作图步骤:

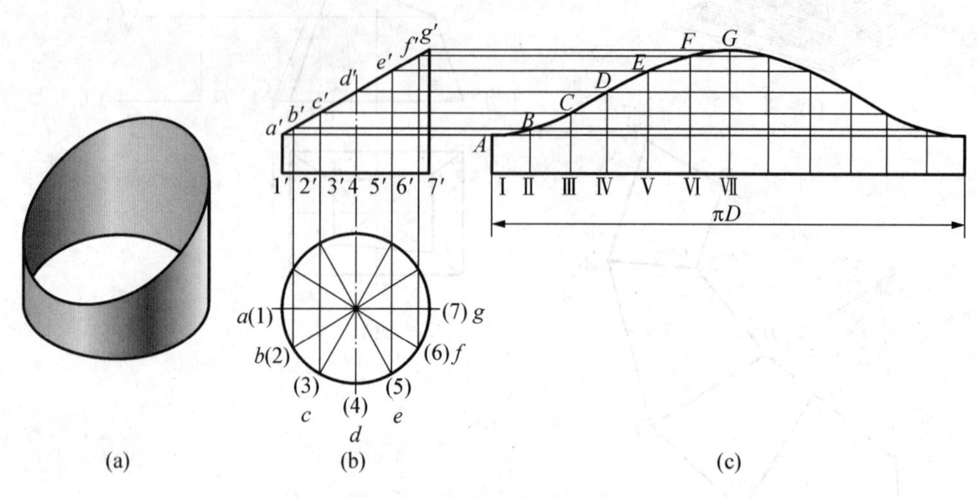

图 B.7-4　斜口圆管的展开

1) 在水平投影中,将圆管底圆的投影分成若干等分(图中为 12 等分),求出各等分点的正面投影 1′, 2′, 3′, …,并求出素线的投影 1′a′, 2′b′, 3′c′, …。在图示情况下,斜口圆管素线的正面投影反映实长。

2) 将底圆展成一直线,使其长度为 πD,取同样等分,得各等分点Ⅰ,Ⅱ,Ⅲ,…。

3) 过各等分点Ⅰ,Ⅱ,Ⅲ,…作垂线,并分别量取各素线长,使ⅠA=1′a′, ⅡB=2′b′, ⅢC=3′c′, …,得各端点 A, B, C, …。

4) 光滑连接各素线的端点 A, B, C, …,即得到斜口圆管的展开图。

(3) 三通管的展开　如图 B.7-5(a)所示的三通管,由两个不同直径的圆管垂直相交而成。根据三通管的投影图作展开图时,必须先在投影图上准确地求出相贯线的投影,然后分别将两个圆管展开,如图 B.7-5(b, c)所示。作图步骤:

1) 作相贯线。

2) 展开管Ⅰ。将管Ⅰ顶圆展成直线并等分(图中为 12 等分),过各等分点作垂线并截取相应素线的实长,再将各素线的端点光滑连接起来。

3) 展开管Ⅱ。先将管Ⅱ展开成矩形,再将侧面投影上 1″4″展开成直线 b,使 $c=1''2''$, $d=2''3''$, $e=3''4''$ 得分点 1, 2, 3, 4,过各分点引横线与正面投影的点 1′, 2′, 3′, 4′ 所引的竖线分别相交得 Ⅰ,Ⅱ,Ⅲ,Ⅳ 等点,然后光滑连接,即得相贯线的展开图。

2. 圆锥管制件的展开

(1) 正圆锥的展开　正圆锥的表面展开为一扇形,扇形的直线边等于圆锥素线的实长,扇形的圆弧长等于圆锥底圆的周长 πD,扇形中心角 $\alpha=180°\dfrac{D}{L}$,如图 B.7-6 所示。

在作圆锥表面展开图时,可用计算法和作图法。用作图法时,可将圆锥表面看成由许多三角形组成,求出这些三角形的实形并依次画在一起,便是圆锥的表面展开图。

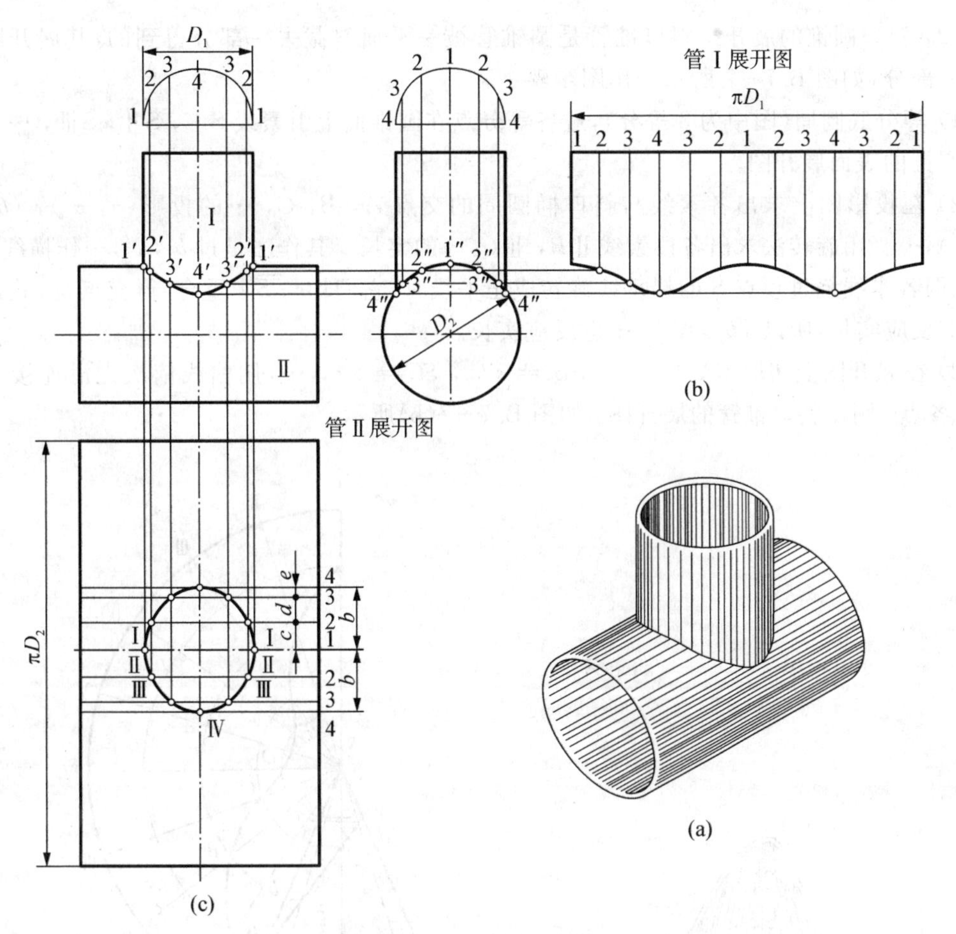

图 B.7－5　三通管的展开

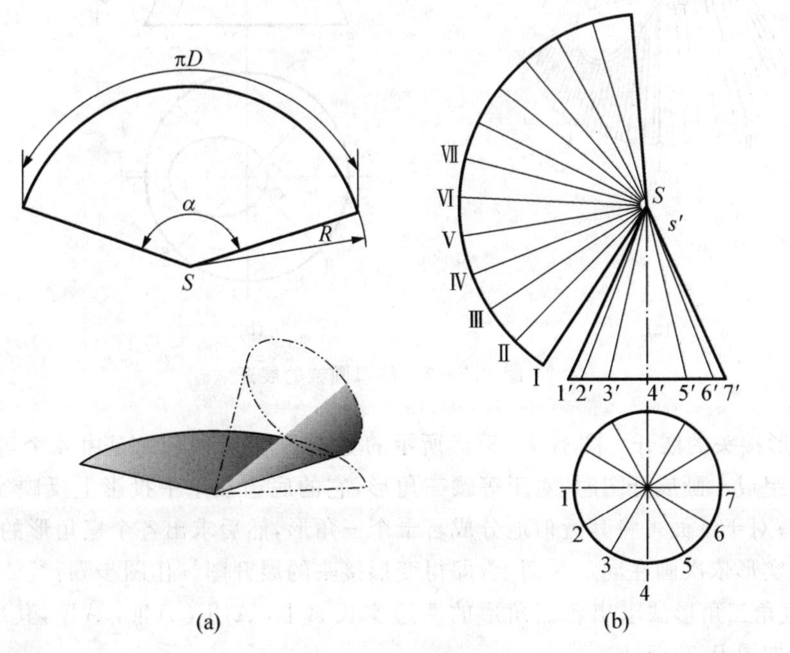

图 B.7－6　正圆锥的展开

(2) 斜口圆锥的展开　斜口锥管是圆锥管被一平面斜截去一部分得到的，其展开图为扇形的一部分，如图 B.7－7 所示。作图步骤：

1) 等分底圆周(图中为 8 等分)，过各等分点在圆锥面上引素线 SⅠ，SⅡ，SⅢ，…。画出完整圆锥的表面展开图。

2) 在投影图上求出各素线与斜口椭圆周的交点 A，B，C，…的投影(a，a')，(b，b')，(c，c')，…。用旋转法求出各段素线ⅡB，ⅢC，…的实长。其作法是过 b'，c'，…作横线与$S'1'$相交(因各素线绕过顶点 S 的铅垂线旋转成正平线时，它们均与 SⅠ重合)得交点 b_0，c_0，…，由于 $S'1'$反应实长，所以 $s'b_0$，$s'c_0$，…也反应实长。

3) 在展开图上切取 $SA = s'a_0$，$SB = s'b_0$，$SC = s'c_0$，…，用曲线依次光滑连接 A，B，C，… 各点，则得斜口锥管的展开图，如图 B.7－7(b)所示。

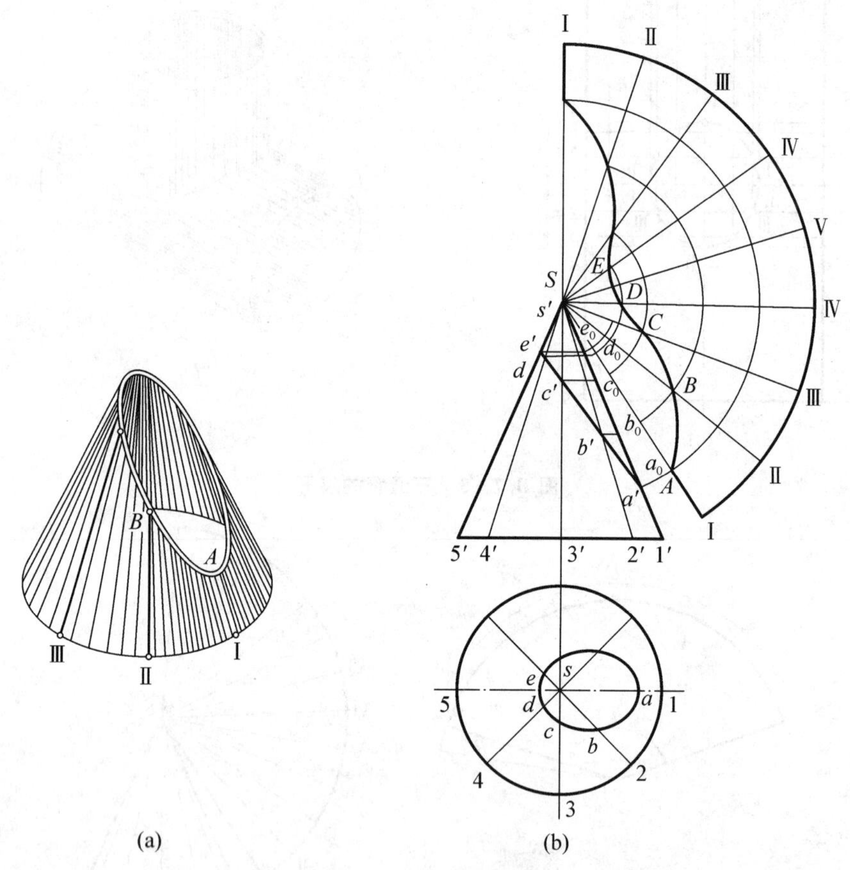

图 B.7－7　斜口圆锥的展开

(3) 变形接头的展开　图 B.7－8(a)所示的上圆下方变形接头，是由 4 个等腰三角形和 4 个部分锥面组成。画展开图时，对于等腰三角形，它的底边在水平投影上反映实长，只要求出两腰的实长；对于锥面可将其近似地分成若干个三角形，然后求出各个三角形的实形。将这些组成部分的实形依次画在同一平面上，即得变形接头的展开图。作图步骤：

1) 用直角三角形法求出各三角形的两边实长 AⅠ，AⅡ，AⅢ，AⅣ，其中 AⅠ＝AⅡ，AⅢ＝AⅣ，如图 B.7－8(b)。

2）在展开图上取 $AB=ab$，分别以 A，B 为圆心，AⅠ为半径作圆弧，交于Ⅳ点，得△ABⅣ；再以Ⅳ和 A 为圆心，分别以 34 的弧长和 AⅡ为半径作圆弧，交于Ⅲ点，得△AⅢⅣ。同理，依次作出△AⅡⅢ，AⅠⅡ。

3）光滑连接Ⅰ，Ⅱ，Ⅲ，Ⅳ等点，即得一个等腰三角形和一个部分锥面的展开图。

4）用同样的方法依次作出其他各组成部分的表面展开图，即得整个变形接头的展开图。

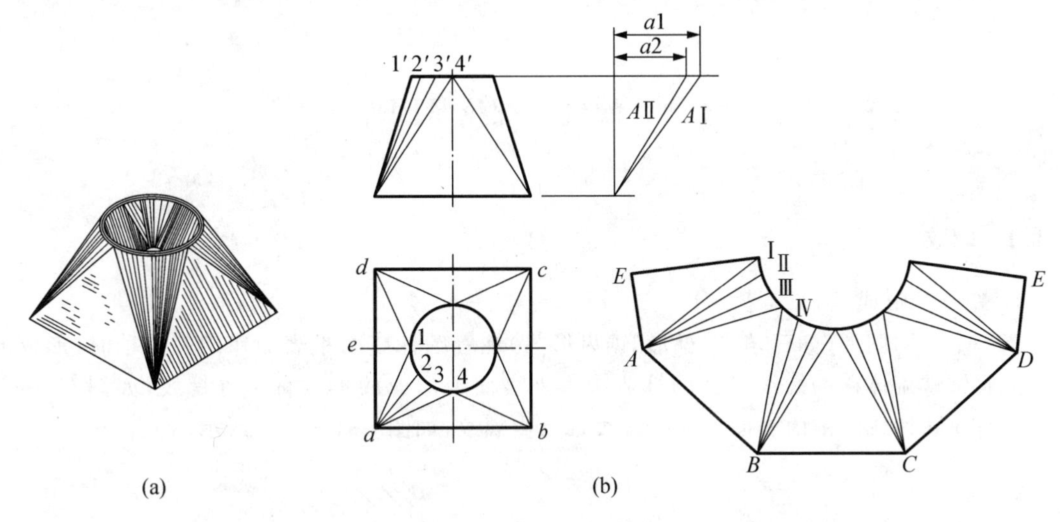

图 B.7－8　变形接头的展开

知识链接C　常用零件结构的特殊表示法

C.1　螺纹及螺纹紧固件

C.1.1　螺纹

1. 螺纹的形成

当一个平面图形(如三角形、梯形、锯齿形等)绕着圆柱或圆锥表面作螺旋运动时,形成的圆柱或圆锥螺旋体称为螺纹。在圆柱或圆锥外表面上形成的螺纹称为外螺纹,如图 C.1-1(a)所示;在圆柱或圆锥内表面形成的螺纹称为内螺纹,如图 C.1-1(b)所示。

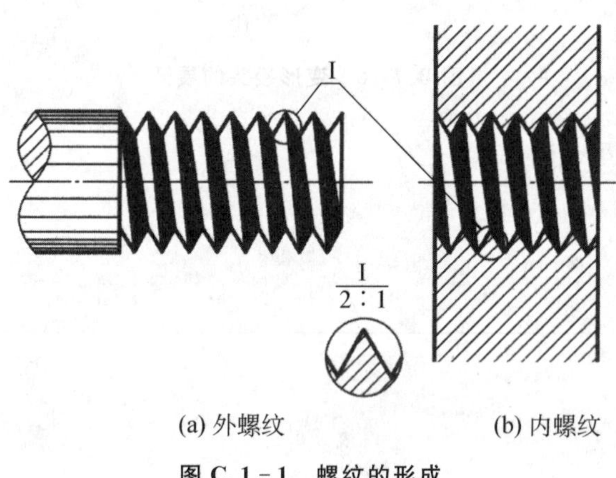

(a) 外螺纹　　(b) 内螺纹

图 C.1-1　螺纹的形成

螺纹的加工方法很多,可在车床上车削螺纹,可用碾压法挤压加工螺纹,也可用丝锥或板牙加工螺纹,如图 C.1-2 所示。

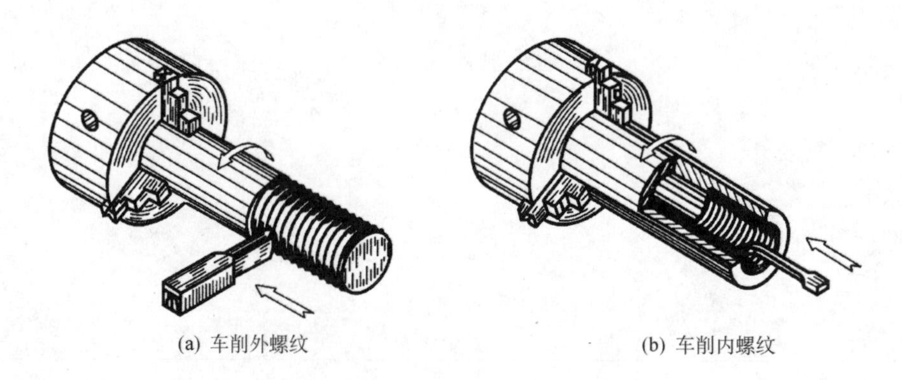
(a) 车削外螺纹　　(b) 车削内螺纹

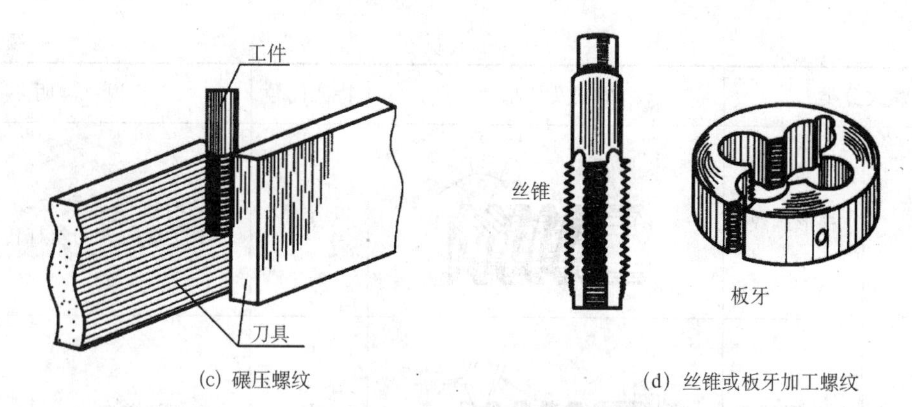

(c) 碾压螺纹　　(d) 丝锥或板牙加工螺纹

图 C.1-2　螺纹的加工

2. 螺纹要素

(1) 牙型　在通过螺纹轴线剖面上的螺纹轮廓形状称为牙型,常见的牙型有三角形、梯形、锯齿型和矩形等多种。常用标准螺纹的牙型、特征及其用途,见表 C.1-1。按螺纹的用途可以分为联结螺纹和传动螺纹两大类。

表 C.1-1　常用标准螺纹的牙型、特征及符号说明

螺纹分类				牙型及牙型角	特征代号	说明
联结螺纹	普通螺纹	粗牙普通螺纹		60°	M	用于一般零件联结
		细牙普通螺纹				与粗牙螺纹大径相同时,螺距小、小径大、强度高,多用于精密零件、薄壁零件
	管螺纹	非螺纹密封的管螺纹		55°	G	用于非螺纹密封的低至管路的联结
		用螺纹密封的	圆锥外螺纹	55°	R	用于螺纹密封的中、高压管路的联结
			圆锥内螺纹	55°	R_c	
			圆柱内螺纹	55°	R_p	

续　表

螺纹分类		牙型及牙型角	特征代号	说　明
传动螺纹	梯形螺纹	30°	T_r	可双向传递运动及动力，常用于承受双向力的丝杠传动
	锯齿形螺纹	3° 30°	B	只能传递单向动力

(2) 直径　有大径、中径、小径之分，如图 C.1-3 所示。

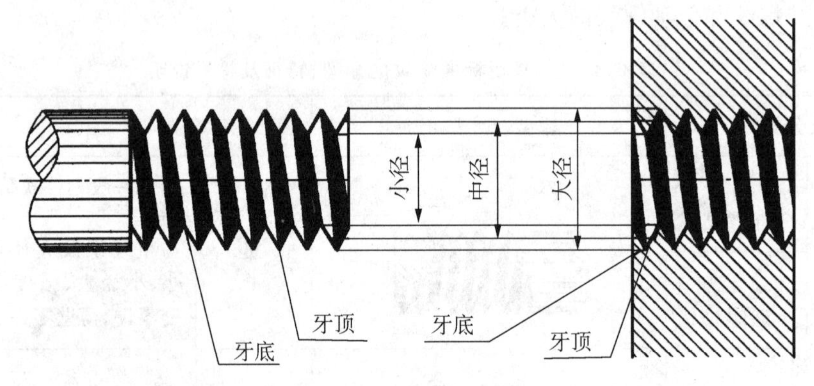

图 C.1-3　螺纹的直径

1) 大径(D, d)是与外螺纹牙顶或内螺纹牙底相重合的假想圆柱的直径。大径又称公称直径。内螺纹大径用大写字母 D 表示，外螺纹大径用小写字母 d 表示。

2) 小径(D_1, d_1)是与外螺纹牙底或内螺纹牙顶相重合的假想圆柱的直径。

3) 中径(D_2, d_2)是一个假想圆柱的直径。即该圆柱的母线通过牙型上沟槽和凸起宽度相等的地方，此假想圆柱的直径称为中径。

(3) 线数 n　是指形成螺纹的螺旋线的条数，螺纹有单线和多线之分，如图 C.1-4 所示。

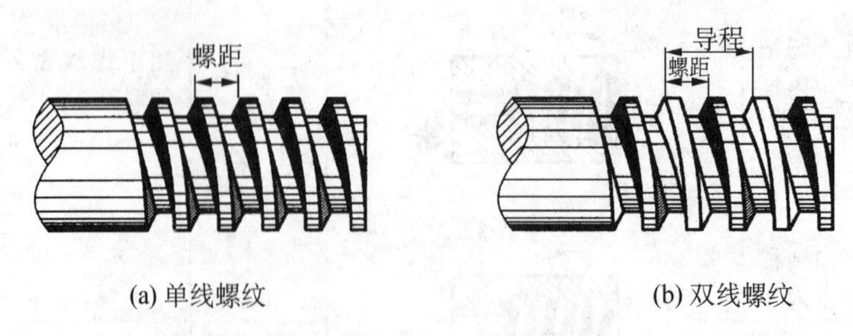

(a) 单线螺纹　　(b) 双线螺纹

图 C.1-4　螺纹的线数

沿一条螺旋线所形成的螺纹称为单线螺纹；沿两条或两条以上，且在轴向等距分布的螺旋线所形成的螺纹称为多线螺纹。

(4) 螺距 P　相邻两牙在中径线上对应两点间的轴向距离(见图 C.1－4)。

(5) 导程 P_h　同一条螺旋线上的相邻两牙在中径线上对应两点间的轴向距离，多线螺纹的导程 $P_h = nP$ (见图 C.1－4)。

(6) 旋向　螺旋线有左旋和右旋之分，如图 C.1－5 所示。按顺时针方向旋进的螺纹称为右旋螺纹，按逆时针方向旋进的螺纹称为左旋螺纹。竖立螺旋体，左边高即为左旋，右边高即为右旋。

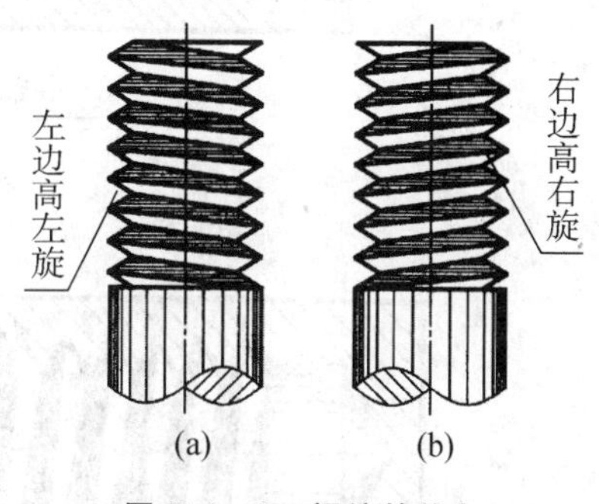

图 C.1－5　螺纹的旋向

上述 6 项是螺纹的基本要素，其中牙型、直径和螺距均符合国家标准规定的螺纹称为标准螺纹；牙型符合国家标准，直径和螺距不符合国家标准的螺纹称为特殊螺纹；牙型不符合国家标准的螺纹称为非标准螺纹。

3. 螺纹的规定画法

如果按照螺纹牙型实际形状的投影来画是十分复杂的，同时也没有必要。对于标准件，可以按国家标准中的规定画法来表达，这样画图和读图都比较方便。GB/T 4459.1—1995《机械制图　螺纹及紧固件表示法》规定了内、外螺纹及其联结的表示方法。

(1) 外螺纹的画法　螺纹的牙顶和螺纹终止线用粗实线表示，牙底用细实线表示，并画到倒角处。在垂直螺杆轴线投影的视图中，表示牙底的细实线圆只画约 3/4 圈，表示倒角的粗实线圆省略不画，如图 C.1－6 所示。

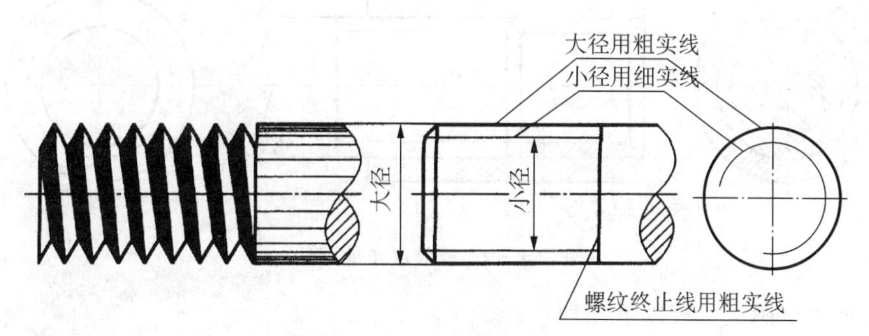

图 C.1－6　外螺纹的画法

(2) 内螺纹的画法　在螺孔作剖视的图中，牙顶和螺纹终止线用粗实线表示，牙底为细实线。在垂直螺杆轴线投影的视图中，表示牙底的细实线圆只画约 3/4 圈，表示倒角的粗实线圆省略不画，如图 C.1－7 所示。当螺纹不作剖视时，螺纹的所有图线均按虚线绘制，如图 C.1－8 所示。

(3) 内、外螺纹联结的画法　在用剖视画法表示内、外螺纹的联结时，其旋合部分应按外螺纹的画法绘制，其余部分仍按各自的规定画法绘制，如图 C.1－9 所示。画图时应注意，表示内、外螺纹大径的细实线和粗实线，以及表示内、外螺纹小径的粗实线和细实线均应分别对齐。当实心螺杆通过轴线剖切时，按不剖绘制。

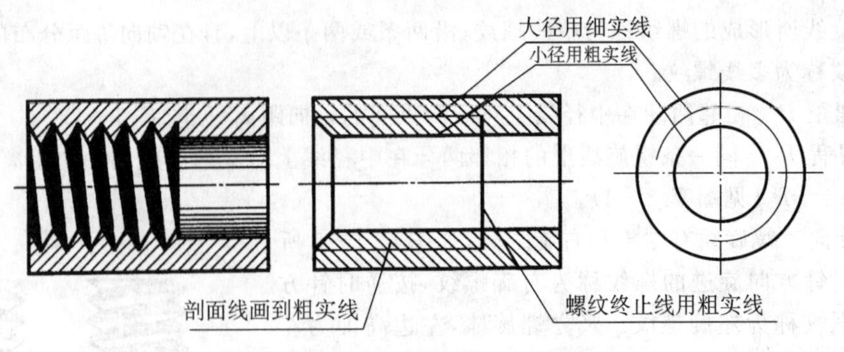

图 C.1－7　内螺纹的画法

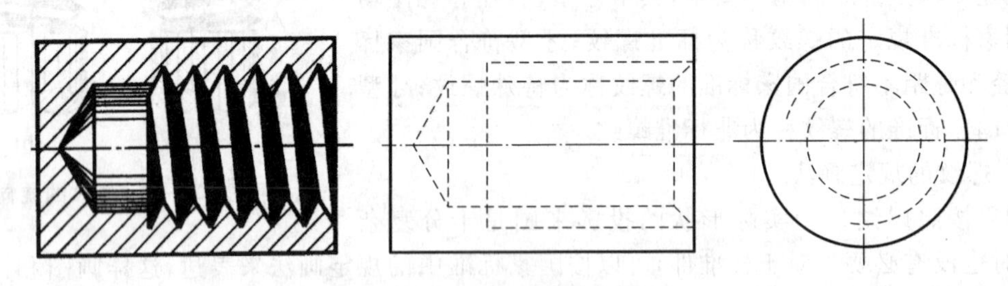

图 C.1－8　内螺纹未剖时的画法

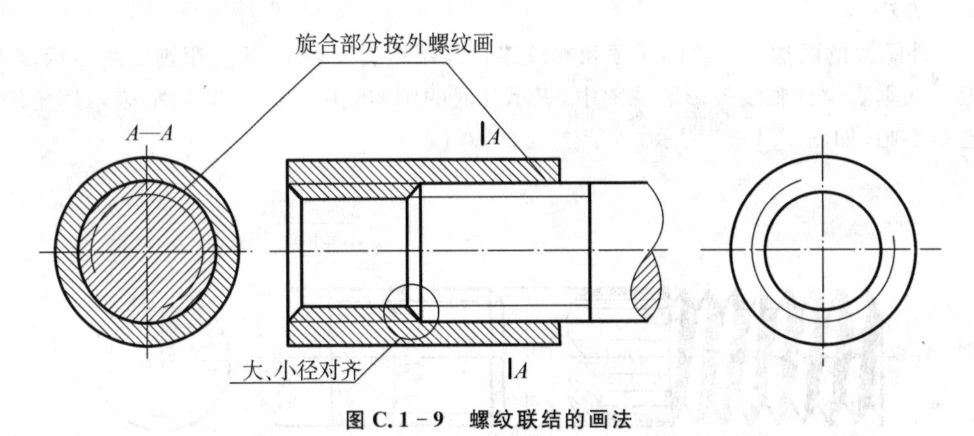

图 C.1－9　螺纹联结的画法

(4) 其他规定画法　有以下几种：

1) 螺尾和退刀槽的画法。加工部分长度的内、外螺纹，由于刀具临近螺纹末尾时要逐渐离开工件，因此末尾附近出现吃刀深度渐浅的部分，称为螺尾。画螺纹一般不表示螺尾，当需要表示时，螺纹尾部的牙底用与轴线成30°角的细实线表示，螺纹终止线画在完整螺纹终止处，如图 C.1－10(a)所示。有时为了避免产生螺尾，常在该处预加工出一个退刀槽，如图 C.1－10(b)所示。

2) 螺孔中相贯线的画法。两螺孔相交或螺孔与光孔相交时，只在牙顶处画一条相贯线，如图 C.1－11 所示。

3) 部分螺孔的画法。零件上有时会遇到如 C.1－12 所示的部分螺孔，在垂直于螺纹轴线的视图中，表示螺纹大径圆的细实线应适当空出一段。

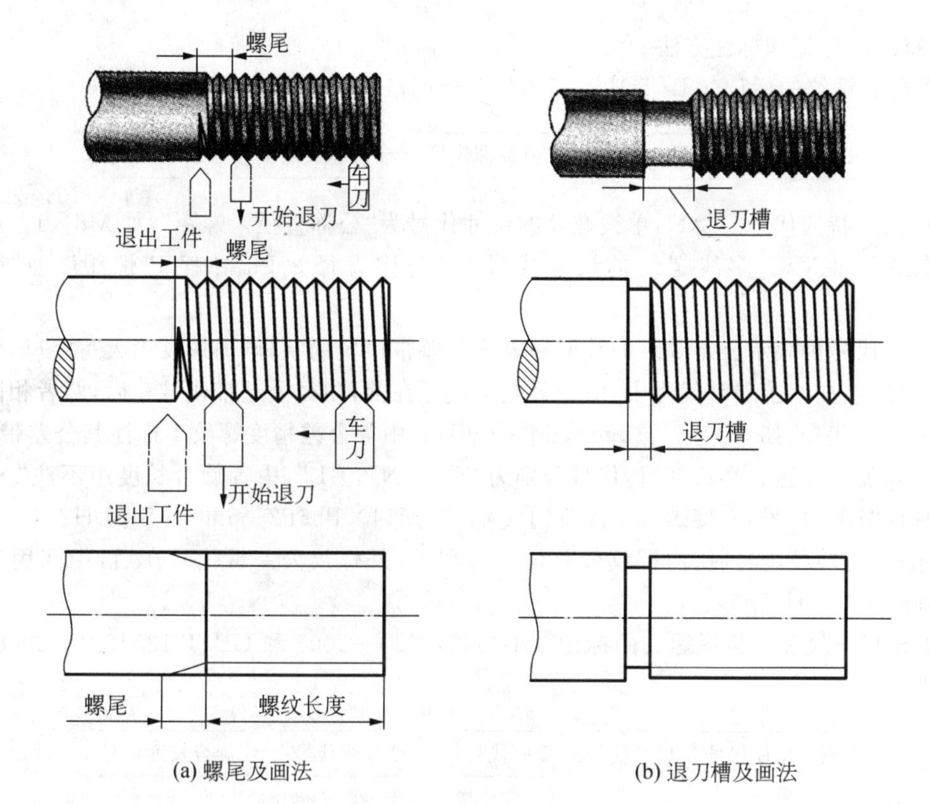

(a) 螺尾及画法　　(b) 退刀槽及画法

图 C.1－10　螺尾和螺纹退刀槽

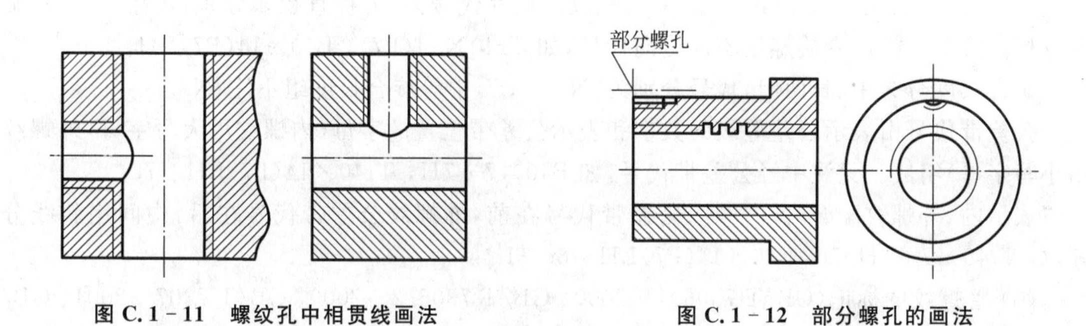

图 C.1－11　螺纹孔中相贯线画法　　**图 C.1－12　部分螺孔的画法**

（5）锥形螺纹的画法　圆锥螺纹的画法如图 C.1－13 所示，在垂直于螺纹轴线的视图中，左视图中按螺纹的大端绘制，右视图中按螺纹的小端绘制。

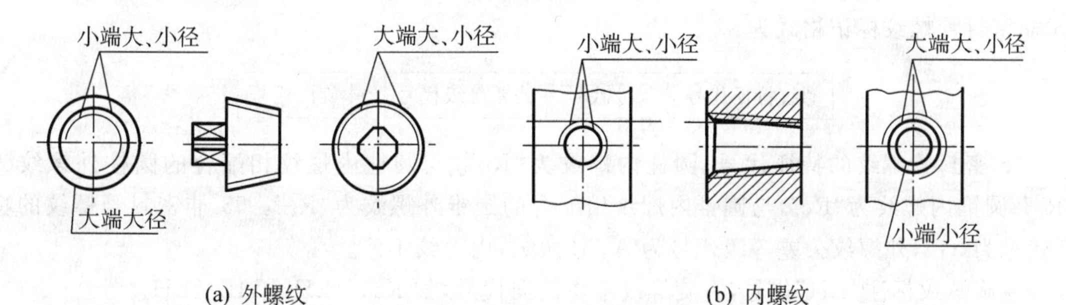

(a) 外螺纹　　(b) 内螺纹

图 C.1－13　锥形螺纹的画法

4. 螺纹的标记和标注方法

(1) 普通螺纹的标记(GB/T 197—2003) 标记格式为

螺纹特征代号 尺寸代号 — 公差带代号 — 旋合长度代号 — 旋向代号

普通螺纹特征代号为“M”,单线螺纹的尺寸代号为“公称直径×螺距”,如M8×1。粗牙螺纹不注螺距,如M8。多线螺纹的尺寸代号为“公称直径×Ph导程P螺距”,如M16×Ph3P1.5。

公差带代号由表示公差等级的数值和表示公差带位置的字母(内螺纹用大写字母,外螺纹用小写字母)组成。公差带代号中,中径公差带代号在前,顶径公差带代号在后,两者相同时只注一个公差带代号,如M10×1—5g6g, M10—6H。中等公差精度螺纹不标注其公差带代号。

旋合长度分为短、中、长3组,代号分别为“S”,“N”,“L”,中等旋合长度组不注“N”。左旋螺纹标注“LH”代号,右旋螺纹不注旋向代号,如M14×Ph6P2—5h6h—S—LH。

表示内、外螺纹配合时,内螺纹公差带代号在前,外螺纹公差带代号在后,中间用斜线分开,如M20×2—6H/5g6g。

(2) 梯形螺纹和锯齿形螺纹的标记(GB/T 5796.4—2005和GB/T 13576.4—2008) 标记格式为

螺纹特征代号 尺寸代号 旋向代号 — 公差带代号 — 旋合长度代号

梯形螺纹的特征代号为“Tr”,标准锯齿形螺纹的特征代号为“B”。单线螺纹的尺寸代号为“公称直径×螺距”,如Tr40×7。多线螺纹的尺寸代号为“公称直径×导程(P螺距)”,左旋螺纹标注“LH”代号,右旋螺纹不注旋向代号,如Tr40×14(P7), B40×14(P7)LH。

旋合长度分为中、长两组,代号分别为“N”、“L”,中等旋合长度组不注“N”。

公差带代号由表示公差等级的数字和表示公差带位置的字母(内螺纹用大写字母,外螺纹用小写字母)组成。只注中径公差带代号,如B40×7—7H, Tr40×14(P7)LH—7e。

表示内、外螺纹配合时,内螺纹公差带代号在前,外螺纹公差带代号在后,中间用斜线分开,如Tr40×7—7H/7e, B40×14(P7)LH—8e—L。

(3) 管螺纹的标记(GB/T 7306.1—2000、GB/T 7306.2—2000、GB/T 7307—2001、GB/T 12716—2002) 55°密封管螺纹标记格式为

螺纹特征代号 尺寸代号 旋向代号

55°非密封管螺纹标记格式为

螺纹特征代号 尺寸代号 公差等级代号 — 旋向代号

55°密封管螺纹的特征代号:圆柱内螺纹为“Rp”,与圆柱内螺纹相配合的圆柱外螺纹为“R_1”;圆锥内螺纹为“Rc”,与圆锥内螺纹相配合的圆锥外螺纹为“R_2”。55°非密封管螺纹的特征代号为“G”,外螺纹公差等级代号为A, B两级,内螺纹不注。

左旋螺纹标注“LH”代号,右旋螺纹不注旋向代号,如Rc3/4LH, G4B-LH。

表示55°密封管螺纹副时,内螺纹特征代号在前,外螺纹特征代号在后,中间用斜线分开,

如 Rc/$R_2$3。表示 55°非密封管螺纹副时，仅需标注外螺纹副的标记代号。

注意 管螺纹的尺寸代号是管子通径的英寸制代号，不是螺纹的大经，如 Rp3/4，$R_2$3。

(4) 螺纹的标注方法(GB/T 4459.1—1995) 公称直径以 mm 为单位的螺纹，其标记应直接注在大径的尺寸线上或其引出线上，如图 C.1-14 所示。

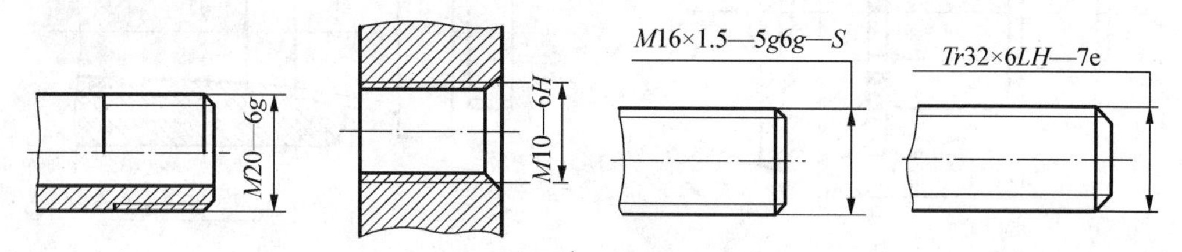

图 C.1-14 公称直径以 mm 为单位的螺纹标记

管螺纹的标记一律注在引出线上，引出线应由大径处引出或由对称中心线处引出，如图 C.1-15 所示。

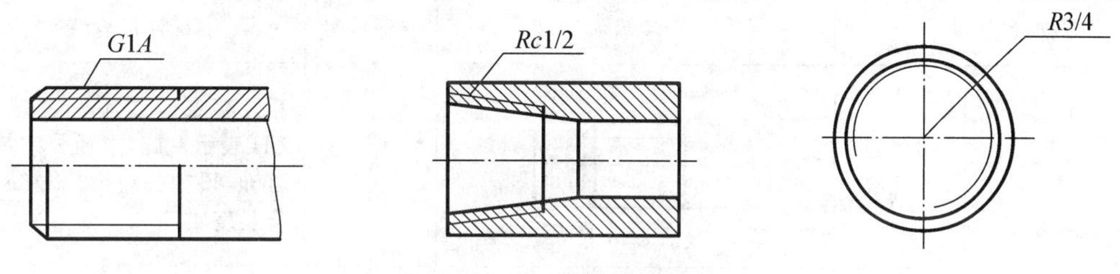

图 C.1-15 管螺纹的标记

对非标准螺纹，应画出螺纹的牙型，并注出所需要的尺寸及有关要求，如图 C.1-16 所示。

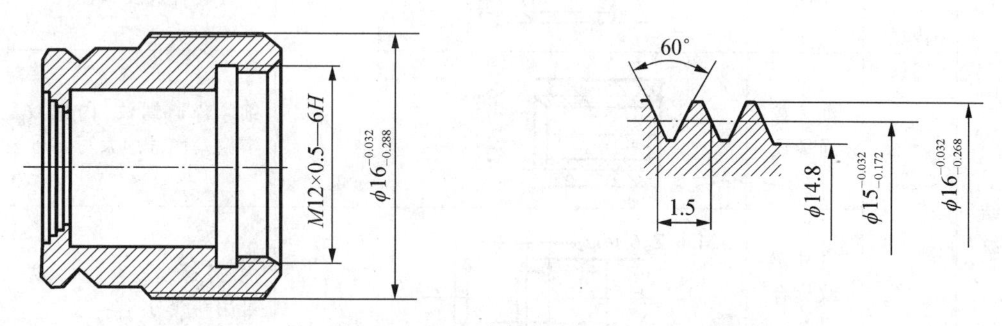

图 C.1-16 非标准螺纹的标注

图样中的螺纹长度，均指不包括螺尾在内的有效螺纹长度，否则应另加说明或按实际需要注明，如图 C.1-17 所示。

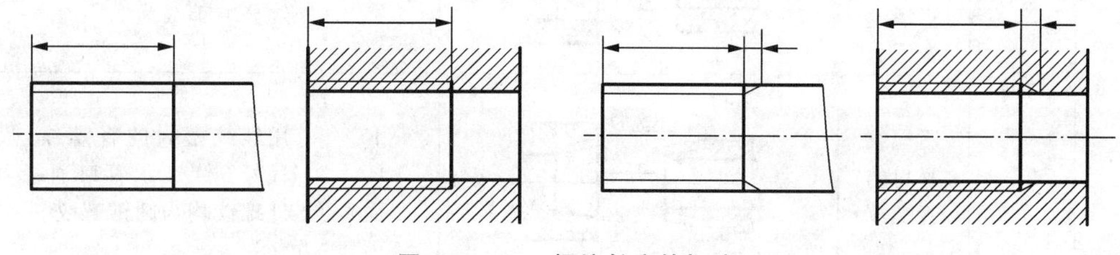

图 C.1-17 螺纹长度的标注

螺纹副的标注方法与螺纹标注方法相同，如图 C.1－18 所示。

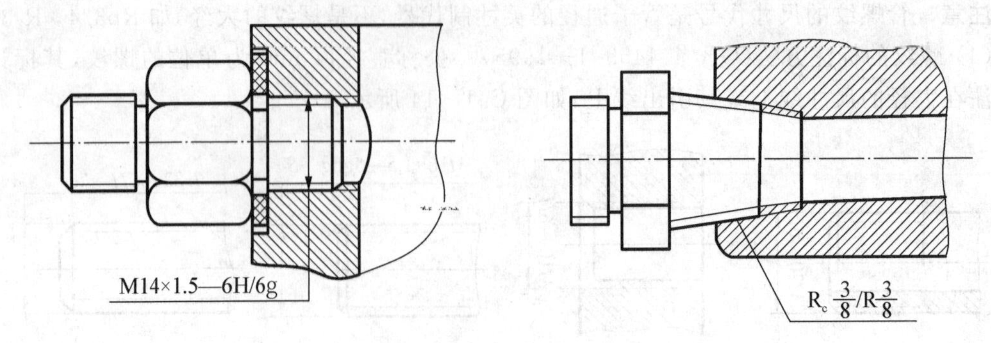

图 C.1－18　螺纹副的标注

表 C.1－2 给出了常见螺纹的标注示例。

表 C.1－2　常见螺纹的标注示例

螺纹分类			标注示例	特征代号	标注的含义
联结螺纹	普通螺纹	粗牙普通螺纹	M20LH-5g6g-40	M	粗牙普通螺纹不标注螺距，LH 表示左旋，中径公差带代号5g，顶径公差带代号6g，旋合长度 40 mm
		细牙普通螺纹	M36×2-6g	M	细牙普通螺纹应标注螺距，中等旋合长度不标注
		细牙普通螺纹	M36×2-6H	M	细牙普通螺纹，内螺纹的基本偏差代号用大写字母表示
		内外螺纹旋合标注	M36×2-6H/6g	M	内、外螺纹旋合时，公差带代号用斜线分开
	管螺纹	非螺纹密封的管螺纹	G1A　(φ1")　G1	G	非螺纹密封的管螺纹，尺寸代号 1 表示管口通径，外螺纹公差等级为 A
		用螺纹密封的管螺纹	R3/4　R_c3/4	R R_c R_p	用螺纹密封的管螺纹，尺寸代号 3/4 表示管口通径，内、外螺纹均为圆锥螺纹

C.1.2 螺纹紧固件及其联结

螺纹紧固件联结是工程上应用最广泛的联结方式，属于可拆联结，形式有螺栓、双头螺柱和螺钉联结。

1. 螺纹紧固件的标记

螺纹紧固件的种类很多，常见的螺纹紧固件有螺栓、双头螺柱、螺钉、螺母和垫圈等，如图C.1-19所示。这些零件一般都是标准件，不需要单独画零件图，只需按规定进行标记，根据标记可以从相应的国家标准中查到它们的结构形式和尺寸，使用时可直接购买。

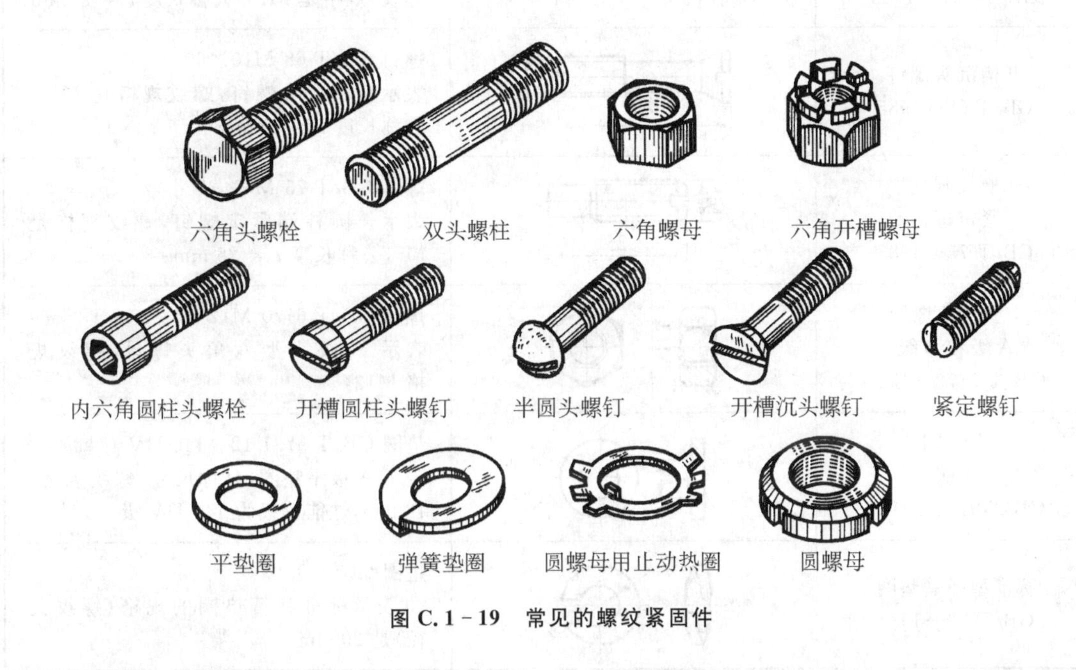

图 C.1-19 常见的螺纹紧固件

螺纹紧固件的规定标记格式

名称	标准编号	—	螺纹规格、公称尺寸	—	性能等级及表面热处理

标记的简化原则如下。

(1) 名称和标准年代号允许省略。

(2) 当产品标准中只规定一种型式、精度、性能等级或材料及热处理、表面处理时，允许省略。否则，可规定省略其中一种。

几种常见的螺纹紧固件的标记示例，见表C.1-3。例如，螺纹规格 d=M12，公称长度 l=80 mm、性能等级为10.9、产品等级为A、表面氧化处理的六角头螺栓，完整标记为

螺栓 GB/T 5782—2000—M12×80—10.9—A—0

其简化标记为：

螺栓 GB/T 5782 M12×8

表 C.1-3　常见螺纹紧固件及其标记示例

名称及国标号	图　例	标记及说明
六角头螺栓 A 级和 B 级 GB/T 5782—1986	M10 60	螺栓 GB/T 5782 M10×60 表示 A 级六角头螺栓，螺纹规格 M10，公称长度 $l=60$ mm
双头螺柱 ($b_m=d$) GB/T 897—1988	M10 10　50	螺柱 GB/T 897 M10×50 表示 B 型双头螺柱，两端均为粗牙普通螺纹，规格是 M10，公称长度 $l=50$ mm
开槽沉头螺钉 GB/T 68—1985	M10 60	螺钉 GB/T 68 M10×60 表示开槽沉头螺钉，螺纹规格是 M10，公称长度 $l=60$ mm
开槽长圆柱端 紧定螺钉 GB/T 75—1985	M5 25	螺钉 GB/T 75 M5×25 表示长圆柱端紧定螺钉，螺纹规格是 M5，公称长度 $l=25$ mm
1 型六角螺母 A 级和 B 级 GB/T 6170—1986	M12	螺母 GB/T 6170 M12 表示 A 级 1 型六角头螺母，螺纹规格 M12
平垫圈 A 级 GB/T 97.1—1985	d_1	垫圈 GB/T 97.1 12—140 HV 表示 A 级平垫圈，公称尺寸（螺纹规格）12 mm，性能等级为 140 HV 级
标准型弹簧垫圈 GB/T 93—1987	d	垫圈 GB/T 93 20 20 表示标准弹簧垫圈的规格（螺纹大径）是 20 mm

2. 常用螺纹紧固件的画法

绘图时，其各部分尺寸应根据其规定标记，从标准中查表确定。但在装配图中，无需画出细节。为了方便作图，通常各部分尺寸可按螺纹公称直径的一定比例画出，如图 C.1-20 所示。

绘制螺纹紧固件联结图的规定如下。

(1) 两零件接触表面只画一条线，凡不接触的相邻表面，不论间隙大小，都画两条线。间隙过小时，按夸大画法画出。

(2) 在剖视图中，相邻零件的剖面线的方向或间隔要加以区别。同一零件在各剖视图中，剖面线的方向和间隔应相同。

(3) 当剖切平面通过螺纹紧固件的轴线时，这些零件按不剖绘制。

3. 螺栓联结的画法

螺栓联结用于两个都不太厚、允许钻成通孔，且要求联结力较大的零件联结。螺栓穿过较薄零件上的通孔，再套上垫圈，用螺母拧紧，即可把零件联结在一起，其画法如图 C.1-21 所示。螺栓的长度 L 按公式 $L \geqslant \delta_1+\delta_2+s+m+a$ 确定，其中 $a=0.3d$，$s=0.15d$。按上述公式计算出的螺栓长度，还应和螺栓的标准长度系列比较，取标准长度值。

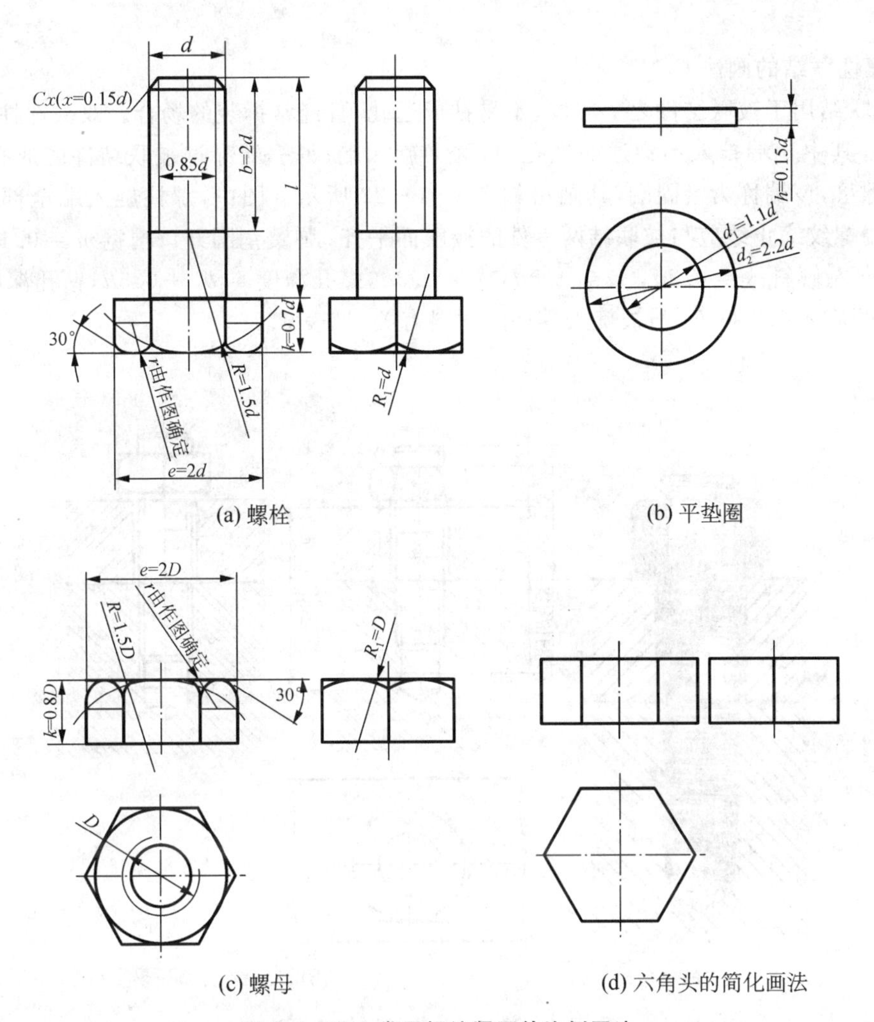

(a) 螺栓　　(b) 平垫圈

(c) 螺母　　(d) 六角头的简化画法

图 C. 1－20　常用螺纹紧固件比例画法

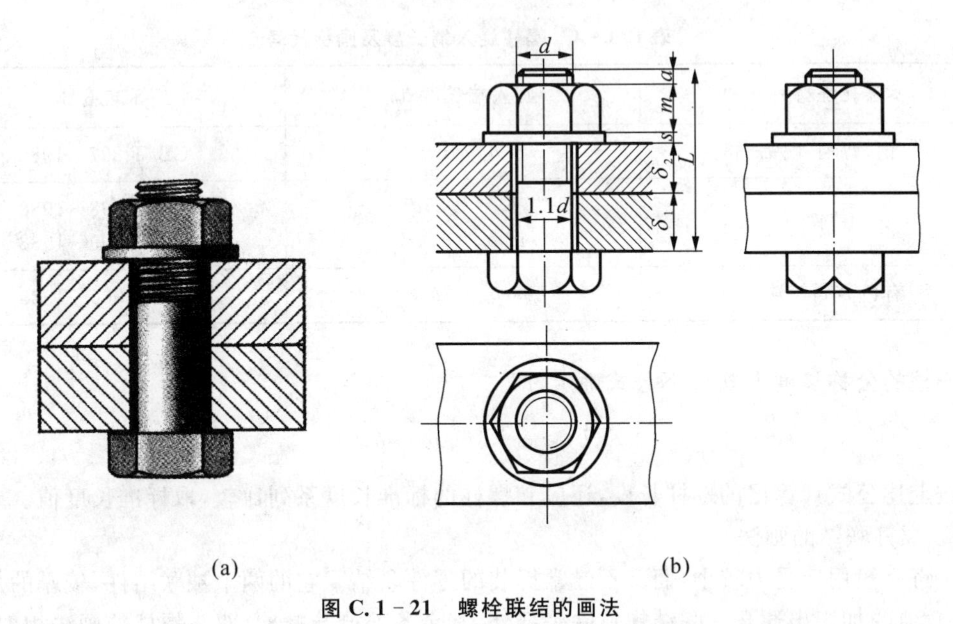

(a)　　(b)

图 C. 1－21　螺栓联结的画法

4. 螺柱联结的画法

螺柱联结用于被联结件之一较厚、不易钻成通孔，且经常拆装的场合。双头螺柱两端都加工成螺纹，其中一端拧入不穿通的螺孔内，称为旋入端；另一端穿过被联结件的通孔，套上垫圈，拧紧螺母，该端称为紧固端，其画法如图 C.1－22 所示。图中，螺柱旋入端全部旋入螺孔内，旋入端螺纹终止线应与被联结两零件的接触面平齐；弹簧垫圈开口槽宽 $m=0.1d$，与水平线成 60° 向左倾斜；$s=0.2d$，$D=1.5d$，$a=0.3d$，螺孔深度 $=b_m+0.5d$，钻孔深度 $=b_m+1d$。螺柱的旋入端长度 b_m 与被旋入零件的材料有关，见表 C.1－4。

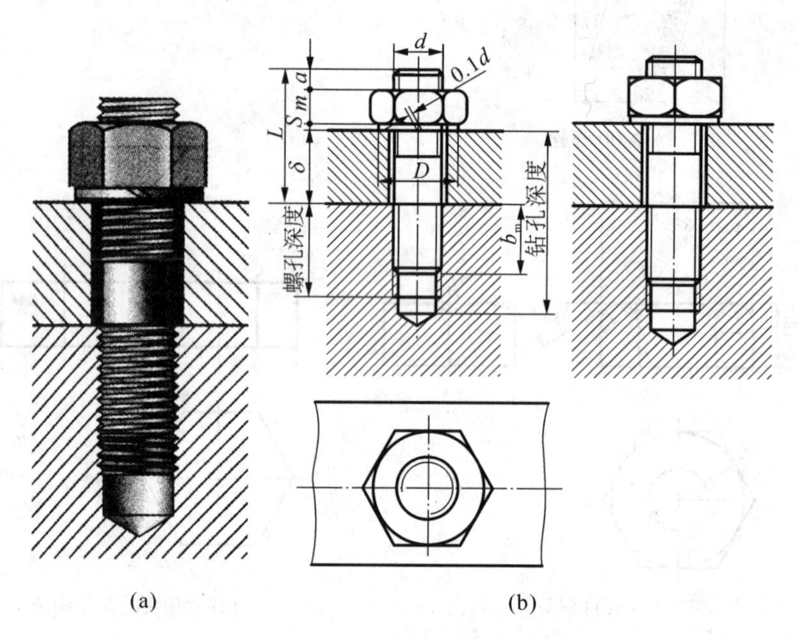

图 C.1－22 双头螺柱联结的画法

表 C.1－4 螺柱旋入端长度及国标代号

螺孔件材料	旋入端长度 b_m	标准编号
钢、青铜、硬铝	$b_m=1d$	GB/T 897—1988
铸铁	$b_m=1.25d$ 或 $b_m=1.5d$	GB/T 898—1988 GB/T 899—1988
铝、有色金属较软材料	$b_m=2d$	GB/T 900—1988

螺柱的公称长度 L 按以下公式确定，即

$$L \geqslant \delta + s + m + a。$$

按上述公式计算出的螺柱长度，还应和螺柱的标准长度系列比较，取标准长度值。

5. 螺钉联结的画法

螺钉一般用于受力较小，而又不经常拆装的零件联结。它的两个被联结件，较厚的加工出螺孔，较薄的加工出通孔。联结螺钉除头部外，其余各部分与螺栓、双头螺柱的画法相似，其联结画法如图 C.1－23 所示。螺钉的公称长度 L 按被联结件的厚度 δ 与旋入机件的深度 b_m 之和确定，并取标准值。旋入端的长度 b_m 按双头螺柱的选用原则确定。

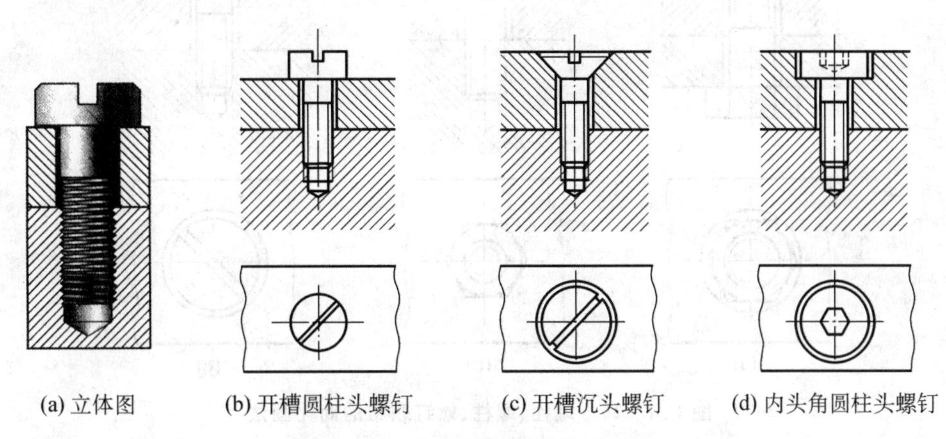

(a) 立体图　(b) 开槽圆柱头螺钉　(c) 开槽沉头螺钉　(d) 内头角圆柱头螺钉

图 C.1－23　螺钉联结的画法

注意事项如下。

(1) 采用带一字槽的螺钉联结时，在投影为非圆的视图中，其槽口面对观察者；在投影为圆的视图上，一字槽按 45°方向画出。

(2) 当一字槽槽宽≤2 mm 时，可涂黑表示。

(3) 用开槽锥端紧定螺钉联结时，其画法如图 C.1－24。

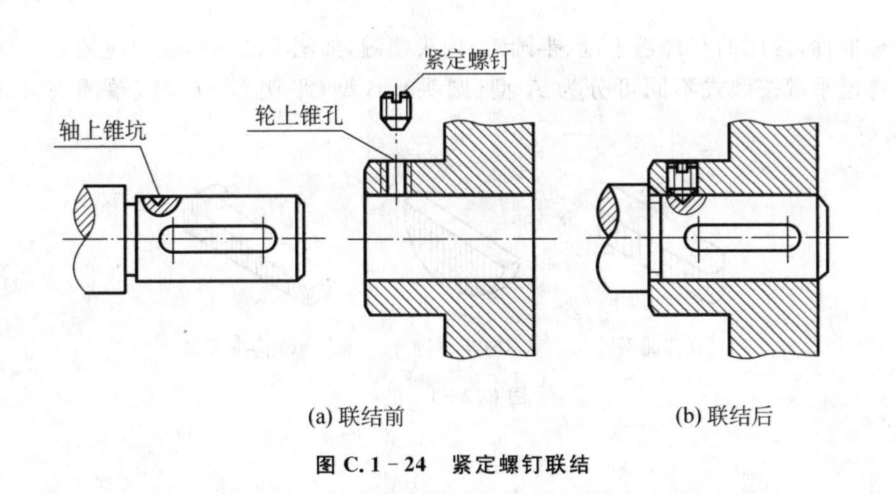

(a) 联结前　(b) 联结后

图 C.1－24　紧定螺钉联结

在装配图中，螺纹紧固件的工艺结构，如倒角、退刀槽、缩颈、凸肩等均可省略不画。不穿通的螺纹孔可不画出钻孔深度，仅按有效螺纹部分的深度画出，如图 C.1－25 所示。

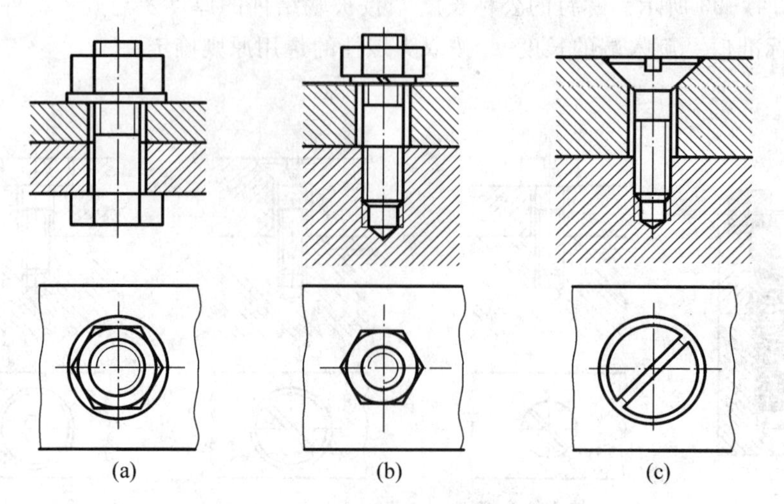

图 C. 1 - 25　螺栓、螺柱、螺钉联结的简化画法

C. 2　键及其联结

键通常用于联结轴与装在轴上的传动零件(如齿轮、带轮等),使轴和传动零件保持同步旋转,起传递转矩的作用。

C. 2. 1　常用键的型式、标记和联结画法

键为标准件,常用的有普通平键、半圆键、钩头楔键,如图 C. 2 - 1,其中应用最广泛的是普通平键。普通平键按型式不同可分为 A 型(圆头)、B 型(平头)和 C 型(单圆头)3 种,如图 C. 2 - 2 所示。

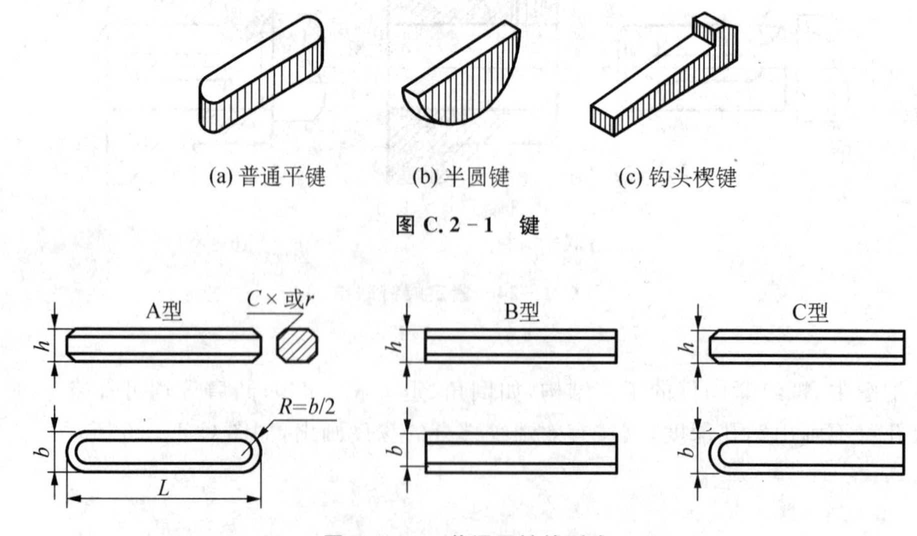

(a) 普通平键　(b) 半圆键　(c) 钩头楔键

图 C. 2 - 1　键

图 C. 2 - 2　普通平键的型式

(1) 键的标记示例　具体如下：

GB/T 1096　键 16×10×100(宽度 $b=16$ mm、高度 $h=10$ mm、长度 $L=100$ mm 的 A 型普通平键)；

GB/T 1096　键 B 16×10×100(宽度 $b=16$ mm、高度 $h=10$ mm、长度 $L=100$ mm 的 B 型普通平键)；

GB/T 1096　键 C 16×10×100(宽度 $b=16$ mm、高度 $h=10$ mm、长度 $L=100$ mm 的 C 型普通平键)。

除 A 型可省略型号"A"外，B 型和 C 型均要注出类型代号。

(2) 普通平键联结的画法　如图 C.2-3(a)所示，普通平键的两侧面是工作面，它与轴、轮毂的键槽两侧面相接触，键的底面与轴上键槽的底面接触，故这些接触面分别只画一条线；键的上底面与轮毂槽顶面为非接触面，两者之间留有一定的间隙，画两条线。键上的倒角、倒圆省略不画。

键槽的宽度、深度和键的宽度、高度等尺寸，可根据被联结的轴径在 GB/T 1096 中查到，轴上的键槽长和键长根据轮毂宽，在键的长度标准系列中选用，要求键长不超过轮毂宽。

(3) 半圆键联结的画法　如图 C.2-3(b)所示，半圆键的形状为半圆形，与普通平键联结情况基本相同，故作图也相同。在使用时，允许轴与轮毂轴线之间有少许倾斜。

(4) 钩头楔键联结的画法　如图 C.2-3(c)所示，钩头楔键的上、下两面为工作面，上表面有 1∶100 的斜度，装配时打入键槽，可消除两零件间的径向间隙。画图时，上、下两面为接触面故只画一条线，两侧面与轴和轮毂的键槽侧面有间隙，画两条线。

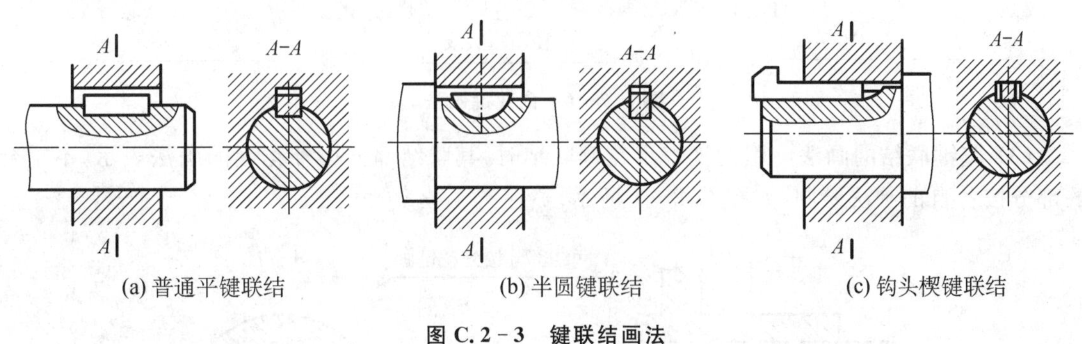

(a) 普通平键联结　(b) 半圆键联结　(c) 钩头楔键联结

图 C.2-3　键联结画法

C.2.2　花键联结

当传递的载荷较大时，采用花键联结。花键是把键直接做在轴上和轮孔上，成一整体，如图 C.2-4 所示。花键的齿型有矩形和渐开线形等，其中矩形花键应用最广，其结构和尺寸已标准化。

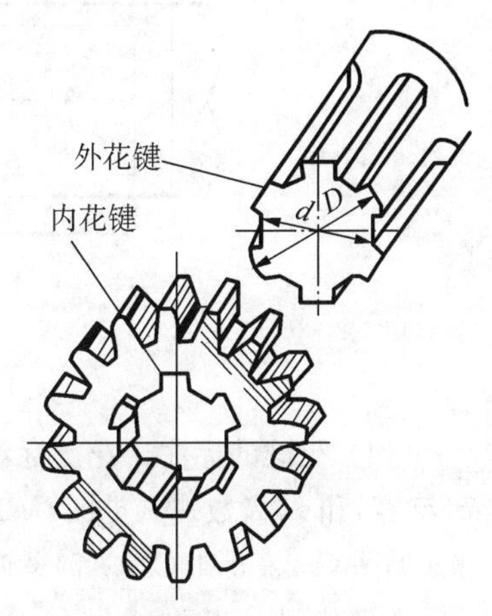

图 C.2-4　花键

(1) 外花键的画法　如图 C.2-5 所示，在平行于外花键轴线的投影面的视图中，大径用粗实线、小径用细实线绘制，并用断面图画出全部或一部分齿型，但要注明齿数；工作长度的终止端和尾部长度的末端均用细实线绘制，并与轴线垂直；尾部则画成与轴线成 30°的斜线；花键代号应写在大径上。

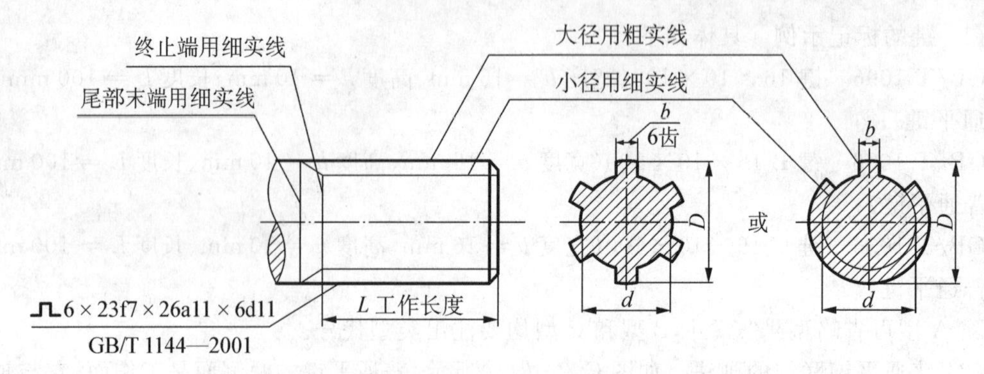

图 C.2-5　外花键画法

(2) 内花键的画法　在平行于花键投影的轴线上的剖视图中，大径及小径都用粗实线绘制，并用局部视图画出全部或一部分齿形，图 C.2-6 所示。

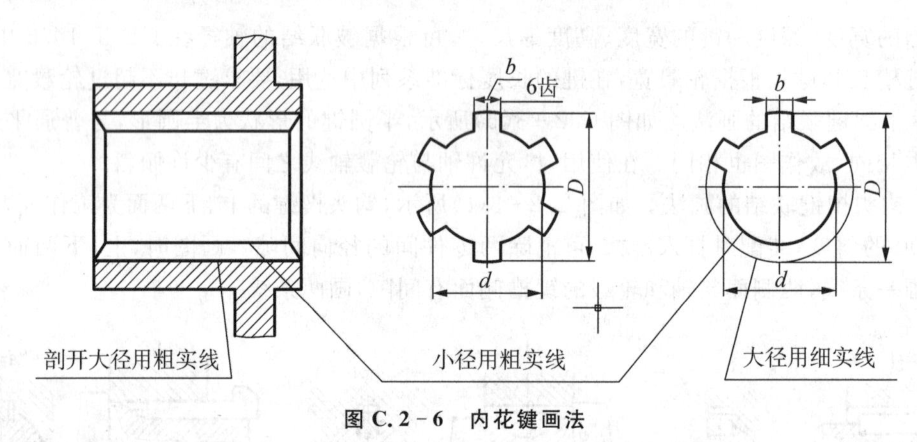

图 C.2-6　内花键画法

(3) 花键联结的画法　用剖视表示花键联结时，其联结部分按外花键的画法表示，不重合的部分按各自的画法绘制，如图 C.2-7 所示。

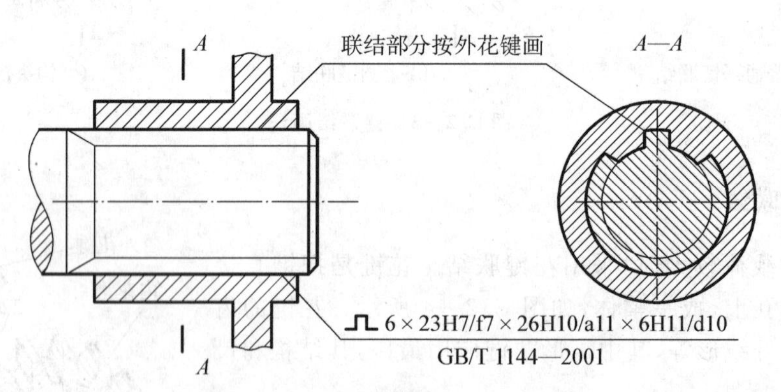

图 C.2-7　花键联结画法及标注

(4) 花键的标注　花键标注的方法有两种：一种是在图上标出公称尺寸 D(大径)，d(小径)，b(键宽)和 z(齿数)等(见图 C.2-5 和 C.2-6)；另一种是用代号标柱，标注时指引线应从大径引出(见图 C.2-5 和 C.2-7)。两种标柱形式都需标出花键的工作长度(L)。花键代号组成为

类型代号　齿数×小径　小径公差带代号×大径　大径公差带代号×齿宽公差带代号

C.3　销及其联结

销主要用于两零件的定位，也可用于受力不大的联结和锁定，还可以作为安全装置中的过载剪断元件。常用的销有圆柱销、圆锥销、开口销等。销是标准件，其标准可查阅相关标准。3种销的尺寸及标记，见表C.3－1。

表C.3－1　销的种类、型式和标记

名称	主要尺寸	标　记
圆柱销	d l	销 GB/T 119.1—2000 $d\times l$
圆锥销	1:50 d l	销 GB/T 117—2000 $d\times l$
开口销	l d	销 GB/T 91—2000 $d\times l$

在画销联结的装配图时，应注意在剖切面通过轴线的视图中，销按不剖画出，销联结的画法如图C.3－1所示。

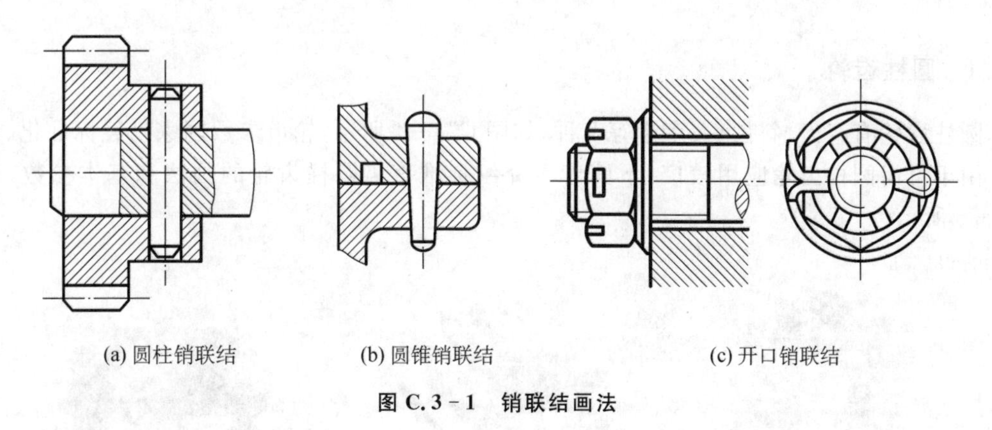

(a) 圆柱销联结　(b) 圆锥销联结　(c) 开口销联结

图C.3－1　销联结画法

C.4　齿　　轮

齿轮是应用非常广泛的传动件，用以传递动力和运动，并具有改变转轴的转速和转向的作用。依据两啮合齿轮轴线在空间的相对位置不同，常见的齿轮传动可分为3种形式：圆柱齿轮主要用于两平行轴之间的传动，如图 C.4－1 所示；圆锥齿轮用于两相交轴之间的传动，如图 C.4－2 所示；蜗杆蜗轮用于两交叉轴之间的传动，如图 C.4－3 所示。齿轮传动的另一种形式为齿轮齿条传动，如图 C.4－1(c)所示，可用于转动和移动之间的运动转换。

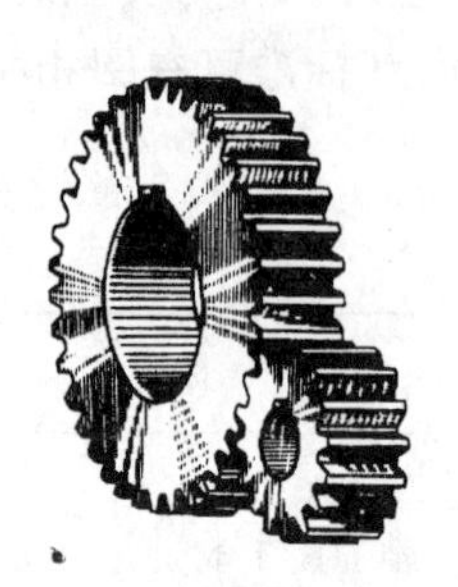

(a) 外啮合传动

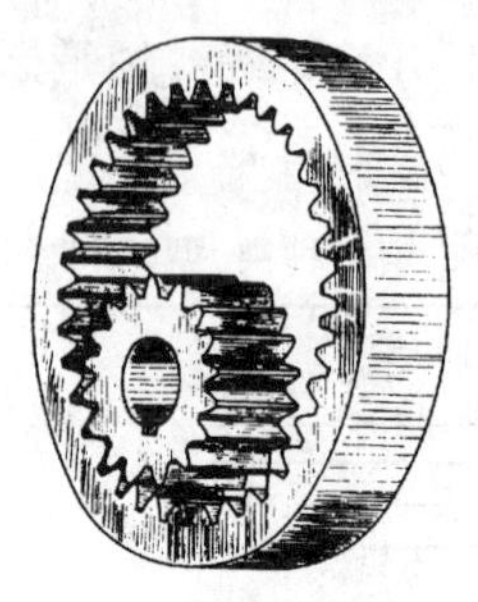

(b) 内啮合传动

(c) 齿轮齿条传动

图 C.4－1　圆柱齿轮传动

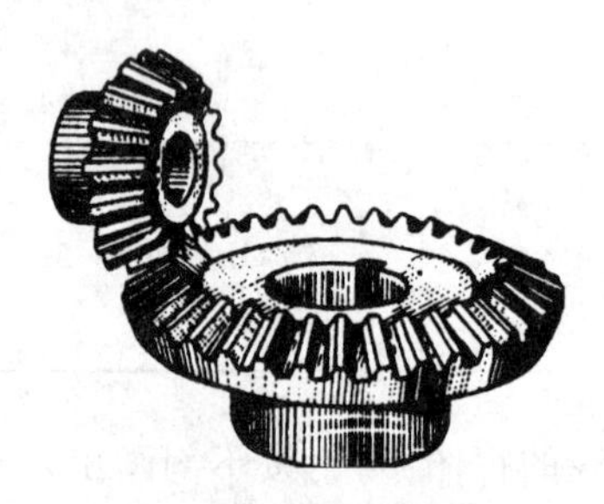

图 C.4－2　圆锥齿轮传动

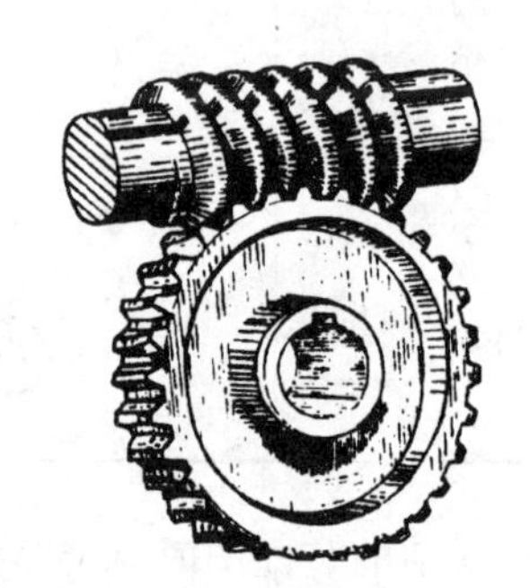

图 C.4－3　蜗轮蜗杆传动

C.4.1　圆柱齿轮

圆柱齿轮有直齿、斜齿、人字齿等 3 种，如图 C.4－4 所示，轮齿参数国家已经标准化、系列化。由于直齿圆柱齿轮应用较广，下面着重介绍标准直齿圆柱齿轮的画法和基本参数，如图 C.4－5 所示。

直齿圆柱齿轮

斜齿圆柱齿轮

人字齿圆柱齿轮

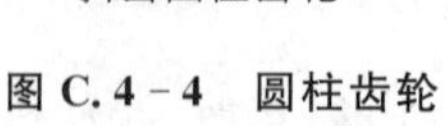

图 C.4－4　圆柱齿轮

(1) 分度圆　在齿轮上有一个设计和加工时计算尺寸的基准圆,它是一个假想圆,在该圆上,齿厚与齿槽宽相等,分度圆直径用 d 表示。

(2) 齿顶圆　通过齿轮轮齿顶端的圆称为齿顶圆,其直径用 d_a 表示。

(3) 齿根圆　通过齿轮轮齿根部的圆称为齿根圆,其直径用 d_f 表示。

(4) 齿高　齿顶圆到齿根圆之间的径向距离,称为齿高,用 h 表示。分度圆到齿顶圆之间的径向距离,称为齿顶高,用 h_a 表示。分度圆到齿根圆之间的径向距离,称为齿根高,用 h_f 表示。其三者关系是 $h = h_a + h_f$。

(5) 齿距　在分度圆上,相邻两齿同侧齿廓之间的弧长,称为齿距,用 p 表示。在分度圆上,同一齿两侧齿廓之间的弧长,称为齿厚,用 s 表示。在分度圆上,齿槽宽度的弧长,称为齿间,用 e 表示。对于标准齿轮,$s = e$, $p = s + e$。

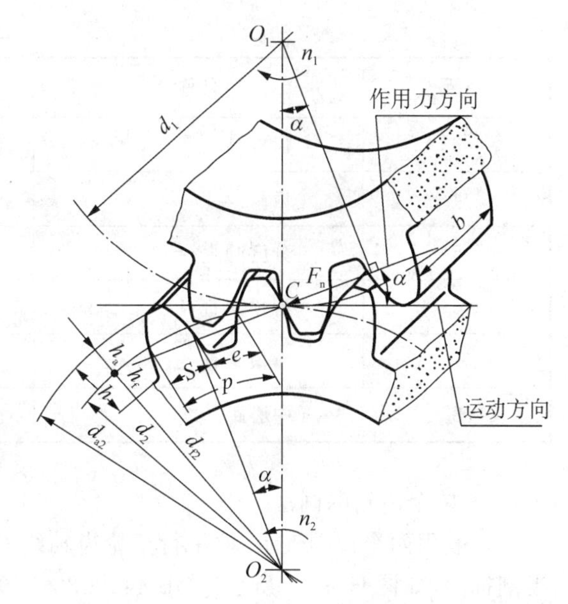

图 C.4-5　圆柱齿轮各部分名称

(6) 模数　分度圆大小与齿距和齿数有关,即,$\pi d = pz$ 或 $d = zp/\pi$。为了计算方便,令 $m = p/\pi$, m 称为模数,单位为 mm。模数是齿轮设计和制造的重要参数,模数的大小直接反映出轮齿的大小,齿数一定时模数越大,齿轮的承载能力越大。一对相互啮合的齿轮,其模数必须相等。为了便于设计和制造齿轮,减少齿轮加工的刀具,模数已标准化,见表 C.4-1。

表 C.4-1　齿轮的模数(GB/T 1357—2008)

第一系列	1, 1.25, 1.5, 2, 2.5, 3, 4, 5, 6, 8, 10, 12, 16, 20, 25, 32, 40, 50
第二系列	1.125, 1.375, 1.75, 2.25, 2.75, 3.5, 4.5, 5.5, (6.5), 7, 9, 11, 14, 18, 22, 28, 35, 45

注:优先选用第一系列模数,括号内尽可能不用。

(7) 齿形角　渐开线圆柱齿轮基准齿形角为 20°,它等于两齿轮啮合时齿廓在节点处的公法线与两节圆的公切线所夹的锐角,称为啮合角或压力角,用字母 α 表示。

(8) 节圆　在两齿轮啮合时,齿廓的接触点将齿轮的连心线分为两段。分别以 O_1, O_2 为圆心,以 O_1C, O_2C 为半径所画的圆,称为节圆,其直径用 d' 表示。齿轮的传动就可以假想成这两个圆在作无滑动的纯滚动。正确安装的标准齿轮,分度圆和节圆重合,即 $d = d'$。

(9) 中心距　两齿轮回转中心的连线称为中心距,用 a 表示。

标准直齿圆柱齿轮的计算公式,见表 C.4-2。

表 C.4-2　标准直齿圆柱齿轮的计算公式

序号	名称	符号	计算公式
1	齿距	p	$p=\pi m$
2	齿顶高	h_a	$h_a=m$

续　表

序号	名称	符号	计算公式
3	齿根高	h_f	$h_f=1.25m$
4	齿高	h	$h=2.25m$
5	分度圆直径	d	$d = mz$
6	齿顶圆直径	d_a	$d_a = m(z+2)$
7	齿根圆直径	d_f	$d_f = m(z-2.5)$
8	中心距	a	$a = m(z_1+z_2)/2$

1. 单个齿轮的画法

一般用两个视图表示，取平行于轮齿轴线方向的视图作为主视图，且一般采取全剖视图或半剖视图，如图 C.4－6 所示。GB 4459.2—2003 规定了它的画法如下。

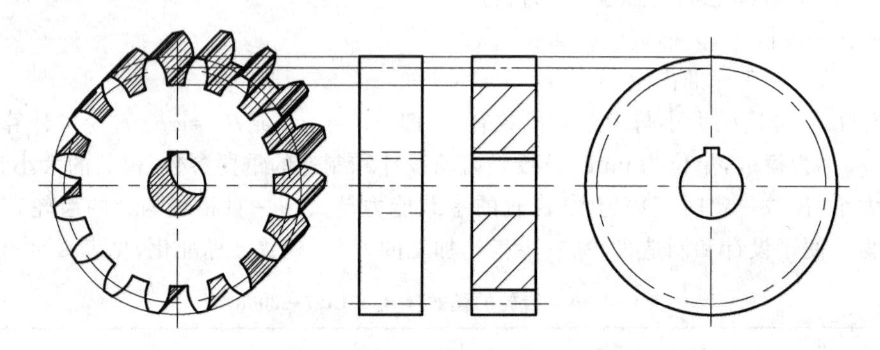

图 C.4－6　单个圆柱齿轮的规定画法

(1) 齿顶圆和齿顶线用粗实线绘制。

(2) 分度圆和分度线用细点画线绘制(分度线应超出轮齿两端面 2～3 mm)。

(3) 齿根圆和齿根线用细实线绘制，也可省略不画。在剖视图中，齿根线用粗实线绘制，这时不可省略。

(4) 在剖视图中，当剖切平面通过齿轮轴线时，轮齿一律按不剖处理。

齿轮除轮齿部分外，其余轮体结构均应按真实投影绘制。轮体的结构和尺寸，由设计要求确定。

2. 圆柱齿轮啮合的画法

两个标准齿轮啮合时，它们的分度圆相切。除啮合区外，其余部分均按单个齿轮绘制，啮合区按规定绘制，如图 C.4－7、图 C.4－8 所示。

(1) 在垂直于齿轮轴线的投影面的视图(反映为圆的视图)中，两节圆应相切，齿顶圆均按粗实线绘制，如图 C.4－7(b)所示；在啮合区的齿顶圆也可省略不画，如图 C.4－7(d)所示。齿根圆全部不画。

(2) 在平行于齿轮轴线的投影面的视图(非圆视图)中，当采用剖视且剖切平面通过两齿

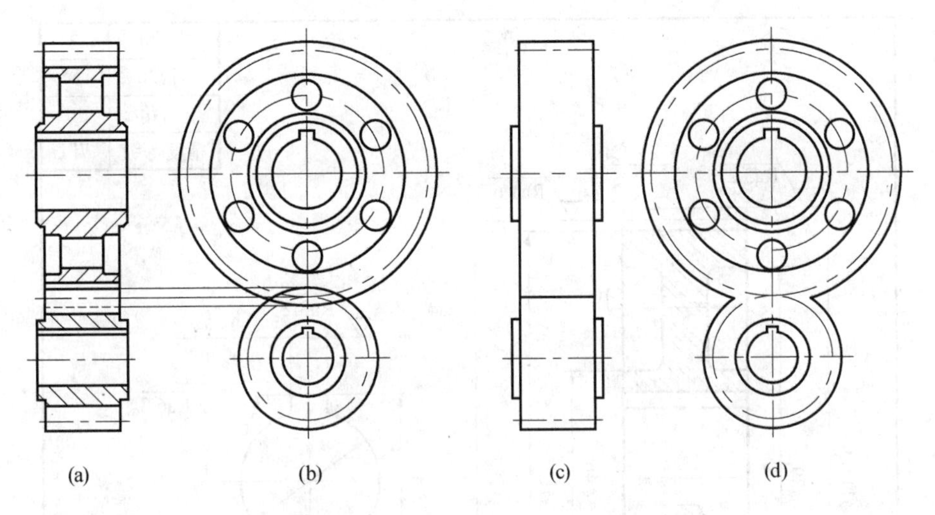

图 C.4-7 圆柱齿轮啮合的规定画法

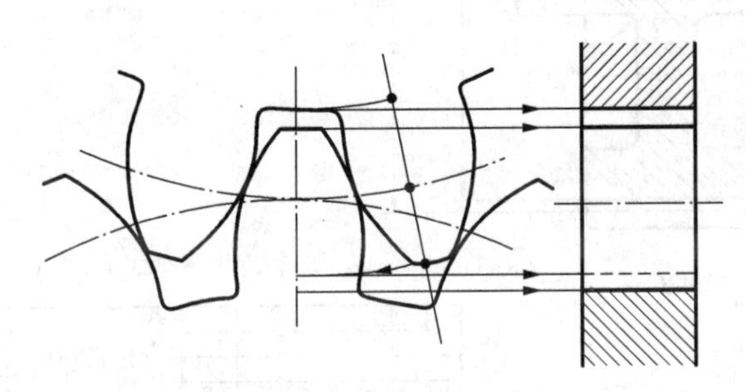

图 C.4-8 齿轮啮合区的规定画法

轮的轴线时，如图 C.4-7(a)所示，在啮合区将一个齿轮的轮齿用粗实线绘制，另一个齿轮的轮齿被遮挡的部分用虚线绘制，虚线也可省略。

3. 直齿圆柱齿轮图样格式

在齿轮零件图中，除具有一般零件图的内容外，齿顶圆直径、分度圆直径必须直接注出，齿根圆直径不注(因加工时该尺寸由其他参数控制)，并在图样右上角的参数栏中注写模数、齿数、压力角等基本参数，如图 C.4-9 所示。

C.4.2 圆锥齿轮

圆锥齿轮的轮齿是在圆锥面上加工出来的，所以一端大，另一端小，在轮齿的全长上，模数、齿高、齿厚以及齿轮的直径都不相同。为了计算和制造的方便，规定以大端的模数为准计算和确定齿轮各部分尺寸。所以在图纸上标注的都是大端的尺寸。图 C.4-10 所示为圆锥齿轮的图形和各部分的名称。

圆锥齿轮的画法和圆柱齿轮基本相同。图 C.4-11 所示为圆锥齿轮零件图，圆锥齿轮主视图通常画为剖视图。若轮齿为人字形时，可将主视图画成半剖视图，并用 3 条平行的细实线表示轮齿的方向。

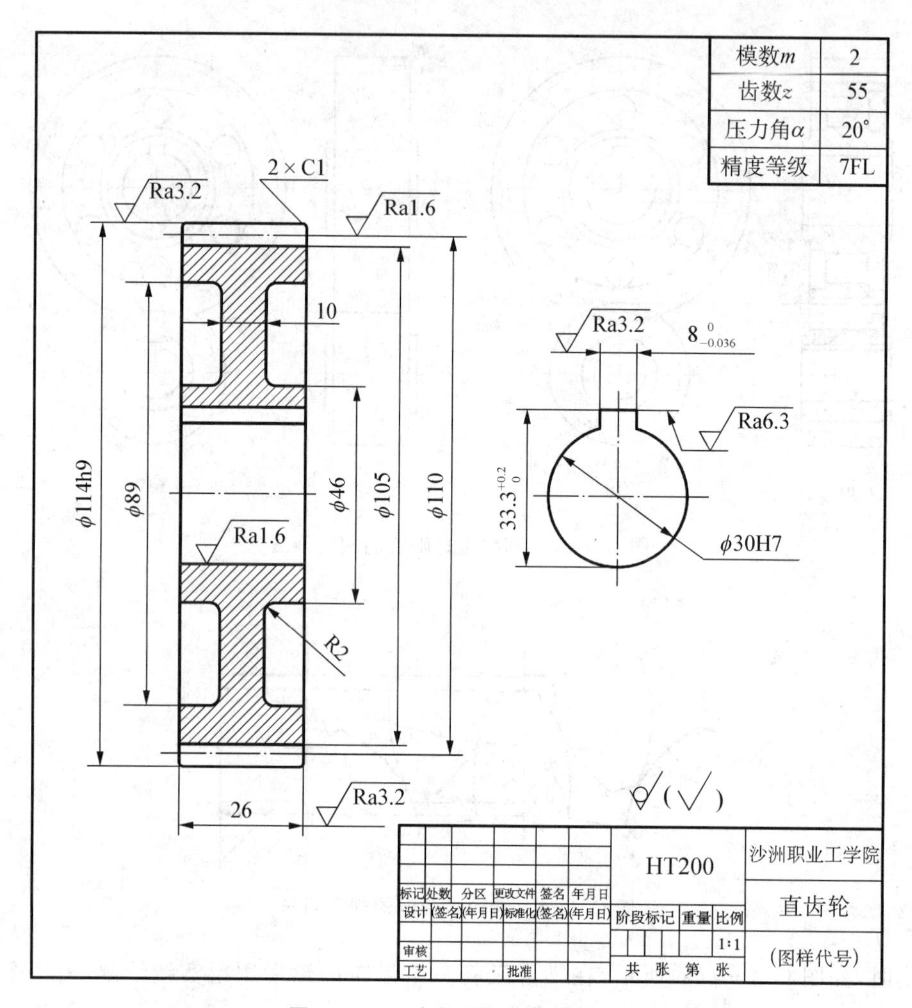

图 C.4－9　齿轮圆柱齿轮零件图

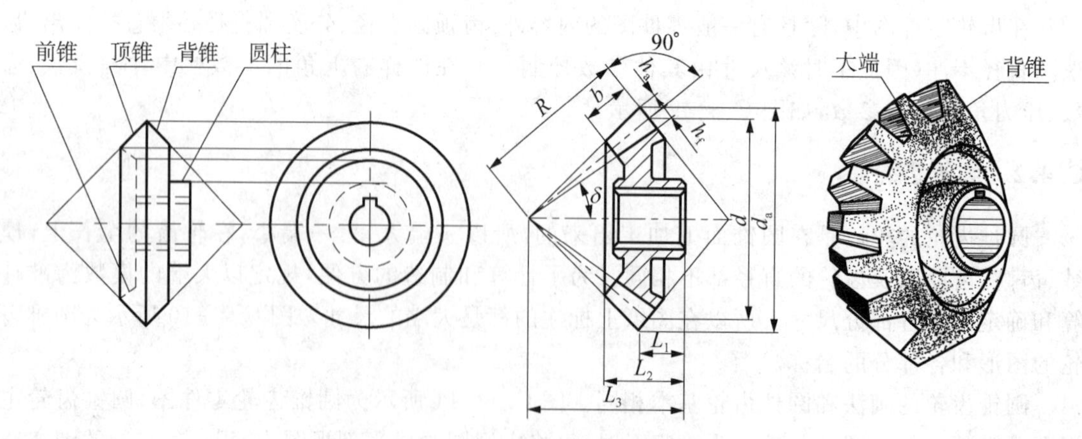

图 C.4－10　圆锥齿轮各部分名称及代号

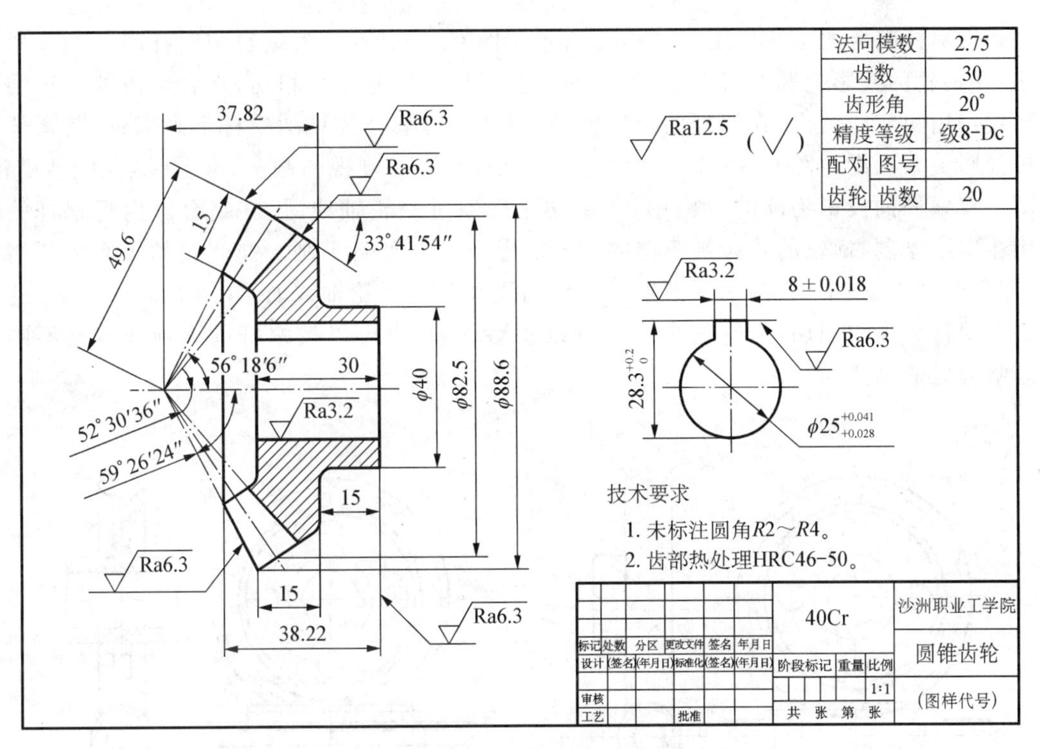

图 C.4－11　圆锥齿轮零件图

圆锥齿轮的啮合画法与圆柱齿轮的啮合画法基本相同，如图 C.4－12 所示。一般画图时，主视图多采用剖视表示，在啮合区内，将其中一个齿轮的轮齿作为可见，画成粗实线，另一个齿轮的轮齿被遮挡部分画成虚线，也可省略不画。另一视图中要画出大端的节圆和齿顶圆，小端只画齿顶圆。

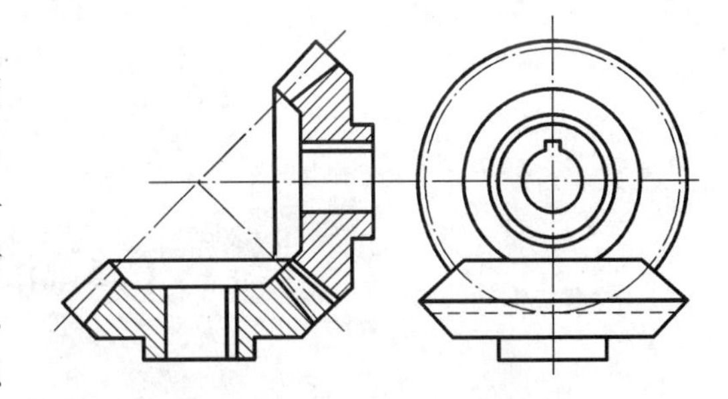

图 C.4－12　圆锥齿轮的啮合画法

C.4.3　蜗轮蜗杆

蜗轮蜗杆常用于垂直交叉两轴之间的传动。通常蜗杆是主动件，蜗轮是从动件，蜗轮蜗杆传动具有结构紧凑、传动比大的优点，但效率低。蜗轮蜗杆的规定画法如图 C.4－13、图 C.4－14 所示。

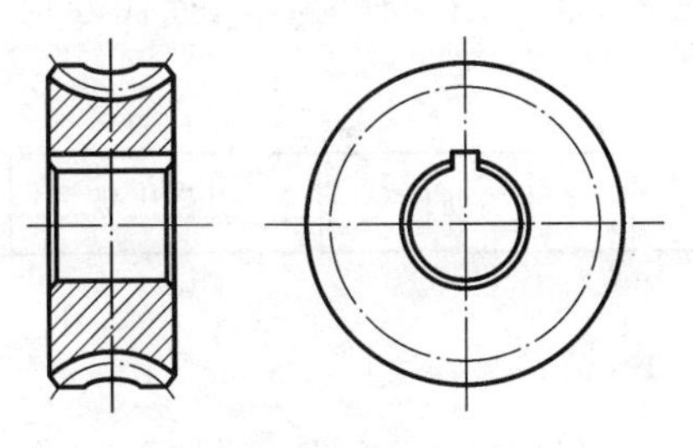

图 C.4－13　蜗轮的画法

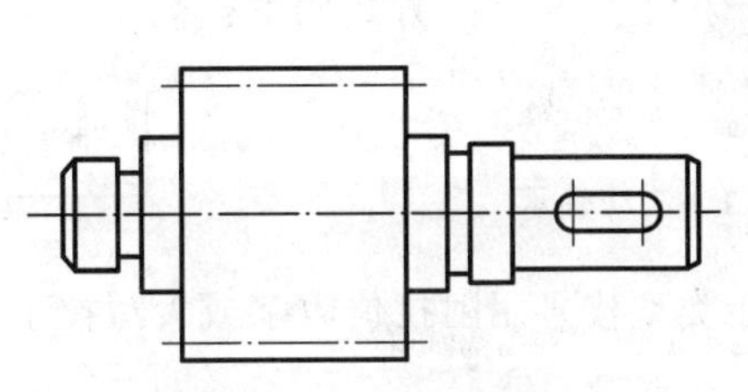

图 C.4－14　蜗杆的画法

蜗轮蜗杆啮合的画法如图 C.4-15 所示。图 C.4-15(a)为蜗轮与蜗杆啮合的外形图画法，在蜗轮的投影为圆的视图中，蜗轮的分度圆与蜗杆分度线相切，啮合区内的齿顶圆与齿顶线仍用粗实线画出；在蜗杆的投影为圆的视图中，啮合区只画蜗杆不画蜗轮，其余部分仍按投影关系画出。图 C.4-15(b)为蜗轮与蜗杆啮合的剖视图画法，啮合区采用了局部剖视图。在蜗杆的投影为圆的视图中，当剖切平面通过蜗轮轴线时，在啮合区内将蜗杆的轮齿用粗实线绘制，蜗轮的轮齿被遮挡的部分的虚线可以省略不画。在蜗轮的投影为圆的视图(即局部剖视图)中，当剖切平面通过蜗杆轴线并垂直蜗轮轴线时，在啮合区内，蜗轮的分度圆与蜗杆分度线相切，蜗轮的齿顶圆可以省略不画；也可以按蜗杆的齿顶线省略不画来处理啮合区的画法。

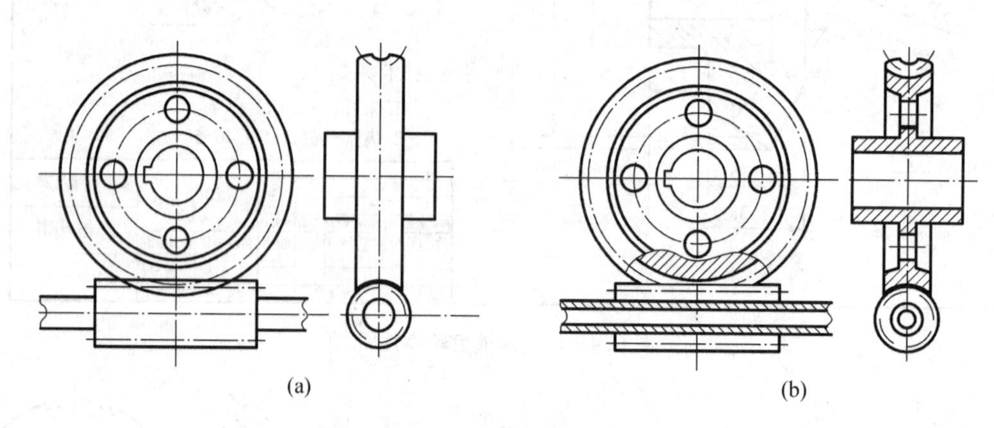

图 C.4-15 蜗轮蜗杆的啮合画法

C.5 滚动轴承

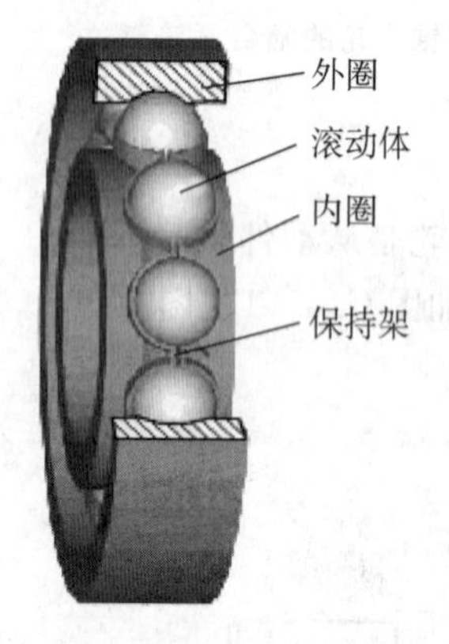

图 C.5-1 滚动轴承

(1) 滚动轴承的结构 滚动轴承的结构一般由外圈、内圈、滚动体及保持架组成，如图 C.5-1 所示。

(2) 滚动轴承的代号 完整的轴承代号由前置代号、基本代号和后置代号 3 部分组成，基本代号表示轴承的基本类型、结构尺寸，是轴承代号的基础，一般情况下，常用轴承代号可只用基本代号表示。

基本代号由轴承类型代号、尺寸系列代号及内径代号构成，基本方式如下：

轴承类型代号	尺寸系列代号	内径代号

轴承类型代号用阿拉伯数字或大写拉丁字母表示，见表 C.5-1。

表 C.5－1　轴承类型及代号

轴承类型	代号	轴承类型	代号
双列角接触球轴承	0	深沟球轴承	6
调心球轴承	1	角接触球轴承	7
调心滚子轴承	2	推力圆柱滚子轴承	8
推力调心滚子轴承	2	圆柱滚子轴承 双列或多列用表示	N
圆锥滚子轴承	3		
双列深沟球轴承	4	外球面轴承	U
推力球轴承	5	四点接触球轴承	QJ

尺寸系列代号由轴承的宽(高)度系列代号和直径系列代号组合而成,用两位数字左右排列组成。轴承的直径系列,是指结构相同、内径相同的轴承在外径和宽度方面的变化系列;轴承的宽度系列,是指结构、内径和直径系列都相同的轴承宽度方面的变化系列。

内径代号表示轴承的公称内径,用两位阿拉伯数字表示。轴承内径用基本代号右起第一、二位数字表示。常用内径为 20～495 mm 的轴承,内径尺寸被 5 除得的商数即为代号数字;内径为 10, 12, 15 和 17 mm 的轴承,内径代号依次为 00, 01, 02 和 03。

滚动轴承的标记:轴承名称　轴承代号　标准号

例如,滚动轴承 6208。其中,6 为类型代号,表示深沟球轴承;2 为尺寸系列代号,表示 02 系列(0 省略);08 为内径代号,表示公称内径为 40 mm。

(3) 滚动轴承的画法　装配图中,绘制滚动轴承时首先从相关标准中查出轴承的主要外形尺寸,如外径 D、内径 d 和宽度 B,按表 C.5－2 中的规定画法或特征画法绘制。

表 C.5－2　滚动轴承的画法

轴承类型 结构	通用画法	特征画法	规定画法
	(均指滚动轴承在所属装配图的剖视图中的画法)		
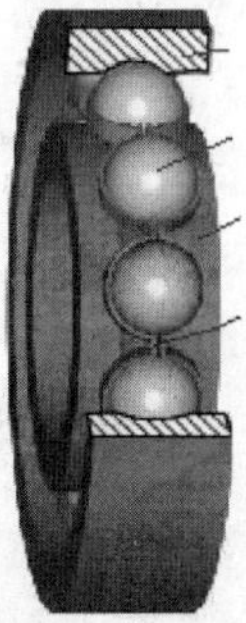		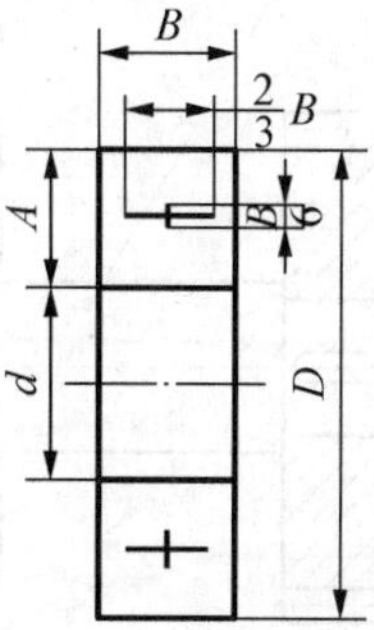	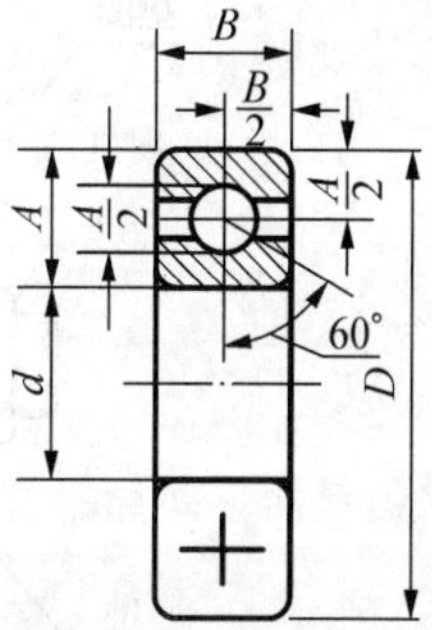

续 表

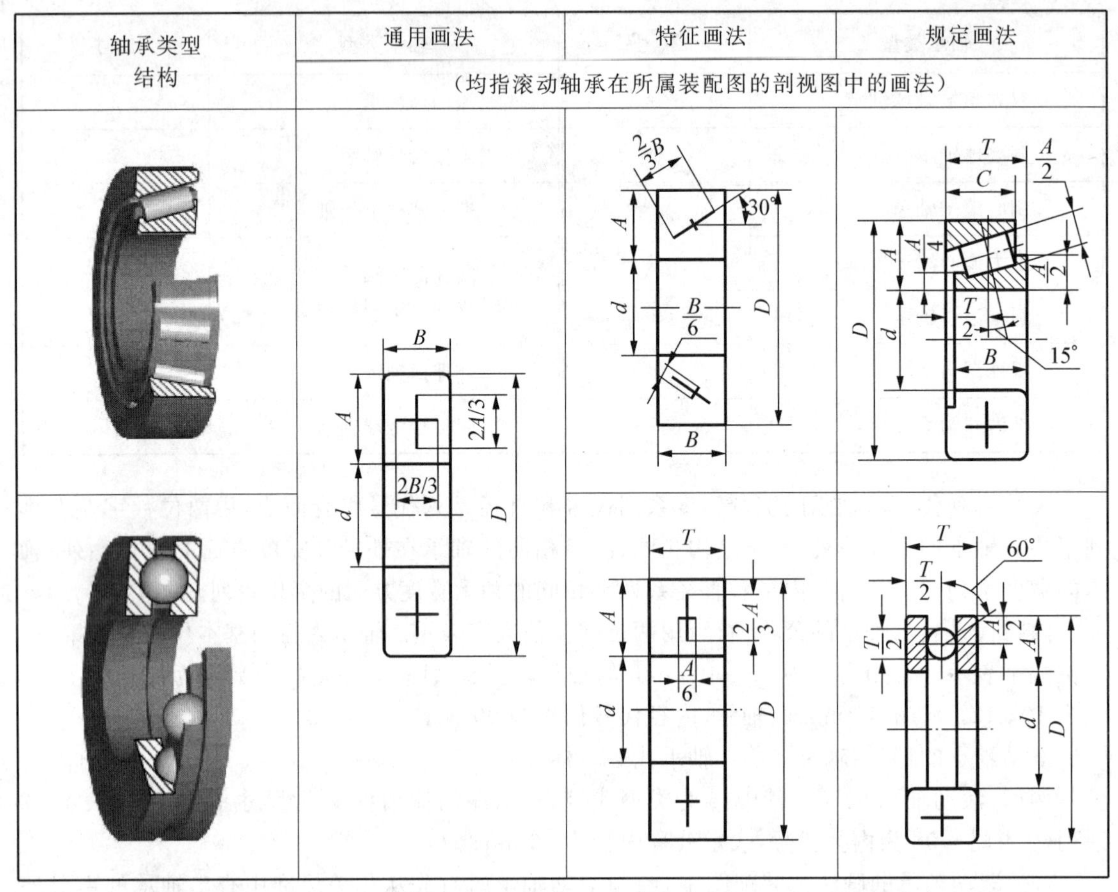

轴承类型 结构	通用画法	特征画法	规定画法
	（均指滚动轴承在所属装配图的剖视图中的画法）		

（4）常用滚动轴承的应用　深沟球轴承结构简易、使用维护方便，常用于精度和刚度要求不太大的地方，如钻床主轴；圆锥滚子轴承能承受径向和轴向载荷，承载能力和刚度较高，允许的转速较低，广泛用于汽车、轧机、矿山、冶金、塑料机械等行业；推力球轴承是分离型轴承，主要应用于汽车、机床等行业，如机床的丝杠处。圆锥齿轮轴上零件的装配，如图 C. 5－2 所示。

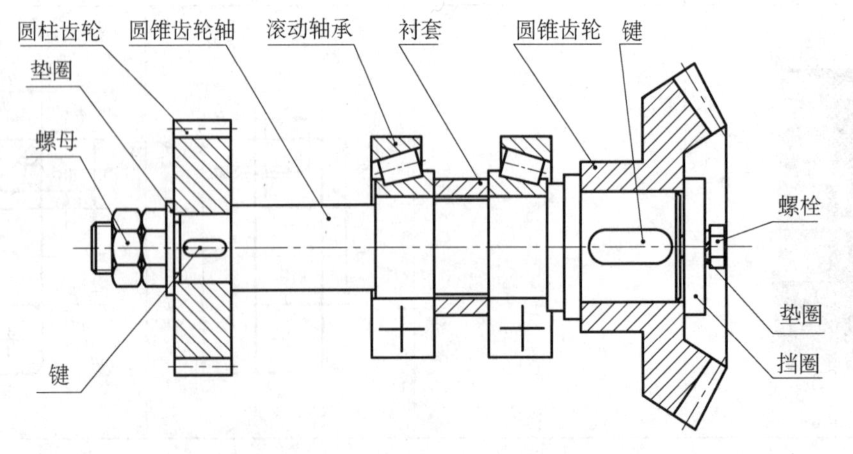

图 C. 5－2　圆锥齿轮轴上零件的装配

C.6 弹 簧

弹簧的用途很广，属于常用件。在机械中，主要用来减振、夹紧、储存能量和测力等。弹簧的特点是去掉外力后，能立即恢复原状。弹簧的类型有螺旋弹簧、蜗卷弹簧、板弹簧等，如图 C.6－1 所示。

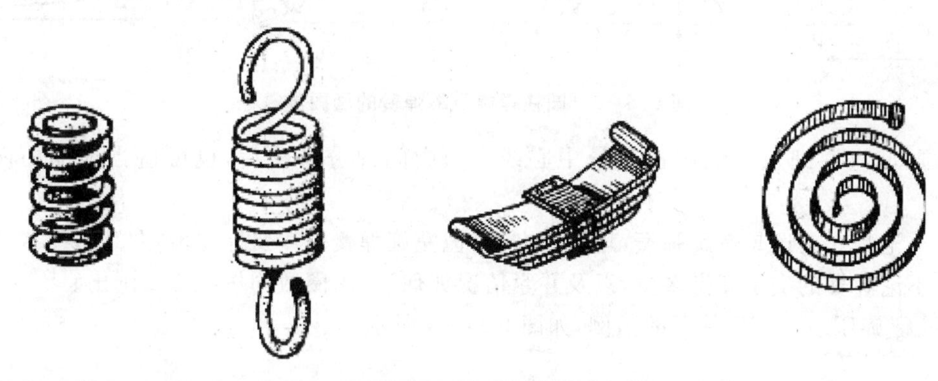

图 C.6－1 常用弹簧

(1) 圆柱螺旋压缩弹簧各部分的名称及尺寸 如图 C.6－2 所示，说明如下：

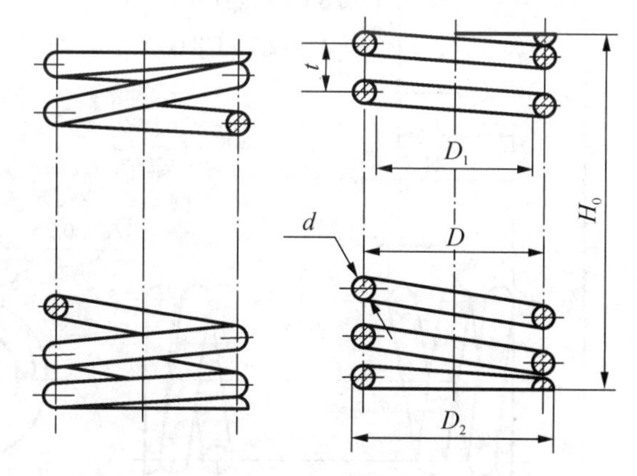

图 C.6－2 圆柱螺旋压缩弹簧

1) 丝直径 d：弹簧金属丝的直径。

2) 弹簧的外径 D_2：弹簧的最大直径；弹簧的内径 D_1：弹簧的最小直径，$D_1 = D_2 - 2d$；弹簧的中径 D：弹簧内径和外径的平均值，$D = \dfrac{D_2 + D_1}{2} = D_1 + d = D_2 - d$。

3) 节距 t：除支承圈外，相邻两圈上的轴向距离。

4) 总圈数 n_1、支承圈数 n_2、有效圈数 n：弹簧中间节距相同部分的圈数称为有效圈数；为使弹簧平衡、端面受力均匀，弹簧两端应并紧、磨平，磨平、并紧部分的圈数称为支承圈数；有效圈数与支承圈数之和称为总圈数。

5) 自由高度 H_0：弹簧不受力的情况下，弹簧的总高度，$H_0 = nt + (n_2 - 0.5)d$。

6) 展开长度 L：制造弹簧用的簧丝长度，由螺旋线展开可得 $L \approx n_1 \sqrt{(\pi D)^2 + t^2}$。

7) 旋向：分为左旋和右旋两种，常用右旋。

(2) 圆柱螺旋压缩弹簧的规定画法 图 C.6－3 所示为螺旋弹簧的画图步骤。绘制过程中应注意：

1) 在平行于弹簧轴线的视图中，各圈的螺旋轮廓线画成直线。

2) 有效圈数在 4 圈以上的螺旋弹簧，允许每端只画 1～2 圈(不包括支承圈)，中间各圈可

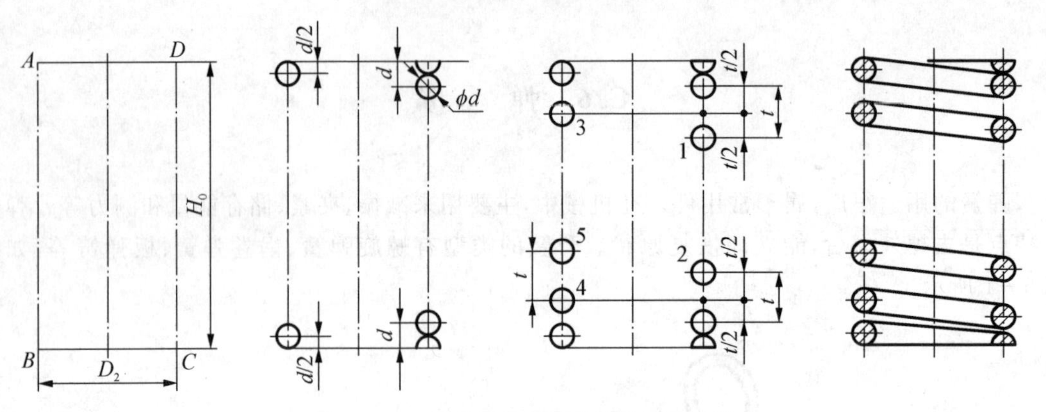

图 C.6-3　圆柱螺旋压缩弹簧的画图步骤

省略不画，但应用细点画线画出簧丝中心线。当中间部分省略后，也可适当地缩短图形的长度。

3）不论是左旋还是右旋弹簧，均画成右旋，但左旋弹簧一律要标注出“左”字。

4）不论弹簧的支承圈是多少，以及并紧情况如何，支承圈数均按 2.5 圈画出。

圆柱螺旋压缩弹簧零件图的示例，如图 C.6-4 所示。

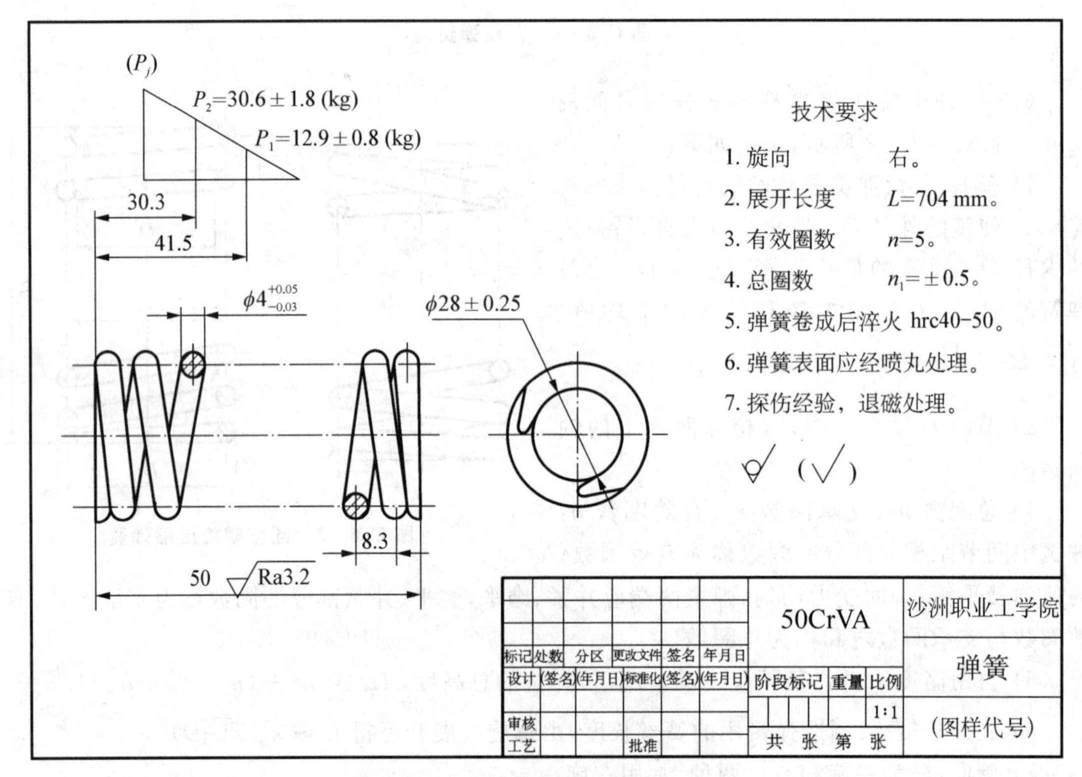

图 C.6-4　圆柱螺旋压缩弹簧零件图

装配图中，将弹簧看成一个实体，弹簧后面被遮挡住的零件轮廓不必画出，如图 C.6-5(a)所示；簧丝直径或厚度在图形上小于 1 mm 时，可用示意画法画出，如图 C.6-5(b)所示；若弹簧的簧丝直径小于或等于 2 mm 时，簧丝剖面不画剖面线，可将其涂黑表示，如图 C.6-5(c)所示。

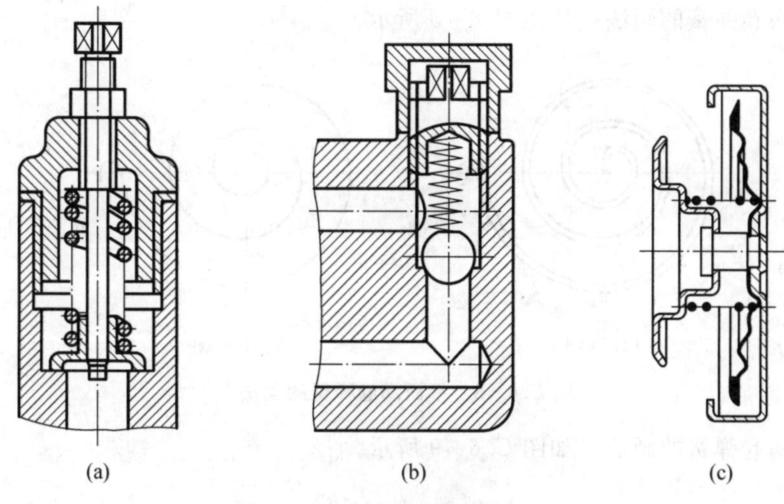

图 C.6-5　在装配图中弹簧的画法

(3) 圆柱螺旋拉伸弹簧的画法　如图 C.6-6 所示。

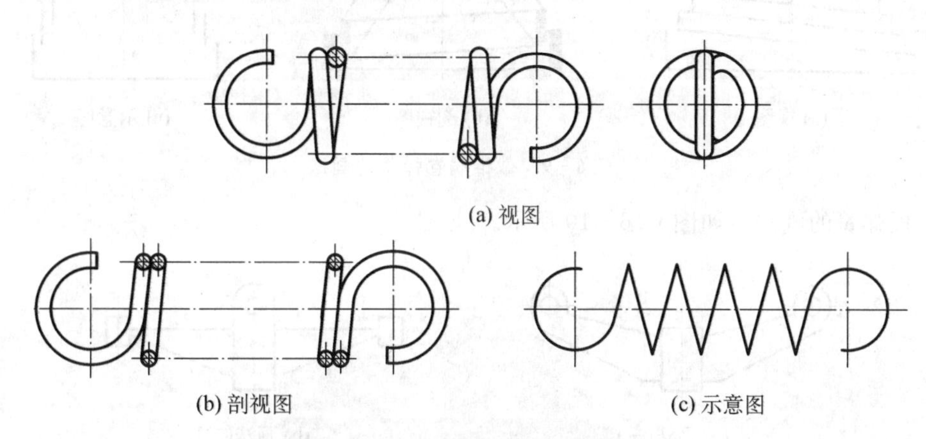

图 C.6-6　圆柱螺旋拉伸弹簧画法

(4) 圆柱螺旋扭转弹簧的画法　如图 C.6-7 所示。

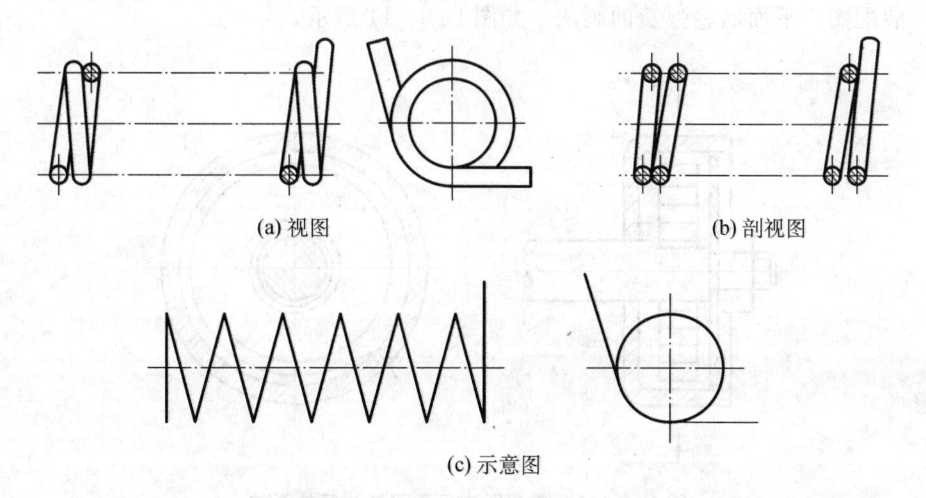

图 C.6-7　圆柱螺旋扭转弹簧的画法

(5) 平面涡卷弹簧的画法　如图 C. 6 - 8 所示。

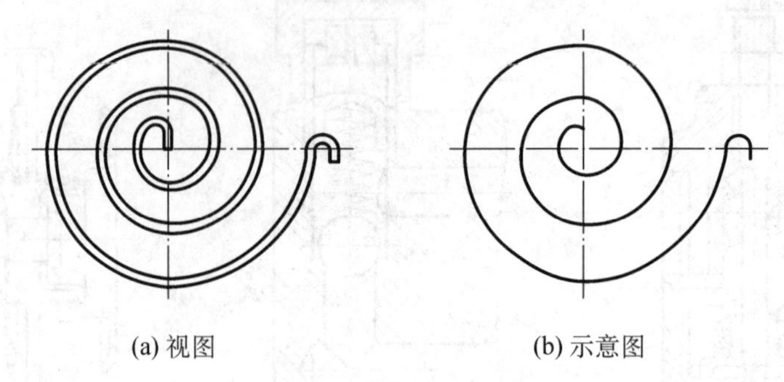

图 C. 6 - 8　平面涡卷弹簧的画法

(6) 截锥涡卷弹簧的画法　如图 C. 6 - 9 所示。

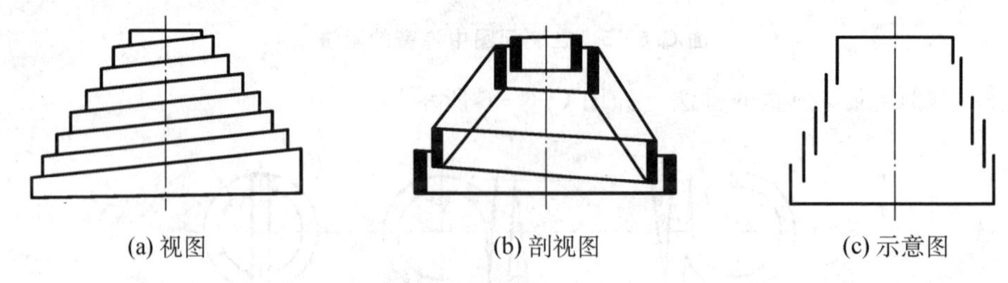

图 C. 6 - 9　截锥涡卷弹簧的画法

(7) 板弹簧的画法　如图 C. 6 - 10 所示。

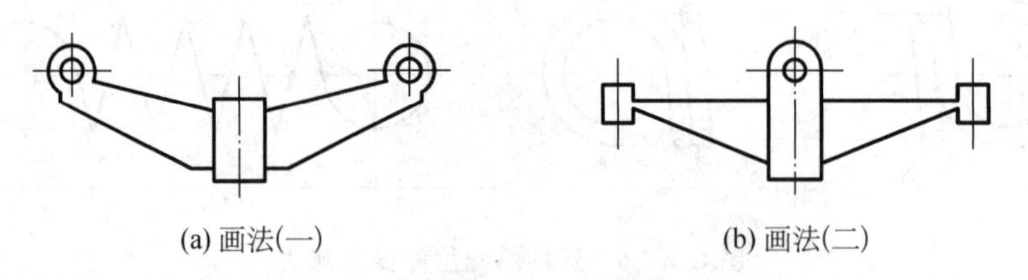

图 C. 6 - 10　装配图中板弹簧的画法

(8) 装配图中平面涡卷弹簧的画法　如图 C. 6 - 11 所示。

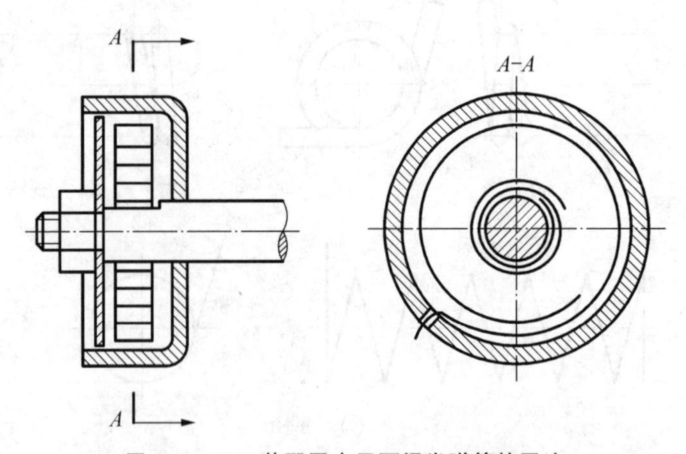

图 C. 6 - 11　装配图中平面涡卷弹簧的画法

C.7 密 封 结 构

密封装置是为了防止灰尘、水份进入轴承及润滑油的外泄。轴承的密封装置主要有毛毡密封、沟槽密封、皮碗密封、挡片密封、迷宫密封等方式，其结构如图 C.7－1 所示。

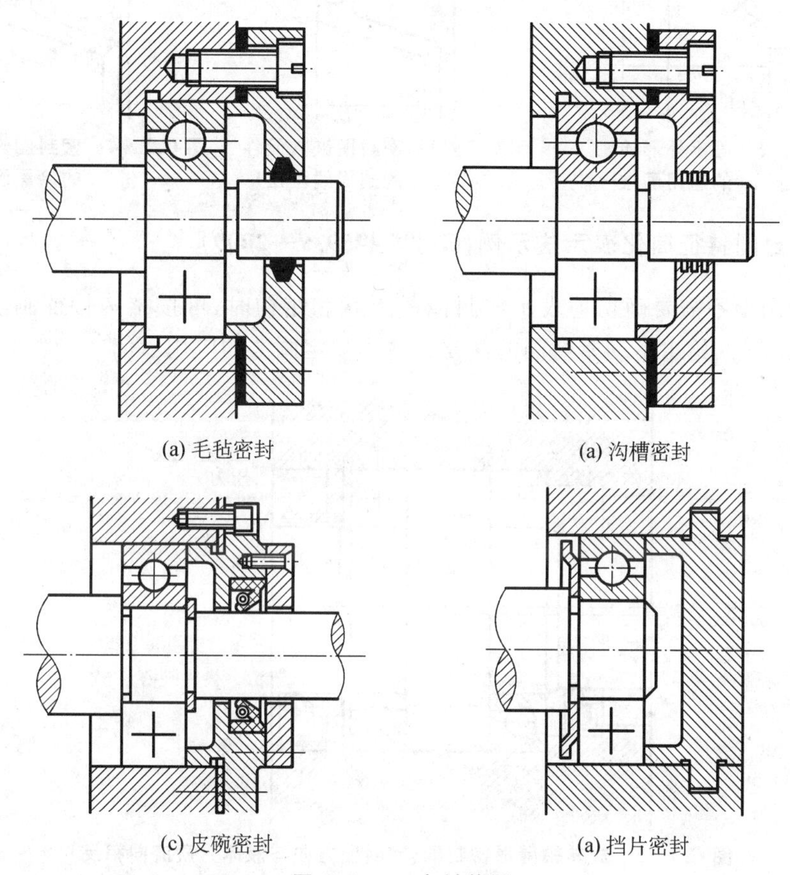

(a) 毛毡密封　(a) 沟槽密封

(c) 皮碗密封　(a) 挡片密封

图 C.7－1　密封装置

C.7.1　动密封圈通用简化表示法(GB/T 4459.8—2009)

用通用画法绘制密封圈时，轮廓线、矩形线框和符号均用 GB/T 4457.4 中的粗实线绘制。剖视图中，如果没有特殊的边缘形状，不需要确切地表示外形轮廓时，可采用在矩形线框中央画出十字交叉的对角线符号的方法表示。当不需要表示密封方向时，按图 C.7－1(a)表示；如需要表示密封方向时，按图 C.7－1(b)表示，箭头指向密封的一侧。这种方法应绘制在轴的一侧或两侧。

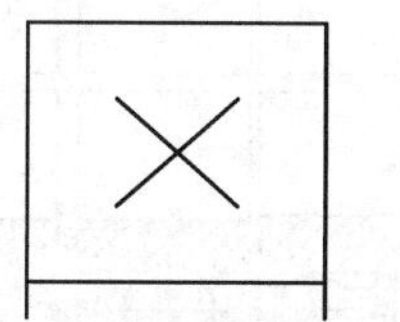

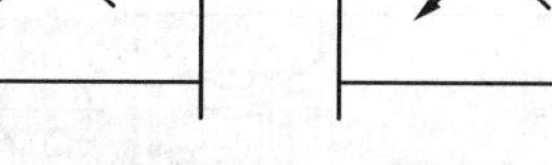

(a) 通用画法　(b) 指出密封方向的通用画法

图 C.7－1　密封圈的通用画法

如需要确切地表示密封圈结构的外形轮廓，应画出其真实的剖面轮廓，并在其中央画出对角线符号，如图 C.7－2 所示。

在剖视图和断面图中，用通用画法绘制密封圈时，不画剖面符号。特殊情况下需要更详细地表示时，可将密封圈的所有嵌入元件画出剖面线或涂黑，如图 C.7－3、图 C.7－4 所示。但其基体材料（如橡胶）部分不画剖面符号。

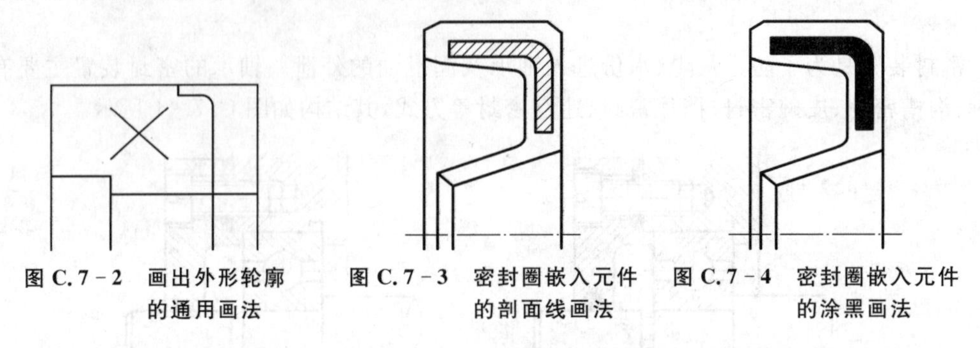

图 C.7－2　画出外形轮廓的通用画法　　**图 C.7－3　密封圈嵌入元件的剖面线画法**　　**图 C.7－4　密封圈嵌入元件的涂黑画法**

C.7.2　动密封圈特征简化表示法示例（GB/T 4459.9—2009）

当在装配图中不需要确切地表示密封圈的形状和结构时，可按结构特征画法进行绘制。图 C.7－5～C.7－9 给出了动密封圈的简化画法和规定画法的应用示例。

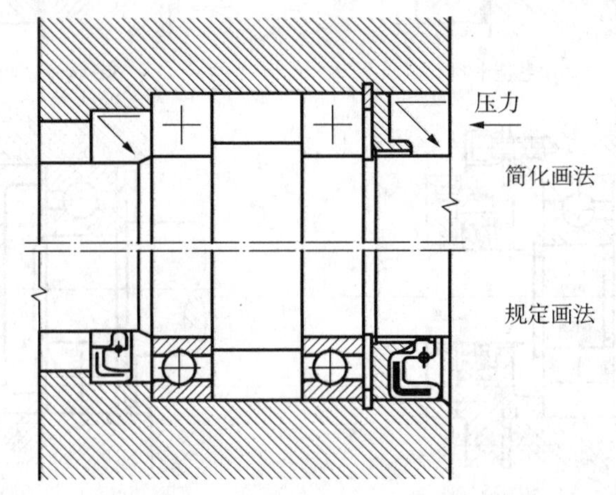

图 C.7－5　旋转轴唇形密封圈（密封圈方向与液体介质流向相反）

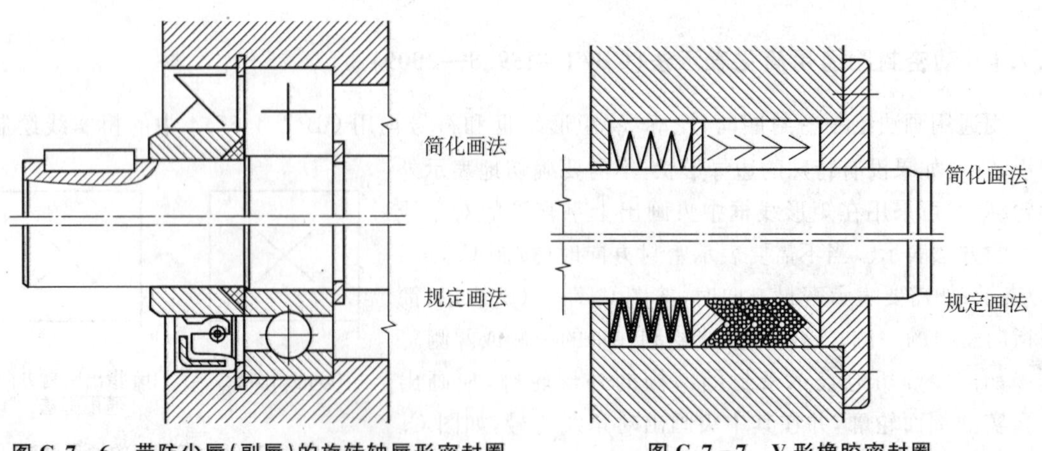

图 C.7－6　带防尘唇（副唇）的旋转轴唇形密封圈　　**图 C.7－7　V 形橡胶密封圈**

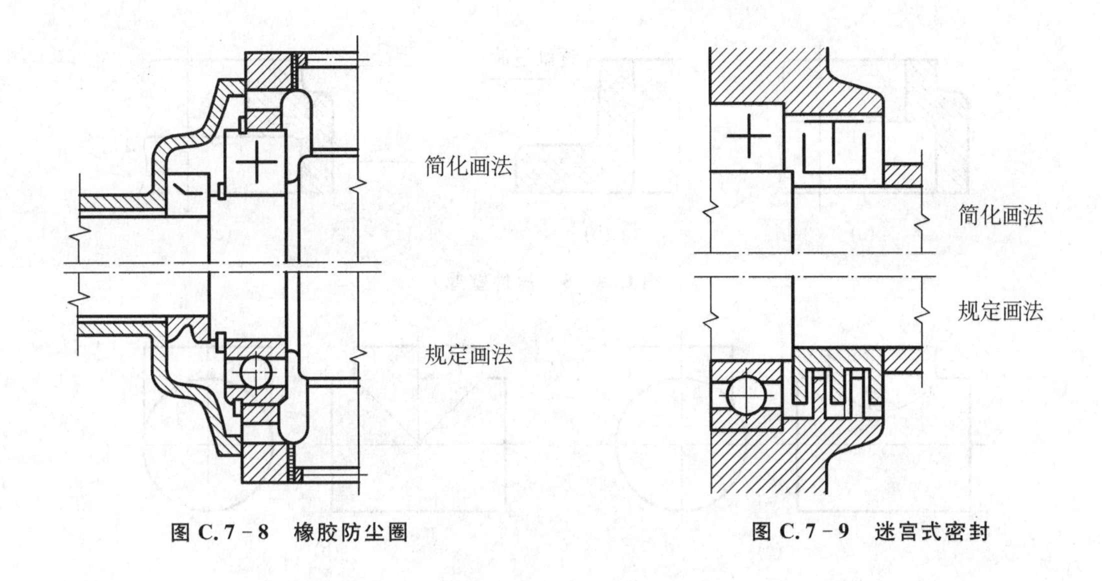

图 C.7-8 橡胶防尘圈　　图 C.7-9 迷宫式密封

C.8 零件的工艺结构

C.8.1 铸造工艺结构

大多数零件都要通过铸造方法制造毛坯,零件的结构形状不仅要满足设计要求,还应满足铸造工艺性的要求。常见的铸造工艺结构有以下几种。

(1) 起模斜度　铸造时,为了便于从砂型中取出模型,铸件的内外壁沿起模方向应设计有斜度,称为起模斜度,如图 C.8-1(a)所示。这种斜度在图上也可以不予标出,也可不画出,如图 C.8-1(b)所示。必要时,可在技术要求中用文字说明。起模斜度一般在 1∶10～1∶20 之间。

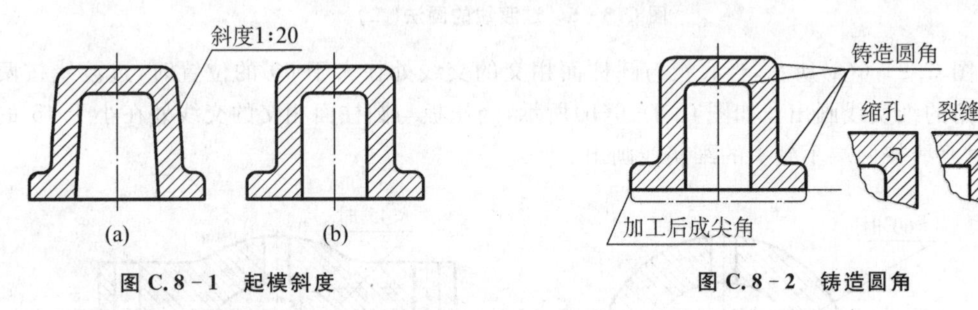

图 C.8-1 起模斜度　　图 C.8-2 铸造圆角

(2) 铸造圆角　铸造过程中,为了避免铁水将砂型转角处冲坏造成夹砂或铸件在冷却时产生裂纹和缩孔,同时方便起模,在铸件各表面相交处都要做出铸造圆角,如图 C.8-2 所示。

(3) 铸件厚度　在浇注零件时,为了避免零件各部分因冷却速度的不同而产生裂纹、缩孔或缩松等铸造缺陷,铸件壁厚应均匀变化、逐渐过渡。图 C.8-3(a, b)所示的结构合理,图 C.8-3(c)所示的结构不合理。

铸造圆角、起模斜度的存在,使得铸件表面出现不太明显的交线(过渡线)。过渡线的画法与相贯线一样,按没有圆角的情况求出相贯线的投影,画到理论交点处。过渡线不能与轮廓线相连,应按细实线画出,如图 C.8-4、图 C.8-5 所示。

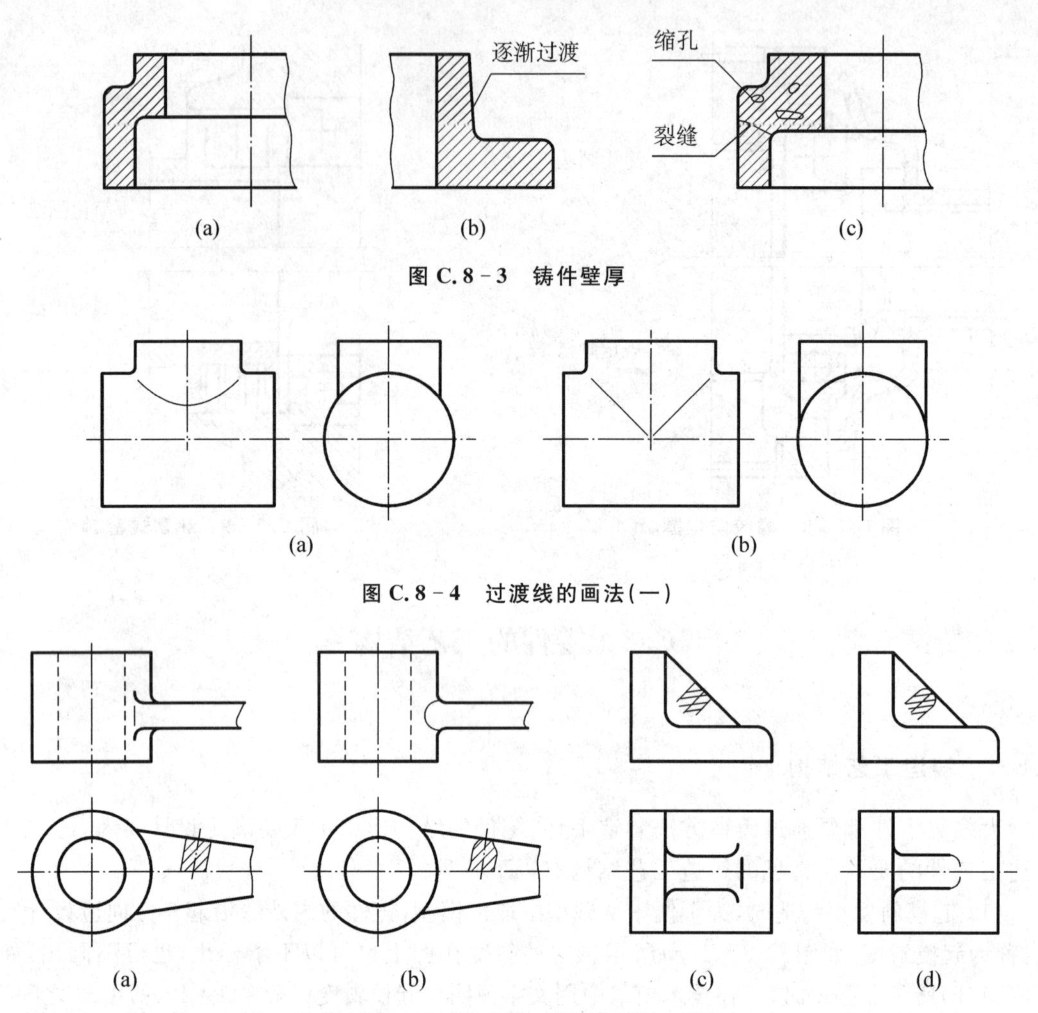

图 C.8-3　铸件壁厚

图 C.8-4　过渡线的画法(一)

图 C.8-5　过渡线的画法(二)

如图 C.8-6(a)所示，当底板与圆柱面相交的交线处在大于 60°的位置时，过渡线按两端带小圆角的细实线画出。如图 C.8-6(b)所示，当压板与圆柱面相交的交线处在小于 45°的位置时，过渡线按两端不到头的细实线画出。

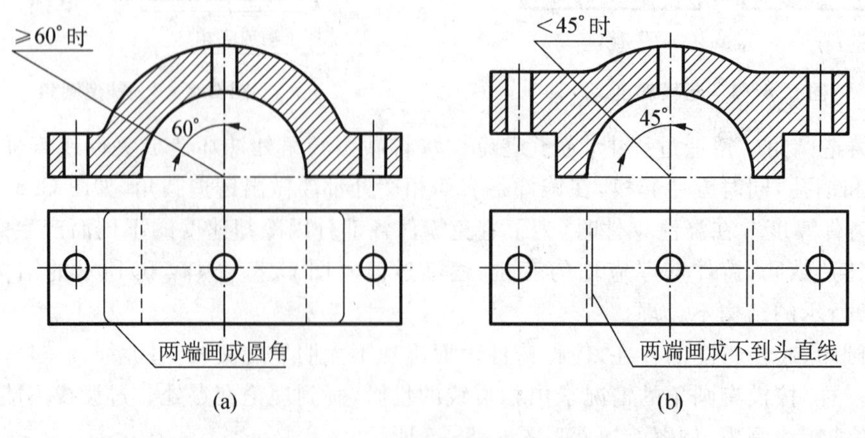

图 C.8-6　过渡线的画法(三)

C.8.2 机械加工工艺结构

(1) 倒角和倒圆　在机械加工时，为了去除零件的毛刺、锐边，便于装配时起导向作用，保护装配面不受损伤，一般都把轴或孔的端面加工出锥面，即倒角；在轴肩处，为了避免截面突变产生应力集中而引发裂纹，把轴肩处加工出圆角的过渡形式，即倒圆。如图 C.8-7 所示。

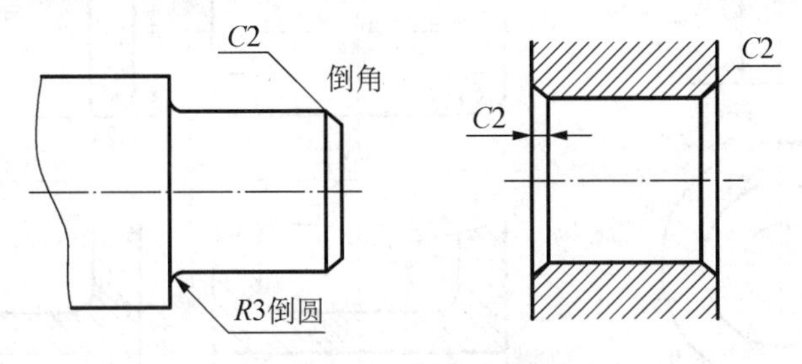

图 C.8-7　倒角和倒圆

(2) 退刀槽和砂轮越程槽　在切屑加工中，特别是在车螺纹和磨削时，为了使加工面完整，达到在装配时能与相邻零件贴紧，同时便于退出刀具或砂轮，常在加工表面的末端轴肩处预先加工出退刀槽或砂轮越程槽，如图图 C.8-8 和图 C.8-9 所示。退刀槽和砂轮越程槽的尺寸都是标准的，可查阅有关手册。

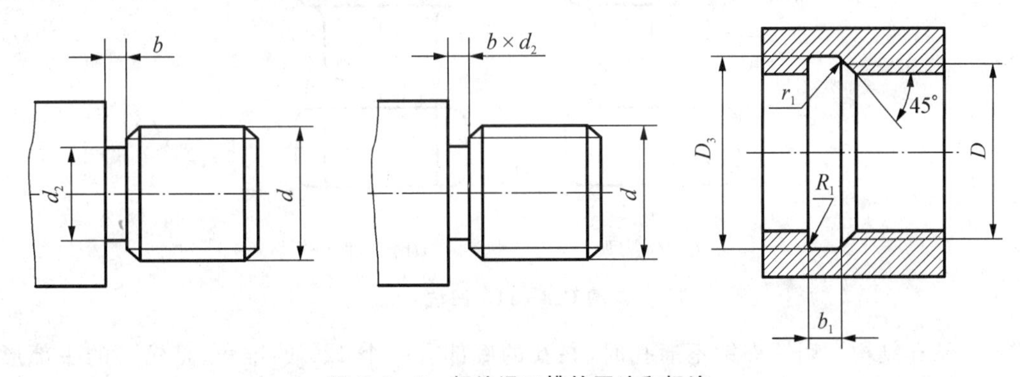

图 C.8-8　螺纹退刀槽的画法和标注

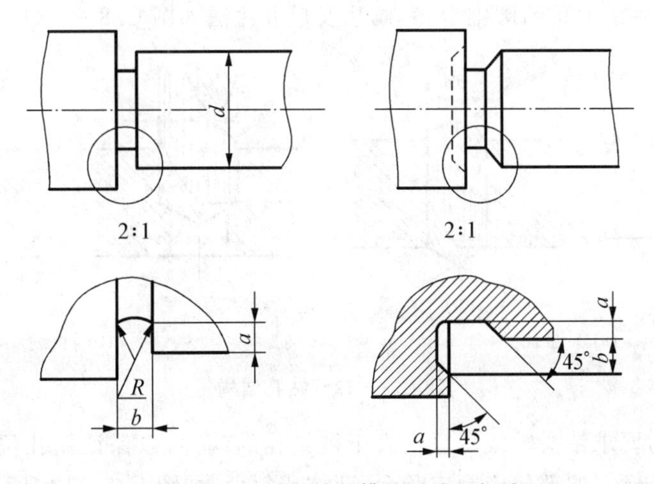

图 C.8-9　砂轮越程槽的画法和标注

(3) 凸台和凹坑　零件上与其他零件接触的表面一般都要加工，以保证零件表面之间有良好的接触。为了减少加工面积、降低加工成本，通常在铸件上设计有凸台或凹坑，如图C. 8－10和图C. 8－11所示。

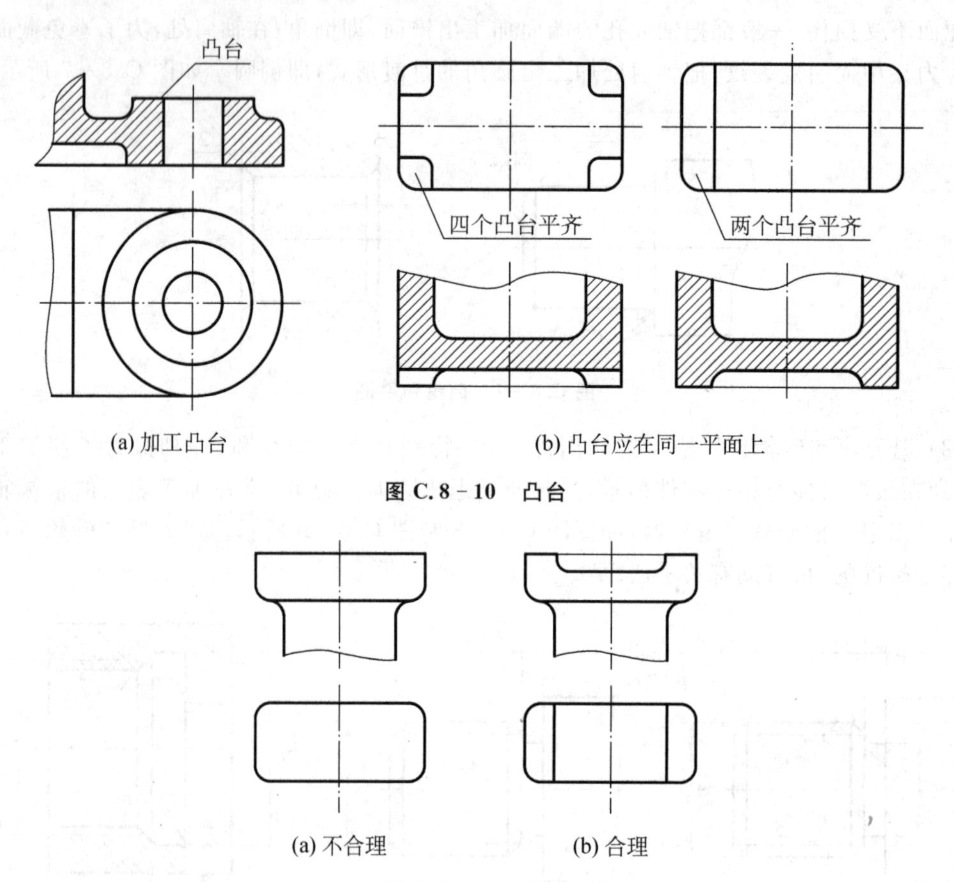

(a) 加工凸台　(b) 凸台应在同一平面上

图 C. 8－10　凸台

(a) 不合理　(b) 合理

图 C. 8－11　凹坑

(4) 钻孔结构　用钻头钻不通孔时，在孔的底部有一个120°的锥角，是钻头的头部形成的。钻孔深度是指圆柱部分的深度，不包括锥坑深度，如图C. 8－12(a)所示。在钻阶梯孔时，阶梯孔的过渡处也存在120°的圆锥台，其画法及尺寸注法如图C. 8－12(b)所示。

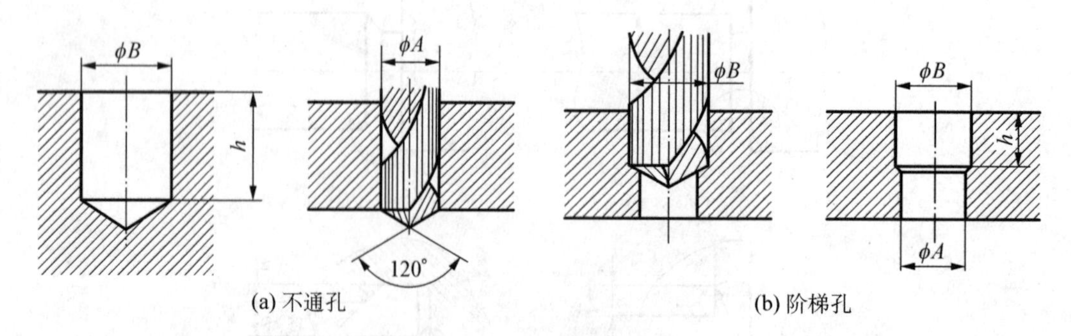

(a) 不通孔　(b) 阶梯孔

图 C. 8－12　钻孔结构

用钻头钻孔时，要求钻头轴线尽量垂直于被钻孔的端面，以保证钻孔位置准确，并避免钻头折断。因此，对于倾斜的部位应制成凸台、凹坑或斜面，如图C. 8－13所示。

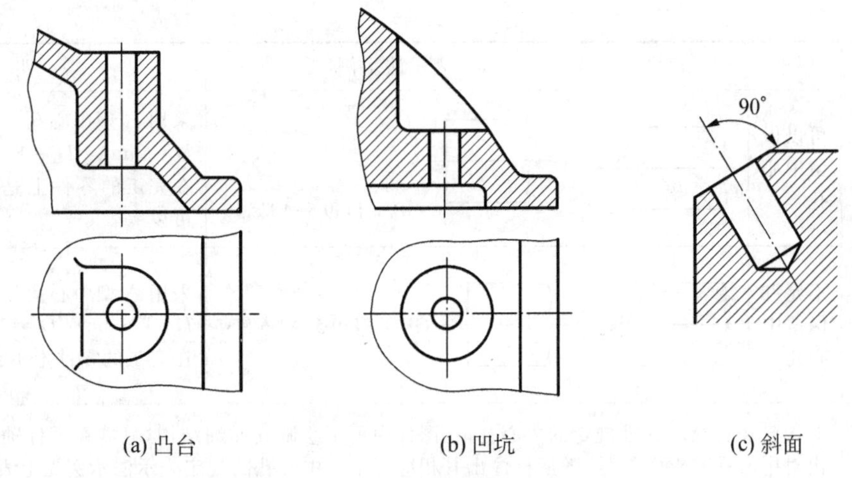

(a) 凸台　　(b) 凹坑　　(c) 斜面

图 C.8-13　钻孔端面的正确结构

（5）滚花　滚花是在金属制品的捏手处或其他工作外表面上，用滚花工具滚压花纹的机械工艺，主要是防滑用，如百分尺的套管、铰杠扳手以及螺纹量规等。现行国标 GB/T 6403.3—2008 针对直纹滚花和网纹滚花的尺寸规格（模数 0.2，0.3，0.4，0.5）作了详细规定，见表 C.8-1。

表 C.8-1　滚花（GB/T 6403.3—2008）　(mm)

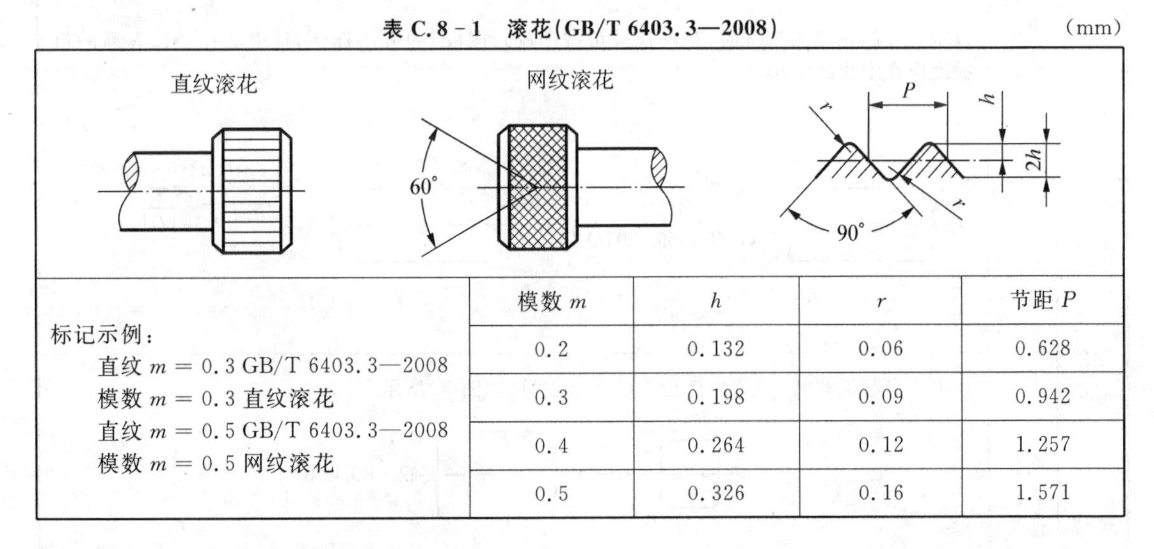

标记示例：	模数 m	h	r	节距 P
直纹 $m=0.3$ GB/T 6403.3—2008 模数 $m=0.3$ 直纹滚花 直纹 $m=0.5$ GB/T 6403.3—2008 模数 $m=0.5$ 网纹滚花	0.2	0.132	0.06	0.628
	0.3	0.198	0.09	0.942
	0.4	0.264	0.12	1.257
	0.5	0.326	0.16	1.571

（6）中心孔　中心孔是指打在工件两端中心处，承受顶针尖的锥孔。中心孔作为工艺基准，一般用于工件的装夹、检验、装配的定位。中心孔分 A，B，C，C 4 个型号，其标注方法见表 C.8-2。

表 C.8-2　中心孔表示法

	要求	符号	表示法示例	说　明
完工零件上是否保留中心孔的规定符号	要求保留中心孔		GB/T 4459.5-B2.5/8	采用 B 型中心孔 $D=2.5$ mm　$D_1=8$ mm 在完工的零件上要求保留

<table>
<tr><td rowspan="3">完工零件上是否保留中心孔的规定符号</td><td>要求</td><td>符号</td><td>表示法示例</td><td>说 明</td></tr>
<tr><td>可以保留中心孔</td><td> 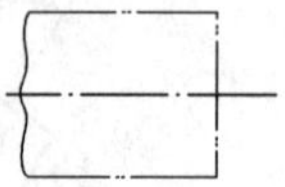</td><td> 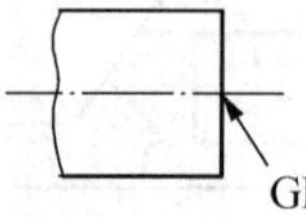GB/T 4459.5-A4/8.5</td><td>采用 A 型中心孔
D=4 mm　D_1=8.5 mm
在完工的零件上是否保留都可以</td></tr>
<tr><td>不允许保留中心孔</td><td> 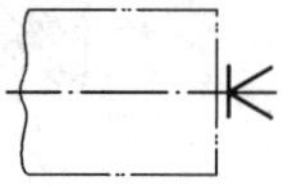</td><td> 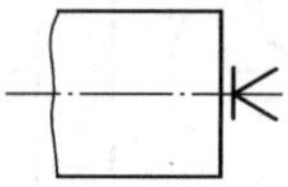GB/T 4459.5-A1.6/3.35</td><td>采用 A 型中心孔
D=1.6 mm　D_1=3.35 mm
在完工的零件上不允许保留</td></tr>
<tr><td rowspan="2">中心孔在图上表示法</td><td>规定表示法</td><td colspan="3">对于已经有相应标准规定的中心孔，在图样中可不绘制其详细结构，只需在零件轴端面绘制出对中心孔要求的符号，随后标注出其相应标记。中心孔的规定表示法示例见上表
如需指明中心孔标记中的标准编号时，也可按图(a)、图(b)的方法标注 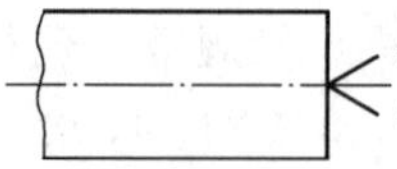
CM10L30/16.3 GB/T 4459.5
(a) 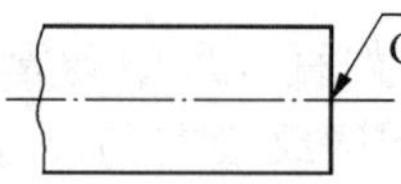
A4/8.5 GB/T 4459.5
(b)
以中心孔的轴线为基准时，基准代号可按图(c)、图(d)的方法标注，且中心孔工作表面的粗糙度应在引出线上标出 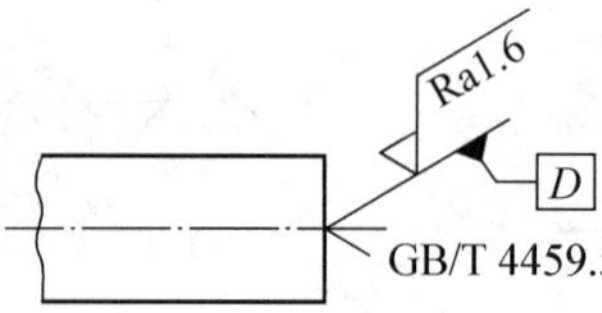
Ra1.6 D GB/T 4459.5-B1/3.15
(c) 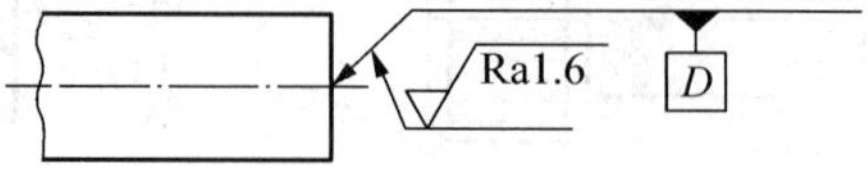
2×GB/T 4459.5-B2/6.3 Ra1.6 D
(d)</td></tr>
<tr><td>简化表示法</td><td colspan="3">在不致引起误解时，可省略标记中的标准编号，如图(e)所示
2×R3.15/6.7
(e)
如同一轴的两端中心孔相同，可只在其一端标出，但应注出其数量(见图(e))</td></tr>
</table>

知识链接 D　图样中的标注

D.1　尺寸注法(GB/T 4458.4—2003 和 GB/T 16675.2—1996)

D.1.1　基本规则

(1) 机件的真实大小应以图样上所注的尺寸数值为依据，与图形的大小及绘图的准确度无关。

(2) 图样中(包括技术要求和其他说明)的尺寸，以 mm 为单位时，不需标注单位符号(或名称)，如采用其他单位，则必须注明相应的单位符号。

(3) 图样中所标注的尺寸，为该图样所示机件的最后完工尺寸，否则应另加说明。

(4) 机件的每一尺寸，一般只标注一次，并应标注在反映该结构最清晰的图形上。

D.1.2　尺寸的组成

标注尺寸由尺寸界线、尺寸线和尺寸数字 3 个要素组成，如图 D.1－1 所示。

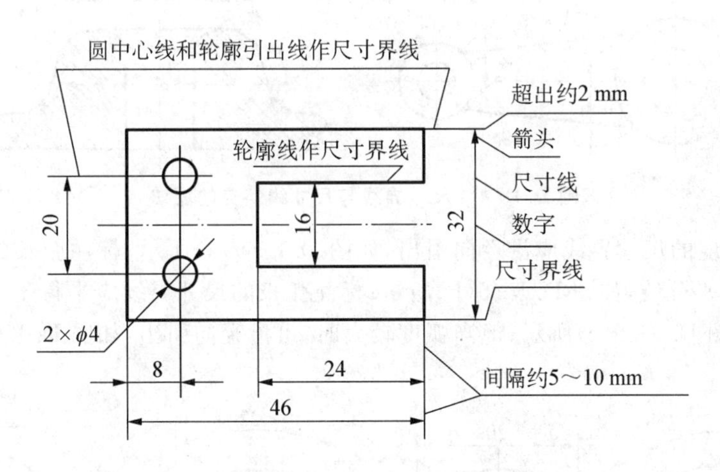

图 D.1－1　标注尺寸的要素

1. 尺寸界线

(1) 尺寸界线用细实线绘制，并应由图形的轮廓线、轴线或对称中心线处引出，也可利用轮廓线、轴线或对称中心线作尺寸界线，如图 D.1－2 所示。

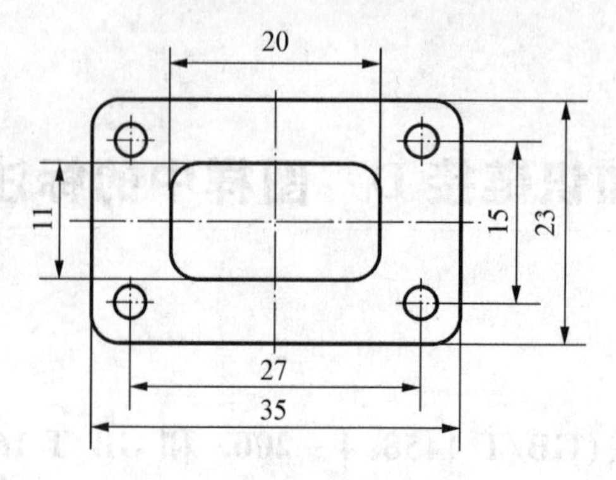

图 D.1-2 尺寸界线的画法

（2）当表示曲线轮廓上各点的坐标时，可将尺寸线或其延长线作为尺寸界线，如图 D.1-3 所示。

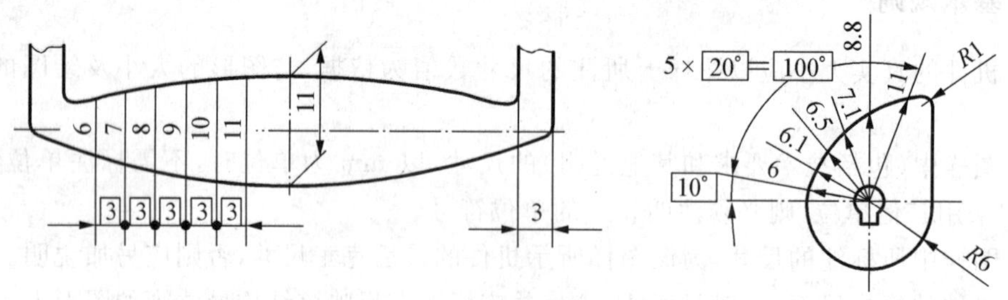

图 D.1-3 曲线轮廓的尺寸注法

（3）尺寸界线一般应与尺寸线垂直，必要时才允许倾斜；光滑过渡处标注尺寸时，应用细实线将轮廓线延长，从它们的交点处引出尺寸界线，如图 D.1-4 所示。

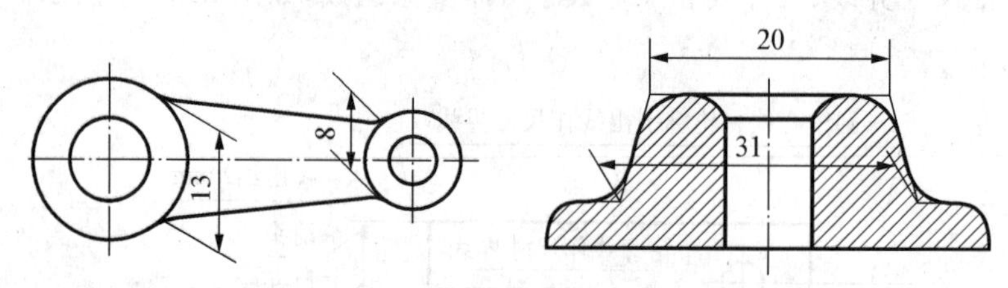

图 D.1-4 尺寸界线与尺寸线斜交的注法

（4）标注角度的尺寸界线应沿径向引出，如图 D.1-5(a)所示；标注弦长的尺寸界线应平行于该弦的垂直平分线，如图 D.1-5(b)所示；标注弧长的尺寸界线应平行于该弧所对圆心角的角平分线，如图 D.1-5(c)所示；但当弧度较大时，可沿径向引出，如图 D.1-5(d)所示。

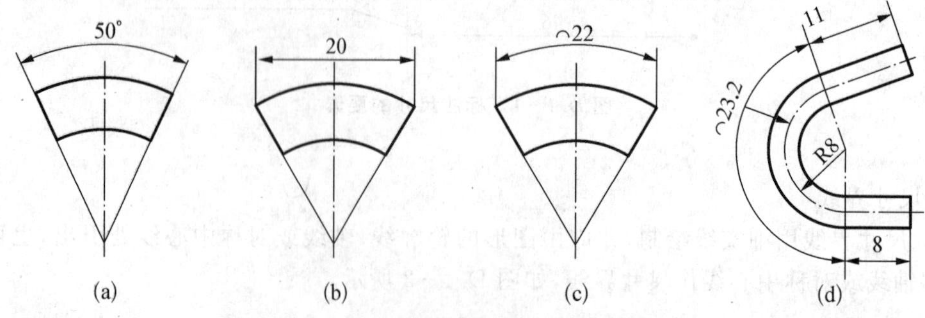

图 D.1-5 标注角度、弦长、弧长的尺寸界线画法

2. 尺寸线

(1) 尺寸线用细实线绘制，其终端可以有箭头和斜线两种形式，如图 D.1-6 所示。机械制图一般采用箭头。当用斜线形式时，尺寸线与尺寸界线必须相互垂直，如图 D.1-7 所示。当尺寸线与尺寸界线相互垂直时，同一张图样中只能采用一种尺寸线终端的形式。

(2) 如图 D.1-8 所示，尺寸线应与所标注的线段平行，不能用其他图线代替，不得与其他图线重合或画在其延长线上。标线性尺寸时，相同方向各尺寸线之间的距离要均匀。

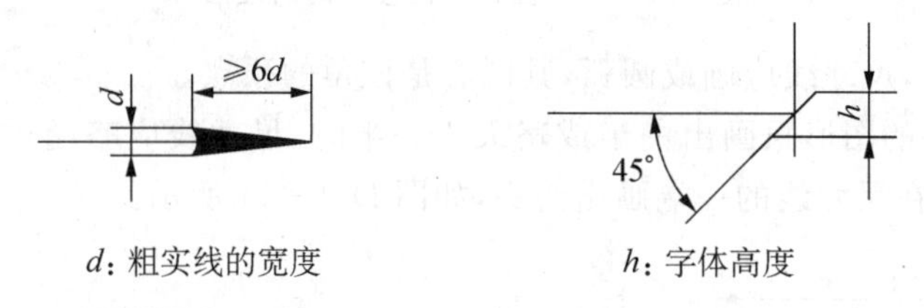

图 D.1-6 尺寸线终端的形式

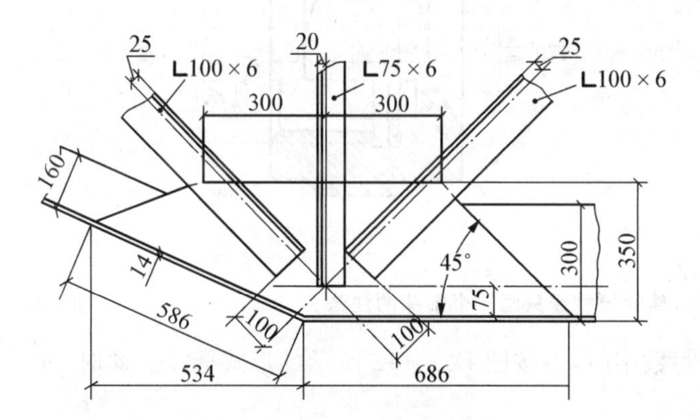

图 D.1-7 尺寸线终端采用斜线时的尺寸注法

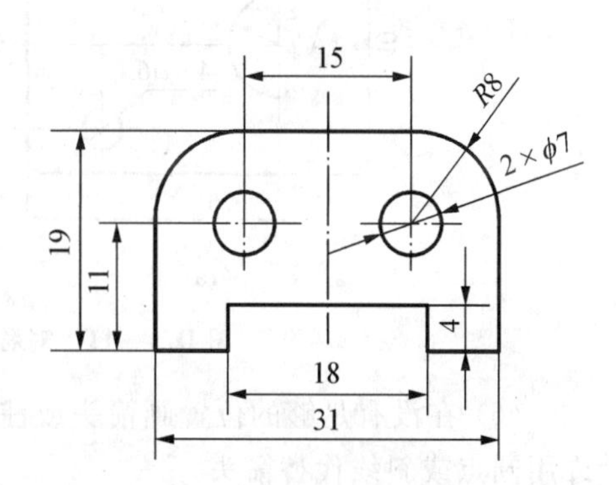

图 D.1-8 线性尺寸线的注法

(3) 如图 D.1-9 所示，圆的直径和圆弧半径的尺寸线的终端应画成箭头，尺寸线应通过圆心。**注意** 整圆或大于半圆则应标注直径尺寸，半圆或小于半圆的圆弧应标注半径尺寸，半径尺寸必须标注在投影为圆弧的图形上。当圆弧的半径过大或在图纸范围内无法标出其圆心位置时，可按图 D.1-10(a)的形式标注；若不需要标出其圆心位置时，可按图 D.1-10(b)的形式标注。

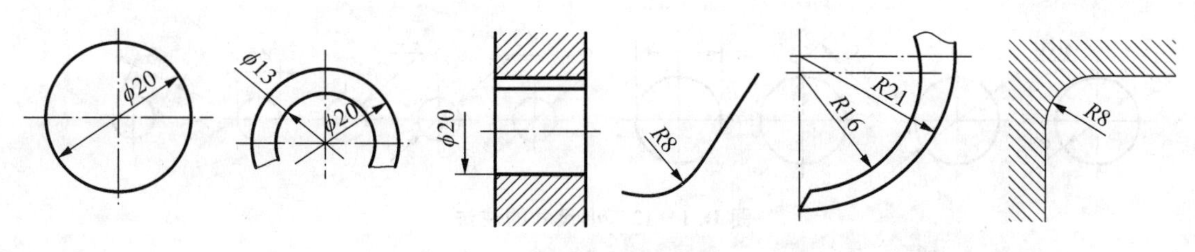

图 D.1-9 圆的直径和圆弧半径的注法

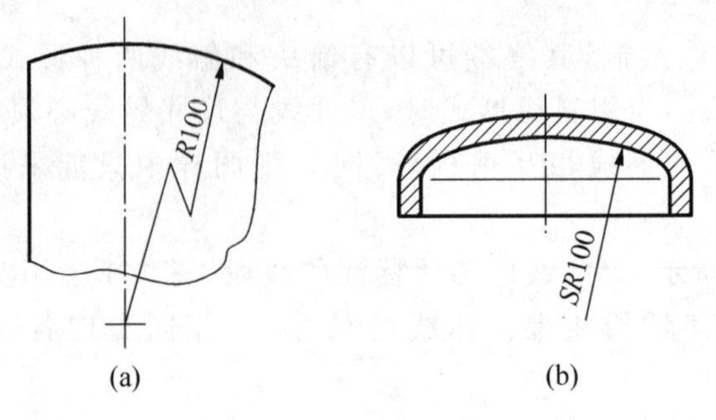

图 D.1－10　圆弧半径较大时的注法

（4）标注角度时，尺寸线应画成圆弧，其圆心是该角的顶点。

（5）当对称机件的图形只画出一半或略大于一半时，尺寸线应略超过对称中心线或断裂处的边界线，此时仅在尺寸线的一端画出箭头，如图 D.1－11 所示。

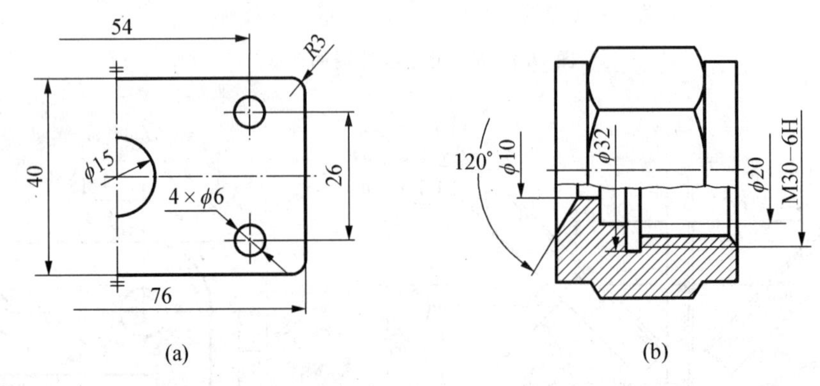

图 D.1－11　对称机件的尺寸线只画一个箭头的注法

（6）在没有足够的位置画箭头或注写数字时，可按图 D.1－12 所示的形式标注。此时，允许用圆点或斜线代替箭头。

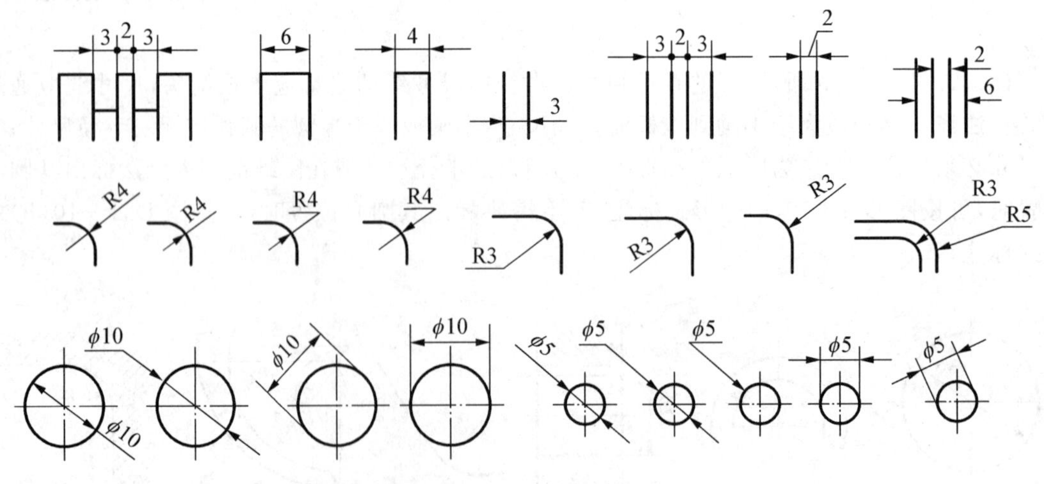

图 D.1－12　小尺寸的注法

3. 尺寸数字

(1) 线性尺寸的数字一般应注写在尺寸线的上方,也允许注写在尺寸线的中断处,如图D.1-13所示。

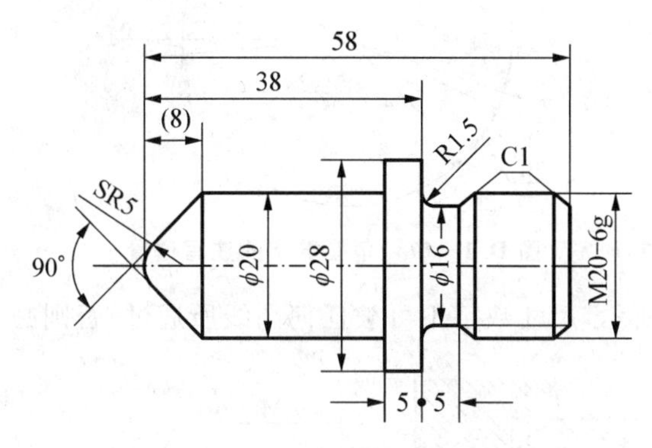

图 D.1-13 尺寸数字的注法位置

(2) 线性尺寸数字的方向,一般应按图D.1-14所示的方向注写,并尽可能避免在图示30°范围内标注尺寸,当无法避免时可按图D.1-15所示的形式标注。对于非水平方向的尺寸,在不致引起误解时,其数字也允许水平地注写在尺寸线的中断处,如图D.1-16所示。但在一张图样中,应尽可能采用一种方法。

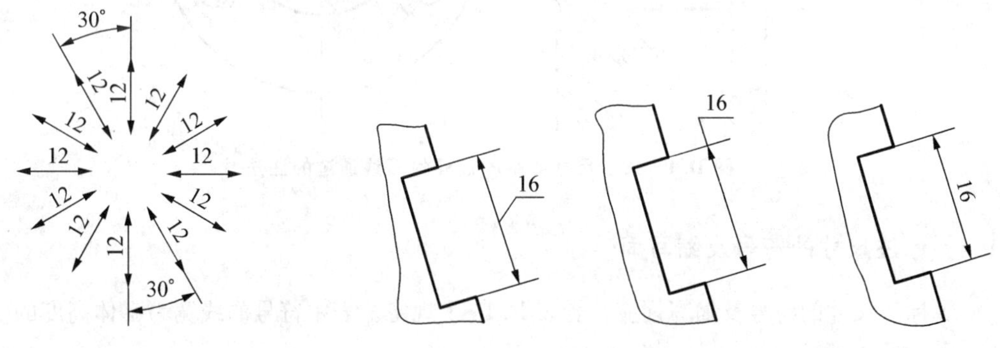

图 D.1-14 尺寸数字的注写方向

图 D.1-15 向左倾斜30°范围内的尺寸数字的注写

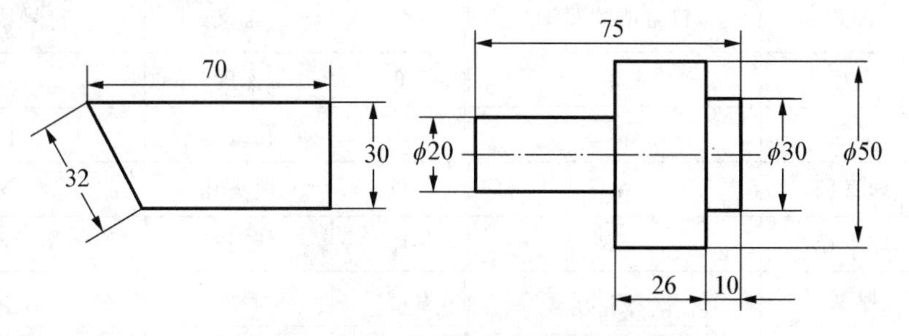

图 D.1-16 非水平方向的尺寸注法

(3) 如图D.1-17所示,角度的数字一律写成水平方向,一般注写在尺寸线的中断处,必要时也可按图示的其他形式标注。

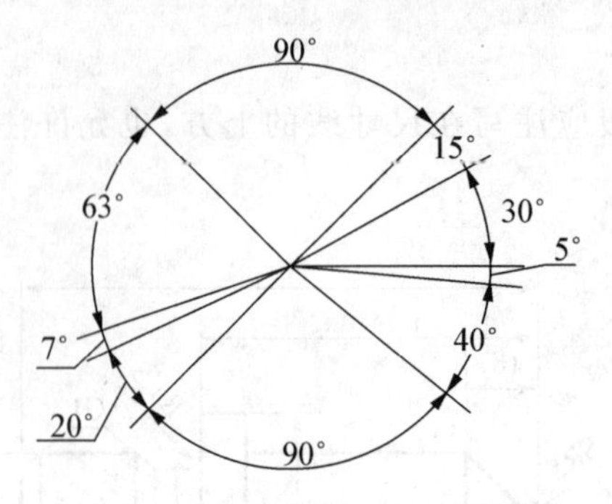

图 D.1-17　角度数字的注写位置

(4) 如图 D.1-18 所示,尺寸数字不可被任何图线所通过,否则必须将该图线断开。

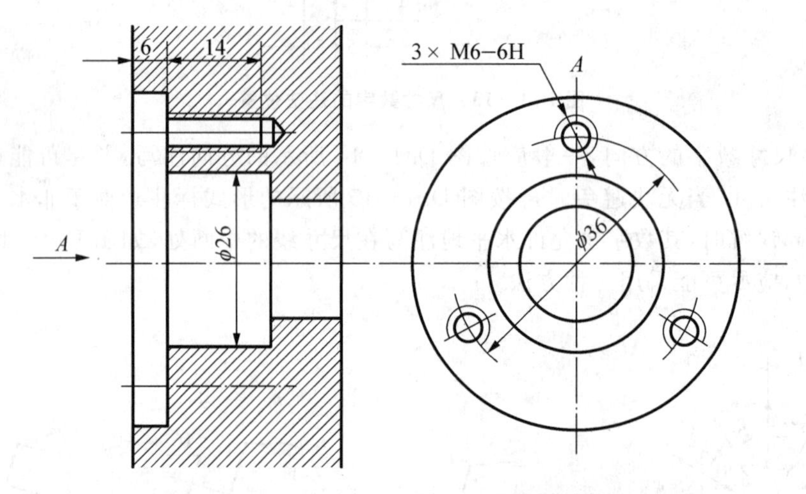

图 D.1-18　尺寸数字不被任何图线通过的注法

D.1.3　标注尺寸的符号及缩写词

(1) 标注尺寸的符号及缩写词应符合表 D.1-1 规定。表中符号的线宽为字体高度的 1/10。

表 D.1-1　标注尺寸的符号及缩写词

序号	含义	符号或缩写词	序号	含义	符号或缩写词
1	直径	ϕ	9	深度	↧
2	半径	R	10	沉孔或锪平	⌴
3	球直径	$S\phi$	11	埋头孔	⌵
4	球半径	SR	12	弧长	⌒
5	厚度	t	13	斜度	∠
6	均布	EQS	14	锥度	⊲
7	45°倒角	C	15	展开长	○→
8	正方形	□	16	型材截面形状	按 GB/T 4656.1—2000

(2) 标注直径时，应在尺寸数字前加注符号“ϕ”；标注半径时，应在尺寸数字前加注符号“R”；标注球面直径或半径时，应在符号“ϕ”或“R”前再加注符号“S”，如图 D.1－19 所示。对于轴、螺杆、铆钉以及手柄等的端部，在不致引起误解的情况下可省略符号“S”，如图 D.1－20 所示。

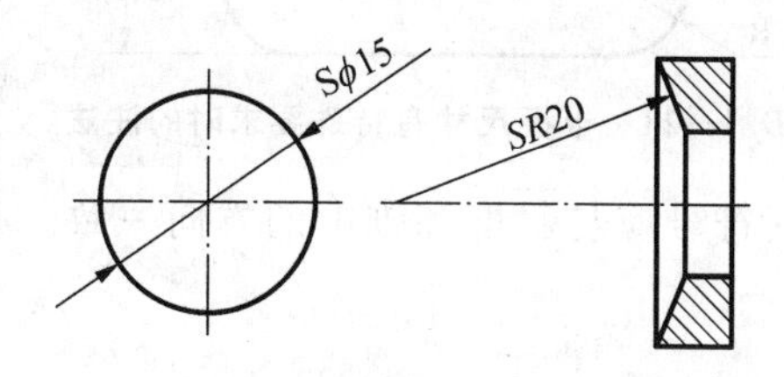

图 D.1－19　球面尺寸的注法(一)

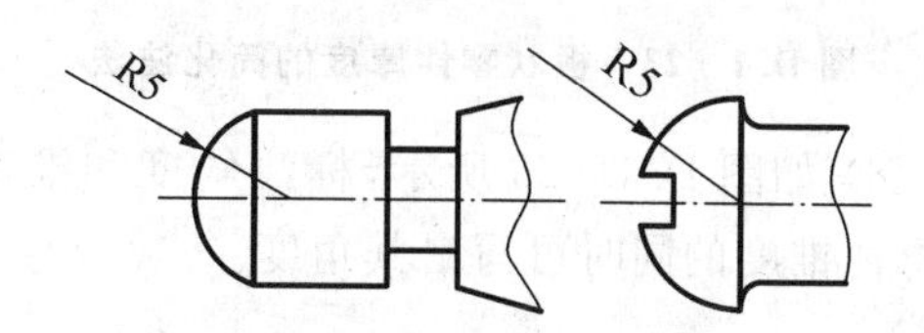

图 D.1－20　球面尺寸的注法(二)

(3) 标注弧长时，应在尺寸数字左方加注符号“⌒”，(见图 D.1－5(c))。

(4) 标注参考尺寸时，应将尺寸数字加上圆括弧，如图 D.1－21 所示。

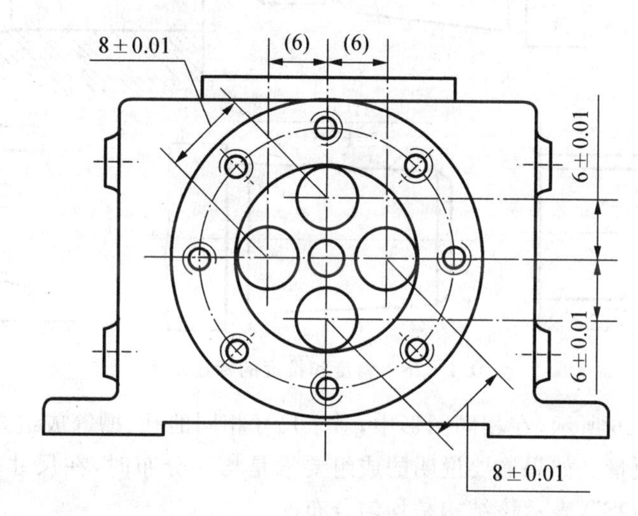

图 D.1－21　参考尺寸的注法

(5) 如图 D.1－22 所示，标注剖面为正方形结构的尺寸时，可在正方形边长尺寸数字前加注符号“□”，或用“B×B”(B 为正方形的对边距离)注出。

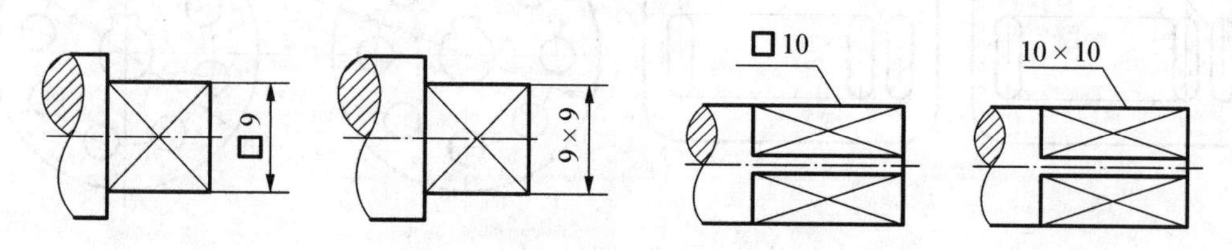

图 D.1－22　正方形结构的尺寸注法

(6) 标注板状零件的厚度时，可在尺寸数字前加注符号“t”，如图 D.1－23 所示。

(7) 当需要指明半径尺寸是由其他尺寸所确定时，应用尺寸线和符号“R”注出，但不要注写尺寸数字，如图 D.1－24 所示。

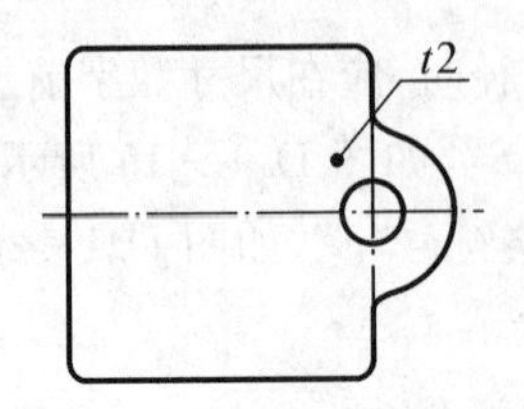

图 D.1－23　板状零件厚度的简化注法

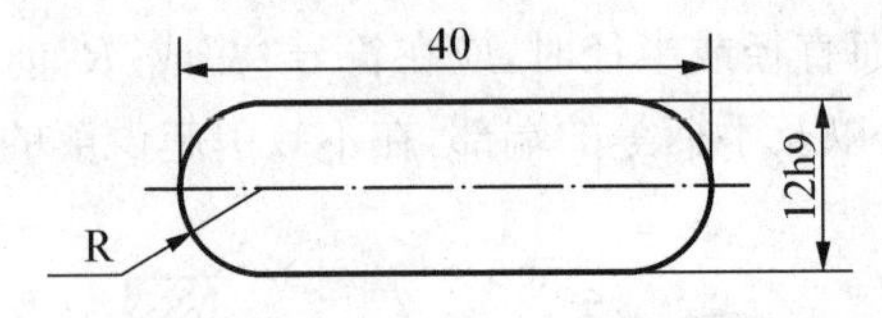

图 D.1－24　半径尺寸有特殊要求时的注法

(8) 如图 D.1－25 所示，标注斜度和锥度时，其符号应与斜度和锥度的方向一致。必要时，标注锥度的同时可写出其角度。

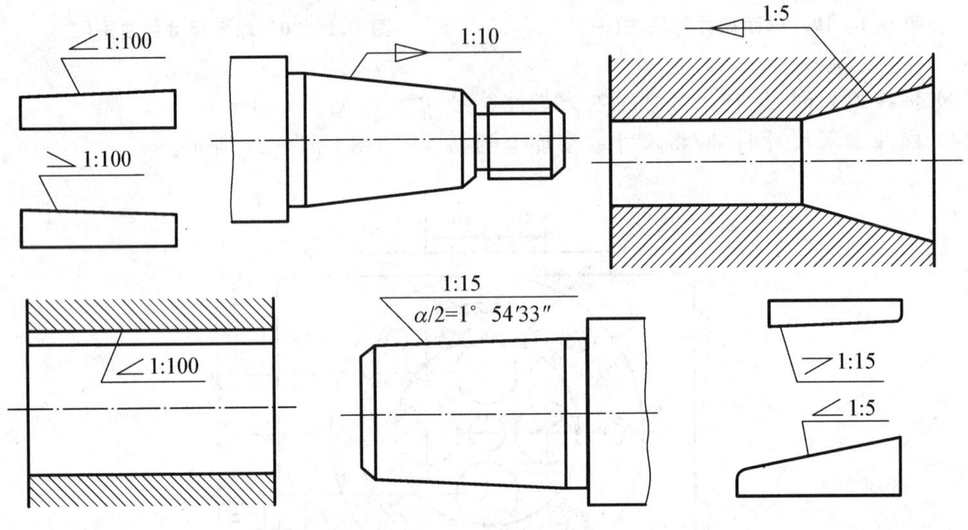

图 D.1－25　斜度和锥度的标注示例

(9) 如图 D.1－26 所示，在相同图形中，对于尺寸相同的孔、槽等成组要素，可仅在一个要素上注出其尺寸和数量。如果需要说明的成组要素是均匀分布时，在尺寸数量下方的水平线的下方，注写字母“EQS”，表示该结构是均匀分布。

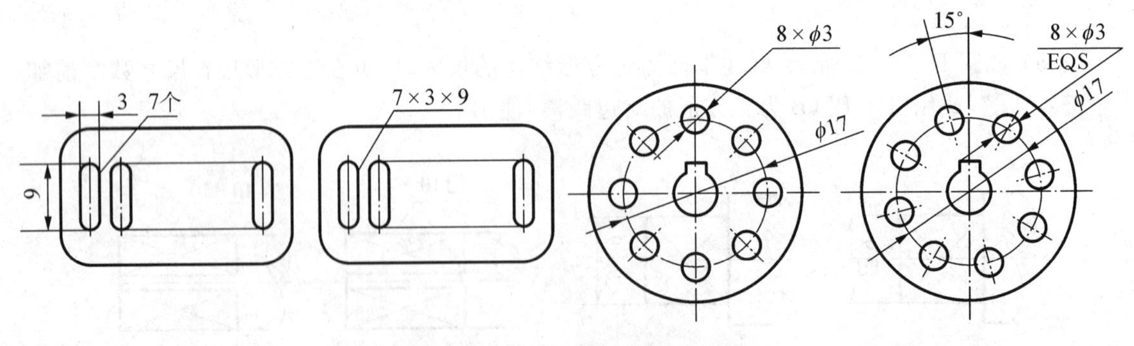

图 D.1－26　成组要素的尺寸注法

D.1.4　常见零件结构要素的尺寸注法

(1) 45°倒角可按图 D.1－27 所示的形式标注，用符号 C 表示 45°。非 45°倒角可按图 D.1－28所示的形式标注。

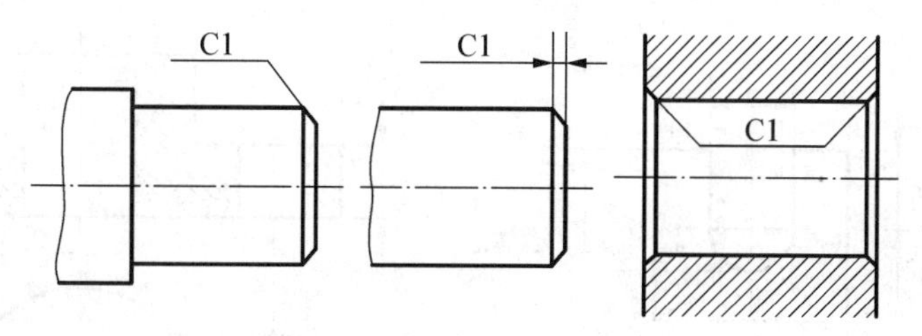

图 D.1－27　45°倒角的注法

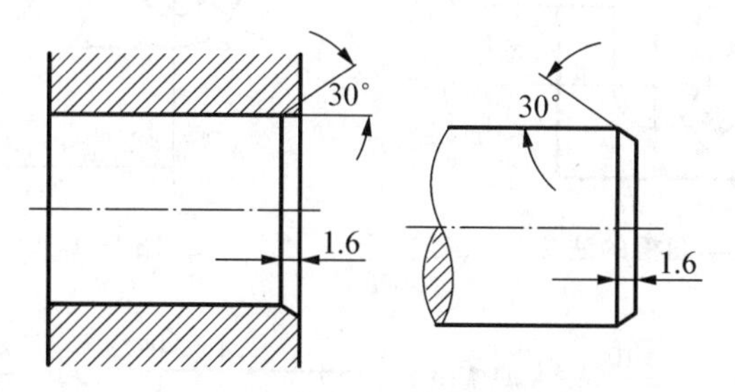

图 D.1－28　非 45°倒角的注法

(2) 退刀槽及越程槽按图 D.1－29(a)所示的“槽宽×直径”的形式标注；也可按图 D.1－29(b)所示的“槽宽×槽深”的形式标注。

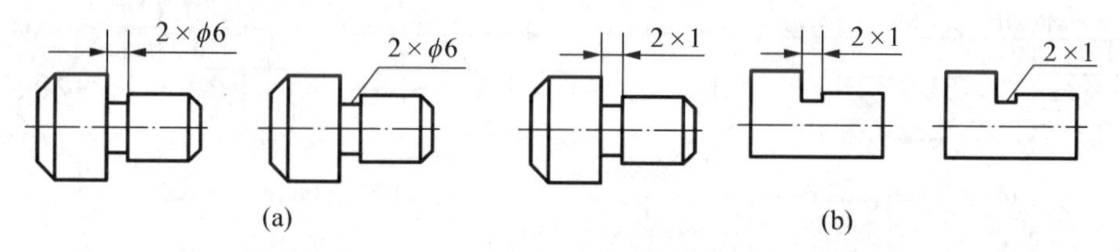

图 D.1－29　退刀槽及越程槽的注法

(3) 对长圆形孔，应注出宽度尺寸，以便选择刀具直径。根据设计要求和加工方法的不同，其长度尺寸有不同的注法，如图 D.1－30 所示。

(4) 圆柱销孔及圆锥销孔可按图 D.1－31 所示的形式标注。

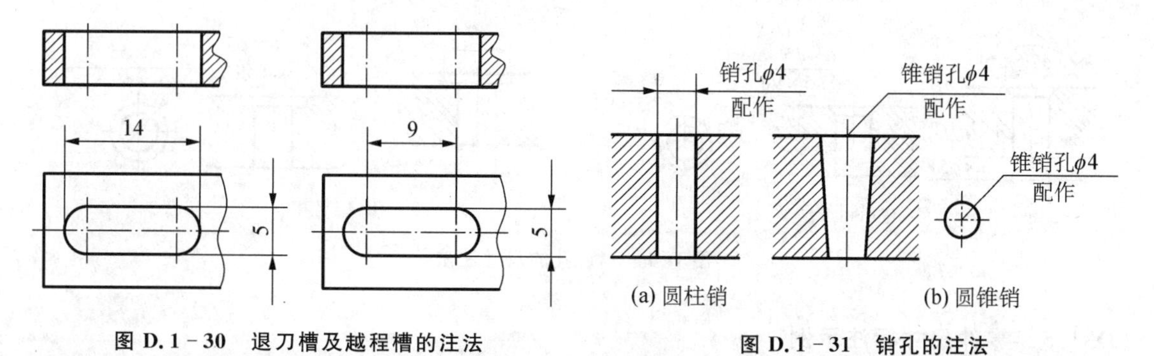

图 D.1－30　退刀槽及越程槽的注法

图 D.1－31　销孔的注法

(5) 方槽及半圆槽可按图 D.1－32 所示的形式标注。

(6) 凸耳的轮廓尺寸一般与孔有关，可按图 D.1－33 所示的形式标注。

(7) 各种孔的尺寸标注示例，如图 D.1－34 所示。

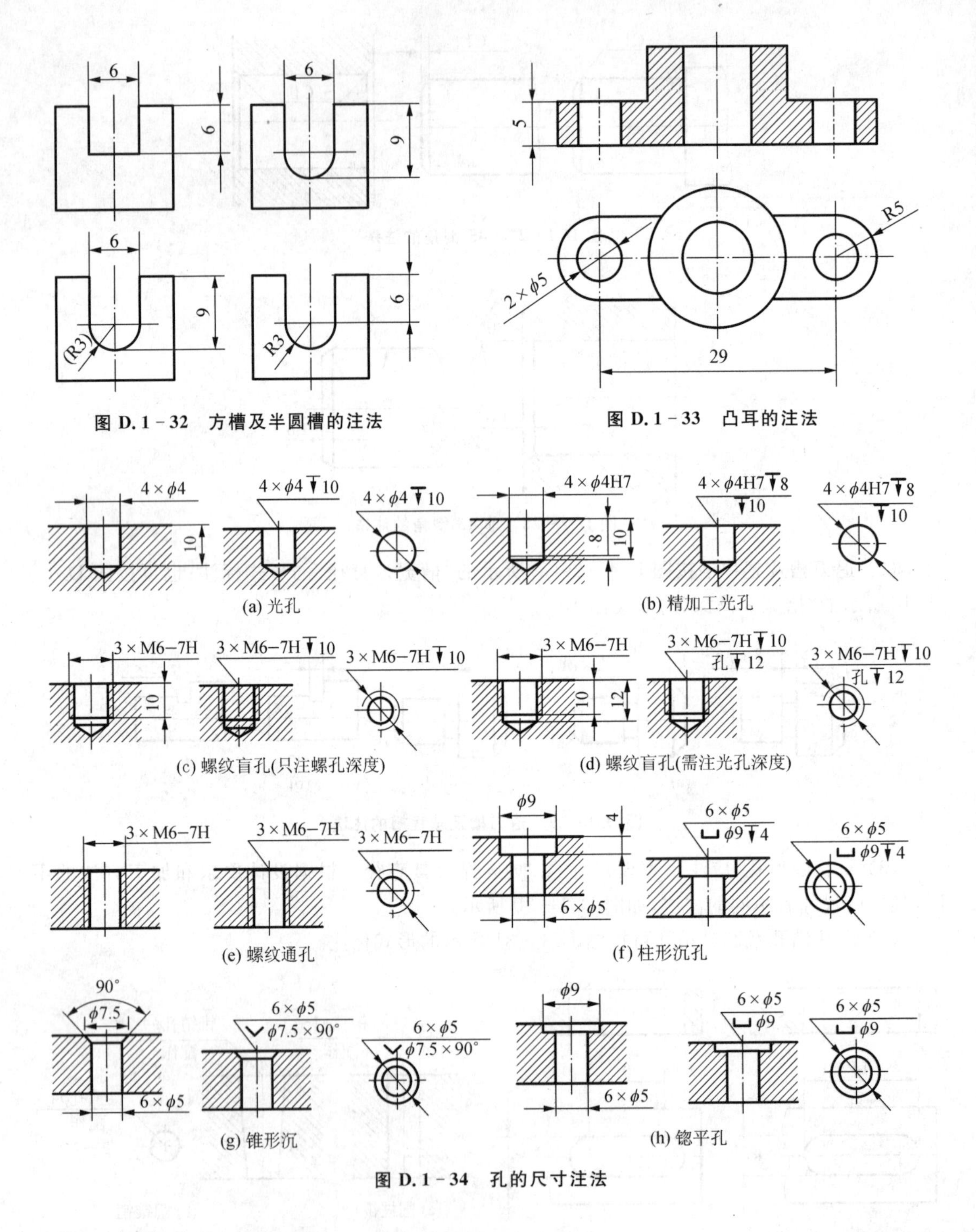

图 D.1-32　方槽及半圆槽的注法

图 D.1-33　凸耳的注法

图 D.1-34　孔的尺寸注法

D.1.5　零件尺寸标注示例

(1) 如图 D.1-35 所示，对于结合件，可用双点画线画出与之结合的零件，注出其整体尺寸。

(2) 如图 D.1-36 所示，零件在装配时进行加工的结构要素，其尺寸可用旁注法的形式注出。

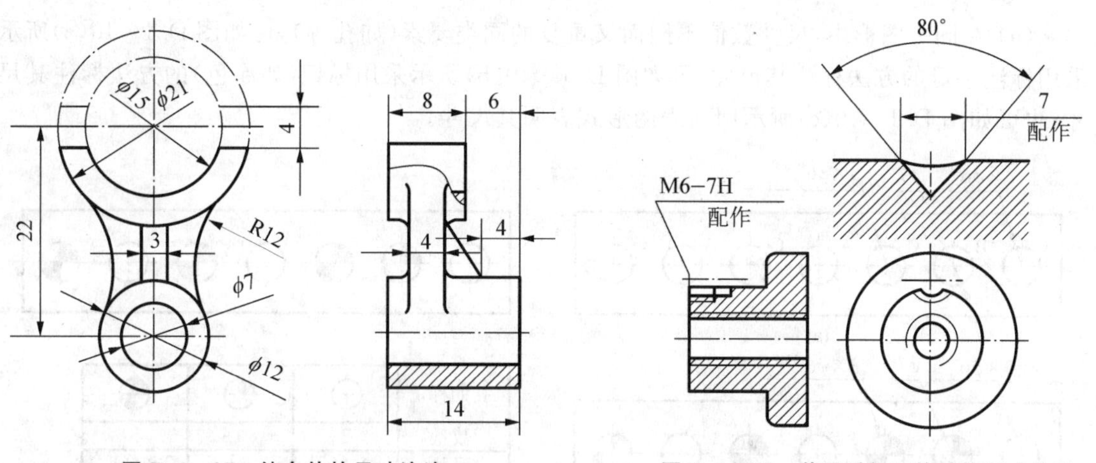

图 D.1－35　结合件的尺寸注法

图 D.1－36　装配时加工的结构尺寸注法

(3) 当图形具有对称中心线时,可仅标注其中一边的结构尺寸,如图 D.1－37 所示。

(4) 对于不连续的同一表面,可用细实线联结后标注一尺寸,如图 D.1－38 中的 $\phi10$。

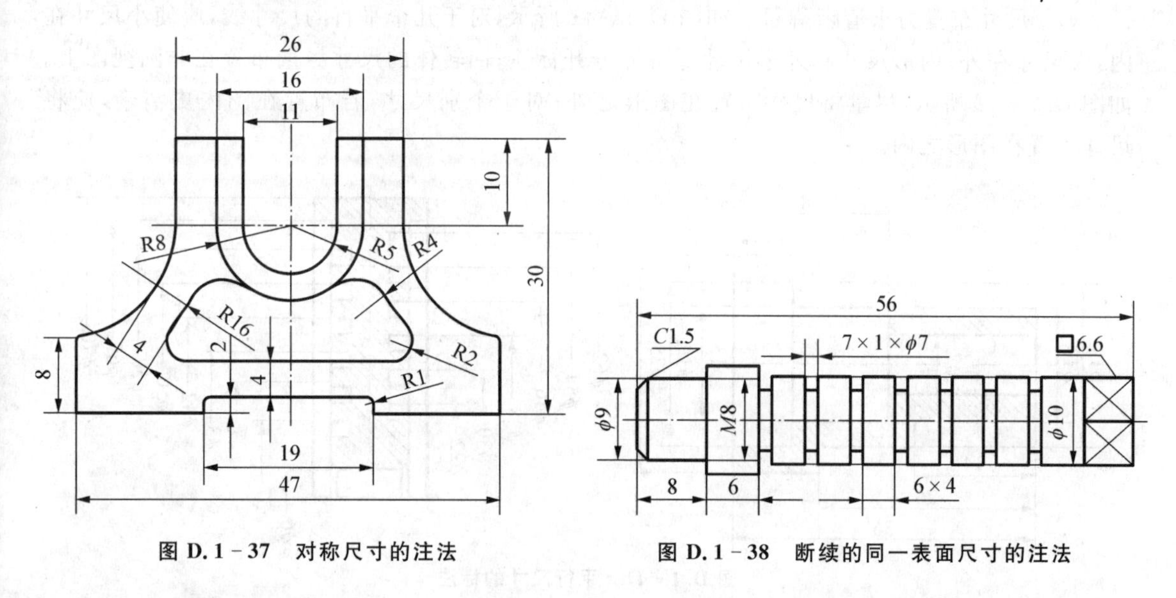

图 D.1－37　对称尺寸的注法

图 D.1－38　断续的同一表面尺寸的注法

(5) 由同一基准出发的尺寸,可按图 D.1－39(a)的形式注出,用小黑点标注基准,用单箭头标注相对于基准的尺寸数字;也可按图 D.1－39(b)所示,用坐标的形式列表标注。

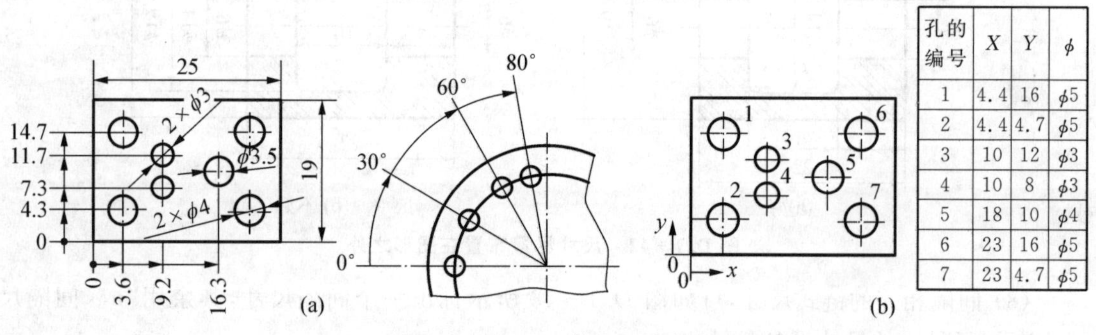

孔的编号	X	Y	φ
1	4.4	16	φ5
2	4.4	4.7	φ5
3	10	12	φ3
4	10	8	φ3
5	18	10	φ4
6	23	16	φ5
7	23	4.7	φ5

图 D.1－39　同一基准尺寸的注法

(6) 在同一图形中，尺寸数值不同而又重复的同类要素（如孔等），可如图 D.1－40(a)所示采用标注字母的方法标注其尺寸；可如图 D.1－40(b)所示采用标记（如涂色）的方法标注其尺寸；也可如图 D.1－40(c)所示用列表的形式表明其尺寸。

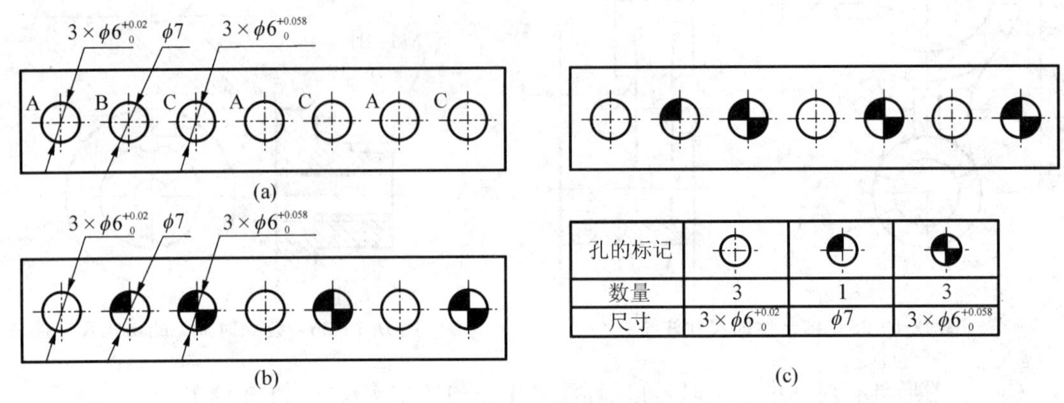

孔的标记	○	◐	◕
数量	3	1	3
尺寸	3×$\phi 6^{+0.02}_{0}$	$\phi 7$	3×$\phi 6^{+0.058}_{0}$

图 D.1－40　同一基准尺寸的注法

(7) 尺寸布置力求清晰醒目。如图 D.1－41 所示，对于几个平行的尺寸线，应使小尺寸在内，大尺寸在外；内形尺寸和外形尺寸尽可能分开标注；回转体的尺寸尽量布置在非圆视图上。如图 D.1－42 所示，尽量将尺寸布置在图形之外；对于个别尺寸，若布置在图内更清晰，应将尺寸布置在图形之内。

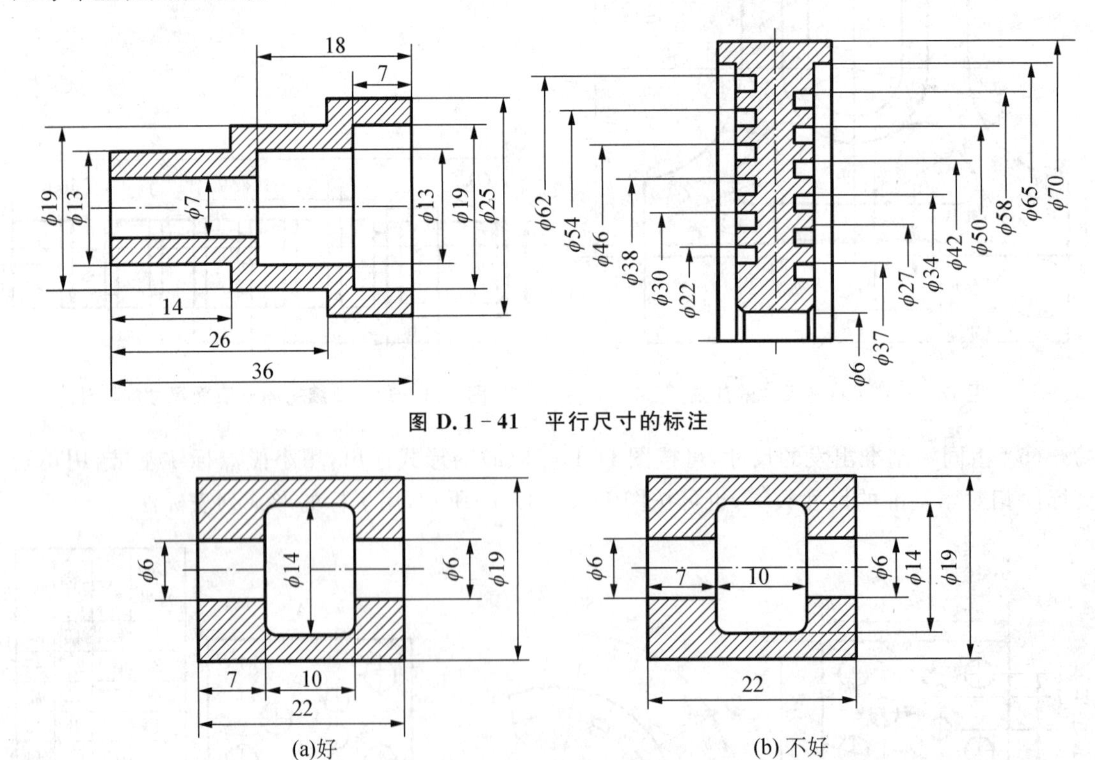

图 D.1－41　平行尺寸的标注

图 D.1－42　尺寸尽量布置在图形之外

(8) 间隔相等的链式尺寸，可如图 D.1－43 所示标出一个间隔尺寸，其余用“n×间隔尺寸”表示，括号中的尺寸为参考尺寸。

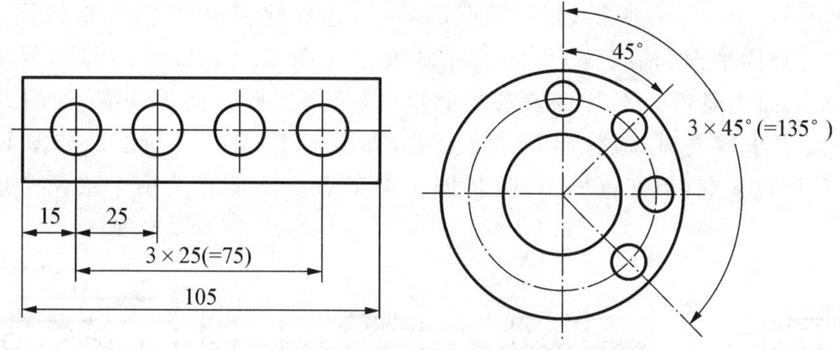

图 D.1－43　间隔相等的链式尺寸标注

（9）一组同心圆弧的尺寸，可用共同的尺寸线箭头依次标出半径值，如图 D1.－44 所示。一组同心圆的台阶孔或圆心位于一条直线上的多个不同心圆弧的尺寸，可用共同的尺寸线，并用箭头指向不同的尺寸界线依次标出半径或直径值，如图 D.1－45 所示。

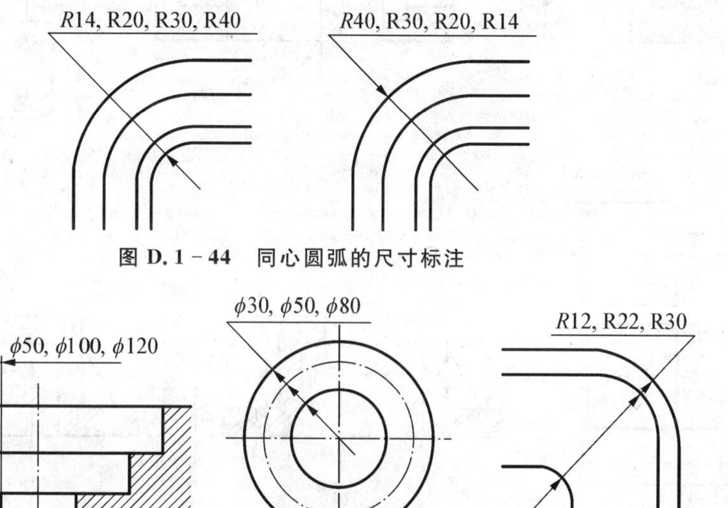

图 D.1－44　同心圆弧的尺寸标注

图 D.1－45　同心台阶孔和不同心圆弧的尺寸标注

（10）如图 D.1－46 所示，零件的功能尺寸应直接注出，由计算得出是不合理的。

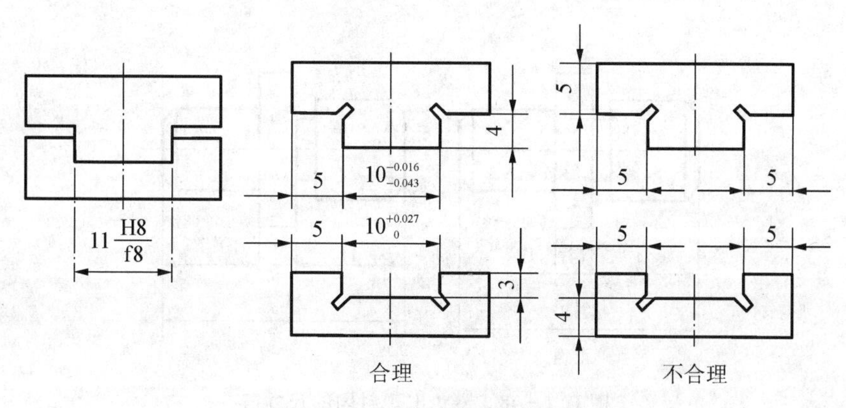

图 D.1－46　直接注出功能尺寸

(11) 如图 D.1-47(a)所示，相互关联的零件，在标注相关尺寸时，应以同一平面或直线(如结合面、对称平面、轴线等)作为尺寸基准。如图 D.1-47(b)所示，要求对称的要素，应以对称平面为基准。对称度要求很低，可以某个实际平面为基准，如图 D.1-47(c)所示。对称度要求较高时，应注出对称度公差，如图 D.1-47(d)所示。如图 D.1-47(e)所示，以加工面为基准，但在同一方向内，同一加工表面不能作为两个或两个以上非加工面的基准。

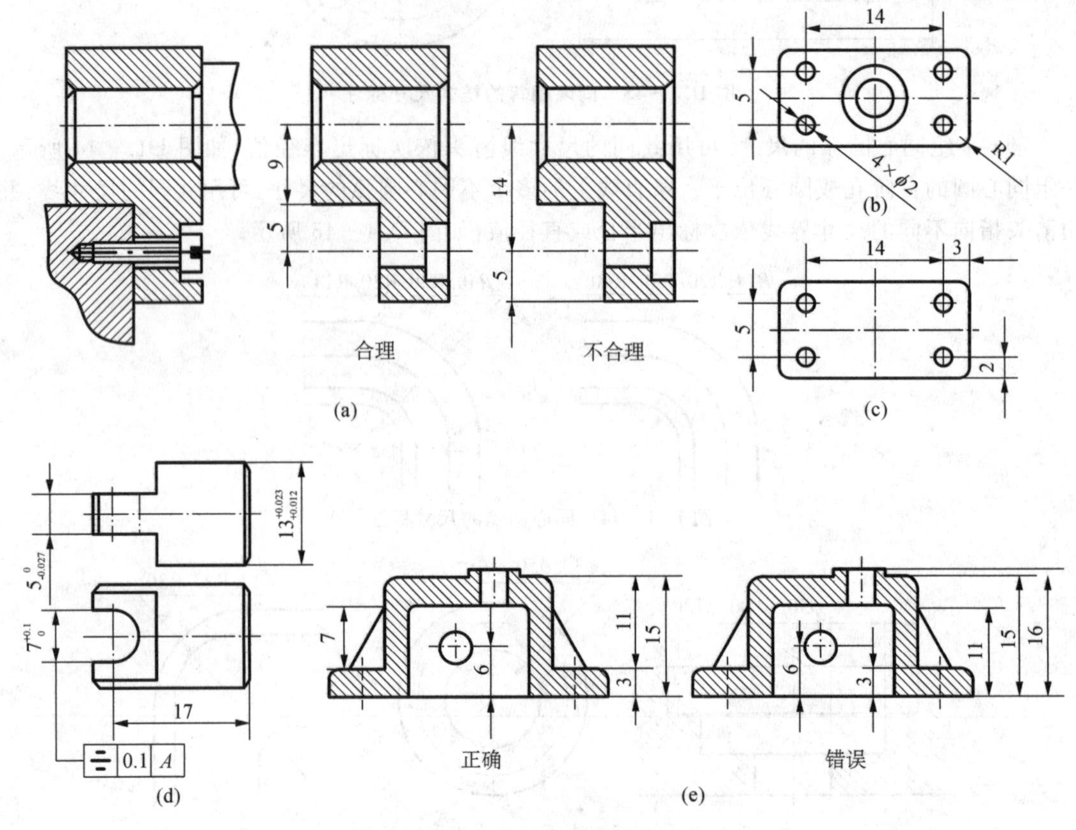

图 D.1-47　合理选择尺寸基准

(12) 避免出现封闭的尺寸链，如图 D.1-48 所示。有参考价值的封闭环尺寸，可作为参考尺寸注出。

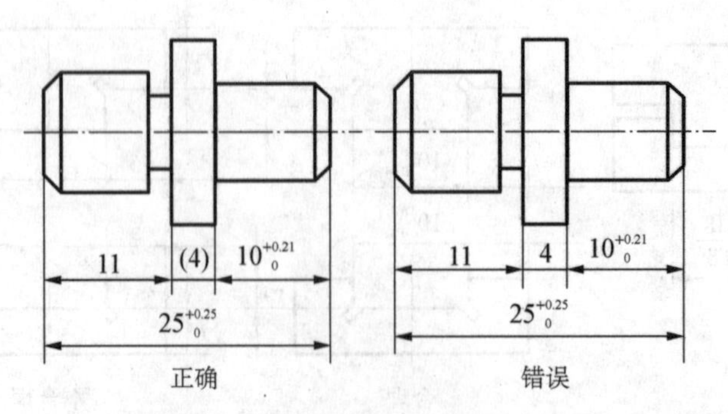

图 D.1-48　避免出现封闭的尺寸链

(13) 如图 D.1-49 和图 D.1-50 所示，标注尺寸要尽量适应加工方法和加工过程，以便于测量，也便于调整刀具的进给量。

(14) 用圆盘铣刀加工键槽，在主视图上应注出所用的铣刀直径，以便选定铣刀，如图 D.1-51所示。

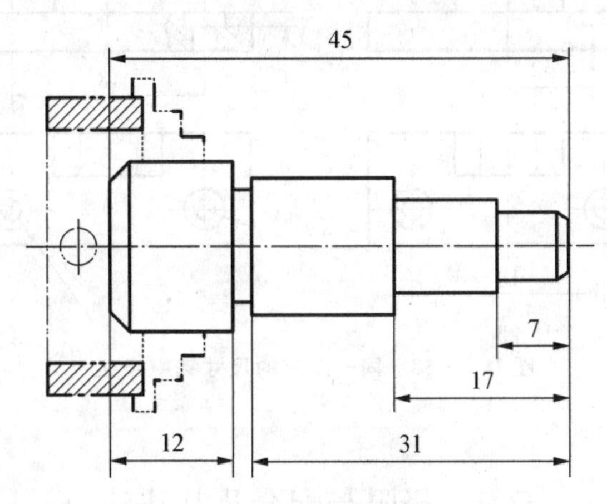

图 D.1-49 标注尺寸要便于测量

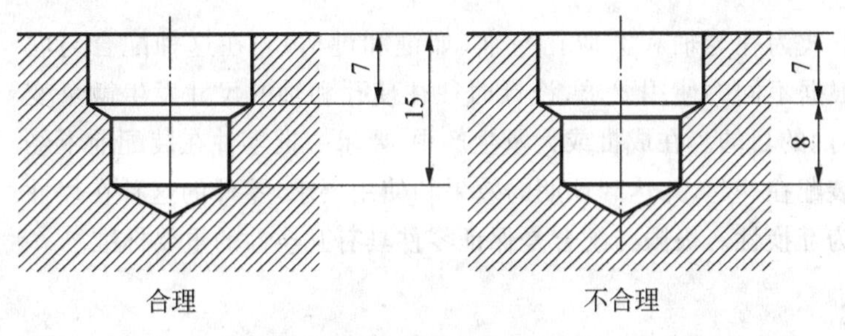

图 D.1-50 孔深尺寸的标注

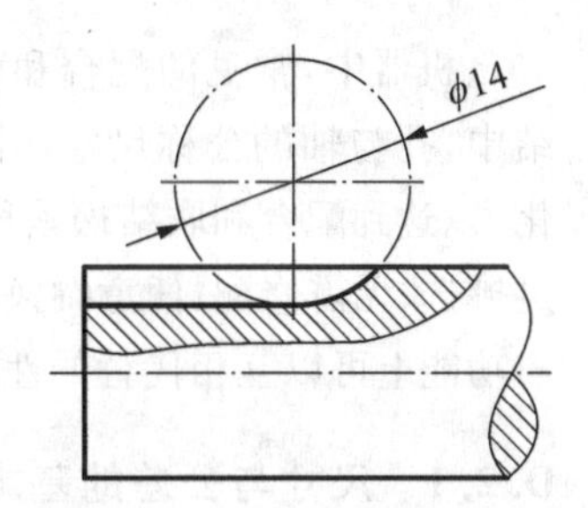

图 D.1-51 注出铣刀直径

(15) 弯曲件应直接注出其实际表面的尺寸，而不应注出中心线的尺寸，以便于设计模具及检验，如图 D.1-52 所示。

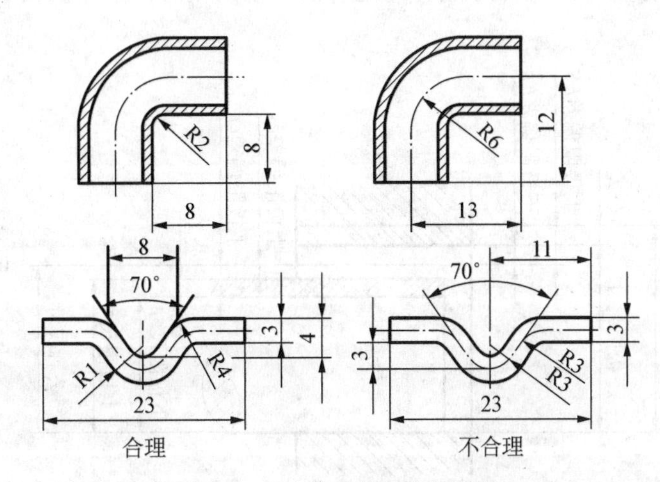

图 D.1-52 弯曲件尺寸的标注

(16) 如图 D.1－53 所示，同一工序的尺寸应集中标注。

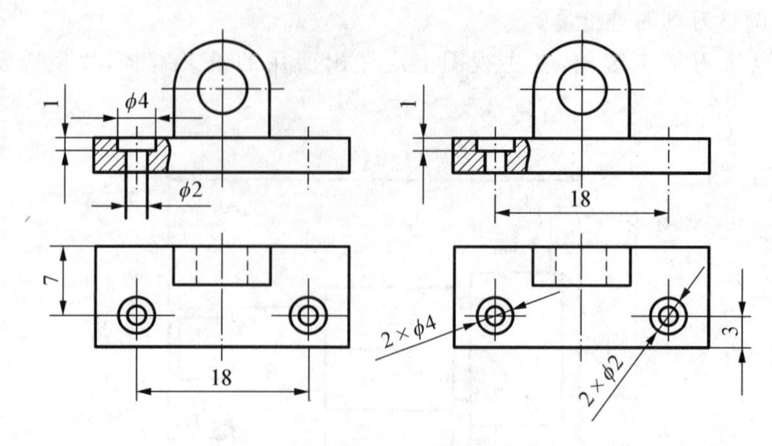

图 D.1－53　同一工序的尺寸集中标注

D.2　极限与配合及其注法

机器中，常见的配合和联结形式为孔与轴和类似孔与轴(如键和键槽)。在这种配合与联结中，孔与轴的公称尺寸相同。根据不同的使用要求，设计时往往使孔和轴的尺寸发生微量变化，以达到配合和联结松紧程度不同的目的。在成批或大量生产中，要求一批零件在装配前不经过挑选、无需修配、任意调换就能装配在一起，并达到预期的效果和使用要求，零件的这种在尺寸与功能上可以互相代替的性质称为互换性。极限与配合是保证零件具有互换性的重要标准。

D.2.1　尺寸与公差的基本概念

零件在加工过程中，由于机床精度、刀具磨损、测量误差等多种因素的影响，不可能把零件的尺寸加工得绝对准确。为了保证互换性，必须将零件尺寸的加工误差限制在一定范围内，规定出尺寸的允许变动量，从而形成了公差与配合的一系列概念。下面以图 D.2－1 为例，说明极限的基本概念。

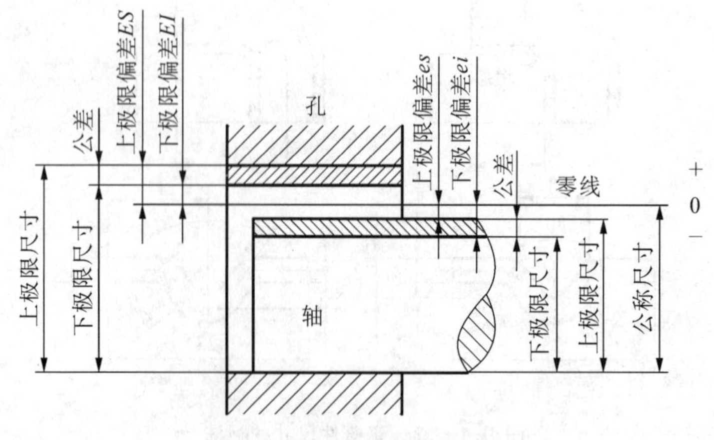

图 D.2－1　尺寸公差名词解释

(1) 公称尺寸　根据零件的强度和结构要求，设计时确定的理想形状尺寸，可通过它应用上、下极限偏差计算出极限尺寸。

(2) 实际尺寸　通过测量所得到的尺寸。

(3) 极限尺寸　允许尺寸变动的两个极限值，是以公称尺寸为基数来确定的。两个极限值中较大的一个称为上极限尺寸，较小的一个称为下极限尺寸。

(4) 尺寸偏差(简称偏差)　某一尺寸减去其公称尺寸所得的代数差。它可分为

上极限偏差＝上极限尺寸－公称尺寸，其代号，孔为 ES，轴为 es；

下极限偏差＝下极限尺寸－公称尺寸，其代号，孔为 EI，轴为 ei。

上、下极限偏差统称为极限偏差，上、下偏差可以是正值、负值或零。

(5) 尺寸公差(简称公差)　允许尺寸的变动量，即

尺寸公差＝上极限尺寸－下极限尺寸＝上极限偏差－下极限偏差。

因为上极限尺寸总是大于下极限尺寸，亦即上极限偏差总是大于下极限偏差，所以尺寸公差是一个没有符号的绝对值。

(6) 零线、公差带和公差带图　图 D.2-1 中所示的零线，是在公差带图中表示公称尺寸的一条直线。当零线沿水平方向绘制时，正偏差位于其上，负偏差位于其下。公差带是由代表上、下极限偏差的两条直线所限定的一个区域，它是由公差大小和其相对零线的位置来确定，如图 D.2-2 所示。

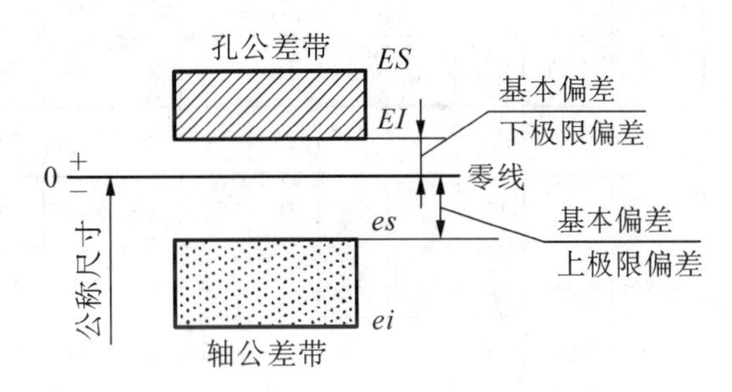

图 D.2-2　公差带图解

(7) 标准公差与标准公差等级　标准公差是国家标准 GB/T 1800.1—2009 所规定的公差。标准公差分 20 个等级，即 IT01、IT0、IT1～IT18，IT 表示标准公差，阿拉伯数字表示标准公差等级，其中 IT01 级最高，等级依次降低，IT18 级最低。对于一定的公称尺寸，标准公差等级愈高，标准公差值愈小，尺寸的精确程度愈高。由于标注公称等级 IT01 和 IT02 在工业中很少用到，表 D.2-1 给出了公称尺寸至 3 150 mm 的标准公差等级 IT1～IT18 的公差数值。

(8) 基本偏差　用以确定公差带相对于零线位置的那个极限偏差。一般是指最靠近零线的那个极限偏差，如图 D.2-2 所示，当公差带位于零线上方时，其基本偏差为下极限偏差，当公差带位于零线下方时，其基本偏差为上极限偏差。

根据实际需要，国家标准分别对孔和轴各规定了 28 个不同的基本偏差，如图 D.2-3 所示。孔、轴的基本偏差数值可从有关表中查出。从图 D.2-3 中可知：

1) 基本偏差代号用拉丁字母表示，大写字母表示孔，小写字母表示轴。由于图中所用的基本偏差只表示公差带的位置而不表示公差带的大小，故公差带一端画成开口。

2) 孔的基本偏差从 A～H 为下极限偏差，J～ZC 为上极限偏差，JS 的上、下极限偏差分别为＋IT/2 和－IT/2。

3) 轴的基本偏差从 a～h 为上极限偏差，j～zc 为下极限偏差，js 的上、下极限偏差分别为＋IT/2 和－IT/2。

表 D.2-1　公称尺寸至 3 150 mm 的标准公差数值(摘自 GB/T 1800.1—2009)

公称尺寸/mm		标准公差等级																	
		IT1	IT2	IT3	IT4	IT5	IT6	IT7	IT8	IT9	IT10	IT11	IT12	IT13	IT14	IT15	IT16	IT17	IT18
大于	至	μm											mm						
—	3	0.8	1.2	2	3	4	6	10	14	25	40	60	0.1	0.14	0.25	0.4	0.6	1	1.4
3	6	1	1.5	2.5	4	5	8	12	18	30	48	75	0.12	0.18	0.3	0.48	0.75	1.2	1.8
6	10	1	1.5	2.5	4	6	9	15	22	36	58	90	0.15	0.22	0.36	0.58	0.9	1.5	2.2
10	18	1.2	2	3	5	8	11	18	27	43	70	110	0.18	0.27	0.43	0.7	1.1	1.8	2.7
18	30	1.5	2.5	4	6	9	13	21	33	52	84	130	0.21	0.33	0.52	0.84	1.3	2.1	3.3
30	50	1.5	2.5	4	7	11	16	25	39	62	100	160	0.25	0.39	0.62	1	1.6	2.5	3.9
50	80	2	3	5	8	13	19	30	46	74	120	190	0.3	0.46	0.74	1.2	1.9	3	4.6
80	120	2.5	4	6	10	15	22	35	54	87	140	220	0.35	0.54	0.87	1.4	2.2	3.5	5.4
120	180	3.5	5	8	12	18	25	40	63	100	160	250	0.4	0.63	1	1.6	2.5	4	6.3
180	250	4.5	7	10	14	20	29	46	72	115	185	290	0.46	0.72	1.15	1.85	2.9	4.6	7.2
250	315	6	8	12	16	23	32	52	81	130	210	320	0.52	0.81	1.3	2.1	3.2	5.2	8.1
315	400	7	9	13	18	25	36	57	89	140	230	360	0.57	0.89	1.4	2.3	3.6	5.7	8.9
400	500	8	10	15	20	27	40	63	97	155	250	400	0.63	0.97	1.55	2.5	4	6.3	9.7
500	630	9	11	16	22	32	44	70	110	175	280	440	0.7	1.1	1.75	2.8	4.4	7	11
630	800	10	13	18	25	36	50	80	125	200	320	500	0.8	1.25	2	3.2	5	8	12.5
800	1 000	11	15	21	28	40	56	90	140	230	360	560	0.9	1.4	2.3	3.6	5.6	9	14
1 000	1 250	13	18	24	33	47	66	105	165	260	420	660	1.05	1.65	2.6	4.2	6.6	10.5	16.5
1 250	1 600	15	21	29	39	55	78	125	195	310	500	780	1.25	1.95	3.1	5	7.8	12.5	19.5
1 600	2 000	18	25	35	46	65	92	150	230	370	600	920	1.5	2.3	3.7	6	9.2	15	23
2 000	2 500	22	30	41	55	78	110	175	280	440	700	1 100	1.75	2.8	4.4	7	11	17.5	28
2 500	3 150	26	36	50	68	96	135	210	330	540	860	1 350	2.1	3.3	5.4	8.6	13.5	21	33

注:① 基本尺寸大于 500 mm 的 IT1～5 的标准公差数值为试行的;
② 基本尺寸小于 1 mm 时,无 IT14～18。

孔和轴的另一偏差可由下面代数式计算得出,即

标准公差＝上极限偏差－下极限偏差。

(9) 公差带的表示　公差带由基本偏差的字母与标准公差等级数字组成,并且要用同一

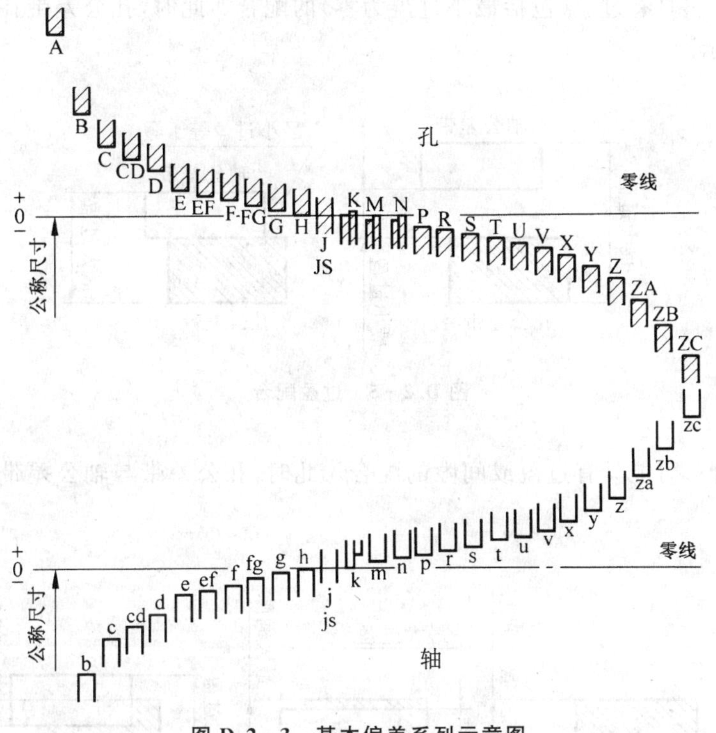

图 D.2-3 基本偏差系列示意图

号字书写。例如，ϕ60H8 表示公称尺寸为 ϕ60，基本偏差为 H，标准公差等级为 8 级的孔的公差带（H8 为孔的公差带）；又如，ϕ60f7 表示公称尺寸为 ϕ60，基本偏差为 f，标准公差等级为 7 级的轴的公差带（f7 为轴的公差带）。

D.2.2 配合种类与配合制

公称尺寸相同的，并相互结合的孔和轴公差带之间的关系称为配合。配合用公称尺＋孔、轴公差带表示。孔、轴公差带写成分数形式，分子为孔公差带，分母为轴公差带，如 52H7/g6 或 52 $\frac{H7}{g6}$。

根据使用要求的不同，国家标准规定配合分为 3 类：间隙配合、过盈配合、过渡配合。

(1) 配合种类 有以下几种：

1) 间隙配合。具有间隙（包括最小间隙为零）的配合，此时，孔公差带在轴公差带之上，如图 D.2-4 所示。

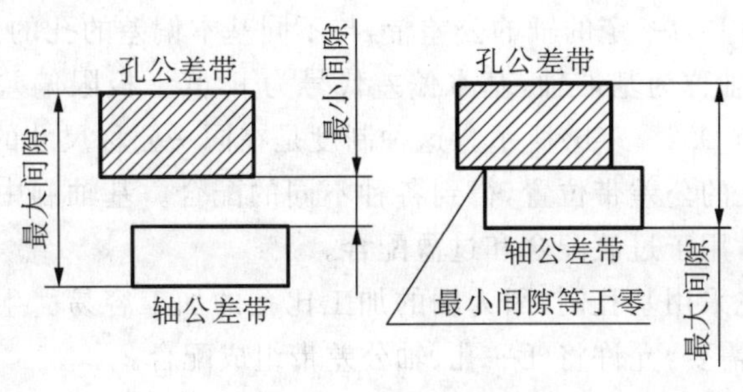

图 D.2-4 间隙配合

2）过盈配合。具有过盈(包括最小过盈为零)的配合。此时，孔公差带在轴公差带之下，如图 D.2－5 所示。

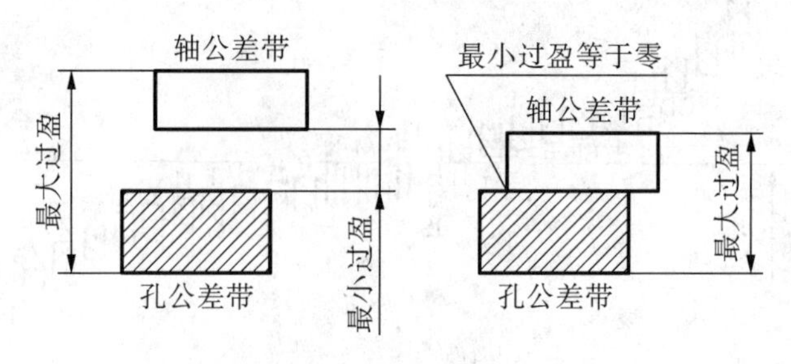

图 D.2－5　过盈配合

3）过渡配合。可能具有过盈或间隙的配合。此时，孔公差带与轴公差带相互交叠，如图 D.2－6 所示。

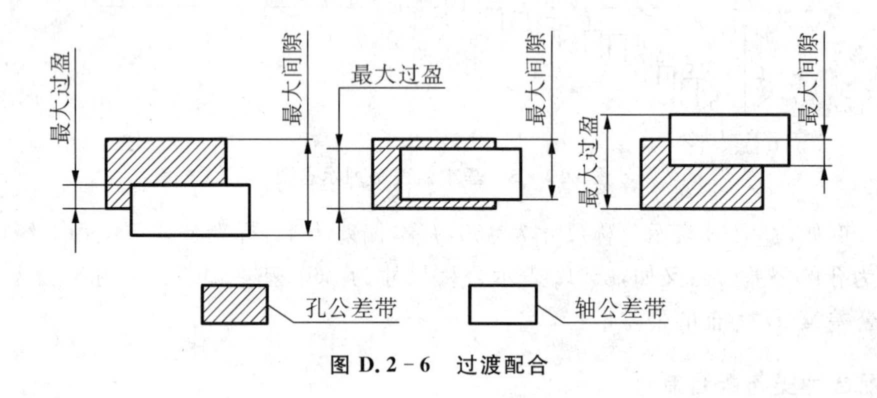

图 D.2－6　过渡配合

(2) 配合制度　孔与轴的配合性质，是通过变化与它们相配合的轴或孔的基本偏差而获得的。国家标准对此规定了两种配合制度。

1）基孔制。基本偏差为一定的孔的公差带，与不同基本偏差的轴的公差带形成各种配合的一种制度。基孔制的孔称为基准孔，基本偏差为 H，其下极限偏差为零，孔的下极限尺寸与公称尺寸相等，如图 D.2－7(a)所示。这种制度是在同一公称尺寸的配合中，将孔的公差带位置固定，通过变动轴的公差带位置，得到各种不同的配合。在基孔制中，轴的基本偏差 a～h 用于间隙配合，j～zc 用于过渡配合和过盈配合。

2）基轴制。基本偏差为一定的轴的公差带，与不同基本偏差的孔的公差带形成各种配合的一种制度。基轴制的轴称为基准轴，基本偏差代号为 h，其上极限偏差为零，轴的上极限尺寸与公称尺寸相等，如图 D.2－7(b)所示。这种制度是在同一公称尺寸的配合中，将轴的公差带位置固定，通过变动孔的公差带位置，得到各种不同的配合。基轴制中，孔的基本偏差 A～H 用于间隙配合，J～ZC 用于过渡配合和过盈配合。

在一般情况下，优先采用基孔制，因为轴的加工比孔的加工容易。生产中，根据具体情况选择配合制。如有特殊需要，允许将任一孔、轴公差带组成配合。

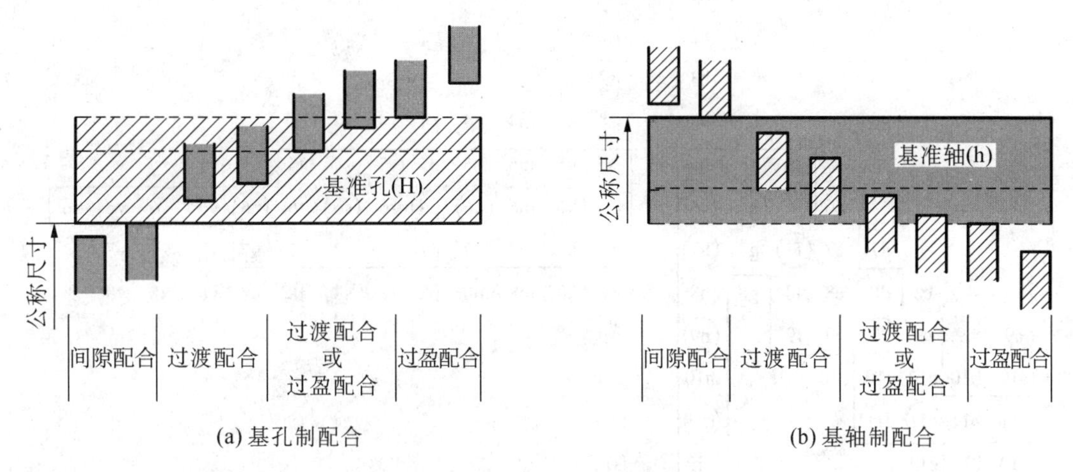

图 D.2-7　配合基准制种类

D.2.3　优先与常用公差带及配合

(1) 优先与常用的孔、轴公差带　在 GB/T 1801—2009 中，国标对尺寸≤500 mm 范围内，规定了优先、常用和一般用途的孔、轴公差带，如图 D.2-8 和 D.2-9 所示。图中圆圈内为优先选用公差带，方框中的为常用公差带，其余为一般用途的公差带。对这些公差带 GB/T 1801—2009 中都制定了孔、轴极限偏差表，使用时可直接查表。

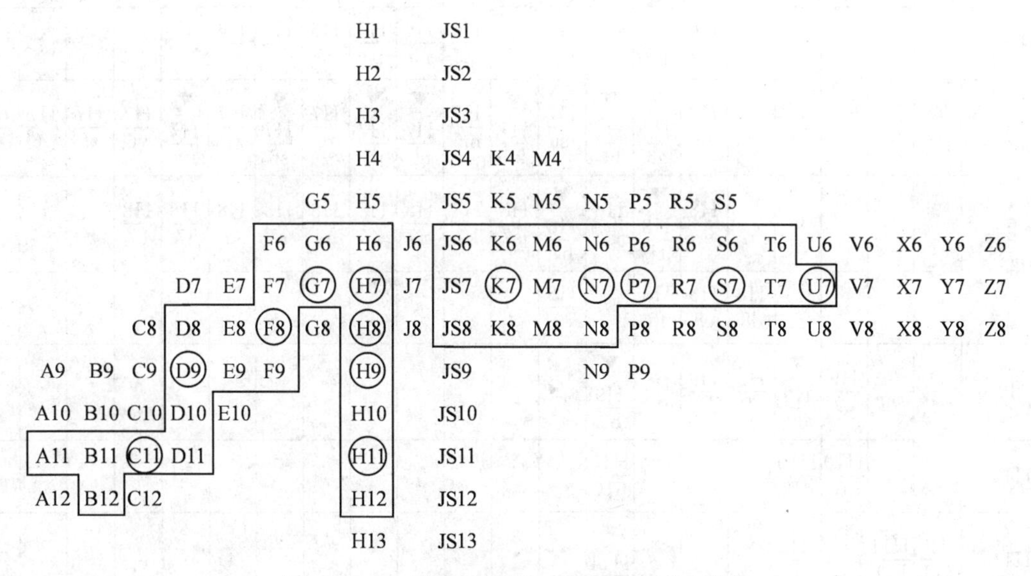

图 D.2-8　优先、常用和一般用途的孔公差带

(2) 优先与常用的配合　国标还规定了优先与常用配合。公称尺寸至 500 mm 的基孔制优先与常用配合见表 D.2-2，基轴制的优先与常用配合见表 D.2-3，常用及优先配合轴、孔的极限偏差见表 D.2-4 和表 D.2-5。

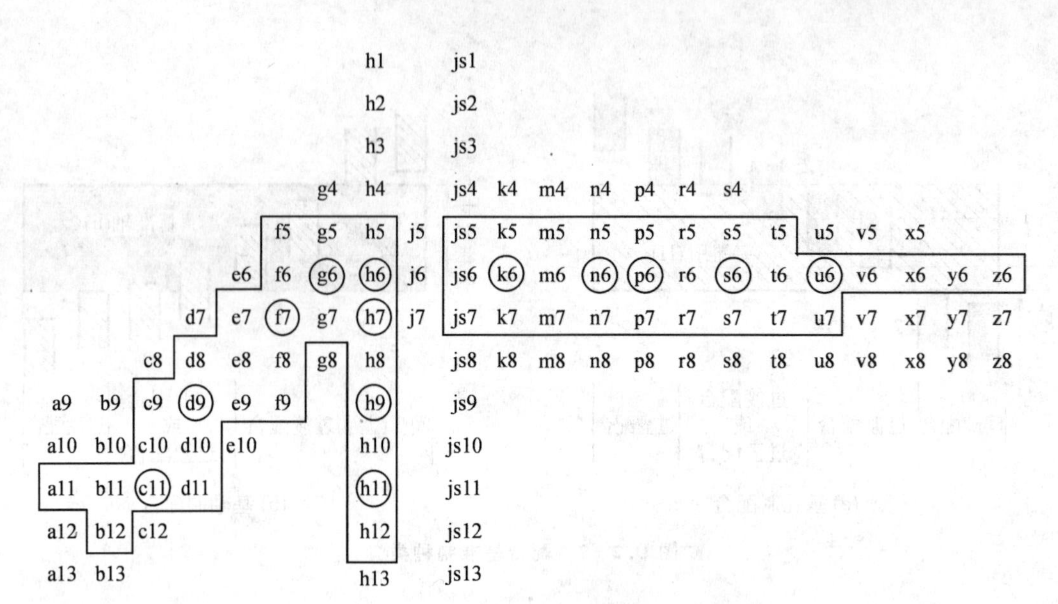

图 D.2-9 优先、常用和一般用途的轴公差带

表 D.2-2 基孔制优先、常用配合(摘自 GB/T 1801—2009)

基准孔	轴																				
	a	b	c	d	e	f	g	h	js	k	m	n	p	r	s	t	u	v	x	y	z
	间隙配合								过渡配合			过盈配合									
H6						H6/f5	H6/g5	H6/h5	H6/js5	H6/k5	H6/m5	H6/n5	H6/p5	H6/r5	H6/s5	H6/t5					
H7						H7/f6	▼ H7/g6	▼ H7/h6	H7/js6	▼ H7/k6	H7/m6	▼ H7/n6	▼ H7/p6	H7/r6	▼ H7/s6	H7/t6	▼ H7/u6	H7/v6	H7/x6	H7/y6	H7/z6
H8						H8/e7	▼ H8/f7	H8/g7	▼ H8/h7	H8/js7	H8/k7	H8/m7	H8/n7	H8/p7	H8/r7	H8/s7	H8/t7	H8/u7			
					H8/d8	H8/e8	H8/f8		H8/e8												
H9			H9/c9	▼ H9/d9	H9/e9	H9/f9		▼ H9/h9													
H10			H10/c10	H10/d10				H10/h10													
H11	H11/a11	H11/b11	▼ H11/c11	H11/d11				▼ H11/h11													
H12		H12/b12						H12/h12													

注：1. $\frac{H6}{n5}$，$\frac{H7}{p6}$在基本尺寸小于或等于 3 mm 和$\frac{H8}{r7}$在小于或等于 100 mm 时，为过渡配合。

2. 标注▼符号者为优先配合。

表 D.2-3　基轴制优先、常用配合(摘自 GB/1801—2009)

基准轴	孔																				
	A	B	C	D	E	F	G	H	JS	K	M	N	P	R	S	T	U	V	X	Y	Z
	间隙配合								过渡配合			过盈配合									
h5						$\frac{F6}{h5}$	$\frac{G6}{h5}$	$\frac{H6}{h5}$	$\frac{JS6}{h5}$	$\frac{K6}{h5}$	$\frac{M6}{h5}$	$\frac{N6}{h5}$	$\frac{P6}{h5}$	$\frac{R6}{h5}$	$\frac{S6}{h5}$	$\frac{T6}{h5}$					
h6						$\frac{F7}{h6}$	▼$\frac{G7}{h6}$	▼$\frac{H7}{h6}$	$\frac{JS7}{h6}$	▼$\frac{K7}{h6}$	$\frac{M7}{h6}$	▼$\frac{N7}{h6}$	▼$\frac{P7}{h6}$	$\frac{R7}{h6}$	▼$\frac{S7}{h6}$	$\frac{T7}{h6}$	▼$\frac{U7}{h6}$				
h7					$\frac{E8}{h7}$	▼$\frac{F8}{h7}$		▼$\frac{H8}{h7}$	$\frac{JS8}{h7}$	$\frac{K8}{h7}$	$\frac{M8}{h7}$	$\frac{N8}{h7}$									
h8				$\frac{D8}{h8}$	$\frac{E8}{h8}$	$\frac{F8}{h8}$		$\frac{H8}{h8}$													
h9				▼$\frac{D9}{h9}$	$\frac{E9}{h9}$	$\frac{F9}{h9}$		▼$\frac{H9}{e9}$													
h10				$\frac{D10}{h10}$				$\frac{H10}{h10}$													
h11	$\frac{A11}{h11}$	$\frac{B11}{h11}$	▼$\frac{C11}{h11}$	$\frac{D11}{h11}$				▼$\frac{H11}{h11}$													
h12		$\frac{B12}{h12}$						$\frac{H12}{h12}$													

注:标注▼符号者为优先配合。

表 D.2-4　常用及优先配合轴的极限偏差(GB/T 1800.2—2009)　　(单位:μm)

公差带代号 / 公称尺寸/mm	c	d	f			g		h						
	⑪	⑨	6	⑦	8	⑥	7	⑥	⑦	8	⑨	10	⑪	12
>0～3	−60 −120	−20 −45	−6 −12	−6 −16	−6 −20	−2 −8	−2 −12	0 −6	0 −10	0 −14	0 −25	0 −40	0 −60	0 −100
>3～6	−70 −145	−30 −60	−10 −18	−10 −22	−10 −28	−4 −12	−4 −16	0 −8	0 −12	0 −18	0 −30	0 −48	0 −75	0 −120
>6～10	−80 −170	−40 −76	−13 −22	−13 −28	−13 −35	−5 −14	−5 −20	0 −9	0 −15	0 −22	0 −36	0 −58	0 −90	0 −150
>10～18	−95 −205	−50 −93	−16 −27	−16 −34	−16 −43	−6 −17	−6 −24	0 −11	0 −18	0 −27	0 −43	0 −70	0 −110	0 −180
>18～30	−110 −240	−65 −117	−20 −33	−20 −41	−20 −53	−7 −20	−7 −28	0 −13	0 −21	0 −33	0 −52	0 −84	0 −130	0 −210
>30～40	−120 −280	−80 −142	−25 −41	−25 −50	−25 −64	−9 −25	−9 −34	0 −16	0 −25	0 −39	0 −62	0 −100	0 −160	0 −250
>40～50	−130 −290													
>50～65	−140 −330	−100 −174	−30 −49	−30 −60	−30 −76	−10 −29	−10 −40	0 −19	0 −30	0 −46	0 −74	0 −120	0 −190	0 −300
>65～80	−150 −340													
>80～−100	−170 −390	−120 −207	−36 −58	−36 −71	−36 −90	−12 −34	−12 −47	0 −22	0 −35	0 −54	0 −87	0 −140	0 −220	0 −350
>100～120	−180 −400													
>120～140	−200 −450													
>140～160	−210 −460	−145 −245	−43 −68	−43 −83	−43 −106	−14 −39	−14 −54	0 −25	0 −40	0 −63	0 −100	0 −160	0 −250	0 −140
>160～−180	−230 −480													
>180～200	−240 −530													
>200～225	−260 −550	−170 −285	−50 −79	−50 −96	−50 −122	−15 −44	−15 −61	0 −29	0 −46	0 −72	0 −115	0 −185	0 −290	0 −460
>225～250	−280 −570													
>250～280	−300 −620	−190 −320	−56 −88	−56 −108	−56 −137	−17 −49	−17 −69	0 −32	0 −52	0 −81	0 −130	0 −210	0 −320	0 −520
>280～315	−330 −650													
>315～355	−360 −720	−210 −350	−62 −98	−62 −119	−62 −151	−18 −54	−18 −75	0 −36	0 −57	0 −89	0 −140	0 −230	0 −360	0 −570
>355～400	−400 −760													
>400～450	−440 −840	−230 −385	−68 −108	−68 −131	−68 −165	−20 −60	−20 −83	0 −40	0 −63	0 −97	0 −155	0 −250	0 −400	0 −630
>450～500	−480 −880													

续 表

公差带代号 / 公称尺寸/mm	c	d	f			g		h						
	⑪	⑨	6	⑦	8	⑥	7	⑥	⑦	8	⑨	10	⑪	12
>0~3	+6 −4	±3	+6 0	+10 0	+8 +2	+12 +2	+10 +4	+14 +4	+12 +6	+16 +6	+16 +10	+20 +14		+24 +18
>3~6	+8 −4	±4	+9 +1	+13 +1	+12 +4	+16 +4	+16 +8	+20 +8	+20 +12	+24 +12	+23 +15	+27 +19		+31 +23
>6~10	+10 −5	±4.5	+10 +1	+16 +1	+15 +6	+21 +6	+19 +10	+25 +10	+24 +15	+30 +15	+28 +19	+32 +23		+37 +28
>10~18	+12 −6	±5.5	+12 +1	+19 +1	+18 +7	+25 +7	+23 +12	+30 +12	+29 +18	+36 +18	+34 +23	+39 +28		+44 +33
>18~24	+13 −8	±6.5	+15 +2	+23 +2	+21 +8	+29 +8	+28 +15	+36 +15	+35 +22	+43 +22	+41 +28	+48 +35		+54 +41
>24~30													+54 +41	+61 +48
>30~40	+15 −10	±8	+18 +2	+27 +2	+25 +9	+34 +9	+33 +17	+42 +17	+42 +26	+51 +26	+50 +34	+59 +43	+64 +48	+76 +60
>40~50													+70 +54	+86 +70
>50~65	+18 −12	±9.5	+21 +2	+32 +2	+30 +11	+41 +11	+39 +20	+50 +20	+51 +32	+62 +32	+60 +41	+72 +53	+85 +66	+106 +87
>65~80											+62 +43	+78 +59	+94 +75	+121 +102
>80~100	+20 −15	±11	+25 +3	+38 +3	+35 +13	+48 +13	+45 +23	+58 +23	+59 +37	+72 +37	+73 +51	+93 +71	+113 +91	+146 +124
>100~120											+76 +54	+101 +79	+126 +104	+166 +144
>120~140	+22 −18	±12.5	+28 +3	+43 +3	+40 +15	+55 +15	+52 +27	+67 +27	+68 +43	+83 +43	+88 +63	+117 +92	+147 +122	+195 +170
>140~160											+90 +65	+125 +100	+159 +134	+215 +190
>160~180											+93 +68	+133 +108	+171 +146	+235 +210
>180~200	+25 −21	±14.5	+33 +4	+50 +4	+46 +17	+63 +17	+60 +31	+77 +31	+79 +50	+96 +50	+106 +77	+151 +122	+195 +166	+265 +236
>200~225											+109 +80	+159 +130	+209 +180	+287 +258
>225~250											+113 +84	+169 +140	+225 +196	+313 +284
>250~280	±26	±16	+36 +4	+56 +4	+52 +20	+72 +20	+66 +34	+86 +34	+88 +56	+108 +56	+126 +94	+190 +158	+250 +218	+347 +315
>280~315											+130 +98	+202 +170	+272 +240	+382 +350
>315~355	+29 −28	±18	+40 +4	+61 +4	+57 +21	+78 +21	+73 +37	+94 +37	+98 +62	+119 +62	+144 +108	+226 +190	+304 +268	+426 +390
>355~400											+150 +114	+244 +208	+330 +294	+471 +435
>400~450	+31 −32	±20	+45 +5	+68 +5	+63 +23	+86 +23	+80 +40	+103 +40	+108 +68	+131 +68	+166 +126	+272 +232	+370 +330	+530 +490
>450~500											+172 +132	+292 +252	+400 +360	+580 +540

注：带圈着为优先选用。

表 D.2-5　常用及优先配合孔的极限偏差(GB/T 1800.2—2009)　　(单位:μm)

公称尺寸/mm \ 公差带代号	A	B	C	D	E	F		G	H					
	11	12	⑪	⑨	8	⑧	9	⑦	6	⑦	⑧	⑨	10	⑪
>0~3	+330 +270	+240 +140	+120 +60	+45 +20	+28 +14	+20 +6	+31 +6	+12 +2	+6 0	+10 0	+14 0	+25 0	+40 0	+60 0
>3~6	+345 +270	+260 +140	+145 +70	+60 +30	+38 +20	+28 +10	+40 +10	+16 +4	+8 0	+12 0	+18 0	+30 0	+48 0	+75 0
>6~10	+370 +280	+300 +150	+170 +80	+76 +40	+47 +25	+35 +13	+49 +13	+20 +5	+9 0	+15 0	+22 0	+36 0	+58 0	+90 0
>10~18	+400 +290	+330 +160	+205 +95	+93 +50	+59 +32	+43 +16	+59 +19	+24 +6	+11 0	+18 0	+27 0	+43 0	+70 0	+110 0
>18~24	+430 +300	+370 +160	+240 +110	+117 +65	+73 +40	+53 +20	+72 +20	+28 +7	+13 0	+21 0	+33 0	+52 0	+84 0	+130 0
>24~30														
>30~40	+470 +310	+420 +170	+280 +120	+142 +80	+89 +50	+64 +25	+87 +25	+34 +9	+16 0	+25 0	+39 0	+62 0	+100 0	+160 0
>40~50	+480 +320	+430 +180	+290 +130											
>50~65	+530 +340	+490 +190	+330 +140	+174 +100	+106 +60	+76 +30	+104 +30	+40 +10	+19 0	+30 0	+46 0	+74 0	+120 0	+190 0
>65~80	+550 +360	+500 +200	+340 +150											
>80~100	+600 +380	+570 +220	+390 +170	+207 +120	+126 +72	+90 +36	+123 +36	+47 +12	+22 0	+35 0	+54 0	+87 0	+140 0	+220 0
>100~120	+630 +410	+590 +240	+400 +180											
>120~140	+710 +460	+660 +260	+450 +200	+245 +145	+148 +85	+106 +43	+143 +43	+54 +14	+25 0	+40 0	+63 0	+100 0	+160 0	+250 0
>140~160	+770 +520	+680 +280	+460 +210											
>160~180	+830 +580	+710 +310	+480 +230											
>180~200	+950 +660	+800 +340	+530 +240	+285 +170	+172 +100	+122 +50	+165 +50	+61 +15	+29 0	+46 0	+72 0	+115 0	+185 0	+290 0
>200~225	+1 030 +740	+840 +380	+550 +260											
>225~250	+1 110 +820	+880 +420	+570 +280											
>250~280	+1 240 +920	+1 000 +480	+620 +300	+320 +190	+191 +110	+137 +56	+186 +56	+69 +17	+32 0	+52 0	+81 0	+130 0	+210 0	+320 0
>280~315	+1 370 +1 050	+1 060 +540	+650 +330											
>315~355	+1 560 +1 200	+1 170 +600	+720 +360	+350 +210	+214 +125	+151 +62	+202 +62	+75 +18	+36 0	+57 0	+89 0	+140 0	+230 0	+360 0
>355~400	+1 710 +1 350	+1 250 +680	+760 +400											
>400~450	+1 900 +1 500	+1 390 +760	+840 +440	+385 +230	+232 +135	+165 +68	+223 +68	+83 +20	+40 0	+63 0	+97 0	+155 0	+250 0	+400 0
>450~500	+2 050 +1 650	+1 470 +840	+880 +480											

续 表

公差带代号 公称尺寸/mm	A	B	C	D	E	F		G	H					
	11	12	⑪	⑨	8	⑧	9	⑦	6	⑦	⑧	⑨	10	⑪
>0~3	+100 0	±6	±7	0 −10	0 −14	−2 −12	−2 −16	−4 −14	−4 −18	−6 −16	−10 −20	−14 −24		−18 −28
>3~6	+120 0	±6	±9	+3 −9	+5 −13	0 −12	+2 −16	−4 −16	−2 −20	−8 −20	−11 −23	−15 −27		−19 −31
>6~10	+150 0	±7	±11	+5 −10	+6 −16	0 −15	+1 −21	−4 −19	−3 −25	−9 −24	−13 −28	−17 −32		−22 −37
>10~18	+180 0	±9	±13	+6 −12	+8 −19	0 −18	+2 −25	−5 −23	−3 −30	−11 −29	−16 −34	−21 −39		−26 −44
>18~24	+210 0	±10	±16	+6 −15	+10 −23	0 −21	+4 −29	−7 −28	−3 −36	−14 −35	−20 −41	−27 −48		−33 −54
>24~30													−33 −54	−40 −61
>30~40	+250 0	±12	±19	+7 −18	+12 −27	0 −25	+5 −34	−8 −33	−3 −42	−17 −42	−25 −50	−34 −59	−39 −64	−51 −76
>40~50													−45 −70	−61 −86
>50~65	+300 0	±15	±23	+9 −21	+14 −32	0 −30	+5 −41	−9 −39	−4 −50	−21 −51	−30 −60	−42 −72	−55 −85	−76 −106
>65~80											−32 −62	−48 −78	−64 −94	−91 −121
>80~100	+350 0	±17	±27	+10 −25	+16 −38	0 −35	+6 −48	−10 −45	−4 −58	−24 −59	−38 −73	−58 −93	−78 −113	−111 −146
>100~120											−41 −76	−66 −101	−91 −126	−131 −166
>120~140	+400 0	±20	±31	+12 −28	+20 −43	0 −40	+8 −55	−12 −52	−4 −67	−28 −68	−48 −88	−77 −117	−107 −147	−155 −195
>140~160											−50 −90	−85 −125	−119 −159	−175 −215
>160~180											−53 −93	−93 −133	−131 −171	−195 −235
>180~200	+460 0	±23	±36	+13 −33	+22 −50	0 −46	+9 −63	−14 −60	−5 −77	−33 −79	−60 −106	−105 −151	−149 −195	−219 −265
>200~225											−63 −109	−113 −159	−163 −209	−241 −287
>225~250											−67 −113	−123 −169	−179 −225	−267 −313
>250~280	+520 0	±26	±40	+16 −36	+25 −56	0 −52	+9 −72	−14 −66	−5 −86	−36 −88	−74 −126	−138 −190	−198 −250	−295 −347
>280~315											−78 −130	−150 −202	−220 −272	−330 −382
>315~355	+570 0	±28	±44	+17 −40	+28 −61	0 −57	+11 −78	−16 −73	−5 −94	−41 −98	−87 −144	−169 −226	−247 −304	−369 −426
>355~400											−93 −150	−187 −244	−273 −330	−414 −471
>400~450	+630 0	±31	±48	+18 −45	+29 −68	0 −63	+11 −86	−17 −80	−6 −103	−45 −108	−103 −166	−209 −272	−307 −370	−467 −530
>450~500											−109 −172	−229 −292	−337 −400	−517 −580

注:带圈着为优先选用。

D.2.4 公差与配合的选用

公差的选用不仅关系到产品的质量，而且关系到产品的制造和生产成本。选用公差的原则是：在保证质量的前提下，尽可能便于制造和降低成本，以取得最佳的技术经济效果。各标准公差等级的应用，见表 D.2－6。各种加工方法能够达到的标准公差等级，见表 D.2－7。典型配合的特性及其使用条件，见表 D.2－8。

表 D.2－6 标准公差等级的应用

应用	IT 等级																			
	01	0	1	2	3	4	5	6	7	8	9	10	11	12	13	14	15	16	17	18
量块	■	■	■																	
量规			■	■	■	■	■	■	■											
配合尺寸							■	■	■	■	■	■	■	■	■					
特别精密零件的配合				■	■	■	■													
非配合尺寸(大制造公差)														■	■	■	■	■	■	■
原材料公差										■	■	■	■	■	■	■				

表 D.2－7 各种加工方法能够达到的标准公差等级

加工方法	IT 等级																			
	01	0	1	2	3	4	5	6	7	8	9	10	11	12	13	14	15	16	17	18
研磨	■	■	■	■	■	■	■													
珩磨						■	■	■	■											
内、外圆磨							■	■	■	■										
平面磨							■	■	■	■										
金刚石车、金刚石镗							■	■	■											
拉削							■	■	■	■										
铰孔								■	■	■	■	■								
车、镗									■	■	■	■	■							
铣										■	■	■	■							
刨、插												■	■							
钻孔												■	■	■	■					
滚压、挤压												■	■							
冲压												■	■	■	■	■				
压铸													■	■	■	■				
粉末冶金成形								■	■	■										
粉末冶金烧结									■	■	■	■								
砂型铸造、气割																		■		
锻造																	■			

表 D.2-8 典型配合的特性及其使用条件

装配方法	配合实例	配合特性及其使用条件
温差法	H7/z7, H7/u6, U7/h6 H8/u8, U8/h8	可传递巨大扭矩,可承受较大冲击,配合处不用其他联结件和紧固件
温差法或压入法	H7/s6, R7/h6, S7/h6 H8/s7, H7/r6	传递扭矩和承受冲击能力较温差法小,用在传递扭矩场合,要用联结件或紧固件
压入法	H7/n6, H7/h6 H8/n7, N8/h7	可承受扭矩和冲击,但需加联结件。同轴度及配合紧密度较好,用在不经常拆卸处
手锤打入	M7/h6, H7/m6 M8/h7, H8/m7	用于必须绝对紧密,不经常拆卸处,有很好的同轴度
手锤轻轻打入	H6/k5, K6/h5 H7/k6, K7/h6 H8/k7, K8/h7	承受扭矩和冲击时,应加紧固件。同轴度很好,用于经常拆卸的部位
木锤装卸	H7/js6, J7/h6 H8/js7, J8/h7	用于频繁拆卸、同轴度要求不高的部位
加油后用手旋进	H7/h6, H8/h7	间隙小,有一定同轴度,可经常拆卸,通过紧固件可传递扭矩
	H9/h9, H10/h10	同轴度不高,承受载荷不大但平稳,易拆卸,通过键可传递扭矩
	H11/h11	精度低,同轴度不高
手旋进	H7/g6, G7/h6	有相对运动的配合,间隙较小、运动精度较高、速度不高,可以保证同轴度和密封性
手推滑进	H7/f6, F8/h7, H8/f7	中等间隙,有相对运动,转速不高
	H8/f8, F8/h8	间隙较大,保证润滑较好,可用于高速旋转的轴承,允许在工作中发热,同轴度不高
	H11/d11, D11/h11 H12/b12, B12/h12	间隙较大,配合较粗糙
手轻推进	H8/e7, E8/h7	间隙较大的精确配合,负荷不大,可高速转动,可用于长轴的中等转速
	H11/c11, C11/h11	间隙较大,配合较粗糙
	H8/d8, D9/h9	间隙大、精度不高,发生轴孔偏斜

D.2.5 尺寸公差与配合的注法(GB/T 4458.5—2003)

1. 在零件图上的公差注法

(1) 线性尺寸公差的标注 尺寸公差在零件图中的注法,有以下 3 种形式,同一张零件图上其公差通常选用一种标注形式。

1）标注公差带代号。如图 D.2－10(a)所示，这种注法常用于大批量生产中，采用专用量具检验零件。

2）标注极限偏差值。如图 D.2－10(b)所示，这种注法常用于小批量或单件生产中，以便加工检验时对照。标注偏差数值时应注意：上极限偏差注在公称尺寸的右上方，下极限偏差应与公称尺寸注在同一底线上。偏差数字应比公称尺寸数字小一号。上、下极限偏差的小数点必须对齐，小数点后边右端的“0”一般不予注出。为了使上、下极限偏差的小数点后的位数相同，可以用“0”补齐。

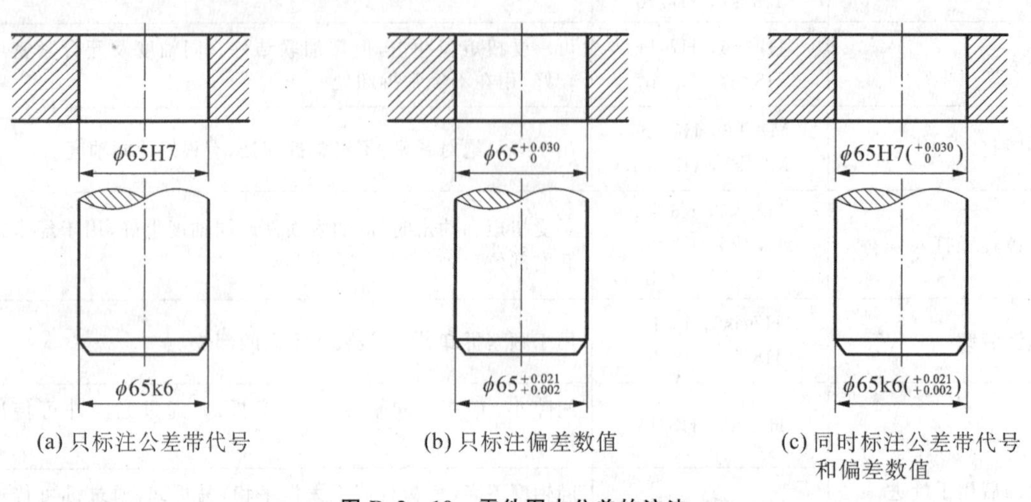

(a) 只标注公差带代号　　(b) 只标注偏差数值　　(c) 同时标注公差带代号和偏差数值

图 D.2－10　零件图中公差的注法

当某个偏差为零时，应用数字“0”标出，前面不注“＋”、“－”号，后边不注小数点，并与另一偏差的小数点前的个位数对齐。当上、下极限偏差的绝对值相同时，偏差数字可以只注写一次，并应在偏差数字与公称尺寸之间注出“±”，且两者数字高度相同，如 ϕ80±0.017。

3）同时标注公差带代号和极限偏差值。如图 D.2－10(c)所示，偏差值要用圆括号括起来。

(2) 线性尺寸公差的附加注法　当尺寸仅需要限制单方向的极限时，应在该极限尺寸的右边加注符号“max”或“min”，如图 D.2－11 所示。同一公称尺寸的表面，若有不同的公差时，应用细实线分开，并按规定的形式分别标注其公差，如图 D.2－12 所示。

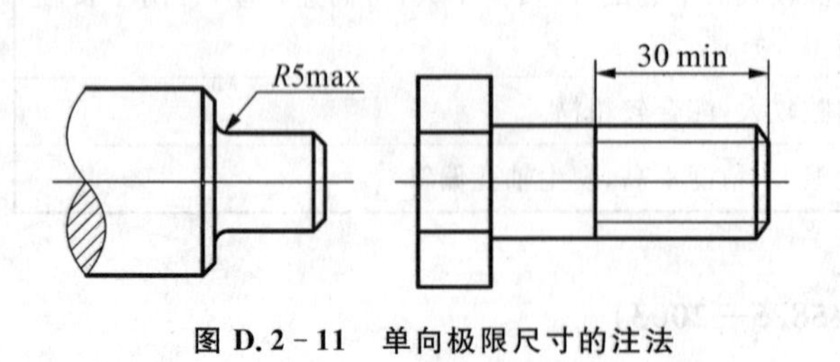

图 D.2－11　单向极限尺寸的注法

图 D.2－12　同一公称尺寸表面有不同公差要求的注法

如要素的尺寸公差和几何公差的关系需满足 GB/T 4249—2009 规定的包容要求时，应在尺寸公差的右边加注符号“Ⓔ”，如图 D.2－13 所示。

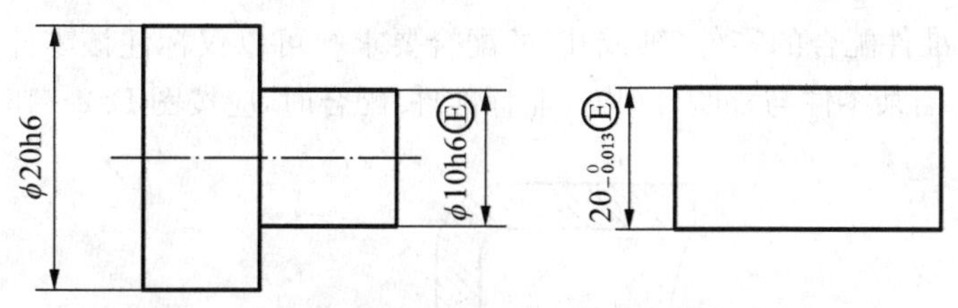

图 D.2-13　线性尺寸公差需满足包容要求的注法

(3) 角度公差的注法　角度公差的标注如图 D.2-14 所示,其基本规则与线性尺寸公差的标注方法相同。

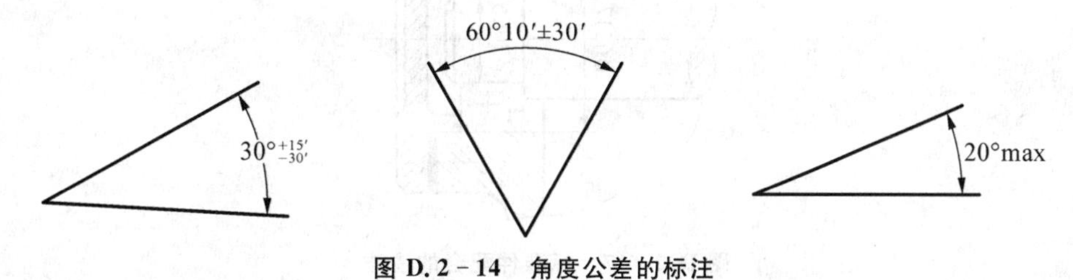

图 D.2-14　角度公差的标注

2. 在装配图上的配合注法

在装配图中,标注两个零件的配合关系,一般标注配合代号,也可标注极限偏差。

(1) 在装配图上标注线性尺寸的配合代号　必须在公称尺寸的右边用分数形式注出,分子位置注孔的公差带代号,分母位置注轴的公差带代号,如图 D.2-15 所示。

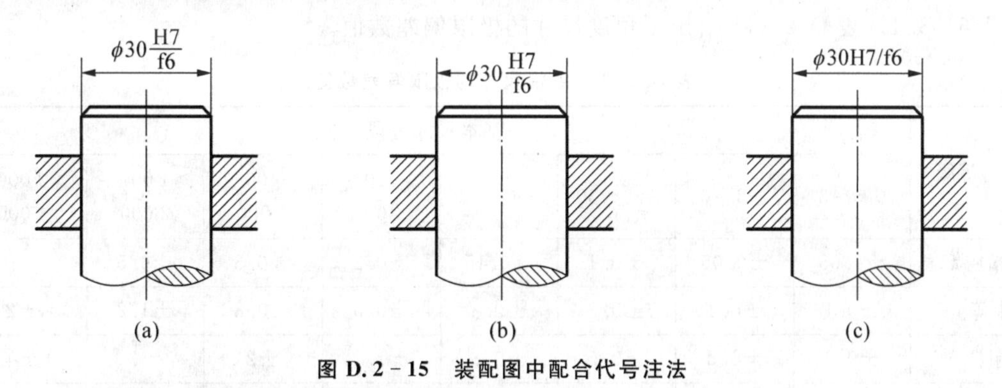

图 D.2-15　装配图中配合代号注法

(2) 在装配图中标注相配零件的极限偏差　一般按图 D.2-16(a)的形式标注:孔的公称尺寸和极限偏差注写在尺寸线的上方,轴的公称尺寸和极限偏差注写在尺寸线的下方。也允许按图 D.2-16(b)所示形式标注。需要指出装配件的代号时,可按图 D.2-16(c)的形式标注。

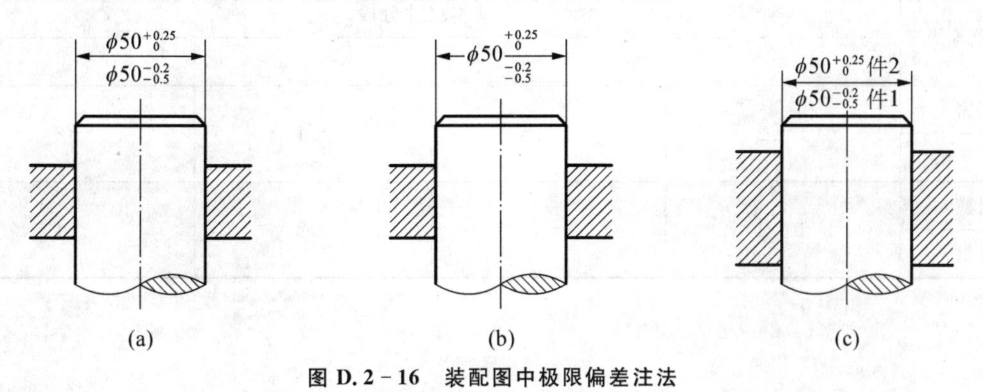

图 D.2-16　装配图中极限偏差注法

(3) 标注与标准件配合的零件(轴或孔)的配合要求　可以仅标注该零件的公差带代号,如图 D.2－17 所示。当某零件与外购件(均为非标准件)配合时,应按图 D.2－15 规定的形式标注。

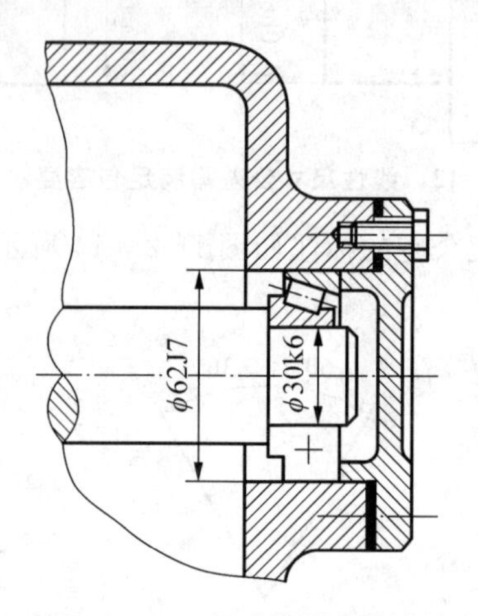

图 D.2－17　标准件配合的注法

3. 一般公差的标注

图样中未注公差的线性尺寸和角度公共尺寸,可在 GB/T 1804—2000《一般公差　未注公差的线性尺寸和角度尺寸的公差》中选取。表 D.2－9 给出了线性尺寸的极限偏差数值,表 D.2－10给出了倒圆半径和倒角高度尺寸的极限偏差数值,倒圆半径和倒角高度的含义见 GB/T 6403.4。表 D.2－11 给出了角度尺寸的极限偏差数值。

表 D.2－9　线性尺寸的极限偏差数值

公差等级	基本尺寸分段							
	0.5～3	>3～6	>6～30	>30～120	>120～400	>400～1 000	>1 000～2 000	>2 000～4 000
精密 f	±0.05	±0.05	±0.1	±0.15	±0.2	±0.3	±0.5	—
中等 m	±0.1	±0.1	±0.2	±0.3	±0.5	±0.8	±1.2	±2
粗糙 c	±0.2	±0.3	±0.5	±0.8	±1.2	±2	±3	±4
最粗 v	—	±0.5	±1	±1.5	±2.5	±4	±6	±8

表 D.2－10　倒圆半径和倒角高度尺寸的极限偏差数值

公差等级	基本尺寸分段			
	0.5～3	>3～6	>6～30	>30
精密 f 中等 m	±0.2	±0.5	±1	±2
粗糙 c 最粗 v	±0.4	±1	±2	±4

表 D.2－11　角度尺寸的极限偏差数值

公差等级	基本尺寸分段				
	～10	＞10～50	＞50～120	＞120～400	＞400
精密 f 中等 m	±1°	±30′	±20′	±10′	±5′
粗糙 c	±1°30′	±1°	±30′	±15′	±10′
最粗 v	±3°	±2°	±1°	±30′	±20′

当采用标准规定的一般公差，应在标题栏附近或技术要求、技术文件中注出标准号及公差等级代号。例如，选取中等等级时，标注为 GB/T 1804—m。

D.3　几何公差的标注

D.3.1　几何公差的概念

由于机床的精度、加工方法等因素使工件加工后，在其表面、轴线、中心平面等要素相对于公称要素（理想要素）出现偏差，将给其装配造成困难，影响机器的质量。因此，对于精度要求较高的工件，除给出尺寸公差外，还应根据设计要求合理地确定出工件的几何公差（形状、方向、位置和跳动公差）的最大允许值。

根据公差的几何特征及其标注方式，公差带的主要形状有一个圆内的区域、两同心圆之间的区域、两等距线或两平行直线之间的区域、一个圆柱面内的区域、两同轴圆柱面之间的区域、两等距面或两平行平面之间的区域、一个球面内的区域。限制要素某种类型几何误差的几何公差，亦能限制该要素其他类型的几何误差。要素的位置公差可同时控制该要素的位置误差和形状误差，要素的方向公差可同时控制该要素的位置误差和形状误差。但要素的形状公差只能控制该要素的形状误差。如果没有限制规定，被测要素的公差带内可以具有任何形状、方向或位置，并适用于整个被测要素。

几何公差的类型、几何特征和附加符号，见表 D.3－1 和表 D.3－2 所示。如图 D.3－1 所示，几何公差要求写注在用细实线绘制的两格或多格的矩形框格内。如果公差带为圆形或圆柱形，公差值前应加注符号“ϕ”；如果公差带为圆球形，公差值前应加注符号“Sϕ”。与被测要素相关的基准用大写字母表示，字母标注在基准方框内，与一个涂黑的或空白的三角形相连以表示基准；表示基准的字母，还应标注在几何公差框格内。涂黑的或空白的基准三角形含义相同。

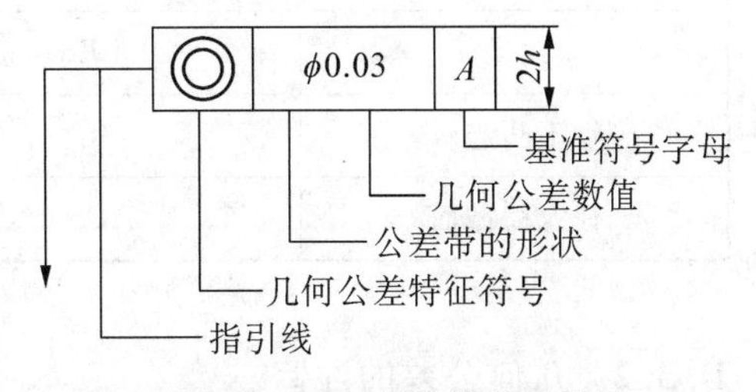

图 D.3－1　几何公差代号符号

表 D.3-1　几何特征符号

公差类型	几何特征	符号	公差类型	几何特征	符号
形状公差	直线度	⏤	位置公差	位置度	⌖
	平面度	⏥		同心度（用于中心点）	◎
	圆度	○		同轴度（用于轴线）	◎
	圆柱度	⌭		对称度	⌯
	线轮廓度	⌒		线轮廓度	⌒
	面轮廓度	⌓		面轮廓度	⌓
方向公差	平行度	∥	跳动公差	圆跳动	↗
	垂直度	⊥		全跳动	⌰
	倾斜度	∠			
	线轮廓度	⌒			
	面轮廓度	⌓			

表 D.3-2　附加符号

说明	符号	说明	符号
被测要素的标注		理论正确尺寸	50
		包容要求	Ⓔ
基准要素的标注	A　A	最大实体要求	Ⓜ
		最小实体要求	Ⓛ
基准目标的标注	$\phi2$ / A1	可逆要求	Ⓡ
		延伸公差带	Ⓟ
公共公差带	CZ	自由状态(非刚性零件)条件	Ⓕ
线素	LE	全周(轮廓)	
不凸起	NC	小径	LD
任意横截面	ACS	大径	MD

D.3.2　几何公差的注写

(1) 公差框格的注写　当某项公差应用于几个相同的要素时，应在公差框格的上方被测要素的尺寸之前注明要素的个数，并在两者之间加上符号“×”，如图 D.3-2(a, b)所示。如果需要限制被测要素在公差带内的形状(如“不凸起”)，应在公差框格的下方注明“NC”，如图

D. 3 - 2(c)所示。如果需要就某个要素给出几种几何特征的公差，可将一个公差框格放在另一个的下面，如图 D. 3 - 2(d)所示。

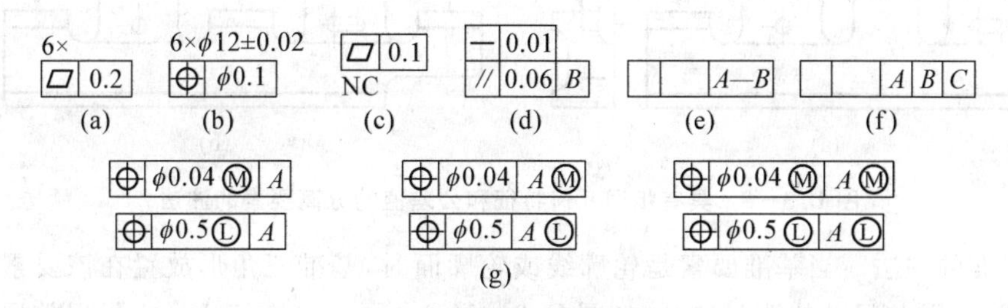

图 D. 3 - 2　公差框格的注写

以两个要素建立公共基准时，用中间加连字符的两个大写字母标注在公差框格内，如图 D. 3 - 2(e)所示。以两个或 3 个基准建立基准体系(即采用多基准)时，表示基准的大写字母按基准的优先顺序自左至右填写在各框格内径，如图 D. 3 - 2(f)所示。

按 GB/T 16671—2009 规定的最大实体要求符号“Ⓜ”和最小实体要求符号“Ⓛ”，都可单独或同时标注在公差值和(或)基准字母的后面，如图 D. 3 - 2(g)所示。

(2) 被测要素的注法　指引线引自公差框格的任意一侧，箭头指向被测要素。当被测要素为轮廓线或轮廓面时，箭头指向该要素的轮廓线或其延长线，并与尺寸线明显错开，如图 D. 3 - 3(a, b)所示。箭头也可以指向该被测表面的引出线的水平线上，如图 D. 3 - 3(c)所示。当公差涉及要素的中心线、中心面或中心点时，箭头应位于相应尺寸线的延长线上，如图 D. 3 - 4所示。

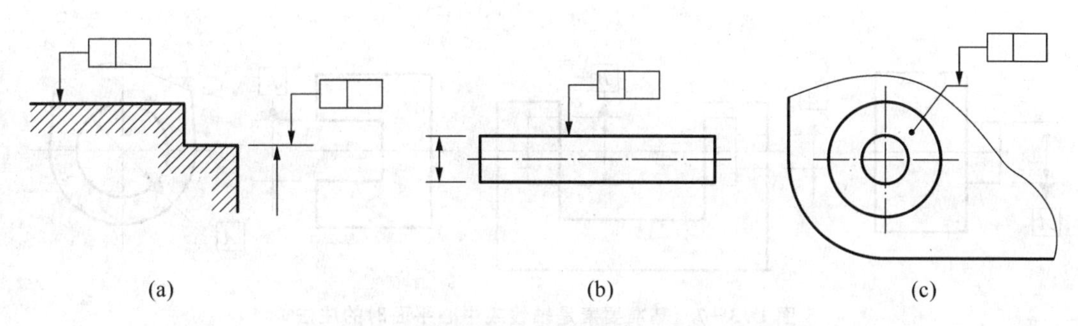

图 D. 3 - 3　被测要素为轮廓线或轮廓面时的注法

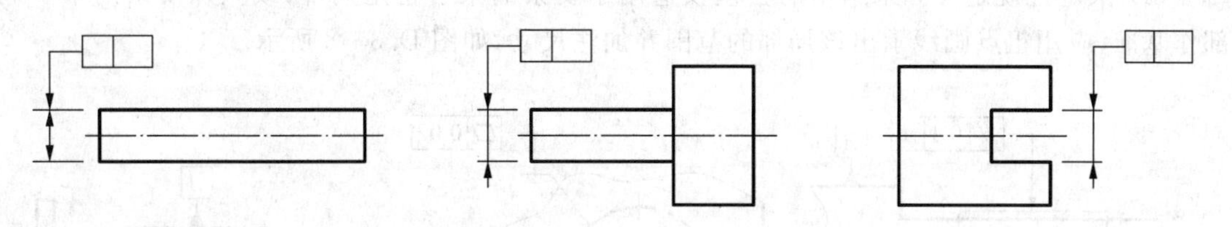

图 D. 3 - 4　被测要素为中心线或中心面时的注法

一个公差框格可以用于具有相同几何特征和公差值的若干个分离要素，如图 D. 3 - 5(a)所示。当对若干个分离要素给出单一公差带时，应在公差框格内公差值的后面加注公共公差带的符号“CZ”，如图 D. 3 - 5(b)所示。

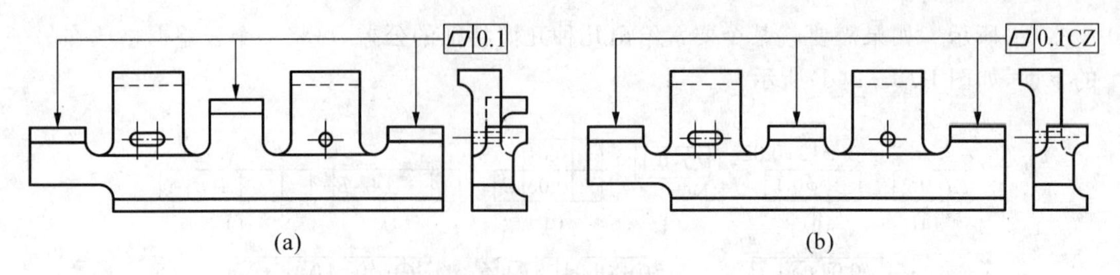

图 D.3-5　具有相同几何特征和公差值的分离要素的注法

（3）基准的注法　当基准要素是轮廓线或轮廓面时，基准三角形放置在该要素的轮廓线或其延长线上，并与尺寸线明显错开，如图 D.3-6(a)所示。基准三角形也可以放置在该轮廓面引出线的水平线上，如图 D.3-6(b)所示。当基准是尺寸要素确定的轴线、中心平面或中心点时，基准三角形应放置在该尺寸线的延长线上；如果没有足够的位置标注基准要素尺寸的两个尺寸箭头，则其中一个箭头可用基准三角形代替，如图 D.3-7 所示。

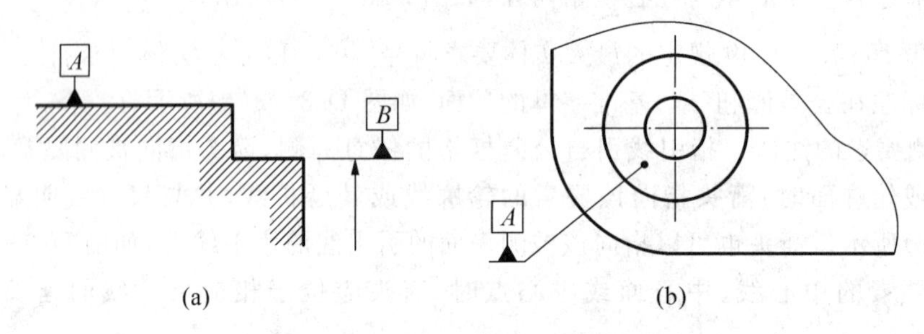

图 D.3-6　基准要素是轮廓线或轮廓面时的注法

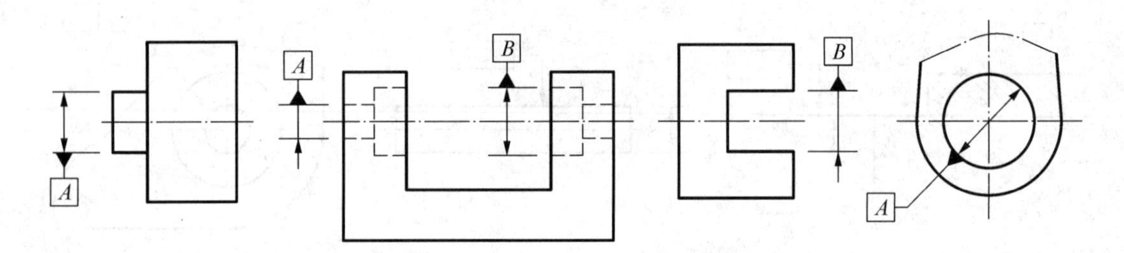

图 D.3-7　基准要素是轴线或中心平面时的注法

（4）限定性规定　如果给出的公差仅适用于要素的某一指定局部，或只以要素的某一局部作基准，应用粗点画线示出该局部的范围并加注尺寸，如图 D.3-8 所示。

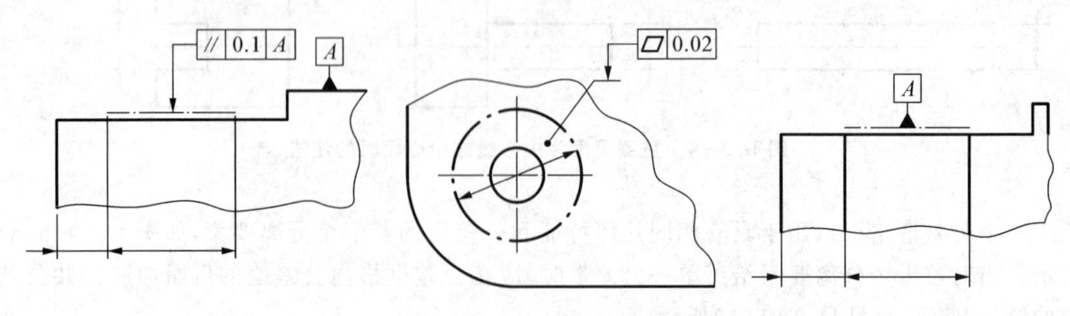

图 D.3-8　局部要素的表示法

如需给出被测要素上任意限定范围的公差值，可在公差值的后面加注限定范围的线性尺寸值，并在两者之间用斜线隔开，其公差框格的标注方法如图 D.3－9 所示。

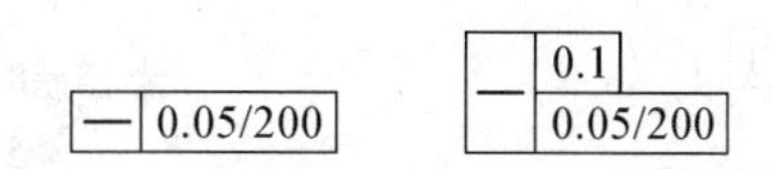

图D.3－9　限定范围公差值的表示法

D.3.3　几何公差的标注示例

（1）直线度公差　图 D.3－10 所示标注的解释如下：

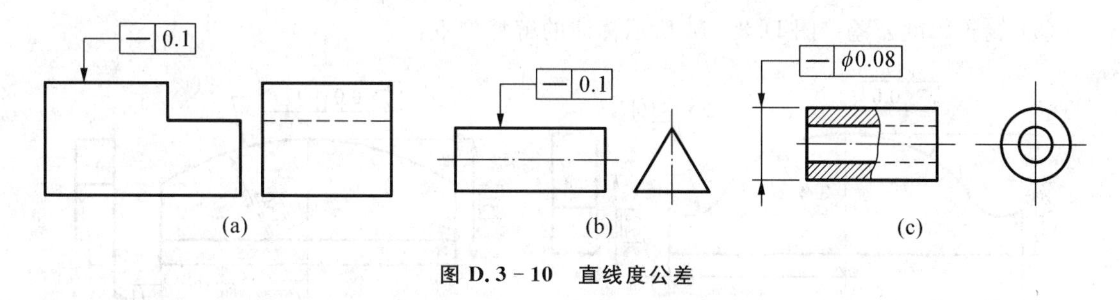

图 D.3－10　直线度公差

1）在任一平行于图示投影面的平面内，上平面的提取（实际）线应限定在间距等于 0.1 的两平行直线之间。

2）提取（实际）的棱边，应限定在间距等于 0.1 的两平行平面之间。

3）外圆柱面的提取（实际）中心线，应限定在直径等于 ϕ0.08 的圆柱面内。

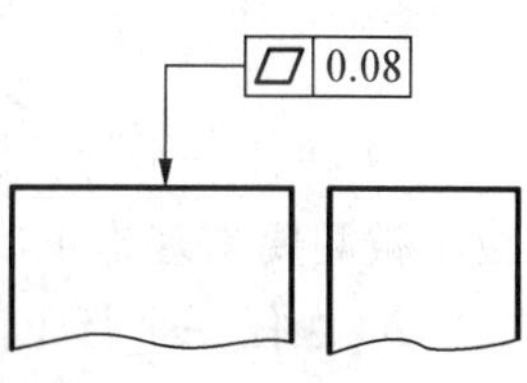

图 D.3－11　平面度公差

（2）平面度公差　图 D.3－11 所示标注的解释：提取（实际）表面应限定在间距等于 0.08 的两平行平面之间。

（3）圆度公差　图 D.3－12 所示标注的解释如下：

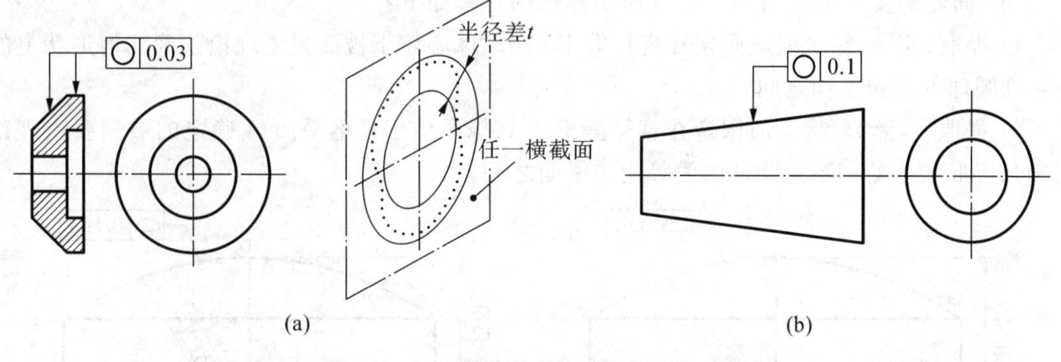

图 D.3－12　圆度公差标注及公差带示意

1）在圆柱面和圆锥面的任意横截面内，提取（实际）圆周应限定在半径差等于 0.03 的两共面同心圆之间。

2）在圆锥面的任意横截面内，提取（实际）圆周应限定在半径差等于 0.1 的两同心圆之间。

(4) 圆柱度公差　图 D.3－13 所示标注的解释：提取(实际)圆柱面应限定在半径差等于0.1 的两同轴圆柱面之间。

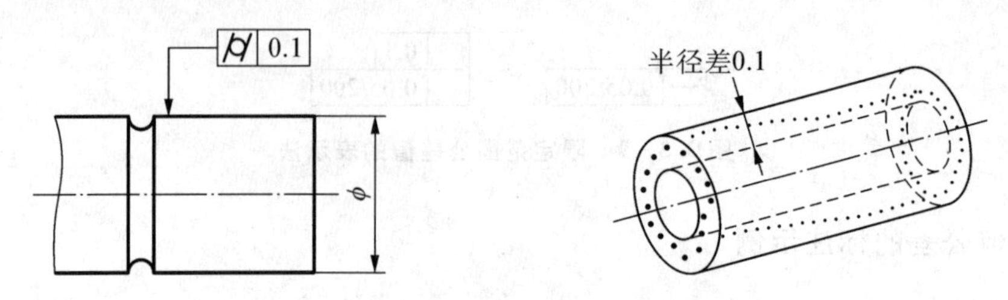

图 D.3－13　圆柱度公差标注及公差带示意

(5) 线轮廓度公差　图 D.3－14 所示标注的解释如下：

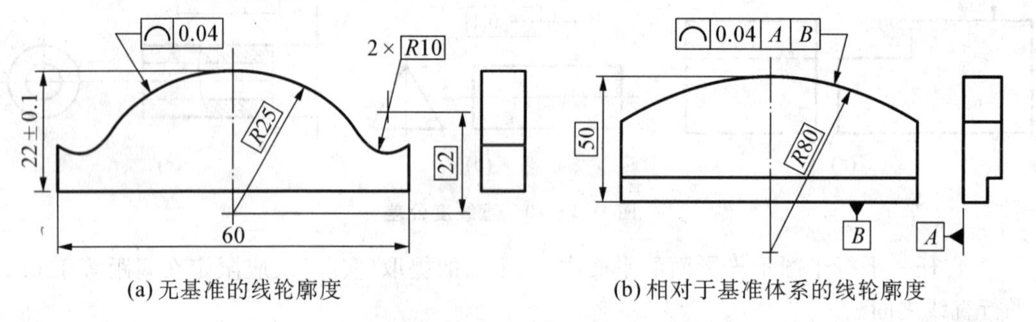

(a) 无基准的线轮廓度　　(b) 相对于基准体系的线轮廓度

图 D.3－14　线轮廓度公差

1) 在任一平行于图示投影面的截面内，提取(实际)轮廓线应限定在直径等于 0.04、圆心位于被测要素理论正确几何形状上的一系列圆的两包络线之间。

2) 在任一平行于图示投影面的截面内，提取(实际)轮廓线应限定在直径等于 0.04、圆心位于基准平面 A 和基准平面 B 确定的被测要素理论正确几何形状上的一系列圆的两等距包络线之间。

(6) 面轮廓度公差　图 D.3－15 所示标注的解释如下：

1) 提取(实际)轮廓面应限定在直径等于 0.02、球心位于被测要素理论正确几何形状上的一系列圆球的两包络面之间。

2) 提取(实际)轮廓面应限定在直径等于 0.1、球心位于基准平面 A 确定的被测要素理论正确几何形状上的一系列圆球的两等距包络面之间。

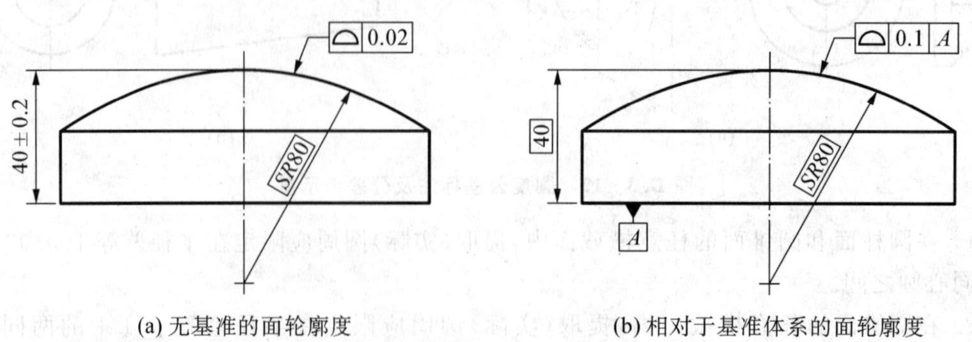

(a) 无基准的面轮廓度　　(b) 相对于基准体系的面轮廓度

图 D.3－15　面轮廓度公差

（7）平行度公差　有以下几种示例。

1）图 D.3－16 所示标注的解释如下：

① 提取（实际）中心线应限定在间距等于 0.1、平行于基准轴线 A 和基准平面 B 的两平行平面之间。

② 提取（实际）中心线应限定在间距等于 0.1、平行于基准轴线 A，且垂直于基准平面 B 的两平行平面之间。

③ 提取（实际）中心线应限定在平行于基准轴线 A 和平行于基准平面 B、间距分别等于 0.1 和 0.2，且互相垂直的两组平行平面之间。

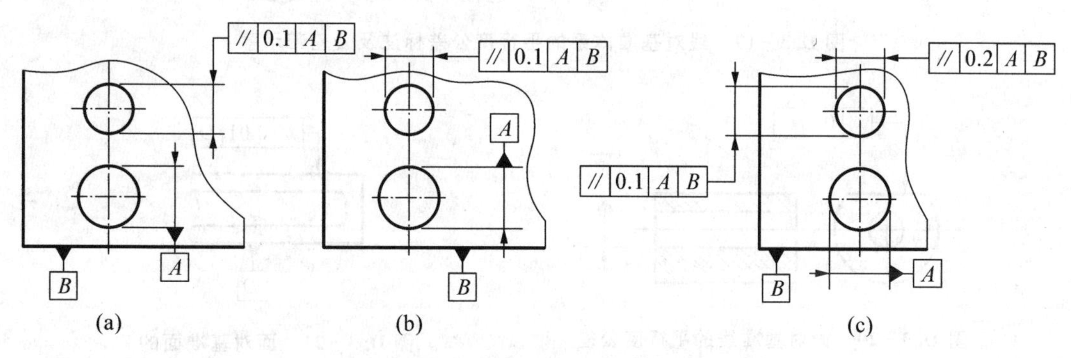

图 D.3－16　线对基准体系的平行度公差

2）图 D.3－17 所示标注的解释：提取（实际）中心线应限定在平行于基准轴线 A、直径等于 $\phi 0.03$ 的圆柱面内。

3）图 D.3－18 所示标注的解释：提取（实际）中心线应限定在平行于基准平面 B、间距等于 0.01 的两平行平面之间。

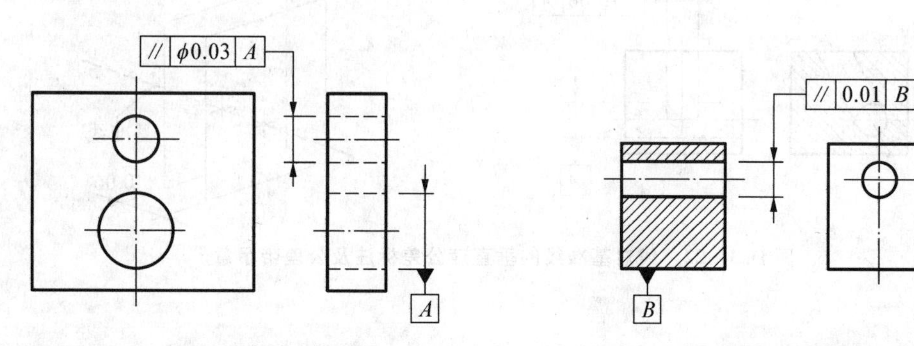

图 D.3－17　线对基准线的平行度公差　　**图 D.3－18　线对基准面的平行度公差**

4）图 D.3－19 所示标注的解释：提取（实际）线应限定在间距等于 0.02、平行于基准平面 A，且处于平行于基准平面 B 的平面内的两平行直线之间。用符号“LE”表示基准为“线素”。

5）图 D.3－20 所示标注的解释：提取（实际）表面应限定在间距等于 0.1、平行于基准轴线 C 的两平行平面之间。

6）图 D.3－21 所示标注的解释：提取（实际）表面应限定在间距等于 0.01、平行于基准 D 的两平行平面之间。

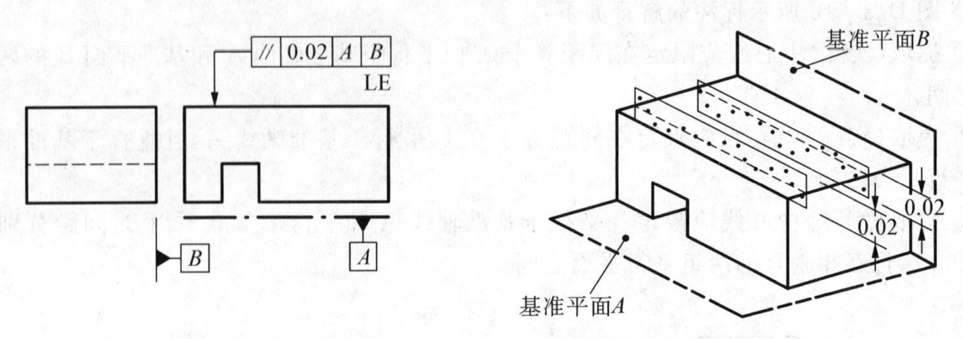

图 D.3-19　线对基准体系的平行度公差标注及公差带示意

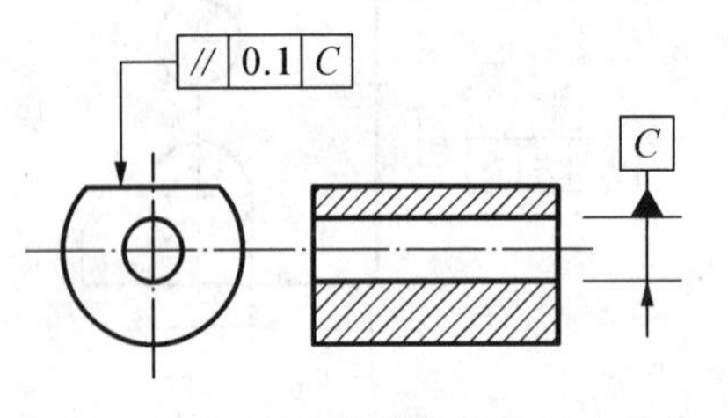

图 D.3-20　面对基准线的平行度公差

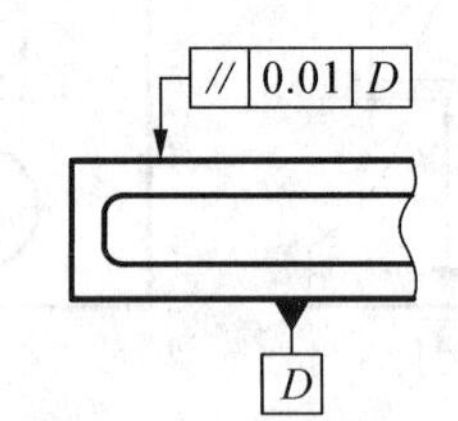

图 D.3-21　面对基准面的平行度公差

(8) 垂直度公差　有以下几种示例。

1) 图 D.3-22 所示标注的解释:提取(实际)线应限定在间距等于 0.06、垂直于基准轴线 A 的两平行平面之间。

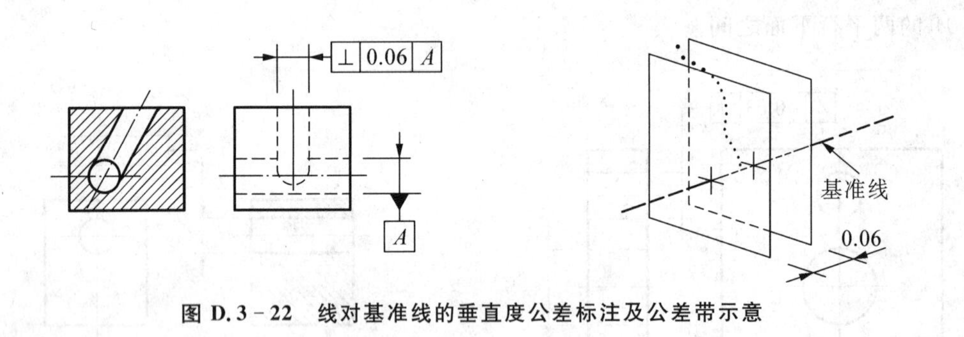

图 D.3-22　线对基准线的垂直度公差标注及公差带示意

2) 图 D.3-23 所示标注的解释:

① 圆柱面的提取(实际)中心线应限定在间距等于 0.1、垂直于基准平面 A,且平行于基准平面 B 的两平行平面之间。

② 圆柱的提取(实际)中心线应限定在间距分别等于 0.1 和 0.2,且互相垂直的两组平行平面内;该两组平行平面都垂直于基准平面 A,其中一组垂直于基准平面 B,另一组平行于基准平面 B。

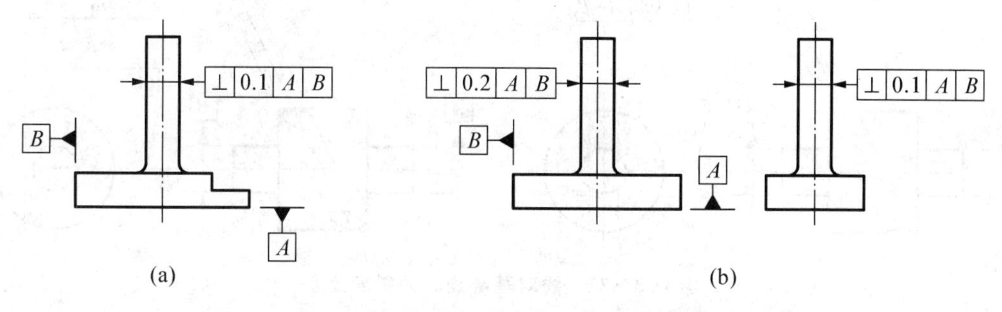

图 D.3－23　线对基准体系的垂直度公差

3）图 D.3－24 所示标注的解释：圆柱面的提取（实际）中心线应限定在直径等于 ϕ0.01、垂直于基准平面 A 的圆柱面内。

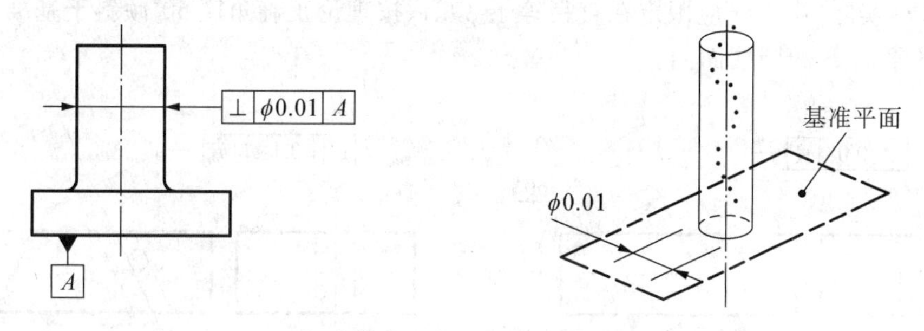

图 D.3－24　线对基准面的垂直度公差标注及公差带示意

4）图 D.3－25 所示标注的解释：提取（实际）表面应限定在间距等于 0.08、垂直于基准轴线 A 的两平行平面之间。

5）图 D.3－26 所示标注的解释：提取（实际）表面应限定在间距等于 0.08、垂直于基准平面 A 的两平行平面之间。

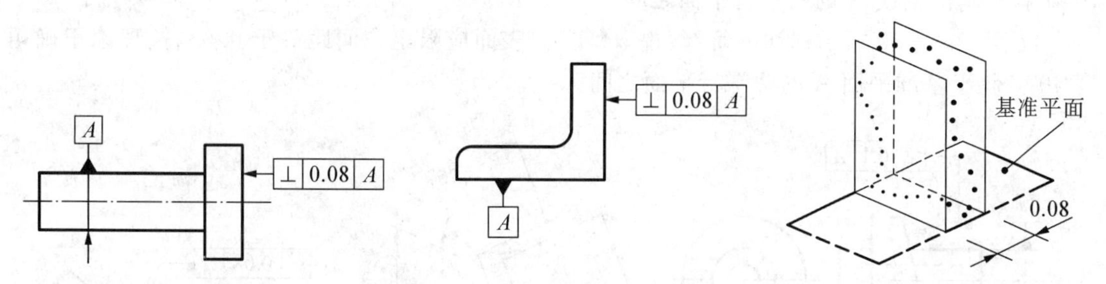

图 D.3－25　面对基准线的垂直度公差　　图 D.3－26　面对基准面的垂直度公差标注及公差带示意

（9）倾斜度公差　有以下几种示例。

1）图 D.3－27 所示标注的解释：提取（实际）中心线应限定在间距等于 0.08、按理论正确角度 60°倾斜于公共基准轴线 A—B 的两平行平面之间。

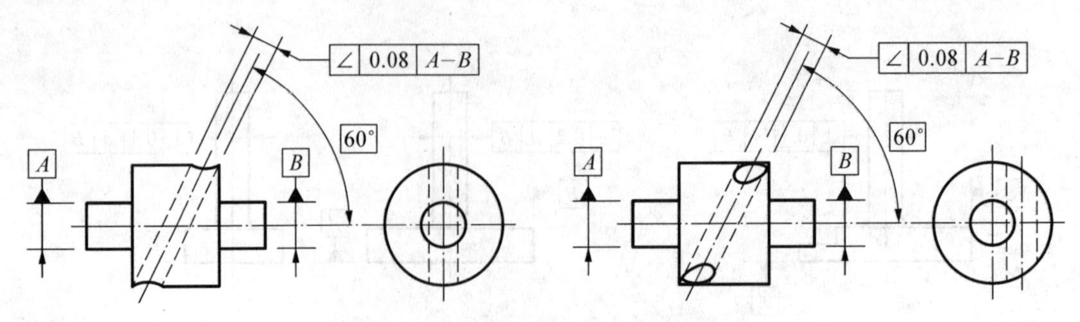

图 D.3－27　线对基准线的倾斜度公差

2）图 D. 3－28 所示标注的解释：

① 提取(实际)中心线应限定在间距等于 0.08、按理论正确角度 60°倾斜于基准平面 A 的两平行平面之间。

② 提取(实际)中心线应限定在直径等于 ϕ0.1、按理论正确角度 60°倾斜于基准平面 A，且平行于基准平面 B 的圆柱面内。

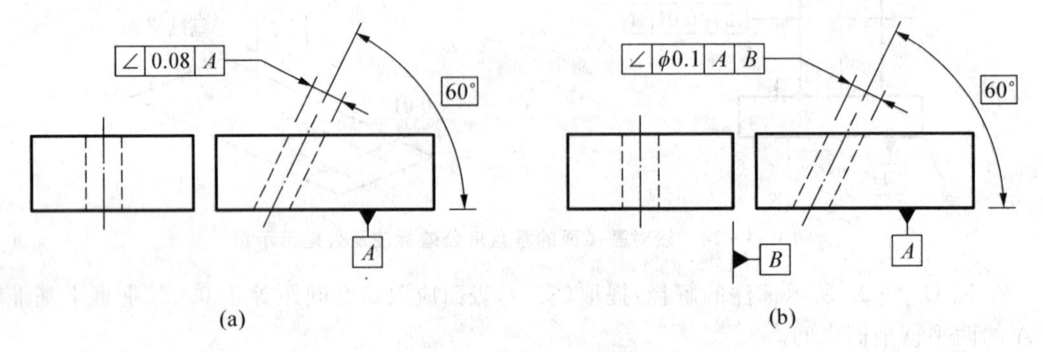

图 D.3－28　线对基准面的倾斜度公差

3）图 D. 3－29 所示标注的解释：提取(实际)表面应限定在间距等于 0.1、按理论正确角度 75°倾斜于基准轴线 A 的两平行平面之间。

4）图 D. 3－30 所示标注的解释：提取(实际)表面应限定在间距等于 0.08、按理论正确角度 40°倾斜于基准平面 A 的两平行平面之间。

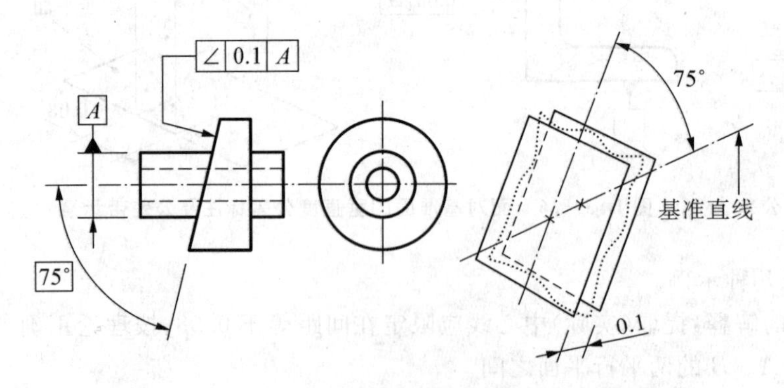

图 D.3－29　面对基准线的倾斜度公差标注及公差带示意

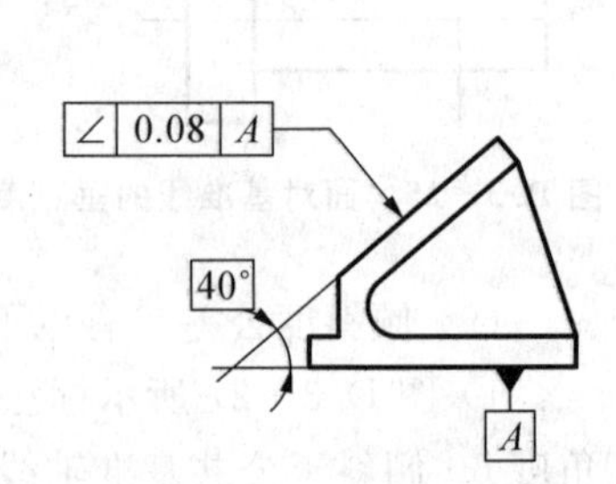

图 D.3－30　面对基准面的倾斜度公差

(10) 位置度公差　有以下几种示例。

1) 图 D.3－31 所示标注的解释：提取(实际)球心应限定在直径等于 Sϕ0.3 的圆球面内；该圆球面的中心由基准平面 A、基准平面 B、基准中心平面 C 和理论正确尺寸 30，25 确定。

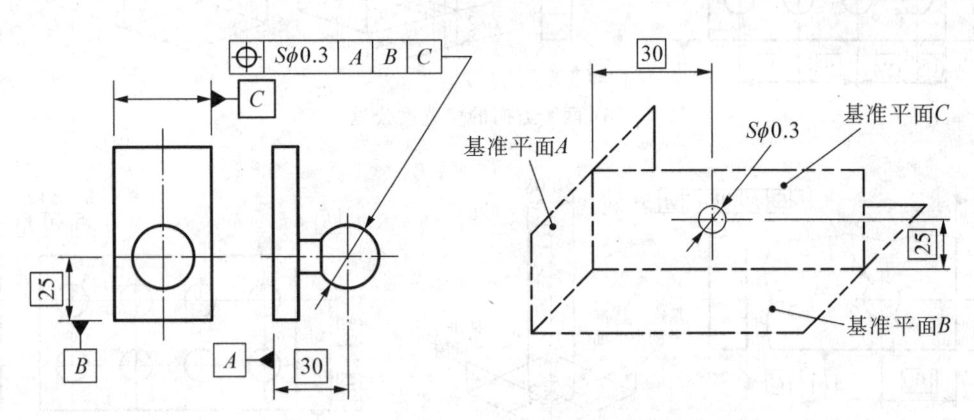

图 D.3－31　点的位置度公差标注及公差带示意

2) 图 D.3－32 所示标注的解释：

① 各条刻线的提取(实际)中心线应限定在间距等于 0.1、对称于由基准平面 A，B 和理论正确尺寸 25，10 确定的理论正确位置的两平行平面之间；公差只在一个方向上给定。

② 各孔的测得(实际)中心线在给定方向上应各自限定在间距分别等于 0.05 和 0.2，且互相垂直的两对等平行平面内；每对平行平面应垂直于基准平面 C，且对称于由基准平面 A，B 和理论正确尺寸 20，15，30 确定的各孔轴线的理论正确位置；该公差在基准体系的两个方向上给定。

③ 提取(实际)中心线应限定在直径等于 ϕ0.08 的圆柱面内；该圆柱面的轴线位置应垂直于基准平面 C，处于由基准平面 A，B 和理论正确尺寸 100，68 确定的理论正确位置上。

④ 各提取(实际)中心线应各自限定在直径等于 ϕ0.1 的圆柱面内；该圆柱面的轴线应垂直于基准平面 C，并处于由基准平面 A，B 和理论正确尺寸 20，15，30 确定的各孔轴线的理论正确位置上。

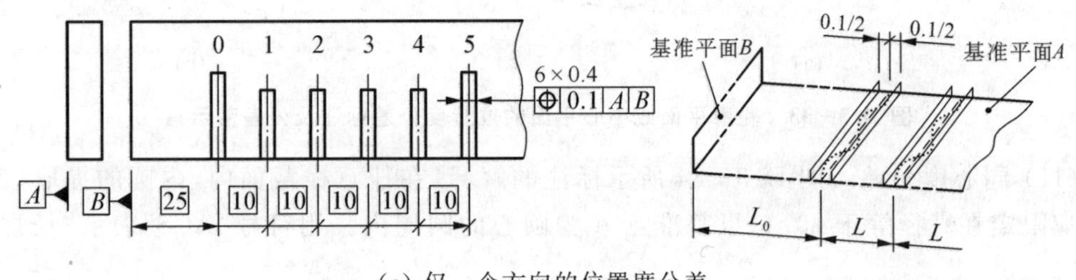

(a) 仅一个方向的位置度公差

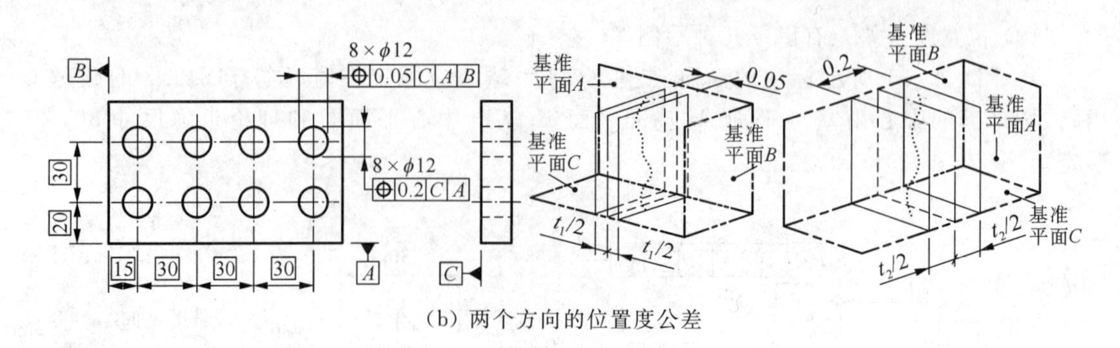

(b) 两个方向的位置度公差

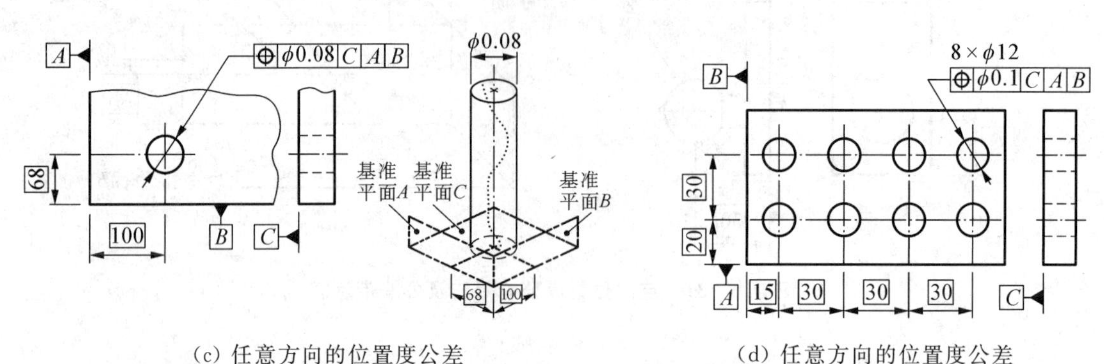

(c) 任意方向的位置度公差　　(d) 任意方向的位置度公差

图 D.3－32　线的位置度公差标注及公差带示意

3）图 D.3－33 所示标注的解释：

① 提取(实际)表面应限定在间距等于 0.05，且对称于被测面的理论正确位置的两平行平面之间；该两平行平面对称于由基准平面 A、基准轴线 B 和理论正确尺寸 15，105°确定的被测面的理论正确位置。

② 提取(实际)中心面应限定在间距等于 0.05 的两平行平面之间；该两平行平面对称于由基准轴线 A 和理论正确尺寸角度 45°确定的各被测面的理论正确位置。

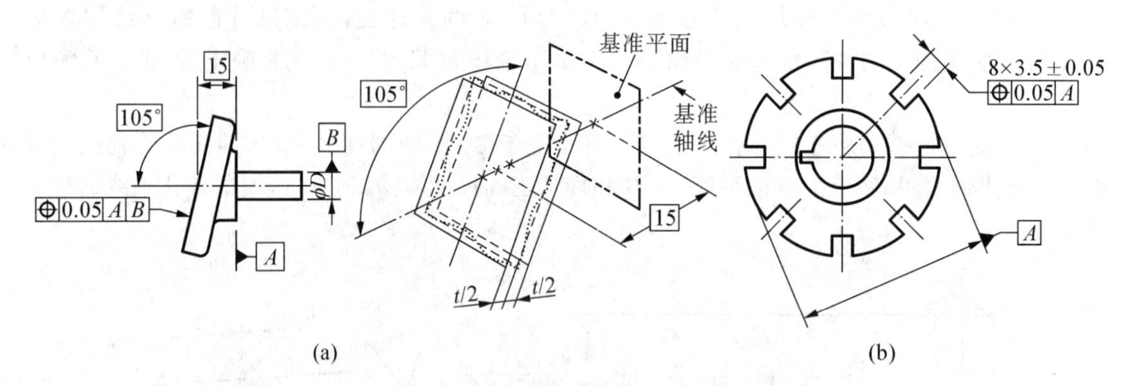

(a)　　(b)

图 D.3－33　轮廓平面或中心平面的位置度公差标注及公差带示意

(11) 同心度公差　图 D.3－34 所示标注的解释：在任意横截面内，内圆的提取(实际)中心应限定在直径等于 ϕ0.1、以基准点 A 为圆心的圆周内。用符号“ACS”表示“任意横截面”。

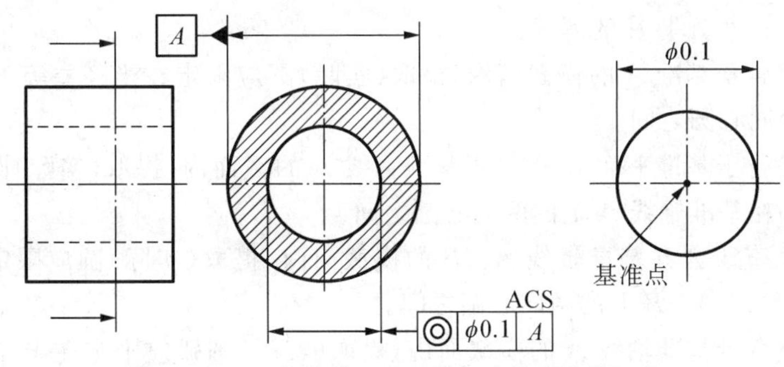

图 D.3－34　点的同心度公差标注及公差带示意

(12) 同轴度公差　图 D.3－35 所示标注的解释：

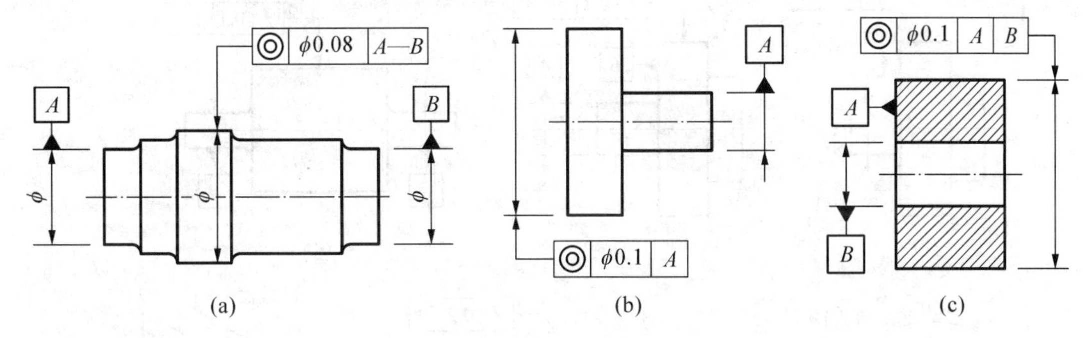

图 D.3－35　轴线的同轴度公差

1) 大圆柱面的提取(实际)中心线应限定在直径等于 ϕ0.08、以公共基准轴线 A—B 为轴线的圆柱面内。

2) 大圆柱面的提取(实际)中心线应限定在直径等于 ϕ0.1、以基准轴线 A 为轴线的圆柱面内。

3) 大圆柱面的提取(实际)中心线应限定在直径等于 ϕ0.1、以垂直于基准平面 A 的基准轴线 B 为轴线的圆柱面内。

(13) 对称度公差　图 D.3－36 所示标注的解释：

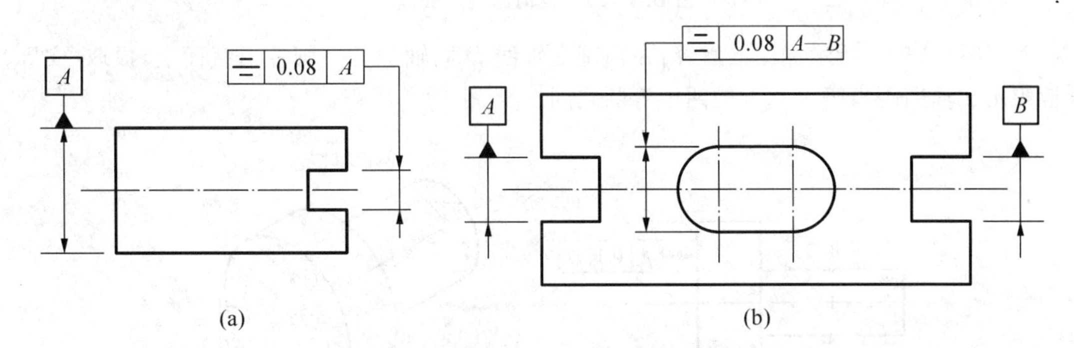

图 D.3－36　中心平面的同轴度公差

1) 提取(实际)中心面应限定在间距等于 0.08、对称于基准中心平面 A 的两平行平面之间。

2) 提取(实际)中心面应限定在间距等于 0.08、对称于公共基准中心平面 A—B 的两平行平面之间。

(14) 圆跳动公差　有以下几种示例。

1）图 D. 3 - 37 所示标注的解释：

① 在任一垂直于基准 A 的横截面内，提取（实际）圆应限定在半径差等于 0.1、圆心在基准轴线 A 上的两同心圆之间。

② 在任一平行于基准平面 B、垂直于基准轴线 A 的截面内，提取（实际）圆应限定在半径差等于 0.1、圆心在基准轴线 A 上的两同心圆之间。

③ 在任一垂直于公共基准轴线 $A—B$ 的横截面内，提取（实际）圆应限定在半径差等于 0.1、圆心在基准轴线 $A—B$ 上的两同心圆之间。

④ 在任一垂直于基准轴线 A 的横截面内，提取（实际）圆弧应限定在半径差等于 0.2、圆心在基准轴线 A 上的两同心圆之间。

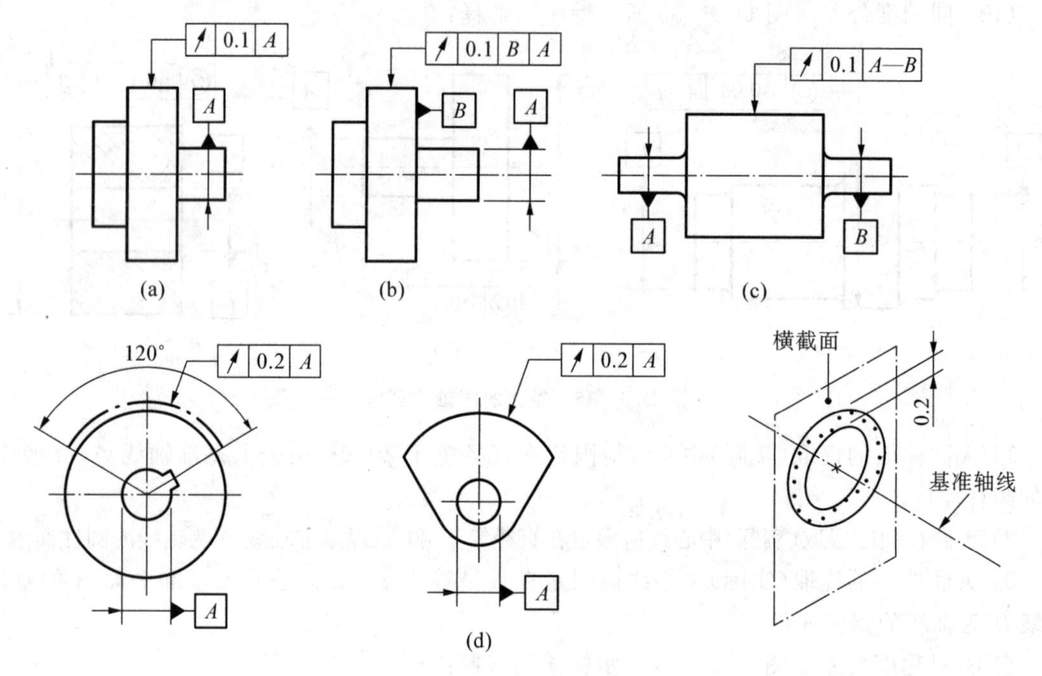

图 D. 3 - 37　径向圆跳动公差

2）图 D. 3 - 38 所示标注的解释：在与基准轴线 D 同轴的任一圆柱形截面上，提取（实际）圆应限定在轴向距离等于 0.1 的两个等圆之间。

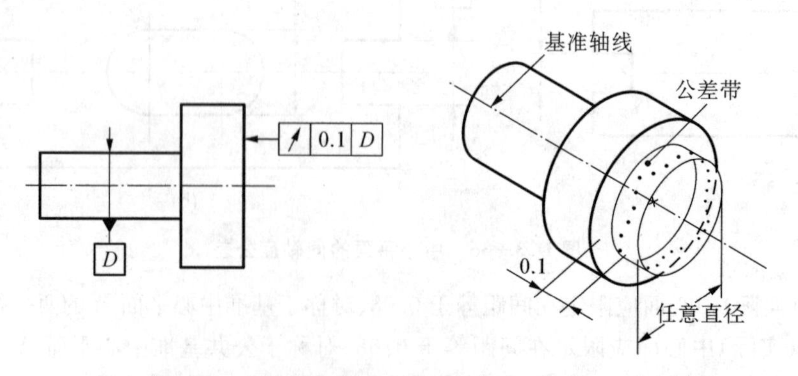

图 D. 3 - 38　轴向圆跳动公差标注及公差带示意

3）图 D.3－39 所示标注的解释：在与基准轴线 C 同轴的任一圆锥截面上，提取（实际）线应限定在素线方向间距等于 0.1 的两不等圆之间。当标注公差的素线不是直线时，圆锥截面的锥角要随所测圆的实际位置而改变。除非另有规定，测量方向应沿被测表面的法向。

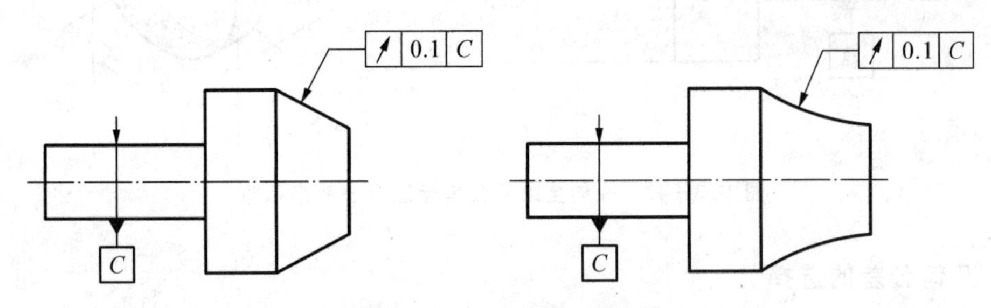

图 D.3－39　斜向圆跳动公差

4）图 D.3－40 所示标注的解释：在与基准轴线 C 同轴，且具有给定角度 60°的任一圆锥截面上，提取（实际）圆应限定在素线方向间距等于 0.1 的两不等圆之间。

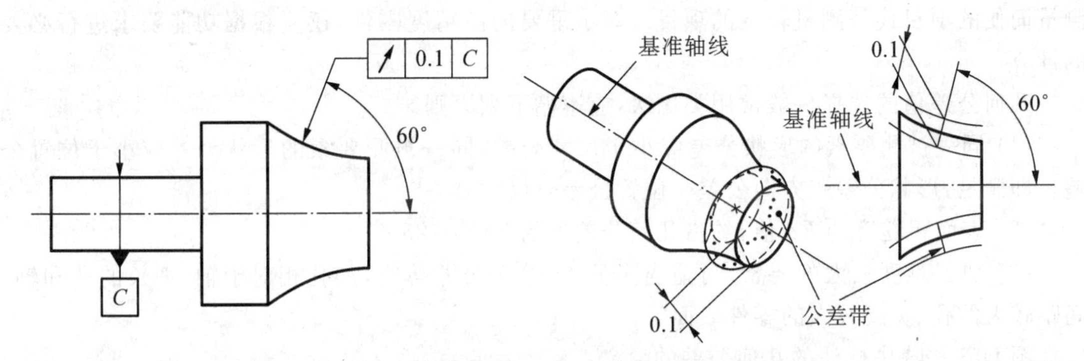

图 D.3－40　给定方向的斜向圆跳动公差标注及公差带示意

（15）全跳动公差　有以下几种示例。

1）图 D.3－41 所示标注的解释：提取（实际）表面应限定在半径差等于 0.1、与公共基准轴线 A—B 同轴的两圆柱面之间。

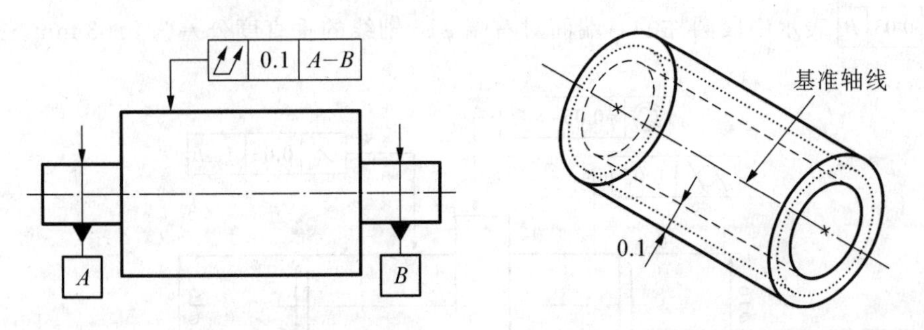

图 D.3－41　径向全跳动公差标注及公差带示意

2）图 D.3－42 所示标注的解释：提取（实际）表面应限定在间距等于 0.1、垂直于基准轴线 D 的两平行平面之间。

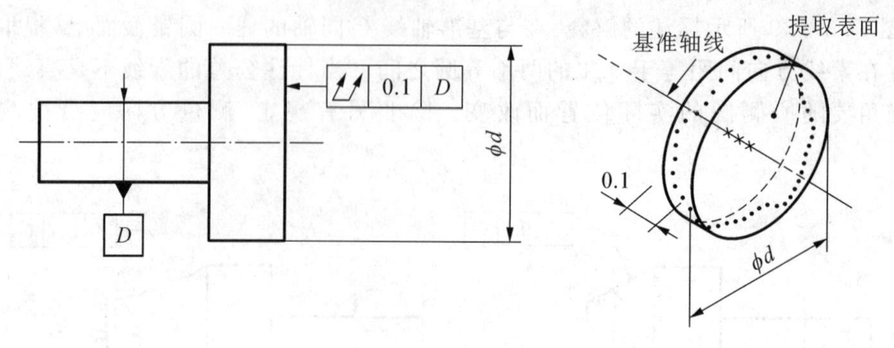

图 D.3－42　径向全跳动公差标注及公差带示意

D.3.4　几何公差的选择

零件所要求的几何公差值如果用一般机床加工就能保证时，则不必在图纸上注出，可按 GB/T 1184—1996 确定公差值，在生产中也不必检查。除此以外，应综合考虑加工经济性、结构特性和测试条件，在保证零件使用要去的前提下，尽可能选择较低的几何公差值，尽量选择测量简便的项目代替测量较难的项目。对于重要的高精度零件，还应根据功能要求进行必要的计算。

几何公差值的选择一般常用类比法，应遵循下列原则。

(1) 同一被测要素的形状公差应小于尺寸公差，同一被测要素的形状公差应小于位置公差。即满足：形状公差＜方向公差＜位置公差＜尺寸公差。

(2) 表面粗糙度的 Ra 值，约占几何公差值的 20%～25%。

(3) 加工难度较大的要素，可适当降低 1～2 个公差等级，如孔相对于轴、细长的孔和轴、间距较大的孔、宽度较大的零件表面等。

图 D.3－43 中标注的几何公差的含义：

| ⌭ | 0.05 | 表示 ϕ16 圆柱面的圆柱度公差为 0.05 mm。

| ◎ | ϕ0.05 | A—B | 表示中段圆柱的轴线对两端 ϕ16 公共轴线的同轴度公差为 ϕ0.05 mm。

| ↗ | 0.03 | A—B | 表示右段 ϕ16 圆柱面对两端 ϕ16 公共轴线的径向圆跳动公差为 0.03 mm。

| ⊥ | 0.03 | B | 表示中段圆柱的右端面对右端 ϕ16 轴线的垂直度公差为 0.03 mm。

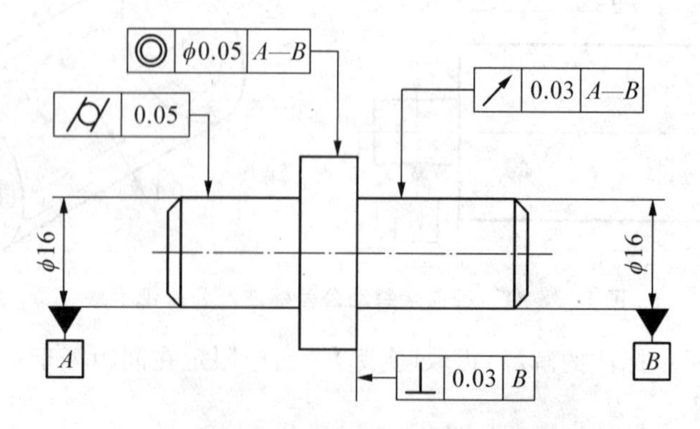

图 D.3－43　几何公差代号标注的识读

D.4　表面结构表示法(GB/T 131—2006)

D.4.1　评定表面结构的轮廓参数

加工零件表面时，不管加工得多么光滑，在放大镜或显微镜下观察，都可以看到表面有凹凸不平的峰和谷。对于零件表面结构的状况，可用3个参数组评定：轮廓参数、图形参数、支承率曲线参数。其中，轮廓参数是我国机械制图中最常用的评定参数。GB/T 3505—2009中给出的相关轮廓参数有R参数(粗糙度轮廓)、W参数(波纹度轮廓)、P参数(原始轮廓)等。本节仅介绍轮廓参数中评定粗糙度轮廓的两个常用高度参数Ra和Rz，如图D.4-1所示。

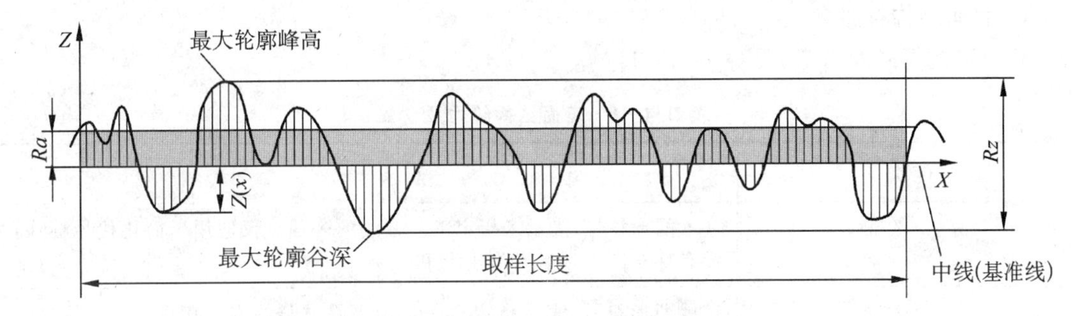

图D.4-1　评定表面结构常用的轮廓参数

(1) 轮廓算术平均偏差Ra是指在一个取样长度内纵坐标值$Z(x)$绝对值的算术平均值

(2) 轮廓的最大高度Rz是指在同一取样长度内，最大轮廓峰高和最大轮廓谷深之和的高度。

D.4.2　有关检验规范的基本术语

(1) 取样长度和评定长度　以粗糙度高度参数的测量为例。由于表面轮廓的不规则性，测量结果与测量段的长度密切相关，当测量段过短，各处的测量结果会产生很大差异，但当测量段过长，则测得的高度值中将不可避免地包含了波纹度的幅值。因此，在X轴上选取一段适当长度进行测量，这段长度称为取样长度。由于零件表面各部分的表面粗糙不一定很均匀，在一个取样长度上往往不能合理地反映某一表面粗糙度特征，一般取几个连续的取样长度进行测量，取其平均值作为测得的参数值。这段在X轴方向上用于评定轮廓的，并包含着一个或几个取样长度的测量段称为评定长度。当参数代号后未注明时，评定长度默认为5个取样长度，否则应注明个数。例如，Rz0.4，Ra3 0.8，Rz1 3.2分别表示评定长度为5个(默认)、3个、1个取样长度。

(2) 轮廓滤波器和传输带　粗糙度等3类轮廓各有不同的波长范围，它们又同时叠加在同一表面上，在测量评定3类轮廓的参数时，必须用特定仪器进行滤波，以获得所需波长范围的轮廓。这种将轮廓分为长波和短波成分的仪器，称为滤波器。由两个不同截止波长的滤波器分离获得的轮廓波长范围，称为传输带。按滤波器的不同截止波长值，由小到大顺次分为λ_s，λ_c和λ_f3种滤波器，应用λ_s滤波器修正后的轮廓为原始轮廓(P轮廓)，在P轮廓上再应用

λ_c 滤波器修正后的轮廓为粗糙度轮廓(R 轮廓),对 P 轮廓上连续应用 λ_c 和 λ_f 滤波器修正后的轮廓为波纹度轮廓(W 轮廓)。

(3) 极限值判断规则　完工零件的表面按检验规范测得轮廓参数值后,需与图样上给定的极限比较,以判定其是否合格。极限值判断规则有两种:

1) 16%规则。如果在所选参数都用同一评定长度上的全部实测值中,超过规定极限值的个数不多于总个数的 16%时,该表面是合格的。

2) 最大规则。检测时,被检的整个表面上测得的参数值一个也不应超过给定的极限值。

16%规则是所有表面结构要求标注的默认规则。即当参数代号后未注写“max”字样时,均默认为应用 16%规则(如 Ra 0.8);反之,则应用最大规则(如 Ra max 0.8)。

D.4.3　表面结构符号

1. 表面结构符号含义

表面结构符号及含义,见表 D.4-1

表 D.4-1　表面结构符号及含义

符号	意义及说明
	基本图形符号,表示未指定工艺方法的表面。仅适用于简化代号标注,没有补充说明时不能单独使用
	扩展图形符号,表示指定表面是用去除材料的方法获得,如车、铣、钻、磨、剪切、抛光、腐蚀、电火花加工、气割等
	扩展图形符号,表示指定表面是用不去除材料方法获得,如铸、锻、冲压变形、热轧、冷轧、粉末冶金等,也可用于表示保持以供应状况的表面(包括保持上道工序的状况)
	完整的图形符号。在上述 3 个符号的长边上加一横线,用于标注表面结构特征的补充信息
	在上述 3 个符号上均可加一小圆,表示视图上构成封闭轮廓的各表面具有相同的表面结构要求,标注在图样中工件的封闭轮廓线上。标注方法如图 D.4-2 所示。

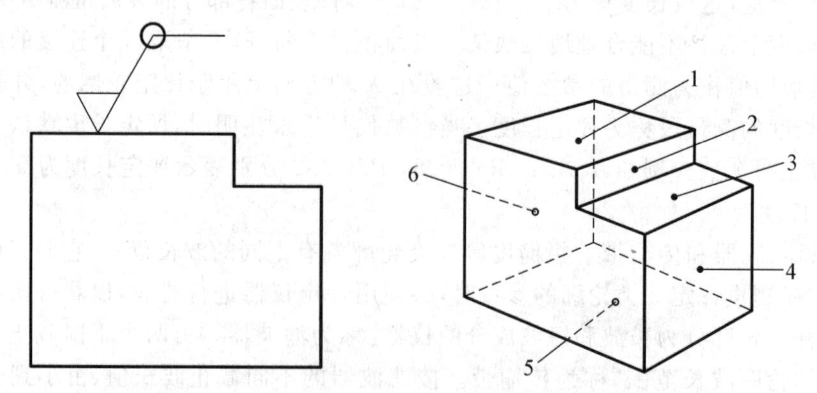

图 D.4-2　对周边各面有相同的表面结构要求的注法

2. 表面结构完整图形符号的组成

标注表面结构的图形符号如图 D. 4－3 所示，图中对表面结构的单一要求和补充要求给出了注写位置，各位置中的所有字母高度应等于 h。图形符号和附加标注的尺寸，见表 D. 4－2。

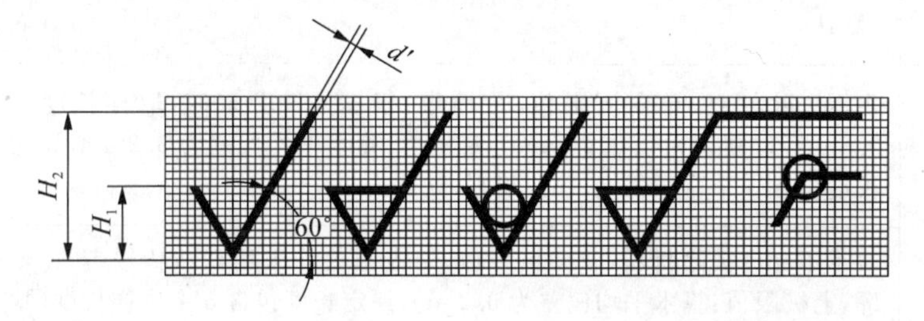

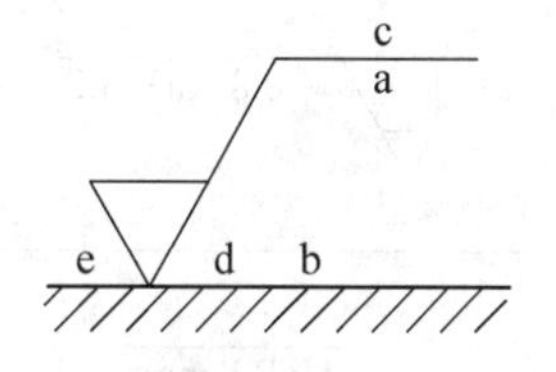

图 D. 4－3 表面结构的图形符号

表 D. 4－2 图形符号和附加标注的尺寸 （单位：mm）

数字和字母高度 h	2.5	3.5	5	7	10	14	20
符号线宽 d' 字母线宽 d	0.25	0.35	0.5	0.7	1	1.4	2
高度 H_1	3.5	5	7	10	14	20	28
高度 H_2（最小值）	7.5	10.5	15	21	30	42	60

（1）位置 a　注写表面结构的单一要求。标注表面结构参数代号、极限值和传输带或取样长度。为了避免误解，在参数代号和极限值之间应插入空格。传输带或取样长度后应有一斜线"/"，之后是表面结构参数代号，最后是数值，如传输带标注 0.0025－0.8/Ra 6.3、取样长度标注－0.8/Ra 6.3。对图形法应标注传输带，后面应有一斜线"/"，之后是评定长度值，再后是一斜线"/"，最后是表面结构参数代号及其数值，如 0.008－0.5/16/R 10。

（2）位置 a 和 b　注写两个或多个表面结构要求。如果注写多个表面结构要求，图形符号应在垂直方向扩大，以空出足够的空间。扩大图形符号时，a 和 b 的位置随之上移。

（3）位置 c　注写加工方法、表面处理、涂层或其他加工工艺要求等，如车、磨、镀等。

（4）位置 d　注写表面纹理和方向，如"＝"，"X"，"M"。

（5）位置 e　注写加工余量，以 mm 为单位给出数值。

表面结构符号中注写了具体参数代号及数值等要求后，称为表面结构代号。表面结构代号的示例及含义，见表 D. 4－3。

表 D. 4－3 表面结构代号的示例及含义

代号示例	含义/解释
Rz 0.4	表示不允许去除材料，单向上限值，默认传输带，P 轮廓，粗糙度的最大高度 0.4 μm，评定长度为 5 个取样长度（默认），16％规则（默认）
Rz max 0.2	表示去除材料，单向上限值，默认传输带，R 轮廓，粗糙度的最大高度的最大值为 0.2 μm，评定长度为 5 个取样长度（默认），最大规则

续　表

代号示例	含义/解释
0.008－0.8/Ra 3.2	表示去除材料，单向上限值，传输带为 0.008～0.8 mm，R 轮廓，算术平均偏差为 3.2 μm，评定长度包含 5 个取样长度（默认），16％规则（默认）
－0.8/Ra3 3.2	表示去除材料，单向上限值，传输带：根据 GB/T 6062，取样长度为 0.8 μm（λ_s 默认为 0.002 5 mm），R 轮廓，算术平均偏差为 3.2 μm，评定长度包含 3 个取样长度，16％规则（默认）
U Ra max 3.2 L Ra 0.8	表示不允许去除材料，双向极限值，两极限值均采用默认传输带，R 轮廓，上极限值：算术平均偏差为 3.2 μm，评定长度包含 5 个取样长度（默认），最大规则。下极限值：算术平均偏差为 0.8 μm，评定长度包含 5 个取样长度（默认），16％规则（默认）
0.8－25/Wz3 10	表示去除材料，单向上限值，传输带为 0.008～25 mm，W 轮廓，波纹度的最大高度 10 μm，评定长度包含 3 个取样长度，16％规则（默认）
0.008－/Pt max 25	表示去除材料，单向上限值，传输带 λ_s＝0.008 mm，P 轮廓，轮廓总高 25 μm，评定长度等于工件长度（默认），最大规则
0.025－0.1//Rx 0.2	表示任意加工方法，单向上限值，传输带 λ_s＝0.002 5 mm，A＝0.1 mm，评定长度为 3.2 μm（默认），粗糙度图形参数，粗糙度图形最大深度为 0.2 μm，16％规则（默认）
/10/R 10	表示不允许去除材料，单向上限值，传输带 λ_s＝0.008 mm（默认），A＝0.5 mm（默认），评定长度为 10 mm，粗糙度图形参数，粗糙度图形平均深度为 10 μm，16％规则（默认）
W 1	表示去除材料，单向上限值，传输带 A＝0.5 mm（默认），B＝2.5 mm（默认），评定长度为 16 mm（默认），波纹度图形参数，波纹度图形平均深度为 1 mm，16％规则（默认）
－0.3/6/AR 0.09	表示任意加工方法，单向上限值，传输带 λ_s＝0.008 mm（默认），A＝0.3 mm（默认），评定长度为 6 mm，粗糙度图形参数，粗糙度图形平均间距为 0.09 mm，16％规则（默认）

D.4.4　表面纹理及加工余量的标注

纹理方向是指表面纹理的主要方向，通常由加工工艺决定。表面纹理及其方向，用图 D.4－4所示中规定的符号标注。图样中的标注方法，如图 D.4－5 所示。

在同一图样中，有多个加工工序的表面可标注加工余量。例如，在表示完工零件形状的铸锻件图样中，给出加工余量。加工余量可以是加注在完整符号上的唯一要求，也可以同表面结构要求一起标注，如图 D.4－6 所示。

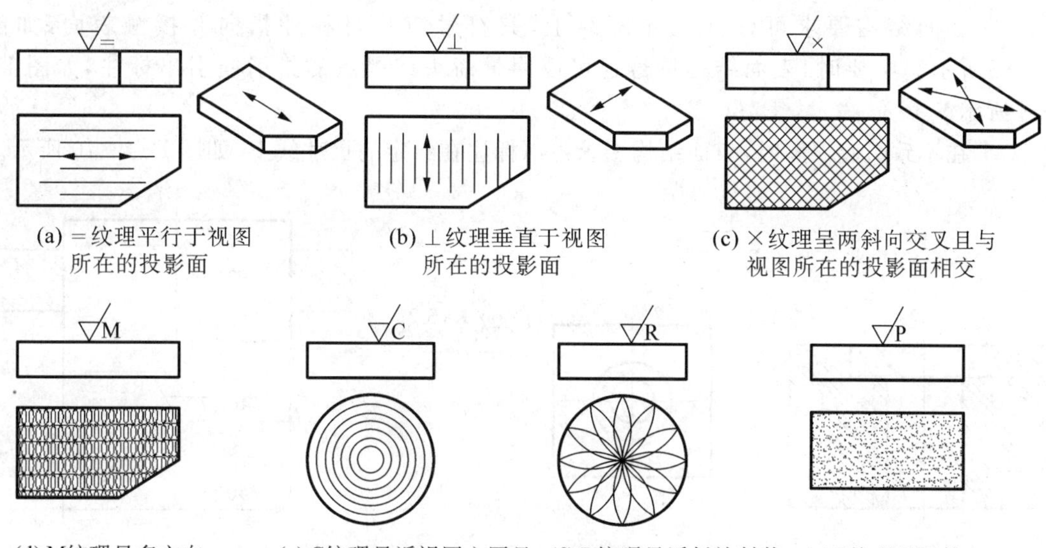

(a) =纹理平行于视图所在的投影面　(b) ⊥纹理垂直于视图所在的投影面　(c) ×纹理呈两斜向交叉且与视图所在的投影面相交

(d) M纹理呈多方向　(e) C纹理呈近视同心圆且圆心与表面中心相关　(f) R纹理呈近似放射状且与表面圆心相关　(g) P纹理呈颗粒、凸起、无方向

图 D.4-4　表面纹理的标注

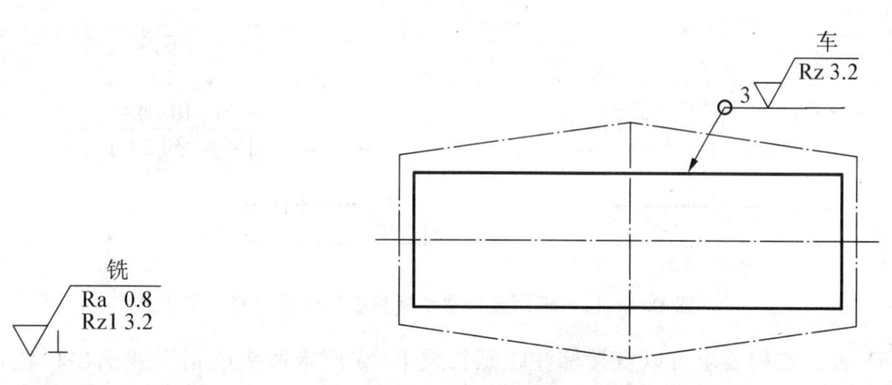

图 D.4-5　垂直于视图所在投影面的表面纹理方向的注法

图 D.4-6　在表示完工零件的图样中给出加工余量的注法(所有表面均有 3 mm 加工余量)

D.4.5　表面结构要求在图样中的注法

(1) 表面结构的注写和读取方向与尺寸的注写和读取方向一致,如图 D.4-7 所示。

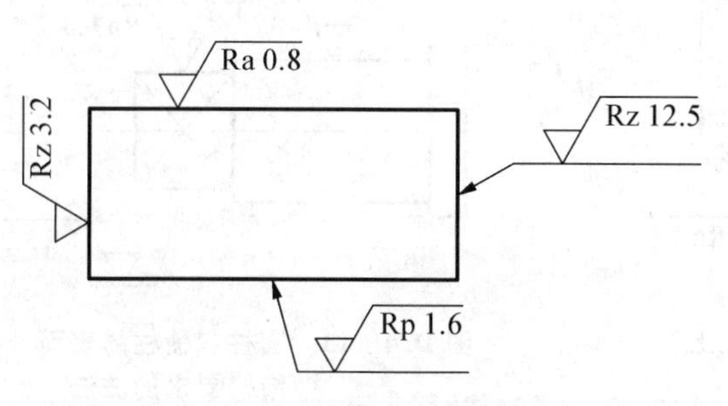

图 D.4-7　表面结构要求的注写方向

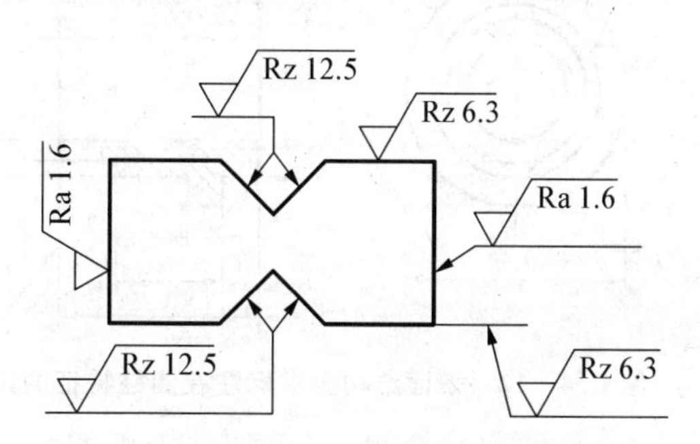

图 D.4-8　表面结构要求在轮廓线上的标注

(2) 表面结构要求可标注在轮廓线上，其符号应从材料外指向并接触表面，如图 D. 4－8所示。必要时，表面结构符号也可以用带箭头或黑点的指引线引出标注，如图 D. 4－8 所示。

(3) 在不致引起误解时，表面结构要求可以标注在给定的尺寸线上，如图 D. 4－10 所示。

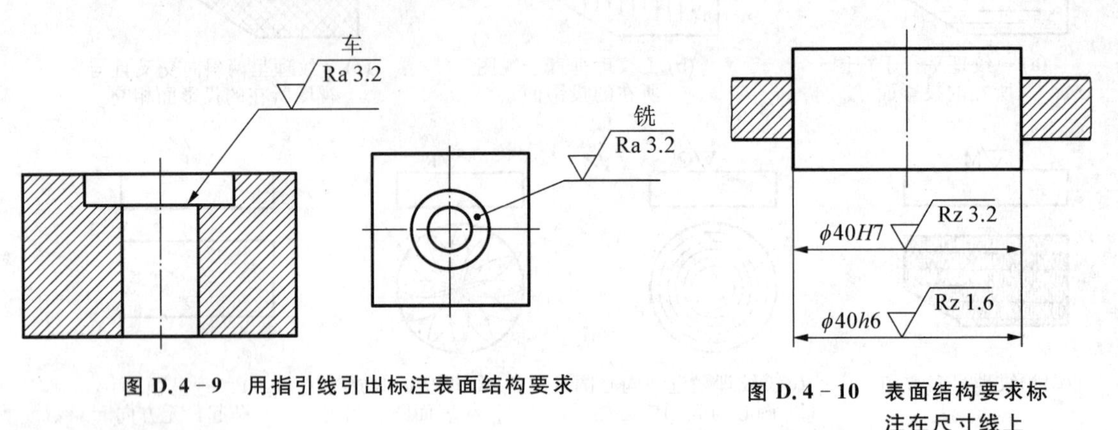

图 D. 4－9　用指引线引出标注表面结构要求

图 D. 4－10　表面结构要求标注在尺寸线上

(4) 表面结构要求可标注在形位公差框格的上方，如图 D. 4－11 所示。

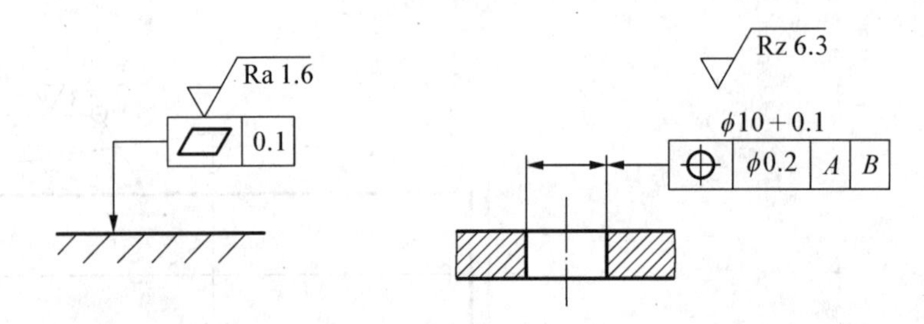

图 D. 4－11　表面结构要求标注在形位公差框格的上方

(5) 表面结构要求可以直接标注在延长线上，或用带箭头的指引线引出标注，如图 D. 4－12 所示(或见图 D. 4－8)。

(6) 圆柱和棱柱的表面结构要求只注一次，如果每个棱柱表面有不同的表面结构要求，则应分别单独标注，如图 D. 4－13 所示。

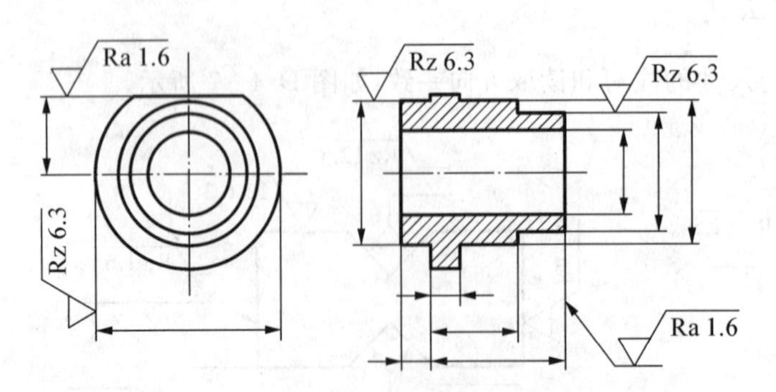

图 D. 4－12　表面结构要求标注在圆柱特征的延长线上

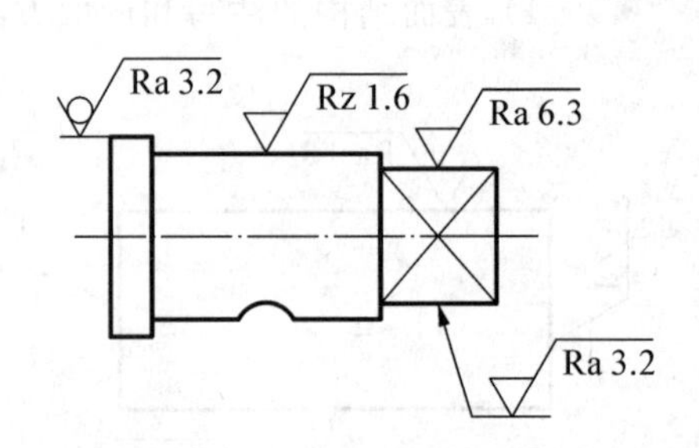

图 D. 4－13　圆柱和棱柱的表面结构要求的注法

(7) 如果在工件的多数(包括全部)表面有相同的表面结构要求,则其表面结构要求可统一标注在图样的标题栏附近。此时(除全部表面有相同要求的情况外),表面结构要求的符号后面应在圆括号内给出无任何其他标注的基本符号,或在圆括号内给出不同的表面结构要求,但不同的表面结构要求应直接标注在图形中,如图 D. 4 - 14 所示。

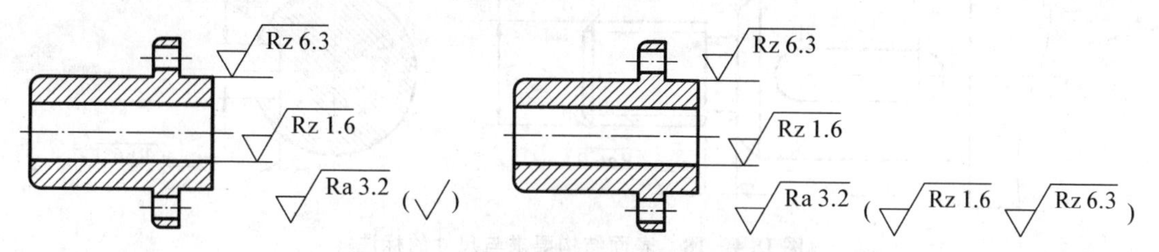

图 D. 4 - 14 大多数表面有相同表面结构要求的简化注法

(8) 可用带字母的完整符号,以等式的形式,在图形或标题栏附近,对有相同表面结构要求的表面进行简化标注,如图 D. 4 - 15 所示。

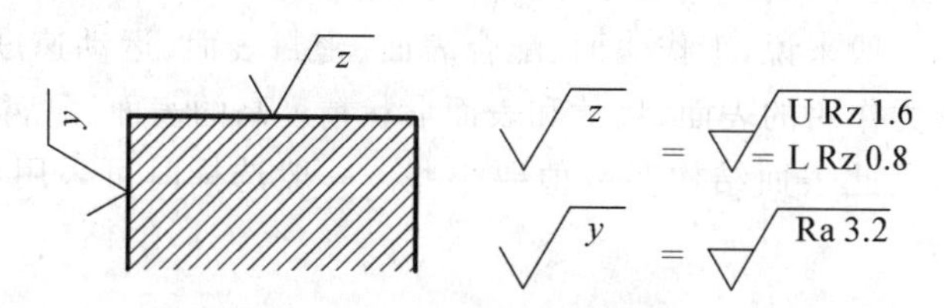

图 D. 4 - 15 在图纸空间有限时的简化注法

(9) 可用基本图形符号或扩展图形符号,以等式的形式给出对多个表面共同的表面结构要求,如图 D. 4 - 16 所示。

Ra 3.2　Ra 3.2　Ra 3.2

图 D. 4 - 16 多个表面结构要求的简化标注

(10) 由几种不同的工艺方法获得的同一表面,当需要明确每种工艺方法的表面结构要求时,可按图 D. 4 - 17 进行标注。

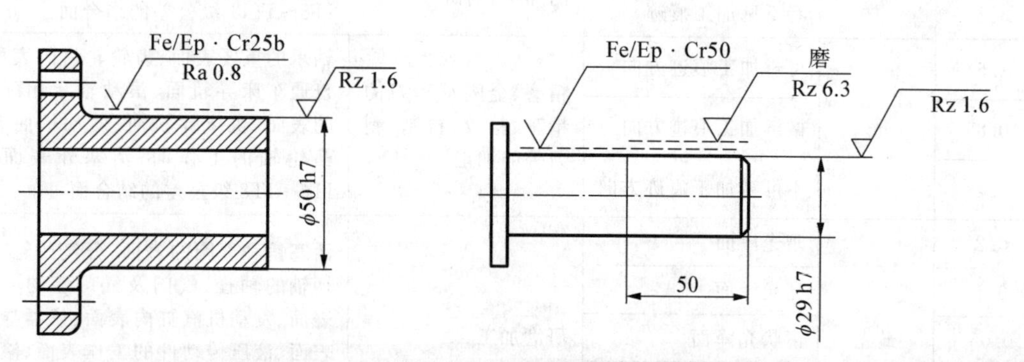

图 D. 4 - 17 同时给出镀覆前后的表面结构要求的注法

(11) 表面结构和尺寸可以标注在同一尺寸线上,或一起标注在延长线上,或分别标注在轮廓线和尺寸界线上,如图 D. 4 - 18 所示。

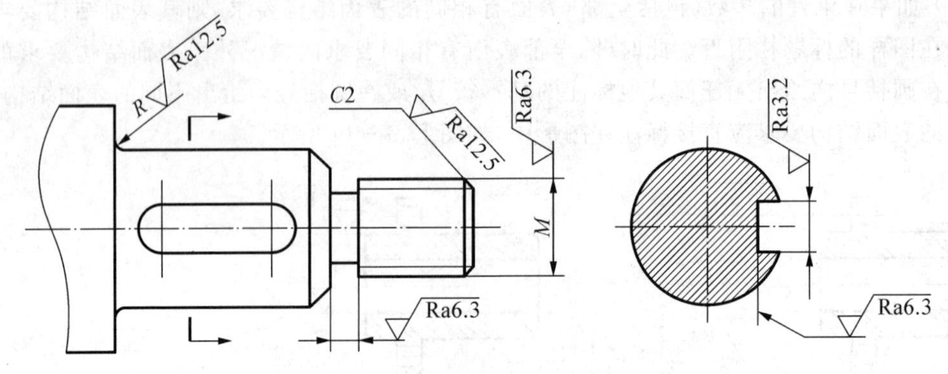

图 D.4－18　表面结构要求与尺寸的标注

D.4.6　表面结构参数的选用

选用表面结构参数值时，若需满足零件表面的功能要求，应尽量选择较大的表面结构参数值，以降低加工成本。一般来说，工作表面、配合表面、密封表面、运动速度高且压强大的摩擦表面，以及承受交变应力作用的表面、尺寸和表面形状精度高的表面、耐腐蚀和装饰表面等，对平整光滑程度要求高，因此表面结构参数值要小些。一般选择时可采用类比法，参考值见表 D.4－4。

表 D.4－4　表面粗糙度参数值的应用举例

Ra/μm	表面特征	表面形状	获得表面粗糙度的方法举例	应用举例
100	粗糙的	明显可见的刀痕	锯断、粗车、粗铣、粗刨、钻孔及用粗纹锉刀、粗砂轮等的加工	管的端部断面和其他半成品的表面、带轮法兰盘的结合面、轴的非接触端面、倒角、铆钉孔等
50		可见的刀痕		
25		微见的刀痕		
12.5	半光	可见加工痕迹	拉制钢丝、精车、精铣、粗铰、粗剥刀等的加工、刮研	支架、箱体、离合器、带轮螺钉孔、轴或孔的退刀槽、套筒等非配合面、齿轮非工作面、主轴的非接触外表面、IT8～IT11 级公差的结合面
6.3		微见加工痕迹		
3.2		看不见加工痕迹		
1.6	光	可辨加工痕迹方向	精磨、金刚石车刀的精车、精铰、拉制、剥刀等的加工	轴承的重要表面、齿轮轮齿的表面、普通车床导轨面、滚动轴承相配合的表面、机床导轨面、发动机曲轴、凸轮轴的工作面、活塞外表面等 IT6～IT8 级公差的结合面
0.8		微辨加工痕迹方向		
0.4		不可辨加工痕迹方向		
0.2	最光	暗光泽面	研磨加工	活塞销和涨圈的表面、分气凸轮、曲柄轴的轴径、气门及气门座的支持表面、发动机汽缸内表面、仪器导轨表面、液压传动件的工作表面、滚动轴承的滚道、滚动体表面、仪器的测量表面、量块的测量面
0.1		亮光泽面		
0.05		镜状光泽面		
0.025		雾状镜面		
0.012		镜面		

D.5 焊缝符号的表示法

在技术图样或文件上需要表示焊缝或接头时，推荐采用焊缝符号。必要时，也可以采用图示法。GB/T 324—2008《焊缝符号表示法》和 GB/T 12212—1990《技术制图 焊缝符号的尺寸、比例及简化画法》规定了焊缝符号的尺寸、比例、表示方法，以及焊缝在图样上的画法的一般要求。

D.5.1 焊缝的图示表示法

焊缝的画法如图 D.5-1(a)所示，用一系列细实线段表示，这些细实线允许徒手绘制。也允许用粗线表示焊缝，该粗线的宽度是可见轮廓线宽度的 2～3 倍，如图 D.5-1(b)所示。但在同一图样中，只允许采用一种画法。在表示焊缝端面的视图中，用粗实线画出焊缝的轮廓。必要时，可用细实线画出焊接前的坡口形状，如图 D.5-1(c)所示。用图示法表示焊缝时，通常应同时标注焊缝符号，如图 D.5-1(d)所示。在剖视图或断面图上，焊缝的金属熔焊区通常应涂黑表示，如图 D.5-1(e)所示。若同时需要表示坡口等形状时，熔焊区部分亦可按图 D.5-1(f)所示绘制。

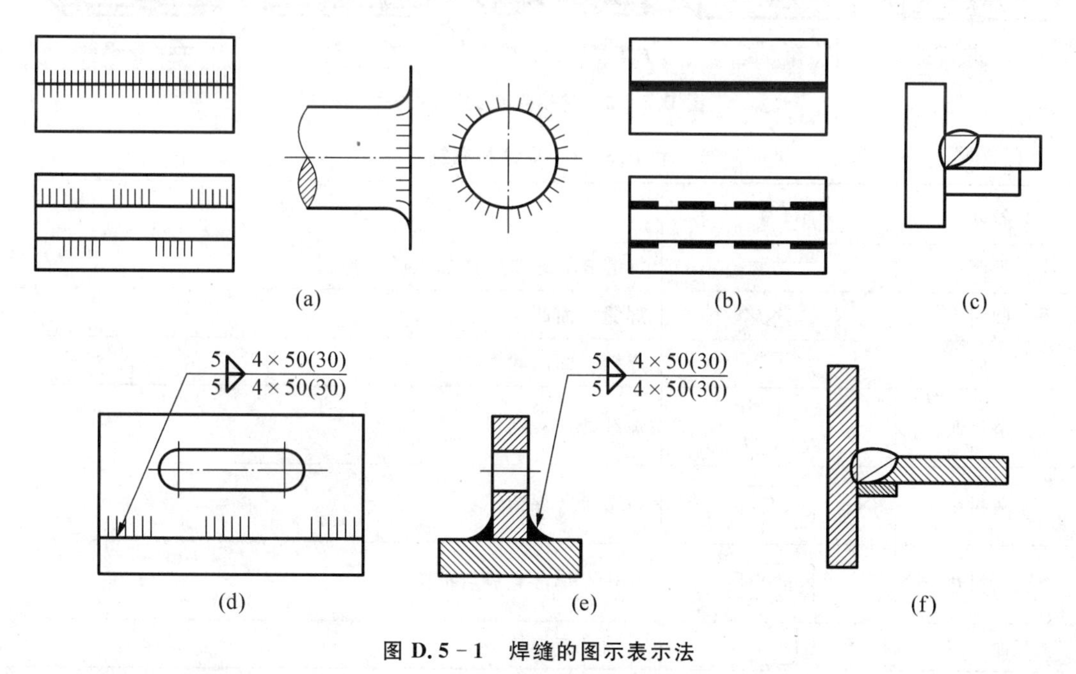

图 D.5-1 焊缝的图示表示法

为了使图样清晰并减轻绘图工作量，一般不按图示法画出焊缝，而是采用一些符号进行标注，以表明它的特征。

D.5.2 焊缝符号

焊缝符号包括基本符号、指引线、补充符号、尺寸符号及数据等，其中基本符号和指引线为基本要素，焊缝的准确位置通常由基本符号和指引线之间的相对位置决定。为了简化，在图样上标注焊缝时通常只采用基本符号和指引线，其他内容一般在有关文件中（如焊接工艺规程等）明确。

基本符号用来表明焊缝横截面的基本形状或特征，常用焊缝的基本符号如图 D. 5－2 所示。补充符号用来补充说明有关焊缝或接头的某些特征（如表面形状、衬垫、焊缝分布、施焊地点等），见表 D. 5－1。基本符号和补充符号均用轮廓线宽度的 2/3 线宽绘制。

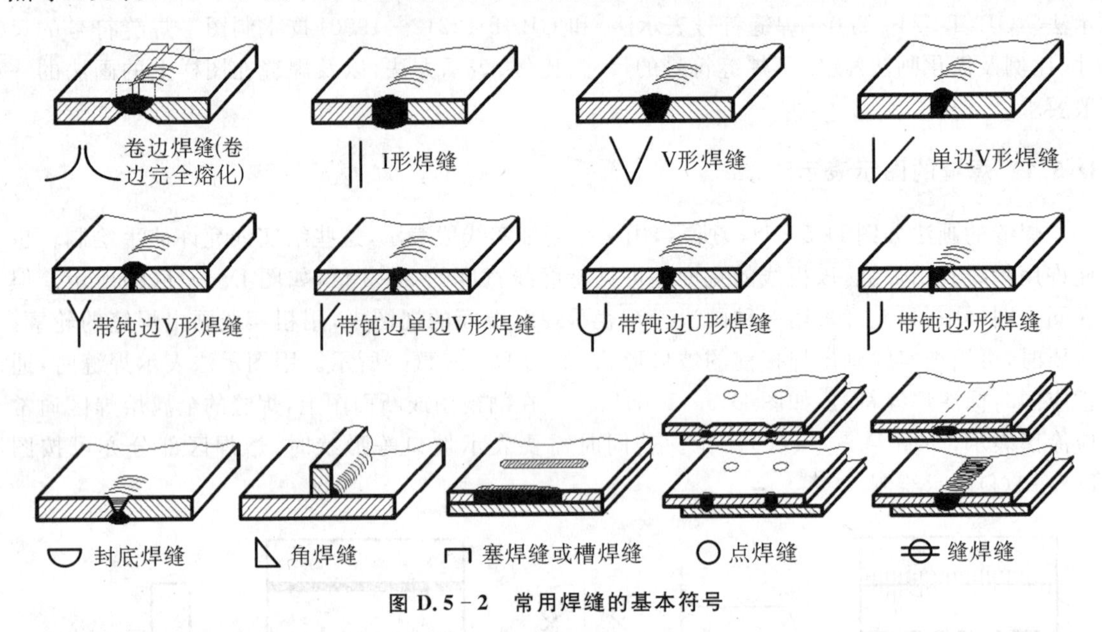

图 D. 5－2　常用焊缝的基本符号

表 D. 5－1　焊缝补充符号

名称	符号	说　明
平面	—	焊缝表面通常经过加工后平整
凹面	◡	焊缝表面凹陷
凸面	◠	焊缝表面凸起
圆滑过渡	(圆滑过渡符号)	焊趾处过渡圆滑
永久衬垫	M	衬垫永久保留
临时衬垫	MR	衬垫在焊接完成后拆除
三面焊缝	⊏	三面带有焊缝
周围焊缝	○	沿着工件周边施焊的焊缝，标注位置为基准线与箭头线的交点处
现场焊缝	(旗形符号)	在现场焊接的焊缝
尾部	<	可以表示所需的信息

D.5.3　基本符号和指引线的位置规定

指引线由箭头线和基准线(实线和虚线)组成,如图 D.5－3 所示。箭头直接指向的接头侧为“接头的箭头侧”,与之相对的则为“接头的非箭头侧”,如图 D.5－4 所示。基准线一般应与图样的底边平行,必要时也可与底边垂直。实线和虚线的位置可根据需要互换。

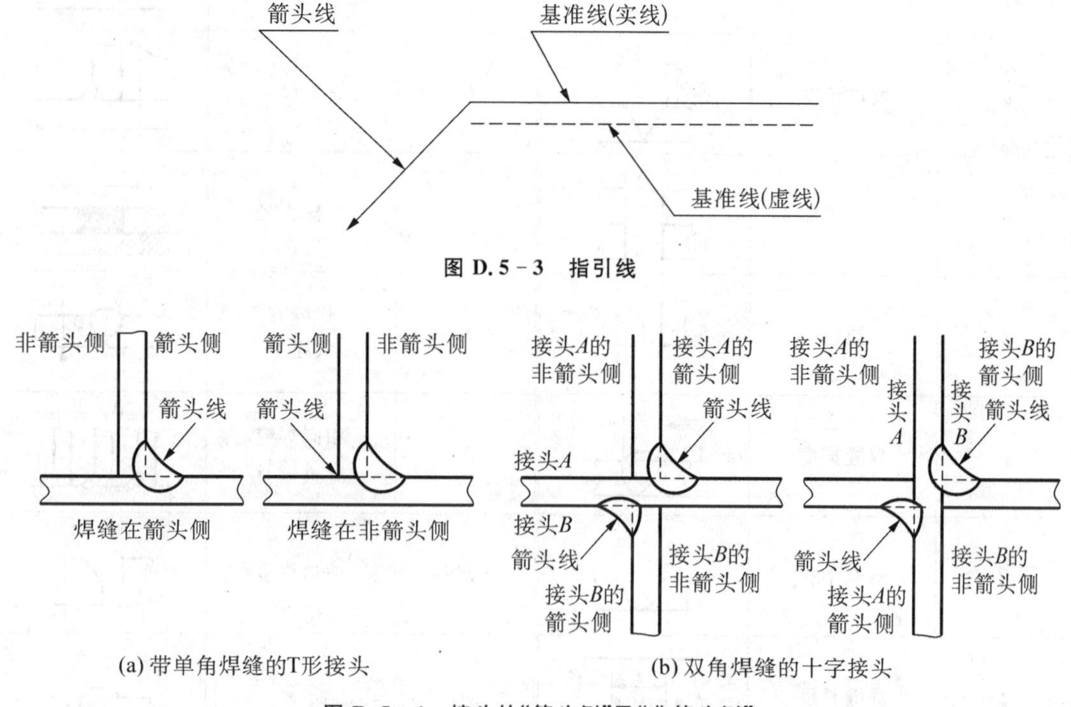

图 D.5－3　指引线

(a) 带单角焊缝的T形接头　　(b) 双角焊缝的十字接头

图 D.5－4　接头的“箭头侧”及“非箭头侧”

基本符号与基准线的相对位置,如图 D.5－5 所示。基本符号在实线侧时,表示焊缝在箭头侧;基本符号在虚线侧时,表示焊缝在非箭头侧;对称焊缝允许省略虚线;在明确焊缝分布位置的情况下,有些双面焊缝也可以省略虚线。

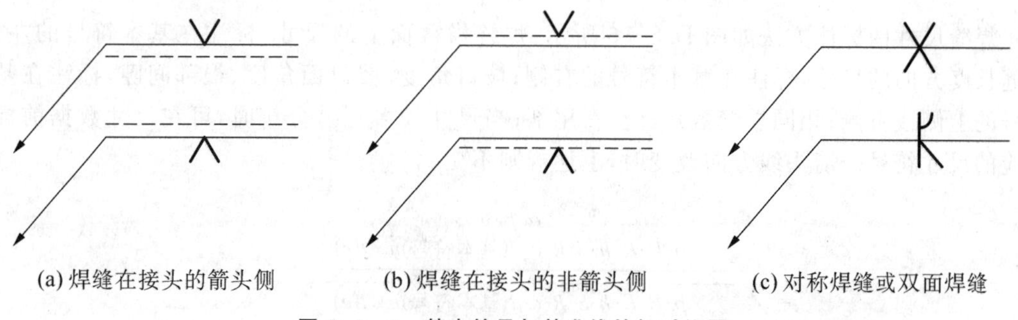

(a) 焊缝在接头的箭头侧　　(b) 焊缝在接头的非箭头侧　　(c) 对称焊缝或双面焊缝

图 D.5－5　基本符号与基准线的相对位置

D.5.4　焊缝尺寸及标注

必要时,可以在焊缝符号中标注尺寸。焊缝尺寸符号是表明焊缝截面、长度、数量以及坡口等有关尺寸的符号，焊缝尺寸符号参见表 D.5-2。

表 D.5-2 焊缝尺寸符号

符号	名称	示意图	符号	名称	示意图
δ	工件厚度	δ	e	焊缝间距	e
α	坡口角度	α	K	焊角尺寸	K
b	根部间隙	b	d	熔核直径	d
p	钝边	p	S	焊缝有效厚度	S
c	焊缝宽度	c	N	相同焊缝数量符号	$N=3$
R	根部半径	R	H	坡口深度	H
l	焊缝长度	l	h	余高	h
n	焊缝段数	$n=2$	β	坡口面角度	β

焊缝尺寸的标注方法如图 D.5-6 所示：焊缝横截面上的尺寸，标注在基本符号的左侧；焊缝长度方向的尺寸，标注在基本符号的右侧；坡口角度、坡口面角度、根部间隙，标注在基本符号的上侧或下侧；相同焊缝数量标注在尾部；当尺寸较多不易分辨时，可在尺寸数据前标注相应的尺寸符号。箭头线方向改变时，上述规则不变。

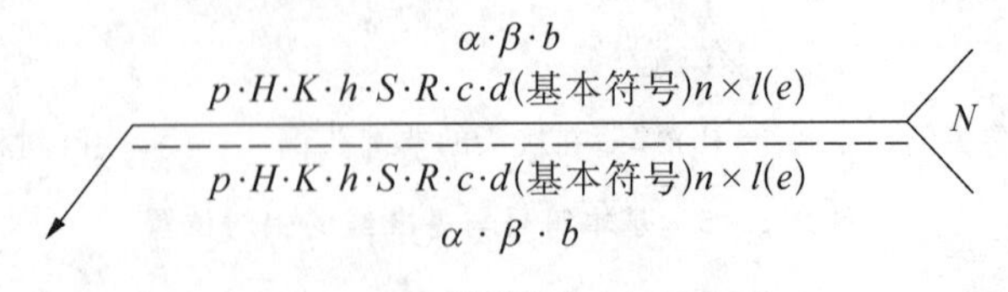

图 D.5-6 焊缝尺寸标注方法

确定焊缝位置的尺寸不在焊缝符号中标注，应将其标注在图样上。在基本符号的右侧无任何尺寸标注又无其他说明时，意味着焊缝在工件的整个长度方向上是连续的。在基本符号的左侧无任何尺寸标注又无其他说明时，意味着对接焊缝应完全焊透。塞焊缝、槽焊缝带有斜边时，应标注其底部尺寸。

D.5.5　焊缝符号的简化标注方法

(1) 当同一图样上全部焊缝的焊接方法完全相同时，焊缝符号的尾部表示焊接方法的代号可省略不注，但必须在技术要求或其他技术文件中注明“全部焊缝均采用……焊”等字样；当大部分焊接方法相同时，也可以在技术要求或其他技术文件中注明“除图样中注明的焊接方法外，其余焊缝均采用……焊”等字样。

(2) 在焊缝符号中标注交错对称焊缝的尺寸时，允许在基准线上只标注一次。如图 D.5-7 所示，表示对称交错断续角焊缝焊角尺寸为 5 mm，相邻焊缝间距为 30 mm，焊缝段数为 35，每段焊缝长度为 50 mm，其中“35×50”和“(30)”没有在基准线下侧重复标注。当断续焊缝、对称断续焊缝和交错断续焊缝的段数无严格要求时，允许省略焊缝段数，则图 D.5-7 可以简化标注为图 D.5-8。即省略了焊缝段数“35”，图中“Z”表示交错断续焊缝。

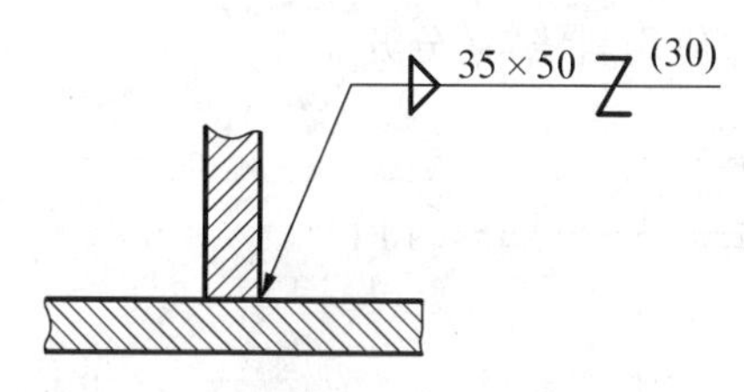

图 D.5-7　对称焊缝尺寸可不重复标注

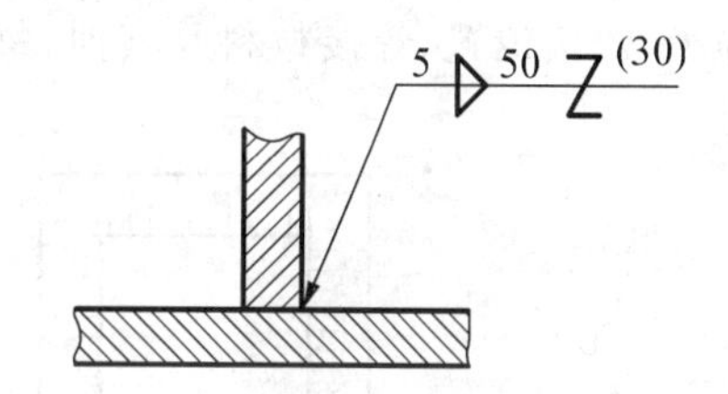

图 D.5-8　省略了焊缝段数的标注

(3) 在同一图样中，当若干条焊缝的坡口尺寸和焊缝符号均相同时，可采用图 D.5-9 所示的方法集中标注；当这些焊缝同时在接头中的位置均相同时，也可采用在焊缝符号的尾部加注相同焊缝数量的方法简化标注，但其他型式的焊缝仍需分别标注，如图 D.5-10 所示。

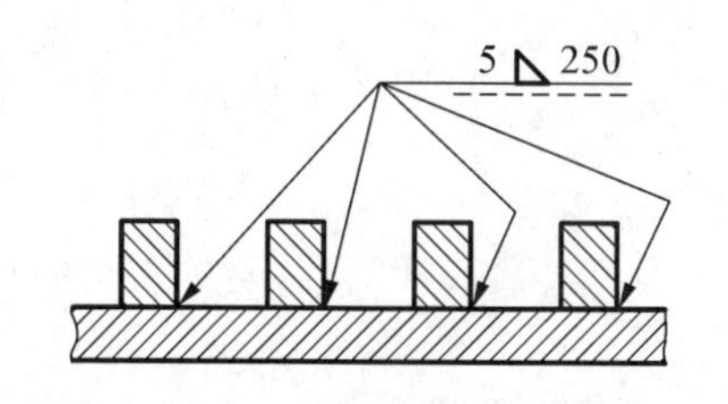

图 D.5-9　坡口尺寸相同焊缝集中标注

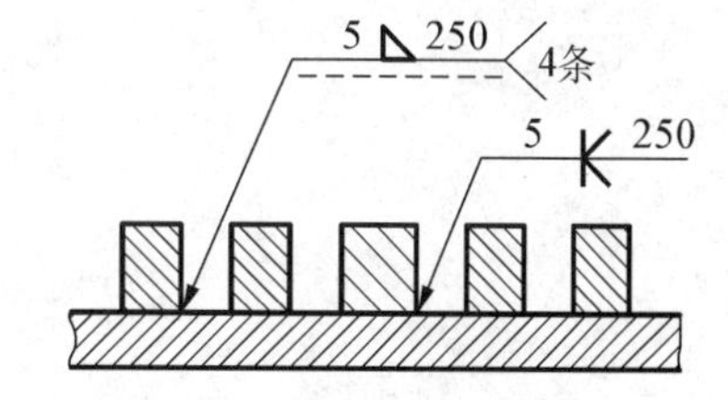

图 D.5-10　坡口尺寸相同焊缝在尾部符号内注出数量

(4) 为了使图样清晰或当标注位置受限制时，可以采用简化代号，但必须在该图样下方或在标题栏附近说明这些简化代号的意义，如图 D.5-11 所示。这时，简化代号的大小应是图样中所注符号的 1.4 倍。

(5) 如图 D.5-12 所示，在不致引起误解的情况下，当箭头线指向焊缝，而非箭头线侧又无焊缝要求时，允许省略非箭头侧的基准线(虚线)；当焊缝长度的起始和终止位置明确(已由构件的尺寸等确定)时，允许在焊缝符号中省略焊缝长度。

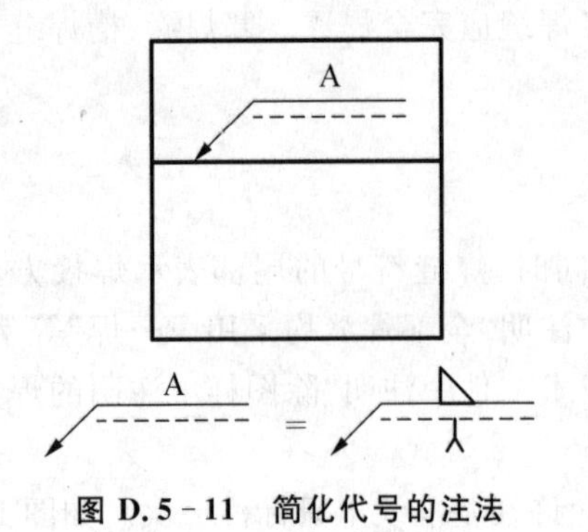

图 D.5-11 简化代号的注法

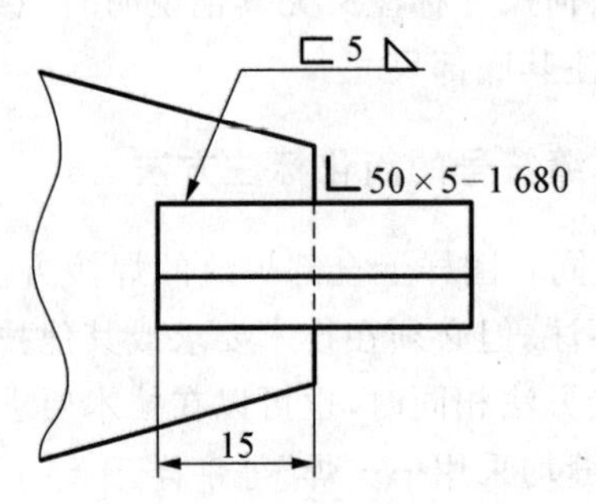

图 D.5-12 省略非箭头侧基准线和焊缝长度尺寸的注法

(6) 如图 D.5-13 所示，在野外或工地上进行焊接时，用小旗表示；当焊缝环绕工件周边时，可采用圆形的符号；必要时，可以在尾部标注焊接工艺方法代号(如“111”表示焊条电弧焊)。当尾部需要标注的内容较多时，可按照先后次序排列：相同焊缝数量、焊接方法代号、缺欠质量等级、焊接位置、焊接材料及其他，每个款项应用斜线“/”分开。

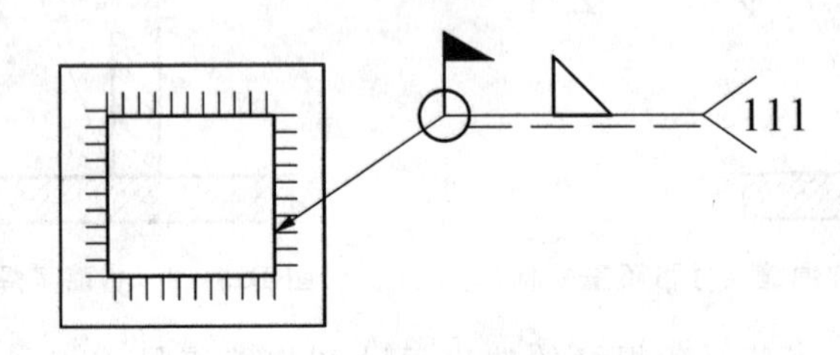

图 D.5-13 焊缝补充符号的表示

知识链接 E　AutoCAD 基础拓展

E.1　AutoCAD 2012 工作空间

（1）草图与注释空间　该空间界面主要以选项卡、面板的形式体现 AutoCAD 2012 各功能按钮。例如，“功能区”由“常用”、“插入”、“注释”、“参数化”、“视图”、“管理”、“输出”、“插件”和“联机”这 9 个选项卡组成，如图 E.1－1 所示。

图 E.1－1　功能区

每个选项卡中包含若干个功能面板。例如，“常用”功能选项卡包含 9 大功能面板，从左至右依次为“绘图”、“修改”、“图层”、“注释”、“块”、“特性”、“组”、“实用工具”以及“剪贴板”，如图 E.1－2 所示。

图 E.1－2　“常用”功能选项卡

（2）三维基础空间　“三维基础”空间能够非常方便地调用三维建模功能、布尔运算功能以及三维编辑功能创建出三维图形。

（3）三维建模空间　使用三维建模空间，可以更加方便地绘制三维图形，该空间能完成诸如三维曲面、实体、网络模型的制作、细节的观察与调整，并对材质、灯光效果的制作、渲染以及输出提供了非常便利的操作环境。

（4）AutoCAD 经典空间　习惯于 AutoCAD 传统界面的用户，可以使用“AutoCAD 经典”空间，因为它在体现 AutoCAD 2012 新的功能与效果的前提下，最大限度地保留了传统的界面布局。

E.2　AutoCAD 的坐标系统

在 AutoCAD 2012 中，坐标系可分为世界坐标系（WCS）和用户坐标系（UCS）

(1) 世界坐标系与用户坐标系　如图 E. 2 - 1 所示，世界坐标系(world coordinate system)是 AutoCAD 的默认的坐标系，该坐标系采用三维笛卡儿坐标系统来确定点的位置。在状态栏中显示的三维坐标值，就是笛卡儿坐标系中的数值。它准确地反映当前十字光标所处的位置。

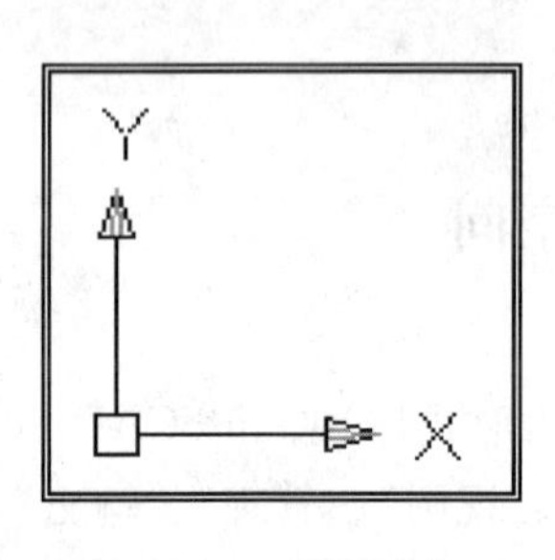

图 E. 2 - 1　世界坐标系

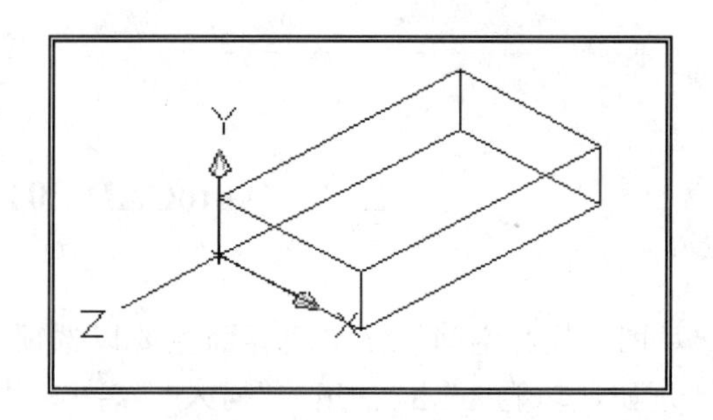

图 E. 2 - 2　用户坐标系

如图 E. 2 - 2 所示用户可根据需要创建无限多的坐标系，并且可以沿着指定位置移动或旋转，以便更为有效地进行坐标点的定位，这些被创建的坐标系即为用户坐标系(user coordinate system)。

(2) 坐标表示方法　点的坐标通常采用以下 4 种输入方式：绝对直角坐标、相对直角坐标、绝对极坐标和相对极坐标。

1) 直角坐标法：用点的 *X*, *Y* 坐标值表示的坐标。

绝对直角坐标是相对于坐标原点的坐标，表现形式为“x, y”。可以使用分数、小数或科学记数等形式表示边的 *X*, *Y* 坐标值，坐标中间用逗号隔开，如 *A* 点坐标“30, 40”。

相对直角坐标是相对于上一个输入点而言的，以某点相对于上一个输入点的相对位置来定义该点的位置。相对直角坐标的表示形式为“@x, y”，如 *B* 点坐标“@45, 30”。

2) 极坐标法：用长度和角度表示的坐标。

在绝对坐标输入方式下，表示为“长度＜角度”，如“25＜50”。其中，长度表示为该点到坐标原点的距离，角度为该点至原点的连线与 *X* 轴正向的夹角。

在相对坐标输入方式下，表示为“@长度＜角度”，如“@25＜45”。其中，长度为该点到前一点的距离，角度为该点至前一点的连线与 *X* 轴的正向的夹角。

E. 3　图形文件管理

AutoCAD 2012 图形文件的基本操作主要包括新建图形文件、打开图形文件、保存图形文件，以及退出图形文件等。

(1) 新建图形文件　用户可以根据需要，决定是否选用从样板文件中创建新图形文件。在样板文件中，通常包含基本的图层设置、文字样式和标注样式等。除此之外，还有常用字的内部图块，如标题栏等。采用样板文件来新建图形，可以减少重复劳动，提高工作效率。

如不使用样板文件创建新图形文件，在弹出“选择样板”对话框中的【打开】按钮下拉菜单中，选择“无样板打开-英制(I)”或“无样板打开-公制(M)”方式。

(2) 打开图形文件　单击“快速访问工具栏”或“标准工具栏”中的“打开”按钮，在弹出的“选择文件”对话框中双击目标文件名，即可打开该图形文件。如果用户知道文件所在的位置，在不启动 AutoCAD 2012 的情况下，直接双击该文件，系统将自动启动 AutoCAD 2012 并打开该文件，这也是一种常见的打开文件的方式。

此外，【打开】按钮下拉菜单提供了 4 种打开方式：

1) 打开：直接打开所选择的目标文件。

2) 以只读方式打开：选择的目标文件将以只读的方式打开，打开的文件如果进行过修改而需要保存，必须进行另存，原文件不会产生改变。

3) 局部打开：选择该种方式打开文件后，系统将弹出“局部打开”对话框，在左侧可以勾选将要打开的某些图层，选择完成并单击【打开】按钮后，AutoCAD 只打开勾选图层内的图形，此时就可以对图形的局部效果进行查看与修改。

4) 以只读方式局部打开：以只读方式打开目标文件中某些图层内的图形。

(3) 保存图形文件　点击“快速访问工具栏”或“标准工具栏”中的“保存”工具按钮，会弹出“图形另存为”对话框，输入图形文件的名称，点击【保存】按钮即可。

(4) 另存图形文件　点击“菜单浏览器”或“快速访问工具栏”中的“另存”工具按钮，将弹出“图形另存为”对话框，输入图形文件的名称，点击【保存】按钮即可。

(5) 退出图形文件　点击“文件”菜单中的“退出”命令，或者单击 AutoCAD 操作界面右上角的“关闭”按钮 x。若用户对图形所做的修改尚未保存，则会弹出如图所示的系统警告对话框。选择【是】按钮，系统将保存文件，然后退出；选择【否】按钮，系统将不保存文件。若用户对图形所做的修改已经保存，则直接退出。

E.4　图层与图形管理

(1) 图层概述　包含以下两部分。

1) 图层的基本概念。绘制工程图时，需要有多种线型，还需要用多种颜色来区别各种线型，并希望能够分项管理。图层具有这些功能。图层相当于没有厚度的透明纸片，一个图层只能选择一种线型、赋予一种颜色，把绘制实体的多个不同图层上下叠加起来，就形成了一张 AutoCAD 完整图样。

2) 图层分类的原则如下：

① 按照外观属性分层。具有不同线型或线宽的实体应当分属不同的图层，这是一个很重要的原则。例如机械设计中，粗实线(外轮廓线)、虚线(隐藏线)和点画线(中心线)就应该分属 3 个不同的层，也方便了打印控制。

② 按照模型和非模型分层。AutoCAD 制图过程实际上是建模的过程。图形对象是模型的一部分；文字标注、尺寸标注、图框、图例符号等并不属于模型本身，是设计人员为了便于设计文件的阅读而人为添加的说明性内容。所以，模型和非模型应当分属于不同的层。

(2) CAD工程图的图层管理　屏幕上的图线一般应按表E.4－1中提供的颜色，显示相同类型的图线应采用同样的颜色。

表E.4－1　基本图线的颜色

图线类型		屏幕上的颜色
粗实线		白　色
细实线		绿　色
波浪线		
双折线		
虚线		黄　色
细点画线		红　色
粗点画线		棕　色
双点画线		粉红色

CAD工程图中所用的图线线型的选择，见表E.4－2，图层线型管理，见表E.4－3。

表E.4－2　基本线型的选择

代码	基本线型	名　称
01		实线
02		虚线
03		间隔画线
04		单点长画线
05		双点长画线
06		三点长画线
07		点线
08		长画短画线
09		长画双短画线
10		点画线
11		单点双画线
12		双点画线
13		双点双画线
14		三点画线
15		三点双画线

表 E.4-3 CAD 工程图中图层线型管理

层号	描 述	图 例
01	粗实线 剖切面的粗剖切线	
02	细实线 细波浪线 细折断线	
03	粗虚线	
04	细虚线	
05	细点划线 剖切面的剖切线	
06	粗点画线	
07	细双点划线	
08	尺寸线,投影连线,尺寸终端与符号细实线	
09	参考圆,包括引出线和终端(如箭头)	
10	剖面符号	
11	文本,细实线	ABCD
12	尺寸值和公差	432±1
13	文本,粗实线	KLMN
14,15,16	用户选用	

E.5 辅助绘图工具的使用

利用 AutoCAD 2012 可以绘制出十分精确的图形,这主要得益于其各种辅助绘图工具,如正交、捕捉、对象捕捉、对象捕捉追踪等。灵活使用好这些辅助绘图工具,能够大幅度地提高绘图工作效率。

(1) 正交　在正交模式下,光标只能沿当前 X 轴或 Y 轴的方向移动,可以方便地绘制与当前 X 轴或 Y 轴平行的线段。点击按下"状态栏"➤"正交模式"功能按钮,即可打开正交模式。

(2) 对象捕捉　在绘制图形时,经常需要定位已有图形的端点、中点等特征,在 AutoCAD 中开启"对象捕捉"功能,可以精确定位到这些特征点,从而为精确绘图提供了有利的条件。

点击按下"状态栏"➤"对象捕捉"功能按钮,即可启用对象捕捉模式。在命令行中输入"DS"并回车,打开"草图设置"对话框,选择"对象捕捉"选项卡,即可根据需要进行设置对象捕捉点，如图 E.5-1。各个对象捕捉点的含义，见表 E.5-1。

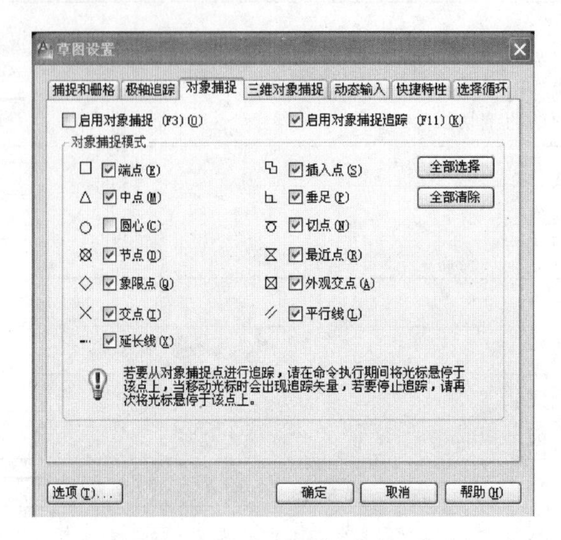

图 E.5-1 “对象捕捉”选项卡

表 E.5-1 对象捕捉点的含义

对象捕捉点	含　义
端点	捕捉直线或曲线的端点
中点	捕捉直线或弧段的中间点
圆心	捕捉圆、椭圆或弧的中心点
节点	捕捉用 POINT 命令绘制的点对象
象限点	捕捉位于圆、椭圆或弧段上 0°，90°，180°和 270°处的点
交点	捕捉两条直线或弧段的交点
延伸	捕捉直线延长线路径上的点
插入点	捕捉图块、标注对象或外部参照的插入点
垂足	捕捉从已知点到已知直线的垂线的垂足
切点	捕捉圆、弧段及其他曲线的切点
最近点	捕捉处在直线、弧段、椭圆或样条线上，而且距离光标最近的特征点
外观交点	在三维视图中，从某个角度观察两个对象可能相交，但实际并不一定相交，可以使用“外观交点”捕捉对象在外观上相交的点
平行	选定路径上一点，使通过该点的直线与已知直线平行

(3) 极轴追踪　点击按下“状态栏”➤“极轴追踪”功能按钮，即可进入极轴追踪模式，从而准确绘制某些特定角度的线段。追踪的角度可在“草图设置”对话框➤“极轴追踪”选项卡➤极轴追踪“增量角”中设置。

“草图设置”对话框打开方式：命令行中输入“DS”，回车确定即可。

(4) 对象捕捉追踪　点击按下“状态栏”➤“对象捕捉追踪”功能按钮，即可启用该追踪模式。开启该模式后，当绘图过程中捕捉到某特征点时，水平、垂直或沿极轴角度移动光标，会追踪一条虚线，找到需要的精确位置即可定位该点。

(5) 临时捕捉　临时捕捉是一种灵活的一次性捕捉模式，这种捕捉模式不是自动的。当用户临时捕捉某个图形特征点时，可以在捕捉之前按住[Shift]键单击鼠标右键，弹出快捷菜单。在其中单击选择需要的对象捕捉点，系统就会将该特征点设置成临时捕捉特征点，捕捉完后，该设置自动消失。

(6) 栅格与捕捉　详述如下：

1) 栅格。栅格如同传统纸面制图中所使用的坐标纸，按照相等的间距在屏幕上设置了栅格，使用者可以通过栅格数目来确定距离，从而达到精确绘图目的。但要注意，屏幕中显示的栅格不是图形的一部分，打印时不会输出。在 AutoCAD 2012 中，启用"栅格"功能常用的方法是点击状态栏上的"栅格"开关按钮。

栅格不但可以显示或隐藏，栅格的大小与间距也可以进行自定义设置，在命令行中输入"DS"并回车，打开"草图设置"对话框，在"栅格间距"参数组中可以自定义栅格间距，在"栅格行为"参数组中，可以通过勾选来确定是否"显示超出界限的栅格"。

2) 捕捉。捕捉(非对象捕捉与临时捕捉)经常和栅格功能联用。当捕捉功能打开时，光标只能停留在栅格点上，因此此时只能移动与栅格间距整数倍距离。在 AutoCAD 2012 中，启用"捕捉"功能的方法是点击状态栏上的"捕捉"开关按钮。

(7) 动态输入　使用"动态输入"功能可以在指针位置处显示标注输入和命令提示等信息，从而提高绘图效率。在命令行中输入"DS"并回车，打开"草图设置"对话框，进入"草图设置"动态输入选项卡，可以设置指针输入、标注输入、动态提示是否显示。

E.6　编辑对象的选择方式

在编辑图形之前，首先需要对编辑的图形进行选择。AutoCAD 用虚线高亮显示所选的对象，这些对象构成选择集。在 AutoCAD 中，选择对象的方法有很多，以下是几种常用方法。

(1) 直接选取　又称为点取对象，直接将光标拾取点移动到欲选取的对象上，然后单击鼠标左键即可完成选取对象的操作。

(2) 窗口选取　是以指定对角点的方式，定义矩形选取范围的一种选取方法。利用该方法选取对象时，从左往右拉出选择框，只有全部位于矩形窗口中的图形对象才会被选中，如图 E.6-1 所示。

(3) 交叉窗口选取　与窗口包容选择方式相反，从右往左拉出选择框，无论是全部还是部分位于选择框中的图形对象都将被选中，如图 E.6-2 所示。

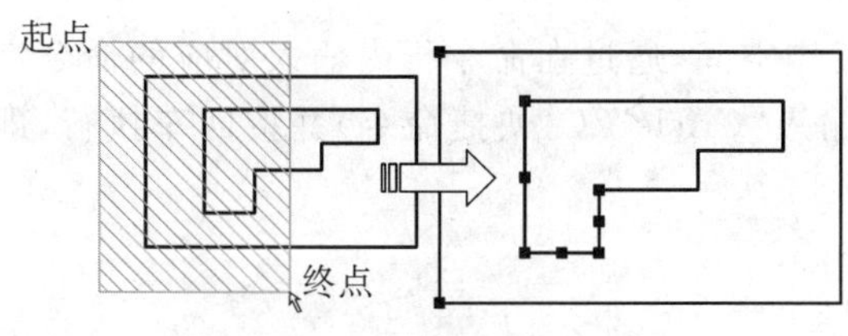

图 E.6-1　利用窗口选择对象

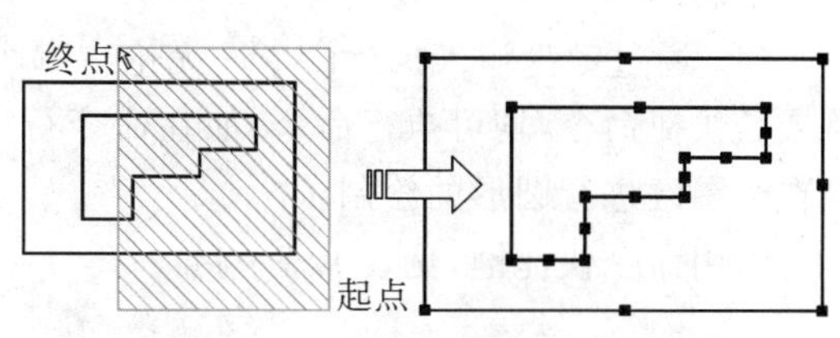

图 E.6-2　利用交叉窗口选择对象

(4) 修改选择集　编辑过程中，用户构造选择集常常不能一次完成，需向选择集中添加或从选择集中删除对象。在添加对象时，可直接选取或利用矩形窗口、交叉窗口选择要加入的图形元素。若要删除对象，可先按住[Shift]键，再从选择集中选择要清除的多个图形元素。下面通过 ERASE 命令演示修改选择集的方法，以图 E.6-3 的左图为例。

单击"修改工具栏"➤"删除"工具按钮，命令行提示如下：

命令：_erase
选择对象：　　//在 C 点处单击一点
指定对角点：找到 8 个　　//在 D 点处单击一点
选择对象：找到 1 个，删除 1 个，总计 7 个
　　//按住[Shift]键，选取矩形 A，该矩形从选择集中去除
选择对象：找到 1 个，总计 8 个　　//松开[Shift]键，选择圆 B
选择对象：　　//按 Enter 键结束

结果如图 E.6-3 右图所示。

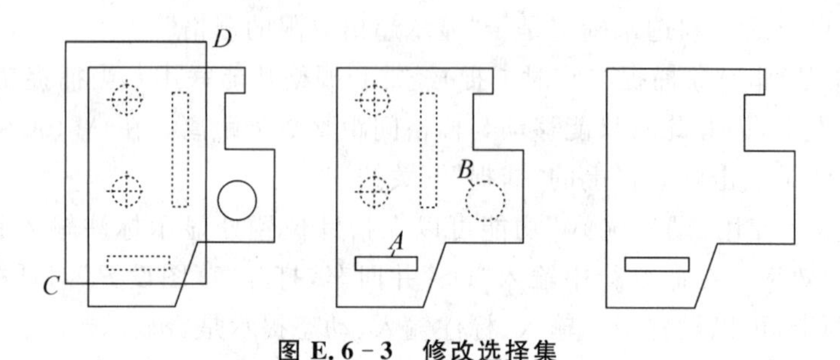

图 E.6-3　修改选择集

E.7　AutoCAD 2012 执行命令的方式

AutoCAD 2012 调用命令的方式十分灵活，主要有以下几种。

(1) 通过工具栏执行命令　"AutoCAD 经典"工作空间以工具栏的形式显示常用的工具按钮，单击"工具栏"上的工具按钮即可执行相关的命令。

(2) 通过菜单栏执行命令　在"AutoCAD 经典"工作空间中，还可以通过菜单栏调用命令，如要进行圆的绘制，可以执行"绘图"➤"圆"命令，即可在"绘图区"根据提示进行圆的绘制。

(3) 通过功能区执行命令　"草图与注释空间"功能区分门别类地列出了 AutoCAD 绝大多数常用的工具按钮，如在"功能区"单击"常用"功能选项卡内的绘制圆按钮，在绘图区内即可绘制圆的图形。

(4) 通过键盘输入执行命令　无论在哪个工作空间，通过在命令行内输入对应的命令字符或是快捷命令，均可执行命令，如在命令行中输入"Cricle"/C(快捷命令)并按回车执行，即可在绘图区进行圆形的绘制。

常用命令快捷键，见表 E.7-1。

表 E.7－1　AutoCAD 2012 常用命令快捷键

快捷键	执行命令	命令说明
A	ARC	圆弧
ADC	ADCENTER	AutoCAD 设计中心
AA	AREA	区域
AR	ARRAY	阵列
AV	DSVIEWER	鸟瞰视图
AL	ALIGN	对齐对象
AP	APPLOAD	加载或卸载应用程序
ATE	ATTEDIT	改变块的属性信息
ATT	ATTDEF	创建属性定义
ATTE	ATTEDIT	编辑块的属性
B	BLOCK	创建块
BH	BHATCH	绘制填充图案
BC	BCLOSE	关闭块编辑器
BE	BEDIT	块编辑器
BO	BOUNDARY	创建封闭边界
BR	BREAK	打断
BS	BSAVE	保存块编辑
C	CIRCLE	圆
CH	PROPERTIES	修改对象特征
CHA	CHAMFER	倒角
CHK	CHECKSTANDARD	检查图形 CAD 关联标准
CLI	COMMANDLINE	调入命令行
CO 或 CP	COPY	复制
COL	COLOR	对话框式颜色设置
D	DIMSTYLE	标注样式设置
DAL	DIMALIGNED	对齐标注
DAN	DIMANGULAR	角度标注
DBA	DIMBASELINE	基线式标注
DBC	DBCONNECT	提供至外部数据库的接口
DCE	DIMCENTER	圆心标记
DCO	DIMCONTINUE	连续式标注

续 表

快捷键	执行命令	命令说明
DDA	DIMDISASSOCIATE	解除关联的标注
DDI	DIMDIAMETER	直径标注
DED	DIMEDIT	编辑标注
DI	DIST	求两点之间的距离
DIV	DIVIDE	定数等分
DLI	DIMLINEAR	线性标注
DO	DOUNT	圆环
DOR	DIMORDINATE	坐标式标注
DOV	DIMOVERRIDE	更新标注变量
DR	DRAWORDER	显示顺序
DV	DVIEW	使用相机和目标定义平行投影
DRA	DIMRADIUS	半径标注
DRE	DIMREASSOCIATE	更新关联的标注
DS、SE	DSETTINGS	草图设置
DT	TEXT	单行文字
E	ERASE	删除对象
ED	DDEDIT	编辑单行文字
EL	ELLIPSE	椭圆
EX	EXTEND	延伸
EXP	EXPORT	输出数据
EXTI	QUIT	退出程序
F	FILLET	圆角
FI	FILTER	过滤器
G	GROUP	对象编组
GD	GRADIENT	渐变色
GR	DDGRIPS	夹点控制设置
H	HATCH	图案填充
HE	HATCHEDIT	编修图案填充
HI	HIDE	生成三位模型时，不显示隐藏线
I	INSERT	插入块
IMP	IMPORT	将不同格式的文件输入到当前图形中

续　表

快捷键	执行命令	命令说明
IN	INTERSECT	采用两个或多个实体或面域的交集创建复合实体或面域，并删除交集以外的部分
INF	INTERFERE	采用两个或3个实体的公共部分，创建三维复合实体
IO	INSERTOBJ	插入链接或嵌入对象
IAD	IMAGEADJUST	图像调整
IAT	IMAGEATTACH	光栅图像
ICL	IMAGECLIP	图像裁剪
IM	IMAGE	图像管理器
J	JOIN	合并
L	LINE	绘制直线
LA	LAYER	图层特性管理器
LE	LEADER	快速引线
LEN	LENGTHEN	调整长度
LI	LIST	查询对象数据
LO	LAYOUT	布局设置
LS、LI	LIST	查询对象数据
LT	LINETYPE	线型管理器
LTS	LTSCALE	线型比例设置
LW	LWEIGHT	线宽设置
M	MOVE	移动对象
MA	MATCHPROP	线型匹配
ME	MEASURE	定距等分
MI	MIRROR	镜像对象
ML	MLINE	绘制多线
MO	PROPERTIES	对象特性修改
MS	MSPACE	切换至模型空间
MT	MTEXT	多行文字
MV	MVIEW	浮动视口
O	OFFSET	偏移复制
OP	OPTIONS	选项

续 表

快捷键	执行命令	命令说明
OS	OSNAP	对象捕捉设置
P	PAN	实时平移
PA	PASTESPEC	选择性粘贴
PE	PEDIT	编辑多段线
PL	PLINE	绘制多段线
PLOT	PRINT	将图形输入到打印设备或文件
PO	POINT	绘制点
POL	POLYGON	绘制正多边形
PR	OPTIONS	对象特征
PRE	PREVIEW	输出预览
PRINT	PLOT	打印
PRCLOSE	PROPERTIESCLOSE	关闭“特性”选项板
PARAM	BPARAMETRT	编辑块的参数类型
PS	PSPACE	图纸空间
PU	PURGE	清理无用的空间
QC	QUICKCALC	快速计算器
R	REDRAW	重画
RA	REDRAWALL	所有视口重画
RE	REGEN	重生成
REA	REGENALL	所有视口重生成
REC	RECTANGLE	绘制矩形
REG	REGION	2D 面域
REN	RENAME	重命名
RO	ROTATE	旋转
S	STRETCH	拉伸
SC	SCALE	比例缩放
SE	DSETTINGS	草图设置
SET	SETVAR	设置变量值
SN	SNAP	捕捉控制
SO	SOLID	填充三角形或四边形
SP	SPELL	拼写

续 表

快捷键	执行命令	命令说明
SPE	SPLINEDIT	编辑样条曲线
SPL	SPLINE	样条曲线
SSM	SHEETSET	打开图纸集管理器
ST	STYLE	文字样式
STA	STANDARDS	规划 CAD 标准
SU	SUBTRACT	差集运算
T	MTEXT	多行文字输入
TA	TABLET	数学化仪
TB	TABLE	插入表格
TH	THICKNESS	设置当前三维实体的厚度
TI、TM	TILEMODE	图纸空间和模型空间的设置切换
TO	TOOLBAR	工具栏设置
TOL	TOLERANCE	形位公差
TR	TRIM	修剪
TP	TOOLPALETTES	打开工具选项板
TS	TABLESTYLE	表格样式
U	UNDO	撤销命令
UC	UCSMAN	UCS 管理器
UN	UNITS	单位设置
UNI	UNION	并集运算
V	VIEW	视图
VP	DDVPOINT	预设视点
W	WBLOCK	写块
WE	WEDGE	创建楔体
X	EXPLODE	分解
XA	XATTACH	附着外部参照
XB	XBIND	绑定外部参照
XC	XCLIP	剪裁外部参照
XL	XLINE	构造线
XP	XPLODE	将复合对象分解为其组件对象
XR	XREF	外部参照管理器

续 表

快捷键	执行命令	命令说明
Z	ZOOM	缩放视口
3A	3DARRAY	创建三维阵列
3F	3DFACE	在三维空间中，创建三侧面或四侧面的曲面
3DO	3DORBIT	在三维空间中，动态查看对象
3P	3DPOLY	在三维空间中，使用“连续”线型创建由直线段构成的多段线

（5）其他方式　除了上述几种调用命令的方法外，用户还可以通过键盘快捷键执行命令，如使用[Ctrl]＋[S]组合键保存文件，[Ctrl]＋[A]选择全部对象（开/关）等。键盘按键对应的快捷功能，见表 E.7－2。

表 E.7－2　重要的键盘功能键查询

快捷键	命令说明	快捷键	命令说明
Esc	Cancel〈取消命令执行〉	Ctrl＋2	AutoCAD 设计中心〈开或关〉
F1	帮助 HELP	Ctrl＋3	工具选项板窗口〈开或关〉
F2	图形/文本窗口切换	Ctrl＋4	图纸管理器〈开或关〉
F3	对象捕捉〈开或关〉	Ctrl＋5	信息选项板〈开或关〉
F4	数字化仪作用开关	Ctrl＋6	数据库链接〈开或关〉
F5	等轴测平面切换〈上/右/左〉	Ctrl＋7	标记集管理器〈开或关〉
F6	坐标显示〈开或关〉	Ctrl＋8	快速计算机〈开或关〉
F7	栅格显示〈开或关〉	Ctrl＋9	命令行〈开或关〉
F8	正交模式〈开或关〉	Ctrl＋A	选择全部对象
F9	捕捉模式〈开或关〉	Ctrl＋B	捕捉模式〈开或关〉，功能同 F9
F10	极轴追踪〈开或关〉	Ctrl＋C	复制内容到剪贴板
F11	对象捕捉追踪〈开或关〉	Ctrl＋D	坐标显示〈开或关〉，功能同 F6
F12	动态输入〈开或关〉	Ctrl＋E	等轴测平面切换〈上/左/右〉
窗口键＋D	Windows 桌面显示	Ctrl＋F	对象捕捉〈开或关〉，功能同 F3
窗口键＋E	Windows 文件管理	Ctrl＋G	栅格显示〈开或关〉，功能同 F7
窗口键＋F	Windows 查找功能	Ctrl＋H	Pickstyle〈开或关〉
窗口键＋R	Windows 运行功能	Ctrl＋K	超链接
Ctrl＋0	全屏显示〈开或关〉	Ctrl＋L	正交模式，功能同 F8
Ctrl＋1	特性 Properties〈开或关〉	Ctrl＋M	同 Enter 功能键

续　表

快捷键	命令说明	快捷键	命令说明
Ctrl+N	新建	Ctrl+Shift+V	粘贴为块
Ctrl+O	打开旧文件	Alt+F8	VBA 宏管理器
Ctrl+P	打印输出	Alt+F11	AutoCAD 和 VAB 编辑器切换
Ctrl+Q	退出 AutoCAD	Alt+F	"文件"POP1 下拉菜单
Ctrl+S	快速保存	Alt+E	"编辑"POP2 下拉菜单
Ctrl+T	数字化仪模式	Alt+V	"视图"POP3 下拉菜单
Ctrl+U	极轴追踪〈开或关〉,功能同 F10	Alt+I	"插入"POP4 下拉菜单
Ctrl+V	从剪贴板粘贴	Alt+O	"格式"POP5 下拉菜单
Ctrl+W	对象捕捉追踪〈开或关〉	Alt+T	"工具"POP6 下拉菜单
Ctrl+X	剪切到剪贴板	Alt+D	"绘图"POP7 下拉菜单
Ctrl+Y	取消上一次的 Undo 操作	Alt+N	"标注"POP8 下拉菜单
Ctrl+Z	Undo 取消上一次的命令操作	Alt+M	"修改"POP9 下拉菜单
Ctrl+Shift+C	带基点复制	Alt+W	"窗口"POP10 下拉菜单
Ctrl+Shift+S	另存为	Alt+H	"帮助"POP11 下拉菜单

此外,鼠标按键有时也可以调用一些常用命令,见表 E.7-3。

表 E.7-3　鼠标按键功能列表

鼠标键	操作方法	功　能
左键	单击	拾取键
	双击	进入对象特性修改对话框
右键	在绘图区右键单击	快捷菜单或者 Enter 功能键
	Shift+右键	对象捕捉快捷菜单
	在工具栏中右键单击	快捷菜单
中间滚轮	滚动轮子向前或向后	实时缩放
	按住轮子不放和拖拽	实时平移
	Shift+按住轮子不放和拖拽	垂直或水平的实时平移
	Shift+按住轮子不放和拖拽	随意式实时平移
	双击	缩放成实际范围

附　录

附录 1　螺　　纹

附表 1-1　普通螺纹直径与螺距(摘自 GB/T 193—2003 和 196—2003)　　(单位:mm)

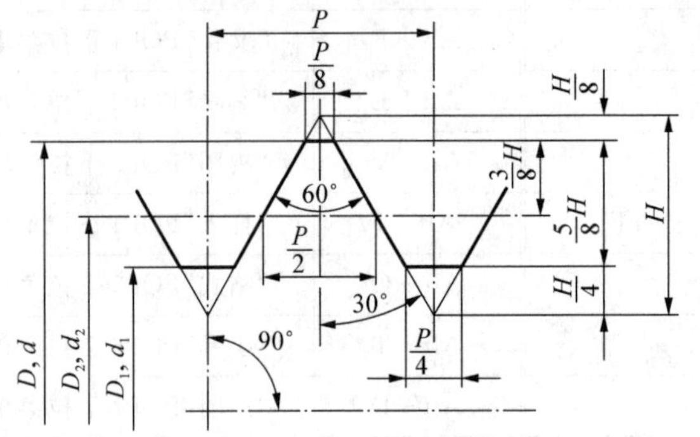

D—内螺纹基本大径(公称直径)
d—外螺纹基本大径(公称直径)
D_2—内螺纹基本中径
d_2—外螺纹基本中径
D_1—内螺纹基本小径
d_1—外螺纹基本小径
P—螺距
H—原始三角形高度

公称直径 D, d		螺距 P		粗牙中径 D_2, d_2	粗牙小径 D_1, d_1
第一系列	第二系列	粗牙	细牙		
3		0.5	0.35	2.675	2.459
	3.5	(0.6)		3.110	2.850
4		0.7	0.5	3.545	3.242
	4.5	(0.75)		4.013	3.688
5		0.8		4.480	4.134
6		1	0.75, (0.5)	5.350	4.917
8		1.25	1, 0.75, (0.5)	7.188	6.647
10		1.5	1.25, 1, 0.75, (0.5)	9.026	8.376
12		1.75	1.5, 1.25, 1, (0.75), (0.5)	10.863	10.106
	14	2	1.5, (1.25), 1, (0.75), (0.5)	12.701	11.835
16		2	1.5, 1, (0.75), (0.5)	14.701	13.835
	18	2.5	2, 1.5, 1, (0.75), (0.5)	16.376	15.294
20		2.5		18.376	17.294
	22	2.5	2, 1.5, 1, (0.75), (0.5)	20.376	19.294
24		3	2, 1.5, 1, (0.75)	22.051	20.752
	27	3	2, 1.5, 1, (0.75)	25.051	23.752
30		3.5	(3), 2, 1.5, 1, (0.75)	27.727	26.211
	33	3.5	(3), 2, 1.5, (1), (0.75)	30.727	29.211
36		4	3, 2, 1.5, (1)	33.402	31.670
	39	4		36.402	34.670
42		4.5	(4), 3, 2, 1.5, (1)	39.077	37.129
	45	4.5		42.077	40.129
48		5		44.752	42.587
	52	5	(4), 3, 2, 1.5, (1)	48.752	46.587
56		5.5	4, 3, 2, 1.5, (1)	52.428	50.046
	60	(5.5)		56.428	54.046
64		6		60.103	57.505
	68	6		64.103	61.505

注:1. 公称直径优先选用第一系列,第三系列未列入。括号内的螺距尽可能不用。
2. M14×1.25 仅用于火花塞。

附表 1-2 管螺纹

55°密封管螺纹(GB/T 7306.2—2000)

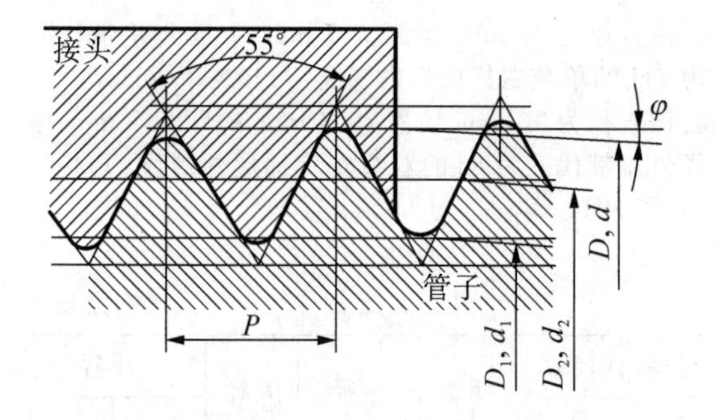

标记示例

尺寸代号为 1/2 的右旋圆锥外螺纹:R2 1/2

尺寸代号为 1/2 的右旋圆锥内螺纹:Rc 1/2

55°非密封管螺纹(GB/T 7307—2001)

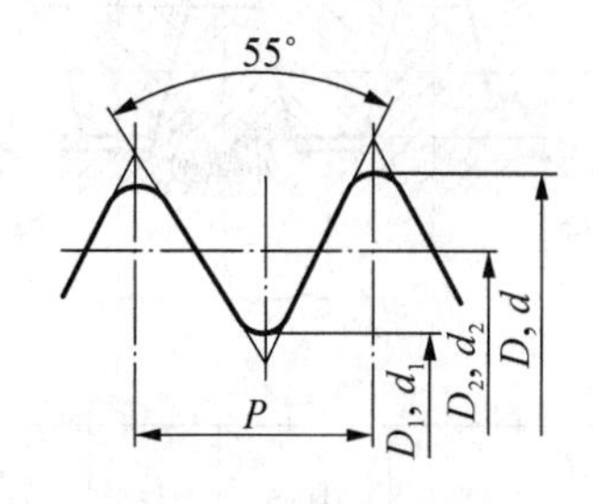

标记示例

尺寸代号为 1/2 的右旋内螺纹:G1/2

尺寸代号为 1/2 的 A 级右旋外螺纹:G1/2A

(单位:mm)

尺寸代号	25.4 mm 内的牙数 n	螺距 P	基本直径			基准距离
			大径 $d=D$	中径 $d_2=D_2$	小径 $d_1=D_1$	
1/8	28	0.907	9.728	9.147	8.566	4.0
1/4	19	1.337	13.157	12.301	11.445	6.0
3/8			16.662	15.806	14.950	6.4
1/2	14	1.814	20.955	19.793	18.631	8.2
3/4			26.441	25.279	24.117	9.5
1	11	2.309	33.249	31.770	30.291	10.4
1¼			41.910	40.431	38.952	12.7
1½			47.803	46.324	44.845	12.7
2			59.614	58.135	56.656	15.9
2½			75.184	73.705	72.226	17.5
3			87.884	86.405	84.926	20.6
4			113.030	111.551	110.072	25.4
5			138.430	136.951	135.472	28.6
6			163.830	162.351	160.872	28.6

注:1. 55°密封圆锥管螺纹大径、小径是指基准平面上的尺寸。圆锥内螺纹的端面向里 0.5P 处即为基面,而圆锥外螺纹的基准平面与小端相距一个基准距离。

2. 55°密封管螺纹的锥度为 1∶16,即 $\varphi=1°47'24''$。

附表 1-3　梯形螺纹直径与螺距(摘自 GB/T 5796.2～5796.3—2005)

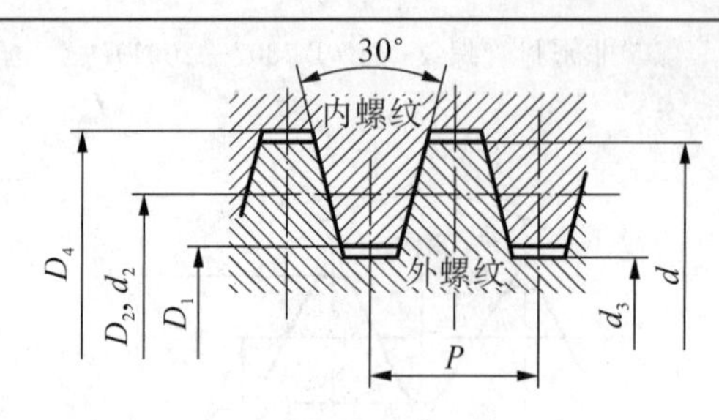

标记示例

公称直径为 40 mm、螺距为 7 mm、中径公差带代号为 7H 的单纯右旋梯形内螺纹：Tr40×7-7H

公称直径为 40 mm、导程为 14 mm、螺距为 7 mm、中径公差带代号为 8e 的双线左旋梯形外螺纹：Tr40×14(P7)LH-8e

(单位：mm)

公称直径 d		螺距	中径	大径	小径		公称直径 d		螺距	中径	大径	小径	
第一系列	第二系列	P	$d_2 = D_2$	D_4	d_3	D_1	第一系列	第二系列	P	$d_2 = D_2$	D_4	d_3	D_1
8		1.5	7.25	8.30	6.20	6.50		26	3	24.50	26.50	22.50	23.00
	9	1.5	8.25	9.30	7.20	7.50			5	23.50	26.50	20.50	21.00
		2	8.00	9.50	6.50	7.00			8	22.00	27.00	17.00	18.00
10		1.5	9.25	10.30	8.20	8.50	28		3	26.50	28.50	24.50	25.00
		2	9.00	10.50	7.50	8.00			5	25.50	28.50	22.50	23.00
	11	2	10.00	11.50	8.50	9.00			8	24.00	29.00	19.00	20.00
		3	9.50	11.50	7.50	8.00		30	3	28.50	30.50	26.50	29.00
12		2	12.00	12.50	9.50	10.00			6	27.00	31.00	23.00	24.00
		3	10.50	12.50	8.50	9.00			10	25.00	31.00	19.00	20.00
	14	2	13.00	14.50	11.50	12.00	32		3	30.50	32.50	28.50	29.00
		3	12.50	14.50	10.50	11.00			6	29.00	33.00	25.00	26.00
16		2	15.00	16.50	13.50	14.00			10	27.00	33.00	21.00	22.00
		4	14.00	16.50	11.50	12.00		34	3	32.50	34.50	30.50	31.00
	18	2	17.00	18.50	15.50	16.00			6	31.00	35.00	27.00	28.00
		4	16.00	18.50	13.50	14.00			10	29.00	35.00	23.00	24.00
20		2	19.00	20.50	17.50	18.00	36		3	34.50	36.50	32.50	33.00
		4	18.00	20.50	15.50	16.00			6	33.00	37.00	29.00	30.00
	22	3	20.50	22.50	18.50	19.00			10	31.00	37.00	25.00	26.00
		5	19.50	22.50	16.50	17.00		38	3	36.50	38.50	34.50	35.00
		8	18.00	23.00	13.00	14.00			7	34.50	39.00	30.00	31.00
24		3	22.50	24.50	20.50	21.00			10	33.00	39.00	27.00	28.00
		5	21.50	24.50	18.50	19.00	40		3	38.50	40.50	36.50	37.00
		8	20.00	25.00	15.00	16.00			7	36.50	41.00	32.00	33.00
									10	35.00	41.00	29.00	30.00

附录 2 常用标准件

附表 2-1 六角头螺栓(GB/T 5780—2000、GB/T 5781—2000) (单位:mm)

六角头螺栓(GB/T 5780—2000) 全螺纹(GB/T 5781—2000)

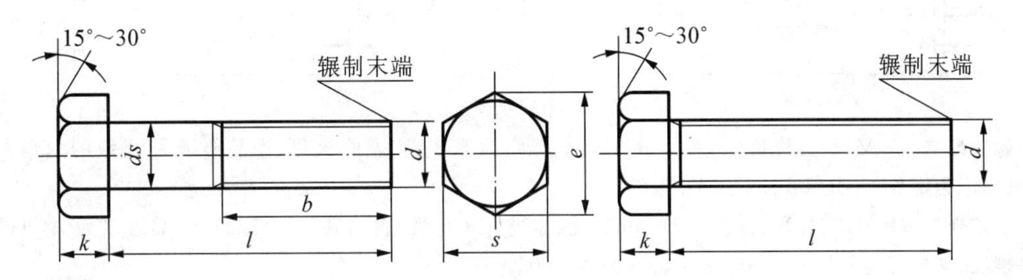

标记示例

螺纹规格 d=M12、公称长度 l=80 mm、性能等级为 4.8 级、不经表面处理、产品等级为 C 级的六角头螺栓,其标记为 螺栓 GB/T 5780 M12×80

螺纹规格 d=M12、公称长度 l=80 mm、性能等级为 4.8 级、不经表面处理、全螺纹、产品等级为 C 级的六角头螺栓,其标记为 螺栓 GB/T 5781 M12×80

螺纹规格	d	M5	M6	M8	M10	M12	M16	M20	M24	M30	M36	M42	M48
b 参考	$l\leqslant125$	16	18	22	26	30	38	46	54	66	—	—	—
	$125<l\leqslant200$	22	24	28	32	36	44	52	60	72	84	96	108
	$l>200$	35	37	41	45	49	57	65	73	85	97	109	121
k 公称		3.5	4	5.3	6.4	7.5	10	12.5	15	18.7	22.5	26	30
s_{max}		8	10	13	16	18	24	30	36	46	55.0	65.0	75.0
e_{min}		8.63	10.89	14.2	17.59	19.85	26.17	32.95	39.55	50.85	60.79	71.3	82.6
d_{smax}		5.48	6.48	8.58	10.58	12.7	16.7	20.84	24.84	30.84	37.0	43	49
l 范围	GB/T 5780	25~50	30~60	40~80	45~100	55~120	65~120	80~200	100~240	120~300	140~360	180~420	200~480
	GB/T 5781	10~50	12~60	16~90	20~100	25~120	30~160	40~200	50~240	60~300	70~360	80~420	100~480
l 系列		10,12,16,20~50(5 进位),(55),60,(65),70~160(10 进位),180,220~500(20 进位)											

注:1. 尽可能不采用括号内的规格。

2. 螺纹公差:8g;机械性能等级:4.6 级、4.8 级;产品等级:C 级。

附表 2-2　六角头螺栓(GB/T 5782—2000、GB/T 5783—2000)　(单位:mm)

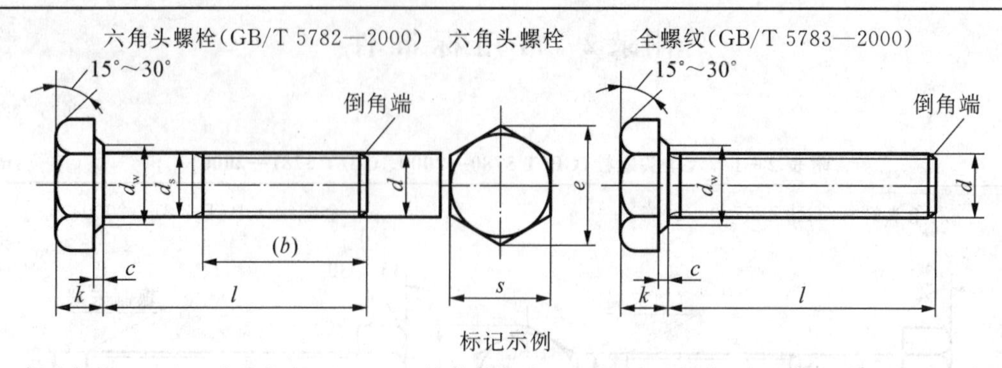

标记示例

螺纹规格 d=M12、公称长度 l=80 mm、性能等级为 8.8 级、表面氧化、产品等级为 A 级的六角头螺栓,其标记为螺栓　GB/T 5782　M12×80

螺纹规格 d=M12、公称长度 l=80 mm、性能等级为 8.8 级、表面氧化、全螺纹、产品等级为 A 级的六角头螺栓,其标记为　螺栓　GB/T 5783　M12×80

螺纹规格	d	M4	M5	M6	M8	M10	M12	M16	M20	M24	M30	M36	M42
b 参考	$l \leqslant 125$	14	16	18	22	26	30	38	46	54	66	—	—
	$125 < l \leqslant 200$	20	22	24	28	32	36	44	52	60	72	84	96
	$l > 200$	33	35	37	41	45	49	57	65	73	85	97	109
c_{max}		0.4	0.5		0.6			0.8					1
k_{max}	A	2.925	3.65	4.15	5.45	6.58	7.68	10.18	12.715	15.215	—	—	—
	B	3	3.74	4.24	5.54	6.69	7.79	10.29	12.85	15.35	19.12	22.92	26.42
d_{smax}		4	5	6	8	10	12	16	20	24	30	36	42
s_{max}		7	8	10	13	16	18	24	30	36	46	56	65
e_{min}	A	7.66	8.79	11.05	14.38	17.77	20.03	26.75	33.53	39.98	—	—	—
	B	7.50	8.63	10.89	14.2	17.59	19.85	26.17	32.95	39.55	50.85	60.79	71.3
d_{wmin}	A	5.88	6.88	8.88	11.63	14.63	16.63	22.49	28.19	33.61	—	—	—
	B	5.74	6.74	8.74	11.47	14.47	16.47	22	27.7	33.25	42.75	51.11	59.95
l 范围	GB/T 5782	25~40	25~50	30~60	40~80	45~100	50~120	65~160	80~200	90~240	110~300	140~360	160~440
	GB/T 5783	8~40	10~50	12~60	16~80	20~100	25~150	30~150	40~150	50~150	60~200	70~200	80~200
l 系列	GB/T 5782	20, 25, 30, 35, 40, 45, 50, 55, 60, 65, 70, 80, 90, 100, 110, 120, 130, 140, 150, 160, 180, 200, 220, 240, 260, 280, 300, 320, 340, 360, 380, 400, 420, 440, 460, 480											
	GB/T 5783	8, 10, 12, 16, 20, 25, 30, 35, 40, 45, 50, 55, 60, 65, 70, 80, 90, 100, 110, 120, 130, 140, 150, 160, 180, 200											

注:1. 末端应倒角,对螺纹规格 $d \leqslant$ M4 的为辗制末端(GB/T 2—2000)。

2. 螺纹公差带:6g。

3. 产品等级:A 级用于 d=1.6~24 mm 和 $l \leqslant 10\ d$ 或 $l \leqslant 150$ mm(按较小值);B 级用于 $d > 24$ mm 和 $l > 10\ d$ 或 $l > 150$ mm(按较小值)的螺栓。

$b_m=1\,d$(CB/T 897—1988)　　$b_m=1.25\,d$(GB/T 898—1988)

$b_m=1.5\,d$(GB/T 899—1988)　　$b_m=2\,d$(GB/T 900—1988)

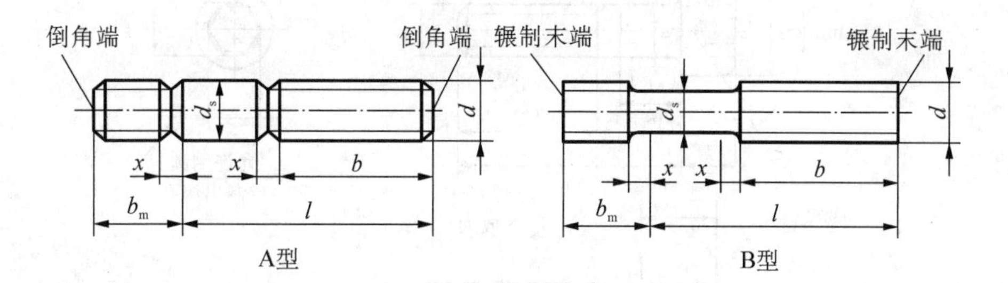

标记示例

两端均为粗牙普通螺纹,规格 $d=10$ mm、$l=50$ mm、性能等级为 4.8 级、不经表面处理、B 型、$b_m=1\,d$ 的螺柱,其标记为　螺柱　GB/T 897　M10×50

旋入一端为粗牙普通螺纹、旋螺母一端为螺距 $P=1$ mm 的细牙普通螺纹,规格 $d=10$ mm、$l=50$ mm、性能等级为 4.8 级、不经表面处理、A 型、$b_m=1\,d$ 的螺柱,其标记为　螺柱　GB/T 897　AM10—M10×1×50

螺纹规格 d		M5	M6	M8	M10	M12	M16	M20	M24	M30	M36	M42	M48
b_m 公称	GB/T 897	5	6	8	10	12	16	20	24	30	36	42	48
	GB/T 898	6	8	10	12	15	20	25	30	38	45	52	60
	GB/T 899	8	10	12	15	18	24	30	36	45	54	63	72
	GB/T 900	10	12	16	20	24	32	40	48	60	72	84	96
d_s		5	6	8	10	12	16	20	24	30	36	42	48
$\frac{l}{b}$		$\frac{16\sim22}{10}$ $\frac{25\sim50}{16}$	$\frac{20\sim22}{10}$ $\frac{25\sim30}{14}$ $\frac{32\sim75}{18}$	$\frac{20\sim22}{12}$ $\frac{25\sim30}{16}$ $\frac{32\sim90}{22}$	$\frac{25\sim28}{14}$ $\frac{30\sim38}{16}$ $\frac{40\sim120}{26}$ $\frac{130}{32}$	$\frac{25\sim30}{16}$ $\frac{32\sim40}{20}$ $\frac{45\sim120}{30}$ $\frac{130\sim180}{36}$	$\frac{30\sim38}{20}$ $\frac{40\sim55}{30}$ $\frac{60\sim120}{38}$ $\frac{130\sim200}{44}$	$\frac{35\sim40}{25}$ $\frac{45\sim65}{35}$ $\frac{70\sim120}{46}$ $\frac{130\sim200}{52}$	$\frac{45\sim50}{30}$ $\frac{55\sim75}{45}$ $\frac{80\sim120}{54}$ $\frac{130\sim200}{60}$	$\frac{60\sim65}{40}$ $\frac{70\sim90}{50}$ $\frac{95\sim120}{60}$ $\frac{130\sim200}{72}$ $\frac{210\sim250}{85}$	$\frac{65\sim75}{45}$ $\frac{80\sim110}{60}$ $\frac{120}{78}$ $\frac{130\sim200}{84}$ $\frac{210\sim300}{97}$	$\frac{70\sim80}{50}$ $\frac{85\sim110}{70}$ $\frac{120}{90}$ $\frac{130\sim200}{96}$ $\frac{210\sim300}{109}$	$\frac{80\sim90}{60}$ $\frac{95\sim110}{80}$ $\frac{120}{102}$ $\frac{130\sim200}{108}$ $\frac{210\sim300}{121}$
l(系列)		16, (18), 20, (22), 25, (28), 30, (32), 35, (38), 40, 45, 50, (55), 60, (65), 70, (75), 80, (85), 90, (95), 100, 110, 120, 130, 140, 150, 160, 170, 180, 190, 200, 210, 220, 230, 240, 250, 260, 280, 300											

注:1. 括号内的规格尽可能不采用。

2. d_s≈螺纹中径(仅适用于 B 型)。

附表 2-4　内六角圆柱头螺钉(GB/T 70.1-2008)

(单位:mm)

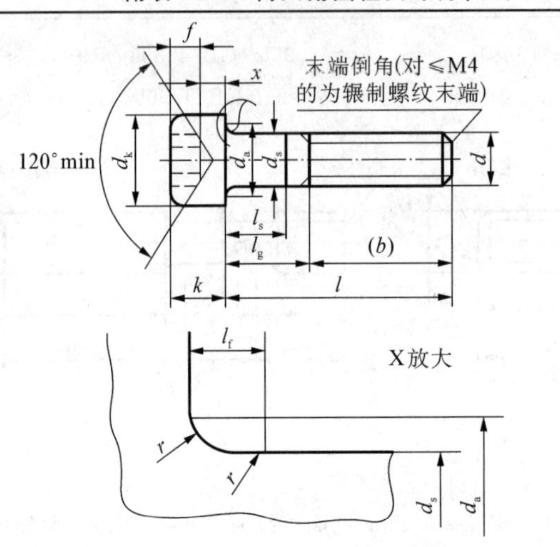

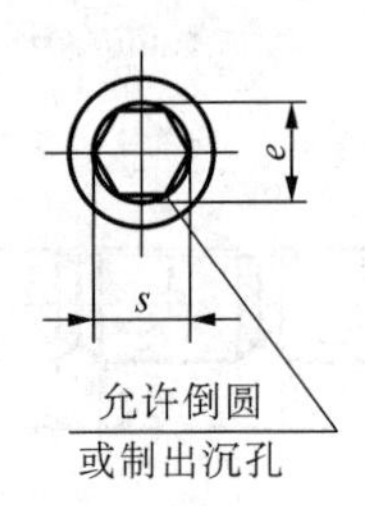

标记示例

螺纹规格 d=M5、公称长度 l=20 mm、性能等级为 8.8 级、表面氧化的 A 级内六角圆柱头螺钉,其标记为　螺钉　GB/T 70.1　M5×20

螺纹规格 d		M3	M4	M5	M6	M8	M10	M12	M16	M20	M24
螺距 P		0.5	0.7	0.8	1	1.25	1.5	1.75	2	2.5	3
b(参考)		18	20	22	24	28	32	36	44	52	60
d_k	max	5.5	7	8.5	10	13	16	18	24	30	36
	min	5.32	6.78	8.28	9.78	12.73	15.73	17.73	23.67	29.67	35.61
d_a　max		3.6	4.7	5.7	6.8	9.2	11.2	13.7	17.7	22.4	26.4
d_s	max	3	4	5	6	8	10	12	16	20	24
	min	2.86	3.82	4.82	5.82	7.78	9.78	11.73	15.73	19.67	23.67
e　min		2.873	3.443	4.583	5.723	6.863	9.149	11.429	15.996	19.437	21.734
l_f　max		0.51	0.6	0.6	0.68	1.02	1.02	1.45	1.45	2.04	2.04
k	max	3	4	5	6	8	10	12	16	20	24
	min	2.86	3.82	4.82	5.7	7.64	9.64	11.57	15.57	19.48	23.48
r　min		0.1	0.2	0.2	0.25	0.4	0.4	0.6	0.6	0.8	0.8
s	公称	2.5	3	4	5	6	8	10	14	17	19
	max	2.58	3.08	4.095	5.14	6.14	8.175	10.175	14.212	17.23	19.275
	min	2.52	3.02	4.02	5.02	6.02	8.025	10.025	14.032	17.05	19.065
t　min		1.3	2	2.5	3	4	5	6	8	10	12
d_w　min		5.07	6.53	8.03	9.38	12.33	15.33	17.23	23.17	28.87	34.81
x　min		1.15	1.4	1.9	2.3	3.3	4	4.8	6.8	8.6	10.4
l(商品规格范围)		5~30	6~40	8~50	10~60	12~80	16~100	20~120	25~160	30~200	40~200
l≤表中数值时,螺纹制到距头部 3P 以内		20	25	25	30	35	40	50	60	70	80
l(系列)		5, 6, 8, 10, 12, 16, 20, 25, 30, 35, 40, 45, 50, 55, 60, 65, 70, 80, 90, 100, 110, 120, 130, 140, 150, 160, 180, 200									

注:1. l_g 与 l_s 表中未列出。

2. s_{max}用于除 12.9 级以外的其他性能等级。

附表 2-5　开槽圆柱头螺钉(GB/T 65-2000)、开槽盘头螺钉(GB/T 67-2000)　(单位:mm)

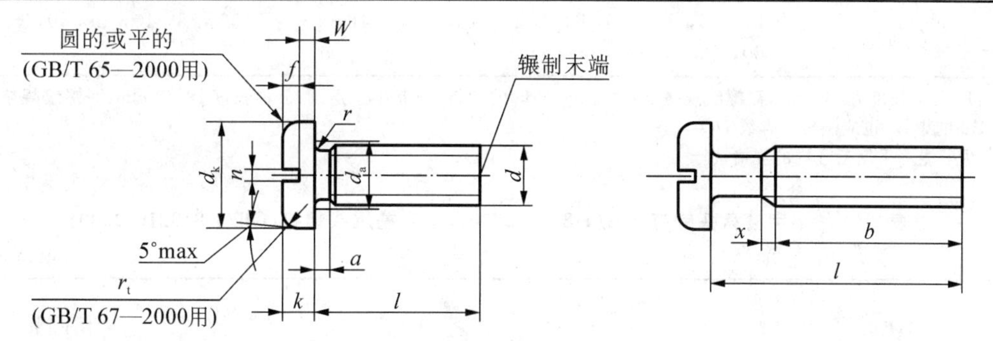

无螺纹部分杆径≈中径或=螺纹大径

标记示例

螺纹规格 d=M5、公称长度 l=20 mm、性能等级为 4.8 级、不经表面处理的 A 级开槽圆柱头螺钉,其标记为　螺钉　GB/T 65　M5×20

螺纹规格 d=M5、公称长度 l=20 mm、性能等级为 4.8 级、不经表面处理的 A 级开槽盘头螺钉,其标记为　螺钉　GB/T 67　M5×20

螺纹规格 d		M1.6	M2	M2.5	M3	M4		M5		M6		M8		M10	
类别		GB/T 67—2000				GB/T 65	GB/T 65	GB/T 65	GB/T 65	GB/T 65	GB/T 65	GB/T 65	GB/T 65	GB/T 65	GB/T 65
螺距 P		0.35	0.4	0.45	0.5	0.7		0.8		1		1.25		1.5	
a max		0.7	0.8	0.9	1	1.4		1.6		2		2.5		3	
b min		25	25	25	25	38		38		38		38		38	
d_k	max	3.2	4	5	5.6	7	8	8.5	9.5	10	12	13	16	16	20
	min	2.9	3.7	4.7	5.3	6.78	7.64	8.28	9.14	9.78	11.57	12.73	15.57	15.73	19.48
d_a max		2	2.6	3.1	3.6	4.7		5.7		6.8		9.2		11.2	
k	max	1.00	1.30	1.50	1.80	2.60	2.40	3.30	3.00	3.9	3.6	5.0	4.8	6.0	
	min	0.86	1.16	1.36	1.66	2.46	2.26	3.12	2.86	3.6	3.3	4.7	4.5	5.7	
n	公称	0.4	0.5	0.6	0.8	1.2		1.2		1.6		2		2.5	
	min	0.46	0.56	0.66	0.86	1.26		1.26		1.66		2.06		2.56	
	max	0.60	0.70	0.80	1.00	1.51		1.51		1.91		2.31		2.81	
r min		0.1	0.1	0.1	0.1	0.2		0.2		0.25		0.4		0.4	
r_f参考		0.5	0.6	0.8	0.9	—	1.2	—	1.5	—	1.8	—	2.4	—	3
t min		0.35	0.5	0.6	0.7	1.1	1	1.3	1.2	1.6	1.4	2	1.9	2.4	
w min		0.3	0.4	0.5	0.7	1.1	1	1.3	1.2	1.6	1.4	2	1.9	2.4	
x max		0.9	1	1.1	1.25	1.75		2		2.5		3.2		3.8	
l(商品规格范围)		2～16	2.5～20	3～25	4～30	5～40		6～50		8～60		10～80		12～80	

l(系列)	2, 2.5, 3, 4, 5, 6, 8, 10, 12, (14), 16, 20, 25, 30, 35, 40, 45, 50, (55), 60, (65), 70, (75), 80

注：1. 公称长度 $l \leqslant 30$ mm，而螺纹规格 d 在 M1.6～M3 的螺钉，应制出全螺纹；公称长度 $l \leqslant 40$ mm，而螺纹规格 d 在 M4～M10 的螺钉，也应制出全螺纹 ($b = l - a$)。

2. 尽可能不采用括号内的规格。

附表 2-6　十字槽盘头螺钉(GB/T 818-2000)、十字槽沉头螺钉(GB/T 819.1-2000)

(单位：mm)

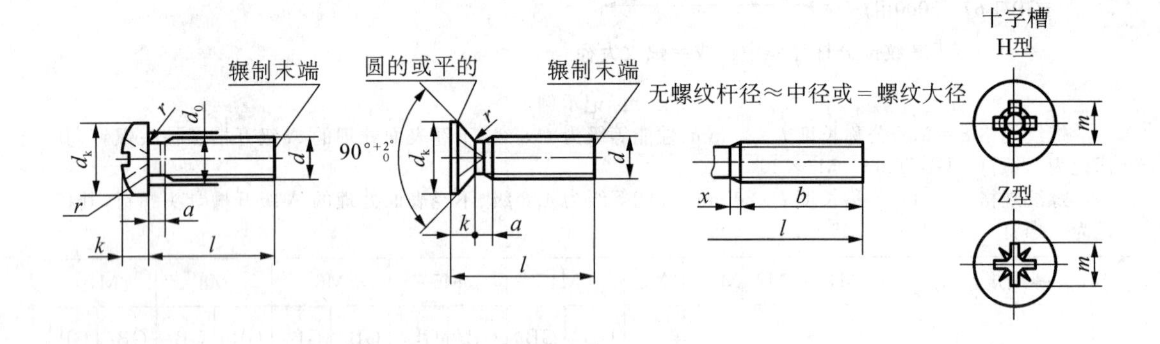

标记示例

螺纹规格 d=M5、公称长度 l=20 mm、性能等级为 4.8 级、H 型十字槽、不经表面处理的 A 级十字槽盘头螺钉，其标记为　螺钉　GB/T 818　M5×20

螺纹规格 d			M1.6	M2	M2.5	M3	M4	M5	M6	M8	M10
螺距 P			0.35	0.4	0.45	0.5	0.7	0.8	1	1.25	1.5
a max			0.7	0.8	0.9	1	1.4	1.6	2	2.5	3
b min			25	25	25	25	38	38	38	38	38
d_a max			2	2.6	3.1	3.6	4.7	5.7	6.8	9.2	11.2
d_k	公称=max	GB/T 818	3.2	4	5	5.6	8	9.5	12	16	20
		GB/T 819.1	3	3.8	4.7	5.5	8.4	9.3	11.3	15.8	18.3
	min	GB/T 818	2.9	3.7	4.7	5.3	7.64	9.14	11.57	15.57	19.48
		GB/T 819.1	2.7	3.5	4.4	5.2	8.04	8.94	10.87	15.37	17.78
k	公称=max	GB/T 818	1.3	1.6	2.1	2.4	3.1	3.7	4.6	6	7.5
		GB/T 819.1	1	1.2	1.5	1.65	2.7	2.7	3.3	4.65	5
	min	GB/T 818	1.16	1.46	1.96	2.26	2.92	3.52	4.3	5.7	7.14
r	min	GB/T 818	0.1	0.1	0.1	0.1	0.2	0.2	0.25	0.4	0.4
	max	GB/T 819.1	0.4	0.5	0.6	0.8	1	1.3	1.5	2	2.5
r_f ≈			2.5	3.2	4	5	6.5	8	10	13	16
x max			0.9	1	1.1	1.25	1.75	2	2.5	3.2	3.8

续 表

				槽号 No.	0		1		2		3	4	
十字槽	H型	m 参考		GB/T 818	1.7	1.9	2.7	3	4.4	4.9	6.9	9	10.1
				GB/T 819.1	1.6	1.9	2.9	3.2	4.6	5.2	6.8	8.9	10
		插入深度	max	GB/T 818	0.95	1.2	1.55	1.8	2.4	2.9	3.6	4.6	5.8
				GB/T 819.1	0.9	1.2	1.8	2.1	2.6	3.2	3.5	4.6	5.7
			min	GB/T 818	0.7	0.9	1.15	1.4	1.9	2.4	3.1	4	5.2
				GB/T 819.1	0.6	0.9	1.4	1.7	2.1	2.7	3.0	4.0	5.1
	Z型	m 参考		GB/T 818	1.6	2.1	2.6	2.8	4.3	4.7	6.7	8.8	9.9
				GB/T 819.1	1.6	1.9	2.8	3	4.4	4.9	6.6	8.8	9.8
		插入深度	max	GB/T 818	0.9	1.42	1.5	1.75	2.34	2.74	3.46	4.5	5.69
				GB/T 819.1	0.95	1.2	1.73	2.01	2.51	3.05	3.45	4.6	5.64
			min	GB/T 818	0.65	1.17	1.25	1.5	1.89	2.29	3.03	4.05	5.24
				GB/T 819.1	0.7	0.95	1.48	1.76	2.06	2.6	3	4.15	5.19
l(商品规格范围公称长度)					3～16	3～20	3～25	4～30	5～40	6～45	8～60	10～60	12～60
l(系列)					3, 4, 5, 6, 10, 12, (14), 16, 20, 25, 30, 35, 40, 45, 50 (55), 60								

注：1. 公称长度 $l \leqslant 25$ mm(GB/T 819.1—2000, $l \leqslant 30$ mm)，而螺纹规格 d 在 M1.6～M3 的螺钉，应制出全螺纹；公称长度 $l \leqslant 40$ mm(GB/T 819.1—2000, $l \leqslant 45$ mm)，而螺纹规格 d 在 M4～M10 的螺钉，也应制出全螺纹 ($b = l - a$) [GB/T 819.1—2000, $b = l - (k + a)$]。

2. 尽可能不采用括号内的规格。

3. GB/T 819.1—2000 的尺寸“d_k 理论值 max”未列入。

附表 2-7 开槽沉头螺钉(GB/T 68—2000)、开槽半沉头螺钉(GB/T 69—2000) (单位:mm)

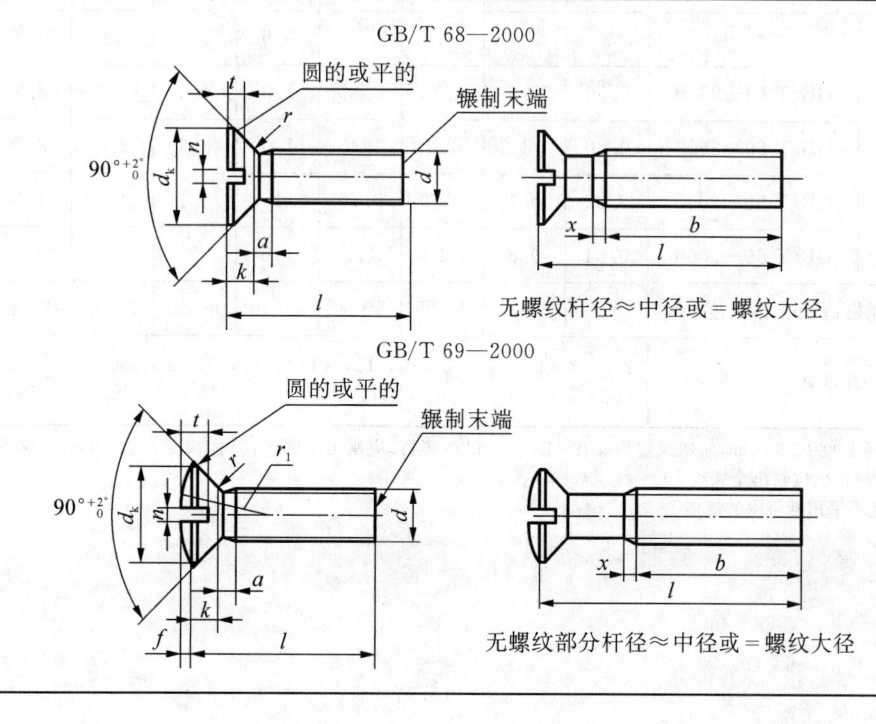

标记示例

螺纹规格 d=M5、公称长度 l=20 mm、性能等级为 4.8 级、不经表面处理的 A 级开槽沉头螺钉，其标记为　螺钉　GB/T 68　M5×20

螺纹规格 d			M1.6	M2	M2.5	M3	M4	M5	M6	M8	M10
螺距 P			0.35	0.4	0.45	0.5	0.7	0.8	1	1.25	1.5
a		max	0.7	0.8	0.9	1	1.4	1.6	2	2.5	3
b		min	25				38				
d_k	理论值	max	3.6	4.4	5.5	6.3	9.4	10.4	12.6	17.3	20
	实际值	公称=max	3.0	3.8	4.7	5.5	8.4	9.30	11.30	15.80	18.30
		min	2.7	3.5	4.4	5.2	8.04	8.94	10.87	15.37	17.78
k		公称=max	1	1.2	1.5	1.65	2.7	2.7	3.3	4.65	5
n		公称	0.4	0.5	0.6	0.8	1.2	1.2	1.6	2	2.5
		min	0.46	0.56	0.66	0.86	1.26	1.26	1.66	2.06	2.56
		max	0.60	0.70	0.80	1.00	1.51	1.51	1.91	2.31	2.81
r		max	0.4	0.5	0.6	0.8	1	1.3	1.5	2	2.5
x		max	0.9	1	1.1	1.25	1.75	2	2.5	3.2	3.8
f		≈	0.4	0.5	0.6	0.7	1	1.2	1.4	2	2.3
r_f		≈	3	4	5	6	9.5	9.5	12	16.5	19.5
t	max	GB/T 68—2000	0.50	0.6	0.75	0.85	1.3	1.4	1.6	2.3	2.6
		GB/T 69—2000	0.80	1	1.2	1.45	1.9	2.4	2.8	3.7	4.4
	min	GB/T 68—2000	0.32	0.4	0.50	0.60	1	1.1	1.2	1.8	2
		GB/T 69—2000	0.64	0.8	1	1.2	1.6	2	2.4	3.2	3.8
l(商品规格范围公称长度)			2.5～16	3～20	4～25	5～30	6～40	8～50	8～60	10～80	12～80
l(系列)			2.5，3，4，5，6，8，10，12，(14)，16，20，25，30，35，40，45，50，(55)，60，(65)，70，(75)，80								

注：1. 公称长度 l≤30 mm，而螺纹规格 d 在 M1.6～M3 的螺钉，应制出全螺纹；公称长度 l≤45 mm，而螺纹规格 d 在 M4～M10 的螺钉，也应制出全螺纹［$b=l-(k+a)$］。

2. 尽可能不采用括号内的规格。

附表 2-8　开槽锥端紧定螺钉(GB/T 71—1985)、开槽平端紧定螺钉(GB/T 73—1985)、开槽长圆柱端紧定螺钉(GB/T 75—1985)

(单位：mm)

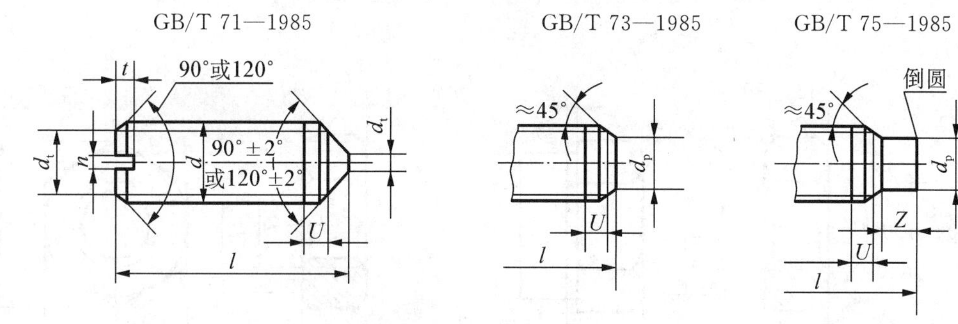

公称长度为短螺钉时，应制成 120°，u(不完整螺纹的长度)≤$2P$

标记示例

螺纹规格 d=M5、公称长度 l=12、性能等级为 14H 级、表面氧化的开槽平端紧定螺钉，其标记为　螺钉　GB/T 73　M5×12

螺纹规格 d		M1.6	M2	M2.5	M3	M4	M5	M6	M8	M10	M12
螺距 P		0.35	0.4	0.45	0.5	0.7	0.8	1	1.25	1.5	1.75
d_f	≈	螺纹小径									
d_t	min	—	—	—	—	—	—	—	—	—	—
	max	0.16	0.2	0.25	0.3	0.4	0.5	1.5	2	2.5	3
d_p	min	0.55	0.75	1.25	1.75	2.25	3.2	3.7	5.2	6.64	8.14
	max	0.8	1	1.5	2	2.5	3.5	4	5.5	7	8.5
n	公称	0.25	0.25	0.4	0.4	0.6	0.8	1	1.2	1.6	2
	min	0.31	0.31	0.46	0.46	0.66	0.86	1.06	1.26	1.66	2.06
	max	0.45	0.45	0.6	0.6	0.8	1	1.2	1.51	1.91	2.31
t	min	0.56	0.64	0.72	0.8	1.12	1.28	1.6	2	2.4	2.8
	max	0.74	0.84	0.95	1.05	1.42	1.63	2	2.5	3	3.6
z	min	0.8	1	1.25	1.5	2	2.5	3	4	5	6
	max	1.05	1.25	1.5	1.75	2.25	2.75	3.25	4.3	5.3	6.3
GB/T 71	l(公称长度)	2～8	3～10	3～12	4～16	6～20	8～25	8～30	10～40	12～50	14～60
	l(短螺钉)	2～2.5	2～2.5	2～3	2～3	2～4	2～5	2～6	2～8	2～10	2～12
GB/T 73	l(公称长度)	2～8	2～10	2.5～12	3～16	4～20	5～25	6～30	8～40	10～50	12～60
	l(短螺钉)	2	2～2.5	2～3	2～3	2～4	2～5	2～6	2～6	2～8	2～10
GB/T 75	l(公称长度)	2.5～8	3～10	4～12	5～6	6～20	8～25	8～30	10～40	12～50	14～60
	l(短螺钉)	2～2.5	2～3	2～4	2～5	2～6	2～8	2～10	2～14	2～16	2～20
l(系列)		2, 2.5, 3, 4, 5, 6, 8, 10, 12, (14), 16, 20, 25, 30, 35, 40, 45, 50, (55), 60									

注：1. 公称长度为商品规格尺寸。
2. 尽可能不采用括号内的规格。

附表 2-9　1 型六角螺母(GB/T 6170—2000)、六角螺母　C 级(GB/T 41—2000)　(单位:mm)

1 型六角螺母(GB/T 6170—2000)　　　　六角螺母 C 级(GB/T 41—2000)

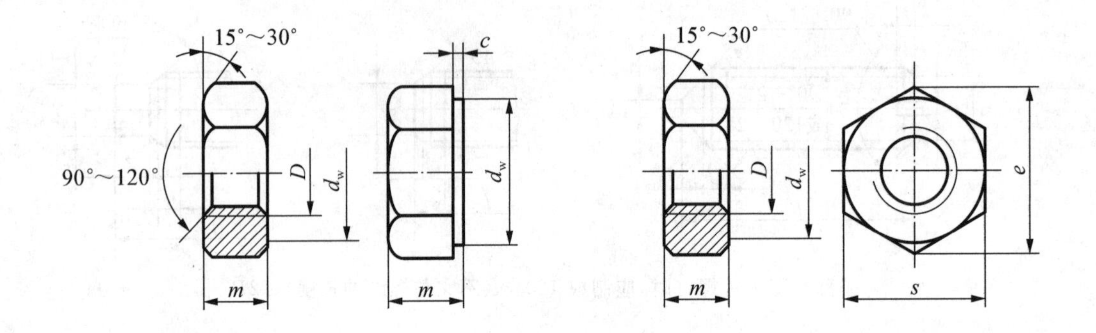

标记示例

螺母规格 D=M12、性能等级为 10 级、不经表面处理、产品等级为 A 级的 1 型六角螺母,其标记为　螺母　GB/T 6170　M12

螺纹规格 D=M12、性能等级为 5 级、不经表面处理、产品等级为 C 级的六角螺母,其标记为　螺母　GB/T 41　M12

螺纹规格 D		M4	M5	M6	M8	M10	M12	M16	M20	M24	M30	M36	M42	M48
c_{max}		0.4	0.5		0.6			0.8						1
s_{max}		7	8	10	13	16	18	24	30	36	46	55	65	75
e_{min}	A, B 级	7.66	8.79	11.05	14.38	17.77	20.03	26.75	32.95	39.55	50.85	60.79	71.3	82.6
	C 级	—	8.63	10.89	14.2	17.59	19.85	26.17	32.95	39.55	50.85	60.79	71.3	82.6
m_{max}	A, B 级	3.2	4.7	5.2	6.8	8.4	10.8	14.8	18	21.5	25.6	31	34	38
	C 级	—	5.6	6.4	7.9	9.5	12.2	15.9	19.0	22.3	26.4	31.9	34.9	38.9
d_{wmin}	A, B 级	5.9	6.9	8.9	11.6	14.6	16.6	22.5	27.7	33.3	42.8	51.1	60	69.5
	C 级	—	6.7	8.7	11.5	14.5	16.5	22	27.7	33.3	42.8	51.1	60	69.5

注:1. A 级用于 $D \leqslant 16$ mm 的 1 型六角螺母;B 级用于 $D > 16$ mm 的 1 型六角螺母;C 级用于螺纹规格为 M5～M64 的六角螺母。

2. 螺纹公差:A, B 级为 6H;C 级为 7H。性能等级:A, B 级为 6, 8, 10 级(钢);C 级为 4, 5 级。

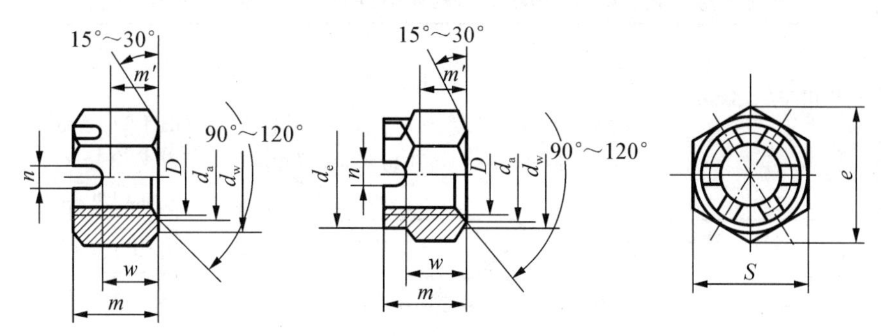

允许制造的形式

标记示例

螺纹规格 D=M12、性能等级为 8 级、表面氧化、A 级的Ⅰ型六角开槽螺母,其标记为　螺母 GB/T 6178　M12

螺纹规格 D		M4	M5	M6	M8	M10	M12	M16	M20	M24	M30	M36
d_a	max	4.6	5.75	6.75	8.75	10.8	13	17.3	21.6	25.9	32.4	38.9
	min	4	5	6	8	10	12	16	20	24	30	36
d_e	max	—	—	—	—	—	—	—	28	34	42	50
	min	—	—	—	—	—	—	—	27.16	33	41	49
d_w	min	5.9	6.9	8.9	11.6	14.6	16.6	22.5	27.7	33.2	42.7	51.1
e	min	7.66	8.79	11.05	14.38	17.77	20.03	26.75	32.95	39.55	50.85	60.79
m	max	5	6.7	7.7	9.8	12.4	15.8	20.8	24	29.5	34.6	40
	min	4.7	6.34	7.34	9.44	11.97	15.37	20.28	23.16	28.66	33.6	39
m'	min	2.32	3.52	3.92	5.15	6.43	8.3	11.28	13.52	16.16	19.44	23.52
n	max	1.8	2	2.6	3.1	3.4	4.25	5.7	5.7	6.7	8.5	8.5
	min	1.2	1.4	2	2.5	2.8	3.5	4.5	4.5	5.5	7	7
s	max	7	8	10	13	16	18	24	30	36	46	55
	min	6.78	7.78	9.78	12.73	15.73	17.73	23.67	29.16	35	45	53.8
w	max	3.2	4.7	5.2	6.8	8.4	10.8	14.8	18	21.5	25.6	31
	min	2.9	4.4	4.9	6.44	8.04	10.37	14.37	17.3	20.66	24.76	30
开口销		1×10	1.2×12	1.6×14	2×16	2.5×20	3.2×22	4×28	4×36	5×40	6.3×50	6.3×63

注:A 级用于 $D \leqslant 16$ 的螺母,B 级用于 $D>16$ 的螺母。

附表 2-11　小垫圈 A 级(GB/T 848—2002)、大垫圈 A 级(GB/T 96.1—2002)、平垫圈 A 级(GB/T 97.1—2002)、平垫圈倒角型 A 级(GB/T 97.2—2002)　(单位:mm)

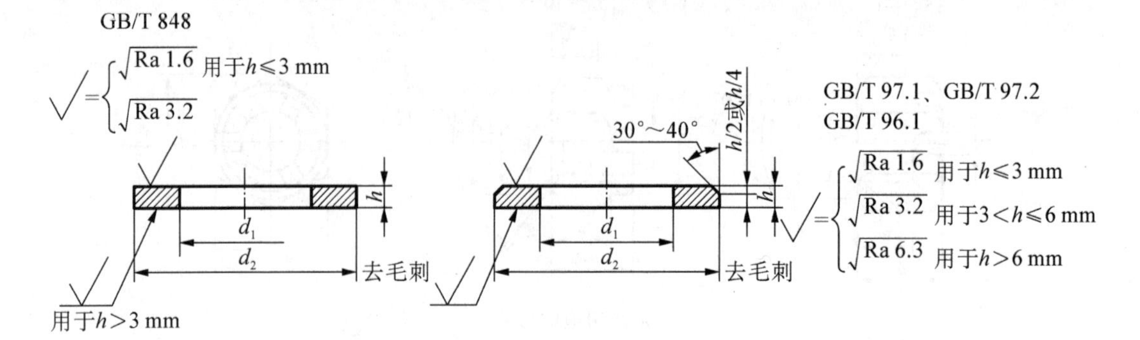

标记示例

标准系列,规格 8 mm、性能等级为 140HV 级、不经表面处理的平垫圈,其标记为　垫圈　GB/T 97.1　8

<table>
<tr><th colspan="3">规格(螺纹大径)</th><th>3</th><th>4</th><th>5</th><th>6</th><th>8</th><th>10</th><th>12</th><th>(14)</th><th>16</th><th>20</th><th>24</th><th>30</th><th>36</th></tr>
<tr><td rowspan="8">内径 d_1</td><td rowspan="4">公称
(min)</td><td>GB/T 848</td><td rowspan="2">3.2</td><td rowspan="2">4.3</td><td rowspan="4">5.3</td><td rowspan="4">6.4</td><td rowspan="4">8.4</td><td rowspan="4">10.5</td><td rowspan="4">13</td><td rowspan="4">15</td><td rowspan="4">17</td><td rowspan="3">21</td><td rowspan="3">25</td><td rowspan="3">31</td><td rowspan="3">37</td></tr>
<tr><td>GB/T 97.1</td></tr>
<tr><td>GB/T 97.2</td><td>—</td><td>—</td></tr>
<tr><td>GB/T 96.1</td><td>3.2</td><td>4.3</td><td>22</td><td>26</td><td>33</td><td>39</td></tr>
<tr><td rowspan="4">max</td><td>GB/T 848</td><td rowspan="2">3.38</td><td rowspan="2">4.48</td><td rowspan="4">5.48</td><td rowspan="4">6.62</td><td rowspan="4">8.62</td><td rowspan="4">10.77</td><td rowspan="4">13.27</td><td rowspan="4">15.27</td><td rowspan="4">17.27</td><td rowspan="3">21.33</td><td rowspan="3">25.33</td><td rowspan="3">31.39</td><td rowspan="3">37.62</td></tr>
<tr><td>GB/T 97.1</td></tr>
<tr><td>GB/T 97.2</td><td>—</td><td>—</td></tr>
<tr><td>GB/T 96.1</td><td>3.38</td><td>4.48</td><td>22.52</td><td>26.84</td><td>34</td><td>40</td></tr>
<tr><td rowspan="8">内径 d_2</td><td rowspan="4">公称
(min)</td><td>GB/T 848</td><td>6</td><td>8</td><td>9</td><td>11</td><td>15</td><td>18</td><td>20</td><td>24</td><td>28</td><td>34</td><td>39</td><td>50</td><td>60</td></tr>
<tr><td>GB/T 97.1</td><td>7</td><td>9</td><td rowspan="2">10</td><td rowspan="2">12</td><td rowspan="2">16</td><td rowspan="2">20</td><td rowspan="2">24</td><td rowspan="2">28</td><td rowspan="2">30</td><td rowspan="2">37</td><td rowspan="2">44</td><td rowspan="2">59</td><td rowspan="2">66</td></tr>
<tr><td>GB/T 97.2</td><td>—</td><td>—</td></tr>
<tr><td>GB/T 96.1</td><td>9</td><td>12</td><td>15</td><td>18</td><td>24</td><td>30</td><td>37</td><td>44</td><td>50</td><td>60</td><td>72</td><td>92</td><td>110</td></tr>
<tr><td rowspan="4">min</td><td>GB/T 848</td><td>5.7</td><td>7.64</td><td>8.64</td><td>10.57</td><td>14.57</td><td>17.57</td><td>19.48</td><td>23.48</td><td>27.48</td><td>33.38</td><td>38.38</td><td>49.38</td><td>58.8</td></tr>
<tr><td>GB/T 97.1</td><td>6.64</td><td>8.64</td><td rowspan="2">9.64</td><td rowspan="2">11.57</td><td rowspan="2">15.57</td><td rowspan="2">19.48</td><td rowspan="2">23.48</td><td rowspan="2">27.48</td><td rowspan="2">29.48</td><td rowspan="2">36.38</td><td rowspan="2">43.38</td><td rowspan="2">55.26</td><td rowspan="2">64.8</td></tr>
<tr><td>GB/T 97.2</td><td>—</td><td>—</td></tr>
<tr><td>GB/T 96.1</td><td>8.64</td><td>11.57</td><td>14.57</td><td>17.57</td><td>23.48</td><td>29.48</td><td>36.38</td><td>43.38</td><td>49.38</td><td>58.1</td><td>70.1</td><td>89.8</td><td>107.8</td></tr>
<tr><td rowspan="4">厚度 h</td><td rowspan="4">公称</td><td>GB/T 848</td><td rowspan="2">0.5</td><td>0.5</td><td rowspan="3">1</td><td rowspan="3">1.6</td><td rowspan="3">1.6</td><td>1.6</td><td>5</td><td rowspan="3">2.5</td><td>2.5</td><td rowspan="3">3</td><td rowspan="3">4</td><td rowspan="3">4</td><td rowspan="3">5</td></tr>
<tr><td>GB/T 97.1</td><td>0.8</td><td rowspan="2">2</td><td rowspan="2">2.5</td><td rowspan="2">3</td></tr>
<tr><td>GB/T 97.2</td><td>—</td><td>—</td></tr>
<tr><td>GB/T 96.1</td><td>0.8</td><td>1</td><td>1.2</td><td>1.6</td><td>2</td><td>2.5</td><td>3</td><td>3</td><td>3</td><td>4</td><td>5</td><td>6</td><td>8</td></tr>
</table>

<table>
<tr><td rowspan="8">厚度 h</td><td rowspan="4">max</td><td>GB/T 848</td><td rowspan="2">0.55</td><td>0.55</td><td rowspan="3">1.1</td><td rowspan="3">1.8</td><td rowspan="3">1.8</td><td>1.8</td><td>2.2</td><td rowspan="3">2.7</td><td>2.7</td><td rowspan="3">3.3</td><td rowspan="3">4.3</td><td rowspan="3">4.3</td><td rowspan="3">5.6</td></tr>
<tr><td>GB/T 97.1</td><td>0.9</td><td rowspan="2">2.2</td><td rowspan="2">2.7</td><td rowspan="2">3.3</td></tr>
<tr><td>GB/T 97.2</td><td>—</td><td>—</td></tr>
<tr><td>GB/T 96.1</td><td>0.9</td><td>1.1</td><td>1.4</td><td>1.8</td><td>2.2</td><td>2.7</td><td>3.3</td><td>3.3</td><td>3.3</td><td>4.6</td><td>6</td><td>7</td><td>9.2</td></tr>
<tr><td rowspan="4">min</td><td>GB/T 848</td><td rowspan="2">0.45</td><td>0.45</td><td rowspan="3">0.9</td><td rowspan="3">1.4</td><td rowspan="3">1.4</td><td>1.4</td><td>1.8</td><td rowspan="3">2.3</td><td>2.3</td><td rowspan="3">2.7</td><td rowspan="3">3.7</td><td rowspan="3">3.7</td><td rowspan="3">4.4</td></tr>
<tr><td>GB/T 97.1</td><td>0.7</td><td rowspan="2">1.8</td><td rowspan="2">2.3</td><td rowspan="2">2.7</td></tr>
<tr><td>GB/T 97.2</td><td>—</td><td>—</td></tr>
<tr><td>GB/T 96.1</td><td>0.7</td><td>0.9</td><td>1</td><td>1.4</td><td>1.8</td><td>2.3</td><td>2.7</td><td>2.7</td><td>2.7</td><td>3.4</td><td>4</td><td>5</td><td>6.8</td></tr>
</table>

注：括号内尺寸是非优选标准。

附表 2-12　标准型弹簧垫圈(GB/T 93—1987)、轻型弹簧垫圈(GB/T 859—1987)（单位：mm）

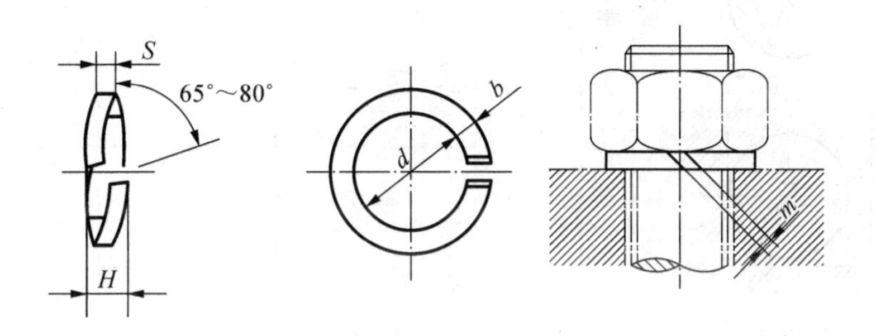

标记示例

公称直径 16 mm、材料为 65 Mn、表面氧化的标准型弹簧垫圈，其标记为　垫圈　GB/T 93　16

公称直径 16 mm、材料为 65 Mn、表面氧化的轻型弹簧垫圈，其标记为　垫圈　GB/T 859　16

<table>
<tr><td colspan="3">规格(螺纹大径)</td><td>2</td><td>2.5</td><td>3</td><td>4</td><td>5</td><td>6</td><td>8</td><td>10</td><td>12</td><td>16</td><td>20</td><td>24</td><td>30</td><td>36</td><td>42</td><td>48</td></tr>
<tr><td rowspan="2">d</td><td colspan="2">min</td><td>2.1</td><td>2.6</td><td>3.1</td><td>4.1</td><td>5.1</td><td>6.1</td><td>8.1</td><td>10.2</td><td>12.2</td><td>16.2</td><td>20.2</td><td>24.5</td><td>30.5</td><td>36.5</td><td>42.5</td><td>18.5</td></tr>
<tr><td colspan="2">max</td><td>2.35</td><td>2.85</td><td>3.4</td><td>4.4</td><td>5.4</td><td>6.68</td><td>8.68</td><td>1.09</td><td>12.9</td><td>16.9</td><td>21.04</td><td>25.5</td><td>31.5</td><td>37.5</td><td>43.5</td><td>49.7</td></tr>
<tr><td rowspan="4">H</td><td rowspan="2">GB/T 93—1987</td><td>min</td><td>1</td><td>1.3</td><td>1.6</td><td>2.2</td><td>2.6</td><td>3.2</td><td>4.2</td><td>5.2</td><td>6.2</td><td>8.2</td><td>10</td><td>12</td><td>15</td><td>18</td><td>21</td><td>24</td></tr>
<tr><td>max</td><td>1.25</td><td>1.63</td><td>2</td><td>2.75</td><td>3.25</td><td>4</td><td>5.25</td><td>6.5</td><td>7.75</td><td>10.25</td><td>12.5</td><td>15</td><td>18.75</td><td>22.5</td><td>26.25</td><td>30</td></tr>
<tr><td rowspan="2">GB/T 859—1987</td><td>min</td><td>—</td><td>—</td><td>1.2</td><td>1.6</td><td>2.2</td><td>2.6</td><td>3.2</td><td>4</td><td>5</td><td>6.4</td><td>8</td><td>10</td><td>12</td><td>—</td><td>—</td><td>—</td></tr>
<tr><td>max</td><td>—</td><td>—</td><td>1.5</td><td>2</td><td>2.75</td><td>3.25</td><td>4</td><td>5</td><td>6.25</td><td>8</td><td>10</td><td>12.5</td><td>15</td><td>—</td><td>—</td><td>—</td></tr>
<tr><td>$s(b)$公称</td><td colspan="2">GB/T 93—1987</td><td>0.5</td><td>0.65</td><td>0.8</td><td>1.1</td><td>1.3</td><td>1.6</td><td>2.1</td><td>2.6</td><td>3.1</td><td>4.1</td><td>5</td><td>6</td><td>7.5</td><td>9</td><td>10.5</td><td>12</td></tr>
<tr><td>s公称</td><td colspan="2">GB/T 859—1987</td><td>—</td><td>—</td><td>0.6</td><td>0.8</td><td>1.1</td><td>1.3</td><td>1.6</td><td>2</td><td>2.5</td><td>3.2</td><td>4</td><td>5</td><td>6</td><td>—</td><td>—</td><td>—</td></tr>
<tr><td rowspan="2">$m \leqslant$</td><td colspan="2">GB/T 93—1987</td><td>0.25</td><td>0.33</td><td>0.4</td><td>0.55</td><td>0.65</td><td>0.8</td><td>1.05</td><td>1.3</td><td>1.55</td><td>2.05</td><td>2.5</td><td>3</td><td>3.75</td><td>4.5</td><td>5.25</td><td>6</td></tr>
<tr><td colspan="2">GB/T 859—1987</td><td>—</td><td>—</td><td>0.3</td><td>0.4</td><td>0.55</td><td>0.65</td><td>0.8</td><td>1</td><td>1.25</td><td>1.6</td><td>2</td><td>2.5</td><td>3</td><td>—</td><td>—</td><td>—</td></tr>
<tr><td>b公称</td><td colspan="2">GB/T 859—1987</td><td>—</td><td>—</td><td>1</td><td>1.2</td><td>1.5</td><td>2</td><td>2.5</td><td>3</td><td>3.5</td><td>4.5</td><td>5.5</td><td>7</td><td>9</td><td>—</td><td>—</td><td>—</td></tr>
</table>

注：m 应大于零。

附表 2-13　普通平键键槽的尺寸与公差

（摘自 GB/T 1095—2003 和 GB/T 1096—2003）

（单位：mm）

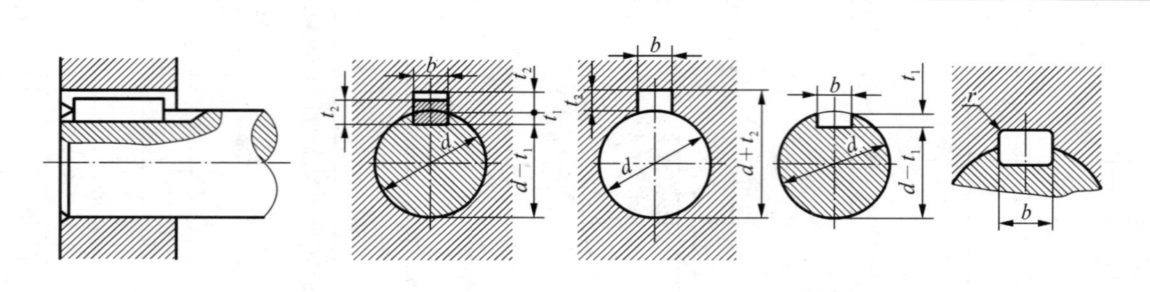

<table>
<tr><th>轴</th><th colspan="2">键</th><th colspan="12">键　槽</th></tr>
<tr><th rowspan="4">公称
直径
d</th><th rowspan="4">公称
尺寸
$b\times h$</th><th rowspan="4">长度 L
(h14)</th><th colspan="6">宽度 b</th><th colspan="4">深度</th><th colspan="2" rowspan="3">半径 r</th></tr>
<tr><th rowspan="3">基本
尺寸</th><th colspan="5">极限偏差</th><th colspan="2">轴 t_1</th><th colspan="2">毂 t_2</th></tr>
<tr><th colspan="2">松联结</th><th colspan="2">正常联结</th><th>紧密联结</th><th rowspan="2">公称
尺寸</th><th rowspan="2">极限
偏差</th><th rowspan="2">公称
尺寸</th><th rowspan="2">极限
偏差</th></tr>
<tr><th>轴
H9</th><th>毂
D10</th><th>轴
N9</th><th>毂
JS9</th><th>轴和毂
P9</th><th>最大</th><th>最小</th></tr>
<tr><td>自 6～8</td><td>2×2</td><td>6～20</td><td>2</td><td rowspan="2">+0.0250
0</td><td rowspan="2">+0.078
+0.030</td><td rowspan="2">+0.004
−0.029</td><td rowspan="2">±0.0125</td><td rowspan="2">−0.006
−0.020</td><td>1.2</td><td rowspan="5">+0.1
0</td><td>1.0</td><td rowspan="5">+0.1
0</td><td rowspan="3">0.08</td><td rowspan="3">0.16</td></tr>
<tr><td>>8～10</td><td>3×3</td><td>6～36</td><td>3</td><td>1.8</td><td>1.4</td></tr>
<tr><td>>10～12</td><td>4×4</td><td>8～45</td><td>4</td><td rowspan="3">+0.030
0</td><td rowspan="3">+0.078
+0.030</td><td rowspan="3">0
−0.030</td><td rowspan="3">±0.015</td><td rowspan="3">−0.012
−0.042</td><td>2.5</td><td>1.8</td></tr>
<tr><td>>12～17</td><td>5×5</td><td>10～56</td><td>5</td><td>3</td><td>2.3</td><td rowspan="3">0.16</td><td rowspan="3">0.25</td></tr>
<tr><td>>17～22</td><td>6×6</td><td>14～70</td><td>6</td><td>3.5</td><td>2.8</td></tr>
<tr><td>>22～30</td><td>8×7</td><td>18～90</td><td>8</td><td rowspan="2">+0.036
0</td><td rowspan="2">+0.098
+0.040</td><td rowspan="2">0
−0.036</td><td rowspan="2">±0.018</td><td rowspan="2">−0.015
−0.051</td><td>4.0</td><td rowspan="6">+0.2
0</td><td>3.3</td><td rowspan="6">+0.2
0</td></tr>
<tr><td>>30～38</td><td>10×8</td><td>22～110</td><td>10</td><td>5.0</td><td>3.3</td><td rowspan="5">0.25</td><td rowspan="5">0.40</td></tr>
<tr><td>>38～44</td><td>12×8</td><td>28～140</td><td>12</td><td rowspan="4">+0.043
0</td><td rowspan="4">+0.120
+0.050</td><td rowspan="4">0
−0.043</td><td rowspan="4">±0.022</td><td rowspan="4">−0.018
−0.061</td><td>5.0</td><td>3.3</td></tr>
<tr><td>>44～50</td><td>14×9</td><td>36～160</td><td>14</td><td>5.5</td><td>3.8</td></tr>
<tr><td>>50～58</td><td>16×10</td><td>45～180</td><td>16</td><td>6.0</td><td>4.3</td></tr>
<tr><td>>58～65</td><td>18×11</td><td>50～200</td><td>18</td><td>7.0</td><td>4.4</td></tr>
</table>

续 表

轴	键		键槽											
公称直径 d	公称尺寸 $b \times h$	长度 L (h14)	宽度 b						深度				半径 r	
			基本尺寸	极限偏差					轴 t_1		毂 t_2			
				松联结		正常联结		紧密联结	公称尺寸	极限偏差	公称尺寸	极限偏差	最大	最小
				轴 H9	毂 D10	轴 N9	毂 JS9	轴和毂 P9						
>65～75	20×12	56～220	20	+0.052 0	+0.149 +0.065	0 −0.052	±0.026	−0.022 −0.074	7.5	+0.2 0	4.9	+0.2 0	0.40	0.60
>75～85	22×14	63～250	22						9.0		5.4			
>85～95	25×14	70～280	25						9.0		5.4			
>95～110	28×16	80～320	28						10		6.4			
>110～130	32×18	90～360	32	+0.062 0	+0.180 +0.080	0 −0.062	±0.031	−0.026 −0.088	11		7.4			
>130～150	36×20	100～400	36						12	+0.3 0	8.4	+0.3 0	0.70	1.00
>150～170	40×22	100～400	40						13		9.4			
>170～200	45×25	110～450	45						15		10.4			
>200～230	50×28	125～500	50						17		11.4			
>230～260	56×32	140～500	56	+0.074 0	+0.220 +0.100	0 −0.074	±0.037	−0.032 −0.106	20		12.4		1.20	1.60
>260～290	63×32	160～500	63						20		12.4			
>290～330	70×36	180～500	70						22		14.4			
>330～380	80×40	200～500	80						25		15.4		2.00	2.50

注:1. $(d-t_1)$ 和 $(d+t_2)$ 两个组合尺寸的极限偏差,按相应的 t_1 和 t_2 的极限偏差选取,但 $(d-t_1)$ 的极限偏差应取。

2. 键槽侧面粗糙度参数推荐为 $R_a = 1.6 \sim 3.2\ \mu m$,键槽底面为粗糙度参数 $R_a = 6.3\ \mu m$。

3. $L_{系列}$:6, 8, 10, 12, 14, 16, 18, 20, 22, 25, 28, 32, 36, 40, 45, 50, 56, 63, 70, 80, 90, 100, 110, 125, 140, 160, 180, 200, 220, 250, 280, 320, 360, 400, 450, 500。

附表 2-14 普通型半圆键(GB/T 1099.1—2003)

(单位:mm)

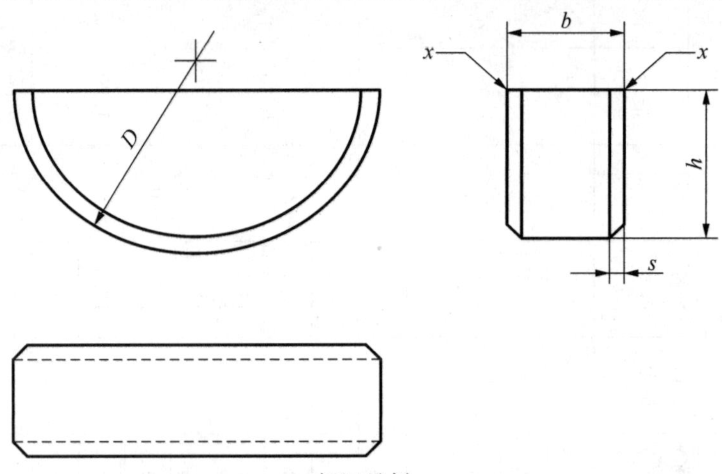

标记示例

宽度 b=6 mm、高度 h=10 mm、直径 D=25 mm 的普通型半圆键,其标记为 GB/T 1099.1 键 61025

<table>
<tr><th rowspan="2">键尺寸
$b \times h \times D$</th><th colspan="2">宽度 b</th><th colspan="2">高度 h</th><th colspan="2">直径 D</th><th colspan="2">倒角或倒圆 s</th></tr>
<tr><th>基本尺寸</th><th>极限偏差</th><th>基本尺寸</th><th>极限偏差
(h 12)</th><th>基本尺寸</th><th>极限偏差
(h 12)</th><th>min</th><th>max</th></tr>
<tr><td>1×1.4×4</td><td>1</td><td rowspan="16">0
−0.025</td><td>1.4</td><td rowspan="3">0
−0.10</td><td>4</td><td>0
−0.120</td><td rowspan="7">0.16</td><td rowspan="7">0.25</td></tr>
<tr><td>1.5×2.6×7</td><td>1.5</td><td>2.6</td><td>7</td><td rowspan="4">0
−0.150</td></tr>
<tr><td>2×2.6×7</td><td>2</td><td>2.6</td><td>7</td></tr>
<tr><td>2×3.7×10</td><td>2</td><td>3.7</td><td rowspan="3">0
−0.12</td><td>10</td></tr>
<tr><td>2.5×3.7×10</td><td>2.5</td><td>3.7</td><td>10</td></tr>
<tr><td>3×5×13</td><td>3</td><td>5</td><td>13</td><td rowspan="3">0
−0.180</td></tr>
<tr><td>3×6.5×16</td><td>3</td><td>6.5</td><td rowspan="8">0
−0.15</td><td>16</td></tr>
<tr><td>4×6.5×16</td><td>4</td><td>6.5</td><td>16</td><td rowspan="7">0.25</td><td rowspan="7">0.40</td></tr>
<tr><td>4×7.5×19</td><td>4</td><td>7.5</td><td>19</td><td>0
−0.210</td></tr>
<tr><td>5×6.5×16</td><td>5</td><td>6.5</td><td>16</td><td>0
−0.180</td></tr>
<tr><td>5×7.5×19</td><td>5</td><td>7.5</td><td>19</td><td rowspan="5">0
−0.210</td></tr>
<tr><td>5×9×22</td><td>5</td><td>9</td><td>22</td></tr>
<tr><td>6×9×22</td><td>6</td><td>9</td><td>22</td></tr>
<tr><td>6×10×25</td><td>6</td><td>10</td><td>25</td></tr>
<tr><td>8×11×28</td><td>8</td><td>11</td><td rowspan="2">0
−0.18</td><td>28</td><td rowspan="2">0.40</td><td rowspan="2">0.60</td></tr>
<tr><td>10×13×32</td><td>10</td><td>13</td><td>32</td><td>0
−0.250</td></tr>
</table>

注:$x \leqslant s_{max}$

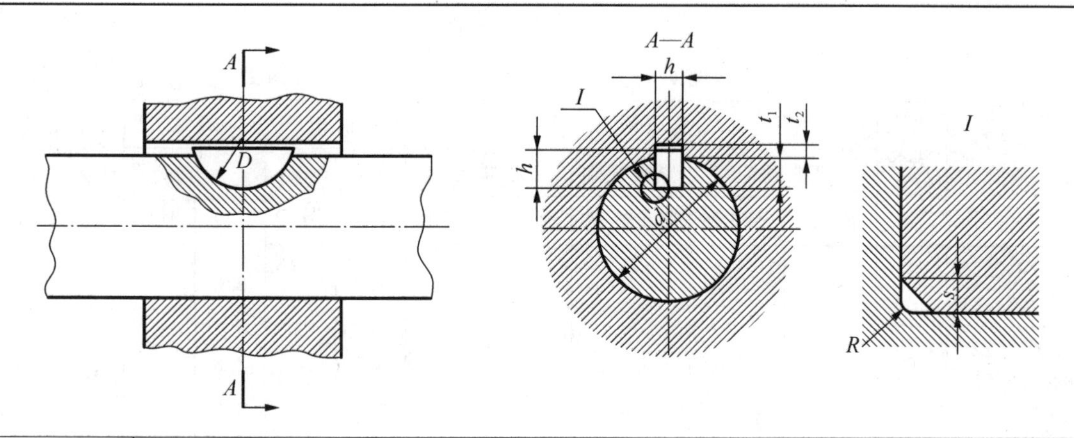

<table>
<tr><td rowspan="5">键尺寸
b×h×D</td><td colspan="12">键槽</td></tr>
<tr><td colspan="6">宽度 b</td><td colspan="4">深度</td><td colspan="2" rowspan="3">半径 R</td></tr>
<tr><td rowspan="3">基本尺寸</td><td colspan="5">极限偏差</td><td colspan="2">轴 t_1</td><td colspan="2">毂 t_2</td></tr>
<tr><td colspan="2">正常联结</td><td>紧密联结</td><td colspan="2">松联结</td><td rowspan="2">基本尺寸</td><td rowspan="2">极限偏差</td><td rowspan="2">基本尺寸</td><td rowspan="2">极限偏差</td></tr>
<tr><td>轴 N9</td><td>毂 JS9</td><td>轴和毂 P9</td><td>轴 H9</td><td>毂 D10</td><td>max</td><td>min</td></tr>
<tr><td>1×1.4×4
1×1.1×4</td><td>1</td><td rowspan="7">−0.004
−0.029</td><td rowspan="7">±0.012 5</td><td rowspan="7">−0.006
−0.031</td><td rowspan="7">+0.025
0</td><td rowspan="7">+0.060
+0.020</td><td>1.0</td><td rowspan="5">+0.1
0</td><td>0.6</td><td rowspan="11">+0.1
0</td><td rowspan="7">0.16</td><td rowspan="7">0.08</td></tr>
<tr><td>1.5×2.6×7
1.5×2.1×7</td><td>1.5</td><td>2.2</td><td>0.8</td></tr>
<tr><td>2×2.6×7
2×2.1×7</td><td>2</td><td>1.8</td><td>1.0</td></tr>
<tr><td>2×3.7×10
2×3×10</td><td>2</td><td>2.9</td><td>1.0</td></tr>
<tr><td>2.5×3.7×10
2.5×3×10</td><td>2.5</td><td>2.7</td><td>1.2</td></tr>
<tr><td>3×5×13
3×4×13</td><td>3</td><td>3.8</td><td rowspan="6">+0.2
0</td><td>1.4</td></tr>
<tr><td>3×6.5×16
3×5.2×16</td><td>3</td><td>5.3</td><td>1.4</td></tr>
<tr><td>4×6.5×16
4×5.2×16</td><td>4</td><td rowspan="4">0
−0.030</td><td rowspan="4">±0.015</td><td rowspan="4">−0.012
−0.042</td><td rowspan="4">+0.030
0</td><td rowspan="4">+0.078
+0.030</td><td>5.0</td><td>1.8</td><td rowspan="4">0.25</td><td rowspan="4">0.16</td></tr>
<tr><td>4×7.5×19
4×6×19</td><td>4</td><td>6.0</td><td>1.8</td></tr>
<tr><td>5×6.5×16
5×5.2×19</td><td>5</td><td>4.5</td><td>2.3</td></tr>
<tr><td>5×7.5×19
5×6×19</td><td>5</td><td>5.5</td><td>2.3</td></tr>
</table>

续 表

<table>
<tr><th rowspan="4">键尺寸
$b\times h\times D$</th><th colspan="12">键槽</th></tr>
<tr><th colspan="6">宽度 b</th><th colspan="4">深度</th><th colspan="2" rowspan="3">半径 R</th></tr>
<tr><th rowspan="3">基本尺寸</th><th colspan="5">极限偏差</th><th colspan="2">轴 t_1</th><th colspan="2">毂 t_2</th></tr>
<tr><th colspan="2">正常联结</th><th>紧密联结</th><th colspan="2">松联结</th><th rowspan="2">基本尺寸</th><th rowspan="2">极限偏差</th><th rowspan="2">基本尺寸</th><th rowspan="2">极限偏差</th></tr>
<tr><th></th><th>轴 H9</th><th>毂 JS9</th><th>轴和毂 P9</th><th>轴 H9</th><th>毂 D10</th><th>max</th><th>min</th></tr>
<tr><td>5×9×22
5×7.2×22</td><td>5</td><td rowspan="3"></td><td rowspan="3"></td><td rowspan="3"></td><td rowspan="3"></td><td rowspan="3"></td><td>7.0</td><td rowspan="5">+0.3
0</td><td>2.3</td><td rowspan="5">+0.2
0</td><td rowspan="3">0.25</td><td rowspan="3">0.16</td></tr>
<tr><td>6×9×22
6×7.2×22</td><td>6</td><td>6.5</td><td>2.8</td></tr>
<tr><td>6×10×25
6×8×25</td><td>6</td><td>7.5</td><td>2.8</td></tr>
<tr><td>8×11×28
8×8.8×28</td><td>8</td><td rowspan="2">0
−0.036</td><td rowspan="2">±0.018</td><td rowspan="2">−0.015
−0.051</td><td rowspan="2">+0.036
0</td><td rowspan="2">+0.098
+0.040</td><td>8.0</td><td>3.3</td><td rowspan="2">0.40</td><td rowspan="2">0.25</td></tr>
<tr><td>10×13×32
10×10.4×32</td><td>10</td><td>10</td><td>3.3</td></tr>
</table>

注：键尺寸中的公称直径 D 即为键槽直径最小值。

附表 2-16　圆柱销不淬硬钢和奥氏体不锈钢(GB/T 119.1—2000)

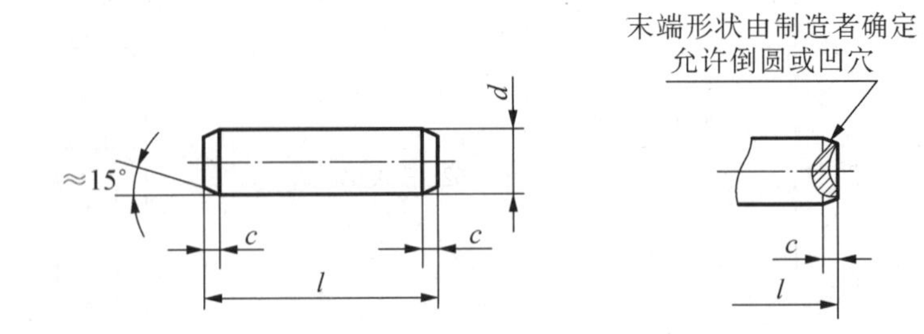

标记示例

公称直径 d=6 mm、公差 m6、公称长度 l=30 mm、材料为钢、不经淬火、不经表面处理的圆柱销：销 GB/T 119.1　6m6×30

d(m6/h8)	2	2.5	3	4	5	6	8	10	12	16	20
$c\approx$	0.35	0.4	0.5	0.63	0.8	1.2	1.6	2	2.5	3	3.5
l 范围	6～20	6～24	8～30	8～40	10～50	12～60	14～80	18～95	22～140	26～180	35～200
l 系列	6，8，10，12，14，16，18，20，22，24，26，28，30，32，35，40，45，50，55，60，65，70，75，80，85，90，95，100，120，140，160，180，200										

附表 2-17 圆锥销(GB/T 117—2000)

A 型(磨削):锥面表面粗糙度 Ra=0.8 μm　　　　B 型(切削或冷镦):锥面表面粗糙度 Ra=3.2 μm

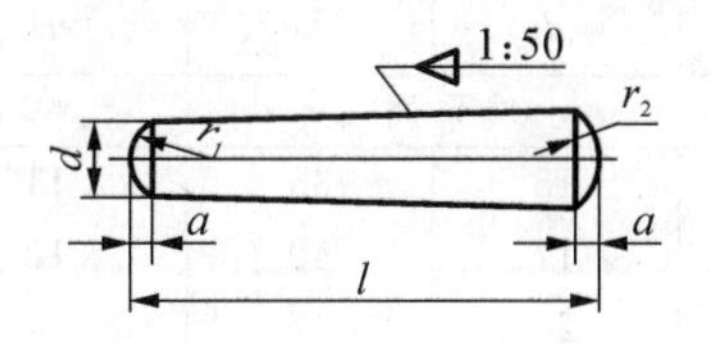

$r_1 \approx d$　$r_2 = d + a/2 + (0.02l)^2/8a$

标记示例

公称直径 d=6 mm、公称长度 l=30 mm、材料 35 钢、热处理硬度 28～38HRC、表面氧化处理的 A 型圆锥销:销 GB/T 1176×30

(单位:mm)

d(h10)	2	2.5	3	4	5	6	8	10	12	16	20
a≈	0.25	0.3	0.4	0.5	0.63	0.8	1	1.2	1.6	2	2.5
l 范围	10～35		12～45	14～65	18～60	22～90	22～120	26～160	32～180	40～200	45～200
l 系列	10, 12, 14, 16, 18, 20, 22, 24, 26, 28, 30, 32, 35, 40, 45, 50, 55, 60, 65, 70, 75, 80, 85, 90, 95, 100, 120, 140, 160, 180, 200										

附表 2-18 开口销(GB/T 91—2000)

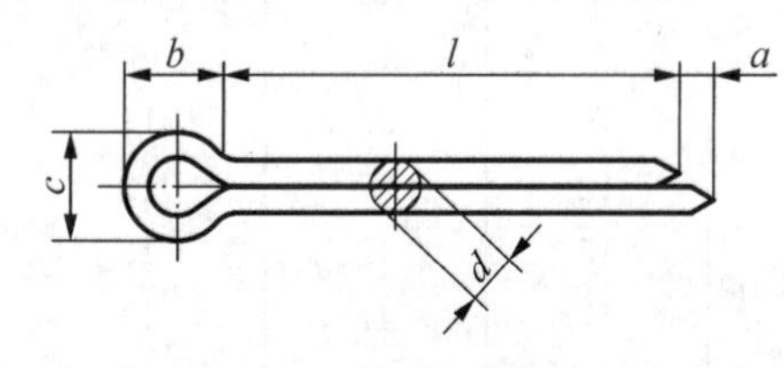

允许制造的型式

a

标记示例

公称规格为 5 mm、长度 l=50 mm、材料为 Q215 或 Q235、不经表面处理的开口销:销 GB/T 915×50

公称规格		2	2.5	3.2	4	5	6.3	8	10	13
d_{max}		1.8	2.3	2.9	3.7	4.6	5.9	7.5	9.5	12.4
c	max	3.6	4.6	5.8	7.4	9.2	11.8	15.0	19.0	24.8
	min	3.2	4.0	5.1	6.5	8.0	10.3	13.1	16.6	21.7
b≈		4	5	6.4	8	10	12.6	16	20	26
a_{max}		2.5		3.2	4			6.3		
l 范围		10～40	12～50	14～63	18～80	22～100	32～125	40～160	45～200	71～250
l 系列		10, 12, 14, 16, 18, 20, 22, 25, 28, 32, 36, 40, 45, 50, 56, 63, 71, 80, 90, 100, 112, 125, 140, 160, 180, 200, 224, 250								

附表 2-19 深沟球轴承(GB/T 276—1994)

(单位:mm)

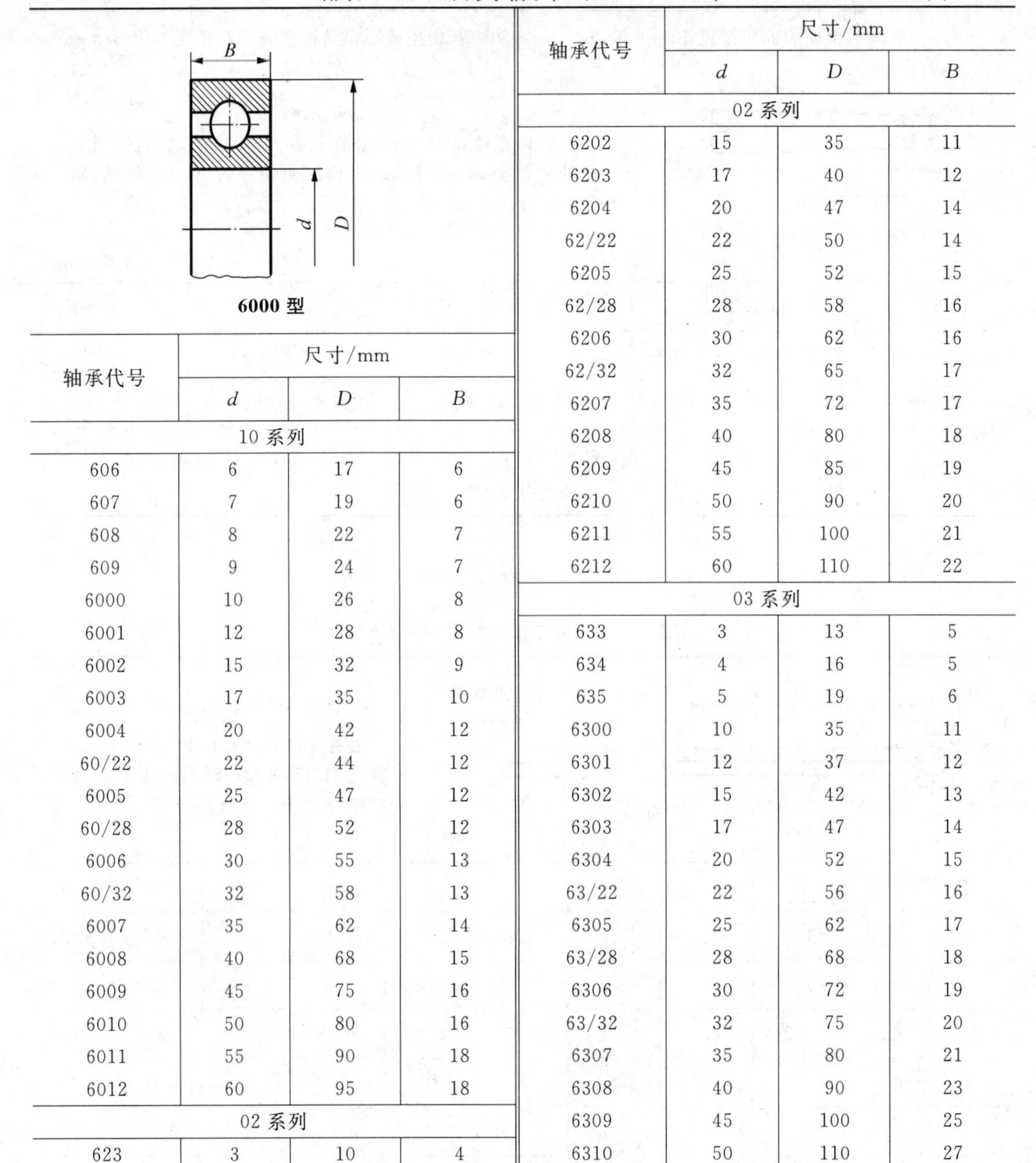

6000 型

轴承代号	尺寸/mm		
	d	D	B
10 系列			
606	6	17	6
607	7	19	6
608	8	22	7
609	9	24	7
6000	10	26	8
6001	12	28	8
6002	15	32	9
6003	17	35	10
6004	20	42	12
60/22	22	44	12
6005	25	47	12
60/28	28	52	12
6006	30	55	13
60/32	32	58	13
6007	35	62	14
6008	40	68	15
6009	45	75	16
6010	50	80	16
6011	55	90	18
6012	60	95	18
02 系列			
623	3	10	4
624	4	13	5
625	5	16	5
626	6	19	6
627	7	22	7
628	8	24	8
629	9	26	8
6200	10	30	9
6201	12	32	10
6202	15	35	11
6203	17	40	12
6204	20	47	14
62/22	22	50	14
6205	25	52	15
62/28	28	58	16
6206	30	62	16
62/32	32	65	17
6207	35	72	17
6208	40	80	18
6209	45	85	19
6210	50	90	20
6211	55	100	21
6212	60	110	22
03 系列			
633	3	13	5
634	4	16	5
635	5	19	6
6300	10	35	11
6301	12	37	12
6302	15	42	13
6303	17	47	14
6304	20	52	15
63/22	22	56	16
6305	25	62	17
63/28	28	68	18
6306	30	72	19
63/32	32	75	20
6307	35	80	21
6308	40	90	23
6309	45	100	25
6310	50	110	27
6311	55	120	29
6312	60	130	31
6313	65	140	33
6314	70	150	35
6315	75	160	37
6316	80	170	39
6317	85	180	41
6318	90	190	43

续 表

轴承代号	尺寸/mm			轴承代号	尺寸/mm		
	d	*D*	*B*		*d*	*D*	*B*
04 系列				04 系列			
6403	17	62	17	6413	65	160	37
6404	20	72	19	6414	70	180	42
6405	25	80	21	6415	75	190	45
6406	30	90	23	6416	80	200	48
6407	35	100	25	6417	85	210	52
6408	40	110	27	6418	90	225	54
6409	45	120	29	6419	95	240	55
6410	50	130	31	6420	100	250	58
6411	55	140	33	6422	110	280	65
6412	60	150	35				

附表 2-20 圆锥滚子轴承(GB/T 297—1994)

(单位:mm)

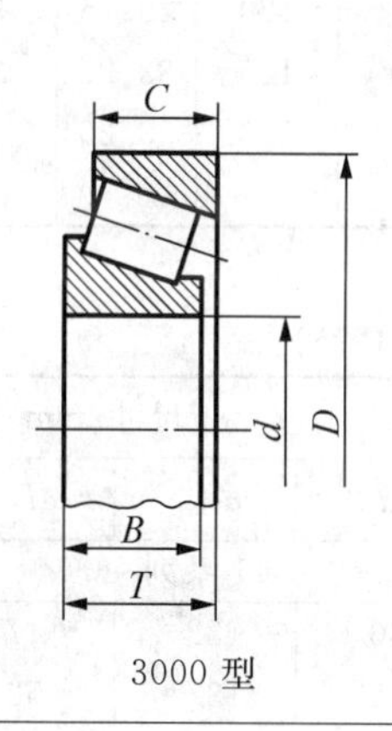

3000 型

轴承代号	尺寸/mm				
	d	*D*	*T*	*B*	*C*
02 系列					
30202	15	35	11.75	11	10
30203	17	40	13.25	12	11
30204	20	47	15.25	14	12
30205	25	52	16.25	15	13
30206	30	62	17.25	16	14
302/32	32	65	18.25	17	15
30207	35	72	18.25	17	15
30208	40	80	19.75	18	16
30209	45	85	20.75	19	16
30210	50	90	21.75	30	17
30211	55	100	22.75	21	18
30212	60	110	23.75	22	19
30213	65	120	24.75	23	20
30214	70	125	26.25	24	21
30215	75	130	27.25	25	22
03 系列					
30302	15	42	14..25	13	11
30303	17	47	15.25	14	12
30304	20	52	16.25	15	13
30305	25	62	18.25	17	15
30306	30	72	20.75	19	16
30307	35	80	22.75	21	18
30308	40	90	25.75	23	20
30309	45	100	27.25	25	22
30310	50	110	29.25	27	23
30311	55	120	31.5	29	25
30312	60	130	33.5	31	26
30313	65	140	36	33	28
30314	70	150	38	35	30
30315	75	160	40	37	31
13 系列					
31305	25	62	18.25	17	13
31306	30	72	20.75	19	14
31307	35	80	22.75	21	15
31308	40	90	25.25	23	17
31309	45	100	27.25	25	18

续 表

轴承代号	尺寸/mm				
	d	D	T	B	C
13 系列					
31310	50	110	29.25	27	19
31311	55	120	31.5	29	21
31312	60	130	33.5	31	22
31313	65	140	36	33	23
31314	70	150	38	35	25
31315	75	160	40	37	26
20 系列					
32004	20	42	15	15	12
320/22	22	44	15	15	11.5
32005	25	47	15	15	11.5
320/28	28	52	16	16	12
32006	30	55	17	17	13
320/32	32	58	17	17	13
32007	35	62	18	18	14
32008	40	68	19	19	14.5
32009	45	75	20	20	15.5
32010	50	80	20	20	15.5
32011	55	90	23	23	17.5

轴承代号	尺寸/mm				
	d	D	T	B	C
20 系列					
32012	60	95	23	23	17.5
32014	70	110	25	25	19
32015	75	115	25	25	19
22 系列					
32203	17	40	17.25	16	14
32204	20	47	19.25	16	15
32205	25	52	19.25	18	16
32206	30	62	21.25	20	17
32207	35	72	24.25	23	19
32208	40	80	24.75	23	19
32209	45	85	24.75	23	19
32210	50	90	24.75	23	19
32211	55	100	26.75	25	21
32212	60	110	26.75	28	24
32213	65	120	29.75	31	27
32214	70	125	33.25	31	27
32215	75	130	33.25	31	27

附表 2-21 推力球轴承(GB/T 301—1995) (单位:mm)

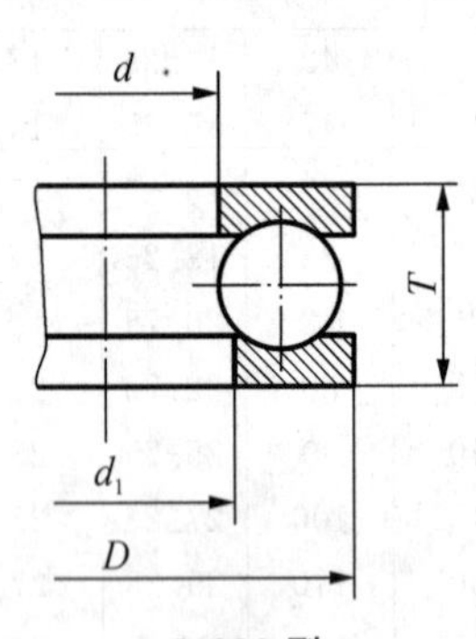

51000 型

轴承代号	尺寸/mm			
	d	d_{1min}	D	T
11 系列				
51100	10	11	24	9
51101	12	13	26	9
51102	15	16	28	9
51103	17	18	30	9
51104	20	21	35	10
51105	25	26	42	11

轴承代号	尺寸/mm			
	d	d_{1min}	D	T
11 系列				
51106	30	32	47	11
51107	35	37	52	12
51108	40	42	60	13
51109	45	47	65	14
51110	50	52	70	14
51111	55	57	78	16
51112	60	62	85	17
51113	65	67	90	18
51114	70	72	95	18
51115	75	77	100	19
51116	80	82	105	19
51117	85	87	110	19
51118	90	92	120	22
51120	100	102	135	25
12 系列				
51200	10	12	26	11
51201	12	14	28	11

续 表

轴承代号	尺寸/mm			
	d	$d_{1\min}$	D	T
12 系列				
51202	15	17	32	12
51203	17	19	35	12
51204	20	22	40	14
51205	25	27	47	15
51206	30	32	52	16
51207	35	37	62	18
51208	40	42	68	19
51209	45	47	73	20
51210	50	52	78	22
51200	55	57	90	25
51212	60	62	95	26
51213	65	67	100	27
51214	70	72	105	27
51215	75	77	110	27
51216	80	82	115	28
51217	85	88	125	31
51218	90	93	135	35
51220	100	103	150	38
13 系列				
51304	20	22	47	18
51305	25	27	52	18
51306	30	32	60	21
51307	35	37	68	24
51308	40	42	78	26
51309	45	47	85	28
51310	50	52	95	31

轴承代号	尺寸/mm			
	d	$d_{1\min}$	D	T
13 系列				
51311	55	57	105	35
51212	60	62	110	35
51213	65	67	115	36
51314	70	72	125	40
51315	75	77	135	44
51316	80	82	140	44
51317	85	88	150	49
51318	90	93	155	50
81320	100	103	170	55
14 系列				
51405	25	27	60	24
51406	30	32	70	28
51407	35	37	80	32
51408	40	42	90	36
51409	45	47	100	39
51410	50	52	110	43
51411	55	57	120	48
51412	60	62	130	51
51413	65	67	140	56
51414	70	72	150	60
51415	75	77	160	65
51416	80	82	170	68
51417	85	88	180	72
51418	90	93	190	77
51420	100	103	210	85

附录3　常用材料及热处理

附表3-1　常用的金属材料

<table>
<tr><th>类别</th><th>产品名称</th><th>牌号</th><th>应用</th><th>说　明</th></tr>
<tr><td rowspan="3">生铁</td><td>炼钢用生铁</td><td>L10</td><td>一般都用做炼钢的原料</td><td rowspan="3">第一部分：表示产品用途、特征及工艺方法的大写汉语拼音；
第二部分：表示主要元素平均含量(一千分之几计)的阿拉伯数字。炼钢用生铁、铸造用生铁、球墨铸铁用生铁、耐磨生铁为硅元素平均含量，脱碳低磷粒铁为碳元素平均含量，含钒生铁为钒元素平均含量</td></tr>
<tr><td>铸造用生铁</td><td>Z30</td><td>用于制造各种铸件，如铸造各种机床床座、铁管等</td></tr>
<tr><td>球墨铸铁用生铁</td><td>Q12</td><td>广泛用于制造曲轴、齿轮、活塞等高级铸件，以及多种机械零件</td></tr>
<tr><td rowspan="2">碳素结构钢和低合金钢</td><td>碳素结构钢</td><td>Q195
Q235
Q235AF
Q275</td><td>用于制造金属结构构件，如拉杆、心轴等；也可用于重要的焊接件</td><td rowspan="2">第一部分：前缀符号＋强度值(以 N/mm^2 或 MPa 为单位)，其中通用结构钢前缀符号为代表屈服强度的拼音的字母“Q”；
第二部分(必要时)：钢的质量等级，用英文字母 A, B, C, D, E, F,…表示；
第三部分(必要时)：脱氧方式表示符号，即沸腾钢、半镇静钢、镇静钢、特殊镇静钢分别以“F”, “b”, “Z”, “TZ”表示。镇静钢、特殊镇静钢表示符号通常可以省略；
第四部分(必要时)：产品用途、特征和工艺方法表示符号</td></tr>
<tr><td>优质低合金高强度结构钢</td><td>Q295B
Q345D
Q390
Q420
Q460
12MnNiVR</td><td>用作高、中、低压容器，油罐，车辆，起重机，矿山设备等承受动荷的结构</td></tr>
<tr><td colspan="2" rowspan="2">优质碳素结构钢</td><td>05F
08
08F
35
45
50A</td><td>塑性好，可制造冷冲压零件；冷冲压性和焊接性能良好，可用作冲压件及焊接件；经热处理可制造轴、销连杆、螺栓、螺母、齿轮、链轮、键等零件</td><td rowspan="3">第一部分：以阿拉伯数字表示平均碳含量(以万分之几计)；
第二部分(必要时)：较高含锰量的优质碳素结构钢，加锰元素符号 Mn；
第三部分(必要时)：钢材冶金质量，即高级优质钢、特级优质钢分别以 A, E 表示，优质钢不用字母表示；
第四部分(必要时)：脱氧方式表示符号，即沸腾钢、半镇静钢、镇静钢分别以“F”, “B”, “Z”表示，但镇静钢表示符号通常可以省略；
第五部分(必要时)：产品用途、特性或工艺方法表示符号</td></tr>
<tr><td>50MnE</td><td>用于制造耐磨性要求很高、在高负荷作用下的热处理零件，如齿轮、齿轮轴、凸轮等</td></tr>
<tr><td colspan="2">优质碳素弹簧钢</td><td>50Mn
65Mn</td><td>适用于较大尺寸的各种扁、圆弹簧，以及其他经受摩擦的农机具零件</td></tr>
</table>

续 表

类别	牌号	应用	说　明
铸钢	ZG200—400 ZG230—450 ZG270—500 ZG310—570 ZG340 - 640	用于机座、变速箱壳、外壳、轴承盖、箱体、飞轮、机架、横梁、箱体、缸体、大齿轮，起重运输机中齿轮、联轴器、棘轮等	“ZG”表示铸钢，ZG后的两组数字表示屈服强度和抗拉强度(MPa)
合金结构钢	20Cr 20CrMnTi 25Cr2MoVA 35CrMo 40Cr	主要用于制造汽车、拖拉机中的变速齿轮，内燃机上的凸轮轴、连杆、活塞销等机器零件	第一部分：以两位阿拉伯数字表示平均碳含量(以万分之几计)； 第二部分：合金元素含量，以化学元素符号及阿拉伯数字表示。具体表示方法为：平均含量小于1.50%时，牌号中标明元素，一般不标明含量；平均含量为1.50%～2.49%，2.50%～3.49%，3.50%～4.49%，4.50%～5.49%，…时，在合金元素后相应写成2，3，4，5，…；注：化学元素符号的排列顺序推荐按含量值递减排列。如果两个或多个元素的含量相等时，相应符号位置按英文字母的顺序排列。 第三部分：钢材冶金质量，即高级优质钢、特级优质钢分别以A，E表示，优质钢不用字母表示； 第四部分(必要时)：产品用途、特性或工艺方法表示符号
锅炉和压力容器用钢	07MnCrMoVR 18MnMoNbER	作化工高压容器、水压机工作缸等	
优质弹簧钢	30W4Cr2VA 50CrVA 60Si2Mn	用于制造铁路机车车辆、汽车和拖拉机上的板簧、螺旋弹簧	
碳素工具钢	T7 T8 T8MnA T10 T13	用于制造有一定韧性和硬度，但切削能力要求不太高的工具，如冲模冲头，杠工具、钳工工具等	第一部分：碳素工具钢表示符号“T”； 第二部分：阿拉伯数字表示平均碳含量(以千分之几计)； 第三部分(必要时)：较高含锰量碳素工具钢，加锰元素符号Mn； 第四部分(必要时)：钢材冶金质量，即高级优质碳素结构钢以A表示，优质钢不用字母表示
合金工具钢	9SiCr Cr06 CrWMn Cr12 Cr12MoV 4Cr5W2VSi	适于作形状复杂、变形小的刃具、板牙丝锥、铰刀、车刀、冷冲模等	第一部分：平均碳含量小于1.00%时，采用一位数字表示碳含量(以千分之几计)；平均碳含量不小于1.00%时，不标明含碳量。 第二部分：合金元素含量，以化学元素符号及阿拉伯数字表示，表示方法同合金结构钢第二部分；低铬(平均含量小于1%)合金结构钢，在铬含量(以千分之几计)前加数字“0”

续 表

类别	牌号	应用	说　明
高速工具钢	W18Cr4V W6Mo5Cr4V2	车刀及各种成形刀具	高速工具钢牌号表示方法与合金结构钢相同,但在牌号头部一般都不标明表示碳含量的阿拉伯数字。为了区别牌号,在牌号头部可以加“C”表示高速工具钢。
高碳铬轴承钢	GCr4 GCr18Mo GCr15SiMn	用于制造滚动轴承的滚珠、滚柱和套筒等的钢种,也可用于制作精密量具、冷冲模、机床丝杠及柴油机油泵的精密偶件	第一部分:(滚珠)轴承钢表示符号“G”,但不标明碳含量。 第二部分:合金元素“Cr”符号及其含量(以千分之几计);其他合金元素含量,以化学元素符号及阿拉伯数字表示,表示方法同合金结构钢第二部分
渗碳轴承钢	G20CrMo G20CrNi2MoA		在牌号头部加符号“G”,采用合金结构钢的牌号表示方法。高级优质轴承钢,在牌号尾部加“A”
高碳铬不锈轴承钢和高温轴承钢	G80Cr4Mo4V		在牌号头部加符号“G”,采用不锈钢和耐热钢的牌号表示方法
钢轨钢	U70MnSi	用于制造螺栓、螺钉、螺柱和铆钉等紧固件	第一部分:钢轨钢表示符号“U”,冷镦钢(铆螺钢)表示符号“ML”; 第二部分:以阿拉伯数字表示碳含量,其中优质碳素结构钢同优质碳素结构钢第一部分、合金结构钢同合金结构钢第一部分; 第三部分:合金元素含量,以化学元素符号及阿拉伯数字表示,表示方法同合金结构钢第二部分
冷镦钢	ML30CrMo		
焊接用钢	H08A H10Mn2 H08CrMoA	主要用于制造手工电弧焊条等	第一部分:焊接用钢表示符号“H”; 第二部分:各类焊接用钢牌号表示方法,应分别符合优质碳素结构钢、合金结构钢和不锈钢的规定
原料纯铁	YT0 YT1 YT2 YT4	广泛用于电子电工、电器元件、磁性材料、非晶体制品、继电器、传感器、汽车制动器、纺机、电表电磁阀等产品	第一部分:原料纯铁表示符号“YT”; 第二部分:以阿拉伯数字表示不同牌号的顺序号
灰铸铁	HT100　HT150 HT200　HT250 HT350	底座、床身、手轮、工作台、齿轮、油缸、气缸、机体等	“HT”表示灰铁两字的汉语拼音,后面的数字表示最低抗拉强度值,单位为 MPa

续　表

类别	牌号	应用	说　明
可锻铸铁	KTH300—06 KTH350—10 KTZ550—04	汽车、拖拉机零件，低压阀门、曲轴、连杆、齿轮、摇臂、活塞环等	可锻铸铁分为黑心可锻铸铁和珠光体可锻铸铁。KT是可铁的拼音，H和Z分别为黑和珠的拼音字首。黑心可锻铸铁以KTH表示，珠光体可锻铸铁以KTZ表示。第一组数字表示最低抗拉强度值，第二组数字表示最低断后伸长率
球墨铸铁	QT400—18 QT450—10 QT600—03	阀体、油泵齿轮、车辆轴瓦等	QT表示球铁的拼音字母，其后两组数字分别表示最低抗拉强度和伸长率

附表3-2　常用的非金属材料

类别	牌号	用途	说　明
工业纯铝	1070 1060 1050	电线、电缆、强度要求不高的器皿	牌号的第一、三、四位为阿拉伯数字，第二位为英文大写字母（C，I，L，N，O，P，Q，Z字母除外）。牌号的第一位数字表示铝及铝合金的组别，牌号的第二位字母表示原始纯铝或铝合金的改型情况，最后两位数字用以标识同一组中不同的铝合金或表示铝的纯度
防锈铝合金	5A02 3A21	冷冲压件和容器、油管、饮料罐等	
硬铝合金	2A11 2A12 2B11	螺栓、铆钉、飞机上的骨架零件等	
超硬铝	7A03 7A04 7A09	飞机上的大梁、加强框、起落架等零件	
锻铝合金	2A50 2A70 2A80 2A14	形状复杂、中等强度的锻件和冲压件、内燃机活塞、叶轮或形状简单的锻模和锻模件	
工业纯铜	T1 T2 T3 T4	用于制造电线、电缆、电子元件和配制合金等	T为铜的汉语拼音首字母，其后的数字表示序号，序号越大，纯度越低
普通黄铜	H90 H68 H62	螺钉、销钉、复杂冷冲压件等	H为黄的拼音首字母，数字表示铜的质量分数
特殊黄铜	HSn62—1 HMn58—2 ZHMn55—3—1	用于船舶零件或热冲压及切削加工零件	H+主加合金元素符号+铜的平均质量分数-合金元素平均质量分数

续　表

类别	牌号	用途	说　　明
锡青铜	QSn－3 ZCuSn10P1	弹簧、接触片、轴套、轴瓦、机床丝杠螺母等	用青字汉语拼音首字母Q＋主加元素符号及其平均质量分数＋其他元素平均质量分数组成
特殊青铜	QAl7 ZCuPb30	弹簧、弹性零件、耐磨耐蚀的重要铸件	

附表3－3　常用的热处理和表面处理名词解释

工艺类型	工艺名称	工艺代号	应用范围	说　　明
整体热处理	退火 去应力退火 等温退火 完全退火	511 511－S_t 511－I 511－F	用于消除铸、锻、焊零件的内应力，降低硬度便于切削加工，细化金属晶粒，改善组织，增加韧性	将铸件、锻件或塑性加工后的零件，加热到适当温度保持一段时间后，以不同的缓慢冷却方式冷却，以获得接近平衡状态组织的工艺方法
	正火	512	用来处理低碳和中碳结构钢及渗碳零件，使其组织细化，增加强度与韧性，减少内应力，改善切削性能	将钢或铸铁零件加热到适宜的温度后，在空气中冷却。正火的效果同退火相似，只是得到的组织更细。常用于改善材料的切削性能，也有时用于对一些要求不高的零件作为最终热处理
	淬火 等温淬火 盐浴淬火	513 513－A_t 513－H	用来提高钢的硬度和强度极限。但淬火后会引起内应力使钢变脆，所以淬火后必须回火。其中表面淬火常用来处理齿轮	将工件加热保温后，在水、油或其他无机盐、有机水溶液等淬冷介质中快速冷却。淬火后钢件变硬，但同时变脆
	淬火和回火	514	用来消除淬火后的脆性和内应力，提高钢的塑性和冲击韧性	回火是将淬火钢重新加热到A_1以下某一温度，保温，然后冷却的热处理工艺
	调质	515	用来使钢获得高的韧性和足够的强度。重要的齿轮、轴及丝杆等零件是经调质处理的	淬火后在450～600℃进行高温回火，称为调质
	稳定化处理	516	将钢丝中的大部分残余应力消除，使绞线结构稳定，切断时不松散，弹性极限提高，在长期保持张力下服役时应力损失（松弛）较低	稳定组织，消除残余应力，以使工件形状和尺寸保持在规定范围内的任何一种热处理工艺

续 表

工艺类型	工艺名称	工艺代号	应用范围	说　明
表面热处理	表面淬火和回火	521	用来提高钢的硬度和强度极限。但淬火后会引起内应力使钢变脆，所以淬火后必须回火。其中表面淬火常用来处理齿轮	将工件加热保温后，在水、油或其他无机盐、有机水溶液等淬冷介质中快速冷却。淬火后钢件变硬，但同时变脆
	物理气相沉积	522	在机械行业中作为一种新型的表面强化技术	主要利用物理过程来沉积薄膜的技术
	化学气相沉积	523	该方法广泛应用于微电子、光电子等行业	通过气相物质在工件表面上进行化学反应，反应生成物在表面形成固态膜层的工艺方法
化学热处理	渗碳	531	提高钢工件表层的含碳量，提高强度、硬度和耐磨性等	在渗透剂中将钢件加热到900～950℃，停留一定时间，将碳渗入钢表面，深度约为0.5～2 mm，再淬火后回火
	碳氮共渗	532	增加表面硬度、耐磨性、疲劳强度和耐蚀性，用于要求硬度高、耐磨的中小型及薄片零件和刀具等	在820～860℃炉内通入碳和氮，保温1～2 h，使钢件的表面同时渗入碳、氮原子，可得到0.2～0.5 mm的碳氮共渗层
	渗氮	533	增加钢件的耐磨性能、表面硬度、疲劳极限和抗蚀能力，适用于合金钢、碳钢、铸铁件	氮化是在500～600℃通入铵的炉子中加热，向钢表面渗入氮原子的过程。氮化层为0.025～0.8 mm，氮化时间需40～50 h
	氮碳共渗	534	增加表面硬度、耐磨性、疲劳强度和耐蚀性，用于要求硬度高、耐磨的中小型及薄片零件和刀具等	在奥氏体状态下同时将碳、氮渗入工件表层，并以渗氮为主的化学热处理工艺
时效	时效	时效处理	使工件消除内应力和稳定形状，用于量具、精密丝杠、床身导轨和床身等	低温回火后、精加工之前，加热到100～160℃，保持10～40 h。对铸件也用天然时效（放在露天中一年以上）
发蓝发黑处理	发蓝发黑处理	发蓝或发黑处理	防腐蚀、美观。用于一般联结的标准件和其他电子类零件	将金属零件放在浓的碱和氧化剂溶液中加热氧化，使金属表面形成一层氧化铁组成的保护性薄膜

附表 3-4 常用的性能指标名词解释

<table>
<tr><th>类别</th><th>常用指标及代号</th><th>用途</th><th>说　明</th></tr>
<tr><td>强度/MPa</td><td>抗拉强度 σ_b
抗压强度 σ_{bc}
抗弯强度 σ_{bb}
抗剪强度 τ
抗扭强度 τ_b
屈服强度 $\sigma_{0.2}$
屈服点 σ_s</td><td>强度是金属材料的重要性能指标，一般用屈强比来表示工件的可靠性。实际应用时，要根据具体情况考虑，一般屈强比以 0.75 为宜。</td><td>强度是指金属材料在静荷作用下抵抗破坏(过量塑性变形或断裂)的性能。屈服指材料在拉伸过程中，负载不增加或开始有所降低而变形继续发生的现象。通常按其产生永久变形量等于试样原长 0.2%时的应力，称为屈服强度</td></tr>
<tr><td rowspan="3">刚度</td><td>弹性极限 σ_e/Mpa</td><td rowspan="3">刚度是指金属材料或构件抵抗弹性变形的能力</td><td>材料能保持弹性变形的最大应力为弹性极限</td></tr>
<tr><td>弹性模量 E/Mpa</td><td>弹性模量是衡量材料刚度的指标：$E=\sigma/\varepsilon$，ε 是试样纵向线应变</td></tr>
<tr><td>泊松比 μ</td><td>在弹性范围内，试样横向线应变与纵向线应变的比值，$\mu=\lvert\varepsilon'/\varepsilon\rvert$</td></tr>
<tr><td>疲劳/MPa</td><td>疲劳极限 σ_{-1}</td><td>材料在一定交变载荷作用下，不发生断裂时的循环应力</td><td>机器零件在循环载荷下工作，仍不发生断裂时所能承受的最大应力</td></tr>
<tr><td rowspan="2">塑性/%</td><td>断后伸长率 δ</td><td rowspan="2">δ 和 ψ 值越大，表明材料的塑性越好</td><td>塑性是指金属材料在载荷作用下，产生塑性变形(永久变形)而不破坏的能力。材料试样被拉裂后，标距长度的增加量与原标距长度之百分比</td></tr>
<tr><td>断面收缩率 ψ</td><td>材料试样被拉裂后，其拉裂处横截面积的缩减量与原横截面积的百分比</td></tr>
<tr><td>冲击韧性</td><td>冲击韧性值 α_k/J/cm^2</td><td>金属在动载荷作用下测得的力学性能</td><td>以很大速度作用于机件上的载荷称为冲击载荷，金属在冲击载荷作用下抵抗破坏的能力叫做冲击韧性</td></tr>
<tr><td rowspan="4">硬度</td><td>HB(布氏硬度)</td><td>用于退火、正火、调质及铸件的硬度检验</td><td rowspan="4">材料抵抗硬的物体压入其表面的能力称为硬度。硬度测定是检验材料经热处理后的力学性能</td></tr>
<tr><td>HR(洛氏硬度)</td><td>用于经淬火、回火及表面渗碳、氮化等处理的零件的硬度检验</td></tr>
<tr><td>HV(维氏硬度)</td><td>用于薄层硬化零件的硬度检验。</td></tr>
<tr><td>HS(肖氏硬度)</td><td>适用于测定表面光滑的一些精密量具或不易搬动的大型机件。</td></tr>
</table>

参考文献

[1] 孙开元,李长娜.机械制图新标准解读及画法示例[M].北京:化学工业出版社,2010.

[2] 姚民雄,华红芳.机械制图[M].北京:电子工业出版社,2009.

[3] 上官家桂.机械识图一点通[M].北京:机械工业出版社,2009.

[4] 李典灿.机械图样识读与测绘[M].北京:机械工业出版社,2009.

[5] 韩变枝.机械制图与识图[M].北京:机械工业出版社,2011.

[6] 冯秋官,仝基斌.工程制图[M].北京:机械工业出版社,2011.

[7] 黄丽,朱建霞,郑芳.工程制图[M].北京:科学出版社,2011.

[8] 葛艳红,黄海.画法几何及机械制图[M].北京:国防工业出版社,2011.

[9] 刘力.机械制图[M].北京:高等教育出版社,2008.

[10] 国家标准化技术委员会.GB/T 1800.1—2009 产品几何技术规范(GPS)极限与配合 第1部分:公差、偏差和配合的基础[S].北京:中国标准出版社,2009.

[11] 国家标准化技术委员会.GB/T 1800.2—2009 产品几何技术规范(GPS)极限与配合 第2部分:标准公差等级和孔、轴极限偏差表[S].北京:中国标准出版社,2009.

[12] 陆英,陈小龙.机械制图[M].北京:化学工业出版社,2009.

[13] 国家标准化技术委员会.GB/T 10609.2—2009 技术制图 明细栏[S].北京:中国标准出版社,2009.

[14] 国家标准化技术委员会.GB/T 10609.3—2009 技术制图 复制图的折叠方法[S].北京:中国标准出版社,2009.

[15] 袁世先,邓小君.机械制图[M].北京:北京理工大学出版社,2010.

[16] 王建华,毕万全.机械制图与计算机绘图[M].北京:国防工业出版社,2009.

[17] 国家标准化技术委员会.GB/T 24745—2009 技术产品文件 词汇 图样注语[S].北京:中国标准出版社,2009.

[18] 国家标准化技术委员会.GB/T 1801—2009 产品几何技术规范(GPS)极限与配合 公差带和配合的选择[S].北京:中国标准出版社,2009.

[19] 国家标准化技术委员会.GB/T 4249—2009 产品几何技术规范(GPS)公差原则[S].北京:中国标准出版社,2009.

[20] 徐娟.机械图样识读与绘制[M].合肥:中国科学技术大学出版社,2011.

[21] 国家标准化技术委员会.GB/T 4656—2008 技术制图 棒料、型材及其断面的简化表示法[S].北京:中国标准出版社,2008.

[22] 宋金虎.机械制图[M].北京:清华大学出版社,2010.

[23] 李绍鹏,刘冬敏.机械制图[M].上海:复旦大学出版社,2011.

[24] 国家标准化技术委员会.GB/T 6403.3—2008 滚花[S].北京:中国标准出版社,

2008.
[25] 国家标准化技术委员会. GB/T 4459.8—2009 机械制图　动密封圈第1部分:通用简化表示法[S]. 北京:中国标准出版社,2009.
[26] 国家标准化技术委员会. GB/T 4459.9—2009 机械制图　动密封圈第2部分:特征简化表示法[S]. 北京:中国标准出版社,2009.
[27] 刘春廷. 工程材料及成型工艺[M]. 西安:西安电子科技大学出版社,2009.
[28] 邓小君. 机械制图与CAD[M]. 北京:机械工业出版社,2011.
[29] 沈梅,赵娟. 机械识图与制图[M]. 北京:化学工业出版社,2008.
[30] 田立忠,周长城,胡仁喜. AutoCAD2011中文版机械制图快速入门实例教程[M]. 北京:机械工业出版社,2010.
[31] 程绪琦. Autodesk AutoCAD 2010中文版机械制图标准实训教材[M]. 北京:人民邮电出版社,2010.

图书在版编目(CIP)数据

机械零件的识图与测绘/徐向红主编. —上海:复旦大学出版社,2012.8 (2020.8 重印)
(复旦卓越·高职高专 21 世纪规划教材)
ISBN 978-7-309-08941-7

Ⅰ. 机… Ⅱ. 徐… Ⅲ. ①机械元件-识别-高等学校-教材②机械元件-测绘-高等学校-教材 Ⅳ. TH13

中国版本图书馆 CIP 数据核字(2012)第 098182 号

机械零件的识图与测绘
徐向红 主编
责任编辑/张志军

复旦大学出版社有限公司出版发行
上海市国权路 579 号 邮编:200433
网址:fupnet@fudanpress.com http://www.fudanpress.com
门市零售:86-21-65102580 团体订购:86-21-65104505
外埠邮购:86-21-65642846 出版部电话:86-21-65642845
常熟市华顺印刷有限公司

开本 787×1092 1/16 印张 28.5 字数 676 千
2020 年 8 月第 1 版第 2 次印刷

ISBN 978-7-309-08941-7/T·444
定价:46.00 元
